Implementing Domain-Driven Design

実践ドメイン駆動設計

エリック・エヴァンスが確立した理論を実際の設計に応用する

Vaughn Vernon = 著

髙木正弘 = 翻訳

本書内容に関するお問い合わせについて

このたびは翔泳社の書籍をお買い上げいただき、誠にありがとうございます。弊社では、読者の皆様からのお問い合わせに適切に対応させていただくため、以下のガイドラインへのご協力をお願い致しております。下記項目をお読みいただき、手順に従ってお問い合わせください。

●ご質問される前に

弊社 Web サイトの「正誤表」をご参照ください。これまでに判明した正誤や追加情報を掲載しています。

正誤表　　　　　　　　https://www.shoeisha.co.jp/book/errata/

●ご質問方法

弊社 Web サイトの「刊行物 Q & A」をご利用ください。

刊行物 Q & A　　　　　https://www.shoeisha.co.jp/book/qa/

インターネットをご利用でない場合は、FAX または郵便にて、下記"翔泳社 愛読者サービスセンター"までお問い合わせください。

電話でのご質問は、お受けしておりません。

●回答について

回答は、ご質問いただいた手段によってご返事申し上げます。ご質問の内容によっては、回答に数日ないしはそれ以上の期間を要する場合があります。

●ご質問に際してのご注意

本書の対象を越えるもの、記述個所を特定されないもの、また読者固有の環境に起因するご質問等にはお答えできませんので、あらかじめご了承ください。

●郵便物送付先および FAX 番号

送付先住所　〒160-0006 東京都新宿区舟町 5
FAX 番号　03-5362-3818
宛先　　（株）翔泳社 愛読者サービスセンター

※本書に記載された URL 等は予告なく変更される場合があります。
※本書の出版にあたっては正確な記述につとめましたが、著者や出版社などのいずれも、本書の内容に対してなんらかの保証をするものではなく、内容やサンプルに基づくいかなる運用結果に関してもいっさいの責任を負いません。
※本書に掲載されているサンプルプログラムやスクリプト、および実行結果を記した画面イメージなどは、特定の設定に基づいた環境にて再現される一例です。
※本書に記載されている会社名、製品名はそれぞれ各社の商標および登録商標です。
※本書では TM、®、©は割愛させていただいております。

Authorized translation from the English language edition, entitled IMPLEMENTING DOMAIN-DRIVEN DESIGN, 1st Edition, ISBN:0321834577 by VERNON, VAUGHN, published by Pearson Education, Inc, publishing as Addison-Wesley Professional, Copyright © 2013.
All rights reserved. No part of this book may be reproduced or transmitted in any form or by any means, electronic or mechanical, including photocopying, recording or by any information strage retrieval system, without permission from Pearson Education, Inc.
JAPANESE language edition published by SHOEISHA Co., LTD, Copyright © 2015.
Japanese translation rights arranged with PERSON EDUCATION, INC. through JAPAN UNI AGENCY. INC., TOKYO JAPAN

序文

本書において Vaughn Vernon は、他に類を見ない方法でドメイン駆動設計（DDD）の全貌を解説する。その概念に対する新しい解釈、新たなサンプル、そして一連のトピックを独自に体系化している。この斬新な手法は、読者が DDD の詳細を把握するのに役立つだろう。特に、集約や境界づけられたコンテキストなどの抽象的な内容に対して効果的だ。人によって好みが異なるから、というわけではない。微妙な抽象概念は、複数の説明があったほうが身につけやすいものだ。

また本書には、最近 9 年間で新たに得られた知見も含まれている。論文やプレゼンテーションは紹介されてはいるが、まだ書籍化されていなかったような知見だ。エンティティや値オブジェクトに加えて、構成要素としてドメインイベントも紹介されている。また、巨大な泥団子についても、コンテキストマップのところで言及されている。ヘキサゴナルアーキテクチャに関する解説もある。これは、私たちが何をすべきかを、レイヤ化アーキテクチャよりもうまく説明してくれるものだ。

私がはじめて本書の話を聞いたのは、2 年ほど前のことだった（ということは、Vaughn はそれ以前から執筆を始めていたのだろう）。はじめての DDD Summit の場で、私たちは約束した。新しい話題や、より具体的なアドバイスを必要としているであろう話題について、記事を書こうと決めたのだ。Vaughn は集約について書き上げ、その後も集約に関する優れた記事を出し続けた（そしてそれが、本書につながった）。

そのときのメンバーの間では、「いくつかの DDD のパターンについて、よりよいお手本を用意すれば、多くの実践者たちに役立つのではないか」ということで意見が一致した。ソフトウェア開発の世界におけるさまざまな問いについて、真摯に答えようとすると、どうしても「それは、場合による」という答えになってしまう。しかし、何かの技術の使いかたを学ぼうとしている人たちにとって、これはあまり有用な答えではない。新しい技術を身につけようとしている人たちに必要なのは、具体的な指針だ。経験則が常に正しいとは限らない。あくまでも、「普通はそれでうまくいく」「まずはそうしてみる」という類のものだ。その判断を通じて、問題解決のための手法の哲学を教えてくれる。本書では、単刀直入なアドバイスだけではなく、そのトレードオフについての議論も適度に混ざっている。おかげで、単調になりすぎず、よいバランスを保っている。

いまや DDD のメインストリームに躍り出つつあるドメインイベントなどの新たなパターンが増えただけではない。現場の開発者たちは、それらのパターンを適用する方法を学んだり、パターンを使って新たなアーキテクチャや技術に立ち向かったりしながら成長している。私が **Domain-Driven Design: Tackling Complexity in the Heart of Software** を出版してから 9 年がたった。その間、DDD に関しての新しい話題も多かったし、DDD の基本を解説するにも新しい方法が出てきた。Vaughn の著書には、これらの新たな知見を生かした DDD を実践するための説明が含まれている。

Eric Evans

Domain Language, Inc.

実践ドメイン駆動設計への賛辞

Vaughn による『実践ドメイン駆動設計』は、ドメイン駆動設計のコミュニティだけではなく、エンタープライズアプリケーションアーキテクチャの分野全体に幅広く役立つ。たとえばアーキテクチャやリポジトリの章では、さまざまなアーキテクチャスタイルや永続化技術に DDD をいかにフィットさせるかを示している。SOA や REST だけではなく、NoSQL そしてデータグリッドなど、Eric Evans の名著が発刊されてから 10 年の間に芽生えた分野にも対応している。さらに Vaughn は、DDD の基本スキルであるエンティティや値オブジェクト、集約、サービス、イベント、ファクトリそしてリポジトリについても、豊富な例や何十年もの経験に基づく知見を示してくれる。要するに、本書は**完璧**な一冊だということだ。自分のスキルを伸ばしたい、そして現時点での最先端の手法を使ってエンタープライズアプリケーションをドメイン駆動で作りたいと考えているあらゆるレベルのソフトウェア開発者に対して、『実践ドメイン駆動設計』は、DDD についてのすばらしい知識を与えてくれる。エンタープライズアプリケーションアーキテクチャのコミュニティにおける、ここ数十年の成果がつまった一冊だ。

Randy Stafford
Oracle
Oracle Coherence プロダクト開発アーキテクト

ドメイン駆動設計は強力な思考ツールだ。ソフトウェアシステムをいかに効果的に構築するかについて、大きなインパクトを与えてくれる。ただ、実際にこのツールを適用しようとしたときに、迷ってしまう開発者も多い。必要なのは、より具体的な指針だ。Vaughn は本書で、理論と実践の橋渡しをしてくれる。DDD に関するさまざまな誤解を正すだけでなく、コマンドクエリ責務分離やイベントソーシングといった新たな概念も紹介してくれる。これらは、DDD の先駆者たちがすでにうまく使いこなしているものだ。DDD を実際に使ってみようと思っているすべての人にとっての必読書だ。

Udi Dahan
NServiceBus プロジェクトの設立者

ドメイン駆動設計を実践しようと考えている開発者たちは、DDD についてのより実践的なガイドを長年求め続けていた。Vaughn のすばらしい仕事のおかげで完璧な実装リファレンスができ、理論と実践の間の溝が埋まった。いまどきのプロジェクトに DDD を適用する方法を明確に示し、プロジェクトを進めるにあたって現れるさまざまな問題に立ち向かうためのさまざまなアドバイスをしてくれる。

Alberto Brandolini
認定 DDD インストラクタ[1]

『実践ドメイン駆動設計』はすばらしい。DDD に関する幅広いトピックを扱い、それを明確に手際よく説明している。親しみやすい形式で書かれているので、まるで、信頼できる先輩から助言をもらっているように感じる。本書を読み終えれば、DDD の重要な概念のすべてを、実際に適用できるようになるだろう。私は本書を読みながら、あちこちにアンダーラインを引いていった。あとで何度も読み返すだろうし、ほかの人に勧めたりもするだろう。

Paul Rayner
Virtual Genius, LLC.
オーナー・主席コンサルタント
認定 DDD インストラクタ
DDD Denver の設立者・共同代表

---

[1] 訳注:DDD Instructor, Certified by Eric Evans and Domain Language, Inc.

私がDDDの研修で教えている中でも一番重要なのが、さまざまなアイデアを実際にどのように適用していくのかという議論だ。本書はまさにその内容を扱ったもので、DDDのコミュニティにとっては幅広く使えるガイドとなるだろう。『実践ドメイン駆動設計』では、DDDを使ってシステムを構築するにあたってのさまざまな内容を取り上げている。大局的なところから詳細なところまで、扱う範囲は幅広い。Eric EvansのDDD本とあわせて、ぜひ手元に置いておきたい。

Patrik Fredriksson
認定DDDインストラクタ

ソフトウェア職人としての自覚があるのなら（当然、あるべきなのだが）、ドメイン駆動設計は必須のスキルだ。そして『実践ドメイン駆動設計』は、このスキルを身につけるための一番の近道だ。非常に読みやすく、かつ正確に、DDDの戦略と戦術が示されている。読者は、読んだ内容をすぐに実践で試せるだろう。本書を読めば、すばらしいソフトウェアが作れるようになる。

Dave Muirhead
Blue River Systems Group
主席コンサルタント

DDDの理論や実践については、すべての開発者が知っておく必要がある。本書は、理論と実践を兼ね備えた、今までにない一冊だ。おすすめ！

Rickard Öberg
Neo Technology
Java開発者

『実践ドメイン駆動設計』において、VaughnはトップダウンのアプローチでDDDに迫る。境界づけられたコンテキストやコンテキストマップといった戦略的パターンから始まり、エンティティや値そしてサービスなどのパターンがそれに続く。本書では一貫してケーススタディを採用している。その内容を習得するには、ある程度の時間を費やしてケーススタディを追う必要があるだろう。そうすれば、DDDを複雑なドメインに適用する価値を理解できるようになる。各種のコラムや図表、サンプルコードなどが理解の助けになるだろう。きちんとしたDDDのシステムをいまどきのアーキテクチャで構築するには、Vaughnによる本書がお勧めだ。

Dan Haywood
『Domain-Driven Design Using Naked Objects』の著者

本書では、トップダウンのアプローチでDDDを解説する。戦略的パターンから始まり、より低レベルな戦術にいたるまでを、うまくつないでいる。理論とそれを支える手法を組み合わせて、モダンなアーキテクチャで理論を実践する方法を示す。本書全体を通してVaughnが強調するのは、ビジネスドメインと技術的な検討事項のバランスをうまくとって考えることの重要性だ。その結果として、DDDの果たす役割だけでなく、それが何であって何でないのかがより明確になる。DDDを適用するにあたっては、いろいろな衝突も発生する。『実践ドメイン駆動設計』を指針とすれば、そういった問題を乗り越えて、うまくビジネスに結びつけられるようになることだろう。

Lev Gorodinski
DrillSpot.com
主席アーキテクト

日本語版への賛辞

スタック・オーバーフローを追い続けたこの一年は何だったのだろう。本書を読むことで断片的な知識が整理され、悩み続けた問題が一つずつ氷解していきました。今では自分の設計に対して、一つ一つの根拠を説明することができます。ドメイン駆動開発の「実践」に不可欠な本です。

林淳哉
株式会社サイカ

本書で学べば DDD が自分のものになります。また、『エリック・エヴァンスのドメイン駆動設計』では釈然としなかった疑問も解消するでしょう。ドメインイベントやヘキサゴナルアーキテクチャな新概念も登場するので、DDD の知識をアップデートしたい方にも最適な書です。

野澤秀仁
株式会社クラフトマンソフトウェア

『エリック・エヴァンスのドメイン駆動設計』を読み終えたら、次にこの本を読み進めると良いでしょう。より具体的な事例に触れることでドメイン駆動の理解が進むと思います。

小川明彦
XPJUG 関西

Eric Evans は、ドメイン駆動設計というパターン言語を作りました。そのパターン言語を、イベントソーシングモデルなど、Evans の時代から一歩進んだアーキテクチャを前提に解説したのが、本書です。Vaughn Vernon の手法はドメイン駆動設計の 1 つの完成形であり、それらがわかりやすい例とともに、余すことなく解説されています。ドメイン駆動設計の実践例を知りたい入門者だけでなく、これまでドメイン駆動設計を自分の手で実践してきた人にとっても、本書は手に取る価値のある内容だと思います。

後藤秀宣
PHP メンターズ

ドメイン駆動設計を実践しようと開発の現場で日々奮闘するすべての人々に、多くのヒントを与えてくれるでしょう。ドメイン駆動設計という言葉を初めて耳にした方も、興味深い言葉が並んでいる目次の気になった所から読み進めてみてください。ぜひ本書を手に取り、みなさんの現場で議論を深めていただきたいと思います。

森新一郎
エンジニア

『エリック・エヴァンスのドメイン駆動設計』の出版後に登場したパターンやアーキテクチャの解説は、ドメイン駆動設計を実践している開発者に共感とさらなる自信を持たせるでしょう。ドメイン駆動設計に取り組もうとしている開発者は、実践から始めてみましょう。

尾篭盛
Ruby 関西

DDD は有用だと理解していても、実装は難しく DDD の恩恵を十分に受けられるものはできていませんでした。この本では、そんな実装困難な DDD をどのように実装するのか、豊富な例をもって示してくれます。DDD を実践する開発者にとって、この本はバイブルになると思います。

川辺卓矢
DDD 読書会大阪

日本語版への賛辞

IDDD は安定し、壊れにくく、仕様変更に強い現代のソフトウェアに求められる要求を満す助けとなるソフトウェア職人のために書かれた本です。本書を読み解けば、ソフトウェア職人の道具箱にいくつもの強力なツールが増え、日々の開発がさらに楽しくなります。

森怜峰
株式会社クラフトマンソフトウェア

本書は単に動くソフトウェアを作りたいという人に向けて書かれたものではない。卓越したソフトウェアとチームを作成しようと渇望するあなたに向けて書かれたものだ。チームの意識を反映し、ビジネスそのものが息づくシステムなら、困難な要件にも適応していくことができる。DDD を実践して、言葉を作り、パターンを組み込む。その具体的なアクションのためのガイドが本書だ。

山下智也

DDD を実践しようとして判断に迷ったり、つまずいたりすることは、よくあるのではないでしょうか。本書はモダンな技術要素を扱いながら実践例を示しており、DDD のパターンを適用する際に大いに役立つことでしょう。DDD を実践しようと考えている方、現状うまくいっていない方、必読の一冊です。

綿引琢磨
株式会社デライトテクノロジーズ

『人月の神話』の中でブルックスは、ソフトウェア開発におけるテクニカルな難しさを「偶有的」なものとみなし、「抽象的なソフトウェア実体を構成する複雑な概念構造体を作り上げること」すなわち今風の言葉でいう「ドメインモデリング」を、ソフトウェアエンジニアリングの本質的な難しさと呼びました。本書は、ドメイン駆動設計における実装面の詳細に明快な回答を与えることを通じて、このブルックスの見方が現代のソフトウェア開発の文脈においても真実であり続けていることを確信させてくれます。

杉本啓
株式会社フュージョンズ

本書は、DDD を学ぶ／実践するにあたって、『エリック・エヴァンスのドメイン駆動設計』に続く必読書と言えるでしょう。前書の読後に思ったであろう、「で、結局のところどうすればいいの?」というもやもやを、読みやすい日本語とわかりやすい内容で、スッキリとさせてくれることまちがいなしです。

高江洲睦
JavaEE 勉強会／ devtesting-ja ／スクラム道
「Fearless Change アジャイルに効く アイデアを組織に広めるための 48 のパターン」翻訳

はじめに

> いくら計算したって、不可能だということしかわからない。やるべきことはひとつ。それを可能にすることだけだ。
>
> – Pierre-Georges Latécoère [2]

　そう、**それを可能に**すべきだ。ソフトウェア開発におけるドメイン駆動設計のアプローチはとても重要で、それをうまく実践する明確な方法がなければ、有能な開発者としてこの先生きのこれない。

タッチアンドゴー

　私がまだ幼かったころ、父親が小型飛行機の操縦資格を取った。よく家族みんなで飛んだものだ。時にはよその飛行場まで行って、ランチを食べて戻ってくることもあった。父は空を飛びたくて仕方がなかったらしく、忙しい合間を縫って私と二人だけで、いわゆる「タッチアンドゴー」を繰り返すこともあった。

　少し長い距離を飛ぶことも何度かあった。そんなときにはいつも、地図を持ち込んでいた。父が事前にチャートを書き入れたものだ。こどもたちの役割は、眼下のランドマークと地図を見比べて、正しいルートを飛んでいるかどうかを確認することだった。これがとても楽しみだった。はるかかなたに見える小さな物体を識別するという、とてもやりがいのある作業だったからね。正直言って、私たちのナビゲーションがなくても、父は自分たちが今どこにいるのか把握していたのだと思う。ダッシュボードにはいろんな計器がついているし、計器飛行のライセンスも持っていたわけだし。

　空の上から見る光景は、私の考え方を根本的に変えてくれた。ときどき、父とふたりで自宅の上を飛ぶことがあった。地上百メートルから見る自宅の眺めは、自分が知っているのとはまったく違っていた。母や妹たちが家から出てきて、庭で手を振っているのが見える。たしかにそこにいるのはわかるが、瞳の奥までは見えないし、言葉も交わせない。機内でいくら大声を張り上げたところで、決して彼女らには届かない。道路と私有地を区切っている、スプリットレールのフェンスも見える。地上にいるときには、まるで平均台みたいにその上を歩いたりしていた。上空から見ると、丹念に織り込まれた篭のようだ。広い庭もあって、夏休みにはいつも芝刈り機を乗り回していた。上空から見ると、庭は単なる緑一色。芝の葉なんか見えない。

　上空でのこの感覚が大好きだった。日が落ちて、着陸して駐機場に向かうその瞬間と同様に、私の記憶に残っている。空を飛ぶのはとても楽しくて、地上ではとても得られないような経験だった。そんな楽しさもあって、タッチアンドゴーでの一瞬の着陸も、気にならないほどだった。

---

[2] 訳注：ピエール＝ジョルジュ・ラテコエール（フランス航空業界黎明期の起業家）

ドメイン駆動設計の世界への着陸

　ドメイン駆動設計（DDD）とのかかわりは、こどものころの飛行体験に少し似ている。空からの眺めはほんとうに素晴らしいものだが、見慣れない光景で、自分がいったいどこにいるのかがわからなくなることもある。A 地点から B 地点まで、どうやって移動したらいいのかすらわからない。DDD を使いこなしている人たちは、自分たちが今どこにいるのかをきちんと把握しているようだ。ずっと前から地図上にコースを定め、ナビゲーション装置もきちんとチューニングしているのだろう。その他大勢の人たちには、この安心感がない。まず必要なのは、「着陸して駐機する」ための技術だ。そして、今どこにいて、目的地がどこなのかを知る手段としての地図も必要だ。

　Eric Evans による『**Domain-Driven Design: Tackling Complexity in the Heart of Software**』[Evans] は、時を経ても色あせない名著だ。今後何十年にわたって開発者たちの指針となり得ると、私は確信している。他のパターン本と同様に、同書でも、遙か上空からの視点で全体を俯瞰する。しかし、DDD の実践にあたってその本質を理解する必要に迫られたときには、それだけでは足りないかもしれない。もう少し詳しい実例があればいいと考える人も多いだろう。地上に降りてしばらく地表に滞在したり、自宅などのなじみの場所へとドライブしたりしてみたいところだ。

　私の目標のひとつは、読者を軟着陸させて機体の安全を保ち、勝手知ったるルートで帰宅しやすくすることだ。DDD を実践するための感覚をつかみ、よく知っているツールや技術を使ってそれを実現する実例を示す。とはいえ、いつまでも家の中に引きこもっているわけにはいかない。家から飛び出し、新たな領域を探るべく未踏の地へ旅立つための手助けもする。時には急勾配が立ちはだかることもあるだろう。でも、正しい戦術を使えば、安全に登っていける。この旅の過程で、複数のドメインモデルを統合するための、新たなアーキテクチャやパターンを身につけることだろう。それによって、これまでには見えなかったような新たな領域が見えてくるかもしれない。複数ドメインの統合に関する戦略的モデリングについての詳細も学べるだろうし、自立型のサービスを開発する方法も学べるだろう。

　私の目標は、読者に地図を提供することだ。近場の散策と長い旅の両方に役立ち、周辺の詳細を楽しみながら、道に迷わずケガもなしに歩けるようにする地図だ。

地形のマッピング、そしてフライトチャート作り

　ソフトウェア開発では、常に何かを何かにマッピングしている。オブジェクトをデータベースにマッピングする。オブジェクトをユーザーインターフェイスにマッピングしたり、逆にユーザーインターフェイスをオブジェクトにマッピングしたりする。オブジェクトをさまざまなアプリケーションでの表現にマッピングして、それを別のシステムやアプリケーションに使わせたりする。それらと同様に、Evans による概念レベルのパターンを実装に落とすためのマッピングが欲しくなるのも、ごく自然なことだ。

　すでに DDD を学んだことがある人にとっても、そういったマッピングがあれば、より有用だろう。DDD は、まずは技術的なツールセットとして取り入れられることが多い。この手のアプローチのこ

とを**軽量 DDD** と呼ぶ人もいる。主にエンティティやサービスを用いて、集約の設計にも手を出してみて、永続化の管理にはリポジトリを検討する。これらのパターンは今までのなじみの技術に似ているので、取り入れやすい。これらに加えて、値オブジェクトの使い道を見いだす人もいるかもしれない。これらはいずれも、**戦術的設計**に属するもので、どちらかといえばテクニカルなパターンだ。これらのパターンを使えば、ソフトウェアに関する深刻な問題にメスを入れて治療できる。しかし、それ以外にも学ぶことは多い。また、戦術的パターンをうまく適用できる場面は、これだけではない。本書では、これらのパターンを実装にマッピングする。

　戦術的モデリングのその先の世界を考えてみよう。DDD の「もうひとつの側面」、つまり**戦略的設計**のパターンを試したことはあるだろうか？　境界づけられたコンテキストやコンテキストマップを使ったことがないというのなら、おそらくユビキタス言語にもまだ手を出していないことだろう。

　Evans がソフトウェア開発コミュニティにもたらした「発明」をひとつあげるとすれば、それはユビキタス言語だ。「発明」は言い過ぎだとしても、少なくとも、設計に関する英知の山に埋もれていたユビキタス言語を世に広めたという点は間違いない。これはチームで使うパターンだ。特定のコアビジネスドメインで用いられる概念や用語を、ソフトウェアモデル自身に見つけさせるために利用する。ソフトウェアモデルには名詞や形容詞、そして動詞が包含されている。また、開発チーム（何名かのドメインエキスパートを含むチーム）が使う、よりリッチな表現も含まれている。しかしこの「言語」を、単なる用語だと判断してしまうのは間違いだ。人間の話す言語がその話者の心を反映しているのと同様に、ユビキタス言語もまた、そのビジネスドメインのエキスパートたちのメンタルモデルを反映している。したがって、ソフトウェアそのものや、そのモデルがドメインの信条にしたがっていることを確認するテストは、どちらもこの「言語」で表せるし、またこの「言語」に従うことになる。チームもまた、この「言語」で考えて、そして話す。この「言語」には、その他の戦略的パターンや戦術的パターンと同様の価値があり、場合によってはそれらよりも長く使えるものだ。

　端的に言えば、軽量 DDD で進めると、貧弱なドメインモデルができあがってしまいがちだ。ユビキタス言語や境界づけられたコンテキスト、そしてコンテキストマッピングなどの威力を活かしきれていないからだ。チーム内での単なる用語ではなく、それ以上のものが得られる。明確な境界づけられたコンテキストをドメインモデルで表したチームで使う言語は、真の事業価値をもたらす。また、自分たちが正しいソフトウェアを実装していることを確信させてくれる。技術的な面で見ても、これは役立つ。よりよい振る舞いをする、すっきりとした、間違いの発生しにくいモデルを作る助けになるだろう。そこで私は、戦略的デザインパターンを、より理解しやすい実装例にマッピングした。

　本書で示す DDD の地勢図を使えば、戦略的デザインと戦術的デザインの両面でのメリットを感じられるだろう。そして、事業価値と技術的な強みの両方が得られるようになる。

　これまで DDD で行ってきたことを地表レベルにとどめていることほど悲しいことはない。細かいところで行き詰まっていると、空からの眺めがいろんなことを教えてくれるということすら忘れてしまう。地上を旅するだけで満足していてはいけない。勇気を持って操縦席に座り、空からの眺めに学ぶんだ。戦略的設計についての訓練飛行で境界づけられたコンテキストやコンテキストマップを学べば、その全貌について完全に理解するための準備ができる。読者がこのフライトで DDD を身につけ

ること、それが著者である私の目標だ。

各章の概要

本書の各章について簡単にまとめ、読者がそこから何を得られるのかを説明する。

第1章「DDDへの誘い」

この章では、DDDを使うとどんなメリットがあるのかや、どうすればそのメリットを得られるのかを紹介する。自分たちのチームで複雑さに立ち向かう際に、DDDがどのように役立つのかを学べるだろう。自分たちのプロジェクトが、DDDを採用するに値するかどうかを判定する方法も紹介する。また、DDD以外によく使われる方法をとりあげて、なぜ他の方法だと問題が発生するのかを考える。この章ではDDDの基本を扱うので、自分たちのプロジェクトでDDDを採用する際の第一歩を学べるだろう。それだけではなく、上司やドメインエキスパート、そして技術畑のメンバーに、DDDのすばらしさを売り込む方法も得られる。これらを活かせば、成功の秘訣を知った上でDDDに立ち向かえるようになるだろう。

あるプロジェクトのケーススタディも登場する。架空の企業とチームによるものだが、現実世界でDDDに立ち向かうための参考になるだろう。この企業では、SaaSベースの革新的なプロダクトを、マルチテナント型の環境で作ろうとしている。DDDを採用する際にありがちな間違いを数多く経験するが、その問題の解決策を何とか見つけ出して、プロジェクトを進めていく。作ろうとしているのは、たいていの開発者が使えそうなプロダクトで、スクラムベースでのプロジェクト管理用のアプリケーションだ。この章では、次の章以降の前提となる舞台設定をする。戦略的設計と戦術的設計の両方がチームの視点で語られる。試行錯誤を繰り返し、DDDをうまく実践すべく進めていく。

第2章「ドメイン、サブドメイン、境界づけられたコンテキスト」

ドメインとは、サブドメインとは、そしてコアドメインとは、いったい何なのだろうか。境界づけられたコンテキストとはどういうもので、どうやって使うべきものなのだろうか。ケーススタディのプロジェクトが犯す間違いを通して、これらの問いに答える。DDDを使うプロジェクトが初めてなこともあって、彼らはサブドメインや境界づけられたコンテキスト、そして簡潔なユビキタス言語をうまく見つけられない。彼らにとって戦略的設計はまったく不慣れなものであり、技術的な観点でわかりやすい戦術的パターンに走ってしまう。これが、最初のドメインモデルの設計で問題の元になる。幸いにも、取り返しのつかない泥沼にはまりこむ前に、彼らは問題に気づいた。

重大なメッセージがもたらされる。境界づけられたコンテキストを使って、モデルを適切に見つけ出し、そして分離することだ。そして、パターンを適用するときにありがちな間違いと、よりうまい実装のための助言を得る。そして、問題を修正する段階に進む。適切な段階を踏んだチームは、二種類の境界づけられたコンテキストを作った。これが、第三の境界づけられたコンテキストにおけるモデリングの概念の適切な分離につながる。第三の境界づけられたコンテキストは新たなコアドメインであり、本書で主に扱う例となる。

この章は、技術的なうわべだけでDDDを適用しようとして痛い目にあったことのある人には、特

に響くだろう。戦略的設計についてあまり詳しくない人にとっては、この章が、今後の旅をうまく進めていくための第一歩となる。

第3章「コンテキストマップ」

コンテキストマップは強力なツールだ。ビジネスドメイン、モデル間の境界、モデルをどのように統合できるかなどを理解するのに役立つ。このテクニックは、単にシステムのアーキテクチャを図示するだけにはとどまらない。さまざまな境界づけられたコンテキストの間の関係を理解し、オブジェクトを個々のモデルに適切にマッピングするためのパターンを見つけることにもつながる。複雑な業務において、境界づけられたコンテキストをうまく扱うためには、コンテキストマップが欠かせない。この章では、第2章でプロジェクトのメンバーが見つけた最初の境界づけられたコンテキストに対してコンテキストマッピングを行い、その問題点を見つける過程を描く。そして、すっきりした二種類の境界づけられたコンテキストを使って、新たなコアドメインの設計と実装を進めていく。

第4章「アーキテクチャ」

レイヤ化アーキテクチャについては、誰もが知っているだろう。DDDでアプリケーションを作るときには、レイヤを使うしかないのだろうか。それ以外のアプローチは使えないのだろうか。この章では、さまざまなアーキテクチャでDDDを使う方法を検討する。ヘキサゴナル（ポートとアダプター）やサービス指向、REST、CQRS、イベント駆動（パイプとフィルター、長期プロセス、イベントソーシング）、そしてデータファブリック／グリッドベースのアーキテクチャを考える。この中のいくつかは、ケーススタディのプロジェクトでも実際に利用する。

第5章「エンティティ」

DDDの戦術的パターンの中で最初にとりあげるのが、エンティティだ。最初のうちはエンティティに頼りすぎだったプロジェクトチームは、必要に応じた値オブジェクトの活用の大切さを見落としていた。この章では、エンティティを使いすぎてしまって、データベースや永続化フレームワークに縛られてしまわないための方法を考える。

適切な使い道を見定められるようになった上で、エンティティをうまく設計するための例を数多く紹介する。ユビキタス言語をエンティティで表すには、どうすればいいだろう。エンティティのテストや実装、そしてその永続化は、どのようにすればいいのだろう。これらそれぞれについて、順を追って説明する。

第6章「値オブジェクト」

プロジェクトのメンバーは当初、値オブジェクトを使ったモデリングのチャンスを逃していた。エンティティの個別の属性にこだわっていたようだが、関連する複数の属性を全体としてどのようにとりまとめるかにこそ注目すべきだった。この章では、値オブジェクトの設計についていろんな側面から考える。そして、モデルの中から特別な特性をどのように見つけ出すかを示し、エンティティではなく値オブジェクトを使えるのがどんな場面なのかを判断できるようにする。それ以外にも重要なトピックが登場する。統合の際に値が果たす役割や、標準型のモデリングなどだ。また、ドメイン中心

のテストを設計する方法や値型を実装する方法も扱う。そして、永続化メカニズムの悪影響を排して、値オブジェクトを集約の一部として格納する必要をなくす方法も示す。

第 7 章「サービス」

この章では、何かの概念を、きめ細かいステートレスのサービスとしてモデリングする時期を判断する方法を示す。エンティティや値オブジェクトではなくサービスを設計すべきなのはどんなときなのか、また、技術的な統合のための、ビジネスドメインのロジックを扱うドメインサービスの実装方法について説明する。プロジェクトチームが下した決断をもとに、サービスを使うべき場面やその実装方法を考える。

第 8 章「ドメインイベント」

ドメインイベントは、Eric Evans の DDD 本では正式にはとりあげられていない。同書の出版後に新たに登場したパターンだ。この章では、モデルからドメインイベントを出版するとなぜ便利なのかを説明する。そして、そのさまざまな使い道を紹介する。統合をサポートしたり自立型のビジネスサービスに使ったりもできる。アプリケーションからはさまざまなイベントが送信され、処理されるので、ドメインイベントの特徴が際立つ。ドメインイベントの設計や実装の指針に加えて、さまざまな選択肢やトレードオフについても示す。そして、出版・購読型の仕組みを作る方法やドメインイベントを購読者に出版する方法、イベントストアの作成や管理の方法、メッセージングでよくある問題に対応する方法を説明する。プロジェクトチームでは、その利点を最大限に活用すべく作業を進めていく。

第 9 章「モジュール」

モデルのオブジェクトを適切なサイズのコンテナに取りまとめて、他のコンテナのオブジェクトとの結合をできるだけ減らすには、どうすればいいだろう。そういったコンテナに、ユビキタス言語を使った適切な名前をつけるには、どうすればいいだろう。パッケージや名前空間ではなく、言語やフレームワークが提供するもっとモダンなモジュラー機構（OSGi や Jigsaw など）を使えないだろうか。プロジェクトチームが、いくつかのプロジェクトにまたがるモジュールを使うようすを示す。

第 10 章「集約」

集約はおそらく、DDD の戦術的ツール群の中では一番なじみの薄いものだろう。しかし、いくつかの経験則をあてはめれば、よりシンプルに、かつすばやく集約を実装できる。この章では、複雑性の壁を打ち破って集約を活用し、オブジェクトの集まりに対して一貫した境界を作る方法を学べるだろう。今回のプロジェクトチームは、大して重要でもない側面にこだわりすぎたため、いくつかの点でつまづいてしまった。チームのイテレーションを振り返ってモデリングについての問題をたどり、何がまずかったのか、そしてどう対応したのかを示す。その結果、自身のコアドメインについてより深い理解が得られるようになった。このチームが、トランザクション整合性や結果整合性を適切に活用して問題を克服した方法を紹介する。その結果、分散処理環境における、よりスケーラブルでハイパフォーマンスなモデルを設計できるようになった。

第11章「ファクトリ」

ファクトリについては、すでに [Gamma et al.] で語りつくされている。なのに、いったいなぜ改めて本書でとりあげるのだろう。この章はシンプルな章で、決して車輪の再発明をしようとしているわけではない。主な狙いは、ファクトリを**どこに**配置すべきなのかを知ることだ。もちろん、価値あるファクトリを DDD で設計するためのコツも紹介する。あのプロジェクトチームが、自身のコアドメインにおいてどんなふうにファクトリを作ってクライアントインターフェイスをシンプルにするのか、そして、モデルの利用者がマルチテナント環境でひどいバグに悩まされないために、どんな保護をしたのかを見ていこう。

第12章「リポジトリ」

リポジトリって、要するにシンプルなデータアクセスオブジェクト（DAO）のことじゃないのだろうか。違うとすれば、いったいどこが違うのだろう。リポジトリを設計するときに、データベースではなくコレクションを意識するのはなぜだろう。この章では、ORM と組み合わせて使うリポジトリの設計を学ぶ。グリッドベースの分散キャッシュである Coherence に対応する ORM、そして NoSQL のキーバリューストアを使う ORM だ。どちらの永続化メカニズムについても、プロジェクトチームは自由に選べる。この構成要素パターンには、それだけの力と多用途性があるからだ。

第13章「境界づけられたコンテキストの統合」

概念レベルのテクニックであるコンテキストマッピングは理解して、戦術的パターンも身につけた。しかし、実際に複数のモデルを統合するときには、何が必要になるのだろう。DDD は、統合の方法としてどんな選択肢を用意しているのだろう。この章では、コンテキストマッピングを使ってモデルの統合を実現するための方法を、いくつか紹介する。あのプロジェクトチームが、これまでに紹介したコアドメインとその他の境界づけられたコンテキストをどのように統合したのか、その流れを見ていこう。

第14章「アプリケーション」

コアドメインのユビキタス言語を使ってモデルを設計できた。また、その使いかたをたしかめたり正しく設計されていることを確認したりするためのテストも用意できたし、うまく動いている。ところで、チーム内の他のメンバーが、そのモデルを使ったアプリケーションを設計するときには、どうしたらいいのだろう。DTO を使って、モデルとユーザーインターフェイスの橋渡しをしなければいけないのだろうか。何かそれ以外の手段で、モデルの状態をプレゼンテーションコンポーネントに渡せるのだろうか。アプリケーションサービスやインフラストラクチャは、どのように動くのだろうか。この章では、今やおなじみになったあのプロジェクトを例にとって、これらの問題に対応する方法を紹介する。

付録A「集約とイベントソーシング：A+ES」

イベントソーシングは、集約を永続化させるための重要な技術的アプローチだ。イベント駆動アーキテクチャを開発する基盤にもなる。イベントソーシングを使えば、集約全体の状態を、その作成時

から発生する一連のイベントとして表現できる。これらのイベント群から集約の状態を再構築するには、発生したときと同じ順にイベントを再生すればいい。ポイントは、この手法を使えば、複雑な振る舞いの性質をとらえやすくなる（そして永続化させやすくなる）ということだ。イベントそれ自身がシステム全体におよぼす影響も、これでうまくとらえられる。

Java、そして開発ツールについて

　本書のサンプルの大半で、Java を採用している。C#のサンプルも用意できたが、敢えて Java を使うことにした。

　まず言っておきたい。悲しいことながら、Java のコミュニティ全般には、よい設計や開発のためのプラクティスが欠けている。最近では、Java ベースのプロジェクトでクリーンかつ練り上げられたドメインモデルを見ることは、まずなくなった。注意深くモデリングをする代わりに、スクラムなどのアジャイル手法が使われているようだ。プロダクトバックログが開発者を焚き付けていて、まるで、バックログアイテムが設計であるかのように扱われている。たいていのアジャイル実践者は、デイリースタンドアップの際に「このバックログのタスクは、元になる業務モデルにどんな影響をおよぼすのだろう」などと考えたりしない。言うまでもないことだとは思うが、敢えて言っておこう。スクラムなどの手法は、決して設計の代わりになるものではない。たとえプロジェクトマネージャーが、あなたに継続的デリバリーという名の無慈悲な道を行進させようとしたところで、スクラムは決して、ガントチャート至上主義者を喜ばせるための手段などではない。なのに、そんな風に扱われていることがあまりにも多い。

　これは大問題だ。私の主題は、Java コミュニティにドメインモデリングを取り戻させることだ。そのためには、それなりの心配りを持って、設計技術が自分たちの作業にどんな好影響を与えるのか（そう、どれだけアジャイルになるのか）を伝える必要がある。

　さらに、DDD を.NET 環境で実践するための優れた情報源は、すでにいくつか存在する。Jimmy Nilsson による **Applying Domain-Driven Design and Patterns: With Examples in C# and .NET**[Nilsson]もそのひとつだ。この優れた著作、そして Alt.NET のマインドセットを推進する人たちのおかげで、優れた設計、そして優れた開発プラクティスを目指す空気が.NET コミュニティにはできあがっている。Java の人たちも、見習うべきだろう。

　Java を選んだ第二の理由は、C#.NET のコミュニティの人たちは、Java のコードを苦もなく読めることを私は知っているからだ。DDD コミュニティには C#.NET を使っている人が多いということもあり、本書の初期のレビューアの大半は C#開発者だった。Java のコードを読まされることについての不満は、彼らからは一度たりとも聞かなかった。Java で書いたせいで C#開発者たちに敬遠されるという心配は、まったくしていない。

　もうひとつ付け加えておくべきことがある。最近、リレーショナルデータベースからドキュメントベースやキーバリュー形式のストレージへという大きな流れができつつある。これにはそれなりの理由があって、かの Martin Fowler は、これらを「集約指向ストレージ」とうまく称した。この呼びかたは、DDD において NoSQL ストレージを使う利点をうまく言い表している。

しかし、各地でのコンサルティングで見る限り、リレーショナルデータベースとオブジェクトリレーショナルマッピングの世界にとらわれている人たちも、まだまだ多い。私は、自分の著書でオブジェクトリレーショナルマッピングを使ってドメインモデルの解説をしたら、NoSQL推進者たちのコミュニティに対して失礼だと考えた。そのせいで、おそらく「ああ、オブジェクトリレーショナルマッピングでのインピーダンスミスマッチの話題から逃げたんだな。そんな議論は読むに値しない」と冷ややかな目で見られることもあるだろう。それでかまわない。炎上も受け入れよう。あまり目立たないように感じるが、日々の仕事でこの手のインピーダンスミスマッチに立ち向かう苦役を強いられている人は、まだまだ多いからである。

　もちろん第12章「リポジトリ」では、ドキュメントベースやキーバリュー形式、そしてデータファブリック／グリッドベースのストレージの使いかたについても指針を示す。さらにそれ以外の章でも、NoSQLを使うことで集約やその中身の設計がどう変わるのかについて、説明する。NoSQLを使おうという流れは、間違いなく今後も続くだろう。オブジェクトリレーショナルマッピングを使っている開発者も、その点は認識しておくべきだ。私はどちら側の主張も理解しているし、どちらの言うことにも一理あると思っている。新たな技術トレンドが生まれるとき、なにがしかの衝突が発生するのは仕方ないことだ。この衝突を、前向きな変化へのきっかけにしなければいけない。

謝辞

　Addison-Wesley の優秀なスタッフに感謝する。他の名著たちの仲間入りをする機会を与えてくださった。これまでにも研修やプレゼンで言及しているとおり、Addison-Wesley は DDD の価値をきちんと理解している出版社だと思っている。Christopher Guzikowski と Chris Zahn (Dr. Z) の両名が、執筆の過程をずっと支えてくれた。本を書いてくれないかという誘いを Christopher Guzikowski から受けたときのことは、忘れられない。著書が実際に出版されるまで、著者はずっと不安な日々を送るものだ。その間、彼はいつも私を励ましてくれた。もちろん Dr. Z も忘れられない。私の原稿を、出版に耐える状態に持ち込んでくれた。プロダクションエディターの Elizabeth Ryan にも感謝する。出版の際に詳細を調整してくれた。また、怖いもの知らずの編集者である Barbara Wood にも感謝する。

　話をさかのぼると、Eric Evans に感謝しないわけにはいかない。彼は、そのキャリアのうちの 5 年を費やして、DDD の名著を出版してくれた。Smalltalk コミュニティやパターンコミュニティが編み出した英知を Eric が紹介してくれなかったら、世の多くの開発者たちは、今もひどいソフトウェアを作り続けていたことだろう。残念なことに、この業界の現状は、あるべき姿には程遠い。Eric の言うとおり、あまりにもひどい品質のソフトウェア開発や、クリエイティブには程遠くてぜんぜん面白くない開発チームを見ていると、ソフトウェア業界からはとっとと逃げ出したくなりそうだ。逃げ出すのを思いとどまり、他の人たちの教育に力を注いでくれた Eric には、感謝してもしきれない。

　2011 年に開かれた最初の DDD Summit に私を招待してくれたのが、Eric だった。その場で、もっと多くの開発者に DDD をうまく使ってもらえるような、ガイドラインを作るべきだという声が上がった。私はすでに本書の執筆を始めていたこともあって、開発者たちに何が欠けているのかをよくわかっていた。そこで私は、「集約の経験則」についての記事を書くことを申し出た。「Effective Aggregate Design」と名づけられた三部構成のこの記事が、本書の第 10 章につながった。dddcommunity.org に記事を公開してみて、はっきりとわかった。まさに、こういった指針が必要とされていたのだ。DDD コミュニティのメンバーに感謝する。この記事をレビューしてくれ、さらに本書についてもさまざまなフィードバックをもらった。Eric Evans と Paul Rayner には、特に細かいレビューをしてもらった。さらに、Udi Dahan や Greg Young、Jimmy Nilsson、Niclas Hedhman、そして Rickard Öberg からもフィードバックをもらった。

　DDD コミュニティの古株の一人である Randy Stafford には、特に感謝する。数年前にデンバーで DDD についての講演をした際に、彼は私に「もっと大きな DDD コミュニティにかかわるべきだ」と言ってくれた。そしてその後、彼は私を Eric Evans に紹介してくれた。そのとき私は、DDD コミュニティに関する自分の思いを簡単に語った。かなりの大風呂敷で実現性も低いであろうアイデアだったが、Eric と話をして、まずは DDD を広めるための小さなまとまりを作るのが近道だと確信した。その場での議論が、後の DDD Summit 2011 につながった。もし Randy が私の背中を押してくれなければ、本書は存在し得なかった。そしておそらく、DDD Summit も開催されなかっただろう。Randy には Oracle Coherence がらみで本書にもいろいろ協力してもらった。いずれまた、別のところでも

一緒に何かを書いてみたいものだ。

　Rinat Abdullin と Stefan Tilkov そして Wes Williams に感謝する。彼らには、それぞれの得意分野について執筆してもらった。DDD にからむあらゆる内容を完全に把握するのは不可能といっても過言ではない。さらに、ソフトウェア開発のあらゆる分野のエキスパートになることなど、ムリだろう。そこで私は、第 4 章や付録 A の特定の分野については、それぞれの専門家に執筆を頼むことにした。Stefan Tilkov には、REST に関する卓越した知識で助けられた。Wes Williams には GemFire の経験を活かしてもらったし、Rinat Abdullin には、イベントソーシングによる集約の実装についての経験を共有してもらった。

　Leo Gorodinsk は最初期からのレビューアの一人で、本書の執筆プロジェクトにずっと付き合ってくれた。はじめて Leo に会ったのは、DDD Denver の集まりだった。彼からは、本書に関して多大なフィードバックをもらった。コロラド州のボルダーで、自分たちのチームで DDD を実践しようと悪戦苦闘した経験に基づいたものだった。彼の厳しいレビューに私が助けられたように、本書が彼のチームに役立ってくれることを願う。Leo は、DDD の将来を担う一人だと思う。

　それ以外にも多くの人から、本書へのフィードバックをもらった。特に重要な意見をくれたのが、Gojko Adzic や Alberto Brandolini、Udi Dahan、Dan Haywood、Dave Muirhead、そして Stefan Tilkov だった。中でも Dan Haywood と Gojko Adzic の二人は、初期に数多くのフィードバックをしてくれた。まだ荒削りで読みづらい原稿を、よく読んでくれたものだ。ひどい原稿に耐え、それを正してくれた彼らに感謝する。Alberto Brandolini は、戦略的設計全般（特にコンテキストマッピング）に関する知見をもって私を助けてくれた。そのおかげで私は、本質に注力できるようになった。Dave Muirhead はオブジェクト指向設計やドメインモデリングについての豊富な経験を誇り、オブジェクトの永続化やインメモリのデータグリッド（GemFire や Coherence など）にも長けている。オブジェクトの永続化の歴史やその詳細に関して執筆するときに、大きな影響を与えてくれた。Stefan Tilkov には、REST 以外に関しても協力してもらった。アーキテクチャ全般、中でも SOA やパイプとフィルターに関する知見が参考になった。Udi Dahan のおかげで、CQRS や長期プロセス（サーガ）の概念、そして NServiceBus によるメッセージングについて明確に記述できるようになった。Rinat Abdullin、Svein Arne Ackenhausen、Javier Ruiz Aranguren、William Doman、Chuck Durfee、Craig Hoff、Aeden Jameson、Jiwei Wu、Josh Maletz、Tom Marrs、Michael McCarthy、Rob Meidal、Jon Slenk、Aaron Stockton、Tom Stockton、Chris Sutton、そして Wes Williams。彼らレビューアからも、貴重なフィードバックをもらった。

　本書のためにすばらしい挿絵を描いてくれたのが Scorpio Steele だ。Scorpio が、出版に関わった私たち全員を、スーパーヒーローにしてくれた。そして、技術的な観点以外でのレビューをしてくれたのが、親友の Kerry Gilbert だ。他のレビューアから「技術的に正しい」とお墨付きをもらった文章に対しても、容赦なく「文法的におかしい」と突っ込んでくれた。

　両親からは、大きな刺激を受けてきたし、今までいろいろ助けてもらってきた。私の父（本書の「カウボーイの声」コーナーに登場する「AJ」）は、単なるカウボーイじゃない。誤解しないでほしいが、偉大なカウボーイであるというのは、それだけでも十分すごいことだ。父は飛行機を操縦するだけで

はなく、土木技師や測量士としても活躍していた。また、優れた交渉人でもあった。彼は数学を愛し、宇宙についても学んでいる。父にはいろいろ教わったが、印象に残っているのは、直角三角形の解き方を教わったことだ。あれは 10 才のころだった。若いうちに技術的な視点で見る習慣をつけてくれて、ありがとう。もちろん母にも感謝する。世界でも有数のすばらしい人物だ。私が個人的に困っているときにも、常に励まし、支えてくれた。私の辛抱強さは、母から引き継いだものだ。ここまで育ててくれたことについて、いくら語っても語りつくせない。

　妻の Nicole や息子の Tristan には献辞をささげたが、それだけではとても足りないので、あらためてここでも紹介しよう。本書を書き上げることができたのは、二人のおかげだ。二人の支えや励ましがなければ、絶対にムリだっただろう。ありがとう。愛してるよ。

著者について

　Vaughn Vernon は四半世紀以上の経験を持つソフトウェア開発者で、設計や開発だけでなくアーキテクチャについても熟知している。彼は、ソフトウェアの設計や実装を、革新的な手法で単純化させる考えを広めている。1980 年代からオブジェクト指向言語でのプログラミングに親しみ、1990 年代はじめにはドメイン駆動設計を使い始めた。ちょうど Smalltalk でドメインモデリングをしていたころの話だ。彼は、航空・環境・地理空間・保険・医療・ヘルスケア・電気通信などさまざまな業務ドメインの経験を持つ。技術的な面でもさまざまな成果を誇り、再利用可能なフレームワークやライブラリを作ったり、実装を高速化するツールを作ったりもした。国内外のさまざまな場所でコンサルティングや講演を行い、Implementing Domain-Driven Design の研修も各国で開催している。彼についての最新情報は www.VaughnVernon.co で得られる。Twitter アカウントは@VaughnVernon だ。

訳者まえがき

本書は、Vaughn Vernon 著『Implementing Domain-Driven Design』（2013 年 2 月出版）の全訳です。

Eric Evans による名著『Domain-Driven Design: Tackling Complexity in the Heart of Software』（日本語訳は『エリック・エヴァンスのドメイン駆動設計』）[Evans] の原書が出版されたのは、2003 年のことでした。本書では、その後の 10 年近くの間に新たに得られた知見も交えつつ、ドメイン駆動設計を適用するにあたっての考え方が体系的にまとめられています。

本文中で扱っているサンプルコードはオンラインで公開されている[3]ので、お手元で実際に動かしてみることもできます。

すでによくご存知の方には最近のトピックをおさらいするための一冊として、また、これから学んでいくという方にはドメイン駆動設計の全貌を把握するためのガイドとして、ぜひ手元に置いてご活用ください。

謝辞

本書の翻訳にあたっては、多くの方のお世話になりました。

翻訳のきっかけを与えてくださった鈴木嘉平さんに感謝します。「そういえば、こんな本があるらしいですよ」という私のつぶやきを拾ってくださり、翻訳のきっかけを与えてくださいました。

小川明彦さん、尾篭盛さん、川辺卓矢さん、久保敦啓さん、後藤秀宣さん、杉本啓さん、瀬賀直樹さん、高江洲睦さん、野澤秀仁さん、林淳哉さん、溝内伸和さん、森新一郎さん、森怜峰さん、山下智也さん、山根剛司さん、山根菜々さん、綿引琢磨さん、和智右桂さん（五十音順）には、翻訳のレビューアとしてご協力いただきました。みなさまの的確なご指摘のおかげで、より正確で読みやすい翻訳に仕上がりました。感謝します。

翻訳の完成までを温かく見守ってくださった、翔泳社の野村信行さんに感謝します。

翻訳にあたっては、GNU Emacs・Re:VIEW[4]・Lookup 1.4.1・英辞郎[5]・ビジネス技術実用英語大辞典 V5・Jenkins・GitHub のお世話になりました。これらの道具やサービスがなければ、とても最後まで翻訳を仕上げることはできなかったでしょう。開発やメンテナンスをなさっているみなさんに感謝します。

2015 年 1 月

髙木正弘

---

[3] https://github.com/VaughnVernon/IDDD_Samples
https://github.com/VaughnVernon/IDDD_Samples_NET
http://lokad.github.io/lokad-iddd-sample/

[4] http://reviewml.org/

[5] http://project-pothos.com/unnodict/

本書の読みかた

　Eric Evans が、著書『**Domain-Driven Design**』で提示したのは、本質的にはひとつの大きな**パターンランゲージ**である。パターンランゲージとは複数のソフトウェアパターンを組み合わせたもののことで、それを構成している各パターンには結びつきがある。お互いに依存関係があるからだ。どのパターンも、自身が依存する他のパターンや自身に依存する他のパターンを参照している。読者にとって、これは何を意味するのだろうか。

　こういうことだ。たとえば本書のどこかの章を読んでいると、その章には書かれていない未知のDDD パターンに出くわすことがある。慌ててはいけない。イライラしたり、読むのをあきらめたりしないでほしい。参照しているそのパターンについては、おそらく別の章で詳しく説明されているはずだ。

　パターンランゲージを読み解くための手がかりとして、本文中では表 0–1 のような記法を使っている。

表0–1：本書で使っている記法

こんなふうに書かれていたら……	その意味は……
パターン名 (#)	当該パターンが今読んでいる章の中で初めて登場した。あるいは、すでにその章の中で説明されてはいるが、大切ものなので、詳細な情報がある場所を改めて参照している。
境界づけられたコンテキスト (2)	第 2 章を見れば、境界づけられたコンテキストに関する詳しい説明が得られることを示す。
境界づけられたコンテキスト	その章の中ですでに言及済みのパターンを改めて扱うときは、このように記述する。パターン名をすべて太字にして章番号をつけたりすれば、読者をイラつかせてしまうだろう。
[REFERENCE]	参考文献として、別の書籍や記事を指している。
[Evans] と [Evans, Ref]	本書で参照している DDD のパターンについて、個別に詳しく説明したりはしていない。もし詳しい説明が欲しければ、Eric Evans によるこれらの著作をあたってほしい（言うまでもないが、どちらも必読だ！）。[Evans] は、あの名著『**Domain-Driven Design**』のことだ。[Evans, Ref] はその後に公開された別の著作で、[Evans] のパターンの最新情報や拡張情報を簡潔にまとめている。
[Gamma et al.] と [Fowler, P of EAA]	[Gamma et al.] は、もはや古典とも言うべき『**Design Patterns**』を指す。[Fowler, P of EAA] は、Martin Fowler による『**Patterns of Enterprise Application Architecture**』のことだ。これら 2 冊についても、本書の中で頻繁に参照する。それ以外の文献を参照することもあるが、それらに比べてこの 2 冊を見ることのほうが多いことだろう。それ以外の文献の詳細は、参考文献のページを参照してほしい。

　どこかの章の途中から読み始めて「境界づけられたコンテキスト」のような表記に出会ったら、その章のどこかでそのパターンについての解説があると思ってかまわない。詳細は、索引を確認しよう。

　すでに [Evans] を読んだことがあり、パターンについてある程度の知識がある人なら、DDD につ

いての理解を明確にしたり、既存のモデルの設計を改善させるためのアイデアを得たりするために本書を手に取っているかもしれない。その場合は、必ずしも本書の全体像を知っておく必要はない。しかし、DDDにあまりなじみのない人は、まず以下の説明を読んで各パターンのつながりを押さえておこう。本書を読み進める際の手助けとなるだろう。

DDDの概要

まずは、DDDの大黒柱である**ユビキタス言語** (1) をとりあげる。ユビキタス言語は、単一の**境界づけられたコンテキスト** (2) の中で適用できる。遠からず、ドメインモデリングの考えかたになじむ必要が出てくるだろう。ソフトウェアのモデルを**戦術的**に設計するにせよ**戦略的**に設計するにせよ、明示的に境界づけられたコンテキストの中にクリーンなユビキタス言語をモデリングする必要がある。

戦略的モデリング

境界づけられたコンテキストとは、ドメインモデルを適用する際の概念的な境界のことだ。チームが使うユビキタス言語のコンテキストを提供し、注意深く設計されたソフトウェアモデルを図0-1のように表現する。

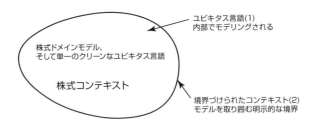

図0-1：境界づけられたコンテキストと、それに関連するユビキタス言語

戦略的設計の際には、図0-2に示すような**コンテキストマッピング** (3) も組み合わせて使うことになる。コンテキストマップを使えば、そのプロジェクトの地勢を理解できるようになるだろう。

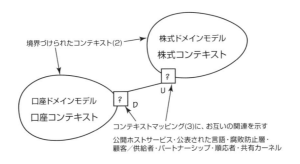

図0-2：境界づけられたコンテキストどうしの関連を示すコンテキストマップ

ここまでは、DDD の全体像について考えた。これらについて知っておくことが欠かせない。

アーキテクチャ

新しく境界づけられたコンテキストを作ったり、コンテキストマッピングで既存のコンテキストとつながったりするときには、新たな**アーキテクチャ** (4) スタイルを受け入れなければいけない場合もある。戦略的、そして戦術的に設計したドメインモデルは、特定のアーキテクチャに依存するのではなくアーキテクチャ的に中立であるべきだ。とはいえ、モデルを取り巻く環境には、何らかのアーキテクチャが必要となる。境界づけられたコンテキストを表すのに適しているのが**ヘキサゴナルアーキテクチャ**だ。これを使えば、**サービス指向**や **REST** そして**イベント駆動**などの、その他のスタイルを実現できるようになる。図 0-3 にヘキサゴナルアーキテクチャを示す。多少煩雑に見えはするが、シンプルに実現できる。

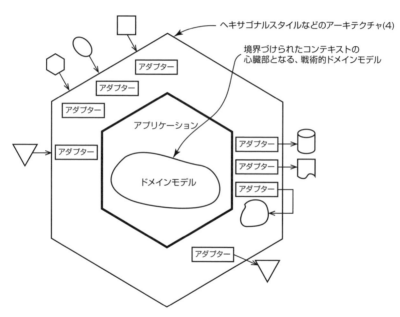

図0-3：ヘキサゴナルアーキテクチャと、ソフトウェアの心臓部となるドメインモデル

あまりアーキテクチャに気をとられすぎてしまうと、DDD を使って注意深くモデルを作ることがおろそかになってしまいがちだ。アーキテクチャも大切だが、アーキテクチャがおよぼす影響は、その場限りのものだ。優先順位を見誤らないようにしよう。大切なのはドメインモデルだ。ドメインモデルのほうが事業価値をより多く生み出すし、その影響も長続きする。

戦術的モデリング

境界づけられたコンテキスト内でのモデリングは、戦術的に行う。このときに使うのが、DDDの構成要素パターンだ。戦術的設計で最も重要なパターンのひとつが、図0–4に示す**集約** (10) だ。

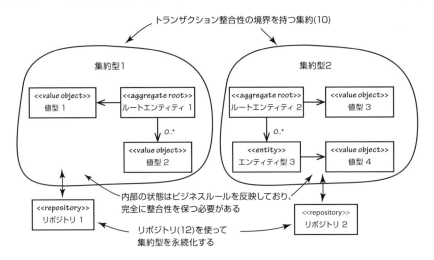

図0–4：それぞれが自身のトランザクション整合性の境界を持つ、二つの集約型

集約は単一の**エンティティ** (5) で構成されていることもあれば、複数のエンティティや**値オブジェクト** (6) の集まりであることもある。それらは、集約の生存期間中を通してトランザクション的に一貫性のあるものだ。集約をうまくモデリングする方法を身につけるのはきわめて重要で、DDDの構成要素の中でも最も理解が行き届いていないのが集約である。そんなに大切なパターンなのに、なぜ本書では後半になるまで登場しないのだろうか。第一の理由は、本書での戦術的パターンの並び順を、[Evans]とそろえておきたかったからだ。また、集約は他の戦術的パターンにもとづいたパターンなので、エンティティや値オブジェクトなどといった基本的な構成要素を先に説明しておきたかったという意図もある。

集約のインスタンスを永続化させるには**リポジトリ** (12) を使う。そうすれば、あとでその中身を検索したり、中身を取り出したりできる。そのようすは図0–4で確認できる。

図 0–5 にあるようなステートレスの**サービス** (7) をドメインモデル内で使うと、エンティティや値オブジェクト上で行うには不自然な業務的操作を実行できる。

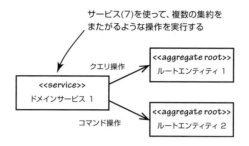

図0–5：ドメインサービスがドメイン固有の操作を行う。これには、複数のドメインオブジェクトがかかわることがある

ドメインイベント (8) を使って、そのドメインにおける重要な出来事の発生を表す。ドメインイベントは、さまざまな方法でモデリングできる。集約に関する何かの操作の結果としてイベントが発生したときは、集約自身がイベントを発行する。そのようすを図 0–6 に示す。

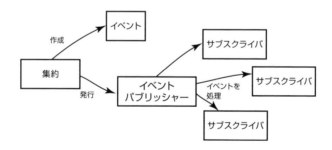

図0–6：集約がドメインイベントを発行する

めったに省みられることがないが、**モジュール** (9) を適切に設計するのは非常に大切だ。簡単に言うと、モジュールは、Java のパッケージや C#の名前空間のようなものだと考えればいい。ユビキタス言語を使わず機械的にモジュールを設計してしまうのは、百害あって一利なしだ。図 0–7 に、モジュールの中には関連するドメインオブジェクトだけを含めるべきだというようすを示した。

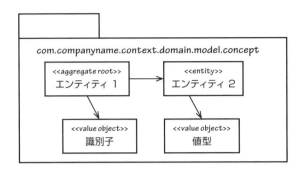

図0-7：モジュールは、関連するドメインオブジェクトをとりまとめる

　もちろん、DDD を実践するためには、これら以外にもいろいろなことを考える必要があるので、この章だけでは全貌をカバーできない。ここから先、一冊全体を通して、それを扱っていくつもりだ。この章が、DDD を実践するための第一歩となるだろう。では、よい旅を！

　そうそう。ここで、カウボーイの声についても紹介しておこう。いわば、予告編だ。

カウボーイの声

AJ：「自分がかみ砕けないほどのものを口に入れてしまう心配なんかしなくてもいいさ。あんたの口は、自分で思っているよりもずっとでかいんだから」
LB：「口じゃなくて『心』っていいたかったんじゃないのかね。『あんたの心は、自分で思っているよりもずっと広いんだ』ってね!」

目次

序文 ・・・・・・・・・・・・・・・・・・・・・・・・・・・・ iii
実践ドメイン駆動設計への賛辞 ・・・・・・・・・・・・・・・ iv
日本語版への賛辞 ・・・・・・・・・・・・・・・・・・・・・ vi
はじめに ・・・・・・・・・・・・・・・・・・・・・・・・・ viii
謝辞 ・・・・・・・・・・・・・・・・・・・・・・・・・・・ xvii
著者について ・・・・・・・・・・・・・・・・・・・・・・・ xix
訳者まえがき ・・・・・・・・・・・・・・・・・・・・・・・ xx
本書の読みかた ・・・・・・・・・・・・・・・・・・・・・・ xxi

第 1 章　DDD への誘い　　1

私にもできるの? ・・・・・・・・・・・・・・・・・・・・・ 2
あなたが DDD をすべき理由 ・・・・・・・・・・・・・・・・ 7
DDD を行う方法 ・・・・・・・・・・・・・・・・・・・・・ 19
DDD を採用する事業価値 ・・・・・・・・・・・・・・・・・ 23
DDD の導入にあたっての課題 ・・・・・・・・・・・・・・・ 27
現実味のあるフィクション ・・・・・・・・・・・・・・・・ 36
まとめ ・・・・・・・・・・・・・・・・・・・・・・・・・ 39

第 2 章　ドメイン、サブドメイン、境界づけられたコンテキスト　　41

全体像 ・・・・・・・・・・・・・・・・・・・・・・・・・ 41
なぜそれほどまでに戦略的設計を重視するのか ・・・・・・・ 49
実世界におけるドメインとサブドメイン ・・・・・・・・・・ 53
境界づけられたコンテキストの意味を知る ・・・・・・・・・ 58
サンプルのコンテキスト ・・・・・・・・・・・・・・・・・ 69
まとめ ・・・・・・・・・・・・・・・・・・・・・・・・・ 81

第 3 章　コンテキストマップ　　83

なぜそんなにもコンテキストマップは重要なのか ・・・・・・ 84
まとめ ・・・・・・・・・・・・・・・・・・・・・・・・・ 107

第 4 章　アーキテクチャ　　109

CIOへのインタビュー・・・・・・・・・・・・・・・・・・・・・ 111
　　　レイヤ ・・・・・・・・・・・・・・・・・・・・・・・・・・・・ 114
　　　ヘキサゴナル（ポートとアダプター）アーキテクチャ ・・・・・・・ 121
　　　サービス指向 ・・・・・・・・・・・・・・・・・・・・・・・・・ 125
　　　Representational State Transfer（REST）・・・・・・・・・・・・ 128
　　　コマンドクエリ責務分離（CQRS）・・・・・・・・・・・・・・・・ 133
　　　イベント駆動アーキテクチャ ・・・・・・・・・・・・・・・・・・ 142
　　　データファブリックおよびグリッドベース分散コンピューティング ・・ 157
　　　まとめ ・・・・・・・・・・・・・・・・・・・・・・・・・・・・ 162

第5章　エンティティ　　　　　　　　　　　　　　　　　　　　163

　　　なぜエンティティを使うのか ・・・・・・・・・・・・・・・・・・ 163
　　　一意な識別子 ・・・・・・・・・・・・・・・・・・・・・・・・・ 165
　　　エンティティおよびその特性の発見 ・・・・・・・・・・・・・・・ 181
　　　まとめ ・・・・・・・・・・・・・・・・・・・・・・・・・・・・ 208

第6章　値オブジェクト　　　　　　　　　　　　　　　　　　　　209

　　　値の特徴 ・・・・・・・・・・・・・・・・・・・・・・・・・・・ 211
　　　ミニマリズムを考慮した結合 ・・・・・・・・・・・・・・・・・・ 222
　　　標準型を値として表現する ・・・・・・・・・・・・・・・・・・・ 223
　　　値オブジェクトのテスト ・・・・・・・・・・・・・・・・・・・・ 228
　　　実装 ・・・・・・・・・・・・・・・・・・・・・・・・・・・・・ 232
　　　値オブジェクトの永続化 ・・・・・・・・・・・・・・・・・・・・ 237
　　　まとめ ・・・・・・・・・・・・・・・・・・・・・・・・・・・・ 251

第7章　サービス　　　　　　　　　　　　　　　　　　　　　　　253

　　　ドメインサービスとは何か（…の前に、ドメインサービスとは何でないのか）・・・ 255
　　　本当にサービスが必要なのかをたしかめる ・・・・・・・・・・・・ 257
　　　ドメインにおけるサービスのモデリング ・・・・・・・・・・・・・ 261
　　　サービスのテスト ・・・・・・・・・・・・・・・・・・・・・・・ 269
　　　まとめ ・・・・・・・・・・・・・・・・・・・・・・・・・・・・ 272

第 8 章　ドメインイベント　　273

- いつ（そしてなぜ）、ドメインイベントを使うのか ･････････････ 273
- イベントのモデリング ･･････････････････････････････････････ 276
- ドメインモデルからのイベントの発行 ････････････････････････ 284
- リモートの境界づけられたコンテキストへの通知 ･･････････････ 290
- イベントストア ･･ 295
- 格納したイベントの転送のためのアーキテクチャスタイル ･･････ 299
- 実装 ･･ 305
- まとめ ･･ 318

第 9 章　モジュール　　319

- モジュールを使った設計 ････････････････････････････････････ 319
- モジュールの基本的な命名規約 ･･････････････････････････････ 322
- モデルに対応するモジュール名の命名規約 ････････････････････ 323
- アジャイルプロジェクト管理コンテキストのモジュール ････････ 325
- 他のレイヤにおけるモジュール ･･････････････････････････････ 329
- 境界づけられたコンテキストの前にモジュールを検討する ･･････ 330
- まとめ ･･ 330

第 10 章　集約　　333

- コアドメイン（スクラム）における集約の使用 ････････････････ 334
- ルール：真の不変条件を、整合性の境界内にモデリングする ････ 340
- ルール：小さな集約を設計する ･･････････････････････････････ 341
- ルール：他の集約への参照には、その識別子を利用する ････････ 345
- ルール：境界の外部では結果整合性を用いる ･･････････････････ 350
- ルールに違反する理由 ･･････････････････････････････････････ 353
- 発見による知見の獲得 ･･････････････････････････････････････ 355
- 実装 ･･ 366
- まとめ ･･ 373

第 11 章　ファクトリ　　375

- ドメインモデルにおけるファクトリ ･･････････････････････････ 375

集約ルート上のファクトリメソッド・・・・・・・・・・・・・・・・・・・・・ 377
　　　ファクトリとしてのサービス・・・・・・・・・・・・・・・・・・・・・・・・ 383
　　　まとめ・・・・・・・・・・・・・・・・・・・・・・・・・・・・・・・・・・ 386

第12章　リポジトリ　　387

　　　コレクション指向のリポジトリ・・・・・・・・・・・・・・・・・・・・・・ 388
　　　永続指向のリポジトリ・・・・・・・・・・・・・・・・・・・・・・・・・・ 403
　　　その他の振る舞い・・・・・・・・・・・・・・・・・・・・・・・・・・・・ 415
　　　トランザクション管理・・・・・・・・・・・・・・・・・・・・・・・・・・ 417
　　　型の階層・・・・・・・・・・・・・・・・・・・・・・・・・・・・・・・・ 422
　　　リポジトリとデータアクセスオブジェクトとの比較・・・・・・・・・・・・・ 424
　　　リポジトリのテスト・・・・・・・・・・・・・・・・・・・・・・・・・・・ 425
　　　まとめ・・・・・・・・・・・・・・・・・・・・・・・・・・・・・・・・・ 431

第13章　境界づけられたコンテキストの統合　　433

　　　統合の基本・・・・・・・・・・・・・・・・・・・・・・・・・・・・・・・ 433
　　　RESTful リソースを使った統合・・・・・・・・・・・・・・・・・・・・・・ 442
　　　メッセージングを使った統合・・・・・・・・・・・・・・・・・・・・・・・ 453
　　　まとめ・・・・・・・・・・・・・・・・・・・・・・・・・・・・・・・・・ 489

第14章　アプリケーション　　491

　　　ユーザーインターフェイス・・・・・・・・・・・・・・・・・・・・・・・・ 494
　　　アプリケーションサービス・・・・・・・・・・・・・・・・・・・・・・・・ 503
　　　複数の境界づけられたコンテキストの合成・・・・・・・・・・・・・・・・・ 512
　　　インフラストラクチャ・・・・・・・・・・・・・・・・・・・・・・・・・・ 514
　　　エンタープライズコンポーネントコンテナ・・・・・・・・・・・・・・・・・ 515
　　　まとめ・・・・・・・・・・・・・・・・・・・・・・・・・・・・・・・・・ 519

付録A　集約とイベントソーシング：A+ES　　521

　　　アプリケーションサービスの内部構造・・・・・・・・・・・・・・・・・・・ 523
　　　コマンドハンドラ・・・・・・・・・・・・・・・・・・・・・・・・・・・・ 531
　　　ラムダ構文・・・・・・・・・・・・・・・・・・・・・・・・・・・・・・・ 534

並行性制御	536
構造上の束縛から解放された A+ES	539
パフォーマンス	539
イベントストアの実装	542
リレーショナルデータベースへの永続化	546
BLOB の永続化	548
集約に注目する	550
リードモデルプロジェクション	551
集約の設計への利用	553
イベントの拡張	553
活用できるツールやパターン	556
契約の自動生成	560
ユニットテストとスペシフィケーション	561
関数型言語におけるイベントソーシング	562

付録 B　参考文献　565

索　引　572

第1章 DDDへの誘い

> デザインとは、単なる見た目や操作性のことではない。デザインとは、それがどのように動作するかということだ。
>
> — Steve Jobs

　私たちはみな、高品質なソフトウェアを作るよう努めている。きちんとテストをするなどして、致命的なバグを残したままソフトウェアを出荷しないようにしており、ある程度は達成できている。しかし、たとえバグがまったくないソフトウェアを作れたとしても、そのソフトウェアのモデルがうまく設計できているとは言い切れない。ソフトウェアモデル（本来解決したかったビジネス的な目標を、そのソフトウェアがどのように表現しているか）は、まだまだ危険を抱えている。不具合のないソフトウェアを作ること自体は、言うまでもなくすばらしいことだ。だが、もう少し高い目標も持てはしないだろうか。ソフトウェアモデルをうまく設計して、ビジネス的な意図を明確に反映できるようにすれば、単によくできているというだけではなく、すばらしいソフトウェアであるといえる。

　ドメイン駆動設計、略して **DDD** と呼ばれるソフトウェア開発手法がある。より高品質のソフトウェアモデルを設計する手助けとなる手法だ。これをうまく使いこなせば、**設計した結果が、そのソフトウェアの動作を明確に表す**ようにできる。本書では、DDD を正しく使いこなせるようになるために必要な内容を扱う。

　DDD についてまったく知らないという人もいるだろうし、試してみたけれどもうまくいかなかったという人もいるだろう。あるいは、すでに十分 DDD を使いこなしている人もいるかもしれない。いずれにせよ、今本書を手に取っているということは、DDD をうまく実践したいと思っているということだろう。大丈夫だ。きっとできるようになる。次のロードマップで、自分のほしい情報を見つけよう。

　DDD にいったい何を期待できるのだろうか。決して、重厚かつ難解で、よくわからない手続きに悩まされるようなものではない。そうではなく、すでにおなじみの、アジャイル開発の技術として使えるようなものだ。単なるアジャイルを超えた手法を身につけられるだろう。ビジネスドメインをよ

> **本章のロードマップ**
> - 自分のプロジェクトで DDD をどう活かせるのか、そしてドメインの複雑性にどう立ち向かうのかをつかむ。
> - 自分のプロジェクトが DDD を導入するに値するものかどうかを、判断できるようにする。
> - DDD 以外によく使われる手法を検討し、それが問題を引き起こしがちな理由を考える。
> - DDD の本をざっと学び、自分のプロジェクトに適用するための第一歩を知る。
> - 上司やドメインエキスパート、あるいは技術畑のメンバーなどに、DDD を売り込む方法を知る。
> - DDD を採用するときの問題を把握し、それに立ち向かうための方法を身につける。
> - DDD を実践しようとしているチームのようすを見る。

り深く知る助けになるし、テストしやすくて順応性がある、高品質なソフトウェアモデルを注意深く作れるようにもなる。

DDD には**戦略的モデリング**と**戦術的モデリング**の両方のためのツールが用意されており、業務要件を満たす高品質なソフトウェアを設計するために、必要に応じて使える。

1.1 私にもできるの?

以下の条件を満たすなら、あなたも DDD を実践できるだろう。

- よりよいソフトウェアを作りたいという情熱があって、その目標を達成するためにがんばれる
- 学びたい、改善したいという意思を持ち、そのとおりに進められる
- ソフトウェアパターンや、それをうまく適用する方法について学ぶ姿勢を持っている
- いままでのアジャイル手法を使った、新たな設計手法を模索する忍耐力がある
- 現状維持を良しとしない
- 細かい点まで気を配り、探索しようとする意欲がある
- もっときれいなコード、もっとよいコードを書こうという気持ちがある

苦もなく覚えられるなどというつもりはない。率直に言って、最初はとっつきにくいだろう。本書を手元においておけば、そのとっつきにくさが少しでも和らぐのではないかと思う。あなたの所属するチームが、DDD を活用して成功を収められるようにするのが私の目標だ。

DDD は、技術至上主義の考え方ではない。DDD の中心となる原則は、議論や傾聴、理解、発見、そして事業価値にかかわっている。そのすべては、知識をひとまとめにするためのものだ。もしあなたが、自社がかかわっている**業務について理解できる**のなら、少なくとも、モデルを見つけ出すプロセスに参加して**ユビキタス言語**を生み出せる。もちろん、業務について学ばなければいけないことは、まだまだ多い。しかし、業務知識があるという時点で、DDD を成功させるための第一歩はすでにクリアしている。すばらしいソフトウェアを作ることを楽しめるだろうし、今後 DDD を進めていくための適切な足場を与えてくれるだろう。

これまでに培ったソフトウェア開発の経験は、助けにならないのだろうか? なるかもしれない。しかし、ソフトウェア開発の経験をいくら積んだところで、**ドメインエキスパート**の話を聞いて学ぶ力

は育たない。その業務で最も大切なところを一番よく知っているのが、ドメインエキスパートたちだ。彼らのように、ふだんほとんど技術的な専門用語を使わないような人たちときちんと会話できるようになれば、大きな武器になる。注意深く話を聞く必要があるだろう。彼らの視点を尊重し、彼らのほうが自分よりもずっと詳しいのだと信じることが大切だ。

ドメインエキスパートとの会話には大きなメリットがある
彼らのように、ふだんほとんど技術的な専門用語を使わないような人たちときちんと会話できるようになれば、大きな武器になる。あなたが彼らからいろいろ学べるだけでなく、きっと彼らも、あなたからいろいろ学ぶことになるだろう。

DDDを実践して最もありがたく感じるのは、ドメインエキスパート側も**あなたの話を聞かなければいけない**ということだろう。あなたも彼らも、同じチームの一員なのだ。不思議に思うかもしれないが、実は、ドメインエキスパートだって自分の業務を知り尽くしているわけではない。彼らもまた、自分たちの業務について学ぶことになる。あなたが彼らからいろいろ教えてもらうのと同様に、彼らがあなたから教わることもあるだろう。彼らが知っているであろうことをあなたが聞くことで、彼らが何をわかっていないのかがあぶり出される。そんな場合、あなたは彼らが自分の業務について詳しく理解できるように手助けをすることになる。場合によっては、**業務の改善**を手助けできるかもしれない。

チーム全体で学び、ともに成長していく。すばらしいことではないか。DDDを使えば、そんなことができるようになる。

でも、ウチにはドメインエキスパートがいないんだ……
ドメインエキスパートっていうのは、役職の名前じゃない。業務の流れについてよくわかっている人がいれば、その人をドメインエキスパートとすればいい。業務知識に長けた人かもしれないし、プロダクトの設計をした人かもしれない。もしかしたら、営業担当の中に適任者がいるかもしれない。
肩書きなんか無視しよう。今扱っている業務について誰よりもよく知っている人、少なくともあなた自身よりはよく知っているであろう人を探せばいい。**探して、話を聞いて、学んで、コードに落とすんだ。**

ひとまずここまでは、順調なスタートが切れた。しかし、私は別に、技術的なスキルなんてどうでもいいんだと言いたいわけじゃない。技術的なスキルがなくても、なんとかやってはいけるのだと言いたかったのだ。遠からず、ソフトウェアの**ドメインモデリング**などの高度な概念も身につける必要が出てくるだろう。とはいえ、覚えきれないほどの量を無理に詰め込まなくてもかまわない。とりあえず『**Head First Design Patterns**』[Freeman et al.] ぐらいなら何とかわかるというレベルから、元祖『デザインパターン』[Gamma et al.] やその他の応用パターンを完璧に理解しているというレベルまでいろいろあるだろうが、最低限の知識があれば、DDDをうまく進めていける。私にまかせなさい。これまでの経験の如何に関わらずDDDを導入できるよう、可能な限りハードルを下げ

てみせよう。

> **ドメインモデルとは**
> 今あなたが扱っている業務ドメインに特化した、ソフトウェアモデルのことだ。オブジェクトモデルとして実装されていることが多く、扱うデータや振る舞いを、業務的に正確な意味合いで保持する。
> 注意深く作られた、優れたドメインモデルは、アプリケーションやサブシステムの肝となる。DDDを実践する上では欠かせないものだ。DDDにおけるドメインモデルは、より小さめの、より集中的なものになることが多い。DDDを使えば、業務全体をまるごとまとめた大きなドメインモデルなど、決して作ろうとはしなくなるだろう。よかったね！

さまざまな立場の人が、DDDからどんなメリットを得られるかを考えてみよう。おそらく、あなたもこのなかのいずれかにあてはまるだろう。

新入りの若手開発者：「若く、フレッシュなアイデアに満ちあふれた私。コードを書きたくて書きたくてしかたがない。世界をあっと言わせてやりたいんだ。でも、最近かかわっているプロジェクトのひとつには、ちょっとムカついている。学校を出て初めての仕事が、ほとんど同じようなオブジェクトを大量に使って右から左へデータを渡すだけになるとは思わなかったよ。そんなことをするだけのコードなのに、なぜこんなに複雑なアーキテクチャになっているんだろう？ **あそこを書き換えたら、いったいどうなるんだろう**。コードに手を加えようとするたびに、どこかがおかしくなってしまう。実際、このコードが何をしようとしているのかを正確に把握している人が一人でもいるのだろうか？ さて、そんなコードに、複雑な機能を追加する必要が出てきた。いつものように**アダプター**を作り、既存のクラスの汚いところを見えないようにして進める。**おもしろくも何ともない**。朝から晩までコーディングとデバッグの繰り返しで何とかイテレーションを乗り切るのではなく、もっと違ったやりかたがあるはずだ。それがどんなものかは知らないけれど、なんとかそいつを身につけたい。たしか、誰かがDDDがどうこうという話をしていたなあ。**GoFのデザインパターンに似てるけど、もっとドメインモデルよりらしい**。なんだかよさげな気がする」

その答えが、ここにある。

中堅レベルの開発者：「新しいシステムに関わりはじめて数か月、そろそろ自分の持ち味を発揮したいところだ。なんとかやってみてはいるものの、先輩たちと比べると何か足りないところがある。それは、深いところまで見据える洞察力だ。みんなが疲れ切っているように見えることがあるけれど、理由はよくわからない。何とか事態を打開して、うまく進められるようにしたい。問題に対してその場しのぎの対応だけをするのでは、不十分だということもわかっている。必要なのは、より優れた熟練ソフトウェア開発者に成長するための、**まともなソフトウェア開発技術**だ。新し

くやってきた先輩の一人が、DDDとかいう考え方を教えてくれた。なかなかよさげだ」

もはやベテランの域に達していそうだね。ぜひ本書を読み進めよう。その前向きな姿勢は、きっと報われる。

ベテラン開発者、アーキテクト：「今の立場になってから、いくつかのプロジェクトでDDDを使い始めた。それまではまったく経験がなかった。**戦術的パターン**の威力は十分に実感できているのだけれど、まだ**戦略的パターン**はうまく活用できていない気がする。[Evans]を読んでいて一番感銘を受けたのが、ユビキタス言語のところだった。**何てパワフルな道具なんだ**ってね。チームの仲間や管理職の人たちと話をして、DDDを取り入れようと試みた。若手の一人と、あとは中堅レベルのメンバーが何人か、誘いに乗ってくれた。でも、マネージャーたちの心にはあまり響かなかったようだ。私が今の会社に加わったのはつい最近のことだ。チームを率いることを期待されているはずだが、どうもこの会社は、私が思うほどには破壊的前進に興味がないようだ。

それでも。

私はあきらめない。興味を持っている仲間たちと協力して、**うまく進められるであろうことがわかっているからだ**。その見返りは、思っているよりもずっと大きくなるだろう。ビジネスよりの人たち、つまりドメインエキスパートたちと技術者たちの間を、もっと近づけたい。**私たちは、自分のやるべきことのために投資する**。イテレーションが終わるたびに文句を言っているだけなんて、まっぴらだ」

そう、**それこそが**リーダーの仕事だ。本書には、**戦略的設計**をうまく進めるためのヒントが多数含まれている。

ドメインエキスパート：「自分たちの業務にITソリューションを導入しようと動き始めて、かなりの時間になる。高望みだとは思うけど、開発者たちにはもっと、うちの業務のことをわかってもらいたい。彼らはいつも、まるで私たちが何も知らないお馬鹿さんであるかのような扱いをする。あいつら、わかってないんだ。私たちがいなければ、ここでコンピューターをいじる仕事もそもそも存在しないんだってことをね。開発者達は、ソフトウェアの挙動について話すときに、いつも不思議な言いかたをする。Aのことを話そうとすると、「ああ、Bのことですね」みたいな感じだ。**彼らと話をするときには、常に辞書を片手に相手の言葉を翻訳しないといけない気がする**。Aのことを彼らがBと呼ぶのを認めてやらないと、彼らはへそを曲げて私たちに協力してくれなくなる。この翻訳の手間は、無視できないほどなんだよね。**なぜ、ソフトウェアは私たち業務のプロが考えているとおりに動いてくれないのだろう？**」

その考えは、正しい。業務側の人と技術側の人との間に通訳が必要になるというのは、大きな問題だ。本章は、そんなあなたのためにある。追々わかるだろうが、**DDD は、あなたと開発者たちを同じ土俵の上にのせる。**

さらに驚くべきことに、開発者たちもまた、あなたたちのやりかたにあわせてくれるのだ。彼らを助けてあげよう。

マネージャー：「私たちはソフトウェアを開発している。しかし、常に最高の結果を出せるわけではない。何か変更しようとしても、思ったより時間がかかってしまうようだ。開発者たちは、「ドメインなんとか」のことをよく話している。今更新しい技術や手法に取り組む必要があるのか、正直よくわからない。銀の弾丸を探し回っているように感じる。これまで何度も繰り返した道だ。とりあえずやってみて、流行が過ぎ去ったら、また何事もなかったかのように元のやり方に戻るんだ。常々「そんな夢を見るのはやめて、今までどおりのやり方をきちんとやっていこう」と言うのだが、チームのメンバーは納得しない。彼らは彼らなりに一生懸命なんだし、一応話を聞いてみた。**彼らはきちんと考えていて、今のやり方を改善するチャンスをうかがっている。**どうしようもなくなってしまう前に何とかしたいのだ。私の上司のお墨付きさえ得られれば、彼らの言っているとおりにさせてみてもかまわなさそうだ。上司のお墨付きを得るためには、私がなんとか説得する必要があるだろう。**開発者たちはよりよいソフトウェアを作ろうとしていて、そのためには業務知識が欠かせないのだ**ということを伝えることができれば、なんとかなりそうだ。実際、私の仕事も、そのほうが楽になる。**開発者たちと、業務のプロたちとの間の協力関係が、より密接になるわけだから。**少なくとも、私が聞く限りでは、そういうことだ」

最高のマネージャーだね!

立場がどうであれ、重要なポイントがひとつある。DDD をうまく進めるためには、**学ぶべきことがある**。それも、かなり多くのことを。でも、そんなのたいしたことじゃない。これまでにも、いろいろ学んできたはずだ。しかし、私たちはみな、この問題に直面する。

> 私は個人的に、いつでも学ぶことをいとわない。しかし、人に教わるのが必ずしも好きだとは限らない。
>
> — Sir Winston Churchill

そこで本書の出番だ。できるだけ楽しく学べるようこころがけ、DDD の実践を成功に導くために不可欠な知識を得られるように、本書をまとめた。

ただ、「なぜ DDD じゃなきゃいけないの?」と思う人もいるかもしれない。もっともな疑問だ。

1.2　あなたが DDD をすべき理由

なぜ DDD を実践するといいのか、その理由は、これまでの記述で十分説明できているのではないかと思う。繰り返しになってしまうが、ここでもう一度まとめておこう。いくつか追記もしている。

- ドメインエキスパートと開発者を同じ土俵の上に乗せることで、プログラマーの視点だけでなく業務側の視点も踏まえたソフトウェアを作れるようになる。これは、単にお互いが我慢しあうということではない。ひとつのまとまったチームになるということだ。
- 「業務側の視点も踏まえた」とは、仮に業務担当のリーダーやエキスパートにプログラミング能力があったとしたら、こんな風にソフトウェアを作るであろうという結果にできるだけ近づけるということだ。
- 開発者が、業務担当の人たちに業務について教えることだってありえる。ドメインエキスパートであろうが「最高○○責任者」であろうが、自分たちの業務を完璧に理解しつくしている人などいない。日々の気づきの繰り返しで、より知見を深めているのだ。DDD を実践すれば、誰もが学べるようになる。気づきを得るための議論に、誰もが参加するようになるからだ。
- 知識の一本化が鍵となる。そうすれば、そのソフトウェアに関して理解しているのが一部の人（たいていは開発者）たちだけという状態をなくすことができる。
- ドメインエキスパートとソフトウェア開発者、そしてソフトウェアそのものとの間で、一切の通訳が不要になる。通訳が「ほとんど」いらなくなるということではない。「まったく」いらなくなるのだ。なぜなら、チーム全体が理解できる共通言語にもとづいて、開発を進めるからだ。
- 設計がコードであり、かつコードが設計でもある。設計とは、それがどのように動作するかということだ。手っ取り早く実験的なモデルを通してアジャイルな気づきのプロセスを使うことで、よりよいコードの設計を知ることができる。
- DDD は、戦略的設計と戦術的設計の両面で、健全なソフトウェア開発技術を提供する。戦略的設計は、どんなソフトウェアに投資すべきなのかや、既存のソフトウェアを最大限活用するためにはどうすればいいのか、そしてだれを巻き込むべきなのかを教えてくれる。戦術的設計は、すでに実証済みのソフトウェア構成要素を使ったソリューションを、ひとつのエレガントなモデルとしてまとめる助けになる。

あらゆる投資に共通することだが、DDD を実践するにあたっても、チームでは事前にある程度の時間と労力をかける必要がある。ソフトウェア開発につきものの、さまざまな課題を考えてみればわかるだろう。よりよいソフトウェア開発手法に投資する価値は、十分にある。

事業価値をもたらすのは難しい

　事業価値をもたらすソフトウェアを開発するというのは、単にごく当たり前の業務ソフトウェアを作ることと同義ではない。事業価値をもたらすソフトウェアは、事業戦略あってのものだし、競合に対するアドバンテージが明確なソリューションを持つものだ。ソフトウェアは、単に技術面だけでなく、ビジネスにも絡んでくる。

　業務知識が一か所にまとまることは、まずない。開発チームは、さまざまな立場のステークホルダーの意見や要望について、うまくバランスをとって優先順位付けする必要がある。そして、さまざまなスキルセットを持つ多くの人たちと力を合わせ、ソフトウェアの機能要件や非機能要件を見つけることを目指す。すべての情報が集まったとして、それらの要件が事業価値をもたらせるということを、どうやってたしかめればいいのだろう。求められている事業価値とはいったい何で、それをどうやって見つけ出して優先順位付けすればいいのだろう。

　業務ソフトウェアの開発における最悪の事態のひとつが、ドメインエキスパートとソフトウェア開発者との間の断絶だ。一般に、真のドメインエキスパートは、事業価値をいかにもたらすかに注力する。一方で、ソフトウェア開発者は技術に注目し、業務的な問題を技術的に解決しようとする。ソフトウェア開発者のその動機が、間違っているというわけではない。どうしても技術よりになってしまいがちだということだ。ソフトウェア開発者とドメインエキスパートが共同作業したとしても、あくまでもうわべだけの協力にとどまってしまう。そうやって作られるソフトウェアは、業務側が「こうしたい」と考えていたことを、ソフトウェア開発者が翻訳したようなものになってしまうことが多い。できあがったソフトウェアがドメインエキスパートのメンタルモデルをきちんと反映できているわけではなく、仮にできていたとしても部分的なものに過ぎない。時がたつにつれて、この断絶のコストは高くつくようになる。開発にかかわったメンバーが他のプロジェクトに移ったり転職したりした時点で、ドメインに関する知識のソフトウェアへの翻訳は消え去ってしまう。

　もうひとつ、それと関連する別の問題がある。ドメインエキスパートたちの間で意見の相違があった場合にどうするかということだ。意見の相違が起こる理由は、いまモデリングしようとしているドメインについて、それぞれのドメインエキスパートが多かれ少なかれ経験を持っているし、それと関連する別の領域に詳しい人もいるからだ。また、よくあるのが、そのドメインについての経験がない「ドメインエキスパート」が複数集まったときに、単なるビジネスアナリストとして動いてしまうということだ。本来なら洞察力をもって議論の方向づけをしてほしいところだが、そうはならない。こんな状況を見過ごしてしまうと、ぼんやりとしたはっきりしないメンタルモデルになってしまう。その結果できあがるのは、矛盾したソフトウェアモデルだ。

　さらにまずいのが、ソフトウェア開発の際の技術的アプローチによっては、事業の進めかたを間違った方向に変えてしまうということだ。状況は違うが、企業資源計画（ERP）ソフトウェアを導入するために、組織の業務の流れをERPソフトの機能に合わせて変更してしまうという話もよく聞く。ERPの総保有コストは、単にライセンス価格や保守料金だけでは算出できない。そういった目に見えるコストよりも、業務体系の見直しによる混乱のほうが、よっぽど高くつく。ソフトウェア開発チームが、

業務要件をソフトウェアに翻訳するときにも、同じことが起こる。事業にとっても顧客にとってもその他関係者にとっても、これは高くつくし、混乱の元だ。こういった技術的な翻訳は本来不要なものだし、なくすこともできる。そのための、実証済みの開発手法を使えばいい。そう、ソリューションにこそ投資すべきなのだ。

DDD がどのように役立つか

DDD は、ソフトウェア開発の際に、以下の三つの側面を重視する手法だ。

① DDD では、ドメインエキスパートとソフトウェア開発者が力を合わせて、業務のエキスパートのメンタルモデルを反映したソフトウェアを開発する。これは決して、「現実世界」をそのままモデリングするということではない。DDD では、現状をそのままモデリングするのではなく、業務により役立つモデルを作る。時には、使いやすいモデルと現状を反映したモデルとが食い違うかもしれない。しかし、そんな場合は使いやすいモデルを選択するのが DDD だ。

それを踏まえて、ドメインエキスパートとソフトウェア開発者は、共同でユビキタス言語を確立させることを目指す。その業務分野に関するユビキタス言語を作った上で、それを用いたモデリングに注力する。ユビキタス言語はチーム全体の合意の元に作り上げ、ソフトウェアのモデルに直接取り込んでいく。何度も言うようだが、ここで言う「チーム」とは、ドメインエキスパートとソフトウェア開発者がどちらも参加しているものだ。「私たちとあの人たち」ではない。常に「**私たち**」だけになる。これはビジネス的に重要な価値となる。このおかげで、業務的なノウハウを比較的短期間で初期開発に取り込めて、最初の数バージョンのソフトウェアにも反映させられるようにもなる。それを作り出すのが、チームだ。ここがポイントだ。ソフトウェア開発のコストは事業への投資なのであり、決して単なる金食い虫などではない。

最初のうちはお互い反目し合っていたり、あるいはそのドメインの知識が不十分だったりしたドメインエキスパートたちも、この作業を通じて一体になる。さらに、ドメインに関する深い理解を、ソフトウェア開発者も含めたチーム全体で共有すれば、より密接なチームを作ることができる。これは、一種のハンズオントレーニングだと考えればいい。すべての企業は、知的労働者たちに対して投資すべきだ。

② DDD は、事業の戦略構想に対応する。戦略的設計の中には当然、戦術的な分析も含まれるだろう。しかしそれよりも、戦略的な判断のほうに関心を向ける。これは、チームをまたがる組織的関係を定める助けになるし、仮にその関係がソフトウェアやプロジェクトに悪影響をおよぼしそうなら、早めに気づけるようになる。戦略的設計の技術的な側面としては、システムや事業の境界をきちんと定めるという目的がある。そうすれば、**ビジネスレベルのサービス**がお互い干渉しあわないようになる。これは、**サービス指向アーキテクチャ**や**ビジネス駆動アーキテクチャ**を実現するための、重要な動機となる。

③DDD は、ソフトウェアに対する真の技術的要求を満たす。そのために、戦術的設計モデリングツールを使って、実行可能なソフトウェアの分析と開発を進める。戦術的設計ツール群を使えば、ドメインエキスパートのメンタルモデルを正確に踏まえたソフトウェアを作れる。そして、作ったソフトウェアは、テストがしやすくてエラーが発生しにくく、サービスレベル合意（SLA）を満たし、スケーラブルで、分散コンピューティングにも耐えるものとなる。DDD のベストプラクティスは、概要レベルのアーキテクチャ的なものから詳細レベルのソフトウェア設計に関するものまで、さまざまな問題に対応できる。真の業務ルールとデータの不変条件に注目し、異常系から業務ルールを守る。

これらの手法をもってソフトウェア開発を進めれば、チームは真の事業価値をもたらせるようになるだろう。

ドメインの複雑性に立ち向かう

DDD をまず導入したいのは、その事業における最も重要な領域だ。他のもので簡単に置き換えられるような領域には、投資しなくてもいい。**投資すべきは、一筋縄ではいかない、もっと複雑なところだ。価値があって重要で、見返りが一番大きなところに投資する**。これを、**コアドメイン** (2) と呼ぶ。それに続く優先順位となるのが、**重要な支援サブドメイン** (2) で、これらも最大限の投資に値する。当然ここで、「複雑な」とはどういうことかをはっきりさせておく必要がある。

DDD は単純化するために使うこと
DDD は、複雑なドメインを可能な限りシンプルにモデリングするために使うものだ。DDD を使って、ソリューションをさらに複雑にしてしまうようなことがあってはならない。

何をもって複雑とみなすのかは、業務によって異なるだろう。会社によって困っていることも違えば成熟度も違う。そしてソフトウェア開発力だって、もちろん違う。何をもって**複雑**だとみなすのかよりは、何をもって**簡単でない**とみなすのかのほうが考えやすい。したがって、**チーム、あるいは経営層として考えるべきは、いま取り組もうとしている作業が、コストをかけて DDD を導入するに値するのかどうかである**。

DDD チェックシート（表 1-1）を使って、自分のプロジェクトに DDD を導入する価値があるかどうかを判断しよう。もし表の各行の内容が自分のプロジェクトにあてはまれば、それに対応するポイントを右側に記入する。最終的な合計ポイントが 7 以上なら、DDD の導入を真剣に検討しよう。この表にしたがってポイントを計算すると、以下のような結論に達するだろう。

- 複雑性の判断を見誤っていたと気づいたときに、手早くギアチェンジできないのはまずい。思っていたよりも複雑だった場合だけでなく、思っていたよりも単純になりそうな場合も同

表1-1：DDD チェックシート

プロジェクトの状態	ポイント	補足	あなたのスコア
完全なるデータ主導のアプリケーションで、単なる CRUD 機能以外の何者でもない。すべての操作は、単なるデータベースへの問い合わせ（作成、読み込み、更新、あるいは削除）で、特に DDD を必要としない。そのチームが必要としているのは、データベースのテーブルを編集するための優れた見栄えだ。ユーザーを信頼して、テーブルのデータを直接操作させてもいいのならば、ユーザーインターフェイスすら不要かもしれない。あまり現実的な話ではないが、要するにそういうことだ。シンプルなデータベース管理ツールを使ってソリューションを構築できるのなら、わざわざ DDD に金と時間を割くことはない。	0	考えるまでもないように思える。しかし一般に、単純か複雑かを判断するのはそれほどたやすくはない。単なる CRUD 機能だけではないアプリケーションが、すべて DDD に値するというわけではない。複雑かそうでないかの線引きには、ほかの指標も使う必要があるだろう。	
そのシステムで使う業務操作がたかだか 30 程度に収まるのなら、おそらくそれはシンプルなシステムだろう。要するに、そのシステムには多くても 30 程度のユーザーストーリー（ユースケースフロー）しかないわけで、それぞれのフローについても、最小限のビジネスロジックしか持たないだろう。この手のアプリケーションを Ruby on Rails や Groovy と Grails で作っていて、特に力不足や改修の手間が気にならないのなら、そのシステムはおそらく DDD を使う必要のないものだ。	1	念のために言っておくと、ここで言う 30 程度というのは、業務をあらわすメソッドの数のことだ。サービスのインターフェイスが 30 近くあって、それぞれに複数のメソッドがあるというものではない。後者は、十分複雑だろう。	
ユーザーストーリー（ユースケースフロー）の数が、30 から 40 程度になったとしよう。徐々に複雑化しつつある。DDD が対象とする領域に近づいてきた。	2	**注意**：複雑性は、後になってはじめて気づくことが多い。**私たちソフトウェア開発者は、複雑性や作業工数の見積もりが甘いことにかけては定評がある**。Rails や Grails でコードを書きたいからといって、必ずしもそれが正解だとは限らない。長い目で見ると、害のほうが多くなってしまう可能性もある。	
今はまだ複雑ではないとしても、将来的にアプリケーションが複雑化する可能性はないだろうか。実際にユーザーが使い始めるまでは、そんなこと知りようがないかもしれない。「補足」欄に、その兆候を見つけ出すヒントを書いておいた。注意しよう。アプリケーションにほんの少しでも複雑化の兆候が見えるというのは、最終的にはほんの少しどころでは収まらない複雑性を抱えるであろうというしるしだ。DDD を検討しよう。	3	ドメインエキスパートのようすを見て、より複雑なシナリオがありえるのかを考えてみよう。すでに、もっと複雑な機能を求めはじめているだろうか。もしそうなら、アプリケーションはすでに複雑になり始めている（今はそうでなくても、遠からずそうなる）。CRUD のアプローチでは対処しきれない。あるいは、議論に値するような機能がなくて、ドメインエキスパートが退屈しきっているだろうか。もしそうなら、おそらくそんなに複雑にはならない。	
そのアプリケーションに、何年にもわたってずっと機能変更が続いている。この変更がいつ落ち着くのか予測できない。	4	DDD を使えば、モデルのリファクタリングを繰り返す作業の複雑性を管理する助けになるだろう。	
初めて扱う**ドメイン** (2) なので、あまりよくわからない。チームのメンバーの中にも、そのドメインの経験者はいない。おそらく、複雑なシステムなのだろう。あるいは少なくとも、複雑かどうかを見極めるための分析に手間取りそうだ。	5	ドメインエキスパートと協力して、実験的なモデルを作り、それが正しいかをたしかめよう。この項目に当てはまるのなら、間違いなく、それ以外の項目のうちのいくつかにも当てはまるはずだ。DDD を使おう。	

- たしかにそうだ。ただそれは、単純か複雑かの判断を、プロジェクトプランニングにおいてもっと早期にできるようにする必要があるというだけのことだ。そうすれば、時間や費用のムダを省けて、トラブルも少なくなる。
- アーキテクチャに関する大きめの判断を下してから、実際にいくつかのユースケースを詳細まで開発しはじめたときに、行き詰ってしまうことが多い。もっと賢明な決断をしたい。

もしこれらのいずれかにあてはまるようなら、クリティカルシンキングをうまく使いこなせている。

貧血と記憶喪失

貧血は油断できない症状で、危険な副作用を引き起こすことがある。**ドメインモデル貧血症** [Fowler, Anemic] という用語は、もともとは**褒め言葉ではない**。非力で行動力を持ち合わせないようなモデルを美化する言葉ではないのだ。しかし奇妙なことに、ドメインモデル貧血症をこの業界のあちこちで見かける。問題は、ほとんどの開発者がそれを当然であるかのように見ているということだ。実際にシステムで使ったときに深刻な状況になるということに、気づきさえしない。大問題だ。

自分の作ったモデルは元気だろうか。疲れきっていて無気力で、忘れっぽくて要領が悪い、そんな症状は出ていないだろうか。注射が必要なのでは？ そんな心配性のあなたのために、自己診断の方法を紹介する。安心できるかもしれないし、さらに不安が増してしまうかもしれない。表1–2の手順を試してみよう。

表1–2：ドメインモデルの既往症の診断

	はい／いいえ
あなたが「ドメインモデル」と呼んでいるそれらの大半が public なゲッターとセッターで、ビジネスロジックがほとんど含まれていない。要するに、単に属性とその値を保持するためだけのオブジェクトでないか？	
あなたの「ドメインモデル」をよく使っているコンポーネントが、そのシステムのビジネスロジックの大半を抱えていて、「ドメインモデル」のゲッターやセッターを頻繁に呼び出していないか？ おそらく、この「ドメインモデル」のクライアントレイヤのことを、**サービスレイヤ**あるいは**アプリケーションレイヤ** (4, 14) と呼んでいるのだろう。もしユーザーインターフェイスがそんなことになっているのなら、この問いに「はい」と答えた上で、ホワイトボードに「二度とやりません！」と 1000 回書くこと。	
ヒント：両方とも「はい」もしくは両方とも「いいえ」のどちらかになるはずだ。	

どうだった？

両方とも「いいえ」だったら、あなたのドメインモデルは健全だ。

両方とも「はい」だったら、あなたの「ドメインモデル」は重度の貧血症だ。朗報がある。本書を読み進めれば、治療のヒントが得られるだろう。

どちらか一方が「はい」でもう一方が「いいえ」になっただって？ それは現実から目を背けている

だけではないだろうか。あるいは妄想にとらわれているのか、貧血のせいで神経に障害をきたしているのかもしれない。そういう矛盾する結果になったときには、もう一度最初の問いに戻って、自己診断をやり直してみよう。よく考えなおしてみれば、きっと答えは両方とも「はい」になるはずだ。

　[Fowler, Anemic]にあるとおり、ドメインモデル貧血症の問題点は、ドメインモデルを作る労力に見合うだけの利益が得られないことだ。場合によってはまったくムダになってしまうこともある。たとえば、オブジェクトリレーショナルマッピングにおけるインピーダンスミスマッチのせいで、そういった「ドメインモデル」を使う開発者たちは、オブジェクトと永続化レイヤとのマッピングにかなりの労力を要することになる。これは、ほとんど（というか、まったく）報われない労力だ。付け加えるなら、それはもはやドメインモデルですらない。単にリレーショナルモデル（あるいは他のデータベース）をオブジェクトに投影しただけの、データモデルに過ぎない。それを「**アクティブレコード [Fowler, P of EAA] みたいだね**」と言うのは、詐欺に等しい。変に見栄を張らず、実際のところは**トランザクションスクリプト** [Fowler, P of EAA]を使っているだけであると認めよう。

貧血を起こす理由

　設計をおろそかにした結果がドメインモデル貧血症であるとして、なぜみんな、それが健全な状態だと思い込んで使っているのだろうか。手続き型プログラミングのメンタルモデルが反映されているからというのも理由のひとつだろうが、私はそれだけが理由だとは思わない。この業界には、何でもサンプルコードのコピペで済ませてしまうような人が、一定の割り合いで存在する。サンプルコードがまともな品質であるならば、それでも特に問題はない。しかし一般に、サンプルコードというものは、何かの概念なりAPIの機能なりを可能な限りシンプルに実装したものだ。よい設計の指針に従うことなどは考慮していない。過剰にシンプルにしてしまった結果、ゲッターやセッターまみれになってしまったサンプルコードが、何も考えずに日々コピペで使いまわされている。

　それ以外にも、昔からの影響がある。古代のMicrosoft Visual Basicが開発者におよぼした影響は大きい。別に、Visual Basicの言語そのものや統合開発環境（IDE）自体を悪く言うつもりはない。あれはあれで、たしかに生産性は高かったし、いろんな意味で業界的には役立った。もちろん、Visual Basicの影響をまったく受けていないという人もいるだろう。しかしVisual Basicは、直接・間接を問わず、ほぼすべての開発者たちに何らかの影響をおよぼしている。表1-3でその歴史を振り返ってみよう。

表1-3：豊かな振る舞いから悪名高い貧血症への流れ

1980年代	1991	1992–1995	1996	1997	1998–
SmalltalkやC++によって、オブジェクトの衝撃がもたらされる	Visual Basicの登場。プロパティそしてプロパティシート	ビジュアル開発ツールの発展	Java JDK 1.0のリリース	JavaBean仕様策定	Javaや.NETプラットフォームでの、プロパティを使ったリフレクションベースのツールの急増

ここで私が取り上げたいのは、プロパティやプロパティシートの影響だ。どちらもその裏側にはゲッターやセッターが存在する。この手法は、Visual Basic のフォームデザイナーが広めたものだ。フォームにコントロールを貼り付けて、プロパティシートを設定すれば、あっという間に**できあがり！** たったそれだけで、普通に動く Windows アプリケーションができてしまう。たった数分で、Windows アプリケーションが作れるということだ。C 言語と Windows API だけを使って同じようなアプリケーションを書こうとすれば、数日がかりになるだろう。

さて、ドメインモデル貧血症の対策としては、何をすべきなのだろうか。**Java Bean 標準規格の策定の狙いは、Java 用のビジュアルプログラミングツールを作りやすくすることだった**。そもそもの目的は、Microsoft の ActiveX のような機能を Java プラットフォームにもたらすことだ。各社がさまざまなカスタムコントロールを開発して販売するという、まさに Visual Basic のような世界を目指していたのだ。あらゆるフレームワークやライブラリが、JavaBean の流行に飛びついた。Java SDK ／ JDK に含まれる多くのライブラリ、そして Hibernate などの有名どころのライブラリも、例外ではない。DDD の視点で考えると、**Hibernate はドメインモデルを永続化させるために用意されたものだ**。この流行は、.NET プラットフォームが登場するまでずっと続いた。

興味深いことに、Hibernate が出始めたころは、永続させたいすべての属性や関連について、ゲッターとセッターを public にする必要があった。仮に POJO（Plain Old Java Object）と豊かな振る舞いのインターフェイスを組み合わせた設計をしたくても、オブジェクトの内部を公開しなければ、Hibernate はそのドメインオブジェクトを永続化してくれない。たしかに、public な JavaBean インターフェイスを隠そうと思えば隠せないこともない。しかし、ほとんどの開発者はそんな手間をかけなかったし、その必要性すら理解しようとしなかった。

DDD で O-R マッピングを使ってはいけない？
Hibernate に対しての先ほどの批判は、あくまでも歴史的な視点によるものだ。時を経て、今や Hibernate は隠しゲッターや隠しセッターをサポートするようになった。さらに、フィールドへの直接のアクセスさえできるようになっている。本書でも後ほど、Hibernate などの永続化メカニズムを使いつつモデルの貧血症を回避する方法を示す。安心してほしい。

Web フレームワークについても、ほぼすべてが JavaBean 標準規格に従うようになっている。自分の Web ページで Java オブジェクトを使いたければ、JavaBean の仕様にしたがっておけば楽になる。HTML フォームで Java オブジェクトを使いたい場合も、Java フォームオブジェクトで JavaBean の仕様にしたがっておけばいい。

今市場に出回っているフレームワークはほぼすべて、public なプロパティを持つシンプルなオブジェクトを使うよう要求している。ほとんどの開発者は、貧血症のクラスの影響を受けざるを得ない状況だ。それは認めよう。あなたもきっとその被害者の一人だろう。私たちのおかれている状況は、いわば**慢性貧血症**だ。

貧血症がモデルにおよぼす影響

ここまでの話が真実であり、かつ私たちがそれに悩まされていることはわかってもらえるだろう。そうだとして、**慢性貧血症**と**記憶喪失**にはいったい何の関係があるのだろうか。ドメインモデル貧血症なクライアント（いんちき**アプリケーションサービス** (4, 14)、またの名をトランザクションスクリプト）のコードを読んでいるときによく見かける光景を考えてみよう。基本的な例を示す。

```
@Transactional
public void saveCustomer(
    String customerId,
    String customerFirstName, String customerLastName,
    String streetAddress1, String streetAddress2,
    String city, String stateOrProvince,
    String postalCode, String country,
    String homePhone, String mobilePhone,
    String primaryEmailAddress, String secondaryEmailAddress) {

    Customer customer = customerDao.readCustomer(customerId);

    if (customer == null) {
        customer = new Customer();
        customer.setCustomerId(customerId);
    }

    customer.setCustomerFirstName(customerFirstName);
    customer.setCustomerLastName(customerLastName);
    customer.setStreetAddress1(streetAddress1);
    customer.setStreetAddress2(streetAddress2);
    customer.setCity(city);
    customer.setStateOrProvince(stateOrProvince);
    customer.setPostalCode(postalCode);
    customer.setCountry(country);
    customer.setHomePhone(homePhone);
    customer.setMobilePhone(mobilePhone);
    customer.setPrimaryEmailAddress(primaryEmailAddress);
    customer.setSecondaryEmailAddress (secondaryEmailAddress);

    customerDao.saveCustomer(customer);
}
```

サンプルはあえてシンプルにした
この例は、どう見ても面白そうなドメインのものとは思えない。しかし、理想に届かない設計を見直し、よりよくするためのリファクタリングを施す方法を考える助けにはなる。この訓練をしたところで、データを保存するためのよりクールな方法を身につけられるわけではない。このサンプルコード自体はあまり価値があるようには見えないが、あくまでも、ビジネスにより多くの価値をもたらすソフトウェアモデルを作るための練習だ。

このコードは、いったい何をしているのだろう。実際のところ、万能といってもかまわないくらいのコードだ。新しいオブジェクトだろうが既存のオブジェクトだろうが一切気にせず、Customer を保存する。姓が変わった場合だろうが引っ越した場合だろうが一切気にせず、Customer を保存する。固定電話回線を新しく契約した場合だろうが契約を解除したときだろうが、はたまた携帯電話回線を追加したときだろうが一切気にせず、Customer を保存する。メールアカウントを Juno から Gmail に変えたときにも、転職して職場のメールアドレスが変わったときにも、このメソッドは Customer を保存する。圧倒的じゃないか！

　本当に？　実際のところ、この saveCustomer() メソッドを使う場面が思い浮かばない。そもそも、何の目的でこのメソッドを作ったのだろう？　当初の意図を誰かが覚えていて、その後の改修の際にも業務的な目的に合わせて変更しているのだろうか？　修正を繰り返しているうちに、数週間もすれば、当初の意図などあっという間に消え去ってしまう。そして事態はさらに悪化する。え？　そんなことないだって？　では、同じメソッドの次のバージョンを見てみよう。

```java
@Transactional
public void saveCustomer(
    String customerId,
    String customerFirstName, String customerLastName,
    String streetAddress1, String streetAddress2,
    String city, String stateOrProvince,
    String postalCode, String country,
    String homePhone, String mobilePhone,
    String primaryEmailAddress, String secondaryEmailAddress) {

    Customer customer = customerDao.readCustomer(customerId);

    if (customer == null) {
        customer = new Customer();
        customer.setCustomerId(customerId);
    }
    if (customerFirstName != null) {
        customer.setCustomerFirstName(customerFirstName);
    }
    if (customerLastName != null) {
        customer.setCustomerLastName(customerLastName);
    }
    if (streetAddress1 != null) {
        customer.setStreetAddress1(streetAddress1);
    }
    if (streetAddress2 != null) {
        customer.setStreetAddress2(streetAddress2);
    }
    if (city != null) {
        customer.setCity(city);
    }
    if (stateOrProvince != null) {
        customer.setStateOrProvince(stateOrProvince);
```

```
    }
    if (postalCode != null) {
        customer.setPostalCode(postalCode);
    }
    if (country != null) {
        customer.setCountry(country);
    }
    if (homePhone != null) {
        customer.setHomePhone(homePhone);
    }
    if (mobilePhone != null) {
        customer.setMobilePhone(mobilePhone);
    }
    if (primaryEmailAddress != null) {
        customer.setPrimaryEmailAddress(primaryEmailAddress);
    }
    if (secondaryEmailAddress != null) {
        customer.setSecondaryEmailAddress (secondaryEmailAddress);
    }

    customerDao.saveCustomer(customer);
}
```

　この例は、最悪というほどのものでもない。データマッピングのコードはきわめて複雑になることが多く、ビジネスロジックもその中に埋め込まれてしまいがちだ。この例で考えられる最悪の事態を説明する。おそらくあなたにとっても、どこかで見覚えのある光景ではないだろうか。

　さて、このサンプルでは、customerId 以外のパラメータがすべて任意指定となった。これでこのメソッドは、さらにいろんな状況での Customer の保存に対応できるようになった。でも、それって本当にいいことなのだろうか。このメソッドをテストするときのことを考えよう。Customer を正しい状態で保存しているということを、どうやってたしかめればいいのだろうか。

　ざっと見た限り、このメソッドが正常に機能する場面よりも、うまく動かない場面のほうが多く思い浮かぶ。おそらく、データベースで何らかの制約が定義されていて、永続化できないような状態も存在するはずだ。しかし、それをたしかめるには、データベースの定義を見なければいけない。ということは、Java の属性とデータベースのカラム名とのマッピングを、頭の中でする必要があるということだ。何とかそれをクリアしたところで、データベースで制約が定義されていなかったり、定義が不完全だったりすることもある。

　可能な限り多くのクライアント（リモートクライアントを管理するユーザーインターフェイスが確定した後に作られたものは除く）を見て、ソースのリビジョンと突き合わせれば、なぜ現在の実装に至ったのかについて何らかの知見が得られるだろう。答えを求めているうちに、そのメソッドが今の挙動になっている理由について、誰も説明できないということを知るかもしれない。あるいは、想定している利用法がさまざまであることを知るかもしれない。完全に把握するには、おそらく数時間から数日はかかるだろう。

> **カウボーイの声**
>
>
>
> AJ:「あいつ、相当混乱してるなあ。自分が今ジャガイモを袋につめているのか、それともバッファローの群れの中をローラースケートで走り回っているのか、それすらもわかっていない」

こんなときに、ドメインエキスパートに頼ることはできない。コードを理解するには、プログラマーでなければいけないからだ。プログラミングのことを知っていたり、少なくともコードを読むくらいはできたりするドメインエキスパートが仮にいたとしても、サポート担当の開発者がコードを読むのとあまり変わらず、途方にくれるだけだろう。これらすべてを考慮したうえで、とにかくコードを修正すべきだろうか。だとしたら、どうやって?

少なくとも、以下の大きな問題がある。

① `saveCustomer()` のインターフェイスに、その意図がほとんど反映されていない。
② `saveCustomer()` の実装自体が、さらに複雑性を増してしまっている。
③ 「ドメインオブジェクト」であるはずの `Customer` は実のところオブジェクトですらなく、単なるデータ置き場に過ぎない。

こういう気の進まない状況を、**貧血誘発性記憶喪失**と呼ぶことにする。この種の暗黙的かつ主観的な「設計」でコードを書くプロジェクトでは、ありがちな症状だ。

> **ちょっと待った!**
> ここで、こんな風に思った人もいるだろう。「ウチの設計は、ホワイトボードにも決して残らない。ちょっとした図を描いて、合意に達したら、あとは実装に走るだけ。ああ、怖い怖い」
> そうだとしたら、設計と実装を分けてしまわないようにしよう。覚えているだろうか。DDDでは、**設計がコードであり、そしてコードが設計である**。言い換えれば、ホワイトボードに描いた図は設計なんかではなく、モデリングについて議論するためのひとつの手法に過ぎない。
> ご安心を。後で、アイデアをホワイトボードから解放して、実際に使えるようにする方法を紹介する。

ここで心配すべきは、この手のコードをよりよい設計に改善する方法があるのかということだ。よいお知らせがある。明示的かつ注意深い設計にもとづいたコードを作る方法が、存在するのだ。

1.3　DDDを行う方法

実装に関する重たい話はいったん置いておき、DDDの強力なフィーチャーのひとつであるユビキタス言語について考えよう。ユビキタス言語は**境界づけられたコンテキスト** (2) と並ぶDDDの二本柱で、お互いに、もう一方の存在がなければやっていけないものだ。

> **用語のコンテキスト**
> ここでは、境界づけられたコンテキストを、アプリケーションやシステムに関する概念的な境界と考える。境界を設ける理由は、ドメインに関するあらゆる用語（ユビキタス言語）には、その境界内のコンテキストにおける特定の意味があるからだ。境界の外で同じ用語が使われていても、それは違う意味かもしれない（実際、おそらく違う意味だろう）。第2章で、境界づけられたコンテキストの詳細を説明する。

ユビキタス言語

ユビキタス言語とは、チームで共有する言語のことだ。ドメインエキスパートも開発者たちも、同じ用語を使う。プロジェクトチーム全体で、ひとつの言語を共有するのだ。チーム内での役割が何であれ、チームのメンバーである以上はそのプロジェクトのユビキタス言語を使うことになる。

ユビキタス言語は、開発者とドメインエキスパートを同じ土俵の上に乗せるための小細工というわけではない。また、その業務に関する業界用語を開発者たちに押し付けようというものでもない。チーム全体（ドメインエキスパートや開発者、ビジネスアナリストなど、システムの構築にかかわっている全員）で作り上げる、実際の言語である。最初はドメインエキスパート寄りの言葉になってしまうかもしれないが、それに限定されるわけではない。言語は常に成長し続けるものだからである。ちなみに、複数のドメインエキスパートがユビキタス言語づくりにかかわっているときには、すでに同意していると考えていた用語やその意味についてさえ、微妙な違いが出てくることが珍しくない。

表1-4では、インフルエンザワクチンの投与をコードに落とすだけではなく、その際の考えを実際に言葉で表してみる必要がある。このモデルについてチームで話し合うときには、文字通り「ナースが患者に、インフルエンザワクチンを適量投与する」などと話す。

ドメインエキスパートの頭の中に存在する言葉や、そこから派生する言葉については、何らかの論争があるだろう。今後長く使える、よりよい言語を見つけ出そうとすれば、当然あり得ることだ。オープンな議論や既存の文書の洗い出しで業務上のちょっとした知識を明らかにしたり、標準規格や辞書そしてシソーラスなどを調べたりする際にも、そんなことが起こる。議論しているうちに、いくつかの用語やフレーズについては、そもそもその業務のコンテキストにうまく合致していないことがわかったりする。あるいは、もっとうまく合致する別の用語を見つけたりすることもある。

さて、かくも重要なユビキタス言語を、いったいどうやって見つけ出せばいいのだろう？　その方法をいくつか紹介しよう。

要するに、ユビキタス言語って……
業務で使う用語のことでしょ?
違うね。
ああ、その業界で標準として定められている用語のことか。
それもちょっと違う。
ドメインエキスパートがふだん使っている言葉のこと?
残念ながら、それも違う。
ユビキタス言語とは、ドメインエキスパートやソフトウェア開発者を含めたチーム全体で作り上げる共有言語のこと。
これが正解。わかったかな?

もちろん、ユビキタス言語を作るにあたってドメインエキスパートの影響は大きい。ある意味で一番その業務に通じているわけだし、おそらく業界の標準規格にも詳しいだろうからだ。しかし、ユビキタス言語が注目するのは、**その業務自体が、どのような考えのもとでどのように動くのか**ということだ。また、ドメインエキスパートたちの間で意見や言葉使いが食い違うことも多いし、彼らだって勘違いしていることもある。事前にあらゆるケースを想定できているわけではないからだ。そこで、ドメインエキスパートや開発者がともにドメインのモデルを作り上げていく際には、きちんと議論した上での合意と妥協を経て、**そのプロジェクトにとって最善の用語**を見つけることになる。ただし、言語の品質について妥協してはいけない。譲れるのは、概念や用語そしてその意味についてだけだ。また、一度合意すればそれで終わりというわけではない。普段話す言語と同様、ユビキタス言語も常に育ち続け、大なり小なりのブレイクスルーを経て変わっていく。

表1-4:業務に一番適したモデルの分析

業務的によりよいのはどの選択肢だろう?
二番目と三番目はあまり変わらないけれど、それぞれのコードはどう設計すべきだろう?

考えうる観点	それにもとづくコード

「どうでもいいから、さっさとコードを書こうよ」
かすってすらいない。
	patient.setShotType(ShotTypes.TYPE_FLU);
	patient.setDose(dose);
	patient.setNurse(nurse);

「インフルエンザの注射を患者に打つ」 悪くはないけど、何か大事なことを見落としている。	patient.giveFluShot();
「ナースが患者に、インフルエンザワクチンを適量投与する」 少なくとも現時点でわかっている範囲では、ここでやりたいことをうまく表せていそうだ。	Vaccine vaccine = vaccines.standardAdultFluDose(); nurse.administerFluVaccine(patient, vaccine);

- 物理的なドメインと概念的なドメインについて図示し、それぞれに名前とアクションを設定する。かしこまったものではないが、この図にはきちんとしたソフトウェアモデリングのためのいくつかの側面が含まれているだろう。たとえばチームが統一モデリング言語(UML)を

採用しているのだとしても、そういう形式的なものはできるだけ避けたい。議論が進まなくなり、最終的に求められている言語を作り上げる創造性が失われてしまうからである。

- シンプルな定義をまとめた用語集を作る。有望なものやうまく使えないものも含めた、さまざまな選択肢をまとめる。そしてその理由も示す。用語の定義を書く際に、その言語による再利用可能なフレーズを考えざるを得なくなる。そのドメインの言語で書くことを強いられるからである。
- 用語集を作るという案が気に入らなければ、ソフトウェアの重要な概念に関するスケッチなどを含むドキュメントを取りまとめよう。ここでの目標は、新たな用語やフレーズを見つけ出すことだ。
- 用語集やその他のドキュメントの取りまとめは少数のメンバーだけが行うかもしれない。その結果を残りのメンバーに見せて、できあがったフレーズをレビューしてもらう。とりまとめた用語のすべての同意が得られるとは限らない。臨機応変に変更しよう。

　これらは、特定のドメインにうまくフィットするユビキタス言語を見つけ出すための第一歩としては優れた方法だ。しかしこれは、あなたが作ろうとしているモデルではない。あくまでもユビキタス言語のはじめの一歩に過ぎず、システムのソースコードに直近で反映されるであろうものだ。JavaやC#あるいはScalaなど、お好みのプログラミング言語を使うことになる。また、ユビキタス言語がその後成長して姿を変えていった後は、最初に取りまとめた図やドキュメントは関係がなくなる。ユビキタス言語を見つけ出すときのヒントとして活躍したそれらは、ドメインのその当時の状態を正しく表していたものだ。時を経れば時代遅れになるのは無理もない。結局のところ、**最も長期間ユビキタス言語の現状をきちんと表し続けるのは、チームでの会話やコード内のモデルだ**。

　チームでの会話やコードそのものがユビキタス言語を長い間表し続けるので、図や用語集その他のドキュメントなどはいつでも捨てられるようにしておこう。実際に使われるユビキタス言語やソースコードは日々変化していくが、それにあわせて最新の状態を保ち続けるのは難しいからである。これはDDDを使う上で必須のことではないが、現実的な対応といえる。あらゆるドキュメントをシステムにあわせて更新し続けるのは、非現実的だ。

　ここまでの話を踏まえて、Customer の設計を見なおしてみる。Customer に、サポートすべき業務的なゴールをすべて反映させてみよう。

```
public interface Customer {
    public void changePersonalName(String firstName, String lastName);
    public void postalAddress(PostalAddress postalAddress);
    public void relocateTo(PostalAddress changedPostalAddress);
    public void changeHomeTelephone(Telephone telephone);
    public void disconnectHomeTelephone();
    public void changeMobileTelephone(Telephone telephone);
    public void disconnectMobileTelephone();
    public void primaryEmailAddress(EmailAddress emailAddress);
```

```
    public void secondaryEmailAddress(EmailAddress emailAddress);
}
```

これが Customer のモデルとして最高だとは言い切れないが、DDD の実践にあたっては、常によりよい設計を求め続けることが求められる。最高のモデルとは何かをチームで議論できるようになるのは、全員が合意するユビキタス言語を発見できてからだ。言語自体は今後も改良に次ぐ改良が必要だが、先ほどのインターフェイスは、Customer がサポートすべき業務的な目標を明示的に反映している。

大切なのは、アプリケーションサービス側のコードも改良し、業務的目標の明確な意図を反映させておく必要があるということだ。アプリケーションサービスの各メソッドを変更し、個々のユースケースフローあるいはユーザーストーリーに対応させておく。

```
@Transactional
public void changeCustomerPersonalName(
    String customerId,
    String customerFirstName,
    String customerLastName) {

    Customer customer = customerRepository.customerOfId(customerId);

    if (customer == null) {
        throw new IllegalStateException("Customer does not exist.");
    }

    customer.changePersonalName(customerFirstName, customerLastName);
}
```

最初のサンプルとは少し変わってきた。というのも最初のコードでは、さまざまなユースケースフローあるいはユーザーストーリーを、すべてひとつのメソッドでまかなっていたからだ。今回の例では、顧客の個人名を変更するだけのアプリケーションサービスメソッドを用意した。DDD を使うときには、アプリケーションサービスを適宜見直していくのが私たちの役割になる。これはつまり、ユーザーインターフェイスについても同様に、より狭いユーザーゴールを反映するということだ。しかし現時点では、このアプリケーションサービスメソッドはクライアントに対して、ファーストネームとラストネームの後に 10 個の null を続けるようには強制していない。

この新しい設計で、かなり不安は和らいだのではないだろうか。コードを読めば、やっていることは容易に把握できる。また、実際に試してみたり、意図したとおりに動いているか（意図せぬ動きをしていないか）を確認したりもできる。

ユビキタス言語はチームでのパターンだ。ソフトウェアモデルに含まれる、コアビジネスドメインの概念や用語を見つけ出すために用いられる。ソフトウェアモデルには、名詞や形容詞そして動詞、その他の豊かな表現が反映される。そのチームで練り上げた、実際の会話で使うものだ。ソフトウェア、そしてそのモデルがドメインの思想にしたがっていることをたしかめるテストは両方とも、この

言語（チームでの会話に使っている言語）にしたがっている。

ユビキタスではあるが、ユニバーサルではない

　ユビキタス言語の扱う範囲について、もう少し明確に示しておこう。これらの基本的な考え方を、常に念頭に置く必要がある。

- **ユビキタス**とは「満遍なく」とか「どこにでもある」などという意味だ。**チームによって話されて、チームが開発する単一のドメインモデルで表現される。**
- **ユビキタス**という言葉は、「業界全体で」とか「全社的に」あるいは「世界中で」共通なドメイン言語を想定したものではない。
- 境界づけられたコンテキストごとに、それぞれのユビキタス言語が存在する。
- 境界づけられたコンテキストは、当初の想定よりも比較的小さくなる。境界づけられたコンテキストは、ひとつの業務ドメインのユビキタス言語全体をとらえることができる程度の大きさにとどまるものであり、それより大きくはならない。
- その言語がユビキタスになるのは、あくまでも、個別の境界づけられたコンテキストの開発プロジェクトで作業をするチーム内に限ったことだ。
- 単一の境界づけられたコンテキストで開発をする単一のプロジェクトには常に、別の境界づけられたコンテキストも絡んでくる。これらの統合には**コンテキストマップ** (3) を使う。個々の境界づけられたコンテキストは、用語の重複はあるかもしれないが、自身のユビキタス言語をそれぞれ持っている。
- ひとつのユビキタス言語を事業全体で共有しようとしたり、あわよくばいくつもの事業で共有しようとしたりすると、失敗するだろう。

　新規プロジェクトでうまく DDD を適用するには、個別の境界づけられたコンテキストをうまく見つけ出すことが大切だ。これが、作ろうとしているドメインモデルの明示的な境界になる。そして、その境界づけられたコンテキスト内のドメインモデル用のユビキタス言語を議論し、探求し、概念化して作り上げ、皆で使っていく。そのコンテキストのユビキタス言語に含まれない概念は、すべて却下する。

1.4　DDD を採用する事業価値

　あくまでも主観だが、最近のソフトウェア開発者は、単にクールだとかおもしろそうだとかいうだけでは、テクノロジーや技法を追い求めることができなくなっている。何をするにも、その根拠を求められるのだ。必ずしもそうだとはいえないが、おおむねそんな感じだろう。何かのテクノロジーや技法を採用する根拠として最適なのは、事業に価値をもたらせるということだ。実際に目に見える事業価値をもたらせるのなら、私たちの提案を上司が拒否する理由もないだろう。

　私たちの薦めるやりかたが、他の選択肢を比べてより大きな事業価値をもたらせると示せたら、話

を進めやすい。

> **事業価値がいちばん重要なのでは?**
> たしかに。そしておそらく、この「DDDを採用する事業価値」は、もっと早い段階で書くべきだったのだろう。だが、ひとまずここで書いた。実際のところ、ここで書いている内容は「上司にどうやってDDDを売り込むか」だ。実際に自社にDDDを導入できるめどが立つまでは、本書の内容は単なる仮説に過ぎない。私としては、本書を単なる理論書として読んでほしくない。具体的に、自分たちの職場の現実に照らし合わせて読んでもらいたいものだ。自分たちが実際に利益を得られることがわかれば、より楽しいだろう。さあ、さらに読み続けよう。

DDDを採用すれば、現実的にどんな事業価値が得られるのかを考える。これを、上司やドメインエキスパート、そして技術者たちの間で共有しよう。得られる価値と利益をまずまとめ、それから個別に見ていく。技術的ではないメリットから順に紹介する。

① 組織として、ドメインに関する有用なモデルを獲得できる
② 事業について、より洗練された正確な定義ができて、さらに深く理解できる
③ ドメインエキスパートが、ソフトウェアの設計に貢献できる
④ よりよいユーザー体験を提供できる
⑤ モデルとモデルの間に、明確な境界を定められる
⑥ エンタープライズアーキテクチャが、より整理されたものとなる
⑦ アジャイルでイテレーティブなモデリングを、継続的に行える
⑧ 戦略的な面でも戦術的な面でも、新しいツールを使える

組織として、ドメインに関する有用なモデルを獲得できる

DDDでは、ビジネス的に最も重要なところの作業に注力する。モデリングをやり過ぎたりはしない。まず注目するのはコアドメインである。コアドメインを支えるその他のモデルも、もちろん重要だ。しかし、それらのモデルについての優先順位を下げてでも、コアドメインに力を入れる。

自分たちのビジネスとそれ以外の区別に注目すれば、私たちのミッションはより理解されやすくなる。そして、計画通りに進めるための境界もわかっている。競合に対する優位性を得るために必要なものを、正確に届けられるようになる。

事業について、より洗練された正確な定義ができて、さらに深く理解できる

ビジネス自体やそのミッションについて、前よりも深く理解できるようになるかもしれない。聞いた話によると、その事業のコアドメインについてのユビキタス言語を考えているうちに、事業を売り込む方法が見つかったという人もいる。たしかに、ユビキタス言語は、ビジョンやミッションステートメントとも絡んでくるものだ。

モデルを洗練させていくにつれて、ビジネスに対する理解が深まる。この過程は分析ツールとしても使える。ドメインエキスパートの頭の中にある内容をおもてに出して、技術者を含めた他のメンバーたちと磨き上げていく。この過程は、戦略的な面と戦術的な面の両方で、そのビジネスの現在の価値や今後の方向性を分析するのに役立つだろう。

ドメインエキスパートが、ソフトウェアの設計に貢献できる

　組織が自分たちのコアビジネスについての理解を深めることには、事業価値がある。ドメインエキスパートが、必ずしも概念や用語に合意するとは限らない。そういう意見の相違の元になるのは、今の組織に参加するまでの外部での経験の違いによるところもある。ずっと同じ組織内にいた人たちでも、今までたどってきた道が違えば意見が変わることもある。それでも、みんなでDDDを進めていく際には、ドメインエキスパートたちの間で合意を形成することになる。これは、今後の作業や組織そのものの強化につながる。

　開発者たちは、ドメインエキスパートなども含めてチーム全体で共通の言語を共有する。これは、ともに働くドメインエキスパートの知恵を得るための、強力な武器になる。開発者にとって、新しいコアドメインに対応したり組織の外に出たりすることは避けられないが、そんなときのトレーニングや引き継ぎも容易になる。ごく一部の選ばれし者たちだけがモデルについて理解しているようでは、「組織としての知恵」を磨く機会が減ってしまう。ドメインエキスパートや多くの開発者たち、そして新しく加わる人たちが知識を共有し、組織内でそれを必要とするすべての人たちが使えるようにする。ドメイン用に作った言語に従うというゴールがあるからこそ、このメリットが得られる。

よりよいユーザー体験を提供できる

　エンドユーザー向けの操作性を調整して、ドメインモデルをよりよく反映させられるようにできることが多い。ドメイン駆動の設計が公式に「焼き入れ」されて、ソフトウェアの操作性にも影響をおよぼす。

　ユーザーが業務を知っていることを前提にソフトウェアを作ってしまうと、ユーザーが教育を受けないとさまざまな操作ができないようになってしまう。本質的に、ユーザーがやることといえば、自分の頭の中で理解している内容をフォーム上にデータとして入力するだけのことだ。入力したデータが、データベースに保存される。何が必要なのかをユーザーが理解していなければ、その結果もまた不正確なものとなる。ユーザーがそのソフトウェアについて把握するまでは当てずっぽうでの操作となり、生産性も落ちてしまう。

　ベースとなるモデルにしたがって設計されたソフトウェアなら、ユーザーは正しい結論に導かれる。ソフトウェアそのものがユーザーを教育するので、ユーザー教育のオーバーヘッドを軽減できる。教育の手間を減らし、より早く生産性を確保できる。これは事業価値になるだろう。

　ここから先は、より技術的な面でのメリットをあげていく。

モデルとモデルの間に、明確な境界を定められる

　技術者たちは、ビジネス的な優位の達成を優先するため、プログラミングやアルゴリズムの観点で面白そうなことができなくなっている。方向をきちんと定めれば、ソリューションの有効性に注目できるようになり、それに対して最も有効な作業ができるようになる。これを達成することは、そのプロジェクトの境界づけられたコンテキストを理解することと密接に関係している。

エンタープライズアーキテクチャが、より整理されたものとなる

　境界づけられたコンテキストをきちんと理解して注意深く区切ることができれば、組織内のすべてのチームは、どこでなぜ統合が必要になるのかをわかった上で開発を進られる。境界が明確になり、それぞれの関係もまた明確になるからだ。お互いに関係するモデルを持つチームは、コンテキストマップを作り、その関係や統合方法をきちんと確立する。これにより、業務全体のアーキテクチャをよりよく理解できるようになる。

アジャイルでイテレーティブなモデリングを、継続的に行える

　設計という言葉は、企業経営の面ではネガティブに受け取られることがある。しかし、DDD では決して、仰々しい手順を使っての設計や開発を薦めるわけではない。DDD は、いろんな図を描いて進めるようなものではない。DDD とは、ドメインエキスパートのメンタルモデルを注意深く洗練させて、業務で使える有用なモデルに落とし込むことだ。現実の世界を再現するようなモデルを作ることではない。

　チームでの作業はアジャイルな手法を使う。つまり、イテレーティブかつインクリメンタルに進めるということだ。チームが使いやすいと感じるアジャイルプロセスを存分に活用して、DDD プロジェクトをうまく進める。完成するモデルは、実際に動作するソフトウェアとなる。そして、それを継続的に洗練させて、業務的に申し分のない状態になるまで磨き上げる。

戦略的な面でも戦術的な面でも、新しいツールを使える

　境界づけられたコンテキストがわかれば、モデリングの際の境界もはっきりする。これを使って、特定の問題ドメインに対するソリューションを作っていく。単一の境界づけられたコンテキストの中では、チームが作り上げたユビキタス言語を使う。チームでの会話やソフトウェアモデルの設計の際に、この言語を利用する。時には、ひとつの境界づけられたコンテキストに複数の異なるチームが関わることがある。そのときにはコンテキストマップを使って境界づけられたコンテキストを戦略的に切り分けて、その統合の方法を確認する。単一の境界内でのモデリングには、さまざまな戦術的モデリングツールが使える。**集約** (10)、**エンティティ** (5)、**値オブジェクト** (6)、**サービス** (7)、**ドメインイベント** (8) などだ。

1.5　DDDの導入にあたっての課題

　DDDを導入しようとすると、課題にぶつかることもあるだろう。すでにDDDを活用している人たちだって、誰もが同じような経験をしている。ありがちな課題はどんなものなのだろうか。そして、その課題に対して、いったいどうやってDDDを使っていけばいいのだろうか。ここでは以下の三つの課題をとりあげる。

- ユビキタス言語を作るための作業時間を確保する
- ドメインエキスパートを、プロジェクトの最初からずっと継続的に参加させる
- 開発者たちに、そのドメインのソリューションに対する考え方を変えさせる

　DDDを使おうとするときの最大の課題のひとつは、今までに比べて時間や労力が余計に必要になることだ。ビジネスドメインについて考えたり、概念や用語について調べたり、ドメインエキスパートと議論したりして、ユビキタス言語を見つけ出して拡張していくことになる。コンピュータ用語を使いまくってコードを書いていくほうが、手間はかからないだろう。でも、DDDをきちんと実践して最大限の事業価値を産み出したいのなら、考える時間はさらに多く必要になる。まあ、そういうものだ。以上、終わり。

　ドメインエキスパートをプロジェクトにうまく巻き込むのも、大変かもしれない。たしかに大変かもしれないが、やらなくてはいけないことだ。少なくとも一人は実際のエキスパートの力を借りないと、ドメインに関する深い知識を得られない。ドメインエキスパートの協力を得られるようになったら、次は開発者たちにがんばってもらう番だ。開発者はドメインエキスパートと会話をして、その知識を注意深く聞き出す必要がある。彼らの話す言葉をうまく成形し、そのドメインに対する彼らの思いをソフトウェアに組み込んでいく。

　今取り組んでいるドメインが、もし自分たちのビジネスを本当に際立たせるものならば、ドメインエキスパートの頭の中にはその最先端の知識が詰まっているはずだ。それを引き出さないといけない。私がかつてかかわったプロジェクトのひとつで、真のドメインエキスパートがなかなか捕まらないことがあった。あちこちを飛び回っていて、数週間に一度、ほんの一時間程度のミーティングしかできないこともあった。中小企業なら、CEOやその他の役員がドメインエキスパートであることもあるだろう。彼らは、他にもっと重要なことを抱えているかもしれない。

> **カウボーイの声**

AJ:「牛たちをちゃんとつないでおかないと、腹ぺこになっちゃうぜ」

ドメインエキスパートを参加させるには、頭を使う必要があるかもね……。

>>> ドメインエキスパートをプロジェクトに参加させる方法

コーヒーに決まってる。こんなユビキタス言語を使えばいい。
「やあ、サリー。トール・ハーフスキニー・ハーフワンパーセント・エクストラホット・エクストラショット・ラテのホイップ入りだよ。ちょっと話をしたいことがあるんだけど、いいかな?」
あるいは、最高○○責任者たちが使いそうなユビキタス言語を覚えよう。「利益が……収入が……競合に対する優位性が……市場支配を……」いや、マジで。
あとは、ホッケーのチケットで釣るのもいいね。

　DDDを適切に使おうとすると、たいていの開発者は**考え方を根本的に変える**必要に迫られるだろう。私たち開発者は、どうしても技術的に考えてしまう。技術的なソリューションならとても理解しやすい。技術的に考えること自体は、決して悪いことではない。ただ、技術的な視点を抑えて考えたほうがいい場面もあるということだ。これまでずっと、ソフトウェアを開発するときには技術的な視点だけで考えるということを続けてきたわけだし、新しい考え方を試してみるにはいい機会ではないだろうか。ドメインのユビキタス言語を組み立てる作業は、その手始めとして最適だ。
　DDDを実践するにあたり、さらに別のレベルで考慮を要することがある。概念に対する単なる命名を越えたものだ。ドメインをモデリングしてソフトウェアに落とし込むときには、どのモデルオブジェクトが何をするものなのかに注意を払う必要がある。つまり、**オブジェクトの振る舞いを設計する**ということだ。振る舞いに適切な名前をつけて、ユビキタス言語の本質が伝わるものにしておきたい。しかし、あるオブジェクトがその振る舞いで何をするのかを検討する必要がある。これは、クラスの属性を作ったり、publicなゲッターとセッターを用意してモデルの情報を公開したりといったこととは、次元の違う作業だ。

> **カウボーイの声**
>
>
>
> LB：「あいつのブーツ、小さすぎるんじゃねえか？　別のやつを探さないと、足を痛めてしまうに違いない」
> AJ：「ああ。その声を聞かなかったとしても、感じ取らなければいけない」

では、もう少し面白そうなドメインを見ていこう。先ほど考えた初歩的なサンプルより、少しは骨のあるものだ。ここで念のために、先ほど説明した指針を改めて示しておく。

もし単純に、モデルのデータへのアクセサを用意するだけだと、いったいどうなるのだろう。データへのアクセスだけを公開したモデルオブジェクトは、まるでデータモデルのようになってしまう。次の2つの例を見比べてみよう。設計についてきちんと考えられているのは、どちらだろうか。クライアント側から使いやすいのは、どちらだろうか。ここで考えている要件はスクラムのモデルで、あるスプリントで担当するバックログアイテムをコミットするというものだ。みなさんも常々やっていることだろうし、きっと身近に感じるドメインだろう。

最初に示すのは、よく見かける方式で、属性へのアクセサを使うものだ。

```java
public class BacklogItem extends Entity {
    private SprintId sprintId;
    private BacklogItemStatusType status;
    ...
    public void setSprintId(SprintId sprintId) {
        this.sprintId = sprintId;
    }

    public void setStatus(BacklogItemStatusType status) {
        this.status = status;
    }
    ...
}
```

このモデルを使うクライアントのコードは、以下のようになる。

```java
// クライアントがスプリントにバックログアイテムをコミットするには、
// スプリント ID とステータスを設定する

backlogItem.setSprintId(sprintId);
backlogItem.setStatus(BacklogItemStatusType.COMMITTED);
```

二番目の例では、ドメインオブジェクトの振る舞いを、このドメインのユビキタス言語で表す。

```java
public class BacklogItem extends Entity {
    private SprintId sprintId;
    private BacklogItemStatusType status;
    ...

    public void commitTo(Sprint aSprint) {
        if (!this.isScheduledForRelease()) {
            throw new IllegalStateException(
                "スプリントにコミットするには、リリース予定に含めておく必要があります。");
        }

        if (this.isCommittedToSprint()) {
            if (!aSprint.sprintId().equals(this.sprintId())) {
                this.uncommitFromSprint();
            }
        }

        this.elevateStatusWith(BacklogItemStatus.COMMITTED);

        this.setSprintId(aSprint.sprintId());

        DomainEventPublisher
            .instance()
            .publish(new BacklogItemCommitted(
                    this.tenant(),
                    this.backlogItemId(),
                    this.sprintId()));
    }
    ...
}
```

このモデルを使うクライアントは、先ほどの例よりも安全に操作できるように思える。

```java
// クライアントは、ドメイン固有の振る舞いを使って
// バックログアイテムをスプリントにコミットする

backlogItem.commitTo(sprint);
```

　最初の例では、データ中心の手法を使っている。バックログアイテムをスプリントに正しくコミットするにはどうすればいいのかを、クライアント側が知っておく必要がある。モデル側は（実際のところ、これはドメインモデルではないが）、何も助けてくれない。たとえば、クライアント側で sprintId だけを設定して status を設定し忘れたらどうなるだろう。あるいはその逆だって考えられる。今後さらに必須属性が増える可能性もあるが、そのときにはどうなるだろう？　クライアントのコードを精査して、データの値を BacklogItem の適切な属性にマッピングしなければいけなくなるだろう。

また、この手法は`BacklogItem`オブジェクトの内容を公開してしまうので、その振る舞いよりもデータ属性のほうに目が向かってしまうことになる。`setSprintId()`や`setStatus()`はあくまでも振る舞いではないかという声もあるだろうが、仮にそうだとしても、その「振る舞い」は実際の業務ドメインの価値を伴うものではない。その「振る舞い」は、今回のソフトウェアでモデリングしようとしているシナリオの意図を明示していない。ここで考えていたシナリオは「バックログアイテムをスプリントにコミットする」ことだった。クライアントの開発者は、バックログアイテムをスプリントにコミットするためには`BacklogItem`のどの属性を設定すべきなのかを知らなければいけない。データ中心で作られているモデルのため、この負担は、相当なものになるだろう。

　続いて、二番目の例を考えよう。クライアントにデータ属性を公開するのではなく、二番目の例では振る舞いを公開した。この振る舞いは、クライアントがバックログアイテムをスプリントにコミットするということを明確に明示している。ドメインエキスパートは、このモデルに対して以下のような要件をあげた。

> 各バックログアイテムを、スプリントにコミットできるようにする。ただし、コミットできるのは、すでにリリース予定に含まれているバックログアイテムだけだ。すでに別のスプリントにコミット済みのアイテムのコミット先を変更する場合は、まず現在のコミットを解除する必要がある。コミットが完了したら、関係者に通知する。

　二番目の例のメソッドは、このコンテキストにおけるモデルのユビキタス言語を反映したものになる。「このコンテキスト」とは、`BacklogItem`型が含まれている境界づけられたコンテキストのことだ。このシナリオを分析しているときに、最初の例のやりかたは不完全で、バグがあることがわかった。

　二番目の実装では、コミットするためにどんな条件を満たさなければいけないのかを、クライアントが知る必要はない。たとえそのロジックが複雑なものだろうが簡単なものだろうが、必要に応じてモデルのメソッドで実装される。リリース予定のないバックログアイテムをコミットできないような仕組みを追加するのも、簡単なことだ。もちろん、最初の例でもセッターの中に同じような仕組みを追加できる。しかしそうなると、セッターがそのオブジェクトの状態を完全に理解する責務を持ち、単に`sprintId`や`status`の面倒を見るだけではすまなくなってしまう。

　他にも、注意すべき違いがある。すでに別のスプリントにコミット済みのバックログアイテムを考えると、まずは現在のスプリントへのコミットを解除する必要がある。細かいことだが、これは重要だ。というのも、コミットを解除したときには、ドメインイベントがクライアントに発行されるからだ。

> いったんスプリントにコミットしたバックログアイテムの、コミットを解除できるようにする。コミットを解除したら、関係者に通知する。

コミット解除の通知を送るのは簡単で、ドメインの振る舞いである`uncommitFrom()`を使えばいい。`commitTo()`メソッドは、その通知のことを知る必要すらない。知るべきは、今何かのスプリントにコミットしているのなら、それを解除してから新たなスプリントにコミットするということだけだ。さらに、`commitTo()`は、処理の最後に関係者へイベントを通知する。もしこれらの振る舞いが`BacklogItem`になければ、イベントの通知をクライアント側で作らなければいけなくなる。ドメインのロジックが、モデルから外に流出してしまうというわけだ。最悪。

最初の例よりも二番目の例のほうが、`BacklogItem`を作るときに考えるべきことは多くなる。しかし、考え切れないほどの量になるわけではないし、考えることによる見返りはずっと大きい。この手の設計の方法を学べば学ぶほど、考えることは苦にならなくなる。たしかに、考えるべきことは多い。作業量も多い。チームでの協力や調整も必要だ。しかし、DDDが重厚なものになることはない。この新たな考え方は、身につける価値があるものだ。

>>> ホワイトボードの時間

- 今かかわっているドメインを使って、そのモデルの共通用語や共通操作を考えてみよう。
- その用語をホワイトボードに書き出そう。
- 次に、そのプロジェクトについて語るときにチームで使っているフレーズを書き出そう。
- それらをドメインエキスパートにも見せて、意見を聞いてみよう（コーヒー、忘れないでね!）。

ドメインモデリングを行う理由

一般に、**戦術的モデリング**のほうが**戦略的モデリング**よりも複雑になる。つまり、DDDの戦術的パターン（集約、サービス、値オブジェクト、イベントなど）を使ってドメインモデルを作るときには、より注意深く考えないといけないし、より時間をかける必要もある。だとしたら、組織として戦術的ドメインモデリングを行う意味はあるのだろうか？　隅々までDDDを適用していくとして、プロジェクトに追加の投資が必要になるかどうかを判断するには、何を基準にすればいいのだろうか？

未知の領域を探検している姿を思い浮かべてみよう。まずは、周囲の陸地や国境について把握したくなることだろう。地図を見るなり、あるいは自分たちで地図を描くなりして、今後の戦略を定める。地形を考慮して、自分たちの力が発揮しやすい戦略を考えたりもする。どんなに周到な準備をしようとも、時には大変な困難を伴うこともあるだろう。

戦略上、目の前の岩肌を登り切る必要が出てきたら、次に必要となるのは、斜面を登るための道具とその操作だ。岩の前に立って見上げると、難しそうなところや危険そうなところが見つかるかもしれない。それでも、細かいところは実際に岩肌を見てみないとわからない。滑りやすそうなところにはハーケンを打ち込む必要がでてくるかもしれない。しかしそれ以外にも、さまざまなサイズのカムを使って自然の割れ目にくさびを入れることもできるだろう。これらの登山道具をうまくつかむために、カラビナも持ち歩くことになる。とりあえず行けるところまで行って、その場で必要に応じて判

断を下すという考え方もある。時には、いったん後戻りして別の道を選ばなければいけないこともあるだろう。多くの人は、クライミングを危険でスリリングなスポーツだと考えている。でも、実際にクライミングをしている人たちに言わせると、車を運転したり飛行機に乗ったりするよりも、クライミングのほうがずっと安全なのだそうだ。きっとそうなのだろう。クライマーはツールやテクニックをきちんと理解する必要があるし、岩肌を見極める力も要求されるのだから。

その**サブドメイン** (2) を攻略するのが危険かつ難しそうなのだったら、DDD の戦術的パターンを活用すればいい。コアドメインに該当する事業戦略は、そういった戦術的パターンの採用を無下に否定できないはずだ。コアドメインは、未知の複雑な領域である。正しい戦術を採用すれば、悲惨な落下事故から最も身を守りやすくなる。

以下に、実践的な指針を示す。概要レベルのものから、徐々に詳細レベルに踏み込んでいく。

- その境界づけられたコンテキストをコアドメインとして育てていくのなら、それは事業を成功させるための戦略上で欠かせないものとなる。まだコアモデルについてよく理解できていないので、さまざまな試行錯誤が必要になるだろう。長期にわたる、継続的な改良にコミットするだけの価値がある。そのコンテキストが、常にコアドメインであるとは限らないかもしれない。だとしても、もしその境界づけられたコンテキストが複雑かつ革新的で、長期にわたって変化し続けるものなのだとしたら、戦術的パターンの採用を真剣に検討すべきだ。事業の将来を考えれば、それだけの価値はある。これはつまり、コアドメインにこそ、高いスキルをもつエース級の開発者を投入する価値があるということだ。
- **汎用サブドメイン** (2) もしくは顧客にとっての支援サブドメインになるであろうドメインは、実際のところはその事業のコアドメインである。ドメインについての判断は、常に顧客側の視点で行うというわけではない。ある境界づけられたコンテキストの開発を主作業としているのなら、外部の顧客からの視点がどうであれ、それは事業のコアドメインだ。これも同じく、戦術的パターンの採用を強く検討すべきだ。
- 今開発している支援サブドメインが、さまざまな理由で、サードパーティの汎用サブドメインになり得ないものである場合も、戦術的パターンが作業に役立つだろう。この場合は、チームのレベルや、モデルの状態（新規なのかそうでないのか、今後も変わり続けるのか）などを考慮しよう。ここで言う「革新的」とは、何かの事業価値を追加したり特殊な知識を取り込んだりという意味である。技術的に興味深いなどという意味ではない。適切な戦術的設計を適用できる能力がそのチームにあって、その支援サブドメインが革新的で、今後数年にわたって生き続けそうなのであれば、そのソフトウェアで戦術的設計を使ういい機会になる。しかしこの場合は、このモデルがコアドメインになることはない。事業的な視点で見た場合、あくまでも支援機能でしかないからだ。

経験豊富な開発者を多数抱え、かつ高い水準のドメインモデリングが求められる事業の場合は、これらのガイドラインは少し厳しいものかもしれない。十分な経験を持つエンジニア自身が「戦術的パ

ターンを使うのが最良だ」と考えるのなら、彼らの声に従うのがいちばんだ。正直な開発者なら、ドメインモデルを作るのが最適なのかどうかを示してくれるだろう。

　扱うドメインの種類によって、開発手法が自動的に決まるということはない。チームとしてどうすべきかを検討して、最終判断につなげることが大切だ。判断材料として使えるものを、短くまとめてみた。これらはいずれも、先ほどの概要レベルのガイドラインに大なり小なり沿っているものだ。

- ドメインエキスパートがいて、彼らをチームに参加させられているか?
- たとえ今はシンプルだとしても、そのビジネスドメインは今後複雑化していきそうだろうか? 複雑なアプリケーションでトランザクションスクリプト[1]を使うことにはリスクがある。とりあえずはトランザクションスクリプトで進めるとして、今後コンテキストが複雑化したときに、それをドメインモデルにリファクタリングすることは現実的だろうか?
- DDD の戦術的パターンを使ったときに、他の境界づけられたコンテキスト(サードパーティのものや、自社開発したもの)との統合を簡単かつ現実的に行えるだろうか?
- トランザクションスクリプトを使ったとして、ほんとうにシンプルになるのだろうか? ほんとうにそのほうがコードが少なくなるのだろうか? (両方の手法を使ってみた経験から言うと、トランザクションスクリプトのほうがコードの量が増えてしまうことが多い。おそらくこれは、そのドメインの複雑性やモデルそのものの成長について、プロジェクトプランニングの際には認識できていないからだろう。ドメインの複雑性やモデルの成長については、過小評価されていることが多い)
- 戦術的パターンを採用すれば、プロジェクトのクリティカルパスやタイムラインに影響は出ないだろうか?
- コアドメインに戦術的な投資をすれば、システムをアーキテクチャ上の影響から守れるだろうか? トランザクションスクリプトの場合は、アーキテクチャを全面に公開してしまう(ドメインモデルは長生きすることが多く、アーキテクチャ上の影響は他のレイヤに散らばりがちだ)
- クリーンで長持ちする設計・開発手法のおかげで、クライアント(顧客)はメリットを得られるだろうか? それとも、明日にでも市販のパッケージで置き換えられてしまうのだろうか? そもそも、今回カスタムアプリケーション/カスタムサービスとして作ろうとしたのはいったいなぜだったのだろう?
- アプリケーションやサービスを戦術的な DDD で作るのは、トランザクションスクリプトなどの他の手法で作るのにくらべてそんなに難しいことなのだろうか? (この問いに答えるには、メンバーのスキルレベルや、ドメインエキスパートが存在するか否かがポイントとなるだろう)
- そのチームに DDD を実現できる要因が揃っているとして、それでも別の手法を採用する選択肢があるだろうか? (DDD を実現する要因の一例は、オブジェクトリレーショナルマッピング・集約のシリアライズ・イベントストア・DDD をサポートするフレームワークなどによ

るモデルの永続化のサポートだ。それ以外にもいろいろある）

　このリストはあなたのドメイン用に特化したものではないし、その他の条件を適切に組み合わせることもできる。あなたは、最良かつ最も力を発揮できる手法を使って最大限の利益を得るための理由が理解できている。また、自分たちの事業や技術的な視点も理解している。結局のところ私たちは、顧客を喜ばせるためにものを作っているのであって、オブジェクト設計者や技術者たちのために作っているのではない。賢明な選択をしよう。

DDDは面倒なものではない

　私は別に、「DDDをきちんと実践すると重厚なプロセスになってしまい、いろんな手続きが必要になってしまう。お粗末な『ドキュメント』の管理に振り回されてしまう」などと言いたいわけではない。DDDは、そんなものではない。スクラムなどのアジャイル手法を使っているチームにも、うまく組み込めるものだ。DDDでの設計方針は、いわばソフトウェアモデルをテストファーストで素早く洗練させていくようなものだ。新しいドメインオブジェクト（エンティティや値オブジェクトなど）を開発することになった場合は、以下のようにテストファーストで進めていく。

① 新しいドメインオブジェクトが、ドメインモデルのクライアントからどのように使われるべきなのかを示すテストを書く
② そのテストを通る最小限のコードを書いて、新しいドメインオブジェクトを作る
③ テストとドメインオブジェクトの両方にリファクタリングを施し、テストはクライアントからの使いかたをよりよく表せるようにする。一方ドメインオブジェクトも、振る舞いを適切に表すようにメソッドのシグネチャを決める
④ テストを通るようにドメインオブジェクトを実装し、コードに不適切な重複が残らないようにリファクタリングする
⑤ ドメインエキスパートを含むチームのメンバーにコードを見せて、テストコードがその時点でのユビキタス言語にしたがってドメインオブジェクトを使えているかどうかをたしかめる

　「これって結局、私が知ってるテストファースト手法とどこが違うの?」そう思う人もいるかもしれない。そう。微妙な違いはあるものの、基本的には同じだ。テストステージでは、絶対的な正確性を求めるのではなく、後のさまざまな変更に耐えうるようなモデルを作ることを目標とする。そのためのテストを追加するのは後の話だ。まずは、モデルがクライアントからどのように使われるのかに着目する。そして、そのテストを使ってモデルの設計を進めていく。ご安心あれ。まったくもってアジャイルな手法だ。DDDが推し進めるのは軽量な開発であって、手続きだらけで重厚な設計を事前

1　ここでは、パターン名としてではなく、より広い意味で使っている。ここで言うトランザクションスクリプトとは、ドメインモデル以外のいろんな手法のことだ。

に行うわけではない。この点から見れば、一般的なアジャイル開発と何ら変わりはない。先ほどの手順を見ているとアジャイルには見えないかもしれないが、DDDの立ち位置を明確にできていると思う。これは、アジャイルな方法で使うことを想定したものだ。

　その後、新しいドメインオブジェクトの正しさを検証するテストも追加する。現実的に考え得る、あらゆる観点での正確性をたしかめるものだ。そのときに考えるのは、そのドメインオブジェクトが、ドメインの概念を正しく言い表せているかどうかという点だ。クライアント側からの操作例を表すテストコードを読んだときに、ユビキタス言語による適切な表現を読み取れなければいけない。技術に明るくないドメインエキスパートも、開発者の助けを得てコードを読めなければいけない。そのモデルがチームの目標を達成していることを、きちんと読み取れる程度のコードにする必要がある。これはつまり、表現力を上げるために、テストデータも現実的なものにしなければいけないということだ。そうしないと、その実装が妥当なものかどうかをドメインエキスパートが判断できなくなる。

　この手順を繰り返して、現在のイテレーションで扱っているタスクに沿ってモデルが正しく動くようになるまで続ける。先に示した手順は、もともとエクストリームプログラミングが推進していたものだ。アジャイル手法を使うからといって、本質的なDDDのパターンやプラクティスが使えなくなることはない。両者はうまく共存できるものだ。もちろん、テストファースト開発を使わずにDDDを進めることもできる。既存のモデルに対するテストを後から書いていくことだってできる。しかし、ここで示したようにクライアント側の観点からモデルを設計していくのは、とてもおすすめの方法だ。

1.6　現実味のあるフィクション

　今どきのDDDの使いかたを実践するための指針をどのように提供しようかと考えたとき、私が「これはこうすべきだ」と言うときには常にそれを正当化する理由も示しておきたかった。単にどうやるのかだけではなく、なぜそうするのかも示したいのだ。何かのプロジェクトの事例を扱えば、なぜ私がその方法を推奨するのかを適切に示せると考えた。また、ありがちな課題に対してDDDをうまく適用する方法も示せるだろう。

　どこかのプロジェクトチームがDDDを誤用して問題に直面しているときに、第三者の視点で見たほうが、当事者たちよりも状況がよく見えることがある。よそのチームの作業のどこに問題があったのかを理解してしまえば、今自分たちが向かっている方向がそれと似ているのかどうかや、すでに同じ泥沼にはまりこんでいるのかどうかも判断できるだろう。自分たちが今どこに進もうとしているのか、そして今どのあたりにいるのかがわかれば、同じ結末に至らないように今後の進めかたを調整できるようになる。

　私がこれまで実際にかかわってきたプロジェクトを題材にするのは無理なので、架空のシチュエーションを用意することにした。私や知人らが実際に経験した内容にもとづくものだ。これで、各種の手法を使うべき理由を説明するための事例を作れるようになった。DDDを使う上で遭遇するであろう、さまざまな課題をとりあげる。

　これは、単なる事例のための事例として用意したフィクションではない。架空の組織が、現実世界

の事業を遂行する。架空の組織内の架空のチームが、現実世界のソフトウェアを開発して公開する。そして、現実世界の DDD で考えられる課題や問題を、現実世界の手法で解決する。いわば、「現実味のあるフィクション」だ。この手法のおかげで、さまざまな内容をうまく盛り込めたと思う。ここから、多くのことを学んでほしい。

　このような事例を示すときには、扱う範囲を絞って実用的に使えるようにする必要がある。そうしないと、伝える側も学ぶ側も、その分量に耐えきれなくなるだろう。一方、事例をあまりにも簡素化しすぎるのもいけない。そんなことをすれば、伝えたいポイントも失われてしまう。このバランスを考慮した上で、今回は新規開発の事例を使うことにした。

　このプロジェクトにさまざまな視点から切り込むことで、いろいろな問題やその解決方法を知ることになるだろう。今回の事例で扱うコアドメインはそれなりに複雑で、さまざまな観点から DDD を見ることになる。境界づけられたコンテキストが他のコンテキストを利用することもあるので、DDD における統合の例も確認できる。しかし、今回の三種類のモデルだけでは、戦略的設計の全貌を紹介しきることはできないだろう。たとえば、レガシーシステムでありがちな、「荒廃した」環境で起こりうるような状況は扱えない。そこから目を背け、あたかもそれがあまり重要でないかのように言うつもりは毛頭ない。DDD の指針が有効に使える場面があれば、本題の事例から少し外れていてもそれを扱うつもりだ。

　それではここで、今回の事例の概要を紹介しよう。チームのことや、チームで取り組んでいるプロジェクトについても紹介する。

>>> SaaSOvation とそのプロダクト群、そして彼らが DDD をどう使ったのか

　これは、架空の企業である SaaSOvation のお話。その名が示すとおり、SaaSOvation で作っているのは SaaS（Software as a Service）プロダクト群だ。SaaS プロダクト群を SaaSOvation がホストし、契約した各企業がそれを利用する。ビジネスプランの中には二種類のプロダクトが含まれており、そのうちのひとつを先行して進める。

　最初のプロダクトの名前は CollabOvation。これは企業向けのコラボレーションスイートで、最先端のソーシャルネットワーク機能を誇る。フォーラム、共有カレンダー、ブログ、インスタントメッセージング、Wiki、伝言板、文書管理、一斉通知や警告、アクティビティ追跡、RSS フィードなどの機能が含まれる。これらすべてのツールが企業での共同作業用に特化して作られており、ちょっとしたプロジェクトから大規模なプログラム、そして組織をまたがる活動などの生産性向上を支援する。変化に満ち、不確かなことが多いにもかかわらず、昨今の経済はめまぐるしく進む。そんな中、メンバーの共同作業による相乗効果を促すことが大切だ。生産性の向上、知識やアイデアの共有、そして創造的プロセスの管理などに役立つこれらのツールは、企業活動にとって勝利の方程式となるだろう。CollabOvation は顧客に高い価値を提供し、その機能は開発者たちを喜ばせるだろう。

　もうひとつのプロダクトが ProjectOvation で、これが今回まず注目するコアドメインとなる。このプロダクトの狙いは、スクラムを使ったアジャイルプロジェクトの管理だ。ProjectOvation は、スクラムのプロジェクト管理モデルに従う。すなわち、プロダクトやプロダクトオーナー、チーム、バックログアイテム、計画されたリリース、スプリントなどが登場するモデルだ。バックログアイテムの見積もりのための事業価値計算機能を提供する。これが費用便益分析を行う。スクラムを最大限に活用しようと考えているなら、まさにそのた

めのツールとなるのが ProjectOvation だ。しかし SaaSOvation は、その費用に値するもっと多くの効果を得ようと考えている。

　CollabOvation と ProjectOvation をまったくの別プロダクトとして進めていくつもりはない。SaaSOvation では、アジャイルソフトウェア開発にコラボレーションツールを組み込んでいくという構想を描いている。CollabOvation の機能は、ProjectOvation にもオプションのアドインとして提供されることになるだろう。プロジェクトプランニング、フィーチャーやストーリーに関する議論、チーム内やチーム間での議論などに使えるコラボレーションツールを提供するのだ。間違いなく大人気となるはずだ。SaaSOvation は、ProjectOvation のユーザーの六割以上が CollabOvation の機能を組み込むだろうと予想する。また、この手のアドオン形式での販売は、アドオン製品単体での売り上げの向上にも貢献するだろう。ひとたび販売チャネルが確立されて、プロジェクト管理スイートにおけるコラボレーション機能の威力を開発チームが実感すれば、そのコラボレーションスイートを全社的に採用しようという動きにつながる。口コミ効果も考慮して、ProjectOvation の売り上げの少なくとも 35 パーセントが、CollabOvation の全社採用につながるだろうと SaaSOvation は予想する。SaaSOvation はこれらの数字をかなり控えめな見積もりだと見ており、間違いなく達成できると考えているようだ。

　まず、CollabOvation の開発チームが結成された。ベテランも何人かいるものの、大半のメンバーは中堅レベルの開発者たちだ。初期のミーティングで、今回のプロジェクトではドメイン駆動設計を用いた設計と開発を進めていく方針が決まった。ベテラン開発者の一人が、前職のプロジェクトで DDD のパターンの一部を使ったことがあったというのだ。彼が当時の経験を語ってくれた。その場にもし熟練の DDD 経験者がいれば、彼の言っているのは完全な DDD ではないとすぐに見抜けただろう。彼が実際やっていたのは、いわゆる軽量 DDD というものだった。

　軽量 DDD とは、DDD の戦術的パターンの一部だけをつまみ食いする方法で、ユビキタス言語を見つけ出して育てていこうなどという気は毛頭ない。おまけにこの手法は、境界づけられたコンテキストやコンテキストマッピングも使わずに済ませることが多い。技術面だけに注目して、技術的な問題だけを解決したがっているのだ。この方法にはメリットもあるが、戦略的モデリングを併用したときのような大きな見返りは得られない。SaaSOvation は、この道を選んだ。結局そのせいで、すぐに問題に直面することになった。サブドメインについて理解できておらず、境界づけられたコンテキストを明示する威力や安全性も理解していなかったからだ。

　ただ、最悪の事態は免れたともいえる。SaaSOvation は、軽量 DDD を使う際の最大の落とし穴にははまらずに済んだ。というのも、当初考えていた 2 つのプロダクトが、ごく自然に境界づけられたコンテキストを形成していたからだ。そのおかげで、CollabOvation のモデルと ProjectOvation のモデルをきちんと分離することができた。ただこれは、あくまでも結果論に過ぎない。開発チームが境界づけられたコンテキストを把握していたとは思えない。だからこそ、最初の問題に遭遇することになったのだ。さあ、あなたはここから何を

学ぶだろうか。

　SaaSOvation が DDD を誤用する姿から、私たちはいろんなことを学べるだろう。チームのメンバーは、失敗から学ぶことで、戦略的設計とはどういったものなのかをつかんでいく。また、CollabOvation チームが行った調整からもいろいろ学べるだろう。というのも、ProjectOvation チームは最終的に、他のプロジェクトの振り返りからもさまざまな恩恵を受けているからだ。さて、彼らはいったいどのような道をたどるのだろうか。第 2 章「ドメイン、サブドメイン、境界づけられたコンテキスト」や第 3 章「コンテキストマップ」をお楽しみに。

1.7　まとめ

　本章は、DDD を始めるためのよいきっかけになったのではないかと思う。自分たちのチームでも、高度なソフトウェア開発技術を使ってうまくやっていけると感じられたのではないだろうか。そう。きっとできる。

　もちろん、変に「簡単だよ」と煽るつもりはない。DDD を実践するには、それなりの労力を要するだろう。もし簡単に実践できるのなら、今ごろは誰もがすばらしいコードを書いているはずだ。でも、ご存じのとおり、そんな世界は実現していない。さあ、準備はできた。これからは、ソフトウェアがどのように動作するのかを考えた設計を進めていこう。

　本章で学んだ内容を振り返る。

- 自分のプロジェクトで DDD をどう活かせるのか、そしてドメインの複雑性にどう立ち向かうのかを扱った。
- 自分たちのプロジェクトが DDD を採用するに値するかどうかを診断する方法を示した。
- DDD 以外の選択肢を検討し、それらを使ったときにどんな問題が発生しうるのかを学んだ。
- DDD の概要を学び、自分たちのプロジェクトに適用するための第一歩を踏み出した。
- DDD を上司やドメインエキスパートなどに売り込む方法を身につけた。
- DDD を実践する上で、何かの問題に直面してもうまく進められるように理論武装をした。

　それでは、次の話題に移ろう。第 2 章と第 3 章では、重要な戦略的設計について扱う。そして第 4 章では、DDD とソフトウェアアーキテクチャの関係を採り上げる。これらの内容をきちんとつかんでから、それ以降の章で戦術的モデリングを学んでいこう。

第 2 章

ドメイン、サブドメイン、境界づけられたコンテキスト

どれも必要な音ばかりです。余計な音もなければ、足りない音もありません。

– Mozart（映画『アマデウス』（1984 年）より）

本章では、以下の 3 点について考える。

- **ドメイン**とは何か
- **サブドメイン**とは何か
- **境界づけられたコンテキスト**とは何か

これらの概念は、どれも [Evans] では後半で扱われていたものばかりだ。だからといって、これらを二の次にしていいわけではない。DDD をうまく進めるためには、これらを正しく身につける必要がある。

> **本章のロードマップ**
> DDD の全体像をつかむために、ドメイン・サブドメイン・境界づけられたコンテキストについて理解する。
> なぜ戦略的設計がそれほどまでに重要なのか、手抜きするとどんな被害が出るのかを学ぶ。
> 複数のサブドメインを含む、現実世界のドメインを検討する。
> 境界づけられたコンテキストについて、概念的な面と技術的な面の両方から理解する。
> SaaSOvation が戦略的設計を発見するに至った、ひらめきの瞬間を見る。

2.1　全体像

ドメインとは、広い意味で言うと、組織が行う事業やそれを取り巻く世界のことだ。事業が市場を定義して、プロダクトやサービスを販売する。組織にはそれぞれ、自分たちの対象とする領域についてのノウハウや物事の進めかたがある。その領域、そして業務を進めていくための方法が、ドメイン

だ。どこかの組織のためのソフトウェアを開発するときには、その組織のドメインで作業をするということになる。自分自身のドメインが何なのかを把握する必要がある。そこで作業を進めることになるわけだから。

ドメインという用語がその事業のドメイン全体を表すこともあれば、単にコアとなる一部分やそれを支援する一部分だけを指すこともある。本書では、これらをできるだけきちんと区別することを心がける。一部分だけを指すときは、**コアドメイン**や**サブドメイン**などの用語で、それを明示する。

ドメインモデルという用語には「**ドメイン**」という単語が含まれているので、その事業のドメイン全体をカバーする全部入りのモデルをひとつだけ作るのかと思う人もいるかもしれない。そう、いわゆる「エンタープライズモデル」ってやつだ。しかし、DDDの最終目標はそこではない。DDDが目指すのは、むしろその正反対の方向だ。複数のサブドメインを組み合わせて、組織のすべてのドメインを作り上げることになる。DDDを使うときには、境界づけられたコンテキストの内部でモデルを開発する。ドメインモデルを開発するということは、事業のドメイン全体の中で特定の部分にだけ注目するためのひとつの方法なのだ。それなりに複雑な組織の事業を、全部入りのモデルひとつで定義しようとするのはとても難しい。間違いなく失敗するだろう。本章を読み進めるうちに明らかになるが、事業のドメインを分野ごとに切り分けていくことが、成功への近道だ。

さて、組織で行う事業やその進めかたをひとつのドメインモデルにすべきでないならば、いったいドメインモデルはどうあるべきなのだろうか?

ほとんどのソフトウェアのドメインは、複数のサブドメインを持つ。組織の規模の大小や複雑性には関係ないし、ごく数名だけが使うソフトウェアであっても同じことだ。どんな事業にだって、それをうまく遂行するためのさまざまな機能がある。それらの機能を個別に考えることが大切だ。

サブドメインと境界づけられたコンテキストのはたらき

シンプルな例で、サブドメインの使いかたを示そう。ここでは、ある小売業者による商品のオンライン販売を考える。販売する商品は幅広いので、その詳細についてはあまり気にしないことにする。このドメインで事業を進めるには、まず買い物客たちに見せる商品カタログが必要だ。また、買い物客からの注文を受け付けられないといけないし、販売代金も徴収する必要がある。もちろん、買い手に商品を発送できなければいけない。こういったオンライン販売業者のドメインは、**商品カタログ・注文・請求・発送**の四つの主要サブドメインで構成されるだろう。図2-1の上の部分は、**Eコマースシステム**を表す。

何を当たり前なことを言っているのだと感じるかもしれない。ある意味ではそれも正しい。しかし、詳細な要件がたったひとつ加わるだけで、このサンプルはもっと複雑化することだろう。たとえば、**在庫**を扱うのがどれくらい難しくなりそうか、少し時間を取って考えてみよう。**在庫**は、図2-1で示した追加のシステムとサブドメインにあたる。どれくらい複雑性が増したか、あとで振り返ってみる。まずは、図の中にある物理的なサブシステムと論理的なサブドメインを見てみよう。

この時点で、小売業者のドメインを構成する物理的なシステムは三つで、自分たちで管理しているのはそのうち二つだけだ。この二つの内部システムが、それぞれの境界づけられたコンテキストを表

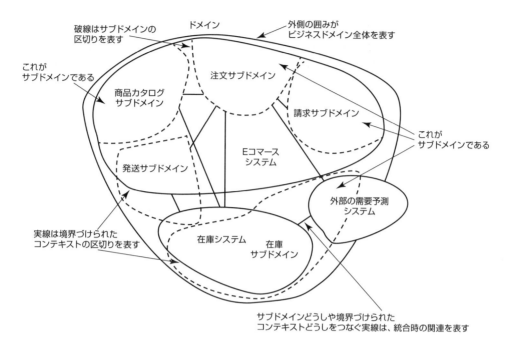

図2-1：ドメインとサブドメインそして境界づけられたコンテキスト

しているのだろう。しかし、残念ながら、今稼働中のシステムのほとんどは、DDD以外の方法で作られたものだ。ありがちな状況として、サブシステムの数が本来あるべき姿より少なすぎて、ひとつのサブシステムで多くの業務機能を受け持ちすぎている可能性がある。

　境界づけられたコンテキスト「Eコマース」の中には、暗黙のドメインモデルが複数存在する。しかしそれらは、明確に分割されているとはいえない。本来分割すべきドメインモデルが実際には単一のソフトウェアモデルになってしまっている。これは嘆かわしいことだ。小売業者が、この境界づけられたコンテキストを他社から購入したのなら、まだ話はわかる。しかし、このシステムの保守を担当する人はみんな、複雑化していることに対して悪印象を抱くだろう。**商品カタログ・注文・請求・発送**というモデルが単一の「Eコマースモデル」にまとまっていることが、その原因だ。それぞれの論理モデルに新しいフィーチャーを追加しようとしたときに、お互いの関心事が衝突すれば、モデルの変更の障害になってしまう。特に、新しい論理モデル（新しいフィーチャーセット）の追加が必要になったときに顕著となる。ソフトウェアの関心事がきちんと分離されていないと、こういう事態に陥る。

　嘆かわしいことに、多くのソフトウェア開発者が「可能な限り、あらゆるものをひとつのシステムにまとめてしまうほうが賢いやりかただ」と考えている。Eコマースシステムが何でも知っていて何でも実行できて、あらゆる人たちのニーズを満たすという考え方だ。だまされないでほしい。どれだけ多くの関心事をひとつのサブシステムに閉じ込めたとしても、あらゆる利用者のあらゆるニーズに対応しきれるわけがない。無理だ。本来サブドメインに分割すべきドメインモデルを分割できていな

いせいで、今後の変更もずっと困難になる。というのも、あらゆる箇所が別の何かとつながっていたり、別の何かに依存していたりするからだ。

それでも、DDDの戦略的設計ツールを使えば、ある程度はその複雑性に立ち向かえる。複雑に絡みあったモデルを外部から解剖し、実際の機能にもとづいたサブドメインに切り分けるのだ。この論理的なサブドメインの切り分けを示しているのが、図2-1の破線だ。別に、他社製のモデルを実際にリファクタリングして切り分けたわけではない。単に、これらのモデルが個別に存在することを示しただけだ。少なくとも、今回の小売業者の事業的には、これらの切り分けを適用することになる。また、論理的サブドメイン間のつながりも示し、さらに物理的な境界づけられたコンテキストの統合のようすも示した。

ここで技術的な複雑性からは離れて、業務的な複雑性を考えてみよう。資金が限られているため、この企業では十分な広さの倉庫を確保することができない。限られた倉庫の中での調整が、頻繁に発生している。売れ行きの悪い商品を倉庫に置き続けるわけにはいかないし、時期によって売れ行きが大きく変わる商品もある。予定通りの売り上げを達成できない商品があった場合、企業の資金が、(少なくとも今の時点では) 顧客に必要とされていない商品に固定化される。資金の流れが止まってしまい、その結果、売れ筋商品の在庫をあまり確保できなくなってしまう。

それだけでは済まない。別の問題も出てくる。仮に何かの商品が予想を上回る売れ行きを見せたとしても、その企業は顧客の要求を満たすだけの在庫を確保できないだろう。在庫管理がうまくいかないせいで、顧客はその商品を他のどこかで調達することになる。もちろん、卸業者の中には小売業者に代わって直販をしたがるところもあるだろう。しかし、その選択肢はさらにコストがかかるし、望ましくない結果になりかねない。コスト削減策は他にもある。地元の消費者向けのいくつかの商品だけを在庫として抱え、遠隔地でよく売れるその他の商品については直送するという手段がそのひとつだ。この直送作戦は、小売業者が活用できるものでなければいけない。売り上げ不振を挽回するための最後の手段というわけではない。結局のところ、商品が足りないから問題なのではない。小規模な小売業者に商品が存在しないのは、在庫管理を最適化できていなかったからだ。もし顧客が商品を受け取るのが遅れ続けるようなら、オンライン販売業者にとっては、それまでに誇っていた競争優位の大半を失ってしまうことになる。この例は、Lokad[2]で解決できそうなよくある問題からヒントを得たものだ。

ここではっきりさせておくと、今回私たちは、在庫に関する問題がどれくらいの範囲におよぶかは調べていない。この状況は、決して小規模な小売業者だけに限ったことではない。小売業者ならどこでも、実際のニーズにあわせた正確な分量を発注しておきたいものだ。在庫を抱えるコストを最小化し、売り上げを最適化したいからだ。しかし小規模な小売業者は、最適化できないことによる損害を大規模なところよりも受けやすい傾向がある。

将来の在庫量や売り上げ見込みを、過去の傾向から判断できれば、オンライン小売業者にとって大きな助けになるだろう。小売業者が売り上げ予想エンジンを使うことができるなら、そのエンジンに

---

[2] http://www.lokad.com/

在庫と販売履歴の情報を渡して需要予測を得ることができるだろう。在庫をどれくらい抱えるのが最適なのか、そしていつどの程度再発注すべきなのかがわかるようになる。

　小規模な小売業者にとっては、そのような需要予測機能の導入はおそらく新たな**コアドメイン**になるだろう。一筋縄ではいかない問題を解決するものだし、成功すれば、競合他社に対する優位を確立できるだろうからだ。実際、図 2-1 における第三の境界づけられたコンテキストは、**外部の需要予測システム**だ。**発注**サブドメイン、そして境界づけられたコンテキスト「**在庫**」を**需要予測**と統合して、商品の販売履歴から情報を受け取れるようにする。さらに、**カタログ**サブドメインは、万国共通のバーコードを提供する必要もあるだろう。**需要予測**システムがこれを使って、小規模小売業者のプロダクトラインを全世界の売り上げ傾向と関連づけ、より広い視点での結果を導き出す。**需要予測**エンジンはこれらを処理し、小規模な小売業者が保持すべき在庫の正確な数を算出する。

　もしこの新たなソリューションが実際にコアドメインだったとしたら（おそらくそうだろう）、開発チームは、このソリューションを取り巻く業務の概要を理解すれば大きなメリットを得られるだろう。それはいくつかの論理的サブドメインで構成されており、必要に応じてそれらが統合されている。つまり、図 2-1 に示される既存の統合状況に注目することが、プロジェクトを開始するにあたっての現状を大まかにつかむための鍵となる。

　サブドメインがいつも、こんなに適切なサイズと機能のモデルに分割されているとは限らない。ときには、その業務のソリューションに欠かせないアルゴリズムをまとめただけのサブドメインもあり得る。これはコアドメインの一部だとは見なされない。DDD のテクニックをうまく活用するためには、その手のサブドメインを**モジュール** (9) としてコアから分離すればいい。重厚で大がかりなサブシステムのコンポーネントとして抱え込む必要はない。

　DDD を実践する際には、個々の境界づけられたコンテキストについて、そのドメインモデルで使われるすべての用語の意味を確実に理解しようと心がける。ソフトウェアをうまくモデリングするには、少なくともそうでなければいけない。特に、**言葉**の境界を気にする。これらの概念的な境界が、DDD を実践する上での鍵となる。

> **カウボーイの声**
>
>
>
> LB：「お隣ともうまくやっていけてたんだけどなあ。この柵が壊れるまでは」
> AJ：「そうだな。馬の高さの柵を用意しないといけねえ」

　ひとつの境界づけられたコンテキストが必ずしもひとつのサブドメインだけで成り立つとは限らないが、そうなることもある。図 2-1 において、単一のサブドメインだけで構成される境界づけられ

たコンテキストは、**在庫**だけだった[3]。ここからも、**Eコマースシステム**の開発時にはDDDが使われていなかったであろうことがわかる。Eコマースシステムからは四種類のサブドメインを見つけ出したが、おそらくそれ以外にもサブドメインが存在するだろう。一方、**在庫システム**は、境界づけられたコンテキストごとにひとつのサブドメインという形式になっているようだ。このドメインモデルは、扱う内容を商品の在庫だけに絞り込んでいる。**在庫システム**のすっきりとしたモデルは、おそらくDDDを使って作られたものだろう。偶然の産物かもしれないが、実際のところは、詳細を追ってみないとわからない。いずれにせよ、**在庫**をうまく使えば、新しいコアドメインを作れそうだ。

言語学的な意味で、図2-1のふたつの境界づけられたコンテキストの、どちらの設計のほうが優れているだろうか？ 言い換えよう。ドメインに特化した用語を、曖昧さを排除して使えているのはどちらだろうか？ **Eコマースシステム**に含まれる少なくとも四つのサブドメインを考えるとき、用語やその意味が衝突することはまず避けられない。たとえば**顧客**という用語ひとつとっても、複数の意味があるはずだ。ユーザーがカタログを見ているときの「顧客」と、ユーザーが注文をするときの「顧客」とは違った意味になる。なぜか。カタログを見ているときの「顧客」は、まだ商品を購入する前の段階だ。固定客集めや取扱商品数、割引、発送方法などを考えるコンテキストにいる。一方、注文時点の「顧客」は、その意味が限定される。たとえば、名前・発送先・請求先・注文額・支払方法などが関わってくるだろう。こんな基本的なところを見ただけでも、**Eコマースシステム**における「顧客」の明確な定義は存在しないことがわかる。この状況を見ると、システム全体をざっと見渡せば、複数の意味を持つ用語が他にもいくつか見つかるだろうと思われる。これは、きれいな境界づけられたコンテキストだとはいえない。本来は、ドメインエキスパートが名づけたそれぞれの用語について、はっきりとした意味があるはずだ。

とはいえ、**在庫システム**だって、完璧なモデルと曖昧さのないドメインを兼ね備えているとは限らない。こんな明白なコンテキストにあってさえも、在庫の中で扱うものに対して、その意味の違いに直面するかもしれない。在庫の**アイテム**には、いろいろな扱いかたがあるからだ。注文されたアイテム、受け取ったアイテム、入庫するアイテム、出庫するアイテムについて、明確な区別ができるだろうか。注文されたがまだ販売できる状態にないアイテムのことは、入荷待ちのアイテムと呼ぶ。受け取ったアイテムのことは、着荷と呼ぶことが多い。在庫に入ったアイテムは、在庫品と呼ぶだろう。在庫から出て行くアイテムのことは、出庫品と呼ばれることが多い。消費期限が切れたり破損したりした在庫品のことは、不良品などと呼ばれる。

図2-1を見ても、在庫の概念をどの程度理解できているのかがわからないし、それに関連する用語をどの程度モデリングできているのかもわからない。DDDを使うと、このあたりを当て推量で進めることがなくなる。これらの概念をきちんと理解できていること、曖昧さをなくして明確に話せること、そして同じく明確にモデリングできていることを確信できる。ドメインエキスパートがこれらの概念をどのように語るのかを聞けば、いくつかの概念は別の境界づけられたコンテキストに分割でき

---

[3] たしかに出荷サブドメインは在庫を使っている。しかし、だからといって在庫サブドメインがEコマースシステム（出荷サブドメインが属するコンテキスト）の一部だとはいえない。

るようになるだろう。

　外面を見る限りは、**在庫システム**のほうが、**E コマースシステム**よりも DDD の目指す姿に近く思える。おそらく、開発チームがモデリングをする際には、先に考えたさまざまな状況をひとつのアイテムですべて表せるようにしようなどとは考えていなかっただろう。断定はできないが、**在庫システム**のモデルのほうが、**E コマースシステム**のモデルよりも他と統合しやすくなると考えられる。

　統合について言うと、図 2-1 が示すのは、企業システムにおいて、単独で存在する境界づけられたコンテキストなどめったにないということである。仮にサードパーティの **E コマースシステム**が全部入りの巨大なモデルだったとしても、それで小売業者のニーズをすべて満たせるわけではない。**E コマースシステム**内のさまざまなサブドメインの間をつなぐ線や、**E コマースシステム**と**在庫システム**や**外部の需要予測システム**をつなぐ線が、統合の必要性を示している。これはつまり、さまざまなモデルが共同作業する必要があるということだ。統合には常に、何らかの関係が伴う。統合の際の選択肢については、第 3 章「コンテキストマップ」で詳しく説明する。

　ここまでで、あるシンプルな業務ドメインの一面について、概要をつかむことができた。コアドメインについても少し取り扱い、それが DDD で重要な概念になることを知った。コアドメインについて、もう少し深く理解しておく必要がある。

コアドメインに注目する

　サブドメインや境界づけられたコンテキストについて理解できたところで、別の例を考えてみよう。図 2-2 は、別のドメインを抽象的にとらえたものだ。この例は、あらゆるドメインに当てはめられる。おそらくあなたのかかわっているドメインにも当てはまるだろう。それぞれの名前は明示していないので、各自の頭の中で穴埋めしてほしい。私たちの業務のゴールは、変化し続けるサブドメインとその内部のモデルを絶えず磨き上げていく、その道の先にある。この図はあくまでも、現時点での業務ドメイン全体のようすを特定の視点でとらえたものに過ぎず、今後変わりうるものだ。

>>> ホワイトボードの時間

- 日々の業務で扱うすべてのサブドメインを、書き出してみよう。そしてもう一方に、境界づけられたコンテキストを書き出そう。サブドメインは、複数の境界づけられたコンテキストにかかわっているだろうか？　もしそうだとしても、別に問題はない。業務ソフトウェアとはそういうものだ。
- ここで図 2-2 のテンプレートを使って、これらのサブドメインや境界づけられたコンテキストで動いているソフトウェア名を書き出してみよう。そして、それらの統合のようすも示そう。

　難しかっただって？　おそらくそれは、図 2-2 のテンプレートがあなたのドメインの既存の境界をうまく反映できていなかったからだろう。

- 続けよう。今度は、**自分たちの**ドメインやサブドメイン、境界づけられたコンテキストに沿った図を描こう。図 2-2 に示すテクニックを、自分たちの世界にあわせていく。

自分たちの業務について、すべてのサブドメインや境界づけられたコンテキストを把握しきれていないという人もいるだろう。大規模で複雑なドメインなら、なおさらそうだ。しかし、日々の業務で扱うものについては、見つけ出せるだろう。いずれにせよ、やってみよう。間違えたってかまわない。次の章で扱うコンテキストマッピングの、よい練習になるだろう。ヒントがほしければ、次の章を少しだけ先取りしてもかまわない。とにかく、今の時点で完璧なものを作ろうとはしないことだ。まずは基本的な考え方をつかむこと。

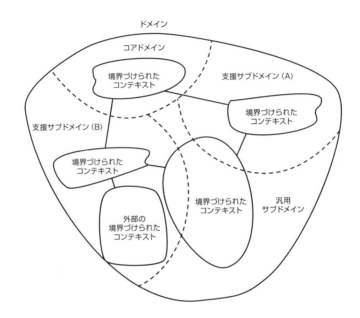

図2-2：サブドメインや境界づけられたコンテキストを含む、抽象的な業務ドメイン

　図2-2の上部にあるドメインの境界を見ると、そこには**コアドメイン**と名づけられたサブドメインがある。先述のとおり、これはDDDの中でも重要な概念のひとつだ。**コアドメイン**とは業務ドメインの一部で、組織を成功に導くために最も重要なものだ。戦略的な意味において、そのコアドメインでは**他を圧倒している**に違いない。事業を成功させるためには、それが不可欠だ。プロジェクトはコアドメインに最優先で取り組む。そのサブドメインに関する深い知識を持つドメインエキスパートと最高の開発者たちを集めて、しっかりしたチームを作り、思う存分その能力を活かせるようにしよう。DDDのプロジェクトでの作業の大半は、コアドメインに注目して行われるものだ。

　図2-2には、それ以外に二種類のサブドメインがある。**支援サブドメイン**と**汎用サブドメイン**だ。業務をサポートするために、境界づけられたコンテキストが作られることがある。業務に不可欠な内容を表しているが、まだコアドメインとはいえないようなモデルのことを、**支援サブドメイン**と呼ぶ。支援サブドメインを作る理由は、その内容が何か特別なものだからである。業務上特別なことを特に何もしていなくても、ソリューション全体として必要なドメインもある。それが**汎用サブドメイン**だ。支援サブドメインであるか汎用サブドメインであるかは、それほど重要ではない。これらのサブドメ

インは業務をうまく進めるために重要ではあるが、これらの分野に卓越する必要はない。卓越が求められるのは、コアドメインだ。というのも、このドメインこそが、はっきりした利益を業務にもたらすのだから。

>>> ホワイトボードの時間

- コアドメインの重要性を認識しているかどうかをたしかめるために、先ほど描いた図をもう一度見直してみよう。自分たちの組織におけるコアドメインを開発しているのがどこだかわかるだろうか。
- 同じく、自分たちのドメインにおける支援サブドメインと汎用サブドメインを見つけてみよう。

>>> ドメインエキスパートに聞いてみよう！

いったい何をやっているのか、今すぐには意味がわからないかもしれない。しかしこの練習をしておくと、ソフトウェアについてより注意深く考えられるようになる。この業務を際立たせるのはどのソフトウェアなのか、そのソフトウェアを支援するものは何なのか、そして業務の成功に直接の関係がないものはどれなのかなどを考える助けになる。練習し続けよう。そうすれば、この思考プロセスやテクニックに、より習熟できるようになるだろう。

　自分たちが描いたサブドメインや境界づけられたコンテキストについて、それぞれの分野のドメインエキスパートと話をしてみよう。

　いろんなことを学べるだろうし、それだけでなく**ドメインエキスパートの話を聞く**訓練にもなる。これは、DDD を進める上で重要な技術だ。

　ここまでが、戦略的設計の基本部分の全体像だ。

2.2　なぜそれほどまでに戦略的設計を重視するのか

　いくつかの DDD 用語とその意味について説明してきたが、それらが**なぜ**そんなにも重要なのかについては、まだ説明しきれていない。断言しよう。これらの考え方はとっても大切なものだ。信じて欲しい。ここでは私の主張の裏付けをしておきたいと思う。SaaSOvation で進行中のプロジェクトの事例を見てみよう。ついに彼らは、窮地に追い込まれたようだ。

　DDDを使ったプロジェクトを始めてから間もなく、コラボレーションプロジェクトチームはクリーンなモデルを作るという道から外れ始めた。というのも彼らは、戦略的設計の基本的な考え方すらまったく理解していなかったからだ。開発者にありがちなことだが、彼らが主に注目していたのは**エンティティ** (5) や**値オブジェクト** (6) の詳細で、全体像にまで目が回っていなかった。**彼らはコアとなる複数の概念をひとつの汎用的な概念に混ぜ込んでしまい、ひとつの概念の中に二つのモデルを作ることになった。**間もなく、図2–3をベースにした設計のせいであちこち不都合が出始めた。要は、DDDを実践するうえでのゴールを完全には達成できなかったということだ。

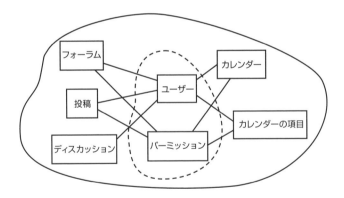

図2-3：戦略的設計の基本すら理解していないチームは、コラボレーションモデルの中に、それに見合わない概念を組み込んでしまった。図の破線で囲まれたところが問題の部分だ

　SaaSOvationチームのメンバーから、こんな声が出た。「コラボレーションという概念の中にユーザーとかパーミッションとかが組み込まれているのって、おかしくない？　誰が何をしたのかをいちいち追跡しなければいけないってこと？」ベテラン開発者は、チームとして対応すべきなのはそれだけではないと指摘した。「結局のところ、フォーラムや投稿、ディスカッション、カレンダー、カレンダーのエントリはどれも、**コラボレーター**オブジェクトと何らかの関連を持っている。**単にそれだけだ。言葉づかいが間違っているんだ**」彼は、フォーラムや投稿、ディスカッションなどがすべて**間違っ**

た言語的概念と結び付けられていることを示した。ユーザーやパーミッションは**コラボレーションとは何の関係もなく、コラボレーションのユビキタス言語にも含まれない**。ユーザーやパーミッションは、認証やアクセスに関する概念であり、セキュリティにかかわるものだ。**コラボレーションコンテキスト**に含まれるすべての概念（コラボレーションドメインのモデルを取り囲む境界づけられたコンテキストの中にある概念）は、コラボレーションに関する言語的な関連を持つべきだ。しかし、現状はそうなっていない。「ここで考えるべきはコラボレーションの概念、つまり投稿者やモデレーターといったものだ。これらは概念的に正しいし、コラボレーションに関する用語としても適切だ」

> **境界づけられたコンテキストの名前**
> ここで、**コラボレーションコンテキスト**という名前を使ったことにお気づきだろうか？　私たちは、境界づけられたコンテキストの名前を**モデル名＋コンテキスト**という形式にしている。今回**コラボレーションコンテキスト**という名前を使ったのは、この境界づけられたコンテキストにはコラボレーションプロジェクトのドメインモデルが含まれているからだ。それ以外にも、認証・アクセスプロジェクトのモデルを含む境界づけられたコンテキストとしての**認証・アクセスコンテキスト**と、アジャイルプロジェクト管理プロジェクトのモデルを含む境界づけられたコンテキストとしての**アジャイルプロジェクト管理コンテキスト**がある。

　SaaSOvation 開発チームは当初、ユーザーやパーミッションという概念がコラボレーションツールとは何の関係もないということを、まったく理解していなかった。たしかに、彼らのソフトウェアにはユーザーという概念があったのだろう。そして、各ユーザーがどんなタスクを行うのかを、きちんと区別する必要があったのだろう。しかし、コラボレーションツールが考えるべきは、そのユーザーの役割（ロール）だ。ユーザーが何者であるかだとか、細々した操作のうちどれを行う権限があるかといったことではない。なのに、現状のコラボレーションモデルには、ユーザーやパーミッションの詳細が完全に組み込まれてしまっている。ユーザーやパーミッションの挙動が少しでも変わったら、このモデルの多くの部分が影響を受けてしまうだろう。実際、このモデルは今まさに問題に直面しようとしているところだった。チームでは、このパーミッションベースの手法をやめて、ロールにもとづくアクセス管理に切り替えようとしていた。そして、いざ切り替えようとしたそのときに、戦略的モデリングの問題が表出したのだ。

　彼らはようやく理解した。フォーラムは、誰がどんな条件の下で投稿できるのかを気にするべきではないのだ。フォーラムが知っておくべきことは、ある投稿者が今何をやっているのかや、これまでに何をやってきたのかだけだ。誰がどんなことをできるのかはまったく別のモデルの関心事であり、コラボレーションモデルで知っておくべきなのは、すでに何かができることがわかっている人に対するさまざまな問いだけだ。フォーラムは、ディスカッションに投稿しようとしている投稿者さえわかれば、それでいい。フォーラムや投稿者はまさに、**コラボレーションコンテキスト**のコラボレーションモデルのユビキタス言語に含まれるものだ。ユーザーやパーミッション、あるいはロールなどそれに類する用語は、どこかまったく別の場所に属するものだ。これらについては**コラボレーションコンテキスト**から切り離す必要がある。

ユーザーやパーミッションとの密結合を切り離したというだけで、とりあえず満足したかもしれない。実際、ユーザーやパーミッション／ロールを別のモジュールにまとめてしまっても何も問題はないだろう。これらの概念を、同一の境界づけられたコンテキスト内で、論理的な**セキュリティサブドメイン**として隔離するという考え方だ。しかし、このモデリングが最適であることを際立たせているのは、ただ切り離したということではない。チームが次に扱うコアドメインでも同様にロールベースのアクセスを扱う必要があり、そのドメインに特化したロールの特性を使うであろうと認識できたことがポイントだ。明らかに、ユーザーやロールは支援サブドメインまたは汎用サブドメインであった。将来的には事業全体で使えるだろうし、顧客対応にも使うことになるだろう。

クリーンなモデリングを積極的に進めていくと、知らぬ間に広がっていくような問題も回避しやすくなる。そうしなければ、おそらく**巨大な泥団子** (3) への道を進んでいたことだろう。単にユーザーやパーミッションの概念が適切にモジュール化されていなかったというだけでは済まない。モジュール化はDDDの基本となるモデリングツールだが、モジュール化をしたところで、そもそもの言語的なミスマッチを解消できるわけではない。

ベテラン開発者は心配でしかたがなかった。このまま放置しておけば、**この状態が当たり前なのだと思い込んでしまい、状況はさらに悪化して、取り返しがつかなくなってしまいそうだ。**そのうちにまた、コラボレーションの概念とは関係のない別のモデルを考えることになる。そんなことをしていると、コアドメインがさらに曖昧なものになってしまうだろう。結果としてできあがるモデルやソースコードは明確なものにはならず、コラボレーションのユビキタス言語の表現を反映できてもいない。チームとして真に理解しておく必要があったのは、彼らが扱っているビジネスドメインとそのサブドメイン、そして開発中の境界づけられたコンテキストだ。そうしておけば、戦略的設計の大敵である巨大な泥団子に悩まされることもなかっただろう。つまり、**チームとして、戦略的モデリングの考え方を推し進める必要があったのだ。**

・・・・

> **あーやだやだ。また設計かよ！**
> アジャイル開発を実践している人の中には**設計**という言葉を毛嫌いする人もいるかもしれないが、DDDは、彼らが嫌うような「設計」ではない。アジャイルな開発でDDDを使うのも、ごく自然なことだ。設計をアジャイルに進め、常にチェックし続ければいい。重厚な設計をする必要はない。

はい、ここ大事。彼らは調査を積み重ねて何とか道を切り開き、最終的にドメインやサブドメインを把握できた。具体的にどのように進めたのかについては、この後すぐに説明する。

>>> DDDコミュニティとの連携

本書で扱う事例には、三種類の境界づけられたコンテキストが登場する。これらはおそらく、皆さんが実際に関わっているコンテキストとは異なることだろう。この事例では、あくまでも典型的なモデリングの状況を

示したものだ。中には、ユーザーとパーミッションはコアドメインから切り離すべきだという主張に同意できない人もいるかもしれない。コアのモデルに組み入れてしまうほうが理にかなっているという場合もあるだろう。選択は人それぞれである。だが私の経験上、このあたりは、DDD 初心者が陥りやすい基本的な罠のひとつだといえる。そのせいで間違った実装をしてしまい、ごちゃごちゃした結果になってしまう。DDD 初心者が陥りがちなもうひとつの罠は、コラボレーションモデルとアジャイルプロジェクト管理モデルをひとつにまとめてしまうことだ。それ以外にも、罠はたくさんある。モデリングで陥りがちな罠については、今後の各章でもとりあげる。

　今回表出した問題や今後出てくる問題は、言葉の力や境界づけられたコンテキストの重要性をチームが理解できていないときに発生するモデリングの問題の**代表例**だといえる。したがって、もしあなたが今回の事例に関して納得できない点があったとしても、これらの問題とその解決法は、あらゆる DDD プロジェクトにあてはまるものだ。というのも、今回の問題と解決法は、特定の境界づけられたコンテキスト上での用語の使いかたに注目したものだからである。

　私の狙いは、DDD を実践する際の原則を説明するために、可能な限りシンプルな（ただし、自明なものではない）例を用意することだ。例が悪いせいで、みなさんの学習に支障をきたすようなことがあってはいけない。認証やアクセス権の管理、コラボレーション、アジャイルプロジェクト管理がそれぞれ別の用語を持っていることを私が実証できれば、本書の例で言わんとするところを理解しやすくなるだろう。**自分たち自身**が重要だととらえる言葉の力を発見できるかどうかはチームしだいで、それができれば、ドメインエキスパートのビジョンを達成する助けになる。SaaSOvation の開発者たちが DDD を実践する過程で見つけ出した、「正しい」結論やモデリングの選択肢には、間違いがないものだと仮定する。

　サブドメインや境界づけられたコンテキストに関する私の指針は、DDD コミュニティ全般で使われているものに沿っている。というのも、私の指針は、自分自身の経験を踏まえた上でのものだからだ。DDD の指導者の中には、重視する点が私とは少し異なるという人もいるだろう。しかし、私の解説は、どんなチームにとっても確固たる基盤として受け入れられるはずだ。曖昧さなしで、前進できるだろう。DDD で曖昧になりがちなところを確認するというのはコミュニティにとっても大切な貢献だし、それこそが私の第一目標でもある。あなたが目指すべきは、これらの指針を活用して、自分たちのプロジェクトに利益をもたらすことだ。

2.3　実世界におけるドメインとサブドメイン

　ドメインに関しては、もう少し話すことがある。ドメインは、**問題空間**と**解決空間**を持っている。問題空間は、解決すべきビジネス戦略上の課題を浮き彫りにするもので、もう一方の解決空間は、ソフトウェアをどのように実装してその課題を解決するかに注目するものだ。これらの概念を、これまでに学んだ内容に当てはめると、以下のようになる。

- 問題空間はドメインの一部であり、新しいコアドメインを生み出すための開発を要するところである。問題空間を評価する際には、**既存のサブドメインや、今後必要となるサブドメイン**についても見ることになる。したがって、問題空間とは、コアドメインと、そこから使う必要のあるサブドメインをあわせたものとなる。問題空間内のサブドメインは、プロジェクトによってさまざまであるのが一般的だ。というのもこれは、現時点での戦略的なビジネス課題を見つけるために使われるものだからだ。サブドメインは、問題空間の評価の際の、と

ても有用な道具となるだろう。サブドメインを使えば、あるドメインについてさまざまな視点でとらえられるようになる。これは、問題を解決するために不可欠なことだ。

- 解決空間は境界づけられたコンテキストのことで、特定のソフトウェアモデルの集合となる。なぜなら、境界づけられたコンテキストは**特定のソリューションを表す**ものであり、**それを具現化したビュー**であるからだ。境界づけられたコンテキストを用いて、何らかのソリューションをソフトウェアとして具現化する。

　各サブドメインを、境界づけられたコンテキストと一対一で対応させるのが、望ましいゴールだ。そうできれば、うまく定義された業務領域に個々のドメインモデルを目的に沿って分離でき、問題空間と解決空間を融合できる。実際のところ、どうしてもそれが不可能だということもあり得るだろう。でも、少なくとも新規開発なら何とかなるはずだ。一方、レガシーシステムを考えてみよう。おそらくは巨大な泥団子になっているだろう。そんなシステムのサブドメインは、図 2-1 のように境界づけられたコンテキストをまたがっていることが多い。大規模で複雑な企業では、問題空間を理解する手段として**アセスメントビュー**が使える。これを使えば、高くつく間違いをしでかさずに済ませられるだろう。単一の巨大な境界づけられたコンテキストを、複数のサブドメインで概念的に分割することもできる。また、複数の境界づけられたコンテキストを、単一のサブドメインの一部と考えることもできる。問題空間と解決空間の違いを明確にするため、もうひとつ例を用意した。

　巨大な一枚岩のシステムを考えてみよう。いわゆる ERP アプリケーションと呼ばれるものだ。厳密に言えば、ERP はそれ単体でひとつの境界づけられたコンテキストと考えられるかもしれない。しかし、ERP システムではさまざまな業務サービスを提供しているので、それらを個別のサブドメインとして考えると便利だ。たとえば、在庫モジュールと購買モジュールをそれぞれ別のサブドメインと考えることができる。たしかに、これらのモジュールは、どんなシステムにでも使えるというものではない。どちらも同じ ERP システムの一部だ。とはいえ、両者が業務ドメインに対して提供するサービスは、まったく異なる。後の議論のために、これらのサブドメインを**在庫サブドメイン**および**購買サブドメイン**と名づける。このように分割すると何が便利なのか、考えていこう。

　図 2-4（これは図 2-2 の具体例だ）に示すようなドメインにかかわる組織が、コア事業への取り組みとして、専門のドメインモデルの作成による業務コストの削減を検討しはじめた。このモデルが提供するのは意思決定ツールで、購買エージェントがこのツールを利用することになる。これまで長年の人間の手作業で見つけだしてきたアルゴリズムを、ソフトウェアで自動化すれば、すべての購買エージェントが間違いなくアルゴリズムを使えるよう保証できるというわけだ。この新たなコアドメインは、**組織の競争力をより高める**。よりよい契約条件を素早く見つけられるようになり、さらに、必要な在庫が揃っていることも保証できるからだ。在庫を正確に確保するために、先ほど図 2-1 で説明した**需要予測システム**の助けを借りる。

　何かのソリューションに取り組む前に、まずは問題空間と解決空間を評価する必要がある。以下に、いくつか質問を用意した。これらにきちんと答えられなければ、プロジェクトを正しい方向に導けない。

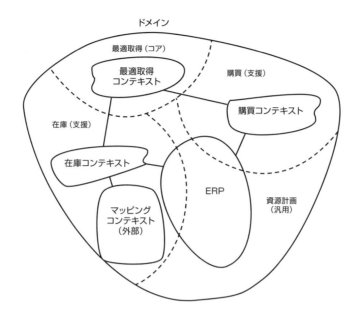

図2-4：在庫と購買に関わる、コアドメインとその他のサブドメイン。問題空間の分析に使うサブドメインだけに絞ったものであり、ドメイン全体を表しているわけではない

- 戦略的コアドメインの名前と、そのビジョンは？
- 戦略的コアドメインの一部として検討すべき概念は？
- どんな支援サブドメインと汎用サブドメインが必要になる？
- そのドメインの各部分を担当するのは誰？
- チームに適切なメンバーを集めることができる？

　コアドメインのビジョンやゴールを理解せず、それを支援するためのドメインの範囲も把握できていないようなら、戦略的な利益を得ることなどできないし、落とし穴を回避することもできない。問題空間の評価は概念レベルのものでよいが、全体を通して行うこと。ステークホルダー全員と協力し、ビジョンを達成するために力を注ごう。

>>> ホワイトボードの時間

　ホワイトボードを眺めて、考えてみよう。あなたにとっての問題空間は、何だろうか？　先ほど言ったとおり、問題空間とは戦略的コアドメインとそれを支援するサブドメインの組み合わせだった。

　問題空間をきちんと把握できたら、次は解決空間に移る。ここまでに評価した内容が、解決空間を評価する上での事前知識として役立つ。解決空間は、既存のシステムやテクノロジーの影響を強く受けるし、またこれから新たに作るシステムの影響も受けるだろう。ここでは、境界づけられたコンテ

キストごとに完全に切り離して考える必要がある。それぞれのユビキタス言語を探ることになるからだ。考えるべき重要な問いを、以下にまとめる。

- 既存のソフトウェア資産にはどんなものがあって、どれが再利用できるのか？
- どこかから入手したり、あるいは自作したりする必要のある資産は？
- それらがお互いどのようにつながり、どのように統合されているのか？
- さらに追加で何かの統合が必要になるだろうか？
- 既存の資産と今後用意する必要のある資産に対して、どんな作業が必要になる？
- 戦略的な取り組みとそれを支援するすべてのプロジェクトは、うまく進む見通しがあるだろうか？　それとも、どれかひとつでも、遅れたり失敗したりする可能性があるものがあるだろうか？
- まったく異なるユビキタス言語の用語が、どこかにあるだろうか？
- 複数の境界づけられたコンテキストの間で、概念やデータが重なっていたり、あるいはそれらを共有していたりするところがあるだろうか？
- 共有する用語や重なっている概念を、境界づけられたコンテキスト間でどのようにマップし、変換すればいいだろうか？
- コアドメインに対応する概念や、それをモデリングする上で使う[Evans]の戦術的パターンは、どの境界づけられたコンテキストに含まれるものだろうか？

コアドメインにおけるソリューションを作り出すことは、重要な設備投資であることを忘れないように！

先に図2-4でとりあげた購買モデル（意思決定ツールやそのアルゴリズムを担当するもの）が、コアドメインのソリューションを表す。このドメインモデルは、明示的な境界づけられたコンテキストである**最適取得コンテキスト**のもとに実装される。この境界づけられたコンテキストは、**最適取得コアドメイン**と一対一に対応している。ひとつのサブドメインと対応させ、そのドメインモデルを注意深く作り上げれば、その業務ドメインにおける最良の境界づけられたコンテキストができあがるだろう。

もうひとつの境界づけられたコンテキストである**購買コンテキスト**は、購買プロセスの技術的な部分を洗練させるために用意するものだ。これは、**最適取得コンテキスト**のヘルパーとなる。購買コンテキスト内でのさまざまな改良は、購買に関する最適なアプローチについて、何らかの新たな知識を見いだすものではない。単に、**最適取得コンテキスト**とERPとのやりとりが密に結合しすぎないように支援するだけのものだ。利便性を高めるだけのモデルで、ERPの公開インターフェイスを使った操作を受け持つ。この新しい**購買コンテキスト**と既存のERPの購買モジュールが、**購買サブドメイン（支援サブドメイン）** に属することになる。

ERPの購買モジュールは、基本的には汎用サブドメインである。なぜなら、このサブドメインを別の購買システムに置き換えても、基本的な業務要件を満たせるからだ。しかし、新たに作る**購買コンテキスト**と組み合わせて**購買サブドメイン**の中で使うと、支援サブドメインのように働くことになる。

世界を変えることなんてできない
年季の入った企業では、図 2-1 や図 2-4 のような好ましからざる状況を見かけることもあるだろう。サブドメインの設計がうまくできていないソフトウェアは、サブドメインと境界づけられたコンテキストがうまく一対一に対応しない。残念ながら、腐った設計のソフトウェアがあっても、その世界を変えることはできない。望みがあるとすれば、いま自分が作業中のプロジェクトにうまく DDD を適用していくことだけだ。結局は、うまくできていない古びたドメインとの統合を迫られるだろうし、場合によっては古びたドメインの作業を任されるかもしれない。本章の前半で扱うテクニックを身につけて、それに備えよう。腐りかけの境界づけられたコンテキストの中から、暗黙のモデルを見つけ出すための分析に役立つだろう。

図 2-4 の話を続けると、**最適取得コンテキスト**は、**在庫コンテキスト**とのやりとりも必要になる。**在庫**ドメインは、倉庫に保管されているアイテムを扱う。また ERP の在庫モジュールも利用していて、これらが**在庫サブドメイン（支援サブドメイン）**に属する。配送業者の利便性を考慮して、**在庫コンテキスト**には、各倉庫までの地図や道順を提供する仕組みも用意されている。そのために利用するのが、外部の地図マッピングサービスだ。**在庫コンテキスト**の視点で見ると、マッピングに関して特別なことは何もしていない。数ある地図マッピングサービスの中から好きなものを選べるし、状況に応じて使うサービスを切り替えられるというのもメリットだ。マッピングサービス自体は汎用サブドメインだが、ここではそれを支援サブドメインとして利用する。

これらのポイントは、あくまでも**最適取得コンテキスト**の開発担当企業の視点によるものであることに注意しよう。解決空間においては、マッピングサービスは**在庫コンテキスト**の一部ではない。しかし問題空間においては、**在庫サブドメイン**の一部だと考える。解決空間においては、たとえそのマッピングサービスがシンプルなコンポーネントベースの API で用意されているだけであったとしても、それは別の境界づけられたコンテキストに属する。**在庫**と**マッピング**のユビキタス言語には共通部分がなく、互いに排他的だ。これはつまり、お互いが別々の境界づけられたコンテキストにいることを表している。**在庫コンテキスト**が外部の**マッピングコンテキスト**を利用する際には、少なくとも何らかの変換をしないと、データを適切に読み込めないだろう。

一方、マッピングサービスを開発して外部に提供している企業の視点で考えると、マッピングこそがコアドメインだ。この企業にも、自分たちのドメイン（つまり業務領域）がある。この領域における競争優位性を維持する必要があるので、常にそのドメインモデルを改良し続ける。既存の顧客を手放さないようにするため、そして新たな顧客を引き寄せるためには、それが必要だ。もしあなたがマッピングサービスを運営する企業の CEO なら、今ここで考えているユーザーも含めた既存のユーザーが競合他社のサービスに乗り換えてしまわないように、あらゆる手を尽くすだろう。しかし、だからといって、在庫システムの開発側から見たときの使いかたは変わらない。在庫システム側から見たマッピングサービスは、やはり汎用サブドメインだ。他のサービスのほうに魅力を感じたのならば、他のサービスに乗り換えることだってできる。

> **>>> ホワイトボードの時間**
>
> あなたの解決空間は、どの境界づけられたコンテキストに属するものだろうか？ ここまで読んだ上で改めてホワイトボードを見直せば、何となく答えが見えてくることだろう。しかし驚くなかれ。これから、うまく境界づけられたコンテキストを使いこなすための方法を、より深く探っていく。まだまだ改良の余地はあるというわけだ。アジャイルに進めていこう。

さて、バランスをとるためにここでギアチェンジしよう。ここからは、境界づけられたコンテキストが、いかに重要なものであるのかという話題に進む。これは、DDD で解決空間をモデリングする際に不可欠なものだ。次の第 3 章「コンテキストマップ」では、関連するさまざまなユビキタス言語をマッピングするために、その境界づけられたコンテキストを統合する方法を議論する。

2.4　境界づけられたコンテキストの意味を知る

忘れてはいけない。境界づけられたコンテキストは明示的な境界であり、ドメインモデルがどこに属するのかを表すものである。ドメインモデルは、ユビキタス言語をソフトウェアモデルとして表したものだ。境界を設ける理由は、各モデルの内部的な概念やプロパティ・操作がそれぞれ特別な意味を持つからだ。もしあなたがモデリングチームのメンバーであれば、あなたが扱っているコンテキスト内の概念について、正確に把握していることだろう。

> **境界づけられたコンテキストは明示的に言語化される**
> 境界づけられたコンテキストは明示的な境界であり、ドメインモデルがどこに属するのかを表すものである。境界の内部では、ユビキタス言語のあらゆる単語やフレーズが、特別な意味を持つ。そして、境界内のモデルは、その言語を正確に反映したものとなる。

それぞれ明確に異なる二つのモデルが、同じ（あるいはよく似た）名前のオブジェクトを違う意味で使っていることも多い。二つのモデルを明確に境界づけておけば、それぞれのコンテキストにおける意味合いがはっきりする。したがって、境界づけられたコンテキストは主として**言語的な境界**となる。これらの論点を試金石とすれば、あなたが境界づけられたコンテキストを正しく活用できているかどうかを判断できる。

全部入りの巨大なモデルをひとつ作ってしまうという誘惑に駆られるプロジェクトもある。あらゆる名称が唯一の意味しかもたないように、組織全体で合意を形成しようというのが、その狙いだ。このようなモデリング手法では、落とし穴にはまってしまう。まず、あらゆる概念に対してステークホルダー全員が納得するような共通の意味付けをすることなど、事実上不可能だ。大規模で複雑な組織では、そもそもステークホルダー全員を集めることすらできないだろう。そんな状況では、全員の合意を取り付けることなど、まずムリだ。仮に小規模な組織でステークホルダーが少なめであったとしても、全体にあてはまるたったひとつの概念を定義できるかどうかは疑わしい。したがって、ここでとるべき最善の道は、統一などできないという事実をまずは受け入れることだ。その上で、境界づけ

られたコンテキストを使って個々のドメインを個別に描いていこう。そうすれば、違いが明確になり、理解しやすくなる。

　境界づけられたコンテキストは、プロジェクトの成果物に何らかの縛りをかけるものではない。また、個別のコンポーネントやドキュメントあるいは図などを表すものでもない[4]。つまり、ひとつの境界づけられたコンテキストがひとつの JAR や DLL になるとは限らない。しかし、JAR や DLL を使って境界づけられたコンテキストをデプロイすることもできる。その方法は本章の後半で説明する。

　同じ「アカウント」という用語でも、**銀行取引コンテキスト**と**文学コンテキスト**とでは意味合いがまったく異なる。そのようすを表 2-5 に示した。

表2-5：アカウントという用語の意味の多様性

コンテキスト	意味	例
銀行取引コンテキスト	口座(アカウント)とは、負債や信用取引の記録を保持するものである。ある顧客について、その銀行における現在の財務状況を示す。	当座預金口座(アカウント)、普通預金口座(アカウント)
文学コンテキスト	報告書(アカウント)とは、ある期間における、関連する出来事についての文章を集めたものである。	Amazon.com で、『Into Thin Air: Personal Account of the Mt.Everest Disaster』という書籍が売られている。

　図 2-5 を見ても、それぞれのアカウントの特徴は、名前だけでは区別できない。区別するには、それぞれが属する概念的なコンテナ、つまり境界づけられたコンテキストに注目する必要がある。これを見てはじめて、両者の違いを理解できるというわけだ。

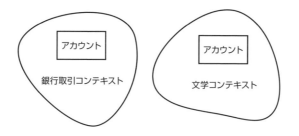

図2-5：二つの異なる境界づけられたコンテキスト上にあるアカウントオブジェクトは、それぞれまったく違う意味である。しかし、それぞれの境界づけられたコンテキストの名前を見なければ、それは区別できない

　これらの二つの境界づけられたコンテキストが同じドメインに属することは、おそらくないだろう。要は、コンテキストこそが重要なのだと言いたかったのだ。

---

[4] 本章で示したような図を使ったり、コンテキストマップを使ったりすれば、境界づけられたコンテキストを図示できる。しかし、その図自体が境界づけられたコンテキストだというわけではない。

> **コンテキストこそが重要**
> コンテキストは王様である。DDD を実践する際には、特にそれがいえる。
> 金融業界では、**セキュリティ（証券）** という言葉がよく使われる。証券取引委員会（The Securities and Exchange Commission：SEC）では、**証券**という用語を公正に使うように制限している。ここで考えてみよう。先物取引は、商品を扱うものであって証券取引ではない。つまり、SEC の管轄外である。しかし、金融企業の中には、先物（Futures）に対して**証券**という用語を使いながら、それを**標準型** (6) の Futures として扱うところもある。
> これは、先物に対する最適な語彙だといえるだろうか？ その答えは、どんなドメインで使うのかによって変わる。「当然、そうでしょ」と言う人もいれば、「いや、それは違うだろう」と言う人もいるだろう。コンテキストとはすなわち**文化**でもある。先物を扱っている先ほどの企業の中（で使われているユビキタス言語）では、**証券**という用語を使うのが最適だったのだろう。

　実際の業務でありがちなのは、似ているけれども微妙に意味が違うという状況だ。なぜか。各チームがそれぞれのコンテキストで選んだ名前は、そのユビキタス言語を念頭に置いて考えられているものだ。異なるコンテキスト内の用語は、意図的に区別しやすいように名づけるが、概念に名前を付けるときは、それほど気をつかうことはない。二種類の銀行取引コンテキストを考えてみよう。一方は当座預金口座、もう一方は普通預金口座を扱うものだとする[5]。**当座預金コンテキスト**で使うオブジェクトに「当座預金口座」、**普通預金コンテキスト**で使うオブジェクトに「普通預金口座」などとご丁寧に名づける必要はない。どちらの概念についても、単に「口座」と名づけてかまわないだろう。それぞれの境界づけられたコンテキストが、微妙な意味の違いを区別するからだ。もちろん、そうしなければいけないという決まりがあるわけではない。チームが判断することだ。

　統合の段階になると、境界づけられたコンテキスト間でのマッピングが必要になる。これは DDD の中でも複雑になりがちなところで、そのぶん気をつける必要がある。通常は、オブジェクトのインスタンスを境界の外で使うことはない。しかし、複数のコンテキストに関連するオブジェクトが、その状態の一部を共有することがあるかもしれない。

　複数の境界づけられたコンテキストの間で共通して使われがちな名前の例を、もうひとつ考える。先ほどと違って、今度は同じドメインの中での話だ。ここでは、出版社の業務をモデリングすることを考える。出版社では、書籍の誕生から最期までのあらゆる段階を扱う必要がある。おおざっぱに考えて、出版社は以下のような段階を扱うことになるだろう。これらは、書籍のライフサイクルにおけるさまざまなコンテキストにあわせたものだ。

- 書籍の内容を案としてまとめ、起案する
- 著者と出版契約を結ぶ
- 書籍の執筆と編集のプロセスを管理する

---

[5] 当座預金と普通預金で使うドメインは、それぞれ別の境界づけられたコンテキストに属するのであろうと想定している。

- 書籍の装丁や挿絵をデザインする
- 書籍を他の言語に翻訳する
- 紙の書籍や電子版を作成する
- 書籍を宣伝する
- 書籍を再販業者に販売する（あるいは顧客に直販する）
- 紙の書籍を再販業者や顧客に出荷する

　これらの各段階で、書籍を適切にモデリングする方法はたったひとつだけなのだろうか？　もちろん、そんなわけはない。段階ごとに「書籍」の定義も変わってくる。出版契約を結ぶまでは書名案も確定しないだろうし、その書名案だって編集中に変わるかもしれない。執筆・編集段階の書籍と言えば、草稿とそれに付随するコメントや校正の集まりと最終草稿のことだ。グラフィックデザイナーはページレイアウトを固める。プロダクションはそのレイアウトを使って出版イメージを作り、印刷に回す。マーケティングの際には、執筆・編集段階の成果物はほとんど使わない。使うのは、せいぜい表紙のイメージと概要説明くらいだろう。出荷の際に書籍が抱える情報は、ID・倉庫の位置・在庫数・サイズ・重量などだ。

　書籍を扱う統一モデルを作って、すべての段階でそれを使おうなどと考えると、いったいどうなるか。きっと混乱・意見の不一致・争いなどが発生し、ソフトウェアの完成も遅れてしまうだろう。その共通モデルが全体でうまく使えることも、たまにはあるかもしれない。しかしそれも、すべてのクライアントの要求をその瞬間だけ満たしているものであって、いつまでも続くことはない。

　そんな望まざる状況に対応するため、DDDでのモデリングの際には、書籍のライフサイクルの段階ごとに、別の境界づけられたコンテキストを利用する。これら複数の境界づけられたコンテキストのそれぞれに、書籍を表す型を用意する。これらの書籍オブジェクトにはおそらく識別子があって、それをコンテキスト間で共有するのだろう。識別子が確定するのは、おそらく最初の起案段階だ。しかし、識別子は共有するものの、各コンテキストにおける書籍のモデルはすべて異なる。それで全然かまわないし、むしろそうあるべきだ。ある境界づけられたコンテキストに関わるチームが書籍のことについて話すとき、それはまさに、そのコンテキスト内で必要となる意味合いで使われることになる。組織内の各地には、それぞれ別のニーズがあるということを受け入れよう。そういう前向きな姿勢を簡単に達成できるとは言わない。しかし、境界づけられたコンテキストを明確にすれば、ソフトウェアをインクリメンタルに改良しながら届けられるようになり、業務のニーズにも対応できるだろう。

　ここで、SaaSOvationのコラボレーションチームが図2-3で示すモデリングの問題に取り組む際にどんな手を使ったのかを見ていこう。

　先に示したとおり、**コラボレーションコンテキスト**のドメインエキスパートは、コラボレーション機能の利用者のことを「パーミッションを持つユーザー」とは定義しなかった。そうではなく、そのコンテキストにおいて利用者が演ずる役割、つまり投稿者・所有者・参加者・モデレーターと定義したのだ。何らかの連絡先情報も持っているかもしれないが、持っていたとしても一部の情報だけだろう。一方**認証・アクセスコンテキスト**では、ユーザーについて考える。このコンテキストにおいては、

ユーザーオブジェクトが各個人のユーザー名と詳細情報を保持する。詳細な連絡先もそこに含まれるだろう。

しかしここで、何もないところからいきなり投稿者オブジェクトを作ったりはしない。すべてのコラボレーターは、事前に承認済みでなければいけない。まずは、**認証・アクセスコンテキスト**において適切なロールを演ずるユーザーの存在を確認する。認証ディスクリプタの属性が、**認証・アクセスコンテキスト**へのリクエストとして渡される。モデレーターなどの新しいコラボレーターオブジェクトを作るには、ユーザーの属性の一部とロールの名前を使う。オブジェクトの状態の詳細を、別の境界づけられたコンテキストからどうやって取得するのかの説明は、本論から外れるので省略する（後ほど、詳しく説明する）。今ここで重要なのは、これら二つの異なる概念が、同じものであるともいえるし違うものだともいえるということだ。その違いは、どの境界づけられたコンテキストで見るかによるものだ。図2-6は、あるコンテキストにおけるユーザーとロールを使って別のコンテキストのモデレーターを作る例を示すものだ。

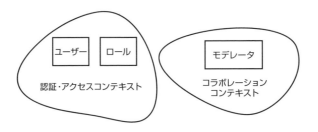

図2-6：モデレーターオブジェクトは、別のコンテキストにおけるユーザーとロールにもとづいたものである

>>> ホワイトボードの時間

- 複数の境界づけられたコンテキストに存在する、それぞれ微妙に異なる概念を見つけてみよう。
- それらの概念を適切に区別できるかどうかを考えてみよう。開発者たちは、単純に同じコードを両方にコピーしてしまうのだろうか。

普通は、適切に区別できるはずだ。似ているオブジェクトであっても、プロパティや操作には相違があるだろうから。そんな場合は、コンテキストの境界が、概念を適切に区別してくれる。もしまったく同じオブジェクトが複数のコンテキストに存在するようなら、それはおそらく、どこかでモデリングを間違えているのだろう。ただし、二つの境界づけられたコンテキストが**共有カーネル** (3) を使っている場合は、その限りではない。

モデル以外のものを扱う余地

境界づけられたコンテキストは、別にドメインモデルだけを扱うものと決まっているわけではない。たしかに、モデルは概念コンテナの中身として大事なものではある。だからといって、境界づけられたコンテキストはモデルだけしか扱えないということはない。システムやアプリケーション、あるい

は業務サービスなどを区切るために使うことも多い[6]。ひとつの境界づけられたコンテキストの内容が、もっと薄くなることもある。たとえば、汎用サブドメインは、単一のドメインモデル以外に何も使わずに作ることもできる。あるシステムの一部を考えてみよう。これは、単一の境界づけられたコンテキストの一部となっていることが多い。

　何かのモデルがきっかけとなって永続化用のデータベーススキーマを作ることになったとしたら、そのデータベーススキーマも、同じ境界の内部に属することになる。というのも、そのスキーマは、モデリングチームが設計・開発・保守を受け持つことになるからだ。つまり、データベースのテーブル名やカラム名などは、モデルで使っている名前を反映させたものになるはずで、別の形式に変換したりすることはない。あるモデルに、以下のような BacklogItem クラスがあるものとしよう。このクラスは、値オブジェクトのプロパティを保持している。名前は backlogItemId と businessPriority だ。

```
public class BacklogItem extends Entity {
    ...
    private BacklogItemId backlogItemId;
    private BusinessPriority businessPriority;
    ...
}
```

これをデータベースにマッピングするなら、おそらく以下のようになるだろう。

```
CREATE TABLE `tbl_backlog_item` (
    ...
    `backlog_item_id_id` varchar(36) NOT NULL,
    `business_priority_ratings_benefit` int NOT NULL,
    `business_priority_ratings_cost` int NOT NULL,
    `business_priority_ratings_penalty` int NOT NULL,
    `business_priority_ratings_risk` int NOT NULL,
    ...
) ENGINE=InnoDB;
```

　一方、データベーススキーマが事前にできあがっている場合もあるし、モデリングチームとは別のデータモデラーが、モデルとは相反する設計のデータベーススキーマを作る場合もある。そんな場合、そのデータベーススキーマは、ドメインモデルが属する境界づけられたコンテキストには入らない。

　もしモデルに**ユーザーインターフェイス**(14) ビューがあって、それがモデルの振る舞いに影響を与えているのなら、それもまた、同じ境界づけられたコンテキストの中に入る。しかし、これは決して、ユーザーインターフェイスを基準にしてドメインをモデリングするという意味ではない。そんなことをすると、ドメインモデル貧血症を引き起こしてしまう。**利口な UI「アンチパターン」**[Evans] に

---

[6] そもそも、**システム**や**アプリケーション**そして**業務サービス**といった用語の意味がはっきりしていないということは認めよう。ここでは、一般論として、「複数のコンポーネントが複雑に絡み合って、さまざまな業務ユースケースを実現するもの」という意味で使っている。

陥ったり、ドメインの概念をモデルから別の場所に引き出したくなったりすることは、何とかして防ぎたい。

　システムやアプリケーションのユーザーは、人間だけであるとは限らない。別のコンピューターシステムが、そのシステムやアプリケーションを利用することもあるだろう。Web サービスのようなコンポーネントだって存在する。RESTful なリソースを用意して、モデルとのやりとりの仕組みを**公開ホストサービス** (3, 13) として提供することもある。あるいは、SOAP（Simple Object Access Protocol）を使ったり、メッセージングサービスのエンドポイントを用意したりという手もある。いずれにせよ、こういったサービス指向のコンポーネントも、同じ境界の中に属する。

　ユーザーインターフェイスコンポーネントやサービス指向のエンドポイントは、どちらもその処理を**アプリケーションサービス** (14) に委譲する。アプリケーションサービスは、セキュリティやトランザクション管理などの一般的な機能を提供するものであり、モデルへの**ファサード** [Gamma et al.]として機能している。一種のタスクマネージャーであり、ユースケースのフローのリクエストを、ドメインロジックの実行に変換する。このアプリケーションサービスもまた、境界の中に属するものだ。

アーキテクチャやアプリケーションについての詳細
さまざまなアーキテクチャスタイルに対してどのように DDD を適用していくのかを考えたい場合は、第 4 章「アーキテクチャ」を参照すること。また、アプリケーションサービスについては、第 14 章「アプリケーション」で詳しくとりあげる。どちらの章にも図やサンプルコードを用意したので、ぜひ役立ててほしい。

　境界づけられたコンテキストの主目的は、ユビキタス言語やそのドメインモデルをカプセル化することだ。しかし、ドメインモデルとのやり取りがあるものや、ドメインモデルを支援するために存在するものなども、そこに含めることになる。アーキテクチャ的な関心事を、適切な場所に配置するように気をつけよう。

>>> ホワイトボードの時間

- ホワイトボードに描かれた、個々の境界づけられたコンテキストを見てみよう。それぞれの境界の内部で、ドメインモデル以外のコンポーネントとして考えられるものはあるだろうか?
- もしユーザーインターフェイスやアプリケーションサービス群が存在するのなら、必ずどこかの境界に入れておこう（それらをどんな図で表すかは、自由に考えていい。図 2-8 や図 2-9 そして図 2-10 などが参考になるかもしれない）。
- データベーススキーマや、それに類する永続化ストアをモデル用に作ったのなら、それも境界の内部に含めること（図 2-8 や図 2-9 そして図 2-10 に、データベーススキーマの表記方法の一例を示した）。

境界づけられたコンテキストの大きさ

　ひとつの境界づけられたコンテキストの中には、いったい何個の**モジュール** (9)・**集約** (10)・**イベント** (8)・**サービス** (7)（これらは、DDD でドメインモデルを作る際の主要な構成要素だ）を含めるべきなのだろうか。これはまるで、「文字列の長さはどれくらい？」と聞いているようなものだ。境界づけられたコンテキストは、ユビキタス言語の全貌を完全に表現できるだけの大きさでなければいけない。

　コアドメインの一部だと言えないような、無関係な概念を考慮に入れてはいけない。ある概念がユビキタス言語に存在しないのだとしたら、そもそもそんな概念をモデルに取り込むべきではない。それでもまだ無関係な概念が紛れ込むようなら、それは排除する必要がある。おそらくそれは、個別の支援サブドメインあるいは汎用サブドメインに属すべき概念だ。あるいはそもそも、何かのモデルに属するものではないかもしれない。

　本来コアドメインに属すべき概念を、間違って外に出してしまわないように気をつけよう。モデルとは、そのコンテキストにおけるユビキタス言語の豊かさを完全に表せるものであり、本質に関係のない部分は一切排除したものである。つまり、取捨選択には正しい判断が必要となる。**コンテキストマップ** (3) のようなツールを使えば、チームの判断力を磨く助けになるだろう。

　映画『**アマデウス**』[7]にこんなシーンがある。オーストリア大公ヨーゼフ 2 世が、モーツァルトのオペラ作品について「素晴らしい演奏だったが、音が多すぎる」と言うのだ。それに対してモーツァルトは、「どれも必要な音ばかりです。余計な音もなければ、足りない音もありません」と当を得た答えを返す。この返答は、私たちが扱うモデルに関する、文脈上の境界をどう考えるべきかの本質をうまく言い表している。ひとつの境界づけられたコンテキストの中には、モデリングすべきドメインの概念が適切な数だけある。どれも必要な概念ばかりだ。

　もちろん、これは私たちにとっては一筋縄ではいかないものだ。モーツァルトなら、友人に手紙を書くのと同じくらい気軽に交響曲を書けるのだろうが、私たちはそういうわけにはいかない。いつだって、ドメインモデルを完璧に磨き上げることはできず、どこかに不満を残してしまう。イテレーションのたびに、私たちはモデルに関する仮定と戦うことになる。モデルに何らかの概念を追加したり概念を削除したり、何かの概念の振る舞いや他との協調方法を変更したりすることを強いられる。ここでのポイントは、**何度も繰り返し**問題に直面するということだ。そして、DDD の原則に従うことで、**何がモデルに属して何がモデルに属さないのかをきちんと考察できる**ようになる。境界づけられたコンテキストにコンテキストマップのようなツールを組み合わせれば、コアドメインの真の構成要素が何なのかを分析する手助けになる。DDD 以外の指針にもとづいた分離方法になど頼ったりしない。

　境界づけられたコンテキストにあまりにも厳しい制約を設けてしまうと、重要なのにそれを見落としていた概念が原因となって、ぽっかりと穴が開いてしまう。また、ビジネス上の問題の核心を表現していないようなモデルだったら、さまざまな概念を積み上げていったところで、問題を余計にややこしくしてしまうだけだ。その結果、何が本質なのかを見極めるのに失敗してしまう。そもそも、私

---

[7]　Orion Pictures, Warner Brothers, 1984.

> **ドメインモデルの美しい音色**
> 私たちの作るモデルを音楽にたとえるなら、それはきっと、間違えようのない音になるだろう。完全無欠で力強く、おそらくは優雅さや美しさも兼ね備えている。

たちの目標は何だったのだろう？ 音楽にたとえるなら、私たちの作るモデルは、間違えようのない音になるだろう。完全無欠で力強く、おそらくは優雅さや美しさも兼ね備えている。その音（内部のモジュール・集約・イベント・サービス）の数は、正しい設計が求める音の数と同じになるだろう。余計な音もなければ、足りない音もない。作ったモデルを「聴いて」みよう。調和した交響曲の途中におかしな音が紛れ込んで、「この変な音はいったい何？」と聞くことなど、まず考えられない。譜面上にまったく音符のないページが続き、無音状態になって困惑してしまうようなこともないだろう。

　境界づけられたコンテキストのサイズを間違えて作ってしまうことがあるとすれば、その原因として何が考えられるだろう？ 無意識のうちに、ユビキタス言語ではなくアーキテクチャに影響を受けてしまっているのかもしれない。コンポーネントのとりまとめやデプロイに用いる、プラットフォームやフレームワークなどのインフラストラクチャが、境界づけられたコンテキストを考えるときに影響をおよぼしてしまい、言語的な境界ではなく技術的な境界を考えてしまうということだ。

　もうひとつの罠がある。境界づけられたコンテキストを定めるときに、チームの開発要員へのタスクの割り当てのことを考慮してしまうというものだ。技術部門のリーダーやプロジェクトマネージャーは、開発者に渡すタスクをできるだけ小さめにしておいたほうがやりやすいと考えるだろう。たしかにそういう面もあるかもしれない。しかし、タスクの割り当てのために境界を定めるというのは、言語をベースに文脈的なモデリングをするという指針に反する。実際、開発要員の管理のしやすさを考慮して偽の境界を定める必要は、一切ない。

　ここで問うべきは、ドメインエキスパートたちの用語が、実際の文脈上の境界をどう表しているのかということだ。

　偽のコンテキストを作ってアーキテクチャ的な問題や開発者の問題に対応してしまうと、言語が分断されて、表現力を失ってしまう。そうならないように、コアドメインに注目し、単一の境界づけられたコンテキストに自然におさまる概念だけに注目する。その際には、ドメインエキスパートの用語に従う。そうしておけば、単一のモデルにうまくおさまるようなコンポーネントを見つけだせるだろう。そういったコンポーネントはすべて、境界づけられたコンテキストに含める。

　小型の境界づけられたコンテキストを作ってしまうという問題は、注意深くモジュールを利用すれば回避できることもある。複数の「境界づけられたコンテキスト」にまたがるサービス群をよく調べてみれば、モジュールを適切に活用すれば、実際には単一の境界づけられたコンテキストにまとめてしまえると気づくだろう。モジュールはまた、開発者の責務を分割する手段としても使える。より適切な戦術的アプローチで、タスクを分散できるようになるだろう。

>>> ホワイトボードの時間

- 現在扱っているモデルの境界づけられたコンテキストを、大きな楕円形で描いてみよう。

  まだ明確なモデルを把握できていないとしても、そのモデル内で使う語彙は考えられるだろう。

- その楕円の中に、コードで実装していると確信できる主要な概念の名前を書き出そう。そこに登場すべきなのに書き出されていない概念、そして、書き出されているけれども本来そこにあってはいけない概念を見つけられるだろうか。見つかったとして、それぞれにどう対処すべきだろうか？

DDD を実践するときには言葉の力を使うこと
結論：言葉の力にしたがっていなければ、境界づけられたコンテキストを作るドメインエキスパートの声を聞いて、一緒に作業をしているとはいえない。境界づけられたコンテキストのサイズを考えるときには気をつけよう。先走って小さくしすぎてしまってはいけない。

技術的なコンポーネントとの協調

境界づけられたコンテキストを、技術的コンポーネントの観点で考えることには、特に問題はない。気をつけたいのは、技術的コンポーネントがコンテキストを定めるのではないということだ。技術的コンポーネントを構成したりデプロイしたりするときの、一般的な手段を考えてみよう。

Eclipse や IntelliJ IDEA のような統合開発環境を使う場合は、境界づけられたコンテキスト単位でプロジェクトを作ることが多い。Visual Studio .NET を使う場合は、UI・アプリケーションサービス・ドメインモデルをそれぞれ別のプロジェクトとして管理し、それらをひとつのソリューションの配下に置くやりかたもある。あるいはまた、別の方法も考えられるだろう。プロジェクトのソースツリーにはドメインモデルだけしか含まれないかもしれないし、それを取り巻く**レイヤ** (4) や**ヘキサゴン** (4) の領域を含むこともあるかもしれない。やり方は自由だ。Java を使う場合は、トップレベルのパッケージで、その境界づけられたコンテキストの全体像を表すモジュール名を定義することが多い。これまでに登場した例のひとつを例にすると、たとえばこんなふうになるだろう。

```
com.mycompany.optimalpurchasing
```

この境界づけられたコンテキストのソースツリーを、アーキテクチャ的な責務にあわせてさらに分割することもあるだろう。このプロジェクトの、第二レベルのパッケージ名の例を示す。

```
com.mycompany.optimalpurchasing.presentation
com.mycompany.optimalpurchasing.application
com.mycompany.optimalpurchasing.domain.model
com.mycompany.optimalpurchasing.infrastructure
```

たとえこのようにモジュール分割したとしても、単一の境界づけられたコンテキストの作業は単一のチームが受け持つべきだ。

> **Note** **単一の境界づけられたコンテキストの作業は単一のチームが受け持つ**
> ひとつのチームにひとつの境界づけられたコンテキストを担当させるという方針は、決してチーム編成の柔軟性を損ねるものではない。必要に応じたチームの再編を禁じるわけでもなければ、チームのメンバーが他のプロジェクトを掛け持ちすることを禁じるわけでもない。組織が人を使うときは、その組織のニーズにうまく合致する方法で使うべきだ。「ひとつのチームにひとつの境界づけられたコンテキスト」という方針は単に、ドメインエキスパートと開発者たちできちんと編成されたチームを、明確に境界づけられたコンテキストで作られたユビキタス言語に注力させるのが最適だと言っているに過ぎない。単一の境界づけられたコンテキストに複数のチームを割り当てると、それぞれのチームが自分たちの解釈でユビキタス言語を定義してしまい、ユビキタス言語があやふやなものになってしまうだろう。
>
> 二つのチームが共同で共有カーネルを設計するという可能性もあるが、これは一般的な境界づけられたコンテキストではない。このコンテキストマッピングパターンは、二つのチームの間に密接な関係を持ち込んでしまう。つまり、モデルの変更が必要だとなったときに、チーム間での協議が必要になるということだ。このモデリング手法はあまり一般的ではなく、できれば避けたほうがいい。

Javaなら、ひとつの境界づけられたコンテキストを複数のJAR（あるいはWARやEAR）ファイルとして扱うこともできる。モジュール化したいかどうかという判断が、ここに影響をおよぼす。ドメインモデルの中で疎結合になっている部分を個別のJARファイルに切り分けると、それらを個別にバージョン管理して個別にデプロイできるようになる。これは、モデルが大規模になったときに便利だろう。単一のモデルを複数のJARファイルで構成するようにすると、それらのバージョン管理にOSGiバンドルやJigsawモジュールが使えるという利点もある。さまざまなモジュールとそれらのバージョン、そして依存関係を、バンドル（あるいはモジュール）として管理できるというわけだ。先ほど例にあげた第二レベルのモジュール群なら、少なくとも四つのバンドル（モジュール）が存在することになる。

.NETプラットフォームなどのネイティブWindows環境で境界づけられたコンテキストを扱う場合は、アセンブリを個別のDLLファイルとしてデプロイすることになるだろう。ここでのDLLは、先ほどのJavaの場合におけるJARと同じような立場だと考えればいい。JARと同様に、モデルを区分けして個別にデプロイすることもできる。共通言語ランタイム（Common Language Runtime：CLR）のモジュール化はすべて、アセンブリで管理されている。どのバージョンのアセンブリを使うのかや、そのアセンブリが依存する別のアセンブリのバージョンなどは、アセンブリのマニフェストに記録できる。詳細は[`MSDN Assemblies`]を参照すること。

2.5　サンプルのコンテキスト

サンプルは新規開発の環境を想定しているので、ここでとりあげる三つの境界づけられたコンテキストは最も望ましい形式になっている。つまり、それぞれのサブドメインと一対一で対応している。最初からこのように一対一にできたわけではなかった。これは大切な教訓だ。最終的なようすを図2-7 に示す。

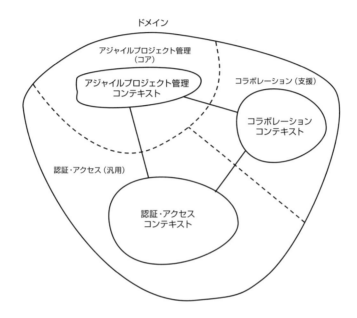

図2-7：サブドメインとうまく対応した境界づけられたコンテキストのようす

ここからは、これら三つのモデルから、どのようにして今どきの企業のソリューションを形作るのかを示していく。実世界のあらゆるプロジェクトには、境界づけられたコンテキストが複数存在する。今どきの企業では、それらの統合が、重要となる。境界づけられたコンテキストとサブドメイン以外に、コンテキストマッピングも把握した上で**統合** (13) する必要がある。

サンプルの DDD 実装に用意した、境界づけられたコンテキストを見ていこう[8]。**コラボレーションコンテキスト、認証・アクセスコンテキスト、アジャイルプロジェクト管理コンテキスト**の三つだ。

---

[8]　コンテキストマップが、これらの境界づけられたコンテキストについてのより詳細な情報（お互いの関連や、どのように統合するかなど）を提供してくれることに注意しよう。しかし、コアドメインについてはもっと深いところまで煮詰めていく。

コラボレーションコンテキスト

　めまぐるしく移り変わる今日の経済状況において、ビジネスコラボレーションツールは、共同作業の場作りのためには欠かせないものである。生産性の向上、知識やアイデアの共有などを促して、その結果を履き違えられないように支援するものなら何でも、企業の成功の方程式に役立つだろう。幅広いコミュニティに向けた機能を提供するソフトウェアであっても、限られた対象向けの日々のアクティビティやプロジェクトを対象としたソフトウェアであっても、企業としては、一番よいオンラインツールに群がるものだ。そして SaaSOvation は、この市場でのシェアを確保しようとしている。

　コラボレーションコンテキストの設計と実装を任されたコアチームは、最初のリリースで最低限サポートすべき機能として、以下を言い渡された。フォーラム・共有カレンダー・ブログ・インスタントメッセージング・Wiki・メッセージボード・文書管理・一斉通知と警告・アクティビティ追跡・RSS フィード。幅広い範囲の機能をサポートしており、それぞれのツールは特定の小規模なチーム環境にも対応できるものであるが、これらはみな、同じ境界づけられたコンテキストに属する。というのも、すべてコラボレーションに関するツールだからだ。残念ながら、本書ではコラボレーションスイートの全貌を語ることはできない。ここでは、図 2-8 に示すツール群のドメインの一部、具体的にはフォーラムと共有カレンダーについて、詳しく探っていく。

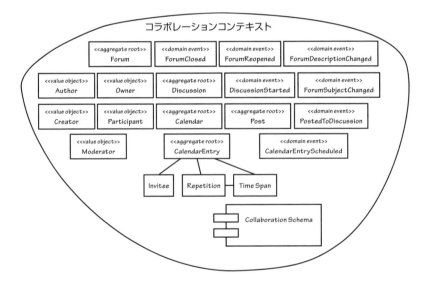

図2-8：コラボレーションコンテキスト。そのユビキタス言語が、この境界内に何が属するのかを定める。読みやすさを考慮して、モデルのいくつかの要素は省略した。ユーザーインターフェイス（UI）やアプリケーションサービスコンポーネントについても同様だ

　そろそろ、あのチームのことを思い出してみよう……。

──────── ・・・ ────────

　プロダクト開発の初期から戦術的 DDD は使っていたものの、チームとしてはいまだ、DDD の細か

いところは学習中であった。実際、彼らが実践していたのは結局のところ軽量DDDであり、ただ技術的な見返りだけを求めて戦術的パターンを使っていたのだ。たしかに彼らは、コラボレーションのユビキタス言語を見つけ出そうとはした。しかし彼らは、モデルには明確な制限があって、それ以上に広げすぎてはいけないということを理解していなかった。その結果、セキュリティや権限の情報をコラボレーションモデルに組み込んでしまうという、間違いを犯してしまった。チームはその後、必要だと思って組み込んだそれらが、実は望ましくない設計であることを学んだ。

　当初彼らは、アプリケーション全体がひとつのサイロのようになってしまうことに、あまりにも無頓着だった。しかし、中央管理型のセキュリティプロバイダーを使わないかぎり、そうなることは避けられない。つまりそれは、二つのモデルをひとつに混ぜ込んでしまうということだ。程なく彼らも気づいた。この混乱する状況は、セキュリティについての関心事をコアドメインに混ぜ込んだことに起因するものである。まさにコアビジネスロジックのど真ん中で、開発者がクライアントの権限をチェックしてからリクエストを処理していたのだ。

```
public class Forum extends Entity {
    ...
    public Discussion startDiscussion(
            String aUsername, String aSubject) {
        if (this.isClosed()) {
            throw new IllegalStateException("Forum is closed.");
        }

        User user = userRepository.userFor(this.tenantId(), aUsername);

        if (!user.hasPermissionTo(Permission.Forum.StartDiscussion)) {
            throw new IllegalStateException(
                    "User may not start forum discussion.");
        }

        String authorUser = user.username();
        String authorName = user.person().name().asFormattedName();
        String authorEmailAddress = user.person().emailAddress();

        Discussion discussion = new Discussion(
```

```
                    this.tenant(), this.forumId(),
                    DomainRegistry.discussionRepository().nextIdentity(),
                    authorUser, authorName, authorEmailAddress,
                    aSubject);

            return discussion;
        }
        ...
    }
```

> **Note** これっていわゆる「列車事故」?
> 複数の式を1行に連ねる user.person().name().asFormattedName() のようなスタイルを見て、まるで列車事故のようで見苦しいと考える開発者もいる。一方、そのほうがコードの表現力が増して、読みやすいという人もいる。私はここで、そういった見方のことを取り上げているのではない。私が気にしているのは、モデルの混乱だ。「列車事故」は、それとはまた別の話。

　これは、まったくもってひどい設計だった。開発者がここで User を参照できるべきではないし、そもそも**リポジトリ** (12) への問い合わせもできるべきではなかった。Permission でさえ、手の届かないところに置いておくべきだった。そんなことができてしまったのは、これらの概念が誤ってコラボレーションモデルに混入してしまっていたせいだ。その上、この歪みのせいで、本来モデリングすべき概念である Author を見落としてしまった。関連する三つの属性を明示的な値オブジェクトにまとめるべきところを、各要素を個別に扱うことで満足してしまっていたようだ。コラボレーションのことよりも、セキュリティのほうが気になっていたのだろう。

　これは決して珍しいケースではない。コラボレーションに関係するあらゆるオブジェクトは、同じ問題を抱えている。巨大な泥団子を作り上げてしまうリスクに直面したチームは、このコードを変更する必要があることに気づいた。それはそれとして、このチームでは、権限ベースでのセキュリティ管理からロールベースのアクセス管理に切り替えようともしていた。彼らはいったい、どのようにしたのだろう?

　彼らはアジャイル開発手法を使っていたし、実際に作っているモノもアジャイルプロジェクト管理ツールであったので、その場でリファクタリングを進めるのも特に苦にならなかった。というわけで、段階的にリファクタリングを施すことにしたのだ。それでもまだ疑問は残る。コードを書くべき場所を間違えて泥沼化してしまったときに、そこから抜け出すために使える最良の DDD のパターンは、いったい何だったのだろうか。

　チームのメンバーの中の数名が、少し時間をとって、[Evans] の戦術的構成要素パターンのあたりを熟読した。そして、求める答えがそこにはないことを理解した。そこで、[Evans] に書かれていた指針にしたがって、エンティティと値オブジェクトを組み合わせた集約を作った。また、リポジトリや**ドメインサービス** (7) も使った。それでもなお、彼らは重要なことを見落としてしまった。おそらくこれは、[Evans] の後半にもっと注意を向ける必要があることを暗示していたのだろう。

結局後半も読み進め、強力なテクニックが書かれているのを見つけた。「第3部：より深い洞察へ向かうリファクタリング」[Evans] を読んで、DDD は自分たちが思っているよりずっと強力なものだと思い知ったのだ。そこに書かれていたさまざまなテクニックのおかげで、ユビキタス言語に注目して現在のモデルを改良するための方法を知ることができた。ドメインエキスパートたちと力をあわせて、彼らのメンタルモデルをよりうまく表現するモデルを作り上げた。しかし、まだ、セキュリティ対応の泥沼には対応できていない。純粋にコラボレーションを扱うドメインモデルを作りたいのに、まだセキュリティが邪魔をしている。

さらに [Evans] を読み進めて、「第4部：戦略的設計」にたどり着いた。メンバーの一人が、これが重要な指針になるであろうと理解した。これこそが、コアドメインの具現化に導いてくれるだろう。新しく手に入れたツールのひとつがコンテキストマップで、これを使うことで、プロジェクトの現状を理解しやすくなった。シンプルな作業ではあったが、はじめてのコンテキストマップを描いて現在の窮状を議論することが、大きな一歩となった。建設的な分析で解決策を考えられるようになり、チームの停滞を打破したのだ。

暫定的な対策として、以下の改良案が出た。これは、どんどん脆くなっていくモデルを安定させるものだ。

① **モデルをリファクタリングして責務のレイヤ** [Evans] にまとめ、セキュリティや権限の機能は既存のモデルよりもう一段下の論理的レイヤに分割する。しかしこれは、最適な手法だとは思えない。責務のレイヤはそもそも、大規模なモデル（あるいは将来的に大規模になりそうなモデル）に対応するための手段だ。分割しても、各レイヤは同じモデルに残り続ける。レイヤを分割すべきだとはいえ、どれもコアドメインの一部であることには変わりがないからだ。チームとして今回対応している問題は、本来コアドメインには属さないはずの概念が紛れ込んでいるということだった。

② **隔離されたコア** [Evans] を目指すという手もある。これを達成するためには、まず**コラボレーションコンテキスト**の中にある、セキュリティや権限がらみの箇所を徹底的に調べ上げる。それから、認証やアクセス管理のコンポーネントをリファクタリングして、同じモデル内で完全に切り離されたパッケージにまとめる。完全に別の境界づけられたコンテキストを作るという結果にはつながらないが、少しはそれに近づけるだろう。これこそが、求めていたものに思える。というのも、[Evans] に書かれているとおり、「隔離されたコアを切り出すタイミングは、システムにとって重要な、巨大な境界づけられたコンテキストがあり、モデルの本質的な部分が大量の補助的な機能のせいでわかりにくくなってきた時である」からだ。ここでの「補助的な機能」とはもちろん、セキュリティと権限だ。チームはついに理解した。**認証・アクセスコンテキスト**をこれらの作業によって切り離し、**コラボレーションコンテキスト**に対する汎用サブドメインとして扱えばいいということだ。

隔離されたコアを作るという取り組みは、そう簡単にはいかない。予定外の作業で、数週間を費や

してしまった。しかし、もしここで軌道修正をせずにリファクタリングを先送りしていたら、多発するバグ・変更を加えるのに躊躇するような不安定なコードなどという形で、そのツケを払うことになっていただろう。組織の上席も、その方向転換を認めて後押ししてくれた。切り離した部分を、ゆくゆくは新たなSaaSプロダクトに仕立て上げられるだろうと見たのだ。

　チームはこの時点で、境界づけられたコンテキストの価値を理解した。また、まとまりのあるコアドメインを維持する重要性も知った。戦略的設計のパターンをいくつか利用すれば、再利用可能なモデルを別の境界づけられたコンテキストに隔離でき、必要に応じて統合できるようになった。

　おそらく、今後設計する**認証・アクセスコンテキスト**は、セキュリティや権限を埋め込んでしまう設計とは異なるものになるだろう。再利用を考慮して設計すれば、より汎用的なモデルとなるよう注力できるようになる。必要に応じて、さまざまなアプリケーションで活用できるようになるだろう。認証・アクセスコンテキストの担当チーム（**コラボレーションコンテキスト**のチームとは異なるが、兼任しているメンバーもいる）は、実装にあたってさまざまな戦略を導入できる。サードパーティのプロダクトを導入して、そのお客様専用の統合をするかもしれない。セキュリティや権限を埋め込んだままだったら、そんなことは到底不可能だっただろう。

　隔離されたコアの開発はあくまでも暫定措置なので、その結果については、ここでは深入りしない。簡単に言うと、セキュリティや権限に関するすべてのクラスをモジュールに隔離して、アプリケーションサービスのクライアントがセキュリティや権限をチェックするときには、コアドメインを呼ぶ前にそれらのオブジェクトを使わせるようにした。これでコアドメインは、コラボレーションモデルのオブジェクトの構成や挙動だけを実装すれば済むようになった。アプリケーションサービスが、セキュリティやオブジェクト変換の面倒を見る。

```java
public class ForumApplicationService ... {
    ...
    @Transactional
    public Discussion startDiscussion(
            String aTenantId, String aUsername,
            String aForumId, String aSubject) {
        Tenant tenant = new Tenant(aTenantId);
        ForumId forumId = new ForumId(aForumId);

        Forum forum = this.forum(tenant, forumId);

        if (forum == null) {
            throw new IllegalStateException("Forum does not exist.");
        }

        Author author =
                this.collaboratorService.authorFrom(
                        tenant,
                        anAuthorId);

        Discussion newDiscussion =
```

```
                forum.startDiscussion(
                        this.forumNavigationService(),
                        author,
                        aSubject);

        this.discussionRepository.add(newDiscussion);

        return newDiscussion;
    }
    ...
}
```

Forum のコードは、以下のようになる。

```
public class Forum extends Entity {
    ...

    public Discussion startDiscussionFor(
        ForumNavigationService aForumNavigationService,
        Author anAuthor,
        String aSubject) {
        if (this.isClosed()) {
            throw new IllegalStateException("Forum is closed.");
        }

        Discussion discussion = new Discussion(
                this.tenant(),
                this.forumId(),
                aForumNavigationService.nextDiscussionId(),
                anAuthor,
                aSubject);

        DomainEventPublisher
            .instance()
            .publish(new DiscussionStarted(
                    discussion.tenant(),
                    discussion.forumId(),
                    discussion.discussionId(),
                    discussion.subject()));

        return discussion;
    }
    ...
}
```

　これで、User と Permission の絡み合いを解きほぐし、コラボレーションだけに集中してモデリングできるようになった。改めて言うが、この結果は完璧なものではない。しかし、今後さらにリファクタリングを進めて、境界づけられたコンテキストの分割と統合を行うだけの下準備は整った。**コラボレーションコンテキスト**のチームは最終的に、セキュリティや権限に関するすべてのモジュール

や型を、境界づけられたコンテキストから取り除くことに成功した。これで、喜んで**認証・アクセスコンテキスト**に取りかかれる。最終目標は、セキュリティを一元管理して再利用できるようにすることだったが、今やそれも手の届くところにきた。

たしかに、彼らには別の選択肢もあった。境界づけられたコンテキストを小さくするべく、いくつかの小さなコンテキストを切り出すこともできただろう。コラボレーションの機能ごとに分けると、その数は最終的に 10 個以上になるだろう。たとえば、フォーラムやカレンダーなどが、それぞれ別のモデルになる。何が彼らをそうさせるのだろうか？ コラボレーションで使う機能の多くは、他の機能との結合の度合いが低い。そのため、それぞれを単体で完結したコンポーネントとしてデプロイできる。各機能を個別の境界づけられたコンテキストにまとめることで、ごく自然な範囲でデプロイの単位をまとめられる。たしかにそれは一理ある。しかし、わざわざ 10 個ものドメインモデルを作らなくても、同じような単位でデプロイすることはできる。しかも、この方法だと、おそらくユビキタス言語のモデリングの原則に反する挙動になっただろう。

そうではなく、このチームではモデルを 1 つのままにすることを選んだ。モデルは 1 つのままで、コラボレーションの機能ごとに個別の JAR ファイルを用意することにしたのだ。Jigsaw モジュールを使えば、それぞれの JAR ファイルについてバージョンベースのデプロイができる。コラボレーションに関する各機能の JAR ファイルとは別に、`Tenant`・`Moderator`・`Author`・`Participant` などの共有オブジェクト用の JAR ファイルも必要になる。この手法を使えば、統一されたユビキタス言語に沿った開発ができるし、デプロイ時の希望も満たせる。これは、アーキテクチャ的にもアプリケーション管理的にもメリットのある方法だ。

———————————— • • • ————————————

ここまでの結果を踏まえて、次は**認証・アクセスコンテキスト**を見ていこう。

認証・アクセスコンテキスト

いまどきの企業アプリケーションのほとんどには、何らかの形でセキュリティや権限管理用のコンポーネントが組み込まれている。システムを利用しようとしているユーザーの本人確認や、その操作をする権限があるかどうかの確認などに利用するためだ。先ほど見たとおり、深く考えずにセキュリティ機能を組み込むと、ユーザーや権限の管理を個々のシステムで個別に実装してしまうことになる。その結果、個々のアプリケーションが自分のサイロの中に閉じこもってしまい、連携のないシステムになってしまう。

そんなシステムだと、一方のシステムのユーザーと他のシステムのユーザーとの関連づけが、簡単にはできなくなってしまう。仮に両システムの利用者層がほぼ同じであったとしてもだ。このようなサイロ化を避けるために、アーキテクトは、セキュリティや権限管理を一元管理する必要がある。そのためには、認証・アクセス管理システムを購入するなり開発するなりすればいい。システムに求める洗練度や稼働率そして TCO（総保有コスト）によって、選択肢は変わる。

2.5 サンプルのコンテキスト

> **カウボーイの声**
>
>
>
> LB：「小屋にもサイロにも鍵をつけてないようだけど、コーンを盗まれたらどうするんだい？」
> AJ：「ウチの犬が見回ってるから大丈夫。自前のセキュリティってわけさ」
> LB：「あんた、この本をちゃんと読んでないね」

・・・

　CollabOvation における認証・アクセス機能のもつれを解きほぐすには、何段階かの手順を経る必要があった。まず、リファクタリングによって隔離されたコア [Evans] を導入した（「コラボレーションコンテキスト」を参照）。これで、当面の目標であったこと、つまり CollabOvation からセキュリティや権限についての関心事を取り除くことには成功した。しかし、その過程でわかったことがある。認証・アクセス管理もまた、最終的にはそれ自身の境界づけられたコンテキストを持つようにしなければいけないということだ。これは、隔離されたコアの導入よりも大掛かりな作業になりそうだ。

・・・

　新たな境界づけられたコンテキストである**認証・アクセスコンテキスト**を作り、これを、標準的な DDD の統合技術で、他の境界づけられたコンテキストから利用することになる。利用する側のコンテキストにとって、この**認証・アクセスコンテキスト**は汎用サブドメインとなる。プロダクト名は IdOvation とする。

　図 2-9 に示すとおり、**認証・アクセスコンポーネント**は、複数の利用者の共存に対応している。SaaS プロダクトを作っている以上、これは言うまでもないことだ。各テナントと、テナントが所有するすべてのオブジェクトは、一意な識別子を持っている。これで、テナント同士を論理的に区別することができる。システムのユーザーとなるのは、誰かからの招待を受けて自分で登録した人たちだけだ。セキュリティを確保したアクセスは、認証サービスを使って処理する。パスワードは、強力な仕

組みで暗号化されている。ユーザーをグループでまとめたり、グループを階層化したりすることもできて、組織全体から小規模なチームまで、洗練された身元管理ができるようにする。システムをまたがるリソースの管理には、シンプルかつエレガントで強力な、ロールベースの権限管理を利用する。

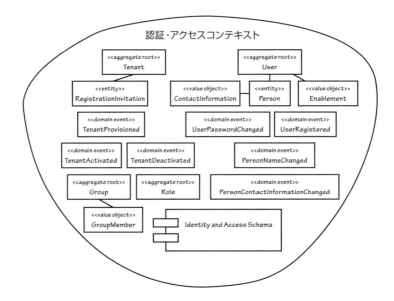

図2-9：認証・アクセスコンテキスト。境界の内部はすべて、このユビキタス言語が表すコンテキストに沿ったものとなる。この境界づけられたコンテキストには、モデルの内部にも外部にも、図に示した以外の内容が含まれる。しかしここでは、読みやすさを考慮して省略した。UIやアプリケーションサービスのコンポーネントについても、同じ理由で非表示にしている

　もう一歩進んだ段階として、このコンテキストでは、モデル全体を通して**ドメインイベント** (8) を発行する。これは、モデルの振る舞いが原因で何らかの状態遷移が発生したときに、興味を持つ相手に対してそれを知らせる仕組みだ。イベントの名前は一般的に、名詞に動詞の過去形をつなげた形式となる。`TenantProvisioned`、`UserPasswordChanged`、`PersonNameChanged` などだ。
　第3章「コンテキストマップ」では、**認証・アクセスコンテキスト**が、DDDの統合パターンによって他の二つのコンテキストからどのように使われるのかを説明する。

アジャイルプロジェクト管理コンテキスト

　アジャイル開発の軽量な手法の人気が、高まりつつある。特に、2001年にアジャイル宣言が発表されてからは、その傾向が目立つ。SaaSOvationは、ビジョンステートメントでの戦略的優先順位が二番目となっている、アジャイルプロジェクト管理アプリケーションの開発に取り組み始めた。さて、そのようすを見ていこう。

第 3 四半期の間、CollabOvation の契約者数は順調に伸び続けた。顧客からのフィードバックを受けて改良を重ね、予想を上回る収益を上げている。そこで SaaSOvation は、次のプロダクトである ProjectOvation のプロジェクトを立ち上げることにした。これは同社にとっての新たなコアドメインである。CollabOvation チームから一流の開発者たちを受け入れて、マルチテナント型 SaaS の経験や DDD についての知識を活用することにした。

このツールはアジャイルプロジェクトの管理に主眼を置いており、イテレーティブかつインクリメンタルなプロジェクト管理のフレームワークとして、スクラムを利用する。ProjectOvation はスクラムのプロジェクト管理モデルにしたがっており、プロダクトやプロダクトオーナー、チーム、バックログアイテム、リリース計画、スプリントなどの概念を備えている。バックログアイテムの見積もり用に事業価値計算機能を提供しており、ここで費用便益分析を行う。

SaaSOvation のビジネスプランは、もともとは二つのビジョンから始まった。CollabOvation と ProjectOvation が、それぞれ完全に別の道を歩むわけではない。SaaSOvation の幹部は、アジャイルソフトウェア開発の世界にコラボレーションツールを組み込むことで、イノベーションを起こそうと考えていた。CollabOvation の機能を、ProjectOvation へのオプションのアドオンとして提供するつもりだ。アドオン機能を提供するという意味で、CollabOvation は ProjectOvation にとっての支援サブドメインである。プロダクトオーナーとチームのメンバーがプロダクトについて議論したり、リリースプランニングやスプリントプランニングを行ったり、バックログアイテムについて議論したり、カレンダーを共有したりといったことができるようになる。将来的には、ProjectOvation に企業資源計画機能を組み込むつもりだが、当面は、これらを満たすことを最初のゴールとする。

ステークホルダーたちは当初、ProjectOvation を CollabOvation のモデルの拡張として開発しようと考えた。バージョン管理システム上で、CollabOvation のリポジトリに ProjectOvation 用のブランチを作ろうとしたのだ。もし実際にそうしていたとしたら、大きな間違いを犯していたことになる。問題空間におけるサブドメインに適切な注意を払わず、解決空間における境界づけられたコンテキストを気にしてしまっているからだ。

幸いにも技術者たちは、以前の**コラボレーションコンテキスト**での失敗から学んでいた。当時を思い返した彼らは、アジャイルプロジェクト管理モデルとコラボレーションモデルを混ぜることが大間違いだと言い切った。ここにきてチームは、DDD の戦略的設計に則った考え方が身についてきたのだ。

戦略的設計の考え方をとりいれた結果を図 2-10 に示す。ProjectOvation チームは、利用者とはプロダクトオーナーとチームメンバーのことであると、適切に判断できた。これらは、スクラムを実践するときにプロジェクトのメンバーが受け持つロールである。ユーザーやロールの管理は、**認証・アクセスコンテキスト**に任せる。このコンテキストを使えば、自分のサービスの利用者についての、個人識別情報を管理できるようになる。管理機能も制御でき、たとえばプロダクトオーナーが、そのプロダクトのチームメンバーを指定できたりもする。ロールを適切に管理すれば、プロダクトオーナーやチームメンバーは、彼らが本来所属すべき場所、つまり**アジャイルプロダクト管理コンテキスト**の中で作れるようになる。プロジェクトのそれ以外の部分の設計も、この恩恵を受ける。というのも、チームはアジャイルプロジェクト管理のユビキタス言語を見つけ出すことに注力しており、注意深く作り上げたドメインモデルにそれを反映させているからだ。

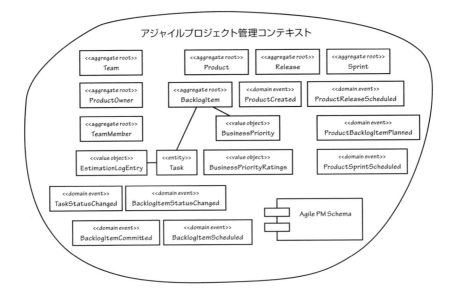

図2-10：アジャイルプロジェクト管理コンテキスト。この境界づけられたコンテキストのユビキタス言語は、スクラムによるアジャイル開発のプロダクトやイテレーション、リリースなどに関するものだ。読みやすくするため、UIやアプリケーションサービスなどのコンポーネントは省略した

ProjectOvation を自立型のアプリケーションサービス群として扱うために、要件がひとつある。ProjectOvation が他の境界づけられたコンテキストに依存する度合いを、現実的な範囲でできるだけ制限しておきたい。一般論として、ProjectOvation は自力で動き続けられるものだ。仮に何らかの理由で IdOvation や CollabOvation がダウンしたとしても、ProjectOvation はそのまま機能し続ける

だろう。もちろん、そんな場合は、一時的に使えなくなる部分もあるかもしれない。しかし、おそらくそれもごく短期間であろうし、システム全体としては機能し続けるだろう。

・・・

コンテキストが、用語に特別な意味をもたらす
スクラムにおける `Product` は、任意の数の `BacklogItem` のインスタンスを持ち、これが、いま作ろうとしているソフトウェアを表すものとなる。ネットショッピングのサイトで、ショッピングカートに入れて購入したりする商品(プロダクト)とはまったく別物だ。なぜ意味が違うとわかるのだろう？ それは、コンテキストが違うからだ。私たちが今扱っている `Product` の意味を把握できるのは、そのコンテキストが**アジャイルプロジェクト管理コンテキスト**であると知っているからだ。もし**オンラインストアコンテキスト**にいるのなら、`Product` の意味はまったく変わってくるだろう。その違いを表すために、わざわざ `ScrumProduct` などと名づける必要はない。

コアドメインであるプロダクト・バックログアイテム・タスク・スプリント・リリースについては、これまでよりも順調な出だしとなった。SaaSOvation のこれまでの経験が活かされた結果だ。しかし、私たちはこの後、さらに大きな教訓を得ることになる。彼らが注意深く**集約** (10) のモデリングをしていく過程で学ぶことだ。

2.6 まとめ

DDD の戦略的設計についての重要な議論が満載だった。

- ドメイン、サブドメイン、そして境界づけられたコンテキストについて詳しく調べた。
- 事業の現状を戦略的に評価するための方法として、問題空間と解決空間の両方を評価する方法を確認した。
- 境界づけられたコンテキストを使って、モデルを言語的にきちんと切り離す方法を見た。
- 境界づけられたコンテキストに何を含めるべきなのか、適切な大きさはどの程度なのか、どのように構成すべきなのかを学んだ。
- SaaSOvation チームが**コラボレーションコンテキスト**の設計でどのような失敗をしたのか、そして、その苦境からどのように脱出したのかを見た。
- 現在のコアドメインである**アジャイルプロジェクト管理コンテキスト**を形作る過程を見た。ここでは、設計と実装のサンプルに注目した。

さて、お約束どおり、次の章ではコンテキストマッピングの詳細を扱う。これは、設計の際に使う戦略的モデリングツールの中でも、不可欠なものだ。次の章を読めば、すでに本章でも多少はコンテキストマッピングを済ませていたのだということがわかるだろう。さまざまなドメインを見てきたのだから、それは避けれらないことだった。でも、次の章で扱うのは、本章よりもずっと詳しい内容だ。

第3章 コンテキストマップ

　何をやろうとしても、あなたは間違っていると批判する者がいる。その批判が正しいと思わせる多くの困難がたちはだかる。計画を描き、最後まで実行するには、勇気がいる。

- Ralph Waldo Emerson

　プロジェクトの**コンテキストマップ**を表すには、二通りの方法がある。手軽なのは、シンプルな図を使って、既存の複数の**境界づけられたコンテキスト** (2) の間の関連を示すことだ。ただそれは、すでに存在するものに関する図を描いているに過ぎないことを理解しておこう。その図が示すのは、解決空間における実際のソフトウェアの境界づけられたコンテキストが、お互いどのように関連づけられて統合しているのかということだ。つまり、コンテキストマップをもっと詳細に示す方法は、実際の統合を実装したソースコードだということになる。本章では、図とソースコードの両方の方法を見ていく。しかし、実装の詳細については、その大半を第 13 章「境界づけられたコンテキストの統合」に譲る。

　大まかに言うと、本章で主に扱うのは**解決空間の評価**だ。前の章でとりあげた内容は、**問題空間の評価**にあたる。

> **本章のロードマップ**
> - コンテキストマップを描くことが、なぜプロジェクトの成功に不可欠なのかを学ぶ。
> - 意味のあるコンテキストマップを描くのが、いかに簡単なことであるかを示す。
> - 組織的な関係やシステム的な関係を考慮し、それがプロジェクトにどのように影響するかを検討する。
> - SaaSOvation チームが、コンテキストマップを活用して、プロジェクトを掌握していくようすを見る。

3.1　なぜそんなにもコンテキストマップは重要なのか

　DDD に取りかかる際には、まず**プロジェクトの現状**を表すコンテキストマップを描く。このコンテキストマップが、プロジェクトに関わる現時点の境界づけられたコンテキストと、それらがどのように統合されているのかを示す。図 3-1 がその一例だ。詳細は、順を追って埋めていこう。

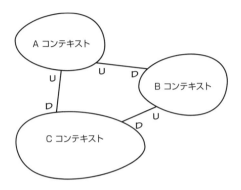

図3-1：抽象化したドメインのコンテキストマップ。三つの境界づけられたコンテキストと、それらの関係が描かれている。U は Upstream（上流）、D は Downstream（下流）を表す

　このシンプルな図は、あなたのプロジェクトを表すマップだ。他のプロジェクトが参照することもできるが、もし彼らも DDD を実践するというのなら、彼ら自身で自分たちのプロジェクトのマップを作る必要がある。自分たちのプロジェクトのマップを描く主な目的は、解決空間の全貌を俯瞰できるようにすることだ。これは、プロジェクトを成功させるためには欠かせない。他のチームは DDD を使っていないかもしれないし、私たちがプロジェクトをどう見ているかなどには興味がないかもしれない。

> **あーやだやだ。また新しい用語かよ！**
> ここでは、「巨大な泥団子」「顧客／供給者」「順応者」という三つの用語を導入する。でも、心配しないでほしい。これらも含め、新たに登場した用語については、本章の後半できちんと説明する。

　たとえば、大企業で境界づけられたコンテキストの統合を行うときには、**巨大な泥団子**との結合を求められるかもしれない。泥だらけの一枚岩のようなコンテキストを保守しているチームは、私たちがそのコンテキストの API にしたがっている限りは、私たちがどんな方針で進めていこうとしているのかなど気にしないだろう。そんな彼らにとって、私たちが描いたマップは無意味だし、彼らの API をどのように使おうとしているのかも気にしない。それでも、マップを描くときには、彼らとの関連をきちんと反映させておく必要がある。**自分たちのチームにはそこから得られる知見が必要だし、どこでチーム間のコミュニケーションが必要になるかを判断できるからだ**。これらを把握しておけば、

チームをよい方向に導ける。

> **コミュニケーションツール**
> コンテキストマップを描く理由は、やりとりを要するシステムの一覧を把握できるということだけではない。コンテキストマップは、チーム間でのやりとりを円滑に進めるための触媒としても使える。

こんな場面を想像してみよう。泥だらけの一枚岩の保守チームが新しいAPIを提供してくれるものと私たちが勝手に期待しているのに、彼らにはそんなつもりがない。あるいはそもそも、彼らが私たちの思いを知ってすらいない。私たちは、泥団子との間が**顧客／供給者**の関係であると期待している。しかし、彼らが現状のAPIだけしか提供しないというのなら、彼らとの間が**順応者**の関係になってしまう。この悪い知らせを聞くのが遅くなればなるほど、予期せぬ関係がプロジェクトの完了を遅らせてしまい、場合によってはプロジェクトそのものが失敗に終わってしまうかもしれない。早いうちにコンテキストマップを描いておけば、依存する他のプロジェクトとの関係を、注意深く考えられるようになる。

> プロジェクトで機能しているモデルをそれぞれ識別して、その**境界づけられたコンテキスト**を定義すること。……**境界づけられたコンテキスト**それぞれに名前をつけ、その名前を**ユビキタス言語**の一部にすること。モデル同士の接点を記述して、あらゆるコミュニケーションで必要となる明示的な変換について概略を述べ、共有するものがあれば強調すること。[Evans]（353ページ）

　CollabOvationチームは新規開発だったが、コンテキストマップを使うべきだった。ほぼゼロからの状態ではじめるのだったとしても、そのプロジェクトについての仮定をマップの形式にしておけば、別の境界づけられたコンテキストについて考えるきっかけとなっただろう。また、重要なモデリング要素をホワイトボードに書き出して、用語的に関連するものどうしをグループにまとめるなどの作業

も、やろうと思えばできただろう。そうしておけば、言語的な境界をきちんと認識でき、シンプルなコンテキストマップを仕上げられたはずだ。しかし、彼らは実際のところ、戦略的モデリングについてまったく理解していなかった。まずは、戦略的モデリングを理解するという突破口に達する必要があったのだ。後になって、彼らはこれらのツールの使いかたを身につけ、最終的にはその恩恵を受けた。それに続くコアドメインのプロジェクトが始まったときにも、この経験は大いに活かされた。

———————————— ・・・ ————————————

有用なコンテキストマップを手早く作り上げる方法を見ていこう。

コンテキストマップを描く

コンテキストマップは、**現存する**地形をとらえるものだ。まずマッピングすべきは現状であり、こうあってほしいという将来の姿ではない。プロジェクトが進むにつれて、プロジェクトの風景が変わってきたら、その時点の状況にあわせてマップを更新すればいい。まず現状に注目すれば、今自分たちがどこにいるのかや、次に向かうべき場所がどこなのかを把握できる。

コンテキストマップを描くときに、必要以上に凝ったつくりにすることはない。まずは、ホワイトボードにマーカーで手書きすることを考えよう。ここで使っているスタイルは容易に適用可能で、それは [Brandolini] が示すとおりだ。何かのツールを使って描こうと考えているのなら、あまり形式張らないよう心がけよう。

図 3-1 に話を戻す。境界づけられたコンテキストの名前は単なるプレースホルダーであり、コンテキスト間の関係も同様だ。実際のマップでは、これらがすべて、具体的な名前になるだろう。上流・下流の表示もあるが、それぞれの意味については本章の後半で説明する。

>>> ホワイトボードの時間

プロジェクトの現状を表す、シンプルな図を描いてみよう。境界がどこに位置するのか、それらとチームとの関係、どのような種類の結合になるか、そして必要となる変換についても示そう。

————————————

この図に描いた内容をソフトウェアとして実装するのだということを、覚えておこう。描く対象についてもっと詳しい情報が必要になったら、自分たちの境界づけられたコンテキストと統合するシステムについて検討しよう。

コンテキストマップの一部分だけを拡大して、その部分の詳細を描きたくなることもある。これはすなわち、同じコンテキストに関する、別の視点である。境界や関係そして変換だけではなく、**モジュール** (9) や主要な**集約** (10)、チームの配置、コンテキストに関するその他の情報も含めたくなるかもしれない。これらのテクニックについても、本章で後ほどとりあげる。

チームにとって価値のあるものなら、どんな図でも文章でも、ドキュメントにまとめることができる。このときは、儀式的な作業をせずに済ませ、シンプルかつアジャイルに進めよう。儀式的な作業が増えれば増えるほど、マップを使いたがる人が少なくなってしまう。あまりにも細かいところまで

を図に組み込んだところで、チームにとっての手助けにはならない。オープンな議論こそがポイントだ。会話によって戦略的な知見が見つかったら、それをコンテキストマップに追加しよう。

エンタープライズじゃないよ
コンテキストマップは、エンタープライズアーキテクチャやシステムトポロジー図のようなものではない。

コンテキストマップは、エンタープライズアーキテクチャやシステムトポロジー図のようなも**のではない**。その情報は、情報モデルや DDD の組織的パターンとの関連で伝えられる。しかし、ほかに活用しようのないエンタープライズ視点のコンテキストマップを、概要レベルのアーキテクチャ調査に利用してもかまわない。そのマップは、統合時のボトルネックのような、アーキテクチャ上の不備をあぶりだしてくれるかもしれない。コンテキストマップは組織の動きを示すものなので、進捗の妨げになるようなガバナンスの問題や、チームやマネジメントに関する課題を浮き彫りにすることもある。これらは、他の方法を使ってもなかなか見つけづらいものだ。

カウボーイの声

AJ：「ウチのかみさんが言ったのさ。『あたし、牛たちと一緒に牧場に出ていたのよ。気づかなかったっていうの?』ってね。『ぜんぜん』って答えたら、一週間ほど口をきいてくれなかったね」

できあがった図は、チームの作業エリアに掲示するだけの価値があるものだ。Wiki を活用しているチームなら、Wiki にアップロードしておくのもいいだろう。え？　Wiki がほぼ放置状態だって？ じゃあ、今の話はなかったことにしてほしい。「Wiki は情報たちの墓場にもなりえる」と、よく言われているしね。コンテキストマップをどこに掲示するにせよ、チームのメンバーが常にそれを見て議論できるようにしておく必要がある。さもないと、せっかくのマップが日常の風景に紛れ込み、誰も気に留めなくなってしまうだろう。

プロジェクトと組織的な関係

改めて振り返っておこう。SaaSOvation が開発・改良を進めているプロダクトは次の三つだった。

① ソーシャルコラボレーションスイートである CollabOvation。登録ユーザーがコンテンツを公

開するための、Webベースのツール群（フォーラムや共有カレンダー、ブログ、Wikiなど）を提供する。これはSaaSOvationのフラッグシップ製品であり、同社の最初の**コアドメイン**(2)だった（もっとも、その当時のチームには、DDDの用語に関する知識はなかったのだが）。その後、このコンテキストから、IdOvationのモデルが最終的に切り出された。CollabOvationは、このIdOvationを**汎用サブドメイン**として使っている。CollabOvation自身も、他のモデルから**支援サブドメイン**として使われることになる。ProjectOvationの、オプションのアドオンとして機能するようになる。

② 再利用可能な認証・アクセス管理用のモデルであるIdOvation。登録ユーザーに対するロールベースのセキュアなアクセス管理機能を提供する。当初はCollabOvationの一機能として組み込まれていたが、その実装は拡張性に乏しく、再利用ができなかった。SaaSOvationはCollabOvationをリファクタリングして、新しくクリーンな境界づけられたコンテキストを導入した。このプロダクトの鍵となる機能はマルチテナント対応であり、これはSaaSアプリケーションには欠かせないものだ。利用するモデル側から見ると、IdOvationは汎用サブドメインとなる。

③ アジャイルプロジェクト管理プロダクトであるProjectOvation。現時点では、これがコアドメインとなる。ユーザーは、プロジェクト管理用の資源を作ったり、分析や設計の成果物を登録したり、スクラムベースのフレームワークを使った進捗追跡をしたりすることができる。CollabOvationと同様に、ProjectOvationもIdOvationを汎用サブドメインとして利用する。革新的な機能のひとつとして、チームのコラボレーション機能をアジャイルプロジェクト管理に組み込むことができる。これを使えば、スクラムのプロダクトやリリース、スプリント、個々のバックログアイテムに関する議論ができるようになる。

さあ、定義の時間です
これまでに登場した組織的パターンや統合パターンの定義だが、……

これらの境界づけられたコンテキストと、それぞれのプロジェクトチームとの関係は、どのようになるだろうか？　DDDには組織的なパターンや統合のパターンがいくつか存在し、二つの境界づけられたコンテキストの間には、そのいずれかがあてはまることが多い。以下の定義の大部分は、[Evans, Ref]からの引用だ。

- **パートナーシップ**：二つのコンテキストを担当するチームが成功／失敗の運命を共にする場合、チーム間で協力的な関係を築く必要がある。両チームは、開発のプランニングや統合時の結合管理を共同で行うことにする。両チームが協力して、インターフェイスを発展させ、お互いのシステムのニーズを満たすようにする必要がある。相互依存するフィーチャーは、

お互いのリリースに間に合うように開発しなければいけない。

- **共有カーネル**：一部のモデルやそれに関連するコードを共有すれば、相互依存性が非常に高まる。これは、設計作業の助けになることもあれば、逆に邪魔になってしまうこともある。明示的な境界を定め、二つのチームが共有することに合意したドメインモデルのサブセットを指定すること。このカーネルは、できるだけ小さくまとめること。この明示的に共有されたものには特別な地位が与えられているので、もう一方のチームに相談せずに変更してはならない。継続的な統合プロセスを定め、チームの**ユビキタス言語** (1) にあわせてカーネルのモデルを維持すること。

- **顧客／供給者の開発**：二つの開発チームに上流／下流関係があり、上流のチームが成功するかどうかが下流の結果に左右されうるということがある。そんな場合、上流チームは下流チームのニーズにさまざまな方法で対応する必要がある。下流の優先順位を考慮して、上流のプランニングを行う。下流の要件に必要となる作業について交渉し、予算を立てることで、提供の約束とスケジュールを全員が理解できるようにすること。

- **順応者**：二つの開発チームに上流／下流関係があるにも関わらず、上流に下流チームの要求に応える動機がない場合、下流チームはどうすることもできない。人の役に立ちたいという思いから上流開発者は約束するかもしれないが、それが守られるとは思えない。下流チームは、境界づけられたコンテキスト間の変換の手間を省くために、上流に与えられたモデルで我慢することになる。

- **腐敗防止層**：変換層はシンプルで、エレガントなことさえあるが、それはうまく設計された境界づけられたコンテキスト同士を協力的なチームで橋渡しする場合である。しかし、コントロールやコミュニケーションが不十分なために、共有カーネルやパートナーシップそして顧客／供給者といった関係を取り除けなかった場合は、変換が複雑になってしまう。そんな場合の変換層は、より防御的な色合いを帯びるようになるだろう。下流のクライアントは、隔離するためのレイヤを作成することによって、上流のシステムの機能を独自のドメインモデルの用語で表現する機能を提供する。この層は、既存のインターフェイスを通して他のシステムと通信するので、他のシステムを修正する必要はほとんどないか、まったくないこともある。内部的には、このレイヤが必要に応じて、二つのモデル間での変換を両方向に対して行う。

- **公開ホストサービス**：サブシステムにアクセスできるようにするプロトコルを、サービスの集合として定義すること。そのプロトコルを公開し、サブシステムと統合する必要のある人が全員使用できるようにすること。新しい統合の要件に対応する際には、プロトコルに機能を追加し、拡張すること。ただし、あるチームだけに特有の要求は別だ。そのような特殊なケースには、一回限りの変換サービスを使用してプロトコルを拡張し、共有プロトコルは単純で一貫性のある状態に保つこと。

- **公表された言語**：二つの境界づけられたコンテキスト内にあるモデル同士で変換するには、共通の言語が必要である。必要なドメインの情報をコミュニケーションにおける共通の媒体

として表現できる、明確にドキュメント化された共有言語を使用し、必要に応じてその用語への変換と、その言語からの変換を行うこと。公表された言語は、公開ホストサービスと組み合わせて使われることが多い。

- **別々の道**：要件定義は容赦なく行わなければならない。二つの機能の集合が互いにとって不可欠でないのなら、切り離すことができる。結合は常に高くつくが、それによる利益は小さいこともある。境界づけられたコンテキストを他とは一切つながりを持たないものと宣言し、開発者がその小さいスコープ内で、シンプルで特化した解決策を見つけられるようにすること。

- **巨大な泥団子**：既存のシステムを精査した結果、システムを構成する各部分がどれも大規模であることがわかった。しかも、さまざまなモデルが混在しており、境界もつじつまが合わない。そんな場合は、そのひどい状態の全体を大きく囲む境界を定め、巨大な泥団子として扱う。このコンテキスト内では、きれいにモデリングしてやろうなどとは考えないこと。そんなシステムの影響が他のコンテキストにおよばないように、注意すること。

認証・アクセスコンテキストとの統合の際には、**コラボレーションコンテキスト**と**アジャイルプロジェクト管理コンテキスト**の両方が、それぞれ**別々の道**を進むことを回避するために、セキュリティや権限を尊重する必要がある。たしかに、**別々の道**は、システム全体で適用することもできる。しかし、ケースバイケースで適用することも可能だ。たとえば、あるチームが中央管理型のセキュリティシステムの採用を拒否しているが、それでも社内標準の機能と統合したいということもありえる。

　今回の協力関係は、顧客／供給者型になる。SaaSOvationの幹部には、あるチームが別のチームに対して順応者であることを強要するような方法がない。順応者の関係が、常に悪者だというわけではない。ただ、顧客／供給者の場合は、供給者側が顧客側をサポートすることを確約しなければいけない。これがチーム間の協調を促進すると、SaaSOvationは考えたのだ。もちろん、顧客側が常に正しいとは限らない。何らかのギブアンドテイクも発生しうる。全体として、こちらのほうが、組織内の関係としては前向きなものだろう。

　チーム間の統合には、公開ホストサービスや公表された言語を使う。意外にも、腐敗防止層を使うことにもなるだろう。これは別に、境界づけられたコンテキスト間でのオープンスタンダードを確立することとは矛盾しない。下流コンテキストの基本原則を採用すれば、個別に変換する利点も達成できるし、巨大な泥団子を使う場合よりも複雑にならずに済む。この変換層はシンプルで、エレガントなものとなるだろう。

　これ以降で描くコンテキストマップには、以下の略語を使ってコンテキスト間の関連のパターンを示す。

ACL： 腐敗防止層（AntiCorruption Layer）

OHS： 公開ホストサービス（Open Host Service）

PL： 公表された言語（Published Language）

次のコンテキストマップやそれに付随する本文を読むにあたっては、第 2 章「ドメイン、サブドメイン、境界づけられたコンテキスト」の内容を一度振り返っておくと役立つだろう。三つの境界づけられたコンテキストの図を見直しておくことも有用だ。まだまだ概要レベルのものではあるが、これらの図は、マップ内のそれぞれのコンテキストに含めることもできる。しかし、第 2 章の繰り返しになるので、ここでは省略する。

三つのコンテキストのマッピング

　さて、あのチームの状況はどうなっただろうか……。

　自らが作り出した混乱を理解した CollabOvation チームは、[Evans] を熟読し、そこから脱出する方法を学んだ。戦略的設計のパターンの中から有用なものをいくつも発見したが、その中のひとつがコンテキストマップというツールだ。また、オンラインで公開されている記事も発見した [Brandolini]。その記事では、コンテキストマップを拡張していた。まず「現存する」領域の地図を書くことという指針にしたがって、最初の図を作ってみた。それが図 3-2 だ。

図3-2：歓迎されざる概念の混入が引き起こしていた、コラボレーションコンテキストの混乱を示すマップ。警告マークが、不純物の混入を表す

　チームが最初に作ったマップは、彼らが当初からその存在を認識していた、**コラボレーションコンテキスト**を強調するものだった。その奇妙な形が、いみじくも第二のコンテキストの存在を示してい

た。しかし、それはまだ、コアドメインから明確には分離されていなかった。

・・・

　マップの上部にある狭い通路は、異なる概念が、特に断りなくそこを行き来できるということを示している。それを表すのが、図中の警告マークだ。だからといって、コンテキストの境界を完全にブロックする必要があるということではない。一般的な境界と同じことだ。境界を越えようとしているものがいったい何で、どんな目的を持っているのかを完全に把握し、それをコントロールしたいということである。さもないと、未知の（そして、おそらくは望まざる）訪問者によって、自分たちの領域が侵害されてしまう。モデルに関して言えば、望まざる訪問者による侵略は、混乱やバグの元になるだろう。モデラーは、寛大な心で歓迎すべきなのであろう。しかしそれは、秩序と調和を重んじるという条件の下でだ。境界を越えてやってくる外部の概念はすべて、そこに進入する権利があることを示す必要がある。たとえその概念が、内部の領域の概念と互換性のあるものであってもだ。

・・・

　この分析のおかげで、モデルの現状だけでなく、プロジェクトが今後進むべき道についても理解が進んだ。セキュリティやユーザー、権限といった概念を**コラボレーションコンテキスト**に含めるべきではないことがわかったので、それにしたがって対応をした。これらをコアドメインから隔離して、合意できる条件を満たす場合にだけ、組み入れられるようにした。

・・・

　これこそが、DDDのプロジェクトにとって重要な義務だ。個々の境界づけられたコンテキストの言語を尊重して、すべてのモデルを純粋なままで維持する必要がある。言語的に隔離し、それに厳密に従うことで、プロジェクトにかかわる各チームが自分たちの境界づけられたコンテキストに注力できるようになる。そして、自分たちの作業を正しく把握できるようになるのだ。

・・・

　サブドメインの分析（問題空間の評価）を経て、チームは図3-3のように図を書き換えた。二つのサブドメインが、単一の境界づけられたコンテキストの中で区切られている。サブドメインと境界づ

けられたコンテキストが一対一の関係になっているのが理想なので、図を見れば、この境界づけられたコンテキストを二つに分割すべきだということがわかる。

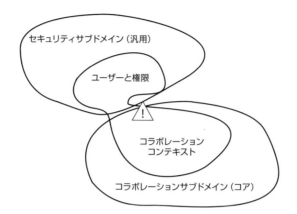

図3-3：サブドメインを分析した結果、コラボレーションコアドメインとセキュリティ汎用サブドメインを発見した

・・・

サブドメインと境界を分析して、方向性が定まった。CollabOvation のユーザーがさまざまな機能を利用するときには、参加者や投稿者、モデレーターなどの立場でシステムとかかわる。その他の概念的な切り分けは後述するが、これだけでも、分割すべき箇所がどこであるかが見えてくる。この知見を踏まえると、より明確な境界を示した概要レベルのコンテキストマップを、図3-4 のように描ける。チームは、**隔離されたコア**［Evans］を使ったリファクタリングによって、この状態に到達した。認識しやすい形で描かれている境界が、個々のコンテキストの視覚的な手がかりとなる。同じような形を図の中で使い続ければ、コンテキストを認識しやすくなるだろう。

コンテキストマップは、一度で完璧にでき上がるものではない。しかし、何度もスケッチを繰り返していれば、描くのはそんなに難しいことではないとわかるだろう。よく考えて、議論をすれば、マップを頻繁に改良していける。統合ポイントにおける改良もあるかもしれない。統合ポイントとは、二つのコンテキストの間の関連を示す部分のことだ。

・・・

ここまでで登場した二つのマップの差こそが、戦略的設計を適用したことによる進歩だ。CollabOvation プロジェクトがうまく進みだしてから、チームは認証・アクセスという関心事を切り出した。作業を進めながら、コンテキストマップは図3-4 のように変化した。図に示しているのは、コアドメインである**コラボレーションコンテキスト**と、新たに発見した汎用サブドメインである**認証・アクセスコンテキスト**だけである。**アジャイルプロジェクト管理コンテキスト**のときのように、将来登場するであろうモデルを記載したりはしていない。先走り過ぎないようにしたのだ。ここですべきことは、今そこにある不備を正すことだけだった。今後の別システムとの統合のための変換が、近いうちに必要と

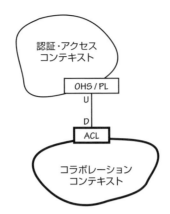

図3-4：元のコアドメインの境界と統合ポイントを、太字で表した。IdOvation は、下流の CollabOvation にとっての汎用サブドメインとなる

なるだろう。それに対応するマップは、その時点でチームが作るものだ。

>>> ホワイトボードの時間

- 自分たちの境界づけられたコンテキストについて考えてみよう。本来そこに属さない概念を見つけられるだろうか？　もしそんな概念が見つかったら、新しいコンテキストマップを描いて、必要なコンテキストとそれらの関係を示してみよう。
- DDD の九種類の関係から選ぶとしたら、どれだろう。そして、それを選ぶ理由は？

　次のプロジェクトである ProjectOvation が始まったときに、これまでのマップを拡張して、新たなコアドメインである**アジャイルプロジェクト管理コンテキスト**を組み込んだ。図 3-5 がその結果だ。これから何を作ろうとしているのかをここで把握しておいても、早すぎることはないだろう。たとえまだコーディングをしていなかったとしてもだ。新しいコンテキストの内部の詳細は、まだ完全には理解できていない。しかし、議論を経て把握できるようになるだろう。このように、概要レベルでの戦略的設計を早めに行っておくと、各チームが自分たちの責務を理解する助けになる。三番目のマップはそれまでの二つを拡張したものなので、ここからは三番目のマップに注目していく。これが、SaaSOvation の進む道だ。経験豊富な開発者たちを、新たなプロジェクトに投入した。三つのコンテキストの中で最も内容が豊富なものであり、かつ現在向かっている道でもあるので、新しいコアドメインに最高の開発者たちを投入すべきだ。

　重要な分割については、すでに把握できている。**コラボレーションコンテキスト**と同様、ProjectOvation のユーザーがプロダクトを作ったり、リリースプランを作ったり、スプリントのスケジュールを立てた

3.1 なぜそんなにもコンテキストマップは重要なのか 95

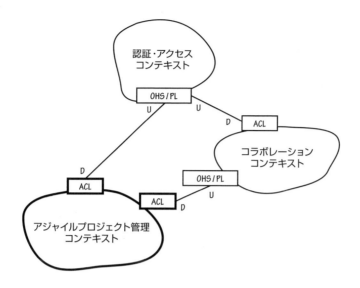

図3-5：現在のコアドメインとその統合ポイントは太線で表す。支援サブドメインである CollabOvation と、汎用サブドメインである IdOvation は、どちらも上流にあたる

り、バックログアイテムのタスクをこなしたりといった操作をするとき、彼らはプロダクトオーナーやチームメンバーなどの立場でその操作を行う。**認証・アクセスコンテキスト**は、コアドメインからは切り離される。彼らから見た**コラボレーションコンテキスト**も同様で、ここでは支援サブドメインとして扱う。新しいモデルからの利用の際には、境界によって守られており、コアドメインの概念にあわせた変換が行われる。

・・・

　この図について、もう少し踏み込んで見てみよう。これは、システムのアーキテクチャ図ではない。仮にそうだとして、**アジャイルプロジェクト管理コンテキスト**が新たなコアドメインになったのなら、それは図の一番上にあるものだと期待するはずだ。ところが実際は、一番下に描かれている。一見するとおかしな感じに思えるが、これは、コアモデルがその他のモデルの下流として働くことを、視覚的に示している。

　この図からは、視覚的な情報をもうひとつ得られる。上流のモデルは下流のモデルに影響をおよぼす。川の上流での出来事が、いい意味でも悪い意味でも下流に住む人々に影響をおよぼすのと同じことだ。大都市の汚染物質が、川に流入してしまったとしよう。その大都市においては、汚染物質の影響はほとんどないかもしれない。しかし、下流の都市におよぼす影響は深刻なものとなる。図の中で上下に隣接しているモデルを見れば、上流が下流に影響をおよぼすことを理解しやすくなる。モデルどうしの関連の中に示した **U** や **D** が、これを明示したものだ。これらのラベルがあれば、コンテキストどうしの位置関係はそれほど重要ではなくなる。しかし、視覚的なわかりやすさの面では、役立つものだ。

カウボーイの声

LB:「のどが渇いたんなら、牛の群れよりも上流の水を飲むことだな」

認証・アクセスコンテキストが、最上流となる。これは、**コラボレーションコンテキスト**と**アジャイルプロジェクト管理コンテキスト**の両方に影響をおよぼす。**コラボレーションコンテキスト**は、**アジャイルプロジェクト管理コンテキスト**の上流でもある。アジャイルモデルは、コラボレーションモデルとそのサービスに依存しているからだ。**境界づけられたコンテキスト** (2) で説明したとおり、ProjectOvation は、可能な限りそれ単体で自立して動くようにする。周りのシステムの稼働状況に左右されず、きちんと動き続けることが求められる。これは別に、上流のモデルに一切依存せずにサービスを稼動させるということではない。設計するときには、周辺の依存関係の影響を直接受けることをできるだけ防ぐ必要がある。自立的に動いたとしても、**アジャイルプロジェクト管理コンテキスト**が他のコンテキストの下流であることには変わりがない。

　アプリケーションをそれ単体で自立させるというのは、上流のコンテキストのデータベースを手元にコピーするという意味ではない。そんなことをしてしまうと、ローカルのシステムが不要に多くの責務を抱えてしまうことになる。そのためには共有カーネルを作る必要があるが、そうなると、もはや自立しているとはいえなくなる。

　最新版のマップで各接続の上流側に描かれているコネクタに注目しよう。どちらも「OHS／PL」と記入されている。これは、公開ホストサービスと公表された言語を表す略語であった。下流側のコネクタにはすべて「ACL」と記入されている。これは腐敗防止層の略だ。その実装については、第 13 章「境界づけられたコンテキストの統合」で扱う。ここでは、それぞれの統合パターンが技術的にどのような特性を持つのかについて、簡単にまとめる。

- **公開ホストサービス**：このパターンは、REST ベースのリソースとして実装できる。クライアント側の境界づけられたコンテキストから、それらを利用することになる。一般的に、公開ホストサービスはリモートプロシージャコール（RPC）の API だと考えられている。しかし、メッセージングを使った実装にすることもできる。
- **公表された言語**：これはいくつかの方法で実装できるが、よく使われる方法は XML スキーマだ。REST ベースのサービスとして表現する際には、公表された言語を、ドメインの概念の表現として扱う。表現方法には、XML や JSON などがある。あるいは、Google Protocol Buffers を使って表

現することもできる。Web のユーザーインターフェイスを用意するのなら、HTML での表現を含めてもかまわないだろう。REST を使うメリットのひとつは、公表された言語をどの形式で表現するのかを、クライアント側で指定できることだ。要求された型にあわせて、リソース側でレンダリングすればいい。REST には、ハイパーメディア表現を作れるという利点もある。これは HATEOAS[1] を進めやすくするものだ。ハイパーメディアを使えば、公表された言語を動的かつ対話的なものにできる。リソースへのリンクを使って、クライアントをナビゲートできるのだ。言語を公開する際には、標準のメディアタイプを使うこともできるし、独自のものを使うこともできる。公表された言語は、**イベント駆動アーキテクチャ** (4) でも使われる。**ドメインイベント** (8) をメッセージとして配送し、購読者たちがそれを受け取るのだ。

腐敗防止層：ドメインサービス (7) を下流のコンテキストで定義して、それぞれの型に対する腐敗防止層とすることができる。また、腐敗防止層は、**リポジトリ** (12) インターフェイスの中に入れることもできる。REST を使う場合は、クライアント側のドメインサービスの実装が、リモートの公開ホストサービスにアクセスすることになる。サーバー側は、それに対する応答を、公表された言語として表現する。下流の腐敗防止層は、その表現を、ローカルのコンテキストのドメインオブジェクトに変換する。たとえば、**コラボレーションコンテキスト**が**認証・アクセスコンテキスト**に対して、モデレーター権限を持つユーザーのリソースを問い合わせるという操作が、その一例だ。リクエストしたリソースを、XML や JSON などで受け取るかもしれない。それを、値オブジェクトである `Moderator` に変換する。`Moderator` のインスタンスは下流のモデルの用語を反映するものであり、上流のモデルとは関係がない。

ここで選んだパターンは、一般的によく使われるものだ。よく使われるパターンに絞ることで、本書で扱う統合のスコープを、扱いやすくした。これらのパターンに絞ったとしても、実際にパターンを適用する際にはさまざまな方法がある。そのことは、後ほど実感できるだろう。

さて、ここまでの知識があれば、おそらくはコンテキストマップを作るためには十分だ。プロジェクトを俯瞰した図を作ることで、プロジェクト全体の概要について、十分な知識を得られるだろう。しかし、コンテキストをつなぐ接続や、その関連のパターンについて、内部的にどんなことになっているのかが気になるかもしれない。そう感じるメンバーがチームにいれば、もう少し詳細に踏み込んだマップを作ることになる。踏み込むことで、ぼんやりとした統合のパターンが、より明確になるだろう。

少しだけ振り返ってみよう。**コラボレーションコンテキスト**が最初のコアドメインだったので、これを掘り下げてみる。まずはシンプルな統合を掘り下げるテクニックを紹介し、それから、より高度なテクニックに進む。

---

[1] 訳注：詳細は「RESTful HTTP サーバーのポイント」を参照。

コラボレーションコンテキスト

ここで、コラボレーションチームのことを思い出そう……。

コラボレーションコンテキストは最初のコアドメインであり、最初にモデルを作ったところであった。そのため、その挙動もきちんと把握できていた。その統合も容易だったが、信頼性や自立性の面では、まだもろい部分もあった。詳細なコンテキストマップは、比較的簡単に作れた。

認証・アクセスコンテキストが公開する REST ベースのサービスのクライアントとして、**コラボレーションコンテキスト**は昔ながらの RPC 風の手法でリソースにアクセスする。**認証・アクセスコンテキスト**から取得したデータを、あとで使いまわせるように手元に保存したりはしない。必要になるたびに、リモートシステムに情報をリクエストする。明らかに、**コラボレーションコンテキスト**はリモートサービスに依存しており、自立的ではない。これが、現時点で SaaSOvation が選んだ道だ。汎用サブドメインとの統合は、まったく予期せぬことだった。各チームのリリーススケジュールを守るためには、自立型の設計にするだけの時間が足りなかった。その時点では、設計の容易さが最優先だったのだ。ProjectOvation をリリースし、その自立型の設計を見た今なら、同じテクニックを CollabOvation にも適用できそうだ。

図 3-6 に示す詳細マップ内のバウンダリーオブジェクトが、リソースの同期をリクエストする。リモートモデルの表現を受け取ったら、バウンダリーオブジェクトはその中身を取り出して変換し、適切な値オブジェクトのインスタンスを作る。受け取った表現を値オブジェクトに変換するマップを図 3-7 に示す。ここで、**認証・アクセスコンテキスト**におけるモデレーターロールを担うユーザーが、**コラボレーションコンテキスト**における Moderator 値オブジェクトに変換される。

>>> ホワイトボードの時間

自分たちのプロジェクトの境界づけられたコンテキストの中にある統合の中から、どれかひとつを選んで、変換マップを作ってみよう。

変換が過剰に複雑になったり、大量のデータのコピーや同期を要したり、変換後のオブジェクトがもう一方のモデルとよく似たものになったりといったことはないだろうか。おそらくそれは、他の境界づけられたコン

テキストから受け取る内容が多すぎて、あまりにもそのモデルに合わせすぎており、自分たちのモデルとの間に衝突を起こしてしまっているのだろう。

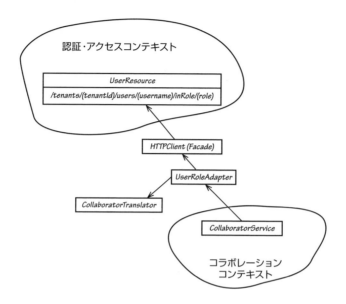

図3-6：**コラボレーションコンテキスト**と**認証・アクセスコンテキスト**の統合における腐敗防止層および公開ホストサービスの拡大図

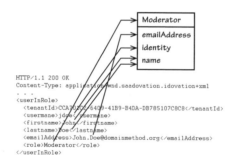

図3-7：論理的変換のマップ。表現方式（この場合は XML）を、ローカルモデルの値オブジェクトにマップする方法を示す

　残念ながら、リモートシステムが使えないせいでリクエストが失敗した場合、ローカル側の処理全体も失敗してしまう。ユーザーは何か問題が発生したという通知を受け取り、もう一度やり直すように言われるだろう。
　システム間の統合には、RPC を利用することが多い。おおざっぱに言えば、RPC は通常のプログラミングにおける手続きの呼び出しと似ているものだ。さまざまなライブラリやツールなどが存在し、

簡単に利用できる。ただ、自身のプロセス空間にある手続きを呼び出す場合と違って、リモート呼び出しの場合は、パフォーマンス上の問題が発生する可能性が高い。処理速度が低下したり、処理に失敗したりすることが多くなる。ネットワークそのものや、リモートシステムの呼び出しが、RPCの完了を遅らせることもありえる。RPCの呼び出し先システムが動いていない場合、ユーザーからのリクエストは正常に終了しないだろう。

RESTベースでのリソースの利用は、実際のところRPCではない。しかし、その特性は似ている。システムが完全にダウンしてしまう可能性は低いものの、悩みの種となる制約がある。チームとしては、一刻でも早く、この状況を改善したいと思っている。

アジャイルプロジェクト管理コンテキスト

アジャイルプロジェクト管理コンテキストは新たなコアドメインでもあるので、特に注目して進めていこう。このコンテキスト、そして周囲のモデルとの接続について、詳しく見ていく。

RPC以上の自立性を確保するため、**アジャイルプロジェクト管理コンテキスト**チームは、RPCの利用にできるだけ制約をかける必要がある。そこで、非同期イベント処理が、戦略的に有効な案となる。

自立性を確保するには、依存するオブジェクトの状態をローカルシステム側に保持しておけばいい。依存するオブジェクト全体をキャッシュしておけばいいと考える人もいるかもしれない。しかし、DDDでは、この考え方は一般的ではない。その代わりに、ローカルのドメインオブジェクトを作って外部のモデルをそれに変換し、ローカルのモデルに必要な最小限の状態だけを保持する。最初に状態を取得するときには、RPCを呼び出したりRESTベースのリソースにリクエストを送ったりする必要があるかもしれない。しかし、リモートモデル側での変更を同期させるには、リモートシステム側からのメッセージによる通知で十分だ。サービスバスやメッセージキューを使って通知を送ってもいいし、RESTを使ってもいい。

ミニマル指向

同期させるデータは必要最小限にとどめ、リモートモデルの属性の中で、ローカルモデルに必要なものだけを同期させるようにしよう。これには、データの同期を最低限に抑えるだけでなく、概念を適切にモデリングするという意味もある。

リモートの状態の利用に制約を設けることは、ローカル側のモデリングの設計を考える際にも有用だ。たとえば、`ProductOwner`や`TeamMember`について、実際に`UserOwner`や`UserMember`を反映させたものにしようとは思わない。これらはリモートの`User`オブジェクトの多くの特性を受け継いでおり、不要なものが混ざりこんでしまうからだ。

認証・アクセスコンテキストとの統合

拡大したマップ（図3-8）には、リソースのURIが記載されている。これは、**認証・アクセスコンテキスト**で発生した重要なドメインイベントに関する通知を提供するものだ。これらのURIを提供

するのが`NotificationResource`プロバイダーで、ここではRESTfulなリソースを公開している。Notificationリソースとは、公開されたドメインイベントのグループだ。公開されたイベントはすべて、その発生順に取得できる。しかし、同じイベントを重複して処理してしまわないようにするのは、クライアント側の責務である。

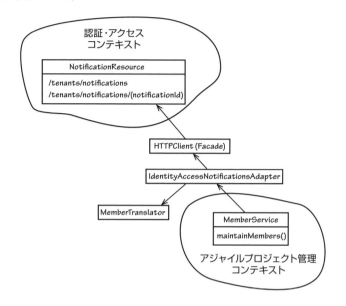

図3-8：アジャイルプロジェクト管理コンテキストと認証・アクセスコンテキストの統合における腐敗防止層および公開ホストサービスの拡大図

二つのリソースを示すカスタムメディアタイプは、以下のようにリクエストできる。

```
application/vnd.saasovation.idovation+json
//iam/notifications
//iam/notifications/{notificationId}
```

最初のリソースURIを使えば、クライアントが通知のカレントログ（個別の通知の集合）を取得（`HTTP GET`）できる。記載されているカスタムメディアタイプ

```
application/vnd.saasovation.idovation+json
```

によると、このURIは新しく作られたもので、安定しているとみなせる。決して変わることがないからだ。カレントログの中身が何であれ、このURIでそれを取得できる。カレントログとは、認証・アクセスモデルの中で発生した直近のイベントを集めたものだ。二番目のリソースURIを使えば、これまでに発生してアーカイブされている、すべてのイベント通知を取得できる。カレントログと、アーカイブされた個別の通知ログの両方が必要になるのは、なぜだろうか。フィードベースの通

知の動作原理については、第 8 章「ドメインイベント」と第 13 章「境界づけられたコンテキストの統合」で詳しく説明する。

実際のところ、この時点では、ProjectOvation は REST を全面的に採用しているわけではない。たとえば、CollabOvation チームとの間では、メッセージングインフラストラクチャを使うかどうかを交渉中だ。具体的には、RabbitMQ の採用を検討している。しかし今のところ、**認証・アクセスコンテキスト**との統合は REST ベースで進める予定だ。

技術的な詳細は後回しにして、拡大したマップの中でのやり取りをするオブジェクトそれぞれの役割を検討しよう。統合の流れを、図 3-9 のシーケンス図で示した。各ステップについて、説明する。

- `MemberService` はドメインサービスで、ローカルのモデルに対して `ProductOwner` オブジェクトと `TeamMember` オブジェクトを提供する。これが、基本的な腐敗防止層へのインターフェイスとなる。`maintainMembers()` メソッドを定期的に実行して、**認証・アクセスコンテキスト**からの新たな通知がないかどうかを確認する。このメソッドは、モデルのクライアントから実行されることはない。一定の間隔で起動するタイマーイベントを受けて、イベントを通知されたコンポーネントが `MemberService` を利用するために、`maintainMembers()` メソッドを実行する。図 3-9 では、タイマーイベントの受信者を `MemberSynchronizer` としている。これが、`MemberService` に処理を委譲する。
- `MemberService` はさらに、`IdentityAccessNotificationAdapter` に委譲する。これはアダプターの役割を果たし、ドメインサービスと、リモートシステムの公開ホストサービスの間を取り持つ。このアダプターは、リモートシステムへのクライアントとして機能する。リモートの `NotificationResource` とのやりとりは、この図では省略する。
- リモートの公開ホストサービスからの応答をアダプターが受け取ったら、それを `MemberTranslator` に委譲して、公表された言語からローカルシステムの概念への変換を行う。ローカルの `Member` インスタンスがすでに存在する場合は、既存のドメインオブジェクトを更新する。これは、`MemberService` が自身の内部メソッド `updateMember()` に委譲することで行う。`ProductOwner` と `TeamMember` は `Member` のサブクラスであり、それぞれがローカルのコンテキストにおける概念を表す。

ここでは、統合に使う技術や製品などには注目しなかった。境界づけられたコンテキストをきちんと切り分けることで、個々のコンテキストを純粋なものに保つことができ、他のコンテキストに由来するデータを自分たちの概念にあわせて表現できるようになった。

これらの図とそれに付随するテキストは、コンテキストマップを作成するときのよい実例となる。決して大掛かりなものである必要はない。ただ、コンテキストの背景や、プロジェクトへ新たに加わったメンバー向けの説明は、きちんと示す必要がある。とはいえ、ドキュメントを作るのは、それがチームにとって有用だという場合だけだ。

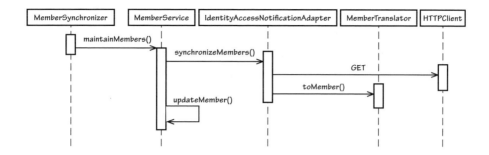

図3-9：アジャイルプロジェクト管理コンテキストと**認証・アクセス腐敗防止層**の内部的な挙動

コラボレーションコンテキストとの統合

次に、**アジャイルプロジェクト管理コンテキスト**と**コラボレーションコンテキスト**との間のやりとりを考える。ここでも自立性を求めたいところだが、そのハードルは高い。システムを自立させるという目標を達成するためには、いくつかの課題を乗り越える必要がある。

ProjectOvation はアドオン機能を持っており、アドオンは CollabOvation が提供する。アドオンには、プロジェクトベースのフォーラムや、共有カレンダーによるスケジュール管理などの機能が含まれる。利用者は、直接 CollabOvation を操作する必要はない。ProjectOvation 側では、利用者がアドオンを使えるかどうかを判断する必要がある。また、利用者がアドオンを使える場合は、CollabOvation にアドオン用のリソースを作る必要もある。

たとえば、**プロダクトを作成する**というユースケースを考えてみよう。

> 事前条件：コラボレーション機能が有効になっている（オプションを購入済みである）こと。

> ① ユーザーが、プロダクトに関する情報を提供する。
> ② ユーザーが、チームでのディスカッションをしたいと指示する。
> ③ ユーザーが、定義したプロダクトの作成を要求する。
> ④ システムが、プロダクトとそれに付随するフォーラムおよびディスカッションを作成する。

プロダクトのためのフォーラムとディスカッションを、**コラボレーションコンテキスト**の中に作る必要がある。このあたりが**認証・アクセスコンテキスト**の場合と異なるところだ。**認証・アクセスコンテキスト**の場合は利用者がすでに用意されており、ユーザーやグループ、そしてロールも定義済みだった。また、これらのイベントの通知も利用可能だった。つまり、オブジェクトがすでに存在する状態だった。今回の場合、**アジャイルプロジェクト管理コンテキスト**が必要とするオブジェクトは、その時点ではまだ存在しない。要求があって、はじめて作られるものだ。自立性を確保するうえで、これが障害となる可能性がある。リモートのリソースを作るためには、**コラボレーションコンテキスト**が正常に動いていないといけないからだ。求める自立性を達成するための、ひとつの課題が見えて

きた。

> **なぜ両方のコンテキストでディスカッションを使うのか**
> とても興味深い事例だ。ディスカッションという同じ名前の概念が、どちらの境界づけられたコンテキストにも存在する。しかし両者の型は違うし、オブジェクトも違うし、状態や振る舞いも違う。
> **コラボレーションコンテキスト**におけるディスカッションは集約であり、複数の投稿を管理する。この投稿自体もまた集約だ。一方、**アジャイルプロジェクト管理コンテキスト**におけるディスカッションは値オブジェクトであり、もう一方のコンテキストにおけるディスカッションと投稿への参照だけを保持する。ただ、注意しておいてほしいのだが、後に第 13 章で実際に統合の実装を進める段階になって、**アジャイルプロジェクト管理コンテキスト**におけるディスカッションを、まったく別の型で扱うべきであることがわかる。

　ここでは、結果整合性を活用するために**ドメインイベント** (8) と**イベント駆動アーキテクチャ**を使う必要がある。私たちのローカルシステムが発する通知を利用できるのは、何もリモートシステムだけではない。ドメインイベント `ProductInitiated` がモデルから発行されたときに、それを処理するのはローカルシステム自身だ。ローカルのハンドラが、リモートに対してフォーラムとディスカッションの作成リクエストを送る。RPC なりメッセージングなり、CollabOvation がサポートする何らかの方式でリクエストすればいい。RPC を使ったとして、仮にリモートシステムがダウンしていた場合、リクエストが成功するまでローカルのハンドラが定期的な再試行を行う。RPC ではなくメッセージングに対応しているのなら、ローカルのハンドラはリモートシステムにメッセージを送るだけになる。リモート側でリソースの作成が完了したら、応答メッセージを送る。ProjectOvation のイベントハンドラがこの通知を受け取ったら、`Product` を更新して、新たに作ったディスカッションの識別子を記録する。

　プロダクトオーナーやチームメンバーが、まだ存在しないディスカッションを使おうとした場合は、どうなるだろう？　このときディスカッションが使えないのは、モデルのバグだと見るべきだろうか？

　システムが不安定な状況になっていると見るのだろうか？　そもそも、どんなユーザーだって、コラボレーション用アドオンを購入していない可能性がある。技術的な理由以外でも、リソースが使えないことを想定した設計にする必要がある。結果整合性での対応は、決してその場しのぎの対策ではない。これもまた正常な状態のひとつであり、きちんとモデリングすべきものだ。

　考えうるすべてのシナリオをうまく処理するには、使えなくなる場面を明確にすればいい。**標準型**を**ステート** [Gamma et al.] として実装した、この例を検討しよう。その詳細は、第 6 章「値オブジェクト」で説明する。

```
public enum DiscussionAvailability {
    ADD_ON_NOT_ENABLED, NOT_REQUESTED, REQUESTED, READY;
}
```

```
public final class Discussion implements Serializable {
    private DiscussionAvailability availability;
    private DiscussionDescriptor descriptor;
    ...
}

public class Product extends Entity {
    ...
    private Discussion discussion;
    ...
}
```

この手法を使えば、値オブジェクト`Discussion`を誤用から守れる。`DiscussionAvailability`で定義されているステートが、保護してくれるからだ。誰かが`Product`に関するディスカッションに参加しようとしたときに、その`discussion`のステートを渡すことができる。状態が`READY`でなかった場合は、以下のいずれかのメッセージを表示することになるだろう。

- チームコラボレーション機能を使うには、アドオンを購入する必要があります。
- プロダクトオーナーは、このプロダクトに関するディスカッションの場を作っていません。
- ディスカッションの作成中です。しばらく時間を置いて、もう一度お試しください。

状態が`READY`なら、チームのメンバーを参加させることができる。

最初のメッセージが示すとおり、まだオプションを購入していないユーザーに対しても、コラボレーション機能を選べるようにしておくという選択肢もある。コラボレーションのUIを残しておけば、購入のきっかけになるだろうという考え方だ。いかにも使えそうになっているのに、実際には使えない。毎日そんな目にあわされたら、オプションを購入するよう上司に進言したくもなるものだろう。この状態管理の手法を使うメリットは、技術的なものだけではないということだ。

この時点で、チームはまだ、コラボレーション機能の統合が実際のところどのようになるかがはっきりしていない。顧客／供給者の議論のために、図3-10のような図を描いた。**アジャイルプロジェクト管理コンテキスト**は、もうひとつの腐敗防止層を使うことになるかもしれない。自身と**コラボレーションコンテキスト**との統合を扱うものだ。これは、**認証・アクセスコンテキスト**用のものと同じようになるだろう。この図では、主要なバウンダリーオブジェクトを示している。これも、認証・アクセス管理の統合で使ったものと同じようになる。実際のところ、`CollaborationAdapter`があるわけではない。これは単なるプレースホルダーであり、現時点では未知のものだ。

ローカルコンテキストの内部には、`DiscussionService`と`SchedulingService`が見える。これらはドメインサービスであり、コラボレーションシステム内のディスカッションとカレンダーのエントリを管理するために利用する。これをどのような仕組みで実装するかは、顧客／供給者のチーム間の調整で決めることになる。実装の詳細は、第13章「境界づけられたコンテキストの統合」で扱う。

これでチームは、自分たちのモデルについて理解できるようになった。さて、ディスカッショ

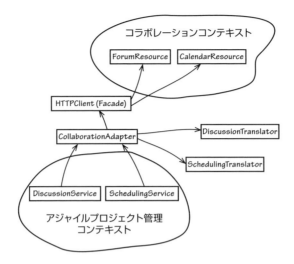

図3-10：**アジャイルプロジェクト管理コンテキスト**と**コラボレーションコンテキスト**の統合における腐敗防止層および公開ホストサービスの拡大図

ンが作られ、その結果がローカルのコンテキストに戻ってきたら、いったい何が起こるのだろうか。RPC クライアントあるいはメッセージハンドラなどの非同期コンポーネントが、`Product` に `attachDiscussion()` を通知して、新しい値オブジェクト `Discussion` のインスタンスを渡す。ローカルの集約の中でリモートのリソースを扱おうとしているものはすべて、この形式で面倒を見る。

　ここでは、コンテキストマップについての有用な詳細にまで立ち入ってみた。しかし、あまり深入りしすぎないようにも注意した。やり過ぎてしまうと、読者が得られる見返りが少なくなってしまうからだ。この例に**モジュール** (9) の話題を含めることもできたかもしれない。でもそれは、個別に章を設けて説明することにする。モジュールなどの概要レベルの要素はすべて、チームでのコミュニケーションにとって重要となる。ただ、この例に無理矢理詰め込んでしまうのはよくないと考えた。

　作ったコンテキストマップは、部屋の壁に掲示しておける。Wiki が有効に活用されているのなら、Wiki にアップロードしてもいい。誰も見ていないゴミためになっているのなら、ムダだけどね。みんなでマップを見ながらの議論を積み重ね、どんどん改良していこう。

3.2 まとめ

コンテキストマッピングについて、実りの多い議論ができた。

- コンテキストマップとは何なのか、チームにとってどんなメリットがあるのか、そしてどうやって作ればいいのかを議論した。
- SaaSOvation の三つの境界づけられたコンテキストと、それを表すコンテキストマップを詳しく見た。
- マップを使って、コンテキスト間の統合に焦点をあてた。
- バウンダリーオブジェクトが、腐敗防止層やそのやりとりを支援するようすをたしかめた。
- REST ベースのリソースをローカルのドメインモデルのオブジェクトに変換する方法を示すための、変換マップの作りかたを学んだ。

本章で示したような詳細なレベルの情報を必要としないプロジェクトもある。逆に、もっと詳細な情報を必要とするプロジェクトもあるだろう。現実的にどれくらいの理解が必要なのかを見定めて、あまり深入りしすぎないことがポイントだ。プロジェクトの現状を事細かに表した詳細なマップを作ったところで、それをずっと最新の状態に保てるかどうかは怪しい。作業場の壁に掲示して、チームでの議論の題材にできる程度のものがあれば、それで十分だ。形式にこだわるのではなく、シンプルかつ手早く作ることを心がければ、有用なコンテキストマップを用意できるだろう。そしてそれは、プロジェクトの進行を助けてくれるものになる。

第 4 章

アーキテクチャ

建築はその時代や場所を語るものだが、時を超えた存在を目指すべきだ。

– Frank Gehry

　DDD の大きな利点のひとつが、特定のアーキテクチャに依存しないという点だ。そればかりか、**コアドメイン** (2) を注意深く作り上げ、それを**境界づけられたコンテキスト** (2) の中心に据えることが、アプリケーションやシステム全体に対してアーキテクチャ的な効果をも生みだす[1]。アーキテクチャ的な効果の中には、ドメインモデル全体にかかわる広範囲なものもあれば、特定の需要にだけ対応するというものもある。アーキテクチャやアーキテクチャパターンをうまく組み合わせて、最適な選択をすることが目標だ。

　ソフトウェアの品質についての実際の要求が、どのアーキテクチャスタイルやパターンを採用するかの原動力になるべきだ。選ばれたスタイルやパターンは、少なくとも要求される品質を満たしていることを証明するものでなければいけない。アーキテクチャスタイルやパターンの過剰な適用を避けるのは、適切なスタイルやパターンを採用するのと同じくらい重要なことだ。純粋に品質面での要求にもとづいてアーキテクチャを選択するのは、リスク駆動の手法として有益である [Fairbanks]。アーキテクチャは、あくまでも失敗のリスクを軽減するために使うものだ。妥当な理由もないままにアーキテクチャスタイルやパターンを使い、逆に失敗のリスクを増やしてしまうようではいけない。何かのアーキテクチャを利用するときは、正当な理由付けをできるようにしておく必要がある。それができないなら、システムから取り除くべきである。

---

[1] 本章で扱う内容は、アーキテクチャスタイルやアプリケーションアーキテクチャ、そしてアーキテクチャパターンである。スタイルとは、特定のアーキテクチャをどのように実装するかを示すものだ。一方、アーキテクチャパターンとは、アーキテクチャについての特定の関心事にどのように対応するかを示すもので、デザインパターンよりは幅広い範囲を扱う。その違いにあまりこだわらないことをおすすめする。DDD が、さまざまなアーキテクチャの影響の中心に存在できるということだけを知っておけばいい。

何らかのアーキテクチャスタイルなりパターンなりの採用を正当化するには、機能要件がわからないといけない。たとえばユースケースやユーザーストーリー、そしてドメインモデルに固有のシナリオなどである。つまり、そのソフトウェアに求められる品質を定めるには、機能要件が不可欠だ。それがわからなければ適切なアーキテクチャを選択できない。ユースケース駆動でアーキテクチャを選ぶというソフトウェア開発が、今日でもまだあてはまるということだ。

> **本章のロードマップ**
> SaaSOvation の CIO に、これまでをふりかえってもらう。
> 使い古した**レイヤ化アーキテクチャ**を、**DIP** や**ヘキサゴナルアーキテクチャ**で改良する方法を学ぶ。
> ヘキサゴナルアーキテクチャが、サービス指向アーキテクチャや REST に対応できることを知る。
> **データファブリック(グリッドベース分散キャッシュ)**や**イベント駆動**などのスタイルについての知見を得る。
> 新しめのアーキテクチャパターンである **CQRS** を、DDD に役立てる方法を検討する。
> SaaSOvation が採用したアーキテクチャから学ぶ。

アーキテクチャを過信しない
この後紹介するアーキテクチャスタイルやパターンは、便利なツール一式を収めた福袋などではない。万能ではないのだ。使いどころを見極めて、プロジェクトやシステムでの何らかのリスクを軽減できる(そして、使わなければ逆にリスクが増してしまう)であろう場合にだけ使うこと。

・・・

[Evans] では主に、レイヤ化アーキテクチャを扱っている。それもあって、SaaSOvation は当初、DDD をうまく使えるのはレイヤ化アーキテクチャの場合だけなのだと思い込んでいた。単に [Evans] の執筆当時に流行していたアーキテクチャを題材にしただけのことであって、実際にはそれ以外のアーキテクチャでもちゃんと使えるものだということを理解するには、時間を要した。

・・・

レイヤ化アーキテクチャの原則は、設計方針を決める際のよい指針になるだろう。ただ、それにこだわる必要はない。必要なら、他のモダンなアーキテクチャやパターンも活用できる。これこそが、

DDDの多様性や適用範囲の広さを示してくれるだろう。

たしかにSaaSOvationでは、あらゆるアーキテクチャを全部取り込む必要はなかった。しかし、どんな選択肢があるのかを知った上で、適切な選択をする必要があった。

4.1　CIOへのインタビュー

本章で議論するさまざまなアーキテクチャが、なぜ使われるようになったのかについての知見を得るために、十年後の未来にタイムトリップして、SaaSOvationのCIOに話を聞いてみよう。この十年におけるアーキテクチャ上の決断が、同社を成功に導いたようだ。チャンネルを**TechMoney**にあわせる。司会はMaria Finance-Ilmundoだ。

Maria：さあ、今夜のお相手はMitchell Williams。急成長を遂げたSaaSOvation社のCIOです。テーマは、「アーキテクチャを知りたい」。適切なアーキテクチャを選んで成功し続けるための秘訣を聞いてみましょう。ようこそ。

Mitchell：お久しぶり。また呼んでもらえてうれしいよ。

Maria：初期のアーキテクチャについて、なぜそのアーキテクチャを選んだのかも含めて聞かせて？

Mitchell：いいとも。信じられないかもしれないけど、最初はデスクトップアプリを作るつもりだったんだ。データベースを中央管理して、デスクトップアプリからそこにアクセスする感じだね。このとき選んだのは、レイヤ化アーキテクチャだった。

Maria：で、それはうまくいった？

Mitchell：ああ、うまくできたと思っているよ。その当時は、ひとつのアプリケーション層と中央データベースだけを考えればよかったんだから。単純なクライアントサーバー形式だから、それでうまくいったんだ。

Maria：でも、やがて状況は変わった。

Mitchell：そのとおり。その後、SaaS型の契約モデルに移行することを決めたんだ。十分な資金援助も得て体制も整い、実際に動き始めた。アジャイルプロジェクト管理アプリケーションはひとまず後回しにして、まずはコラボレーションツール群から作っていくことにした。この決断には、二つのメリットがあった。まず、当時拡大しつつあったコラボレーションツールの市場に参入できること。それから、その後で作る予定のプロジェクト管理ツールにアドオン機能を提供できることだ。ソフトウェア開発プロジェクトでは、コラボレーションが大切だからね。

Maria：ごく当然な話に聞こえるけど、その決断がどう影響したんでしょう？

Mitchell：作っているソフトウェアがだんだん複雑になってきたので、このままの品質を維持するためには、ユニットテスト用のツールの導入が必要だということになった。そのために、かなり手を加えた。依存関係逆転の原則、いわゆるDIPってやつを導入したんだ。これがポイントだった。こうすることで、テストがしやすくなったんだ。つまり、UIやインフラのレイヤのスタブを作って、アプリケーションやドメインのテストに集中できるようになったってことだ。実際、UIの開発はそれ単体で

できるようになったし、データの格納方法にどんな技術を採用するのかの判断も先送りできた。どのレイヤについても、変更前から大きく変わってしまうことはなかった。チームの満足度は高かったね。

Maria：え！　UI や永続化層を後から入れ替えたですって？　かなり危険なにおいがするけど、大丈夫だったんですか？

Mitchell：ああ、心配するほどでもなかったよ。ドメイン駆動設計の戦術的パターンを使っていたおかげで、何てことはなかった。僕らは集約パターンやリポジトリを使っていたんだ。最初はデータをインメモリで扱っていて、後になってきちんとしたデータベースに切り替えることにしたけど、リポジトリインターフェイスの向こう側が変わるだけなので、こちらには影響しなかった。

Maria：すごい！

Mitchell：まったくだ。

Maria：で、それから？

Mitchell：大成功。すべてうまくいった。CollabOvation と ProjectOvation を完成させて、世に送り出した。

Maria：大もうけですね!

Mitchell：まあね。で、今度は、デスクトップのブラウザだけじゃなくてモバイル端末にも対応させたいという声が出てきたんだ。ちょうどモバイル端末が広まり始めたころだったしね。そこで私たちが選んだのが、REST だ。利用者からも、いろんな要望が出てきた。認証やセキュリティを一元管理したいとか、リソース管理のツールがほしいとか、そういったものだった。新たな出資者は、ビジネスインテリジェンスツールのダッシュボードみたいなレポートを欲しがった。

Maria：まあ。モバイルだけじゃなかったんですね。そのあたりにどう対応したのか、ぜひ教えてください。

Mitchell：開発チームは、ヘキサゴナルアーキテクチャへの移行を決めた。すべての要望に対応しようとしたときに、それが最適だと判断したんだ。ポートとアダプターの手法のおかげで、アドホックに新機能を追加できるようになった。新しい出力ポートを作るのも同じだった。NoSQL やメッセージングみたいな新たな永続メカニズムにも対応できた。あと、クラウド的なやつも同じだね。

Maria：その変更にも満足していたってことですね?

Mitchell：もちろん。

Maria：すごい。そこで安心してしまわなかったとすれば、その判断力を活かしてさらに前進できたでしょうね。

Mitchell：そのとおり。今にいたるまで、毎月何百件もの新規ユーザーを獲得し続けている。それから、レガシーなコラボレーションツールのデータを私たちのクラウドに移行するためのサービスも用意した。Mule の Collection Aggregator を使ってデータをうまく集約できることがわかったので、SOA でやってみることに決めたんだ。これはサービスの境界に位置するもので、ヘキサゴナルアーキテクチャもそのまま使い続けることができた。

Maria：なるほど。つまり、流行に乗って SOA を導入したわけではないってことですね。それが使える場面だからこそ、採用したと。すばらしい。業界全体を見渡してみても、そんなすばらしい意思決

定はなかなかないでしょうね。

Mitchell：うん、それこそが、私たちのやりかたなんだ。成功の要因でもあると思うよ。TrackOvation を投入したときの話をしようか。これは障害追跡用のソフトウェアで、ProjectOvation に統合されている。ProjectOvation の機能も増え続け、その UI もどんどん洗練されていた。プロダクトオーナーのダッシュボード上には、システム内のすべてのプロダクトやその障害の情報が表示されていた。アプリケーションの各コマンドと、それに対応するイベントごとの表示だ。複数のユーザーにかかわるプロダクトオーナーもいて、ユーザーごとに好みの表示設定が変わってくる。それがまた、ダッシュボードをどんどん複雑にしていった。さらに、モバイル端末への対応を迫られるのも、ごく自然なことだった。ここにきて、CQRS アーキテクチャパターンを組み込むことを検討しはじめたんだ。

Maria：CQRS ですって？ ちょっと待って。それはまた難しいことを。それがどんな影響をおよぼすか、わからなかったんじゃないですか？ あえて破滅への道を選んだみたいなものじゃないですか!

Mitchell：そうでもなかったよ。コマンドとクエリの世界の摩擦を CQRS で和らげるための全うな理由さえ見つけてしまえば、あとは前進あるのみ。振り返ったりなんかしなかった。

Maria：なるほどねえ。ところで、そろそろ、分散処理を要する機能追加の希望がユーザーから出てきたりしませんでした？

Mitchell：うん。もしあのときに判断を誤っていたら、システムは無駄に複雑化してしまっただろうね。当時求められた機能の中には、一連の分散処理をこなしてからでないと答えが出ないものがあった。ProjectOvation チームは、おそらく時間もかかるであろうそんなタスクでユーザーを待たせたり、タイムアウトを発生させたりしてしまうことを避けようとしたんだ。そこでイベント駆動アーキテクチャを導入して、昔ながらのパイプとフィルターパターンで切り抜けようとした。

Maria：でも、それだけでは複雑化への道から逃げられなかったでしょう？

Mitchell：いやいや（笑）。そんなことはなかったと思うよ。最高のチームを持ってすれば、複雑化への道といっても、そこらの公園を散歩するようなものさ。実際、イベント駆動アーキテクチャにしたおかげで、システムの拡張をするのがシンプルになったしね。

Maria：へえ。そうだったんですかあ。さて、そろそろお楽しみの話題に進みましょうか。例の**アレ**ですよ、**アレ**（瞳が＄マークで輝く）。

Mitchell：ウチのアーキテクチャのおかげで規模を拡大するのも楽だったし、変更もしやすかった。ということもあって、SaaSOvation は RoaringCloud に買収された。買収額は、ええと……、たしか公式記録があったよね？

Maria：ええ。あえて言わずとも、**誰もが**覚えてるでしょうけどね。1 株 50 ドル、総額で 30 億ドルにもなる大型買収でした。

Mitchell：忘れようもないね！ そして、それがまた、統合をうまく進めなければという気持ちにつながった。彼らのおかげで新たなユーザーが大量に増えて、ProjectOvation のインフラが限界に近づき始めたんだ。パイプとフィルターを、分散並列処理に対応させるときがきた。実行に時間のかかる処理、いわゆるサーガってやつを必要としたんだ。

Maria：いいですね。きっと楽しかったことでしょう。

Mitchell:たしかに。でも、単に楽しいからってだけじゃなくて、実際それが必要だったんだ。

Maria:そして、その楽しさは、決して終わることがなかったのでしょうね。では次の話題に進みましょう。おそらくは、あなたのこれまでのサクセスストーリーの中で数少ない、想定外の出来事でしょう。

Mitchell:そうだね。RoaringCloud が市場を独占し、何百万ものユーザーを抱えるようになって、政府に目をつけられたんだ。そして、業界を規制しはじめるようになった。新しい法律が制定されて、RoaringCloud は、プロジェクトに対するすべての変更を追跡可能にすることを要求されるようになった。この手のコンプライアンス問題にドメインモデルで対応する最適な方法は、イベントソーシングを使うことだった。

Maria:なんて落ち着いた対応だこと。信じられない!

Mitchell:実際、信じられないような災難だったさ。

Maria:一番印象的だったのは、これまでずっと、アプリケーションのコアが DDD のソフトウェアモデルをベースとしていたということです。なのに、DDD に裏切られることはなかったように聞こえます。DDD のおかげで、ピンチに陥らずに済んだってことですね。

Mitchell:いや、逆だな。早いうちに DDD を使おうと決め、時間をかけて DDD を学んだからこそ、逃げようのない状況や望まざる状況にも対応できたんだと思う。

Maria:今日はありがとうございました。正しいアーキテクチャを選ぶことが成功につながると、皆さんにもご理解いただけたことでしょう。「アーキテクチャを知りたい」でした。

Mitchell:楽しかったよ。呼んでくれてありがとう。

多少とってつけた感があるが、このインタビューはみなさんの役に立つだろう。この後で扱うさまざまなアーキテクチャを DDD でどのように利用するのか、適切な場面で適切なアーキテクチャを採用するとはどういうことかを理解いただけたと思う。

4.2　レイヤ

レイヤ化アーキテクチャ [Buschmann et al.] パターンは、あらゆるパターンの祖先であるとみなす人も多い。このパターンは N 層システムに対応しており、Web やエンタープライズ業界、そしてデスクトップアプリケーションにも使われている。このパターンでは、アプリケーションやシステムについてのさまざまな関心事を厳密に区別して、きちんと定義したレイヤに分ける。

> ドメインモデルとビジネスモデルを分離し、インフラストラクチャや UI への依存も排除して、さらには業務ロジック以外のアプリケーションロジックも分離する。複雑なプログラムはレイヤに分割すること。各レイヤ内で設計を進め、凝集度を高めて下位層だけに依存するようにすること。[Evans, Ref]（16 ページ）

昔ながらのレイヤ化アーキテクチャを使ったDDDのアプリケーションで一般的なレイヤを、図4-1に示す。このアーキテクチャでは、隔離されたコアドメインが、ひとつのレイヤ内に位置することになる。その上位にあるのは、**ユーザーインターフェイスレイヤ**と**アプリケーションレイヤ**だ。また、下位には**インフラストラクチャレイヤ**がある。

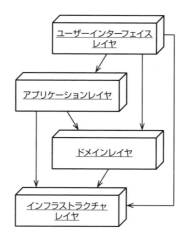

図4-1：DDDでの、昔ながらのレイヤ化アーキテクチャの例

このアーキテクチャの本質的な原則は、どのレイヤも、同じレイヤかその下位のレイヤとしか結合しないということだ。この方式は、さらに以下の二つに分類できる。**厳密なレイヤ化アーキテクチャ**は、直下のレイヤとの結合しか認めない方式だ。もう一方の**緩やかなレイヤ化アーキテクチャ**は、直接つながっていなくても、下位にあるどのレイヤとの結合も許可する。ユーザーインターフェイスとアプリケーションサービスは、どちらもインフラストラクチャを使う必要があることが多い。そのため、ほとんどとは言わないまでも、多くのシステムは緩やかなレイヤ化アーキテクチャに分類されることになる。

下位のレイヤが、実際には上位レイヤと緩く結合していることもある。しかし、これはあくまでも**オブザーバ**や**メディエイター** [Gamma et al.] パターンの実装手段としてのことだ。下位のレイヤが上位のレイヤを直接参照することは、決してない。たとえばメディエイターパターンを使う場合は、下位レイヤで定義されているインターフェイスを上位レイヤが実装する。そして、そのクラスのオブジェクトを、下位レイヤへの引数として渡すことになる。下位レイヤがそのオブジェクトを使う際には、そのオブジェクトがアーキテクチャ的にどこに位置するものかを知る必要がない。

ユーザーインターフェイスレイヤには、ユーザーへの表示やユーザーからのリクエストに関するコードだけを書く。ドメインロジック（業務ロジック）を含めてはいけない。ユーザーインターフェイスで入力のバリデーションが必要になる以上、ビジネスロジックを含めざるを得ないだろうという声もある。しかし、ユーザーインターフェイスにおけるバリデーションは、ドメインモデルでのバリデーションとは別の種類のものだ。第5章「エンティティ」で説明するとおり、ユーザーインター

フェイスではあくまでも粗いレベルのバリデーションにとどめ、業務に関する深い知識はモデルの中だけで表現するようにしたい。

ユーザーインターフェイスコンポーネントがドメインモデルのオブジェクトを使う場合は、単にそのデータをレンダリングするだけにとどめておくのが一般的だ。この手法を使う場合は、**プレゼンテーションモデル** (14) を利用すれば、ビューがドメインオブジェクトのことを知りすぎることを防げる。

人間だけではなく他のシステムから利用されることもあるかもしれないので、このレイヤには、APIのサービスをリモート実行する手段を**公開ホストサービス** (13) 形式で用意することもある。

ユーザーインターフェイスのコンポーネントは、アプリケーションレイヤの直接の利用者となる。

アプリケーションサービス (14) は、アプリケーションレイヤに位置づけられる。これは**ドメインサービス** (7) とは異なり、ドメインロジックを持たないサービスだ。永続化のトランザクションや、セキュリティを管理するために使うこともある。また、他のシステムに通知メールを送ったり、ユーザー向けのメールのメッセージを組み立てたりするのもアプリケーションサービスの役割だ。アプリケーションレイヤに位置するアプリケーションサービスは、ドメインモデルの直接の利用者ではあるが、自分自身はビジネスロジックを持たない。非常に軽量で、**集約** (10) などのドメインオブジェクトに対する操作を調整したりする。これは、モデル上のユースケースやユーザーストーリーを表現するための、主な手段となる。したがって、アプリケーションサービスにありがちな機能は、ユーザーインターフェイスからのパラメータを受け取って、**リポジトリ** (12) を用いて集約のインスタンスを取得し、そしてそのインスタンスに対して何らかのコマンドを実行するというものになる。その一例を示す。

```
@Transactional
public void commitBacklogItemToSprint(
    String aTenantId, String aBacklogItemId, String aSprintId) {
    TenantId tenantId = new TenantId(aTenantId);

    BacklogItem backlogItem =
        backlogItemRepository.backlogItemOfId(
            tenantId, new BacklogItemId(aBacklogItemId));

    Sprint sprint = sprintRepository.sprintOfId(
            tenantId, new SprintId(aSprintId));

    backlogItem.commitTo(sprint);
}
```

もしアプリケーションサービスがこれよりもずっと複雑化するようだったら、それはおそらく、ドメインロジックがアプリケーションサービスに漏洩している兆候だ。その結果、モデルは貧血症を起こすことになる。モデルのクライアントであるアプリケーションサービスは、できるだけ薄いものにとどめておくほうがよい。新たな集約を作る必要が出てきたら、**ファクトリ** (11) か、あるいは集約のコンストラクタを使ってそのインスタンスを作成し、対応するリポジトリで永続化させて利用する。アプリケーションサービスは、ドメインサービスを利用することもある。ステートレスな操作として作られている、ドメイン固有のタスクを実行するためだ。

ドメインイベント (8) を公開するような設計のドメインモデルの場合は、アプリケーションレイヤがイベントのサブスクライバを登録することになるかもしれない。そうすれば、イベントを保存したり転送したりなどして、アプリケーションの役割のひとつとして扱えるようになる。これで、ドメインモデルは自分自身の関心事にだけ集中できるようになる。**ドメインイベントパブリッシャー** (8) も軽量なままにできるし、メッセージングインフラストラクチャへの依存から解き放たれる。

ドメインモデルがすべてのビジネスロジックを保持すべきだという件については他の章でも取り上げているので、ここで改めて繰り返しはしない。しかし、伝統的なレイヤ化アーキテクチャでドメインを使うときには、いくつかの課題もある。レイヤを使う場合は、ドメインレイヤからも限定的な形でインフラストラクチャを利用できるようにしないといけないかもしれない。しかしそれは、コアドメインオブジェクトにやらせることではない。レイヤの定義に従うなら、何らかのインターフェイスをドメインレイヤに実装する必要に迫られるだろう。そのインターフェイスは、インフラストラクチャが提供する技術に依存してしまう。

たとえば、リポジトリインターフェイスが要求している実装が、永続化メカニズムなどのコンポーネントを要求するものであり、それはインフラストラクチャに存在するものだとしよう。単純に、リポジトリインターフェイスの実装をインフラストラクチャに置いてしまうと、どうなるだろうか。インフラストラクチャレイヤはドメインレイヤの下位に位置するので、インフラストラクチャから（その上位の）ドメインへの参照は、レイヤ化アーキテクチャのルールに違反してしまう。ドメインオブジェクトとインフラストラクチャを結合してしまえば解決、というわけにはいかない。このルール違反を解消するには、実装**モジュール** (9) を使って、技術的なクラスを隠蔽すればいい。

```
com.saasovation.agilepm.domain.model.product.impl
```

第 9 章「モジュール」で示すように、`MongoProductRepository` をこのパッケージ内に置くことができる。しかし、これが唯一の解決策というわけでもない。こういったインターフェイスをアプリケーションレイヤで実装するという選択肢もある。これは、ルール違反にはならない。この手法の概要を図 4-2 に示すが、これはあまり気持ちのいいものではない。

もう少しうまいやりかたもあるが、それは後ほど「依存関係逆転の原則」で説明する。

伝統的なレイヤ化アーキテクチャでは、インフラストラクチャが最下層に位置する。そして、永続化やメッセージングなどの機構が、そこに含まれる。メッセージの中には、メッセージングミドルウェアから送られるようなものもあれば、もっとシンプルな電子メール（SMTP）あるいはテキストメッセージ（SMS）などで送られるものもある。アプリケーションにローレベルのサービスを提供する、すべての技術的コンポーネントやフレームワークについて考えてみよう。これらは通常、インフラストラクチャの一部だとみなされる。上位レベルのレイヤは、これらの下位レベルのコンポーネントを使って、その機能を再利用する。改めて言うが、コアドメインモデルのオブジェクトとインフラストラクチャを結合させたりはしないこと。

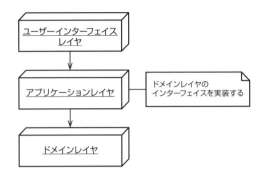

図4-2：アプリケーションレイヤに、ドメインレイヤが定義するインターフェイスの実装を置くこともできる

———————— • • • ————————

　SaaSOvation チームは、インフラストラクチャレイヤを最下層に置くと、いくつか不都合が発生することに気づいた。たとえば、ドメインレイヤが必要とする技術的なところを実装するのが難しくなってしまったのだ。レイヤ化アーキテクチャのルールに違反せざるを得なくなるからだ。そして、そのコードもテストしづらくなってしまう。さて、彼らはその問題を、どうやって克服したのだろうか？

———————— • • • ————————

　レイヤ化アーキテクチャの世界の決まりに違反せずに、もう少し気軽に進められる方法がないものだろうか？

依存関係逆転の原則

　伝統的なレイヤ化アーキテクチャを、依存関係のあたりを少し変えることで改良する方法がある。Robert C. Martin が提唱する依存関係逆転の原則（DIP）がそれで、[Martin, DIP] にその説明がある。公式な定義は、以下のとおりだ。

上位のモジュールは下位のモジュールに依存してはならない。どちらのモジュールも、抽象に依存すべきである。

抽象は、実装の詳細に依存すべきではない。実装の詳細が、抽象に依存すべきである。

要は、下位レベルのサービス（今回の場合なら、インフラストラクチャ）を提供するコンポーネントは、上位レベルのコンポーネント（今回の場合なら、ユーザーインターフェイスやアプリケーションそしてドメイン）が定義するインターフェイスに依存すべきであるということだ。DIPを使ったアーキテクチャの実現方法にはいくつかあるが、図4-3のようにまとめることができる。

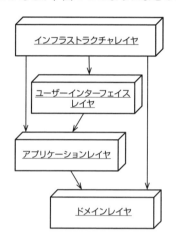

図4-3：依存関係逆転の原則に従った場合に考えられるレイヤ構造。インフラストラクチャレイヤを最上位に位置づけ、その下位に位置するすべてのレイヤでインターフェイスを実装できるようにする

 DIPって、本当にすべてのレイヤに対応するの？

要するに、DIPでは二つのレイヤしか考えないのだとみなす人もいるだろう。最上位と最下位の二つだ。最上位のレイヤが、最下層で定義された抽象インターフェイスを実装するというわけだ。図4-3にこの考え方を適用すると、インフラストラクチャレイヤが最上位であり、残りのユーザーインターフェイスレイヤとアプリケーションレイヤそしてドメインレイヤが最下位だと考えられる。こちらの見方のほうが好みだという人もいるかもしれない。心配はご無用。**ヘキサゴナルアーキテクチャ** [Cockburn] あるいは**ポートとアダプターアーキテクチャ**と呼ばれているアーキテクチャが、その行き着く先だ。

図4-3のアーキテクチャにもとづいて、インフラストラクチャレイヤでリポジトリを実装すると、以下のようになる。そのインターフェイスは、ドメインレイヤで定義されている。

```
package com.saasovation.agilepm.infrastructure.persistence;

import com.saasovation.agilepm.domain.model.product.*;

public class HibernateBacklogItemRepository
    implements BacklogItemRepository  {
    ...
    @Override
    @SuppressWarnings("unchecked")
    public Collection<BacklogItem> allBacklogItemsComittedTo(
        Tenant aTenant, SprintId aSprintId) {
        Query query =
            this.session().createQuery(
                "from -BacklogItem as _obj_ "
                + "where _obj_.tenant = ? and _obj_.sprintId = ?");

        query.setParameter(0, aTenant);
        query.setParameter(1, aSprintId);

        return (Collection<BacklogItem>) query.list();
    }
    ...
}
```

ドメインレイヤに注目すると、DIP を使えば、ドメインとインフラストラクチャの両方が、ドメインモデルで定義した抽象（インターフェイス）に依存するようになる。アプリケーションレイヤはドメインを直接利用するので、ドメインのインターフェイスに直接依存する。また、間接的にリポジトリへもアクセスするし、インフラストラクチャが提供するドメインサービス実装クラス群にも、同じく間接的にアクセスする。実装を取得するための手段としては、たとえば**依存性の注入**や**サービスファクトリ**そして**プラグイン** [Fowler, P of EAA] などがある。本書のサンプルでは、Spring Framework が提供する依存性の注入を利用する。また、サービスファクトリを `DomainRegistry` クラスから利用することもある。実のところ `DomainRegistry` も、Spring を使っており、ドメインモデルで定義したインターフェイスを実装する bean（リポジトリやドメインサービスを含む）への参照を見つけている。

面白いことに、DIP がレイヤ化アーキテクチャにおよぼす影響を考えると、実際のところはレイヤなど存在しないのだという結論に達するかもしれない。上位レベルだの下位レベルだのという関係は、あくまでも抽象に依存する話であり、階層などないように見える。このアーキテクチャに少し手を加えて、ちょっとした対称性を追加しようとしたら、どうなるだろう？　次の節では、それを考える。

4.3　ヘキサゴナル（ポートとアダプター）アーキテクチャ

ヘキサゴナルアーキテクチャ[2]で Alistair Cockburn がまとめたのは、対称性を産み出すためのスタイルだ [Cockburn]。それを達成するために、お互いにまったく異なるさまざまなクライアントが、同じ足場を使ってシステムと対話できるようにしている。新しいクライアントを追加したいだって？

どうぞどうぞ。どんなクライアントがきたとしても、それ用のアダプタを追加するだけのことだ。クライアントからの入力をアダプタが変換し、内部のアプリケーションの API にあわせた形式にする。同時に、システムからの出力（グラフィックやデータ永続化そしてメッセージングなど）の仕組みも、さまざまな形式を切り替えることができる。これも入力と同じことだ。アプリケーションの出力結果を変換するアダプタを作り、さまざまな出力機構に変換すればいい。

読み進めるにつれて、このアーキテクチャが時を超えた存在になる可能性をも感じてもらえるかもしれない。

最近、自分たちはレイヤ化アーキテクチャを採用しているというチームの多くは、実際にはヘキサゴナルアーキテクチャを使っているということが多い。その理由のひとつは、今時のプロジェクトの多くが何らかの形で依存性の注入を使っているという点だ。依存性の注入を使ったら、必ずヘキサゴナルになるというわけではない。単に、依存性の注入を使った場合には、ポートとアダプタースタイルの開発に沿ったアーキテクチャを作りがちになるというだけのことだ。いずれにせよ、もう少し理解が進めば、このあたりも明確になるだろう。

一般に、クライアントがシステムと対話する部分のことは「フロントエンド」と考えられている。同じく、永続化したデータをアプリケーションが取得したり、逆にデータを格納したり、データを出力したりといった部分のことは「バックエンド」と考えられている。ヘキサゴナルアーキテクチャの場合はこれとは少し異なり、図 4-4 のような視点でシステムをとらえる。システムを、**外部**と**内部**の二つの領域に分ける考え方だ。外部が、さまざまなクライアントからの入力を受け付ける。また、永続化されたデータを取得する仕組みを提供したり、アプリケーションの出力をデータベースなどに格納したり、メッセージングなどのその他の方法で出力を送信したりする。

図 4-4 を見ると、さまざまな型のクライアントが、それぞれ自分用の**アダプター** [Gamma et al.] を持っており、それが、アプリケーションの API（内部）に合わせた形式に入力を変換する。六角形の各辺がそれぞれ別の種類のポートを表し、入力あるいは出力に対応している。三種類のクライアントのリクエストが、同じ入力ポートを経由して届いており（アダプター A・B・C）、その一方で、別のポートを使ったリクエストも届いている（アダプター D）。たとえば、前者は HTTP を使っていて（ブラウザー、REST、SOAP など）、後者は AMQP を使っている（RabbitMQ など）といった感じだ

---

[2] 最近ではポートとアダプターという呼びかたに変わったようだが、本書では、このアーキテクチャのことをヘキサゴナルアーキテクチャと呼ぶことにする。名前が変わってからも、コミュニティではヘキサゴナルアーキテクチャと呼ばれることが多いからだ。オニオンアーキテクチャという名のアーキテクチャが出てきたこともあった。しかし、多くの人にとって、これは単にヘキサゴナルアーキテクチャを言い換えただけの残念なものにしか見えなかった。要するに [Cockburn] で言っていることと同じで、それに従ったものだったのだ。

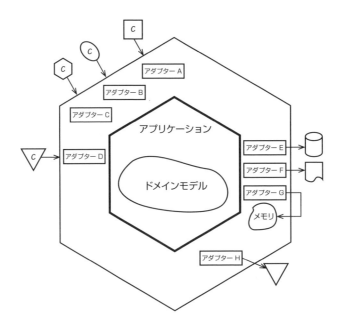

図4-4：ヘキサゴナルアーキテクチャは、ポートとアダプターという名でも知られている。個々の**外部**の型にあわせたアダプターが存在する。**外部**から**内部**へのアクセスには、アプリケーションの API を利用する

> **カウボーイの声**
>
>
>
> AJ：「ウチの馬たち、新しい六角形の囲いを気に入っているに違いねえ。鞍をつけられそうになったときに、逃げる場所が増えるからな」

ろう。別に「ポートとはこうあるべきだ」という厳密な定義はない。これはあくまでも、柔軟な概念だ。ポートをどんな風に区分けするにせよ、クライアントからのリクエストはポートに到達し、そこにいるアダプターが入力を変換する。そして、アプリケーション上での何らかの操作を実行したり、アプリケーションにイベントを送信したりする。その後、制御は内部に移る。

　アプリケーションは、自身の公開 API を使ってリクエストを受け取る。アプリケーションの境界（内部の六角形）は、ユースケース（ユーザーストーリー）の境界でもある。言い換えれば、ユースケースを作るときにはアプリケーションの機能要件を基準にしなければいけないということだ。何種類のクライアントがあるのかや、何種類の出力が必要になるのかを基準にするのではない。アプリ

ポートを自分自身で実装することは、おそらくない

実際のところ、通常はポートを自分自身で実装することはない。たとえば、ポートがHTTPだとすると、JavaサーブレットあるいはJAX-RSアノテーション付きのクラスを使い、J2EEコンテナやフレームワークのメソッド実行を受ける仕組みが、アダプターとなる。NServiceBusやRabbitMQ用のメッセージリスナを作ることもあるかもしれない。この場合のポートは、メッセージングシステムであり、メッセージリスナがアダプターとなるだろう。というのも、メッセージリスナの役割は、メッセージからデータを取り出して、それをアプリケーションのAPI（ドメインモデルのクライアント）に渡せる形式に変換することだからだ。

アプリケーションの内部は、機能要件単位で設計する

ヘキサゴナルアーキテクチャを使うときには、ユースケースを念頭に置いてアプリケーションを設計する。サポートするクライアントの数を基準にするのではない。さまざまな種類のクライアントがさまざまなポートを利用するかもしれない。しかし、各アダプターがアプリケーションへ委譲するときに使うのは、同じAPIだ。

ケーションが自身のAPI経由でリクエストを受け取るときには、ビジネスロジックに関わるすべてのリクエストを実行するために、ドメインモデルを利用する。したがって、アプリケーションのAPIは、アプリケーションサービス群として公開することになる。レイヤ化アーキテクチャを使う場合と同様、アプリケーションサービスはドメインモデルの直接のクライアントである。

　以下の例は、JAX-RSを使って公開したRESTfulなリソースだ。リクエストはHTTP入力ポートを経て到達する。そのハンドラーがアダプターとして振るまい、処理をアプリケーションサービスに委譲する。

```
@Path("/tenants/{tenantId}/products")
public class ProductResource extends Resource {

    private ProductService productService;
    ...
    @GET
    @Path("{productId}")
    @Produces({ "application/vnd.saasovation.projectovation+xml" })
    public Product getProduct(
            @PathParam("tenantId") String aTenantId,
            @PathParam("productId") String aProductId,
            @Context Request aRequest) {

        Product product = productService.product(aTenantId, aProductId);

        if (product == null) {
            throw new WebApplicationException(Response.Status.NOT_FOUND);
        }
```

```
        return product; // MessageBodyWriter を使って、XML 形式にシリアライズする
    }
    ...
}
```

各種の JAX-RS アノテーションがアダプターの機能の大半を提供し、リソースへのパスを読み取った上で、そのパラメータを `String` のインスタンスに変換する。このリクエストに `ProductService` のインスタンスを注入し、これを使って内部のアプリケーションに委譲する。`Product` を XML 形式にシリアライズして `Response` に格納し、それを HTTP 出力ポートを使って送信する。

> **ここでのポイントは JAX-RS ではない**
>
> これは、アプリケーションとその内部のドメインモデルの利用法の一例に過ぎない。要するに、JAX-RS かどうかはあまり重要ではない。代わりに Restfulie を使ってもいいし、Node.js のサーバーを作って restify モジュールを実行してもかまわない。その場合でもアダプターの設計は同じで、他のポートからの入力を同じ API に委譲するように作ることになる。

　もう一方の、出力側はどうだろうか。永続化のためのアダプターとして、リポジトリの実装を考えてみよう。事前に格納した集約のインスタンスや、新しく格納するためのストレージへのアクセス機能を提供するものだ。図 4-4 におけるアダプター E・F・G のように、リレーショナルデータベース用・ドキュメントストア用・分散キャッシュ用・インメモリストア用のリポジトリ実装を、それぞれ用意することになるだろう。アプリケーションから外部にドメインイベントのメッセージを送った場合は、メッセージング用のアダプター（アダプター H）を利用する。これはメッセージング用の入力アダプターに対応するもので、AMQP をサポートし、さまざまなポートへの出力をする。

　ヘキサゴナルアーキテクチャの大きな利点は、テスト用のアダプターを簡単に作れるという点だ。アプリケーション全体とドメインモデルの設計やテストを、クライアントやストレージが確定しないうちから行えるようになる。`ProductService` を実行するテストを作るときに、HTTP／REST や SOAP あるいはメッセージングなどのポートをサポートするかどうかを決めておく必要はない。ユーザーインターフェイスのワイヤフレームが完成していなくても、テスト用のクライアントはいくらでも作れる。実際にどんな永続化メカニズムを採用するかを決めるずっと前から、インメモリのリポジトリを使ったテスト用の永続化メカニズムを用意できる。このインメモリ実装の詳細は、第 12 章「リポジトリ」を参照すること。周辺のコンポーネントの技術面が決まっていなくても、コアの開発をどんどん進められるということだ。

　もし今レイヤ化アーキテクチャを使っているのなら、その構造をいったん捨ててポートとアダプターで作り直すメリットを検討してみよう。うまく設計すれば、六角形の内部（アプリケーションやドメインモデル）が外部のパーツに漏れることはなくなる。これは、アプリケーションの境界を明確にして、ユースケースを実装することにつながる。外部にある各種クライアント用のアダプターが、自動テストや実際のクライアントをサポートしてくれて、ストレージやメッセージングなどのさまざまな出力機構にも対応できるようになる。

ヘキサゴナルアーキテクチャは融通のきくアーキテクチャなので、システム内で使われている他のアーキテクチャもうまく受け入れることができるだろう。たとえば、サービス指向アーキテクチャやREST、そしてイベント駆動アーキテクチャを取り込むことだってできるし、CQRS を使うこともできる。データファブリック（グリッドベース分散キャッシュ）を使うこともできるだろうし、Map-Reduce による分散並列処理を追加することもできる。これらについては、本章の後半で解説する。ヘキサゴナル方式は強力な基盤として、他のあらゆるアーキテクチャの追加に対応できるものだ。他にもいろいろ方法はあるが、**本章ではこれ以降、この「ポートとアダプター」形式を使って開発を進めていく。**

切り替えるだけのメリットがあると判断した SaaSOvation は、レイヤ化アーキテクチャからヘキサゴナルアーキテクチャへの移行を決断した。実際、そんなに難しくはなかった。使い慣れた Spring Framework で、ほんの少し心構えを切り替えるだけで対応できたのだ。

4.4　サービス指向

　サービス指向アーキテクチャ（SOA）という言葉は、人によってさまざまな意味で用いられている。そのせいで、SOA についての議論はかみ合わないことが多い。みんなの観点の共通項を見つけ出せれば最高だが、少なくとも「この議論ではこういう定義であるものとする」と定めておくことが大切だ。ここでは、Thomas Erl が定めた SOA の原則 [Erl] を考えてみよう。サービスは、常に相互運用可能なだけではなく、表 4–1 に示す八つの設計原則を兼ね備えている。

　これらの原則をヘキサゴナルアーキテクチャと組み合わせることもできる。このとき、サービスの境界は一番左側となり、ドメインモデルがサービスの中心となる。その基本的なアーキテクチャを図 4–5 に示す。サービスを利用するために用いるのは、REST や SOAP そしてメッセージングだ。ヘキサゴナルアーキテクチャをベースにしたシステムは、サービスのエンドポイントを複数持てたことを思い出そう。これが、SOA で DDD を使う際の支えとなる。

　SOA とは何なのか、そして SOA にはどんなメリットがあるのかという問いの答えは、人それぞれだ。だから、ここで説明する内容が腑に落ちない読者がいても、まったく不思議ではない。Martin Fowler は、この状況を「意味不明な『サービス指向』」（Service-Oriented Ambiguity）[Fowler,

表4-1：サービスの設計原則

原則	説明
1. 標準化されたサービス契約	サービスは、自身の役割や能力を、説明文を並べた契約の形式で示す。
2. サービスの疎結合性	サービスは依存関係を最小限に抑え、依存するものだけを認知する。
3. サービスの抽象性	サービスが公開するのは、自身の契約だけであり、内部のロジックはクライアントに見せないようにする。
4. サービスの再利用性	サービスは他のサービスからも再利用可能であり、粒度のより粗いサービスの作成に利用できる。
5. サービスの自立性	サービスはその基盤環境やリソースを制御して独立を保ち、それによって一貫性と信頼性を維持する。
6. サービスのステートレス性	サービスは、利用者側での状態の管理をする責務を負う。これは、サービスの自立性が管理するものとは衝突しない。
7. サービスの発見可能性	サービスをメタデータで記述することで、他からも発見可能とする。また、サービス契約の内容も理解され、他からも再利用可能となる。
8. サービスの構成可能性	サービスは、より大規模なサービスの一部として組み込まれることもある。その大きさや複雑度には制限がない。

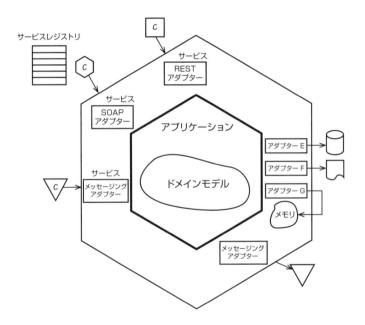

図4-5：SOAやREST、SOAP、メッセージングに対応するヘキサゴナルアーキテクチャ

SOA］と名づけた。ここで今さら、SOAを明確に定義しなおそうなどというつもりはない。ここで示すのは、SOAマニフェストで宣言された**優先項目**にDDDをうまくあてはめるための、ひとつの方法に

過ぎない[3]。

　まずは、マニフェストの寄稿者の一人が示した現実的な視点を検討してみよう。ここには、重要な背景が示されている [Tilkov, Manifesto]。彼のマニフェストへのコメントによって、SOA のサービスがどんなものでありえるのかを、より理解できるようになるだろう。

> このマニフェストは、サービスを SOAP ／ WSDL インターフェイス群として見るのか、あるいは RESTful なリソースの集合と見るのかの選択肢を与えてくれる。これは、何かを定義しようという試みではない。皆が合意できる、価値や原則を見つけだそうという試みだ。

　彼のコメントは、注目に値する。合意できる落としどころを見つけることはいつだって大切だし、ビジネスサービスをさまざまな技術的サービスで提供できるという点は、きっと合意できるところだろう。

　技術的サービスとは、RESTful なリソースだったり SOAP インターフェイスだったり、あるいはメッセージ型だったりといったものだ。ビジネスサービスは**ビジネス戦略**を表すもので、ビジネスと技術を組み合わせる手法となる。しかし、ひとつのビジネスサービスを定義することと、ひとつの**サブドメイン** (2) や境界づけられたコンテキストを定義することとは、イコールではない。問題空間と解決空間の両方を評価すれば、ビジネスサービスがその両方を内包していることに気づくだろう。図 4-5 が示しているのは、あくまでも単一の境界づけられたコンテキストのアーキテクチャでしかないが、ここでは複数の技術的サービスが提供されている。RESTful なリソースや SOAP インターフェイス、あるいはメッセージなどが確認できるが、これらはビジネスサービス全体のほんの一部に過ぎない。SOA の解決空間には、もっと多くの境界づけられたコンテキストが見られるだろう。そのそれぞれが、ヘキサゴナルアーキテクチャなり他のアーキテクチャなりを使っている。SOA も DDD も、個々の技術的サービスをどのように設計してデプロイすべきかを指定するものではない。さまざまな選択肢が存在する。

　しかし、DDD を使う場合の目標は、境界づけられたコンテキストと、言語的にきちんと定義されたドメインモデル一式を作ることだった。第 2 章「ドメイン、サブドメイン、境界づけられたコンテキスト」で議論したように、アーキテクチャがドメインモデルの大きさに影響をおよぼさないようにしておきたい。境界づけられたコンテキストの大きさが、何かの技術的サービスのエンドポイント、たとえば REST リソースや SOAP インターフェイスなどに左右されてしまうようではいけない。そんなことをすると、小さな境界づけられたコンテキストが大量にできあがってしまい、それぞれのコンテキストの中にはエンティティがひとつだけという状態になってしまう。ひとつの業務の中に、そんな小さなコンテキストが何百も集まるという結果になるだろう。

　そのような手法にも、技術的な利点はあるかもしれない。しかし、それは必ずしも、戦略的 DDD

---

[3] SOA マニフェストには批判もあることは承知している。しかし私は、それなりの価値はあると考える。

の目標を実現したものになるとは限らない。クリーンできちんとモデリングされたドメインを、完全かつ包括的な**ユビキタス言語** (1) にもとづいて作りあげるという目標とは逆に、ユビキタス言語をばらばらにしてしまうことになるだろう。さらに、SOA マニフェストによると、境界づけられたコンテキストを不自然に分断してしまうのは、必ずしも SOA の思想に沿っているとはいえない。

① 技術的な戦略よりも**事業価値**を
② プロジェクトの利益よりも**戦略的目標**を

これらの価値は、戦略的 DDD にもうまく適用できる。第 2 章「ドメイン、サブドメイン、境界づけられたコンテキスト」で説明したとおり、モデルをきちんと区分けしておけば、技術的なコンポーネントのアーキテクチャは、それほど重要ではなくなる。

- - -

SaaSOvation チームは、難しいながらも重要な教訓を得た。言葉の力に耳を傾けることが、DDD をうまく進めていく鍵になるということだ。三つの境界づけられたコンテキストは、SOA の目標も反映している。どれも、ビジネスサービス用のものであり、かつ技術的サービスにも属するものだ。

- - -

第 2 章「ドメイン、サブドメイン、境界づけられたコンテキスト」と第 3 章「コンテキストマップ」そして第 13 章「境界づけられたコンテキストの統合」で扱う三つのモデルはどれも、言語的にきちんと定義されたドメインモデルを表している。また、それぞれのドメインモデルは公開サービス群に囲まれている。これらのサービスは SOA を実装しており、ビジネスの目的に合致するものだ。

4.5　Representational State Transfer（REST）

寄稿者：Stefan Tilkov

REST は、ここ数年で、（誤用も含めて）よく耳にするようになったバズワードだ。毎度のことではあるが、この手の略語は、人それぞれ好き勝手な解釈で使われる。「REST とは、HTTP 接続上で SOAP を使わずに XML を送信することだ」という人もいれば、「REST とは、HTTP 接続上で JSON

を使うことだ」という人もいる。「REST では、メソッドの引数を URI のクエリパラメータで指定しなければいけない」なんていう人までいる。ぜんぶ間違いだ（とはいえ、「コンポーネント」や「SOA」などの用語の惨状と比べれば、まだましなのが救いだ）。REST の正しい意味については、公式の定義がある。Roy T. Fielding による論文[4]がそれだ。REST という用語を最初に提唱したのがこの論文であり、その定義も明確に述べられている。

アーキテクチャスタイルとしての REST

　REST を理解するために最初に知っておくべきことは、そのアーキテクチャスタイルの概念だ。アーキテクチャにおけるアーキテクチャスタイルとは、設計におけるデザインパターンのようなものだ。さまざまな具象実装の共通部分を抽象化することで、技術的な詳細に振り回されずにその利点を議論できるようになる。分散システムのアーキテクチャには、さまざまなスタイルがある。クライアントサーバー型や分散オブジェクト型などがその一例だ。Fielding の論文の前半では、それらの一部について、スタイルに沿ったアーキテクチャにおける制約も含めて論じている。アーキテクチャスタイルの概念、そしてそれがもたらす制約は、なんとなく理屈っぽく感じられるかもしれない。その感覚はきっと正しい。この論文では、まず議論の理論的な土台を固めた上で、著者が提唱する新たなアーキテクチャスタイルを紹介しているのだ。それが REST で、これは Web のアーキテクチャの土台となっているスタイルだ。

　もちろん、Web（URI や HTTP、HTML などの重要な標準規格を具現化したもの）は、Fielding の博士号よりも前から存在していた。しかし彼の論文は、HTTP 1.1 の標準規格を策定する大きな要因になった。そして、現在の私たちが知る Web の世界に向かう設計指針にも、大きな影響をおよぼした[5]。ここまでをまとめると、REST とは、Web のアーキテクチャそのものについての後付けの理論だということだ。

　なぜ「REST」が、特定のシステム構築手法や Web サービスの構築手法と同一視されるようになってしまったのだろう？　結局のところその理由は、Web のプロトコルがいろいろな方法で使えるものだからだろう。当初の設計者の意図にマッチする使いかたもあれば、そうでない使いかたもある。RDBMS の世界も同じだった。多くの人にとってはなじみのあるところだろう。RDBMS を、そのアーキテクチャの概念に沿って使うこともできる（テーブルとカラムを定義して、外部キーでリレーションシップを設定して、ビューや制約も定義して……）。でも、そうではなく、テーブルをひとつだけ用意して、そこに「key」と「value」の二つのカラムだけを定義するという使いかたもできる。value カラムには、シリアライズしたオブジェクトを丸ごと格納するという方法だ。この方法で RDBMS を使っても特に問題はないが、RDBMS のメリット（わかりやすい問い合わせ、テーブルの結合、データのソートや集計など）の多くは使えなくなる。

---

[4]　訳注：http://www.ics.uci.edu/~fielding/pubs/dissertation/top.htm
[5]　彼は、広く使われた最初期の HTTP ライブラリの作者であり、Apache HTTP サーバーの当初の開発者の一人でもあった。また、Apache Software Foundation の創設者でもある。

まったく同様に、Webのプロトコルも、設計者が当初想定していた線に沿って（RESTアーキテクチャスタイルを満たすように）使うこともできるし、そこから外れた使いかたもできる。RDBMSの場合と同様、想定するアーキテクチャスタイルから外れることは、特に気にしない。HTTPを「RESTful」に使うことで得られるメリットを放棄するならば、さまざまな分散システムアーキテクチャが使えるようになるだろう。キーバリューストアなどのいわゆるNoSQLのほうが使える場面もあるのと同様に、Webについても、REST以外の選択肢もあるだろう。

RESTful HTTPサーバーのポイント

「RESTful HTTP」を使う分散アーキテクチャのポイントは、何なのだろう？　まずはサーバー側から考えよう。ここでの話題は、サーバーの利用者が人間であるか機械であるか（ブラウザから使う「Webアプリケーション」なのか、何かのプログラミング言語で書いたエージェントが実行する「Webサービス」なのか）とは無関係だ。

まずは、その名が示すとおり、リソースの概念がポイントとなる。リソースを、どう扱えばいいのだろうか？　システムの設計者は、意味のある「モノ」として外部に公開したいものが何かを決めて、それぞれに個別の識別子を付与する。一般に、各リソースはひとつのURIを持っている。そしてさらに重要なこととして、各URIはひとつのリソースを指す必要がある。このリソースこそが、外部に公開して個別にアドレス可能にする「モノ」だ。たとえば、顧客、プロダクト、プロダクト一覧、検索結果、プロダクトのカタログへの変更などを、それぞれリソースとして扱うことになるだろう。リソースには表現があり、状態の遷移もある。それぞれ、ひとつあるいは複数のフォーマットを持つ。クライアントがリソースを扱うときは、そのリソースの表現（JSONドキュメント、HTMLフォームからPOSTされたデータ、あるいは何らかのバイナリフォーマットなど）を利用する。

第二のポイントは、ステートレスな通信をするために、自己言及型のメッセージを使うという考え方だ。つまり、ひとつのHTTPリクエストに、サーバー側でのリクエスト処理に必要なすべての情報を含めるようにする。もちろん、サーバー側で自身の状態を永続化して、処理の手助けにすることもできる（実際、そうしていることも多い）。しかし、ここで重要なのは、クライアントとサーバーが、暗黙のコンテキスト（セッション）を確立するために、個別のリクエストには依存していないということだ。このおかげで、各リソースへのアクセスが他のリクエストとは独立したものとなり、スケーラビリティの確保につながる。

リソースをオブジェクトととらえた場合（これは、ごく自然な考え方だ）、そのオブジェクトにはどんなインターフェイスを持たせるべきかという問いが出てくる。その答えもまた重要なポイントで、これこそが、RESTが他の分散システムアーキテクチャスタイルと一線を画しているところだ。実行できるメソッド群はあらかじめ決まっており、すべてのオブジェクトが同じインターフェイスをサポートする。RESTfulなHTTPで使えるメソッドは、HTTPの動詞である。中でも重要なのがGET、PUT、POST、DELETEで、これらをリソースに適用する。

一見したときの印象とは異なり、これらのメソッドはCRUD操作に対応するものではない。永続エンティティを表すのではなく、何らかの振る舞いをカプセル化したリソースを作るのは、よくある

ことだ。そして、このリソースに対して適切な動詞を使ったときに、その振る舞いが呼び出される。HTTP の各メソッドの定義は、HTTP の仕様に明記されている。たとえば、`GET` メソッドは、「安全な」操作に対してのみ使うもので、(1) クライアントがリクエストしなかったかもしれない効果を反映したアクションを実行できて、(2) 常にデータを読み込んで、(3) 結果をキャッシュできる（サーバーが、適切なレスポンスヘッダーを用いてキャッシュ可能だと示した場合）。

HTTP の `GET` メソッドを「世界中の分散システムの中で、一番最適化された仕組み」だと称したのは、他ならぬ Don Box で、彼は SOAP スタイルの Web サービスの世界の重要人物だ。彼のコメントが示すとおり、私たちが享受している Web のパフォーマンスやスケーラビリティは、最もよく使われる `GET` メソッドを最適化した HTTP という仕組みによるところが大きい。

HTTP メソッドの中には**冪等**なものもある。冪等とは、同じ処理を繰り返し呼び出しても結果が変わらず、何も問題が発生しないという意味である。冪等なメソッドは、`GET` と `PUT` そして `DELETE` だ。

最後に、RESTful なサーバーは、クライアントがサーバーへの経路を発見できるようにもする。そして、ハイパーメディアを使ってアプリケーションの状態を切り替える。Fielding の論文では、これを **Hypermedia as the Engine of Application State**（HATEOAS）と称している。もう少し単純に言うと、個々のリソースはそれ単体で独立しているのではない。お互いに、リンクでつながっている。これは特に驚くべきことでもない。そもそも Web という名の由来もそこにあるのだから。サーバーに関して言うと、HATEOAS とはつまり、リクエストへの応答にリンクを埋め込むことで、つながっているリソースにクライアントからアクセスできるようにするという意味だ。

RESTful HTTP クライアントのポイント

RESTful HTTP クライアントは、あるリソースから次のリソースへと移動する。リソースの表現に含まれたリンクを使うこともあれば、サーバーにデータを送った際の応答で別のリソースにリダイレクトされることもある。サーバーとクライアントの協力によって、クライアントの分散の振る舞いを動的にできる。URI にはアドレスをたどる情報（ホスト名やポートなど）がすべて含まれているので、ハイパーメディアの原則に従うクライアントなら、別のアプリケーションや別のホストのリソースも扱えるし、他の企業のリソースだって扱えるだろう。

理想的な REST では、既知の URI に対してクライアントから最初のリクエストを送ったら、その後の制御はハイパーメディアにゆだねる。これはまさに、ブラウザが HTML（リンクやフォームなどを含めたもの）をレンダリングして表示しているのと同じモデルだ。その後は、ユーザーからの入力を待って、多数の Web アプリケーションと対話する。その際に、アプリケーションのインターフェイスや内部の実装を知っておく必要はない。

たしかにブラウザは、自己完結したエージェントではない。実際の判断を下すには、人間の操作が必要だ。しかし、プログラミングにおけるクライアントも、一部のロジックはハードコードしたとしても、ほぼ同じ原則に従うことができる。URI の構造やサーバー内でのリソースの場所を知らなくてもリンクをたどっていくことができるし、さまざまなメディアタイプの知識を使える。

REST と DDD

　ドメインモデルを RESTful HTTP で直接公開したくなる気持ちもわかるが、それは望ましくない。この手法だと、システムのインターフェイスが必要以上に脆くなってしまう。ドメインモデルに手を加えるたびに、システムのインターフェイスも変わってしまうからだ。それ以外にも、DDD と RESTful HTTP を組み合わせる手法が二通りある。

　第一の手法は、システムのインターフェイスレイヤを境界づけられたコンテキストとして分離して、適切な戦略を用いてインターフェイスのモデルから実際のコアドメインにアクセスする方法だ。これは、古典的な手法でもある。システムのインターフェイスを全体として包括的にとらえ、サービスやリモートインターフェイスを使わず、リソースの抽象化を用いてインターフェイスを公開しているからだ。

　この手法の具体例を考えてみよう。ワークグループの管理システムを構築しているとする。ワークグループのタスクやスケジュール、サブグループ、その他ワークグループを進めていく上で必要なあらゆるプロセスを管理するシステムだ。混じりけのないドメインモデルを設計して、インフラストラクチャの詳細が入り込まないようにした。これはユビキタス言語をうまくとらえており、必要なビジネスロジックを実装したものだ。このように注意深く作り上げたドメインモデルのインターフェイスを公開する際には、リモートインターフェイスとして RESTful リソース群を提供する。これらのリソースはクライアントが必要とするユースケースを反映したものであり、ドメインモデル自身のインターフェイスとは異なることだろう。それでも、個々のリソースは、たとえばコアドメインに属する集約から組み立てたりする。

　もちろん、単にドメインオブジェクトを JAX-RS リソースメソッドへのパラメータとして指定してもかまわない。たとえば/:user/:task は getTask() メソッドにマップされ、これは Task オブジェクトを戻す。シンプルでよさげに見えるが、大きな問題がひとつある。Task オブジェクトの構造に手を加えるたびに、それがリモートインターフェイスにも影響をおよぼしてしまう。外部の世界とはまったくかかわりのないところしか変更していなかったとしても、動かなくなるクライアントが続出するだろう。これはよくない。

　つまり、ここでは前者のほうが好ましい。コアドメインと、システムのインターフェイスモデルを切り離す手法だ。そうしておけば、コアドメインに手を加えたときに、その変更をインターフェイスモデルに反映させるかどうかは、個々のケースごとに判断できる。反映させることを選んだ場合も、最適なマッピングを選べるだろう。この手法を使う場合、システムのインターフェイスモデルのクラス設計は、コアドメインのクラスに左右されることが多い。しかし実際には、ユースケースの影響を受けている。注意：この場合でも、カスタムメディアタイプを定義することになるだろう。

　もうひとつの手法が有効になるのは、標準のメディアタイプを利用する場合だ。単独のシステムのインターフェイスだけではなく、あるカテゴリにおけるクライアントサーバー間のやりとりをすべてカバーするようなメディアタイプを開発すると、ドメインモデルはそのメディアタイプに対応したものとなる。そんなドメインモデルは、クライアントやサーバーをまたがって再利用されることになる

だろう。REST や SOA を提唱する人たちの中には、これをアンチパターンだとみなす人もいる。注意：この手法は、本質的には DDD の**共有カーネル** (3) や**公表された言語** (3) にあたる。

これは、外から攻めていく分野横断型の手法を反映している。先に例としてあげたワークグループやタスク管理のドメインには、共通で使われるフォーマットが多い。その一例が **ical** フォーマットだ。これは汎用フォーマットであり、さまざまなアプリケーションで使われている。今回の場合なら、まずメディアタイプ（ical）を選択して、それから、このフォーマットにあわせたドメインモデルを作ることになる。このモデルはその後、同じフォーマットを扱う必要のあるあらゆるシステムで再利用できる。サーバー側のアプリケーションもそうだし、それ以外にも Android 用クライアントなどでも使えるだろう。当然、この手法を採用すると、サーバーが扱うメディアタイプの数は多くなる。そして、同じメディアタイプを複数のサーバーで使うことにもなる。

二つの手法のどちらを採用するのかは、システムの設計者が再利用性をどのように考えているのかによるところが大きい。特化したソリューションになればなるほど、第一の手法が有用になるだろう。汎用的なソリューションを目指し、標準規格による標準化を進めれば進めるほど、第二の手法（メディアタイプ主導の手法）が向いている。

REST を選ぶ理由

経験上、REST の原則を満たす設計のシステムは、疎結合であるという要件も満たしている。一般に、新たなリソースやそのリソースへのリンクは、既存のリソース表現に簡単に追加できる。また、必要に応じて新たなフォーマットへのサポートを追加するのも簡単で、システムの接続は、よりしっかりしたものとなる。REST ベースのシステムは、理解しやすい。というのも、リソース単位に細かく分割できて、それぞれ単体でテストやデバッグができ、さらにエントリポイントとして使えるからだ。HTTP の設計、さらには URI リライトやキャッシュなどの機能をサポートしたツールの成熟などもあって、RESTful HTTP は、疎結合でスケーラブルなアーキテクチャとしては最良の選択肢だといえる。

4.6 コマンドクエリ責務分離（CQRS）

必要なデータをすべてリポジトリから取得してユーザーに表示するのが、難しいこともある。たとえば、いくつもの集約型とそのインスタンスをまたがったデータ取得が必要になる場合などが、特にそうだ。ドメインを洗練させればさせるほど、こういった状況は起こりやすくなる。

リポジトリだけを使ってこれを解決することもできるが、あまりやりたくはない。クライアント側で複数のリポジトリにアクセスさせ、必要な集約のインスタンスをすべて取得させてから、必要なデータを組み合わせて**データ変換オブジェクト**（DTO）[Fowler, P of EAA] に格納するという手がそのひとつだ。あるいは、リポジトリ上に特別なファインダーを用意して、一回の問い合わせで各地のデータを取りまとめるようにするという手もある。そのどちらも使えないような状況なら、ユーザーエクスペリエンスの設計に何らかの妥協が必要だ。モデルが用意する集約の境界に沿って、ビューを

設計することになる。その結果できあがるのは、人にやさしくない質素で機械的なインターフェイスだ。長い目で見てそれが好ましくないというのは、誰もが思うところだろう。

　もっと違う方法で、ドメインのデータをビューにマッピングできないだろうか？　その答えが、**CQRS**[Dahan, CQRS] [Nijof, CQRS] という奇妙な名前のアーキテクチャパターンだ。これは、オブジェクト（コンポーネント）を設計するときの厳しい原則である「コマンドとクエリの分離（CQS）」を、アーキテクチャパターンに持ち込んだものである。

　CQS は Bertrand Meyer が考案した原則で、以下のような内容だ。

> あらゆるメソッドは、何かのアクションを実行する「コマンド」あるいは呼び出し元にデータを戻す「クエリ」のいずれか一方でなければならず、その両方の機能を兼ね備えてはいけない。つまり、何かの質問をすることで、その質問への答えが変わってしまってはいけない。もう少しきちんと言うと、メソッドが値を戻すのは、そのメソッドが参照透過性を持ち、何も副作用をおよぼさない場合だけでなければいけない。[Wikipedia, CQS]

オブジェクトのレベルで見ると、これは以下のような意味になる。

① あるメソッドがオブジェクトの状態を変更するのなら、そのメソッドは**コマンド**であり、値を戻してはいけない。Java や C# なら、このメソッドの戻り値を void と宣言する必要がある。
② あるメソッドが何らかの値を戻すのなら、そのメソッドは**クエリ**であり、直接・間接を問わず、オブジェクトの状態を変更してはいけない。Java や C# なら、このメソッドの戻り値の型をきちんと指定して宣言する必要がある。

　きわめて単純な指針で、理論的にも現実的にも、従う根拠はあるだろう。しかし、DDD を採用したときのアーキテクチャパターンとして、なぜこれを適用するのだろう？

　何かのドメインモデルを思い浮かべてみよう。たとえば第 2 章「ドメイン、サブドメイン、境界づけられたコンテキスト」で扱ったモデルのいずれかでもいい。通常は、コマンドとクエリの両方のメソッドを持つ集約が存在することだろう。また、おそらくリポジトリも存在するだろう。このリポジトリにはファインダーメソッドがいくつかあって、何らかのプロパティによる絞り込み検索を行えたりする。CQRS では、こういった「普通」の状態は無視して、表示用のデータを違う方法で問い合わせる。

　伝統的なモデルの中にある純粋な問い合わせの責務と、同じモデルの中にある純粋なコマンド実行の責務とを、切り分けてみよう。集約にはクエリメソッド（ゲッター）がなくて、コマンドメソッドしかないだろう。リポジトリを紐解くと、add()（あるいは save()）メソッド（新規作成と更新の両方に対応するもの）があって、あとは fromId() のようなクエリメソッドがひとつあるだけだ。このクエリメソッドは、集約の識別子を受け取って、該当する集約を戻す。リポジトリからは、それ以外の手段（別のプロパティによる絞り込みなど）で集約を取得することはできない。これらのメソッド

をモデルから削除して、新たに用意した**コマンドモデル**に移動する。さらに、データをユーザーに表示するための仕組みが必要だ。そのために、二番目のモデルを作る。問い合わせを最適化するようにチューニングしたものだ。これが、**クエリモデル**となる。

余計に複雑になってしまうのでは?
その気持ちもわかる。ここで提案しているスタイルは単に、ある問題一式を別の問題一式に置き換えるだけのことで、そのために必要なコードの量も増えてしまうからだ。
しかし、早まらないで欲しい。場合によっては、複雑性を増してでもこのスタイルにしたほうがいいこともある。覚えておきたいのは、CQRSはあくまでも、洗練されたビューを実現するという特定の問題の解法に過ぎないということだ。自分の経歴書に彩りを添えるような、最新のクールなスタイルなどではない。

その他の呼称
CQRSの概念の中には、別の名前で知られているものもある。本書でクエリモデルと読んでいるモデルを「リードモデル」と呼ぶ人もいるし、同じくコマンドモデルのことを「ライトモデル」と呼ぶ人もいる。

こうして、従来型のドメインモデルが二つに分割された。コマンドモデルとクエリモデルを、別々に永続化する。最終的に、コンポーネント群は図4-6のようになった。ここからは、その詳細に進む。

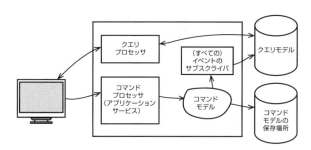

図4-6:CQRSでは、クライアントからのコマンドは一方通行でコマンドモデルに届く。クエリは別のデータソースに対して発行する。このデータソースは表示に最適化されており、結果はユーザーインターフェイスや帳票向けに送られる

CQRSの構成要素

このパターンを構成する主要なエリアの詳細を見ていこう。クライアントとクエリのサポート部分から始め、続いてコマンドモデルを調べ、クエリモデルへの更新をどのように行うかに進む。

クライアントとクエリプロセッサ

　クライアント（図の一番左側）にあたるのは、Web ブラウザや、あるいはデスクトップアプリケーションのユーザーインターフェイスなどだろう。これが、サーバー上で動いているクエリプロセッサ群を利用する。図中には、サーバー上でのアーキテクチャ的な階層は示していない。どんな層があるにせよ、クエリプロセッサはシンプルなコンポーネントであり、データベースに対する基本的な問い合わせしか知らない。

　複雑な階層構造は、ここには存在しない。このコンポーネントの仕事は、データベースに対する問い合わせを実行することと、その結果を必要に応じて転送用のフォーマット（DTO かもしれないが、そうでないこともある）にシリアライズすることくらいだ。Java や C#で動かしているクライアントなら、データベースへの問い合わせをクライアントから直接実行することもできる。しかし、そんなことをすれば、データベースのクライアントライセンスが大量に必要となってしまう。クエリプロセッサを置いて、コネクションプールを利用するのが、最良の選択だろう。

　クライアント側で（JDBC などの仕組みで）データベースの結果セットを直接利用できるのなら、クエリプロセッサ側でのシリアライズは不要だ。しかし、シリアライズができるにこしたことはないだろう。この点については、二種類の考え方がある。一方は、とにかくシンプルにするべきで、結果セットそのまま（あるいは XML や JSON などへのごく基本的なシリアライズだけを施したもの）をクライアントに送るべきだという考え方だ。もう一方は、DTO をきちんと組み立てて、それをクライアントに渡すべきだという考え方だ。どちらを選ぶかは好みの問題である。ただ、DTO と **DTO アセンブラ** [Fowler, P of EAA] を追加すれば複雑性が増してしまうという点は、皆が同意するだろう。必要がないのにそれらを追加すれば、**本質的ではない複雑性**になる。プロジェクトにとって最良の手法を、チームで判断しよう。

クエリモデル（リードモデル）

　クエリモデルは、非正規化したデータモデルである。ドメインの振る舞いを伝えることを目的としたものではなく、表示用（印刷用）のデータだけを扱うものだ。仮にこのデータモデルが SQL データベースだったとすると、クライアントのビュー（表示内容）の種類ごとにテーブルを用意することになる。個々のテーブルのカラム数も多くなるだろう。すべてのユーザーインターフェイスに共通する項目だけをまとめたテーブルであっても、それは同じだ。ユーザー向けの表形式の表示を、複数のテーブルから作ることもできる。その場合、各テーブルが、全体の論理的なサブセットとなる。

　たとえば、表形式の表示について、一般ユーザー向け・マネージャー向け・システム管理者向けにそれぞれ必要なデータを渡すように設計できる。データベースのビューをこれらのユーザー種別ごとに別々に作っておけば、それぞれのデータも適切に分けられるだろう。これはつまり、セキュリティの機能を、ユーザー種別ごとに閲覧可能なデータとして組み込むということだ。一般ユーザー向けのビューコンポーネントは、一般ユーザービューのすべてのカラムを読み込む。マネージャー向けのビューコンポーネントは、マネージャービューのすべてのカラムを読み込む。これで、一般ユーザー

必要なビューすべてに対応する

CQRS ベースのビューは、お手軽に作れてすぐに捨てられる（開発中や保守中などにも使える）のが特筆すべき点だ。それが特に顕著なのは、単純な形式のイベントソーシング（本章の後半および付録 A を参照）を使い、すべてのイベントを永続化させた上で、任意のタイミングで新しい永続ビューとして発行できるようにするような場合だ。そうしておけば、どのビューも、他とは独立して完全に書き直すことができるし、クエリモデル全体を、まったく別の永続化メカニズムに切り替えることだってできる。これで、変化し続ける UI の要求に対応したビューを、簡単に維持し続けられるようになる。その結果、単なる表形式の世界から離れた、より直感的で豊かなユーザー体験を提供できるようになるかもしれない。

からは、マネージャーに見える情報を見ることはできなくなる。

　可能なら、select 文には、利用するビューの主キーだけしか指定しなくてもいいようにしておきたい。たとえば、クエリプロセッサが、プロダクトの一般ユーザー向けテーブルからすべてのカラムを読み込む場合は、以下のようになる。

```
SELECT * FROM vw_usr_product WHERE id= ?
```

　ちなみに、この例におけるビューの命名規約は、必ずしもおすすめのものだというわけではない。select 文で何をやっているのかをわかりやすくしたかっただけのことだ。この主キーが、何らかの集約型か、あるいはいくつかの集約型をまとめたものを特定するための、一意な識別子となる。今回の例の場合、主キーのカラムである id には、コマンドモデルの Product を一意に特定する識別子が格納されているものとする。データモデルの設計は、可能な限り、ユーザーインターフェイスの表示形式ごとにひとつのテーブルを用意するようにしたい。そして、アプリケーションのユーザー権限を反映させたビューも、必要なだけ用意する。とはいえ、あくまでも現実的な範囲にとどめること。

現実的な範囲にとどめる

25 人のトレーダーが頻繁に証券取引を進める取引所があって、SEC コンプライアンスの関係上、個々のトレーダーの取引の情報は他のトレーダーに見られてはいけない。そんな場合、25 のビューを用意すべきなのだろうか？　それよりは、個々のトレーダーにあわせて絞り込みをするほうが、より適切だろう。さもないと、あまりにも多くのビューを管理することになって、現実的ではなくなる。

　実際には、これを完全にやり遂げるのは難しいだろう。複数のテーブルやビューを結合したクエリを使わざるを得ないこともある。テーブルやビューの結合を使わなければ、必要なフィルタリングを行うことが難しくなるかもしれない。ひとつのドメインの中に、ユーザーのロールが数多くある場合などは、特にそうだ。

>
> **データベースのビューって、オーバーヘッドにならないの?**
> データベースの普通のビューが、テーブルの更新時のオーバーヘッドになることはない。ビューは、あくまでも問い合わせに対応するもので、この場合は結合すら不要だ。更新時のオーバーヘッドとなりうるのは**マテリアライズドビュー**だけである。このビューは、問い合わせの際に返すデータのコピーを、あらかじめ一か所にコピーしておくものだからだ。テーブルやビューを設計するときには、クエリモデルの更新のパフォーマンスを最適化するよう心がけよう。

クライアントからのコマンドの実行

　ユーザーインターフェイスのクライアントは、サーバーにコマンドを発行して(あるいはアプリケーションサービスのメソッドを通じて間接的に)、集約上の何らかの振る舞いを実行する。この振る舞いは、コマンドモデルの中にある。発行したコマンドの中には、実行したい振る舞いの名前やパラメータなどが含まれる。コマンドのパケットは、メソッドの起動処理をシリアライズしたものとなる。コマンドモデルは、契約や振る舞いなどをきちんと考慮した作りになっているので、コマンドと契約の対応は単純なマッピングになる。

　このマッピングを行うには、コマンドへのパラメータとして必要になるデータを、ユーザーインターフェイスがきちんと取りまとめる必要がある。つまり、ユーザー体験の設計には細心の注意を要するということだ。ユーザーを正しく導いて、明確なコマンドを実行させるようにしなければいけない。それには、帰納的でタスク主導のユーザーインターフェイス設計が最適だ [Inductive UI]。使えないオプションは見せないようにして、実行したいコマンドだけに目が向かうようにする。とはいえ、演繹的なユーザーインターフェイスで、明確なコマンドを生成させることも可能だ。

コマンドプロセッサ

　発行されたコマンドを受け取るのがコマンドハンドラ(コマンドプロセッサ)で、これにはいくつかの方式がある。ここでは、それぞれの方式について、そのメリットとデメリットを含めて検討する。

　分類方式は、複数のコマンドハンドラをひとつのアプリケーションサービスで扱う方式だ。この方式は、まずアプリケーションサービスのインターフェイスを作って、コマンド群の分類ごとに、その実装を用意する。アプリケーションサービスには、複数のメソッドが含まれることもある。その分類にあてはまるコマンドとパラメータの種類ごとに、メソッドを宣言する。この方式の利点は、シンプルになることだ。ハンドラはわかりやすくなるし、作りやすいし、保守もしやすい。

　専用方式のハンドラを作ることもできる。個々のハンドラは、単一のメソッドを持つ単一のクラスで構成される。このメソッドの契約が、特定のコマンドとそのパラメータを表す。この方式には、明確な利点がある。ハンドラ(プロセッサ)ごとに、ひとつの責務を負うという点だ。どのハンドラも、他のハンドラとの依存関係を気にせず個別にデプロイできる。また、コマンドの種類が増えてきても、ハンドラの型を簡単に増やせる。

　さらに、**メッセージング方式**のコマンドハンドラという考え方もある。個々のコマンドを非同期の

メッセージとして送信し、専用方式で作られたハンドラにメッセージを配送する。この方式を使えば、個々のコマンドプロセッサコンポーネントが特定の型のメッセージだけを受け取れるようになるだけでなく、指定した型のプロセッサを追加することで、コマンド処理の負荷増大にも対応できるようになる。ただ、この手法は、第一の選択肢とすべきではない。設計が複雑になってしまうからだ。まずは、先に紹介した二通りの方法のいずれかで、同期的なコマンド処理をするところからはじめよう。非同期に切り替えるのは、スケーラビリティの面でどうしても必要になったときだけだ。とはいえ、非同期の手法のほうが、時間的な結合を排除できて、より弾力的なシステムを作れると考える人もいるだろう。そして、メッセージング方式でコマンドハンドラを実装したほうがよいという先入観にとらわれてしまう。

どの方式を使うにせよ、個々のハンドラが他のハンドラに依存しないようにしておこう。そうしておけば、ハンドラを再デプロイするときに、他のハンドラに影響をおよぼすことがなくなる。

コマンドハンドラは一般的に、ごく限られた作業しかしない。作成に関して言えば、新しい集約のインスタンスを作って、それをリポジトリに追加することになる。大半の処理は、集約のインスタンスをリポジトリから取得して、そのコマンドを実行するだけのことだ。

```
@Transactional
public void commitBacklogItemToSprint(
    String aTenantId, String aBacklogItemId, String aSprintId) {
    TenantId tenantId = new TenantId(aTenantId);

    BacklogItem backlogItem =
        backlogItemRepository.backlogItemOfId(
            tenantId, new BacklogItemId(aBacklogItemId));

    Sprint sprint = sprintRepository.sprintOfId(
            tenantId, new SprintId(aSprintId));

    backlogItem.commitTo(sprint);
}
```

コマンドハンドラの処理が完了したら、集約のインスタンスが更新されて、コマンドモデルがドメインイベントを発行する。これは、クエリモデルを確実に更新するために欠かせない。また、第8章「ドメインイベント」や第10章「集約」でも議論するとおり、ここで発行されたイベントが、そのコマンドの影響を受ける、他の集約インスタンスの同期処理のきっかけとして使われることもある。しかし、他の集約インスタンスへの変更は、最終的に、このトランザクションでコミットされた内容との整合性が保たれたものとなる。

振る舞いを実行するコマンドモデル（ライトモデル）

コマンドモデル上のメソッドが実行されるとき、最後にイベントを発行する。このイベントの詳細については、第8章「ドメインイベント」で説明する。実際の例として、以下のコードを考えよう。これは、`BacklogItem`のコマンドメソッドの最後の処理だ。

```
public class BacklogItem extends ConcurrencySafeEntity {
    ...
    public void commitTo(Sprint aSprint) {
        ...
        DomainEventPublisher
            .instance()
            .publish(new BacklogItemCommitted(
                    this.tenant(),
                    this.backlogItemId(),
                    this.sprintId()));
    }
    ...
}
```

DomainEventPublisher の中身はどうなっているの？
この `DomainEventPublisher` は、**オブザーバ**パターン [Gamma et al.] をベースにした軽量なコンポーネントだ。イベントを広範囲に発行する詳細な方法は、第8章「ドメインイベント」を参照すること。

　これが、コマンドモデルの直近の変更にあわせてクエリモデルを更新するためのポイントだ。イベントソーシングを使う場合、このイベントは、更新された集約（今回の場合なら `BacklogItem`）の状態を永続化させるためにも必要となる。しかし、CQRS ではイベントソーシングが必須だというわけではない。業務的な要件としてイベントのログの記録が求められているのでない限り、コマンドモデルは、（オブジェクトリレーショナルマッパーを使ってリレーショナルデータベースに記録するなどの）何らかの仕組みで永続化しておく。いずれにせよ、ドメインイベントを発行して、クエリモデルの更新を保証しなければいけないという点は変わらない。

コマンドの実行後に、イベントを発行しない場合
コマンドを配送した後、イベントを発行しない場合もある。たとえば、何らかのコマンドが「少なくとも一回」のメッセージとして送られ、アプリケーション側での操作が冪等である場合は、二回目以降のメッセージは何もせずに無視をする。
あるいは、届いたコマンドをアプリケーション側で検証するような場合を考えてみよう。認証済みのすべてのクライアントは検証ルールを知っており、常にそのルールをクリアする。しかし、認証済みでないクライアント（攻撃者による不正アクセスなど）から送られた無効なコマンドは、検証に失敗して無視される。認証済みのユーザーには危害がおよばない。

イベントのサブスクライバによるクエリモデルの更新

　特別なサブスクライバを用意して登録し、コマンドモデルが発行するすべてのドメインイベントを受信させる。このサブスクライバは、受け取ったドメインイベントに沿ってクエリモデルを更新し、

コマンドモデルへの直近の変更を反映させる。これはつまり、個々のイベントには、クエリモデルを正しい状態に保つために必要な、すべてのデータを含める必要があるということだ。

更新は、同期的に行うべきだろうか。それとも非同期処理にすべきだろうか。平常時のシステムにかかる負荷がどの程度かによって、その答えは変わる。また、クエリモデルの格納方法によっても、答えは変わるだろう。データの整合性に関する制約や、パフォーマンス要件が、判断の決め手になるということだ。

更新を同期させる場合は、クエリモデルとコマンドモデルで同じデータベース（あるいは同じスキーマ）を共有するのが一般的だ。そして、ひとつのトランザクションの中で両方のモデルを更新する。こうすれば、両方のモデルの一貫性が、完全に保たれる。しかし、複数のテーブルを更新するとなると、処理時間もそれなりにかかる。場合によっては、サービスレベル合意（SLA）を満たせなくなってしまうかもしれない。平常時のシステムへの負荷が高く、クエリモデルの更新に時間がかかる場合は、非同期処理を使うことになるだろう。そうすると、結果整合性への対応が必要になるかもしれない。ユーザーインターフェイスには、コマンドモデルの最新の状態が反映されなくなるだろう。遅延がどの程度になるかはわからないが、それは、SLAを満たすために必要なトレードオフだ。

新しいユーザーインターフェイスを作ったときに、データの作成が必要になった場合は、どんなことが起こるのだろう。テーブルやビューの設計は、先述のとおりに行う。そして、新しいテーブルに現状を登録するために、以下のテクニックのうちのひとつを利用する。コマンドモデルの永続化にイベントソーシングを使っていたり、過去のイベントストアの履歴があったりする場合は、過去のイベントを再生すれば、更新を行える。これが可能なのは、正しい種類のイベントがすでに格納されている場合だけだ。もし格納されていなければ、テーブルを埋めるためには新たなコマンドを投入する必要があるかもしれない。あるいは、さらに別の方法も考えられるだろう。

コマンドモデルの永続化にORMを使っている場合は、コマンドモデルストアを使って、新しいクエリモデルのテーブルにデータを投入する。ここでは、抽出・変換・ロード（ETL）など、データウェアハウスで一般的なテクニックを使うことになるだろう。コマンドモデルストアからデータを抽出し、ユーザーインターフェイス側の必要に応じてデータを変換し、それをクエリモデルストアにロードする。

クエリモデルでの結果整合性の扱い

クエリモデルが結果整合性を持つ（コマンドモデルの更新に追従するためのクエリモデルの更新が、非同期に行われる）ように設計されていると、それを扱うユーザーインターフェイスが過敏体質になってしまう。たとえば、ユーザーが何らかのコマンドを実行したときに、その直後の画面は最新の状態に更新されているだろうか。そしてそれは、クエリモデルのデータを反映した、整合性のあるものになっているだろうか。その答えは、システムにかかる負荷などの要素によって変わってくるだろう。しかし、最悪の場合を想定した設計にしておくほうがいい。つまり、ユーザーインターフェイスの表示が最新の状態にはならないという想定だ。

ひとつの方法としては、実行したコマンドのパラメータとして渡したデータを、ユーザーインター

フェイスに一時的に表示させるような設計がある。多少トリッキーだが、最終的にクエリモデルに反映されるであろうデータを、ユーザーがすぐに見られるようになる。コマンドの実行が成功したときに、実行前の古いデータをどうしても見せたくないのなら、おそらくこれが唯一の方法だろう。

でも、この選択肢を採用しづらいようなユーザーインターフェイスの場合は、どうすればいいだろう。また、仮にこの選択肢が使えたとしても、あるユーザーがコマンドを実行した直後に他のユーザーが見るデータは、最新の状況を反映したものにはならない。この問題に対応するには、どうすればいいだろうか。

ひとつのテクニックとして [Dahan, CQRS] が提案するのは、ユーザーインターフェイス上に、今見ているデータのクエリモデルからの取得年月日を、常に表示させておくという方法だ。そのためには、クエリモデルの各レコードが、最終更新日時を記憶しておく必要がある。これはそんなに難しいことではない。データベースのトリガ機能を使えば簡単に実現できるだろう。最終更新日時がわかれば、ユーザー向けに見せるときにも、そのデータがいつの時点のものなのかを明示できる。それを「古すぎる」と判断したユーザーは、最新のデータを見せるよう、改めてリクエストを送れる。たしかに、この手法には賛否両論がある。効果的なパターンだとして持ち上げる人もいれば、その場しのぎのごまかしだとして否定する人もいる。つまり、まずはユーザー受け入れテストを行ってから、この手法を採用するか否かを決める必要があるということだ。

しかし、表示するデータの遅延がそれほど問題にならない場合もありえる。**Comet**（Ajax Push）などの他の手段で対応することもできるし、**オブザーバ** [Gamma et al.] を使ったり**分散キャッシュ／グリッド**（Coherence や GemFire など）のイベント購読を使ったりすることもできる。ユーザーに対して、リクエストを受理したことと、結果が戻ってくるまでには多少時間がかかることを通知するだけでよい場合もある。結果整合性による遅延時間がどれほどの問題になるのか、注意深く判断するようにしよう。もし問題になりそうなら、その状況のもとでの最適な対応方法を見つける必要がある。

あらゆるパターンに共通することだが、CQRS を採用することによって失われてしまうものもある。十分な検証の元で、賢く使うべきだ。ユーザーインターフェイスがさほど複雑ではなく、単一のビューに複数の集約が絡むこともあまりないのであれば、下手に CQRS を導入しても、必要以上に複雑性を増す結果になってしまうだろう。CQRS が適切な選択肢となりうるのは、それによって、障害が発生する可能性の高いリスクを回避できる場合だ。

4.7　イベント駆動アーキテクチャ

> イベント駆動アーキテクチャ（EDA）とは、イベントの作成や検出、消費そしてイベントへの反応などを促すアーキテクチャである。[Wikipedia, EDA]

図 4-4 に示すヘキサゴナルアーキテクチャは、入出力のメッセージを通じて EDA に加わっているシステムを表しているものといえる。EDA を使うときにヘキサゴナルアーキテクチャが必須だというわけではないが、その概念を表すためにはよい方法だ。新規開発のプロジェクトなら、全体をまとめ

るスタイルとしてヘキサゴナルアーキテクチャの採用を考えよう。

図4-4で、三角形のクライアントとそれに対応する三角形の出力機構が、その境界づけられたコンテキストで使っているメッセージングシステムであったとしよう。入力のイベントは、他の三種類のクライアントが使っているポートとは別のポートからやってくる。出力のイベントもそれと同様に、他とは異なるポートを利用する。先ほども提案したとおり、この別のポートはAMQP越しのメッセージトランスポートを表すものとしてもかまわない。これはRabbitMQが利用するトランスポートで、他のクライアントが使っている一般的なHTTPとは異なる。実際に使うメッセージング機構が何であるにせよ、システムへのイベントの出入りは、この三角形で表すことにする。

ヘキサゴンに入っていく、あるいはそこから出ていくイベントには、さまざまな種類がある。ここでは特に、ドメインイベントに注目する。アプリケーションでは、それ以外にもシステムイベントなどの他の型のイベントも受け取っているかもしれない。システムの稼働状況を管理したり、ログを記録したり、動的プロビジョニングをしたりといった目的のものだ。しかし、モデリングで気をつける必要があるのは、ドメインイベントだけだ。

ヘキサゴナルアーキテクチャの図を必要なだけ複製して、企業システム内の、イベント駆動な手法に対応したコンポーネントを表すことができる。それを示したのが、図4-7だ。改めて言うが、すべてのシステムをヘキサゴナルにする必要はない。この図は単に、ヘキサゴナルなシステムが複数あるときに、イベント駆動アーキテクチャでどのように対応するのかを示したものに過ぎない。ヘキサゴナルアーキテクチャの代わりにレイヤ化アーキテクチャなどの別のスタイルを使ってもかまわない。

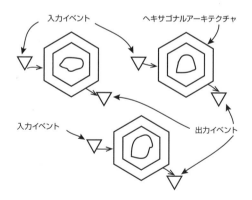

図4-7：イベント駆動アーキテクチャを採用した三つのシステムが、全体としてヘキサゴナル方式にまとまっている。EDAスタイルが三つのシステムの結合を切り離し、メッセージングシステム自身および購読するメッセージのイベントタイプだけに依存している

あるシステムが出力ポートから発行したドメインイベントが、それに対応するサブスクライバの入力ポートに配送される。各種のドメインイベントは、受信側の境界づけられたコンテキスト内でさま

ざまな意味を持つ。あるいは、何の意味を持たない場合もあり得る[6]。あるイベントタイプが特定のコンテキストで何らかの意味を持つ場合、そのイベントタイプのプロパティがアプリケーションの API と合致し、その API の操作を実行するために用いられる。アプリケーションの API 上で実行されたコマンドは、そのプロトコルにしたがって、ドメインモデルにも反映される。

受信した特定のドメインイベントが、マルチタスクプロセスの一部分だけを表すということもあり得る。想定しているすべてのドメインイベントが届くまで、このマルチタスクプロセスは完了したとは見なされない。しかし、このプロセスは、どうやって開始すればいいのだろうか。他社とまたがる分散処理の場合には、どうなるだろうか。そして、このプロセスが完了するまでの進捗を、どのように扱えばいいのだろうか。これらについては、本章の後半で、長期プロセスを扱う際に議論する。まずは、その土台となる考え方から見ていこう。メッセージベースのシステムは、パイプとフィルター形式を使っていることが多い。

パイプとフィルター

最もシンプルな形式のパイプとフィルターは、シェル／コンソール上で以下のようにして試せる。

```
$ cat phone_numbers.txt | grep 303 | wc -l
3
$
```

これは Linux のコマンドラインの一例だ。高機能な個人情報管理ツールである `phone_numbers.txt` に、コロラド州の連絡先情報が何件登録されているかを調べている。このやり方で正確な件数が得られるかどうかは疑わしいが、パイプとフィルターの動作原理を説明するには、これで十分だ。

① `cat` コマンドが、`phone_numbers.txt` の内容を標準出力ストリームに出力する。通常は、このストリームはコンソールに接続されている。しかし、|を使うと、この出力がパイプに送られ、そのまま次のツールへの入力となる。

② 次に、`grep` が、標準入力ストリームからの入力を読み込む。ここでは、`cat` の結果を読み込むことになる。`grep` に引数を指定することで、303 というテキストを含む行を探すように指示する。見つかった行を、標準出力ストリームに流す。`cat` と同様、`grep` の出力ストリームも、パイプを通じて次のツールにつないでいる。

③ 最後に、`wc` が標準入力ストリームからの入力を読み込む。ここでは、`grep` の出力を読み込むことになる。`wc` に渡したコマンドライン引数は-1 で、これは、読み込んだ行数を出力せよという指示だ。今回の例では、3 と出力されている。`grep` の出力が、3 行あったのだろう。この出力は、コンソールに表示される。というのも、`wc` コマンドの後には、パイプでつながったコ

---

[6] メッセージフィルターあるいはルーチングキーを使っている場合、サブスクライバは、自分たちにとって意味のないイベントを受け取ってもそれを無視する。

マンドがもうないからだ。

これに似た操作を Windows のコマンドプロンプトでも試せるが、パイプの数は少なくなる。

```
C:\fancy_pim> type phone_numbers.txt | find /c "303"
3
C:\fancy_pim>
```

それぞれのツールが、いったい何をしているのかを考えてみよう。それぞれが、データ群を受け取って何らかの処理をして、別の形式でデータ群を出力している。あるツールの出力が別のツールへの入力となる。つまり、個々のツールがフィルターとして機能している。フィルタリングがすべて終わると、その出力は最初の入力とはまったく違う形式になる。最初の入力は、各行の連絡先の情報が記されたテキストファイルだった。最終的な出力は、数値 3 を表す文字列だ。

この例の基本原則を、イベント駆動アーキテクチャにどのように適用すればいいのだろうか。実際のところ、いろいろ共通する部分がある。以下の議論は、[Hohpe & Woolf] でメッセージングのパターンとして取り上げられている、**パイプとフィルター**パターンにもとづくものだ。しかし、メッセージングにおけるパイプとフィルターのアプローチはコマンドライン版とまったく同じものではないし、そもそもコマンドライン版とまったく同じようにするつもりもないことに注意しよう。たとえば、EDA におけるフィルターは、実際には何もフィルタリングの必要がない。EDA におけるフィルターの役割は、何らかの処理をしている間、メッセージを傷つけないように保つことだ。そういった違いはあるが、EDA でのパイプとフィルターはコマンドライン版の例に似ている。先ほどの例は、この後の議論の土台として役立つだろう。すでに十分な知識がある人は、この後の議論を「フィルター」（読み飛ば）してもかまわない。

メッセージングベースのパイプとフィルター処理の基本的な特性を、表 4-2 にまとめる。

さて、`cat` や `grep` そして `wc`（あるいは `type` や `find`）といったコマンドを、イベント駆動アーキテクチャにおけるコンポーネントとして考えると、どうなるだろうか。これらをコンポーネントとして考え、メッセージの発信者あるいは受信者として実装した場合、電話番号の処理を同様に行えるだろうか（改めて言うが、ここではコマンドラインを完全にコピーしようとしているのではない。単に、シンプルなメッセージングで、先ほどの例と同じような処理をすることを目指しているだけだ）。

メッセージングにおけるパイプとフィルターの手法がどのような動きになるのかを、図 4-8 に示す手順に沿って説明する。

① `PhoneNumbersPublisher` コンポーネントが `phone_numbers.txt` のすべての行を読み込み、読み込んだすべてのテキストを含むイベントメッセージを作成して送信する。イベント名は `AllPhoneNumbersListed` だ。イベントが送信された時点で、パイプラインが始まる。

② メッセージハンドラコンポーネント `PhoneNumberFinder` は、`AllPhoneNumbersListed` イベントを購読するよう設定されており、このイベントを受信する。このメッセージハンドラが、

表4-2：メッセージングベースのパイプとフィルター処理の基本的な特性

特性	説明
パイプはメッセージチャネルである	フィルターは、入力側のパイプからメッセージを受け取って、出力側のパイプにメッセージを送る。ここでのパイプとは、実際はメッセージチャネルである。
ポートがフィルターとパイプを接続する	フィルターと入力側・出力側それぞれのパイプとの接続は、ポートを使って行う。そのため、全体的なスタイルとしてはヘキサゴナル（ポートとアダプター）形式が適する。
フィルターはプロセッサである	フィルターは、メッセージを処理する。フィルタリングは行わないこともある。
プロセッサはそれぞれわかれている	フィルターは個別のコンポーネントとなる。適切な粒度でコンポーネント化するために、注意深く設計する必要がある。
疎結合	各フィルターが受け持つ処理は、他とは独立している。フィルターの構成は、設定で定義できることもある。
交換可能である	フィルターがメッセージを受け取る順番は、ユースケースの要件に合わせて変更可能で、これも設定で定義できることもある。
フィルターは複数のパイプと連結できる	コマンドラインのフィルターは、読み書きともに単一のパイプとしかやり取りできない。メッセージングのフィルターは、読み書きともに、複数のパイプを相手にできる。つまり、並列処理が可能だということだ。
同タイプのフィルターを並列に使う	利用頻度の高い（処理に時間のかかる）フィルターを複数用意して、スループットを向上させることができる。

パイプラインにおける最初のフィルターとなる。このフィルターは、303というテキストを探すように設定されている。イベントを受け取ると、各行のテキスト中に303という文字列がないかどうかを調べる。その後、新しいイベント PhoneNumbersMatched を作成し、条件にマッチしたすべての行をこのイベントに含める。そしてこのイベントを送信し、パイプラインを続行する。

③ メッセージハンドラコンポーネント MatchedPhoneNumberCounter は、PhoneNumbersMatched イベントを購読するよう設定されており、このイベントを受信する。このメッセージハンドラが、パイプラインにおける二番目のフィルターとなる。その役割は、受け取ったイベントの中にある電話番号の数を数えて、その結果を新しいイベントとして送信することだ。今回は、電話番号を含むデータを3行受け取ったことにする。その後、新しいイベント MatchedPhoneNumbersCounted を作成し、その count プロパティに3を設定する。そしてこのイベントを送信し、パイプラインを続行する。

④ 最後に、MatchedPhoneNumbersCounted を購読しているメッセージハンドラコンポーネントが、そのイベントを受信する。コンポーネント名は PhoneNumberExecutive だ。このコンポーネントの役割は結果を記録して、受け取ったイベントの count プロパティと受信日時をファイルに書き出す。今回の場合、書き出す内容は以下のようになる。

```
3 phone numbers matched on July 15, 2012 at 11:15 PM
```

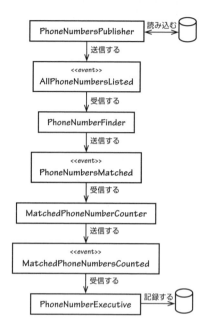

図4-8：イベントを送信し、それをフィルターが処理することで、パイプラインが形成される

　この処理のパイプラインは、これで完了した[7]。
　この手のパイプラインは、柔軟性が高い。もし新たなフィルターをパイプラインに追加したければ、新しいイベントを作って、それらのフィルターに購読させたり発行させたりすればいい。そして、パイプラインの並び順の設定を、注意深く変更することになる。もちろん、処理の内容の変更は、コマンドラインの場合ほど単純にはいかないだろう。しかし一般に、ドメインイベントのパイプラインを頻繁に変更することはない。この例の分散プロセスはあまり有用なものだとはいえないが、パイプとフィルターがイベント駆動アーキテクチャのメッセージングでどのように機能するのかについては十分示せたのではないだろうか。
　さて、実際のところ、パイプとフィルターを活用すれば、こういった問題も解決できるものと考えていいのだろうか？　まあ、そんなことはない（もしこのサンプルをじれったく感じるのなら、おそらくあなたは、すでによくわかっているのだろう。でも世の中には、このサンプルが必要な人も、まだまだ多い）。これはあくまでも作り物のサンプルで、その概念を示すためだけに用意したものだ。実際の業務にこのパターンを適用するなら、大きな問題を細かく分割して、それぞれを分散処理させる

---

[7]　単純にするため、ここではヘキサゴナルアーキテクチャにおけるポートやアダプター、そしてアプリケーションのAPIについての議論は省いた。

ようにすればいい。個々の処理は理解しやすくなるし、管理もしやすくなるだろう。また、個々のシステムが、自分のやるべきことだけを気にかければ済むようになる。

実際のDDDのシナリオでは、ドメインイベントの名前がもっと業務を反映したものになる。ステップ1は、何かの境界づけられたコンテキストにある集約の振る舞いの結果にもとづいた、ドメインイベントを発行することになるだろう。ステップ2からステップ4までは、最初のイベントを受け取った、複数の異なる境界づけられたコンテキストで発生するかもしれない。そして、それに続くイベントを発行する。この3ステップの間に、それぞれのコンテキストで新しい集約を作ったり、既存の集約を更新したりすることもある。ドメインにも依存するが、これが、パイプとフィルターアーキテクチャにおけるドメインイベントの扱いとして一般的なものだ。

第8章「ドメインイベント」で説明するとおり、これは単なる薄っぺらい通知などではない。業務プロセスにおけるアクティビティの発生を明確にモデリングしたものであり、それを知りたいドメイン全体のサブスクライバにとって有用だ。また、一意な識別子を持ち、ドメインの知識を運ぶためのプロパティも持っている。さらに、この同期型の段階処理を拡張すれば、複数のことを同時に成し遂げられる。

長期プロセス（サーガ）

先ほどのパイプとフィルターの例を拡張して、別のパターンについて説明しよう。イベント駆動で分散型で、並列処理をするパターンで、**長期プロセス**と名づけられている。このパターンは**サーガ**と呼ばれることもある。しかし中には、この名前が既存の別のパターンと衝突してしまう人もいるかもしれない。サーガについての最初期の説明が、[Garcia-Molina & Salem]にある。混乱を避け、曖昧さをなくすため、ここでは長期プロセスという呼び名を使うことにした。省略して、単に「プロセス」と呼ぶこともある。

カウボーイの声

LB：「『**ダラス**』とか『**ダイナスティ**』とか。ああいうのをサーガっていうのさ！」
AJ：「わかりにくいなあ。日本の読者には『**グイン・サーガ**』とかのほうが伝わりやすいんじゃない？」

先ほどのサンプルを拡張するために、並列パイプラインを作ってみよう。新しいフィルター `TotalPhoneNumbersCounter` を追加し、このフィルターも `AllPhoneNumbersListed` のサブスクライバとして登録する。このフィルターは、`AllPhoneNumbersListed` イベントを、事実上

PhoneNumberFinder と同時に受信する。このフィルターの役目は非常にシンプルで、既存の連絡先の総数を数えるだけだ。しかし今回は、PhoneNumberExecutive が長期プロセスを開始させ、それが完了するまで追跡する。PhoneNumberExecutive は PhoneNumbersPublisher を再利用するかもしれないし、しないかもしれない。ここで重要なのは、先ほどの例と比べて何が変わったのかということだ。PhoneNumberExecutive は、アプリケーションサービスあるいはコマンドハンドラとして実装することになるだろう。これが長期プロセスの進捗を追跡しており、いつ処理が完了するのかやその後何が起こるのかを把握している。図4-9を参考に、長期プロセスのサンプルを見ていこう。

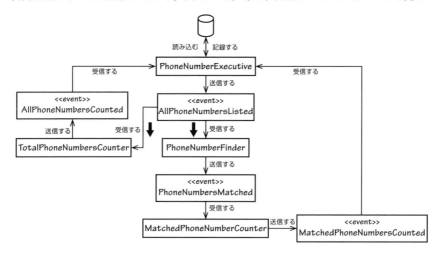

図4-9：単一の長期プロセス実行者が同時に複数の処理を開始し、それが完了するまで追跡する。太い矢印が、並列処理が始まる場所を表す。ここで、二つのフィルターが同じイベントを受信する

　最初のイベントを二つのコンポーネントが購読しているので、どちらのフィルターも、同じイベントを事実上ほぼ同時に受信する。最初からあったほうのフィルターの動きは先ほどと同じで、303 というパターンにマッチする行を探す。新しく追加したフィルターは、総行数を調べ、それが終わったら AllPhoneNumbersCounted イベントを送信する。このイベントには、連絡先の総数が含まれている。仮に15件の連絡先が含まれていたとすると、このイベントの count プロパティは15に設定される。

　そして PhoneNumberExecutive は、MatchedPhoneNumbersCounted と AllPhoneNumbersCounted の両方を購読することになる。これら両方のドメインイベントを受け取って初めて、一連の処理が完了したと判断する。その時点で、両方の処理の結果をひとつにまとめる。実行者がログに記録する内容は、以下のとおりだ。

```
3 of 15 phone numbers matched on July 15, 2012 at 11:27 PM
```

　先ほどの例に比べてログの出力内容は増えて、登録されている電話番号の総数も出力されるようになった。この結果を得るために行ったタスク自体はシンプルなものだったが、ここではそれを並列で

>
> **長期プロセスの設計方法あれこれ**
>
> 長期プロセスの設計方法を、三通りとりあげる。おそらく他にも方法はあるだろう。
>
> - プロセスを複数のタスクの組み合わせとして定義し、実行者コンポーネントに追跡させる。このコンポーネントは、各タスクの完了状況などを永続オブジェクトに記録する。ここでは、主にこの手法について議論する。
> - プロセスを集約群として定義し、アクティビティ群の中で協調させる。ひとつあるいは複数の集約のインスタンスが実行者として働き、プロセス全体の状態を管理する。これは、Amazon の Pat Helland が推奨する方法だ [Helland]。
> - ステートレスなプロセスを設計し、イベントを運ぶメッセージを受け取るメッセージハンドラが、受け取ったイベントにタスクの進捗情報を追加した上で、次のメッセージを送信させるようにする。プロセス全体の状態が保持されるのは各メッセージの中だけであり、それを次々と受け渡していく。

処理した。仮にいずれかのサブスクライバコンポーネントを別のノードに配置したとすると、一連の処理は分散処理になる。

しかし、この長期プロセスがいいこと尽くしだというわけではない。この時点で `PhoneNumberExecutive` には、二種類の完了通知イベントが同じ処理に関するものなのかどうかを知るすべがない。仮にこの処理を複数回実行し、その完了通知イベントが実行順とは違う順番で届いたとしたら、届いたイベントが何回目の処理に関するものなのかがわからなくなってしまう。今回のサンプルでは、そんな事態はまず起こりえないものだとみなした。しかし、実際の業務では、長期プロセスの対応を間違えてしまうのは致命的だ。

そのような状況に対応するための第一歩は、**プロセスごとに、一意な識別子を割り当てる**ということだ。この識別子を、受け渡しするドメインイベントに含めておけばいい。長期プロセスを開始させた最初のドメインイベント（今回の場合なら `AllPhoneNumbersListed`）の識別子と同じものを使いまわしてもいいし、プロセスごとに UUID（Universally Unique Identifier）を割り当ててもいい。一意な識別子を付与する方法については、第 5 章「エンティティ」および第 8 章「ドメインイベント」を参照すること。これで `PhoneNumberExecutive` は、同じ識別子を持つ完了通知イベントがそろったときにだけ、ログに書き出せるようになる。しかし、すべての完了通知イベントを受け取るまで実行者をただ待たせておくことは期待できない。配送されるイベントを受け取って処理するのは、イベントのサブスクライバだ。

実際のドメインでは、プロセスの実行者のインスタンスごとに、新たな集約などを作ってステートオブジェクトとし、処理が完了するまでの状態を追跡する。ステートオブジェクトはプロセスの開始時に作成し、関連するドメインイベントの一意な識別子と結びつける。それだけでなく、プロセスの開始時刻も保持しておくと役立つだろう（その理由は、後ほど説明する）。プロセスの状態追跡オブ

>
> **コラム　実行者と追跡者**
>
> **実行者**と**追跡者**の役割は、ひとつの集約オブジェクトにまとめたほうがシンプルになるのではないかと考える人もいるだろう。ドメインモデルの一部として、全体のプロセスの一部を自然に追跡するそのような集約を実装することは、適用範囲の広いテクニックだ。そんな人たちのために、必ず存在する集約に加えて、追跡者を個別の状態マシンとして切り出すことはやめた。実際、最も基本的な長期プロセスが、まさにこの方式で実装されている。
>
> ヘキサゴナルアーキテクチャでは、ポートとアダプターからなるメッセージハンドラが、メッセージをアプリケーションサービス（あるいはコマンドハンドラ）に振り分ける。そして、それらが対象の集約を読み込み、適切なコマンドメソッドに処理を委譲する。この集約がドメインイベントを発生させると、集約の担当する処理が完了したことを示すものとして、そのイベントが発行される。
>
> この手法は、Pat Helland が推奨する方法に沿ったものだ。彼はこれを、**パートナーアクティビティ**と呼んでいる [Helland]。コラム「長期プロセスの設計方法あれこれ」で二番目に紹介しているのが、この方法である。しかし、理想を言えば、実行者と追跡者を別々にするほうが、全体的な技術を伝えるうえでは有効だ。そして、学ぶ側にとっても、そのほうが直感的に学べるだろう。

ジェクトを図 4-10 に示す。

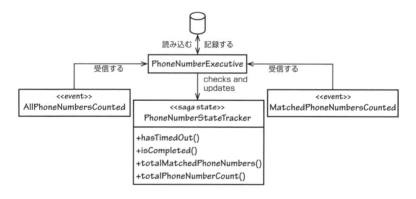

図4-10：`PhoneNumberStateTracker` が、長期プロセスの進捗を追跡する。追跡者は集約として実装する

　並列処理における各パイプラインが完了するたびに、実行者がそれに対応する完了通知イベントを受け取る。受け取った実行者は、そのイベントに含まれるプロセス識別子を使って、プロセスの状態追跡用のインスタンスを取得する。そして、その処理が完了したことを、状態追跡用インスタンスのプロパティに設定する。

　プロセスの状態追跡用インスタンスは、`isCompleted()` のようなメソッドを持っていることが多い。各ステップが完了して追跡者に記録されるたびに、実行者が `isCompleted()` をチェックする。このメソッドは、すべての並列処理の完了が記録されているかどうかを調べる。このメソッドが `true` を戻すと、（業務的に必要ならば）実行者が最後のドメインイベントを発行できるようになる。最後にイベントを発行する必要が出てくるのは、たとえばその処理全体が、別のもっと大規模なプロセスの

一部になっている場合などだ。

メッセージングの仕組みによっては、各イベントが**たった一度だけ配送される**という保証ができないものもある[8]。もし同じドメインイベントのメッセージが複数回配送される可能性があるのなら、この状態追跡用オブジェクトを使えば、重複を排除することができる。これは、メッセージング機構の側での何らかの機能が必要なものだろうか？　メッセージング機構が提供する機能に頼らずに、これに対応する方法を考えてみよう。

完了通知イベントを受け取るたびに、**実行者が状態追跡用オブジェクトをチェックして、同じイベントの完了記録が登録済みでないかどうかをたしかめればいい**。もし登録済みなら、今受け取ったイベントは重複しており、無視できるものとみなせる。ただし、受信したという確認は返す[9]。もうひとつの選択肢としては、**状態追跡用オブジェクトが冪等になるよう設計する**という方法がある。もし同じメッセージを二度受け取っても、状態追跡用オブジェクトがその重複を吸収し、記録される結果は変わらなくなる。後者の選択肢は状態追跡オブジェクトそのものを冪等になるよう設計しているが、どちらの手法であっても、最終的には冪等なメッセージングに対応することになる。イベントの重複排除についての詳細は、第8章「ドメインイベント」を参照すること。

プロセスの完了状況の追跡に、時間的な制約がかかることもある。そんな場合のために、プロセスのタイムアウトを扱うことができる。プロセスの状態追跡用オブジェクトには、イベントが始まったときの時刻も保持できたことを思い出そう。それに加えて、許容される処理時間の最大値を定数や設定で保持しておけば、時間的な制約のある長期プロセスも実行者が管理できるようになる。

受動的なタイムアウトチェックは、実行者がプロセスの完了通知イベントを受信するたびに行う。実行者が、状態追跡オブジェクトを取得して、タイムアウトが発生しているかどうかを確認する。そのために、たとえば`hasTimedOut()`などという名前のメソッドを用意することになるだろう。この受動的なタイムアウトチェックで制限時間を越えていることがわかった場合は、プロセスの状態追跡オブジェクトに、そのプロセスを破棄するよう指示すればいい。また、プロセスが失敗したことを表すドメインイベントを発行することもできる。受動的なタイムアウトチェックのデメリットは、何らかの理由で一部のイベントの完了通知イベントが実行者に届かなかったときに、そのイベントがずっと有効なままになってしまうという点だ。より大規模な別のイベントの進行が、このプロセスの成否に依存しているなどといった場合、このデメリットは受け入れられないかもしれない。

能動的なタイムアウトチェックは、外部のタイマーを使えば実現できる。たとえばJavaなら、JMXの`TimerMBean`のインスタンスを使う方法がある。プロセスの開始時に、タイムアウトの閾値をこのタイマーに設定する。指定した時刻に達すると、リスナがプロセスの状態追跡オブジェクトにアクセスする。もしまだプロセスが完了していなかったら（これは常にチェックする。プロセスの完了を

---

[8] 必ず届くことを保証するという意味ではなく、一度だけ届く（複数回届くことはない）ことを保証するという意味。

[9] メッセージングシステム側で受信確認を受け取れば、同じメッセージがもう一度配送されることはなくなるだろう。

告げる非同期イベントが発生した場合に備えたものだ)、そのプロセスを破棄するよう指示する。そして、プロセスが失敗したことを表すドメインイベントを発行する。指定した時刻に達する前にプロセスの完了が設定されたら、タイマーはその時点で終了する。能動的なタイムアウトチェックのデメリットは、外部のタイマー用のリソースが必要となる点だ。高トラフィックの環境では、これが負担になってしまうかもしれない。また、タイムアウトの発生と完了通知イベントの到達の間でレースコンディションが発生して、誤判定を起こしてしまう可能性もある。

　長期プロセスは分散環境での並列処理が絡むことが多いが、分散トランザクションについては何も打つ手がない。結果整合性があればよしとする心構えが求められる。長期プロセスをまじめに設計するには、あらゆる作業が必要になる。インフラストラクチャやタスク自体に障害が発生する可能性も考慮しなければいけないし、エラーからの復旧についてもきちんと考えておくことが不可欠だ。長期プロセスに関わるすべてのシステムは、基本的に他のシステムとの整合性が保たれていないものだと考えなければいけない。実行者が最後の完了通知を受け取って初めて、すべてのシステムの整合性が保たれた状態になる。たしかに、長期プロセスの中には、すべてが完了していなくても成功したとみなすものもあるし、すべての完了通知が揃うまでに数日単位の遅延が発生するものもある。しかし、プロセスの実行中にその参加者が整合性のない状態になってしまったら、その埋め合わせが必要になるかもしれない。もし埋め合わせが必須なら、その設計は、正常系よりもさらに複雑さを増してしまう。おそらくそれよりは、失敗することを受け入れて、ワークフローで解決することになるだろう。

━━━━━━━━━━━━ ･ ･ ･ ━━━━━━━━━━━━

　SaaSOvation の各チームは、境界づけられたコンテキストをイベント駆動アーキテクチャで扱うことにした。ProjectOvation チームは、最もシンプルな形式の長期プロセスで、Product のインスタンスに関連づけられた Discussions の作成を管理する。全体的なスタイルはヘキサゴナルアーキテクチャで、これをつかってメッセージングやドメインイベントの発行に対応する。

━━━━━━━━━━━━ ･ ･ ･ ━━━━━━━━━━━━

　見落としてはいけないのが、長期プロセスの実行者は、並列処理を開始するにあたっていくつかのイベントを発行するということだ。それぞれのイベントに対して、複数のサブスクライバがいるかもしれない。言い換えると、長期プロセスは、さまざまな業務プロセスのアクティビティが同時に動くことになりがちだということだ。今回採り上げたサンプルは、複雑性の面ではごくシンプルなものだ。

長期プロセスの基本概念を知ってもらうことを主眼とした。

　長期プロセスが有用なのは、レガシーシステムとの統合の際に、レガシーシステムのレイテンシが高くなる可能性がある場合などだ。レイテンシだとかレガシーだとかいうことには関わりがなかったとしても、分散処理や並列処理をうまく扱うためには有用だ。そうすれば、スケーラブルで可用性の高い業務システムを作れる。

　メッセージングシステムの中には、長期プロセスに対応する機能が組み込まれているものもある。これは大いに使えるだろう。その一例が [NServiceBus] で、サーガという機能が用意されている。また、同じような機能が [MassTransit] にも実装されている。

イベントソーシング

　ドメインモデル内のオブジェクトに発生する変更を、逐一追跡するような要件が出てくることもある。どの程度の変更までを追跡するのかは場合によって変わるだろうし、どうやって追跡するのかについても、さまざまな方法があるだろう。ありがちな例は、何らかのエンティティの作成日（作成者）と最終更新日（最終更新者）だけを追跡するというものだ。この程度の変更追跡なら比較的単純で、特に凝ったことをしなくても実現できる。しかしこれだけでは、モデル内の実際の変更点については、何の情報も得られない。

　もっと細かく変更を追跡したいという要望が高まると、より多くのメタデータを求められることになる。たとえば、具体的にどんな操作をしたのか（追加？　更新？　削除?）を記録するなどといったことが考えられる。さらには、個々の操作の所要時間も知りたくなるかもしれない。これらの要望を突き詰めると、監査ログや、より細やかなユースケースのメトリクスの記録が必要となる。しかし、これらにも限界はある。監査ログやメトリクスなどは、システムの中で何が起こったのかを教えてくれる。デバッグにも役立つかもしれない。しかし、ドメインオブジェクトに何らかの変更を加えたときに、その変更前後の状態を調べたりすることはできない。変更の追跡を、もう少し拡張することはできないだろうか？

　私たち開発者は、もっときめ細やかな変更追跡を、何らかの形式で体験しているはずだ。最も一般的な例としては、CVS・Subversion・Git・Mercurial などのソースコードリポジトリがある。この手のリビジョン管理システム全般に共通するのは、あるファイルにこれまで起こったすべての変更を追跡できるという点だ。これらのツールの変更追跡機能を使えば、指定した日時の時点での状態を再現することもできるし、最初の状態のソースコードを振り返ることもできる。そして、リビジョンをひとつずつ進めていくと、最新の状態までの道のりをたどることができる。すべてのソースファイルをリビジョン管理システムに登録すれば、開発のライフサイクルすべてにおいて、その変更を追跡できるようになる。

　さて、この概念を単一のエンティティに適用することを考えてみよう。そして、それを単一の集約にも適用し、さらにモデル内のすべての集約にも適用したとする。きっと、変更追跡オブジェクトの威力や、それがシステム内にもたらす価値を理解できることだろう。これを踏まえ、モデルに何が起こったから集約のインスタンスが生成されたのか、そしてその集約にどんな操作を適用してどんなこ

とが起こったのかを知るための、何らかの手段を開発したい。すべてのものについて何が起こったのかの履歴を残せれば、一時的なモデルにも対応できる。このレベルの変更追跡を主眼とするパターンが、イベントソーシングだ[10]。図 4-11 に、このパターンの概要を示す。

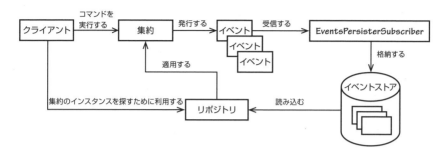

図4-11：イベントソーシングの概要図。集約がイベントを発行し、それを保存して、モデルの状態変更の追跡に利用する。リポジトリがイベントストアからイベントを読み込み、それを適用して集約の状態を復元する

　イベントソーシングという用語にはさまざまな定義があるので、ここではっきりさせておこう。ここでのイベントソーシングとは、ドメインモデル内の任意の集約のインスタンス上で実行されたすべての操作コマンドを、その実行結果を示す少なくともひとつのドメインイベントとして発行することを言うものとする。個々のイベントは、発生した順に**イベントストア** (8) に格納される。集約をリポジトリから取得する際に、過去に発生したイベントをその発生順に適用して、インスタンスを再現する[11]。つまり、まずは最初のイベントにさかのぼり、集約が自分自身にそのイベントを適用して、自身の状態を変更する。次に二番目のイベントに移って、同じことを行う。この操作を直近のイベントまで繰り返すと、過去の操作を完全に再現したことになる。この時点で、集約は、直近のコマンドを実行した直後の状態になる。

 定義が定まっていない？
イベントソーシングの定義については、これまでにも精査を経て改良されてきた。本書の執筆時点でも、まだ完全に定まっているとはいえない。最新のテクニックの大半がそうであるように、改良していくことが不可欠だ。ここで説明する内容は、このパターンを DDD に適用する上でのエッセンスを取り出したものだ。一般的な考え方を踏まえたものなので、今後イベントソーシングの定義が変わることがあっても、使えることだろう。

　すべての集約インスタンスへの長期にわたる変更を考えると、何百何千何万ものイベントを適用し

---

[10] イベントソーシングに関する議論は、CQRS について理解していることが前提になる。CQRS については、先ほどの節でとりあげた。

[11] 集約の状態は、そこにいたるまでのイベントを合成したものだ。しかし、発生したときと同じ順でイベントを適用しないと、同じ状態にはならない。

なおすのには時間がかかるし、モデルの処理のオーバーヘッドになるのではないだろうか？　少なくとも、動きの激しいモデルについては、そういえるだろう。

　このボトルネックの回避策として、集約の状態の**スナップショット**を使った最適化が考えられる。バックグラウンドプロセスを用意して、メモリ上での集約の状態のスナップショットを、特定のタイミングでイベントストアに格納する。そのためには、集約をメモリに読み込む際に、現在の地点にいたるまでの間に発生したすべてのイベントを使う。それから、集約の状態をシリアライズして、そのスナップショットイメージをイベントストアに格納する。それ以降、新たに集約のインスタンスを作成するときには、直近のスナップショットを利用する。そして、それ以降のイベントを、先ほどの手順と同様にして適用すればいい。

　スナップショットは、ランダムに作るのではない。たとえば、イベントが何回発生するたびに作成するなど、あらかじめタイミングを決めておく。どの程度の間隔でスナップショットを作成するのかについては、チームのこれまでの経験から判断したり、あるいは何かの計測結果などを参考にして決めればいい。たとえば、集約の取得を最適化するには、イベント50回ごとにスナップショットをとるのがいいのか100回ごとがいいのか、あるいはもう少し間隔を広げたほうがいいのかといったように考える。

　イベントソーシングには、技術的なソリューションの方向性に大きく関わってくる。ドメインモデルにドメインイベントを発行させる際に、常にイベントソーシングが必要となるわけではない。永続化メカニズムとしてのイベントソーシングは、ORMツールを使うのとはまったく違うものだ。イベントがイベントストアに永続化されるときには、バイナリ形式になることがよくある。そんな場合は、格納されたデータに対する問い合わせは（現実的には）できないだろう。実際、イベントソーシング用に作られたリポジトリが必要とするのは単一のget／find操作だけで、このメソッドの引数で指定するのは、集約の一意な識別子だけだ。さらに、集約には、クエリメソッド（ゲッター）を意図的に持たせない。そのため、問い合わせには別の方法が必要になる。一般的には、先に説明したCQRSを、イベントソーシングと併用することになるだろう[12]。

　イベントソーシングは、ドメインモデルの設計方法について、まったく違う考え方を推し進めるので、なぜそれを使うのかを正当化する必要がある。基本的なところでは、イベントの履歴が、システムのバグの解決策を示してくれることがありえる。モデルに何が起こったのか、すべての履歴がきちんと残っている中でのデバッグには、大きな利点がある。イベントソーシングは、スループットの高いドメインモデルにもつなげられる。秒間のトランザクションがどんなに増えても大丈夫だろう。たとえば、単一のデータベーステーブルへの追加などは、非常に高速になる。さらに、CQRSのクエリモデルもスケールアウトできる。データソースへの更新は、イベントストアが新しいイベントで更新された跡にバックグラウンドで行われるからだ。これによって、クエリモデルを複数用意して、より多くのデータソースのインスタンスを利用して、クライアント数の増加にも対応できるようになる。

　しかし、単に技術的なメリットがあるというだけでは、顧客への売りにはならないかもしれない。

---

[12] CQRSはイベントソーシングなしでも単体で使えるが、その逆は現実的だとはいえない。

ここで少し、イベントソーシングを実装することによる、ビジネス的なメリットを考えてみよう。

- イベントストアに新しいイベント（あるいは修正したイベント）を投入してパッチを当て、問題を修正する。業務的にはいろいろ考えるべきこともあるが、もし許される状況なら、モデルのバグのせいで深刻な問題が発生しそうになったとしても、このパッチでシステムを救えるだろう。パッチには監査証跡が含まれているので、パッチを使えば、法的な観点でも安心だ。何をやっているかが明確で、追跡可能になるからだ。
- パッチを適用する以外にも、モデルへの変更の取り消しややり直しもできる。一連のイベントを再生すればいい。ただこれは、技術的にも業務的にもいろいろな影響がおよぶので、あらゆる場合に使えるとは限らない。
- ドメインモデルの正確な履歴をすべて管理できるので、「もしこうだったら？」という疑問を気軽に検討できる。実験的な拡張を施した集約に対して、格納されているイベントを適用すれば、仮説の検証ができる。仮想のシナリオを、実際の履歴データで検証できるとしたら、どんなに便利なことだろうか。これは、ビジネスインテリジェンスの手法としても使える。

ここであげたさまざまなメリットのうち、いくつかは、自分たちにもあてはまるのではないだろうか。

付録 A に、集約とイベントソーシングを組み合わせた、詳細な実装例を示す。そして、CQRS 用のビューがどのように描き出されるかを議論する。詳細は、[Dahan, CQRS] および [Nijof, CQRS] を参照すること。

4.8 データファブリックおよびグリッドベース分散コンピューティング

寄稿者：Wes Williams

ソフトウェアシステムは複雑化し、洗練されつつある。ユーザー数も増えて、「ビッグデータ」が必要になることもある。そんな中、昔ながらのデータベースによるソリューションが、パフォーマンスのボトルネックになることも出てきた。それでも、実際に巨大な情報システムを前にした組織は、何とかしてそれに対処せざるを得ない。データファブリック（グリッドコンピューティングと呼ばれることもある）[13]は、そんな場面で求められるパフォーマンスやスケーラビリティを提供する仕組みである。

データファブリックの利点のひとつは、ごく自然な方法でドメインモデルに対応しているので、イ

---

[13] ファブリックとグリッドが同義だというわけではない。しかし、これらのアーキテクチャ全体をとらえるときに、この二つの用語は同じものを指すことが多い。特に営業や販売の担当者は、これらを同じ意味の言葉として使うことが多い。いずれにせよ、ここでは**データファブリック**という用語に統一する。こちらの用語のほうが一般に、グリッドコンピューティングより広範囲の機能を含むものだからだ。

> **カウボーイの声**
>
>
>
> AJ:「ねえ、ちょっと教えてよ。一杯おごるからさ」
> LB:「悪いが、キャッシュしか受け付けないよ」

ンピーダンスミスマッチがほぼゼロになるということだ。分散キャッシュは、ドメインオブジェクト全般の永続化に簡単に対応できるし、集約ストア[14]としても機能する。簡単に言うと、ファブリックのマップベースのキャッシュ[15]に格納した集約は、キーバリューペアにおける「バリュー」の部分にあたる。集約の一意な識別子からキーを作成し、集約の状態そのものを何らかの形式にシリアライズして、それを値として保存する。

```
String key = product.productId().id();

byte[] value = Serializer.serialize(product);

// GemFire なら region、Coherence なら cache
region.put(key, value);
```

ドメインモデルの技術的な側面に沿った形でデータファブリックを使うことで、開発期間を短縮できるかもしれないという利点がある[16]。

ここでとりあげる例は、データファブリックがドメインモデルをどのように格納するのか、そしてシステムの機能をいかに分散させるのかを示すものだ。その際に、長期プロセスを使って CQRS やイベント駆動アーキテクチャをサポートする方法も探る。

データのレプリケーション

インメモリのデータキャッシュを考えたときにまず気になるのは、何らかの理由でキャッシュに障害が発生したときに、システムの情報が失われてしまうのではないかという点だ。実際、それは心配だろう。しかし、冗長化の仕組みがファブリックに組み込まれていれば、面倒なことにはならない。

---

[14] Martin Fowler が最近使い始めた用語だが、その概念自体は以前からあったものだ。
[15] GemFire ではリージョンと呼んでいるが、同じ概念のことを Coherence ではキャッシュと呼んでいる。本書での呼びかたは、**キャッシュ**に統一する。
[16] NoSQL プロダクトの中にも、同様に「集約ストア」として機能するものがある。これらもまた、DDD を実践するにあたっての技術的な側面をシンプルにしてくれるだろう。

ファブリックが提供するメモリキャッシュについて検討してみよう。ここでは、集約単位でひとつのキャッシュを使っているものとする。この場合、ひとつの集約型用のリポジトリは、それ専用のキャッシュに格納される。単一のノードしかサポートしないキャッシュは、きわめて脆弱で、単一障害点を作ってしまう。しかし、マルチノードキャッシュとレプリケーション機能を提供するファブリックなら、かなり信頼できる。冗長化のレベルは、障害が発生する可能性のあるノード数にもとづいて選べる。含めるノードが多ければ多いほど、障害の可能性は低下する。パフォーマンスとのトレードオフで、冗長化のレベルを考えることもできる。もちろん、集約への変更を確定させるために必要なレプリケーションノードの数が増えれば増えるほど、パフォーマンスへの影響は大きくなる。

ここで、キャッシュ（あるいはリージョン。ファブリックの実装によって呼びかたは異なる）の冗長化の例を示す。一方のノードが**プライマリ**、その他のノードが**セカンダリ**となる。プライマリに障害が発生すると、フェイルオーバー処理が行われ、セカンダリのいずれかが新しいプライマリとなる。かつてプライマリだったノードが障害から復旧すると、新しいプライマリに格納されたすべてのデータをそのノードに複製する。復旧したノードは、その後はセカンダリとして振る舞う。

フェイルオーバーノードを用意する利点は、それ以外にもある。ファブリックから発行されたイベントの送達保証ができるという点だ。集約の更新や、その結果としてファブリックから発行されたイベントは、決して失われることがなくなる。キャッシュの冗長化やレプリケーション機能は、業務上不可欠なドメインモデルのオブジェクトを格納する上で欠かせない機能だ。

イベント駆動のファブリックとドメインイベント

ファブリックの一番の機能は、イベント駆動形式における送達保証のサポートだ。多くのファブリックには、技術的なイベント処理が組み込まれている。キャッシュレベルおよびエントリレベルでのイベントの発生を、自動的に通知する仕組みだ。これを、ドメインイベントと混同してはいけない。たとえば、キャッシュレベルのイベント通知で知らされるのは、キャッシュの再初期化などで、エントリレベルのイベント通知で知らされるのは、エントリの作成や更新などだ。

しかし、オープンなアーキテクチャに対応しているファブリックなら、集約から離れてドメインイベントを直接発行できる方法があってしかるべきだ。発行するドメインイベントは、特定のイベント型（たとえば GemFire なら `EntryEvent`）のサブクラスでなければいけないかもしれない。しかし、得られるメリットを考慮すれば、これくらいの制約は許容できるだろう。

実際には、ドメインイベントをファブリックの中でどのように使うのだろう？　第 8 章「ドメインイベント」で議論するように、集約が使っているのは、シンプルな `DomainEventPublisher` コンポーネントだろう。ファブリック内のキャッシュにおいて、このコンポーネントは、発行されたイベントを特定のキャッシュ（リージョン）に書き込む。キャッシュされたイベントはその後、同期あるいは非同期のいずれかで、サブスクライバ（リスナ）に配送される。イベントキャッシュ（リージョン）の貴重なメモリを浪費しないために、すべてのサブスクライバによってイベントが認識されたら、そのエントリはマップから削除される。イベントが完全に認識されたとみなすのは、サブスクライバからメッセージキューあるいはメッセージバスにメッセージが発行されたときか、メッセージが CQRS

モデルの更新に用いられたときである。

ドメインイベントのサブスクライバは、そのイベントを使って、依存する他の集約を同期させるかもしれない。そのため、結果整合性は、このアーキテクチャによって保証される。

継続的クエリ

ファブリックの中には、継続的クエリと呼ばれるイベント通知方式に対応しているものがある。これは、クライアントがファブリックにクエリを登録して、そのクエリを満たすキャッシュの変更通知を受け取れるようになる仕組みだ。継続的クエリが使える場面のひとつとして考えられるのが、ユーザーインターフェイスコンポーネントだ。現在のビューに影響をおよぼす変更があれば、その通知を受けるようにできる。

さて、これがどう役立つのだろうか。CQRSのクエリモデルをファブリックで管理している場合は、この継続的クエリ機能をうまく適用できる。ビューテーブルの更新をビューに追跡させる代わりに、継続的クエリで登録しておいた通知が配送されてくるので、ビューの更新を即時に行える。クライアントから、GenFireの継続的クエリを登録する例を、以下に示す。

```
CqAttributesFactory factory = new CqAttributesFactory();

CqListener listener = new BacklogItemWatchListener();

factory.addCqListener(listener);

String continuousQueryName = "BacklogItemWatcher";

String query = "select * from /queryModelBacklogItem qmbli "
        + "where qmbli.status = 'Committed'";

CqQuery backlogItemWatcher = queryService.newCq(
        continuousQueryName, query, factory.create());
```

データファブリックはこれで、集約への変更にもとづくCQRSのクエリモデルへの更新情報を、指定した条件にマッチする場合は、`CqListener`が提供するクライアントコールバックオブジェクトに配送できるようになった。

分散処理

データファブリックの強力な利用法のひとつに、レプリケートされたキャッシュをまたがる分散処理をして、取りまとめられた結果をクライアントに返すことがある。これを使えば、ファブリックにイベント駆動の分散並列処理（長期プロセスを伴うものなど）をさせることができる。

この機能について説明するためには、GemFireおよびCoherenceにおける具体的な手法についても説明しておく必要があるだろう。プロセスの実行者は、GemFireならFunction、CoherenceならEntry Processorとして実装できる。どちらも**コマンド**パターン [Gamma et al.] におけるハンドラ

として機能し、レプリケートされた分散キャッシュをまたがって並列処理できる (この概念をドメインサービスとしてとらえることもできるだろうが、ここで行っていることは、ドメインを中心とした作業ではない)。一貫性を考慮して、ここでは、この機能を Function と呼ぶことにする。Function は、オプションでフィルターを受け取ることができ、その条件にマッチする集約だけを実行させるようにもできる。

サンプルの Function を見てみよう。これは、先ほど例示した、電話番号の件数を数えるプロセス用の長期プロセスを実装したものだ。このプロセスを、レプリケートされたキャッシュをまたがって並列処理するために、GemFire の Function を利用する。

```
public class PhoneNumberCountSaga extends FunctionAdapter {
    @Override
    public void execute(FunctionContext context) {
        Cache cache = CacheFactory.getAnyInstance();
        QueryService queryService = cache.getQueryService();

        String phoneNumberFilterQuery = (String) context.getArguments();
        ...
        // 疑似コード
        // - Function を実行して、MatchedPhoneNumbersCounted を取得する。
        //   - aggregator.sendResult(MatchedPhoneNumbersCounted)
        //     を実行して、答えをアグリゲーターに送る。
        // - Function を実行して、AllPhoneNumbersCounted を取得する。
        //   - aggregator.sendResult(AllPhoneNumbersCounted)
        //     を実行して、答えをアグリゲーターに送る。
        // - アグリゲーターは、それぞれの分散 Function が返す答えを自動的に
        //   積み上げて、その合計をクライアントに返す。
    }
}
```

次に示すのは、レプリケートされた分散キャッシュに対して、長期プロセスを並列に実行させるクライアントのサンプルコードだ。

```
PhoneNumberCountProcess phoneNumberCountProcess =
        new PhoneNumberCountProcess();

String phoneNumberFilterQuery =
        "select phoneNumber from /phoneNumberRegion pnr "
        + "where pnr.areaCode = '303'";

Execution execution =
        FunctionService.onRegion(phoneNumberRegion)
                .withFilter(0)
                .withArgs(phoneNumberFilterQuery)
                .withCollector(new PhoneNumberCountResultCollector());

PhoneNumberCountResultCollector resultCollector =
```

```
            execution.execute(phoneNumberCountProcess);

List allPhoneNumberCountResults = (List) resultsCollector.getResult();
```

もちろん、実際のプロセスは、この例よりもずっと複雑になるかもしれないし、逆にずっとシンプルになるかもしれない。これは、プロセスが必ずしもイベント駆動の概念だとは限らないことも示している。その他の並列分散処理の手法とも、うまくかみ合うものだ。ファブリックベースの分散処理や並列処理についての詳細は、[GemFire Functions] を参照すること。

4.9　まとめ

本章では、DDD と組み合わせて使えるさまざまなアーキテクチャスタイルや、アーキテクチャパターンについて扱った。すべてを網羅したわけではない。他にもさまざまな可能性があるだろう。それこそが、DDD の多用途性を示している。たとえば、Map-Reduce を使っている場面で DDD を適用する方法などは、ここではとりあげなかった。これは、今後の議論の対象のひとつだ。

- 昔ながらのレイヤ化アーキテクチャをとりあげて、依存関係逆転の原則によってそれがどのように改良されるのかを議論した。
- おそらくは不朽の名作になるであろうヘキサゴナルアーキテクチャについて学んだ。これは、アプリケーションのアーキテクチャ全体を包括的に扱うスタイルのひとつだ。
- DDD を SOA の環境や REST と組み合わせる方法、そしてデータファブリックあるいはグリッドベース分散キャッシュを使う方法を扱った。
- CQRS の概要をつかみ、うまく使えばアプリケーションをシンプルにできるであろうことを学んだ。
- イベント駆動の概念について、さまざまな側面からとりあげた。パイプとフィルター、長期プロセス、そしてイベントソーシングについても少しだけ扱った。

次の章からは、DDD の戦術的モデリングに進む。これらの章は、よりきめ細やかなモデリングの選択肢を、自由自在に使いこなす手助けになることだろう。

第 5 章

エンティティ

> 私がチェビー・チェイスです。そしてみなさんは……、そうじゃない。
>
> – Chevy Chase

　開発者たちは、ドメインよりもデータを気にする傾向がある。これは、DDD にあまりなじみのない人たちにありがちなことだ。というのも、ソフトウェア開発の世界では、データベースを重視する手法が主流だったからだ。豊かな振る舞いを備えたドメインの概念を設計するのではなく、まずはデータの属性（カラム）と関連（外部キー）を考えてしまう。その結果、データモデルがオブジェクトにそのまま反映され、「ドメインモデル」のほぼすべての概念が、ひとつの**エンティティ**と大量のゲッター／セッター群になってしまう。これは、ツールなどで簡単に自動生成できるだろう。プロパティへのアクセサには何の罪もないが、DDD のエンティティがやるべきことは、それだけではない。

　SaaSOvation の開発者たちは、罠にはまってしまった。彼らがエンティティを設計したときに得た教訓から学ぼう。

本章のロードマップ

- 一意なモノをモデリングする必要があるときに、なぜエンティティが適切な場所なのかを考える。
- エンティティ用の一意な識別子を生成する方法を調べる。
- 設計の現場に立ち寄り、チームが**ユビキタス言語** (1) をとらえたエンティティを設計するようすを見る。
- エンティティの役割と責務を表現する方法を学ぶ。
- エンティティの検証と永続化の実例を見る。

5.1　なぜエンティティを使うのか

　ドメインの概念をエンティティとして設計するのは、その同一性を気にかけるときだ。つまり、システム内の他のオブジェクトとの区別が必須の制約となっているときである。エンティティは一意なものであり、長期にわたって変わり続けることができる。変わりかたはさまざまなので、オブジェク

トが、かつてあった状態からまったく変わってしまうこともあるだろう。しかし、見た目が変わっても、それらは同一のオブジェクトである。

　オブジェクトが変更されたときに、いつ誰がどのように変更したのかを記録しておきたくなるかもしれない。あるいは、オブジェクトの現在の状態を見れば以前の状態からの変更点がわかるので、変更を明示的に追跡する必要がないこともある。変更履歴の詳細を追跡しないことにした場合でも、オブジェクトができてから起こった一連の変更を調べて、議論することはできる。エンティティには一意な識別子があって、変化するという特性がある。これが**値オブジェクト** (6) とは異なる点だ。

　エンティティが適切な選択肢とはならない場合もある。エンティティの誤用は、私たちが思っているよりもはるかに多い。たいていは、本来なら値としてモデリングすべき概念をエンティティとしてしまうような使いかただ。もしこの考えに同意できないようなら、DDD はあなたの業務のニーズには合わないかもしれない。CRUD ベースのシステムのほうが、しっくりくるのではないだろうか。もしそのほうがうまくいくのなら、そうしたほうがいい。時間と資金を節約できる。問題は、この CRUD ベースの手法が、必ずしも貴重なリソースの節約になるとは限らないということだ。

　単なるデータベースのテーブル編集機能の開発に、無駄な手間をかけている企業がよくある。適切なツールを選ばなければ、CRUD ベースのソリューションはとても高くつくものになってしまう。CRUD で十分な場面なら、Groovy と Grails、あるいは Ruby on Rails などを使うのが最適だろう。適切なツールを選びさえすれば、時間と資金を節約できる。

カウボーイの声

AJ：「この CRUD[1]はいったい何なんだ？」
LB：「ああ、牛のパイさ！」
AJ：「俺だってパイがどんなものかくらいは知ってるさ。アップルパイとかチェリーパイとか、ああいうやつだろう？　これはどう見てもパイじゃないね」
LB：「『暑い日には絶対に牛のパイ[2]を蹴るな』ってね。うっかり蹴ってしまわなくてよかったな」

　逆に、本来使うべきではない場面（複雑で、DDD を使うに値するような場面）で CRUD を適用してしまうと、後で泣くことになる。複雑性が増すにつれて、ツールの選択を間違えたことによる制約に直面する。CRUD システムは単にデータをとらえるだけであって、洗練された業務モデルを作ることはできない。

　もし DDD に投資するに見合う業務であれば、エンティティをその目的どおりに使おう。

---

[1] 訳注：crud には「汚いもの・価値のないもの」という意味もある。
[2] 訳注：cow pie は「牛の糞」という意味。

> あるオブジェクトが属性ではなく同一性によって識別されるのであれば、モデルでこのオブジェクトを定義する際には、その同一性を第一とすること。クラスの定義をシンプルに保ち、ライフサイクルの連続性と同一性に集中すること。形式や履歴に関係なく、各オブジェクトを識別する手段を提供すること。……モデルは、同じものであるということが何を意味するかを定義しなければならない。[Evans]（90 ページ）

本章では、エンティティを適切に重視する方法を扱う。また、エンティティの設計に関するさまざまなテクニックを示す。

5.2 一意な識別子

エンティティの設計の初期段階では、そのエンティティを一意に特定するためにポイントとなる属性や振る舞いだけに注目する。これらは、エンティティへの問い合わせのときにも使えるものだ。主たる属性や振る舞いが定まるまでは、その他の属性や振る舞いについては意図的に無視する。

> 属性やふるまいに集中するよりは、エンティティオブジェクトの定義を、最も本質的な特徴にまで削ぎ落とすこと。特に、エンティティを識別するものや、それを検索し突き合わせるのに通常使用されるものが、そういう本質的な特徴だ。つけ加えるのはその概念にとって本質的なふるまいと、そのふるまいが必要とする属性だけにすること。[Evans]（91 ページ）

まずは、ここから始めよう。識別子の実装に関してさまざまな選択肢を持っておくこと、そして、長期にわたってその一意性を保証できることが重要だ。

エンティティの一意な識別子は、検索やマッチングのキーとして使えることもあれば、現実的には使いづらいこともある。キーとして使えるかどうかに大きくかかわってくるのが、人間にとっての可読性だ。たとえば、あるアプリケーションに、名前をキーにしてユーザーを検索する機能があるとする。この場合、名前を `Person` エンティティの一意な識別子とすることは、まずないだろう。同姓同名の人など、いくらでも存在する。一方、あるアプリケーションに、納税者 ID をキーにして企業を検索する機能があるとする。この納税者 ID は、`Company` エンティティの一意な識別子として、うまく使えるだろう。納税者 ID は、政府が発行する一意な ID だからである。

値オブジェクトは、一意な識別子の受け皿として使える。値オブジェクトは不変なので、識別子が変わらないことを保証でき、識別子に固有な振る舞いも一元管理できる。識別子としての振る舞いに注力しながらもシンプルであることで、その知識がモデルの他の部分やクライアントなどに漏れないように保てる。

識別子の一般的な作成方針を、いくつか検討する。シンプルで基本的なものから始めて、徐々に複雑なものに進める。

- ユーザーが、オリジナルの一意な値をアプリケーションに入力する。その一意性は、アプリケーション側で保証する必要がある。
- アプリケーションが内部的に識別子を生成する。その際には、一意性を保証できるアルゴリズムを使う。何らかのライブラリやフレームワークを使うこともできるし、アプリケーションが自前で行うこともできる。
- アプリケーションが、一意な識別子の生成をデータベースなどの永続化ストアに任せる。
- 別の**境界づけられたコンテキスト** (2)（システムあるいはアプリケーション）がすでに一意な識別子を定めており、ユーザーがその識別子を入力する。

個々の方針について、それぞれに特有の課題も含めて検討しよう。どんな技術的ソリューションであっても、ほぼ間違いなく副作用がある。たとえば、オブジェクトの永続化にリレーショナルデータベースを使った場合の副作用のひとつは、ドメインモデルの知識がデータベースに流出してしまうことだ。識別子の作成に関する検討事項として、識別子生成のタイミングがおよぼす影響や、リレーショナルデータベースからの参照用識別子をドメインオブジェクトに持たせること、そしてオブジェクトリレーショナルマッピング（ORM）の活用法などを取り上げる。また、一意な識別子を不変なまま維持するための指針についても考える。

ユーザーが識別子を指定する

　一意な識別子の詳細を、ユーザーに手入力してもらうという手法は、ごく単純なものに見える。ユーザーが、入力欄に何かの値を打ち込むなり選択肢から選択するなりして、その結果としてエンティティができあがる。たしかに、これはシンプルな手法だ。しかし、込み入ったことにもなりえる。

　複雑化の要因のひとつは、よくできた識別子を作れるかどうかがユーザーしだいになってしまうということだ。一意ではあるものの、間違った識別子を作ってしまうかもしれない。ほとんどの場合、識別子は変更不能なものなので、一度作った識別子をユーザーが変更できてはいけない。しかし、常にそうだというわけではない。ユーザーが識別子の値を修正できるようにしておくメリットがある場合もある。その一例を示そう。Forum や Discussion のタイトルを一意な識別子にしていたとして、タイトルを打ち間違えた場合や、最初のタイトルが後になって不適切だと判明した場合（図 5-1）はどうなるだろうか。タイトルを変更するコストは、どの程度になるだろう？　ユーザーに識別子を指定させる手法は手ごろなものだとしても、タイトルを変更させるのは、それほどお手軽にはいかないかもしれない。一意でかつ正しく、長持ちするような識別子の作成を、ユーザー任せにできるだろうか？

　この問題に関して、まずは設計面から考える。ユーザーに一意な識別子を設定させるときの、うっかりミスを防ぐような手法を、チームとして検討する必要がある。ワークフロー方式で、承認を経て識別子を確定させるという手法を使うと、そのドメインのスループットが下がってしまうだろうが、人間に読める形式の識別子を扱うのなら、この手法が最適だろう。作成と承認にひと手間かけた識別子が、ビジネスの全体にわたって長年使われるようになり、ワークフローに対応できるようにもなるというのなら、多少手間はかけてでも識別子の質を上げるのは、よい選択だろう。

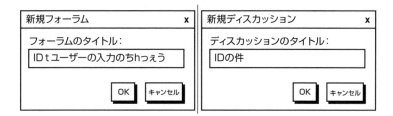

図5-1：フォーラムのタイトルにはスペルミスがあるし、ディスカッションのタイトルは何のことだかわかりづらい

　ユーザーが入力した値をエンティティのプロパティとして保持して、マッチングに使えるようにするけれども、一意な識別子としては使わないという選択肢もある。シンプルなプロパティなら、エンティティの状態に対する通常の操作として、何度でも変更できる。この場合は、別の手段で一意な識別子を用意する必要がある。

アプリケーションが識別子を生成する

　一意な識別子の自動生成には、信頼性の高い方法がいろいろある。しかし、アプリケーションが複数のコンピュータにまたがった分散環境上にある場合は、注意が必要だ。かなりの確率で完全に一意な識別子を作成できる方法には、**Universally Unique Identifier（UUID）** や **Globally Unique Identifier（GUID）** などがある。よく使われているパターンを以下に示す。これらの各ステップの結果をひとつの文字列にまとめたものが、識別子となる。

① 処理を実行するノード上の時刻（ミリ秒単位）
② 処理を実行するノードの IP アドレス
③ 仮想マシン内のファクトリオブジェクトのインスタンスの、オブジェクト識別子（Java）
④ 仮想マシン内で、同一のジェネレータが生成した乱数（Java）

　この結果は、128 ビットの一意な値になる。32 バイト（あるいは 36 バイト）の十六進形式の文字列で表すことが多い。36 バイトになるのは、ハイフン区切りの一般的なフォーマットを使った場合で、たとえば `f36ab21c-67dc-5274-c642-1de2f4d5e72a` のようになる。ハイフンを付加しない形式だと、32 バイトになる。いずれにせよ、とても人間が読める代物ではない。
　Java の世界には、UUID 生成器が標準で用意されている。Java 1.5 以降で使えるもので、`java.util.UUID` クラスを用いる。この実装は、Leach-Salz 形式にもとづいた、四種類の異なる生成アルゴリズムに対応している。この Java 標準 API を使えば、一意な識別子を簡単に生成できる。

```
String rawId = java.util.UUID.randomUUID().toString();
```

ここで使っているのはタイプ4で、暗号論的に強力な疑似乱数生成器（`java.security.SecureRandom`の生成器にもとづくもの）を利用する。タイプ3は名前ベースの暗号化手法で、`java.security.MessageDigest`を利用する。名前ベースのUUIDは、以下のようになる。

```
String rawId = java.util.UUID.nameUUIDFromBytes("Some text".getBytes()).toString();
```

また、疑似乱数生成器と暗号化を組み合わせることもできる。

```
SecureRandom randomGenerator = new SecureRandom();
int randomNumber = randomGenerator.nextInt();
String randomDigits = new Integer(randomNumber).toString();
MessageDigest encryptor = MessageDigest.getInstance("SHA-1");
byte[] rawIdBytes = encryptor.digest(randomDigits.getBytes());
```

あとは、配列`rawIdBytes`を十六進形式のテキスト表記に変換するだけだ。この変換は、簡単に実現できる。乱数を生成してそれを`String`に変換したら、それを**ファクトリ**[Gamma et al.]メソッド`UUID nameUUIDFromBytes()`に渡せばいい。

これ以外にも、識別子の生成手段はある。`java.rmi.server.UID`や`java.rmi.dgc.VMID`などがその一例だ。しかし、どちらも`java.util.UUID`には劣るので、ここでは扱わない。

UUIDは比較的高速に生成できて、データベースなどの外部とのやりとりも不要だ。仮に何かのエンティティを一秒間に何度も作ることがあったとしても、UUID生成器はそれに対応できる。ハイパフォーマンスが求められるドメインなら、ある程度のUUIDを事前に生成してキャッシュしておき、バックグラウンドで補充していくという手もある。サーバーの再起動などでUUIDのキャッシュが失われても、識別子に穴があくことはない。UUIDはすべて、ランダムに作られた値にもとづくものだからである。再起動後のサーバーのキャッシュにUUIDを補充するときに、失われたUUIDが悪影響をおよぼすことはない。

このように大きな識別子の場合、ごくまれに、メモリのオーバーヘッドなどで現実的には使えないなどということも起こりうる。そんな場合は、データベースが生成する8バイトの識別子を使えば、少しはましになるだろう。もう少し小さめの4バイトの整数値でも、20億かそこらの一意な値を用意できる。それでも十分かもしれない。これらの手法については、後ほど説明する。

以下の例を見てみよう。当然ながら、普通はこのUUIDをユーザーインターフェイス上に表示しようとは思わないだろう。

```
f36ab21c-67dc-5274-c642-1de2f4d5e72a
```

UUIDは、できることなら人間には見せないようにしておくほうがいいだろう。人間が読める形式で、それを参照できるようにしておけばいい。たとえば、URIを持つハイパーメディアリソースをメールなどでやりとりするときにも、同じような設計にしている。何らかのテキスト表現を使ってUUIDの奇妙な見た目を隠すようにすればいい。ちょうど、HTMLの`<a>テキスト</a>`におけるテキストの部分が、実際のリンク先を隠しているのと同じことだ。

十六進テキスト形式のUUIDについて、その各セグメントの一意性をどの程度信頼するのかにもよるが、全体を使うのではなく一部のセグメントだけで済ませるという選択も考えられる。ひとつの**集約** (10) に閉じた環境の中での**ローカル識別子**として使うのなら、短縮形でも十分信頼できるだろう。ローカル識別子とは、ある集約内に保持するエンティティについて、同じ集約内の他のエンティティとの間で一意でありさえすればいいというものだ。一方、集約のルートとして働くエンティティについては、グローバルで一意な識別子が必要になる。

今回私たちが用いる識別子生成器についても、UUIDの一部のセグメントだけを使うようにできる。いかにも作りものらしい例だが、`APM-P-08-14-2012-F36AB21C` という識別子を考えてみよう。25文字からなるこの識別子は、**アジャイルプロジェクト管理コンテキスト**（APM）の `Product` (P) で、2012年8月14日に作られたものを指している。最後の `F36AB21C` が、生成されたUUIDの最初のセグメントだ。同じ日に作った `Product` エンティティでも、この部分はすべて異なる。この方式のメリットは、人間にとっての可読性と、それなりの可能性でのグローバルな一意性を、両立させていることだ。得をするのは、ユーザーだけではない。この手の識別子を複数の境界づけられたコンテキスト間での受け渡しに使うと、開発者はすぐに、その出自を把握できる。SaaSOvationにとっては、この手法でも実用上問題なかった。というのも、集約はテナントごとに切り離されていたからだ。

この手の識別子を `String` で管理するのは、あまり好ましくない。識別子用の値オブジェクトを作ったほうがいいだろう。

```
String rawId = "APM-P-08-14-2012-F36AB21C"; // 何らかの仕組みで生成されたもの
ProductId productId = new ProductId(rawId);
...
Date productCreationDate =  productId.creationDate();
```

クライアントから、データの詳細情報（プロダクトの作成日など）を問い合わせられた場合でも、答えは簡単に用意できる。

クライアント側では、識別子のフォーマットを知っておく必要はない。以下のようにすれば、集約ルートである `Product` が、その作成日を公開できるようになる。その際に、作成日をどのように調べたのかをクライアントに知らせる必要はない。

```
public class Product extends Entity {
    private ProductId productId;
    ...
    public Date creationDate() {
```

```
            return this.productId().creationDate();
    }
    ...
}
```

識別子の生成を、サードパーティのライブラリやフレームワークに任せたいと思うこともあるだろう。Apache Commons の Sandbox にある Commons Id コンポーネントには、五種類の識別子生成器が含まれている。

永続化ストアの中にも、たとえば NoSQL の Riak や MongoDB のように、識別子の生成機能を持つものがある。たとえば、Riak に値を保存するときには HTTP の `PUT` メソッドを使うが、このときにはキーを指定する。

```
PUT /riak/bucket/key

[シリアライズしたオブジェクト]
```

一方、`POST` メソッドを使えば、キーを指定する必要はない。この場合、Riak が一意な識別子を自動生成する。識別子を最初に生成する方法と後で生成する方法のどちらがよいのかについては、本章の後半で議論する。

アプリケーションに識別子を生成させるときに、ファクトリの役割を務めるのは何なのだろう？集約ルートによる識別子の生成の場合には、私はその**リポジトリ** (12) を使うことが多い。

```
public class HibernateProductRepository
        implements ProductRepository  {
  ...
  public ProductId nextIdentity() {
      return new ProductId(java.util.UUID.randomUUID().toString().toUpperCase());
  }
  ...
}
```

識別子を生成する場所としては、ここが適切に思える。

永続化メカニズムが識別子を生成する

一意な識別子の生成を永続化メカニズムに任せることで、得られるメリットがいくつかある。たとえばデータベースのシーケンスを使えば、常に一意であることが保証されるだろう。

必要とされる値の範囲にあわせて、データベース側では、2 バイト、4 バイト、あるいは 8 バイトの一意な値を生成できる。Java の世界では、2 バイトの短整数型なら 32,767 までの一意な値を扱える。同様に、4 バイトの整数型なら 2,147,483,647 種類の値を扱えるし、8 バイトの長整数型なら 9,223,372,036,854,775,807 種類の識別子を区別できる。これらの数値をゼロ埋めのテキスト表現にしたところで、必要なサイズはそれぞれ、5 文字、10 文字、19 文字に過ぎない。これらを別の要素

と組み合わせて、複合型の識別子を作ることもできるだろう。

　弱点のひとつとして考えられるのは、パフォーマンスだ。データベースに一意な識別子を問い合わせるのは、アプリケーション内で生成するのに比べてはるかに時間を要する。この問題は、データベースにかかる負荷やアプリケーションの要件に依存する。パフォーマンス問題を回避する手段のひとつとしては、データベースから取得したシーケンス値を、アプリケーションにキャッシュしておくという手がある。たとえばリポジトリを使えばいい。これはこれでうまくいくだろうが、サーバーノードの再起動が必要になった場合などに、未使用の値を失ってしまうことが想定される。シーケンス値に空きが生じすることが許容できない場合や、比較的小さな数値（2バイト短整数型など）だけを扱う場合などは、事前に確保した値をキャッシュするという策はあまり現実的ではないだろう。失われた識別子をもう一度取得しなおすこともできるだろうが、トラブルが発生するリスクを考慮すると、そこまでやる価値があるとは思えない。

　もし識別子の生成を後回しにしてもかまわないのなら、事前割り当てやキャッシュのことは考えなくてもよくなる。Hibernate と Oracle のシーケンスを組み合わせた例を、以下に示す。

```
<id name="id" type="long" column="product_id">
    <generator class="sequence">
        <param name="sequence">product_seq</param>
    </generator>
</id>
```

同じ手法で、MySQL の自動インクリメント型のカラムを使った例を示す。

```
<id name="id" type="long" column="product_id">
    <generator class="native"/>
</id>
```

　きちんと動いてくれるし、Hibernate のマッピング定義を設定するのも非常に簡単だ。ひとつ問題があるとすれば、それは識別子の生成のタイミングだ。この件については、後で説明する。この項の後半では、識別子の早期生成に関する要件を考える。

生成のタイミング

エンティティの識別子の生成を、どのタイミングで行うかが問題となることもある。
識別子の**早期**生成とは、エンティティを永続化するよりも**前**に、生成と割り当てを行う。
識別子の**遅延**生成とは、エンティティを永続化する**そのときに**、生成と割り当てを行う。

　次に示すのは、早期生成に対応したリポジトリで、Oracle のシーケンスに問い合わせて次のシーケンス番号を取得する例だ。

```
public ProductId nextIdentity() {
```

```
    Long rawProductId = (Long)
        this.session()
            .createSQLQuery("select product_seq.nextval as product_id from dual")
            .addScalar("product_id", Hibernate.LONG)
            .uniqueResult();

    return new ProductId(rawProductId);
}
```

　Oracleが返すシーケンス値をHibernateは`BigDecimal`のインスタンスにマッピングするので、結果の`product_id`を`Long`に変換するよう、Hibernateに指示する必要がある。

　MySQLのように、シーケンスをサポートしていないデータベースの場合はどうすればいいのだろうか？　MySQLの場合は、カラムの値を自動インクリメントする機能がある。通常は、新たに行を挿入したときにしか、自動インクリメントは発生しない。しかし、MySQLの自動インクリメントを、あたかもOracleのシーケンスのように使う手もある。

```
mysql> CREATE TABLE product_seq (nextval INT NOT NULL);
Query OK, 0 rows affected (0.14 sec)

mysql> INSERT INTO product_seq VALUES (0);
Query OK, 1 row affected (0.03 sec)

mysql> UPDATE product_seq SET nextval=LAST_INSERT_ID(nextval + 1);
Query OK, 1 row affected (0.03 sec)
Rows matched: 1  Changed: 1  Warnings: 0

mysql> SELECT LAST_INSERT_ID();
+------------------+
| LAST_INSERT_ID() |
+------------------+
|                1 |
+------------------+
1 row in set (0.06 sec)

mysql> SELECT * FROM product_seq;
+---------+
| nextval |
+---------+
|       1 |
+---------+
1 row in set (0.00 sec)
```

　まず、MySQLのデータベースに`product_seq`テーブルを作った。次に、このテーブルに1行追加して、テーブルの唯一のカラムである`nextval`の値を0に初期化する。ここまでで、Productエンティティ用のシーケンスのエミュレータを用意できたことになる。次の二つの文で、シーケンス値の生成の実例を示す。まずは、このテーブルの唯一の行の`nextval`カラムの値を、1に増やす。このupdate文では、MySQLの`LAST_INSERT_ID()`関数を使って、`INT`型の値をひとつ増やした。関数の

パラメータとして渡した式がまず実行され、そしてその結果が、この関数の戻り値となって`nextval`カラムに代入される。パラメータとして渡した式 `nextval + 1` の結果は `LAST_INSERT_ID()` 関数にも保存され、次に `SELECT LAST_INSERT_ID()` が実行されたときには、その保存された値を結果として返す。最後に、テストとして `SELECT * FROM product_seq` を実行して、`nextval` の現在値が `SELECT LAST_INSERT_ID()` 関数の結果と同じであることを確認した。

Hibernate 3.2.3 は、ポータブルなシーケンスを実現するために `org.hibernate.id.enhanced.SequenceStyleGenerator` を用意している。しかしこれは、識別子の遅延生成（エンティティを追加する、そのときの生成）にしか対応していない。リポジトリ内でのシーケンスの早期生成に対応するためには、Hibernate や JDBC のカスタムクエリを用意する必要がある。以下の例は、`ProductRepository` の `nextIdentity()` メソッドを MySQL 用に実装しなおしたものだ。

```java
public ProductId nextIdentity() {
    long rawId = -1L;
    try {
        PreparedStatement ps =
            this.connection().prepareStatement(
                "update product_seq "
                + "set next_val=LAST_INSERT_ID(next_val + 1)");

        ResultSet rs = ps.executeQuery();

        try {
            rs.next();
            rawId = rs.getLong(1);
        } finally {
            try {
                rs.close();
            } catch(Throwable t) {
                // 無視
            }
        }

    } catch (Throwable t) {
        throw new IllegalStateException(
                "Cannot generate next identity", t);
    }

    return new ProductId(rawId);
}
```

JDBC の場合は、`LAST_INSERT_ID()` の結果を得るための二番目のクエリは不要だ。最初のクエリが、同じ結果を返してくれる。`ResultSet` から取得した `long` 値を使って、`ProductId` を作ればいい。

残る問題は、Hibernate から JDBC 接続を取得することだ。多少面倒ではあるが、これは不可能ではない。

```
private Connection connection() {
    SessionFactoryImplementor sfi =
            (SessionFactoryImplementor)sessionFactory;
    ConnectionProvider cp = sfi.getConnectionProvider();
    return cp.getConnection();
}
```

Connectionオブジェクトがなければ、PreparedStatementを実行してResultSetを取得することができない。これがなければ、ポータブルなシーケンスを使うのは不可能だ。

OracleやMySQLあるいはその他のデータベースのポータブルなインデックスを使うことで、よりコンパクトで一意性の保証された識別子を、エンティティの追加前に生成できるようになった。

別の境界づけられたコンテキストが識別子を割り当てる

別の境界づけられたコンテキストに識別子を割り当てさせるには、識別子の検索やマッチング、そして割り当てといった機能をそこに組み込む必要がある。DDDにおける統合については、第3章「コンテキストマップ」や第13章「境界づけられたコンテキストの統合」で説明する。

正確なマッチングが、最重要だ。ユーザーは、口座番号やユーザー名、メールアドレスなどの情報を指定して、望む結果を特定する必要がある。

あいまいな入力にもとづいた複数の結果を提示して、その中からユーザーに選択してもらうということも多い。その一例を図5-2に示した。ユーザーは、探しているエンティティを見つけるために、「あいまい検索」の条件を入力する。私たちは、外部の境界づけられたコンテキストのAPIにアクセスする。このAPIが、条件に似たオブジェクトを決定する。ユーザーは、複数の候補の中から特定の結果を選択する。選ばれた項目の識別子が、ローカルの識別子となる。このとき、外部のエンティティから、識別子以外にも何らかの状態（プロパティ）をコピーして、ローカルのエンティティに取り込むことがあるかもしれない。

図5-2：外部のシステムに識別子を問い合わせた結果。選択用のユーザーインターフェイスには、識別子を表示するかもしれないし、しないかもしれない。このサンプルでは、表示している

この流れは、同期処理を前提としている。参照している外部のオブジェクトで、ローカルのエンティティにかかわる変更があった場合は、どうなるだろう？　ローカル側では、外部のオブジェクトへの変更を、どうやって知ればいいのだろう？　この問題は、**イベント駆動アーキテクチャ** (4) と**ドメインイベント** (8) を組み合わせれば対応できる。ローカルの境界づけられたコンテキストに、外部システムが発行するドメインイベントを購読させればいい。関連するイベント通知を受け取ったら、ローカルシステム側でも集約エンティティを更新し、外部システム側での状態を反映させる。逆に、ローカルの境界づけられたコンテキスト側での変更を、外部のシステム向けにプッシュする必要も出てくるかもしれない。

　簡単なことではないが、実現できれば、より自立したシステムにつながる。そして、ローカルオブジェクトへの検索も減らせるだろう。これは、外部のオブジェクトをローカルにキャッシュすれば済むという問題ではない。さらに、外部の概念を、ローカルの境界づけられたコンテキスト用に変換する必要がある。その詳細は、第 3 章「コンテキストマップ」で説明した。

　これは、識別子作成の戦略の中でも最も複雑なものだ。ローカルのエンティティを維持するために、ローカルのドメインの振る舞いによる変更だけではなく、外部のシステムで起こった変更も考慮しなければいけない。この手法は、どうしても必要な場合にだけ使うようにしよう。

識別子生成のタイミング

　識別子の生成は、オブジェクトの生成時に行う（早期生成）か、永続化の際に行う（遅延生成）かのいずれかが考えられる。識別子を早期生成するのが重要なこともあれば、そうでないこともあるだろう。タイミングが問題になるとすれば、何が問題になるのかを知っておく必要がある。

　最もシンプルなケースを考えてみよう。新しいエンティティを永続化する（つまり、データベースに新しい行を追加する）そのときまで、識別子の割り当てを先送りしてもかまわないという場合だ。この場合を図 5-3 に示した。クライアントは、Product の新しいインスタンスを作成して、それを ProductRepository に追加する。Product のインスタンスを作るときには、まだその識別子は不要だ。そしてそのほうがありがたい。というのも、この時点ではまだ識別子が存在しないからだ。インスタンスを永続化するときになってはじめて、識別子が使えるようになる。

　いったいなぜ、識別子生成のタイミングが問題になるのだろう？　たとえば、外向きのイベントを購読しているクライアントがあると仮定しよう。このイベントは、新しい Product のインスタンスが作成されたときに発生するものだ。クライアントは、受け取ったイベントを**イベントストア** (8) に保存する。最終的に、保存されたイベントは、境界づけられたコンテキストの外部にいるサブスクライバたちに向けた通知として発行される。図 5-3 の手法を使うと、ドメインイベントを受け取った時点ではまだ、クライアントは新たな Product を ProductRepository に追加できないという状態になる。したがって、このドメインイベントには、新しい Product の正しい識別子が含まれなくなってしまう。ドメインイベントを正しく初期化するには、識別子の生成が早期に完了していなければいけない。図 5-4 は、その場合の流れを示したものだ。クライアントが識別子を ProductRepository に問い合わせて、取得した識別子を Product のコンストラクタに渡す。

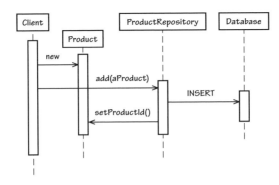

図5-3：一意な識別子を割り当てる、最もシンプルな方法。オブジェクトを永続化するときに、データベースが識別子を生成する

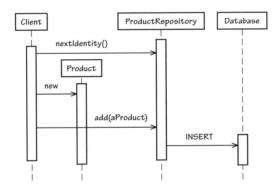

図5-4：ここでは、インスタンスを作成する際に、一意な識別子を**リポジトリ**に問い合わせて割り当てる。識別子生成が複雑化した部分は、**リポジトリ**の実装が隠蔽する

　識別子の生成を永続化の際まで遅らせたときに起こりうる問題が、もうひとつある。新しいエンティティを`java.util.Set`に追加する必要があるのに、まだその識別子が割り当てられていなければ、新しいエンティティの識別子がみな同じ（たとえば`null`や`0`や`-1`など）になるだろう。そのエンティティの`equals()`メソッドで識別子を比較すると、`Set`に新しく追加したエンティティはすべて、同じオブジェクトだとみなされてしまう。最初に追加したオブジェクトだけが正しく登録され、他のすべてのオブジェクトは無視されてしまう。これは、不可解なバグの原因になる。というのも、バグが見つかってもその根本原因にたどり着くのは難しく、その結果、修正も遅れるからだ。

　このバグを回避するには、以下のいずれかの対策を実行する必要がある。ひとつは、設計を変更して、識別子を早期生成するようにするという方法だ。そしてもうひとつは、`equals()`メソッドをリファクタリングして、ドメインの識別子以外で同一性を判断させるという方法だ。`equals()`メソッドに手を入れる方法を選んだ場合は、そのエンティティがまるで値オブジェクトであるかのように実装しなければいけない。その場合は、同じオブジェクトの`hashCode()`メソッドも、`equals()`メソッ

ドにあわせておく必要がある。

```
public class User extends Entity  {
    ...
    @Override
    public boolean equals(Object anObject) {
        boolean equalObjects = false;
        if (anObject != null &&
                this.getClass() == anObject.getClass()) {
            User typedObject = (User) anObject;
            equalObjects =
                this.tenantId().equals(typedObject.tenantId) &&
                this.username().equals(typedObject.username()));
        }
        return equalObjects;
    }

    @Override
    public int hashCode() {
        int hashCode =
            + (151513 * 229)
            + this.tenantId().hashCode()
            + this.username().hashCode();

        return hashCode;
    }
    ...
}
```

複数テナント環境の場合は、`TenantId` のインスタンスも一意な識別子の構成要素だと考える。異なる `Tenant` のサブスクライバである二つの `User` オブジェクトが、同一だとみなされるようなことがあってはいけない。

端的に言えば、`Set` に追加するような状況になったら、私は識別子の早期生成に切り替えるほうを好む。エンティティの `equals()` メソッドと `hashCode()` メソッドには、一意な識別子をもってオブジェクトの同一性を判断させるほうが望ましいからだ。

代理識別子

ORM ツールの中には、Hibernate のように、オブジェクトの識別子を自分たちの流儀で管理したがるものもある。Hibernate は、データベースのネイティブ型（数値のシーケンスなど）を、エンティティの識別子として使う。もしドメイン側で別の形式の識別子を使っているようだと、Hibernate との間にあまり好ましくない衝突が発生する。これを何とかするには、二種類の識別子を用意する必要がある。一方はドメインモデルの流儀にあわせた識別子で、そのドメインの要件に沿ったものだ。もう一方は Hibernate 用の識別子で、これは、いわゆる**代理識別子**となる。

代理識別子は、きわめて簡単に作れる。エンティティにひとつ属性を追加して、代理識別子用の型

を持たせればいい。一般的には、`long` や `int` を使うことになるだろう。それから、データベースのテーブルにもカラムをひとつ追加する。そのカラムに主キー制約を設定し、そこに一意な識別子を格納する。このカラムを、エンティティの Hibernate 用マッピング定義で`<id>`要素に対応させる。これは、そのドメイン固有の識別子とは何の関係もないことに注意しよう。あくまでも、ORM（ここでは Hibernate）のためだけに用意したものだ。

代理識別子用の属性は、外部からは見えないようにしておくといい。その属性はドメインモデルの一部ではないので、外部に漏洩させてはいけない。外部への漏洩が避けられないような場合もあるが、手順を踏めば、モデルの開発者やクライアントからこの属性を隠せるようになるだろう。

ここでセーフガードとして使えるのが、**レイヤスーパータイプ** [Fowler, P of EAA] だ。

```
public abstract class IdentifiedDomainObject
        implements Serializable  {

    private long id = -1;

    public IdentifiedDomainObject() {
        super();
    }

    protected long id() {
        return this.id;
    }

    protected void setId(long anId) {
        this.id = anId;
    }
}
```

この `IdentifiedDomainObject` がレイヤスーパータイプだ。この抽象クラスの `protected` なアクセサメソッドを使って、代理主キーをクライアントから隠蔽する。クライアントからこれらのメソッドが使われることを気にする必要はない。この基底クラスを継承したエンティティの**モジュール**(9) 以外からは、これらのメソッドが見えないからだ。別に、`private` 宣言してしまってもかまわない。Hibernate にとっては、メソッドやフィールドの可視性が何であっても問題はない。`public` でもかまわないし、`private` でもかまわない。このようなレイヤスーパータイプを追加すれば、楽観的並行性制御に対応できるなどのメリットもある。これについては第 10 章「集約」で改めて説明する。

Hibernate の定義で、代理識別子である `id` 属性をデータベースのカラムにマッピングする必要がある。ここでは、`User` クラスの `id` 属性を、データベースのテーブル上の `id` カラムにマッピングした。

```
<hibernate-mapping default-cascade="all">
    <class
     name="com.saasovation.identityaccess.domain.model.identity.User"
     table="tbl_user" lazy="true">
```

```xml
        <id
            name="id"
            type="long"
            column="id"
            unsaved-value="-1">

            <generator class="native"/>
        </id>
        ...
    </class>
</hibernate-mapping>
```

User オブジェクトを格納するために用意した、MySQL のテーブル定義を以下に示す。

```
CREATE TABLE 'tbl_user' (
    'id' int(11) NOT NULL auto_increment,
    'enablement_enabled' tinyint(1) NOT NULL,
    'enablement_end_date' datetime,
    'enablement_start_date' datetime,
    'password' varchar(32) NOT NULL,
    'tenant_id_id' varchar(36) NOT NULL,
    'username' varchar(25) NOT NULL,
    KEY 'k_tenant_id_id' ('tenant_id_id'),
    UNIQUE KEY 'k_tenant_id_username' ('tenant_id_id','username'),
    PRIMARY KEY ('id')
) ENGINE=InnoDB;
```

最初のカラムである id が、代理識別子だ。また、カラム定義の最後の行では、この id をテーブルの主キーとして宣言する。代理識別子とドメインの識別子は、区別できる。tenant_id_id と username の二つのカラムが、ドメイン内で一意に特定するための識別子となる。これらを使った複合ユニークキーとして、k_tenant_id_username を宣言する。

ドメインの識別子は、必ずしもデータベースの主キーでなくてもかまわない。代理識別子としての id をデータベースの主キーにしておけば、Hibernate をうまく利用できる。

データベースの代理主キーは、データモデル全体を通して他のテーブルの外部キーとしても使える。これを用いて、参照整合性を確保できる。社内のデータ管理（監査対応など）や、何かのツールを利用するために、参照整合性を要求されるかもしれない。Hibernate の場合も、テーブルを連結した（一対多などの）マッピングをする際には、参照整合性が重要になる。また、テーブルのジョインによる問い合わせの最適化にも対応し、データベースの外部で集約を読む際の助けになる。

識別子の不変性

ほとんどの場合、一意な識別子は一度定めたら変更してはいけないものであり、そのエンティティが生きている間はずっと同じであるべきだ。

識別子の変更を防ぐための、簡単な対策がある。識別子のセッターを、クライアントから見えなく

すればいい。さらに、セッターの中で対策をしておくこともできる。そうすれば、当該エンティティ自身であっても、すでに定められた識別子の状態は変更できないように設定できる。この対策は、エンティティのセッターの中で、アサーションとして記述する。識別子のセッターの例を、以下に示す。

```java
public class User extends Entity {
    ...
    protected void setUsername(String aUsername) {
        if (this.username != null) {
            throw new IllegalStateException(
                    "username may not be changed.");
        }
        if (aUsername == null) {
            throw new IllegalArgumentException(
                    "The username may not be set to null.");
        }
        this.username = aUsername;
    }
    ...
}
```

この例の username 属性は User エンティティのドメイン識別子で、内部から一度だけしか設定できない。セッターメソッド setUsername() が一連の処理をカプセル化し、外部のクライアントからは見えなくしている。エンティティの public な振る舞いの中からこのセッターに処理を委譲されたときは、username 属性に null 以外の値が設定済みでないかどうかをたしかめる。すでに非 null の値が設定されていたら、変更不能な状態であることを示す IllegalStateException を投げる。この例外は、username がすでに設定済みであるとして扱わなければいけないことを表す。

>>> ホワイトボードの時間

- 現在のドメインの中から実際のエンティティをピックアップし、その名前を書き出してみよう。

  _____

  そのエンティティの一意な識別子は何だろう。ドメインの識別子は？ 代理識別子は？ それらの識別子を、今よりももっと優れた生成方法（あるいは生成タイミング）で扱うことはできるだろうか？

  _____

- それぞれのエンティティの隣に、そのエンティティではどの識別子生成手法を使うべきか（ユーザー、アプリケーション、データベース、他の境界づけられたコンテキスト）と、（仮に今すぐには変えられないとしても）なぜそうすべきなのかを書き込もう。
- 同じくそれぞれのエンティティの隣に、識別子を早期生成すべきなのか遅延生成でもかまわないのかを、その理由も含めて書き込もう。

  _____

それぞれの識別子の不変性を検討し、必要に応じて改良できそうなところを探してみよう。

このセッターは、永続化されたオブジェクトを Hibernate が再構築するときにも邪魔にはならない。オブジェクトを最初に作るときには、引数なしのデフォルトコンストラクタが呼ばれ、`username` 属性の初期値は `null` となる。そのため、その後の再初期化には問題はなく、Hibernate による初期値の代入はこのセッターで行える。永続化と復元の際に、アクセサを使わずフィールド（属性）に直接アクセスするよう Hibernate に指示すれば、この処理を完全に回避できる。

`User` の識別子を一度しか変更できないようにした処理が適切に動いているかどうかをたしかめるテストは、以下のようになる。

```java
public class UserTest extends IdentityTest {
    ...
    public void testUsernameImmutable() throws Exception {
        try {
            User user = this.userFixture();
            user.setUsername("testusername");
            fail("The username must be immutable after initialization.");
        } catch (IllegalStateException e) {
            // 想定どおりなので、何もしない
        }
    }
    ...
}
```

このテストは、モデルが実際にどのように動くかを示すものだ。このテストが成功すれば、`setUsername()` メソッドの保護機能がきちんと機能しており、非 `null` の識別子が書き換えられないことを証明できたことになる（保護機能やエンティティのテストについては、バリデーションのところで詳しく説明する）。

5.3　エンティティおよびその特性の発見

さて、SaaSOvation のメンバーが得た教訓から学んでいこう。

CollabOvation チームは当初、Java のコードで実体関連（ER）モデリングをやりすぎるという罠に陥っていた。データベースのテーブルやカラムに重きを置きすぎて、それをオブジェクトにどう反映させるのかだけを気にしていたのだ。その結果できあがるのは、**ドメインモデル貧血症** [Fowler, Anemic] に陥った、ゲッターやセッターだらけのモデル群だ。彼らはもう少し、DDD について考えるべきだった。**境界づけられたコンテキスト** (2) で示したように、セキュリティ関連の機能を切り出す必要性を認識したころには、ユビキタス言語に注力したモデリングをするようになっていた。これが、よい結果につながった。この節では、その後立ち上がった**認証・アクセスコンテキスト**のチームが、その教訓から何を得たのかを追う。

・・・

　境界づけられたコンテキストをきちんと切り分けて、それぞれのユビキタス言語を見つけ出せば、ドメインモデルを設計するために必要な概念や語彙が得られる。ユビキタス言語は、いきなり目の前に現れるわけではない。ドメインエキスパートとの綿密な議論や、要件の精査を経て、自分たちで見つけ出す必要がある。見つかった語彙は、何かのモノを表す名詞かもしれないし、それを描写する形容詞かもしれないし、モノの動きを表す動詞かもしれない。オブジェクトを蒸留すると単に名詞（クラスの名前になるもの）と動詞（主な動作を表すもの）だけになり、それさえ考慮すれば深い洞察を得られるのだという考えは、間違いだ。そんな風に考えてしまうと、本来モデルが持つ豊かさが、失われてしまう。手間を惜しまず、十分な議論と仕様のレビューを進めれば、よりよいユビキタス言語を見つけ出せる。この言語は、それまでの思考や努力、合意、そして妥協を反映したものになるだろう。最終的に、チームはこの言語を完璧に使いこなせるようになるし、モデルもその言語を明確に反映したものとなる。

　そのドメインの特別なシナリオをチームでの議論より長生きさせたければ、それをちょっとしたドキュメントにまとめておこう。最初のうちは、ユビキタス言語が用語集形式だったり、シンプルな利用シナリオを集めた形式だったりすることもある。しかし、ユビキタス言語を用語集やシナリオ集だととらえてしまうと、後で問題の元になってしまう。最終的に、その言語がコードでモデリングされることになる。ドキュメントをコードと同期させるのは、ほぼ不可能だ。

エンティティとプロパティの発見

　最も基本的な例からはじめよう。**認証・アクセスコンテキスト**において、SaaSOvation チームは `User` をモデリングする必要があることを認識している。たしかに、この例は**コアドメイン** (2) から取ったものではない。しかし、後ほどそちらの例も示す予定だ。この時点では、コアドメインに由来する複雑さを除外して、純粋にエンティティそのものに注力できるようにしたかった。教材としては、十分手ごたえのあるものだ。

　Userについてのチームの認識を、簡単なソフトウェア要件（ユースケースやユーザーストーリーとまではいかないもの）としてまとめた。ユビキタス言語を大まかに反映したものだ。今後、さらなる改良を要するだろう。

- ユーザーは、ひとつのテナントに関連づけられており、そのテナントの配下に属する。
- システムのユーザーは、認証済みである必要がある。
- ユーザーは個人情報を保持しており、名前や連絡先などがそこに含まれる。
- ユーザーの個人情報は、ユーザー自身あるいはマネージャーが変更することがある。
- ユーザーの認証情報（パスワード）を、変更することができる。

　チームは、注意深く見聞きする必要があった。さまざまな形式で**変更**という言葉が使われているのを見聞きすれば、間違いなく、そこでは何らかのエンティティを扱っているのだろう。「変更」という言葉には、「エンティティを変更する」以外にも「値を置き換える」意味もあるのはほぼ間違いないだろう。それ以外に、チームがどの構成要素を使うかを決める決め手となることがあっただろうか。たしかに、あった。鍵となる用語は**認証済み**で、これは、何らかの形式の検索機能を用意する必要があることを強く示唆していた。大量の何かを抱えていて、その中からひとつを見つけ出す必要があるのなら、そのひとつを他と区別するための識別子が必要になる。この検索機能は、あるテナントに属する大量のユーザーの中から一人を選び出す必要があるだろう。

　「ユーザーは、テナントの配下に属する」という文については、どう解釈すればいいだろう。ここで考えるべきエンティティはTenantであって、Userではないのではないだろうか？　ここにきて、**集約** (10) に関する議論が持ち上がる。この件については、後で独立した章としてまとめる。ちなみに、答えは「イエス。そしてノー」だ。Tenantエンティティが存在するかと聞かれれば「イエス」だし、Userはエンティティではないのかと聞かれれば「ノー」だ。どちらも、エンティティとなる。なぜTenantとUserがそれぞれ異なる集約の**ルート** (10) になるのかについては、第10章を参照するこ

と。そう、User も Tenant も、結局のところは集約になる。しかしこの時点では、チームはその件を考えないことにした。

各 User は一意に識別可能で、他とは明確に区別できなければいけない。User はまた、変更にも対応しなければいけない。これは明らかに、エンティティだ。この時点では、User の中で個人情報をどのように保持するかについては気にしない。

先述の要件のうち、最初のものについて、その意味をもう少し明確にする必要があった。

- ユーザーは、ひとつのテナントに関連づけられており、そのテナントの配下に属する。

この文に少し付け加えるなり言葉づかいを変えるなりすれば、「テナントがユーザーを所持しているが、**ユーザーを収集したり包含したりはしていない**」ことを明確にできるだろう。このときには、注意が必要だ。技術的、そして戦術的なモデリングの詳細にまで立ち入るつもりはないからだ。この要件は、チームの全員が理解できるものでなければいけない。結局、次のようにした。

- テナントは、招待制で、多くのユーザーの登録を受け付ける。
- テナントには、アクティブな場合と非アクティブな場合がある。
- システムのユーザーは、認証済みである必要がある。ただし、テナントがアクティブなときしか認証できない。
- ……

なんということだろう！　チームで議論を進めることで、言葉づかいに関する問題をすっきりさせただけではなく、要件をずっと意味のあるものにできた。元の「ユーザーがテナントの配下に属する」という文では不完全なところがあると気づいたのだ。実際は、こうだった。テナントは、招待したユーザーからの登録だけを受け付ける。テナントにはアクティブなときとそうでないときがあることを明記するのも重要だった。ユーザー認証ができるのは、テナントがアクティブなときだけだからだ。ひとつの要件を完全に説明しなおして、別の要件も追加し、さらに三番目の文で要件をより明確にした。これらによって、実際に何が起こるのかを、より正確に定義できるようになった。

ここまでの作業によって、何がユーザーのライフサイクルを管理するのかに関するあいまいな部分をすべて取り除き、何がユーザーを所有するのかや、状況によってはユーザーが使えない場合もあるということを明確にした。これらは、ここで把握しておくべき重要なシナリオだった。

ここにきて、ユビキタス言語の用語集が生まれつつあるようだ。しかしまだ、定義を明確にするために必要な情報はそろっていない。チームは、ここで少し時間を取って、用語集の項目をあげていった。

ここまでで見つけた二つのエンティティを図 5-5 に示す。次に考えるべきことは、これらを一意に識別するためにはどうすればいいのかと、同じ型の多数のオブジェクトの中から検索する際に、追加のプロパティとして何が必要なのかだ。

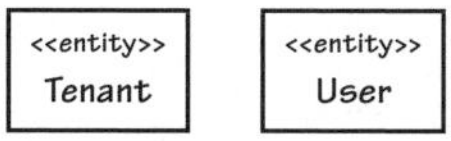

5.3 エンティティおよびその特性の発見

```
<<entity>>        <<entity>>
  Tenant            User
```

図5-5：初期に発見した二つの**エンティティ**である、Tenant と User

　チームは、完全な UUID を使って Tenant を一意に識別することにした。識別子の割り当ては、アプリケーションに行わせる。識別子が長いテキストになってしまうが、一意性を保証するだけではなく、個々のサブスクライバのセキュリティを確保するためにも必要なことだ。ランダムな UUID を再現して所有者のデータにアクセスすることは、誰にとっても難しいだろう。また、各 Tenant に属するエンティティを、別の Tenant に属するものとは明確に切り離しておく必要もあった。この手の要件を記しておく理由は、テナントのサブスクライバ（競合他社）の、ホストされたアプリケーションやサービスにおけるセキュリティ問題に対応するためだ。システム内のすべてのエンティティはこの一意な識別子によって特定され、エンティティを探すクエリには、どんなクエリであっても一意な識別子が必要になる。

　テナントの一意な識別子は、エンティティではない。これは、ある種の値だ。さて、この識別子用に、専用の型を用意すべきだろうか。それとも、単純に String にしておけばいいのだろうか。

　識別子に対して、**副作用のない関数** (6) を用意する必要はないだろう。今回の識別子は単に、大きな数を十六進形式のテキストで表したものだ。しかしこれは、幅広く使われる。すべてのコンテキストにある、他のすべてのエンティティ上で使われることもあるだろう。この場合は、強力な型付けがあれば便利だ。値オブジェクト TenantId を定義すれば、サブスクライバが持つすべてのエンティティが適切な識別子を持っていることを、よりきちんと保証できる。図 5-6 は、Tenant および User の両エンティティに対してこれをモデリングした例だ。

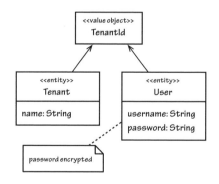

図5-6：**エンティティ**を発見して命名したあとで、それを一意に識別する属性／プロパティを見つけて、他から発見できるようにする

　Tenant には、名前がなければいけない。name は、シンプルな String の属性にする。特別な振る舞いを持たないからだ。name は、問い合わせを解決する際に役立つ。たとえばヘルプデスクの担当

者は、`name` を元に `Tenant` を探してから、問い合わせの対応を行う。つまり、これは必須の属性であり、「固有の特性」である。`name` には、他のすべてのサブスクライバの間で一意でなければいけないという制約もあるが、この段階では、それはまだ気にしなくてよい。

それ以外の属性も、サブスクライバごとに関連づけられることだろう。たとえば、保守契約の情報、アクティベート用の PIN、支払や請求の情報、所在地、連絡先などだ。しかしこれらは、業務的な関心事であって、セキュリティとは関係ない。**認証・アクセスコンテキスト**で扱う範囲を広げすぎるのは、自滅への道を歩むようなものだ。

サポートの管理は、別のコンテキストで行う。名前を元にテナントを特定できたら、ソフトウェア内ではその一意な `TenantId` が使えるようになる。これを使って、**サポートコンテキスト**や**請求コンテキスト**、**顧客関係管理コンテキスト**などにアクセスすることになるだろう。保守契約の情報や所在地、そして顧客の連絡先などは、セキュリティとはほぼ無関係だ。しかし、サブスクライバの名前を `Tenant` と関連づけることで、サポート担当者は、すばやくサポートを提供できるようになる。

`Tenant` についての検討を終えたチームは、次に `User` エンティティに目を向けた。その一意な識別子たるものは、何だろう？ たいていの識別システムは、一意なユーザー名をサポートしている。何を持ってユーザー名とするかはどうでもよくて、ひとつのテナント内で一意でありさえすれば、それでいい（ユーザー名が、複数のテナントをまたがって一意である必要はない）。自身のユーザー名は、各ユーザーが自由に決められるものとする。サブスクライバ側でユーザー名に対して何らかのポリシーを掲げている場合や、外部のシステムによって名前が決まる場合などは、登録するユーザーに、その制約にしたがってもらう必要がある。今回はシンプルに、`User` クラスに `username` 属性を宣言することにした。

要件のひとつとして、セキュリティのための認証情報に関する記述があった。要するにパスワードのことだ。チームはこの用語を採用し、`User` クラスに `password` 属性を宣言した。また、`password` には平文テキストを格納しないことも決めた。そして、`password` は暗号化することという注釈を追加した。`User` と関連づける前に、パスワードを暗号化するための手段が必要になる。何らかの**ドメインサービス** (7) を使うことになるだろう。そのためのプレースホルダーをユビキタス言語の用語集に追加して、検討を始められるようにした。用語集はまだまだ限られたものでしかないが、有用なものだ。

テナント：名前を持つ組織で、認証・アクセスサービスやその他のオンラインサービスのサブスクライバとなる。招待制でのユーザー登録機能を持つ。

ユーザー：テナントに登録されたセキュリティの主体で、個人名や連絡先の情報を持つ。ユーザーは、一意なユーザー名と暗号化されたパスワードを持つ。

暗号化サービス：パスワードなど、平文のままで扱うことのできないデータを暗号化する手段を提供する。

さて、ここでひとつ気になることがある。`password` も、`User` の一意な識別子の一部だと考えるべきだろうか？ というのも、最終的に `User` を見つけるときには、`password` も使うことになるから

だ。もし識別子の一部であるとみなすのなら、二つの属性をひとまとめにした値として、たとえば `SecurityPrincipal` などと名づけたくなるところだ。そのほうが、識別子の概念を、より明確に示せるようになる。これはなかなかよさげなアイデアに思えるが、重要な要件を見落としてしまっている。「パスワードは変更できる」ということだ。それに、パスワードが与えられていない状況で、サービスが `User` を探す必要がある場面もあることだろう。もちろんこれは、認証以外の場面の話だ（ある**ユーザー**が、何らかの `Role` に属しているかどうかを確認するなどのシナリオを考えてみよう。`User` のアクセス権限を確認する際に、毎回パスワードを要求するわけにはいかない）。つまり、パスワードは識別子にはならない。パスワードを識別子に含めなくても、`username` と `password` の両方を使って認証の問い合わせをすることはできる。

　`SecurityPrincipal` 型を作るという考えは、モデリングの際の指針にも影響する。検討材料として、記録しておくことにした。それ以外にも、まだ未検討の概念がいくつかある。登録時にどうやって招待を送るのかや、ユーザーの個人名と連絡先情報の詳細などだ。これらについては、次のイテレーションで検討することにした。

基本的な振る舞いの探究

　基本的な属性がわかったところで、次にチームは、必須の振る舞いについて考えることにした。

———————— • • • ————————

　チームで検討した基本的な要件を振り返って、`Tenant` と `User` の振る舞いについての検討を始めた。

- テナントには、アクティブな場合と非アクティブな場合がある。

———————— • • • ————————

　`Tenant` をアクティブにしたり非アクティブにしたりすることを考えると、おそらく `Boolean` 型で切り替えることになるだろう。だとしても、この時点では、どのように実装するかはあまり重要ではない。クラス図中の `Tenant` に `active` 属性を追記したとして、図を見る人に何かしらの有益な情報をもたらすことができるだろうか？ `Tenant.java` の中に以下のような属性の宣言があったとして、このコードは意図を明確に示しているといえるだろうか？

```
public class Tenant extends Entity {
    ...
    private boolean active;
    ...
```

　おそらく、完璧だとはいえないだろう。当面の目標は、一意に識別したり、検索で他と区別したりするために必要な属性（プロパティ）にだけ注目することだ。この例のような細かいことについては、後で考えよう。

　setActive(boolean) メソッドを宣言することにした。しかしこれは、要件で示された用語を反映したものとはいえない。public なセッターメソッドは、どんな場合であっても使ってはいけないというわけではない。ただ、使うなら、ユビキタス言語がそれを許していて、複数のセッターを使わなくても単一のリクエストを受け付けられるような場合に限られるだろう。複数のセッターを使うと、セッターの意図が曖昧になってしまう。さらに、本来は論理的に単一のコマンドであるべき処理に対して、単一のドメインイベントを発行する処理も、複雑になるだろう。

　ユビキタス言語に対応するため、チームは、ドメインエキスパートたちが「アクティベート」「デアクティベート」という用語を使っていることを記録しておいた。この用語を組み込むため、操作の名前として activate() および deactivate() を使うことにした。

　以下のソースは**意図の明白なインターフェイス** [Evans] であり、育ちつつあるユビキタス言語にも沿っている。

```java
public class Tenant extends Entity {
    ...
    public void activate() {
        // TODO: 実装する
    }

    public void deactivate() {
        // TODO: 実装する
    }
    ...
```

　自分たちのアイデアに生命を吹き込むために、まずはテストを書いて、この新しい振る舞いの使い勝手を確認した。

```java
public class TenantTest ... {
    public void testActivateDeactivate() throws Exception {
        Tenant tenant = this.tenantFixture();
        assertTrue(tenant.isActive());
```

```
        tenant.deactivate();
        assertFalse(tenant.isActive());

        tenant.activate();
        assertTrue(tenant.isActive());
    }
}
```

チームはこのインターフェイスの使い心地に満足した。また、実際にテストを書いてみることで、さらに isActive() メソッドも必要であることに気づいた。これら三つの新しいメソッドを書き入れた結果が図 5-7 だ。ユビキタス言語の用語集は、またひとつ成長した。

テナントのアクティベート：この操作を使ってテナントをアクティブにする。また、現在アクティブかどうかも確認するかもしれない。

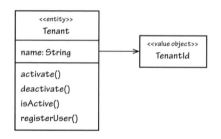

図5-7：最初のざっとしたイテレーションで、Tenant に不可欠な振る舞いを見極めた。複雑化を避けるためにいくつか省略したが、それらは後で追加する

テナントのデアクティベート：この操作を使って、テナントを非アクティブにする。テナントが非アクティブなときには、ユーザーは認証できないだろう。

認証サービス：ユーザーの認証をとりまとめる。まず、ユーザーが所属するテナントがアクティブかどうかをたしかめる。

用語集の最後に追加した項目を見ると、ここで新たなドメインサービスを発見したことがわかる。User のインスタンスを検索する前に、まずは Tenant の isActive() を確認しなければいけない。この理解は、次の要件を考えるときにも役立つ。

- システムのユーザーは、認証済みである必要がある。ただし、テナントがアクティブなときしか認証できない。

認証は単に、指定した`username`と`password`に一致する`User`を探すだけの作業ではないので、より高度なレベルでのとりまとめ役が必要になる。その役割にふさわしいのが、ドメインサービスだ。詳細は後ほど説明する。この時点で重要なのは、ここで発見した概念に`AuthenticationService`と名づけて、それをユビキタス言語に追加したということだ。テストファーストのアプローチが、ここで報われた。

チームは、次の要件についても検討した。

- テナントは、招待制で、多くのユーザーの登録を受け付ける。

この要件について検討すると、最初のイテレーションで考えていたよりも多少複雑になりそうなことがわかってきた。おそらく、何らかの形で`Invitation`オブジェクトを導入することになりそうだ。しかし、今の要件では、そのあたりが明確には伝わってこない。また、招待をどのように管理するのかについてもはっきりしない。そこでチームは、招待についてのモデリングを先送りすることにした。ドメインエキスパートや初期の利用者たちの声を、もっと聞いてから作業を進めることにしたのだ。しかし、`registerUser()`メソッドだけは、ここで定義しておいた。これは、`User`のインスタンスを作る際に欠かせない（「作成」を参照）。

これらを踏まえて、`User`クラスの要件を見直す。

- ユーザーは個人情報を保持しており、名前や連絡先などがそこに含まれる。
- ユーザーの個人情報は、ユーザー自身あるいはマネージャーが変更することがある。
- ユーザーの認証情報（パスワード）を、変更することができる。

ユーザーと**基本識別子**という、組み合わせてよく用いられる二つのセキュリティパターンを適用した[3]。**個人**という用語を使っていることから、`User`が個人の概念を扱っていることは明白だ。チームは、これらの要件にもとづいて、その振る舞いを考えた。

`Person`を個別のクラスとしてモデリングし、`User`に過度な責務を負わせないようにする。**個人**という用語をユビキタス言語に追加する。

個人：**ユーザー**の個人情報（名前や連絡先情報など）を保持し、管理する。

`Person`は、エンティティだろうか。それとも値オブジェクトだろうか。その判断の鍵となるのは、**変更**という言葉だ。職場の電話番号が変わったからといって、`Person`オブジェクトを丸ごと置き換える必要はないだろう。チームは、`Person`をエンティティとすることにした。図5-8に示すように、`ContactInformation`と`Name`の二つの値を保持する。これらは今のところ、どちらも曖昧な概念で

---

[3] 私の公開しているパターンを参照。http://vaughnvernon.co/

あり、後で見直す予定だ。

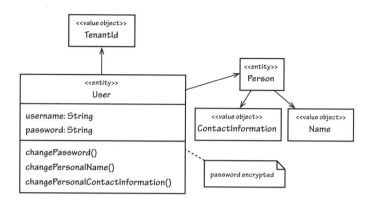

図5-8：User の基本的な振る舞いから、さらに関連を切り出す。詳細に過度に立ち入らないようにして、いくつかのオブジェクトとその操作をモデリングした

　ユーザーの個人名や連絡先情報の変更を管理するには、さらなる検討が必要だ。クライアントから、User の中にある Person オブジェクトを直接操作できるようにすべきだろうか？ User は常に個人だと考えていいのか、というところが気になりだした開発者もいた。個人情報が外部のシステムにあったとしたら、どうなるだろう？ 現時点ではそんな心配はなく、今の段階で考えることではないかもしれない。しかし、心配しておくにこしたことはない。もしクライアントが User を操作できて、さらにその中の Person をたどってその振る舞いを実行できるのだとしたら、後でクライアントのリファクタリングが必要になるだろう。

　個人に関する振る舞いを User の中にモデリングして、セキュリティ関連に向けてより一般化したとしたら、後で影響がでそうな問題のいくつかは回避できるだろう。ちょっとしたテストを書いて試してみた結果、そうするのがよさげだということがわかった。そこで、User を図 5-8 のようにモデリングすることにした。

　他にも検討すべきことがある。Person はクライアントに公開すべきだろうか、それともクライアントからは見えないようにしておくべきだろうか。とりあえずこの段階では、Person は公開したままにしておくことにした。情報を問い合わせるときに使うからだ。あとでアクセサを設計しなおして、Principal インターフェイスを扱うようにする。そして、Person と System は、どちらも Principal を特化したものにする。この段階まで理解が進んでくれば、このリファクタリングも可能だろう。

　ここまで進めてきたチームは、最後の要件から浮かび上がるユビキタス言語についても、すぐに認識できた。

- ユーザーの認証情報（パスワード）を、変更することができる。

`User` は、`changePassword()` という振る舞いを持つ。これは、要件に記された用語を反映したものであり、ドメインエキスパートも納得するものだ。たとえ暗号化されていたとしても、クライアントからは決してパスワードにアクセスさせない。いったん `User` にパスワードが設定されたら、集約の境界を越えることは決してない。認証が必要な場合の唯一の手段は、`AuthenticationService` を使うことだ。

また、チームは、何らかの変更を伴う振る舞いが成功したときには、それを示すドメインイベントを発行することも決めた。これもまた、初期に考えていたよりは細かいところまで踏み込んでしまっているが、イベントが重要であることを彼らは理解していた。イベントを発行すると、少なくとも二つのことを実現できる。まず、すべてのオブジェクトについて、誕生から破棄までずっと、その変更を追跡できるようになる（後述する）。また、外部のサブスクライバが、オブジェクトの変更に同期できるようになる。これは、外部のシステムに自立性をもたらすかもしれない。

・・・

これらのトピックについては、第 8 章「ドメインイベント」と第 13 章「境界づけられたコンテキストの統合」で扱う。

ロールと責務

モデリングには、オブジェクトのロールと責務を見出すという側面もある。ロールと責務の分析は、一般に、ドメインオブジェクトに対して行う。ここでは特に、エンティティについて、そのロールと責務を考える。

ロールという用語を使うにあたって、そのコンテキストを確認しておこう。**認証・アクセスコンテキスト**について考えたときの `Role` は、システムのセキュリティについての関心事を全般的に扱う、エンティティや集約ルートだった。クライアントからは、あるユーザーが何らかのロールに属しているかどうかを問い合わせることができる。あのときの「ロール」と、今これから話題にする「ロール」とは、まったく異なる。この節で話題にする内容は、モデルの中で、オブジェクトはどのようにロールを演じることができるのかということだ。

複数のロールを演じるドメインオブジェクト

オブジェクト指向プログラミングでは、一般的に、インターフェイスがその実装クラスのロールを定める。適切な設計がなされていれば、各クラスは、自身が実装しているインターフェイスと同じ数のロールを持つことになる。何もロールが明示されていないクラス（つまり、インターフェイスを実装していないクラス）は、そのクラス自身のロールを持つ。要するに、どのクラスも、暗黙のインターフェイスとして、自身の public メソッド群を実装しているということだ。先の例における `User` クラスには、インターフェイスの実装が明示されていないが、`User` というロールを演じる。

ひとつのオブジェクトに、`User` と `Person` の両方のロールを演じさせることもできる。これを推奨するというわけではないが、現時点では、なかなかいい案だと考えている。もし実際にそうした場

合は、`User` オブジェクトが自身に関連する `Person` オブジェクトを個別に集約する理由もなくなる。単純にひとつのオブジェクトにまとめて、そのオブジェクトが両方のロールを演じればいい。

　なぜそんなことをするのだろう？　複数のオブジェクトがあれば、それらの間には共通点もあれば相違点もあるのが普通だ。共通する特性については、ひとつのオブジェクトに対して複数のインターフェイスを混ぜ込むことで対応できる。たとえば、ひとつのオブジェクトに `User` と `Person` を**両方とも**実装させればいい。ここでは、その実装クラスを `HumanUser` と名づけた。

```
public interface User {
    ...
}

public interface Person {
    ...
}

public class HumanUser implements User, Person {
    ...
}
```

　こんな感じでどうだろうか？　おそらくこれでいいだろうが、話がもう少し込み入ってくる可能性もある。二つのインターフェイスが複雑なものだったら、両方をひとつのオブジェクトで実装するのは難しくなるだろう。また、`User` が何かのシステムである可能性もある。そんな場合は、必要なインターフェイスの数が三つに増えてしまう。ひとつのオブジェクトに `User`・`Person`・`System` の三つのロールを受け持たせるのは、さらに難しくなるだろう。そんな場合は、汎用目的の `Principal` を作れば、多少シンプルにできる。

```
public interface User {
    ...
}

public interface Principal {
    ...
}

public class UserPrincipal implements User, Principal {
    ...
}
```

　この設計では、実際に使う本人情報の型は実行時に決定する（遅延束縛を行う）。個人とシステムとでは、本人情報の実装が異なる。システムの場合は、個人の連絡先情報と同様のものは不要だ。いずれにせよ、ここでは委譲による実装を検討する。そのためには、ある型が存在するかどうかを実行時に確認して、そのオブジェクトに処理を委譲する。

```
public interface User {
    ...
}

public interface Principal {
    public Name principalName();
    ...
}

public class PersonPrincipal implements Principal {
    ...
}

public class SystemPrincipal implements Principal {
    ...
}

public class UserPrincipal implements User, Principal {
    private Principal personPrincipal;
    private Principal systemPrincipal;
    ...
    public Name principalName() {
        if (personPrincipal != null) {
            return personPrincipal.principalName();
        } else if (systemPrincipal != null) {
            return systemPrincipal.principalName();
        } else {
            throw new IllegalStateException("The principal is unknown.");
        }
    }
    ...
}
```

　この設計には、さまざまな問題がある。まず、いわゆる**オブジェクト統合失調症**[4]に悩まされてしまう。振る舞いを委譲するときには、フォワード（あるいはディスパッチ）と呼ばれるテクニックを使う。personPrincipal と systemPrincipal はどちらも UserPrincipal エンティティの識別子を保持していない。この UserPrincipal エンティティが、さまざまな振る舞いを最初に実行する。オブジェクト統合失調症とは、処理を委譲されたオブジェクトが、委譲元のオブジェクトの識別子を知らない状況を指す。委譲された側で、実際のところ自分が誰なのかがわからず、混乱してしまう。二つの実装クラスのすべての委譲メソッドが、元のオブジェクトの識別子を必要とするわけではない。しかし、中にはそれを必要とするメソッドが出てくることもありえる。UserPrincipal に元のオブジェクトへの参照を渡すこともできるが、設計が複雑化してしまい、Principal インターフェイスにも手を加えなければいけなくなる。あまりよろしくない。[Gamma et al.] にもあるとおり、「委譲

---

[4] ひとつのオブジェクトが複数のパーソナリティを持つようすを表したもので、医学的な統合失調症の定義とは異なる。この少し紛らわしい名前の裏にある真の問題は、オブジェクトの一意性と混乱してしまうという点だ。

は、設計を複雑にではなく簡単にする場合にのみ選択すべき技術」である。

　この問題をここで解決しようというつもりはない。オブジェクトのロールを扱う際にありがちな問題を説明し、モデリングの際に注意すべきことを説明するためだけに用意した例だ。Qi4j[Oberg]などの適切なツールを使えば、状況は改善できるだろう。

　Udi Dahanが推奨する方法[Dahan, Roles]でロールのインターフェイスをもう少しきめ細やかにすれば、状況は改善するかもしれない。以下に、二つの要件をあげる。ここから、きめ細やかなインターフェイスを作ってみよう。

- 新しい注文を顧客に追加する。
- 顧客を推奨する（推奨するための条件については、ここでは述べない）。

Customerクラスは、きめ細やかなロールのインターフェイスであるIAddOrdersToCustomerとIMakeCustomerPreferredを実装する。どちらのロールも、図5-9に示すように単一の操作しか定義していない。さらに、IValidatorなどその他のインターフェイスを実装することもできるだろう。

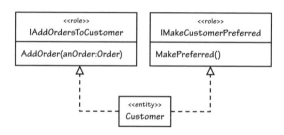

図5-9：C#.NETの命名規約に沿って、CustomerエンティティがIAddOrdersToCustomerとIMakeCustomerPreferredの二つのロールを実装する

　第10章「集約」で議論するように、通常は、大量のオブジェクト（たとえばすべての注文など）をCustomerに保持させたりはしない。これはあくまでも作りもののサンプルであり、単にオブジェクトのロールの使いかたを示すためだけのものとして見てほしい。

　インターフェイス名の先頭にIをつけるスタイルは、.NETのプログラミングで広く使われているものだ。.NETのスタイルに従うのがいいかどうかは別として、このスタイルにすれば読みやすくなると考える人もいる。「私が注文を顧客に追加する（I add orders to customer）」「私が顧客を推奨する（I make customer preferred）」などという具合だ。プレフィックスのIがない、動詞ベースの名前（AddOrdersToCustomerやMakeCustomerPreferred）だと、こうはいかない。インターフェイスには、名詞あるいは形容詞の名前をつけることが多い。ここでも当然、その方式に従うこともできる。

　このスタイルによって得られるメリットについて考えてみよう。エンティティのロールを、ユースケースに応じて変えることができる。新しいOrderインスタンスをCustomerに追加しなければいけないという場合、そのロールは、Customerを推奨するときとは異なるだろう。また、技術的なメ

リットもある。ユースケースに応じて、特化したフェッチ方法を要求されるかもしれない。

```
IMakeCustomerPreferred customer = session.Get<IMakeCustomerPreferred>(customerId);
customer.MakePreferred();

...

IAddOrdersToCustomer customer = session.Get<IAddOrdersToCustomer>(customerId);
customer.AddOrder(order);
```

永続化メカニズムが、Get<T>() メソッドのパラメータ型 T を問い合わせる。この型を使って、それに対応するフェッチ方法を使う。これは、あらかじめインフラストラクチャに登録されたものだ。もしそのインターフェイスに独自のフェッチ方法が指定されていない場合は、デフォルトを利用する。フェッチを実行すると、指定した Customer オブジェクトが、そのユースケースにあわせた形式で読み込まれる。

これは要するに、ロールを表すインターフェイスが手を貸して、裏側でのフックをできるようにしていると見ることもできる。これ以外にも、ユースケースごとの振る舞いを、任意のロール（バリデーションなど）に関連づけることができる。そうすれば、エンティティへの変更を永続化する際に、専用のバリデータを実行できるようになる。

きめの細かいインターフェイスを使えば、Customer などのクラスでそのクラス自身の振るまいを実装するのが楽になる。実装を別のクラスに委譲する必要がないということは、オブジェクト統合失調症の恐れがなくなるということだ。

Customer の振る舞いをロールごとに切り分ける手法に、明確な**ドメインモデリング上のメリット**があるのだろうか。先ほどの Customer を、図 5-10 のものと比較してみよう。どちらが優れているだろう？ クライアントから本来は MakePreferred() を実行すべきときに、間違って AddOrder() を実行してしまう恐れがないだろうか。おそらく、そんなことはないだろう。しかし、この手法だけを見て判断すべきではない。

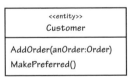

図5-10：Customer のモデリングの例。先ほどは別々のインターフェイスに分けていた二つの操作を、Entity クラスの単一のインターフェイスにまとめた

おそらく、ロールインターフェイスの最も現実的な使いかたは、最もシンプルな使いかたでもあるだろう。インターフェイスを活用すれば、実装の詳細を隠蔽できる。モデルの詳細を、クライアントに見せずに済むようになるのだ。クライアントに使わせたいものだけをインターフェイスとして公開し、それ以外は見せないようにする。実装クラスは、インターフェイスよりもずっと複雑になるだろ

う。サポートするすべてのプロパティについてのゲッターとセッターを持つだろうし、クライアントからは決して使わないような振る舞いを実装することになるかもしれない。たとえば、利用するツールやフレームワークによっては、クライアントに使わせたくないようなメソッドを公開せざるを得ない場合もある。たとえそうだとしても、ドメインモデルのインターフェイスは、技術的な実装の詳細の影響は受けない。これが、ドメインモデリングの利点だ。

　設計に関するその他のあらゆる判断と同様、技術的な判断についても、ユビキタス言語を優先させるようにしよう。DDDにおいては、ビジネスドメインのモデルが最優先となる。

作成

　エンティティのインスタンスを新しく作るときには、その状態を完全にとらえられるコンストラクタを使い、一意に特定できる（クライアントから見つけることができる）ようにしておきたい。識別子の早期生成を使う場合は、一意に特定するためのパラメータを、そのコンストラクタに渡すことになる。識別子以外の手段（名前など）でエンティティを問い合わせる場合は、それらの情報も、コンストラクタへのパラメータに含める。

　エンティティの中で、不変条件を保持することもある。不変条件とは、エンティティの生存期間中、ずっと一貫している必要のある状態のことだ。不変条件は集約の関心事ではあるが、集約のルートは常にエンティティでもあるので、ここでとりあげた。あるエンティティに不変条件が含まれており、それがオブジェクトの状態を非 **null** の値で表す（あるいは何らかの他の状態を元に算出する）ものであれば、それもまた、コンストラクタへのパラメータとして渡す必要がある。

　すべての User オブジェクトは、tenantId・username・password・person を含む必要がある。つまり、このオブジェクトを正しく作成するには、これらのインスタンス変数が null であってはいけないということだ。User のコンストラクタ、そしてインスタンス変数のセッターで、これを保証する。

```
public class User extends Entity {
    ...
    protected User(TenantId aTenantId, String aUsername,
            String aPassword, Person aPerson) {
        this();
        this.setPassword(aPassword);
        this.setPerson(aPerson);
        this.setTenantId(aTenantId);
        this.setUsername(aUsername);
        this.initialize();
    }
    ...
    protected void setPassword(String aPassword) {
        if (aPassword == null) {
            throw new IllegalArgumentException(
                    "The password may not be set to null.");
        }
        this.password = aPassword;
```

```java
    }

    protected void setPerson(Person aPerson) {
        if (aPerson == null) {
            throw new IllegalArgumentException(
                    "The person may not be set to null.");
        }
        this.person = aPerson;
    }

    protected void setTenantId(TenantId aTenantId) {
        if (aTenantId == null) {
            throw new IllegalArgumentException(
                    "The tenantId may not be set to null.");
        }
        this.tenantId = aTenantId;
    }

    protected void setUsername(String aUsername) {
        if (this.username != null) {
            throw new IllegalStateException(
                    "The username may not be changed.");
        }
        if (aUsername == null) {
            throw new IllegalArgumentException(
                    "The username may not be set to null.");
        }
        this.username = aUsername;
    }
    ...
}
```

　この User クラスの設計は、自己カプセル化の威力を示している。コンストラクタは、インスタンス変数への代入を、それぞれの属性（プロパティ）のセッターに委譲する。これらのセッターが、変数を自己カプセル化している。自己カプセル化のおかげで、セッターが適切な契約条件を判断した上で状態を設定できるようになる。それぞれのセッターが個別に、非 null であることをエンティティに代わって表明し、インスタンスがこの制約を満たすことを保証する。この表明のことを、**ガード**と呼ぶ（「バリデーション」を参照）。「識別子の不変性」で述べたとおり、セッターメソッドによるこのような自己カプセル化は、必要以上の複雑化につながることもある。

　複雑なエンティティのインスタンス化には、ファクトリが使える。その詳細は、第 11 章「ファクトリ」で説明する。先ほどのサンプルで、User のコンストラクタが protected となっていたことにお気づきだろうか？ Tenant エンティティは User インスタンスのファクトリとして働き、同一モジュール内にあるクラスだけしか User のコンストラクタにアクセスできない。このようにして、Tenant 以外のオブジェクトからは User のインスタンスを作れないようにしている。

```
public class Tenant extends Entity  {
    ...
    public User registerUser(
            String aUsername,
            String aPassword,
            Person aPerson) {

        aPerson.setTenantId(this.tenantId());

        User user =
                new User(
                        this.tenantId(),
                        aUsername,
                        aPassword,
                        aPerson);

        return user;
    }
    ...
}
```

この registerUser() メソッドがファクトリだ。ファクトリは、User のデフォルトの状態の作成を単純化して、User と Person の両方について TenantId が正しく設定されていることを保証する。これはすべてファクトリメソッドの管理下で行われる。このメソッドはユビキタス言語に沿ったものだ。

バリデーション

　モデル内でバリデーションを行う第一の理由は、個別の属性／プロパティやオブジェクト全体、そしてオブジェクトどうしの合成などが正しく設定されていることを確認するためだ。モデル内でのバリデーションは、これらの三つのレベルで考える。バリデーションにはさまざまな方法がある（専用のフレームワークやライブラリもある）が、ここではその詳細には触れない。ここで紹介するのは汎用的な手法だが、これらを元に、より詳細な手法に持ち込むこともできる。

　バリデーションを使えば、さまざまなことをたしかめることができる。あるドメインオブジェクトのすべての属性／プロパティがそれぞれ個別に正しかったとしても、それだけでは、オブジェクト全体として妥当であるかどうかはわからない。単体の属性としては妥当でも、二つを組み合わせると、オブジェクト全体としては無効な設定になってしまうかもしれない。また、オブジェクト単体としては正しかったとしても、それを他のオブジェクトと組み合わせたときに妥当であるとは限らない。それぞれ妥当な状態の二つのオブジェクトを合成すると、その組み合わせは無効な状態になってしまうかもしれない。したがって、何段階かのバリデーションを行わないと、発生しうる問題に対応できない。

属性／プロパティのバリデーション

単一の属性あるいはプロパティ（これら二つの違いについては第 6 章「値オブジェクト」を参照すること）に、不適切な値が設定されないようにするには、どんな手があるだろうか？　すでに本章でも述べたとおり、私が強く推奨するのは自己カプセル化を使う方法だ。これが、第一のソリューションとなる。

Martin Fowler は、「自己カプセル化とは、クラス内のデータへのアクセスは、たとえ同一クラスの中からでも、アクセサメソッド経由で行うよう設計することだ」と述べている [Fowler, Self Encap]。このテクニックには、いくつかのメリットがある。まず、オブジェクトのインスタンス変数（およびクラス変数）を抽象化できる。次に、他のオブジェクトが保持している属性／プロパティを容易に派生させることができる。そして少なからず、バリデーションをシンプルに行うことにも役立つ。

個人的には、自己カプセル化によってオブジェクトの状態を保護するような使いかたを、**バリデーション**とは呼びたくない。中には、この呼び方を嫌う開発者もいるだろう。というのも、バリデーションはそれ単体で個別の関心事であり、ドメインオブジェクトではなくバリデーション専任のクラスが受け持つべき責務だからである。私もそれに同意する。しかし、その声とは少し異なることを言いたい。今私が議論しているのは、**契約による設計**で言うところの**アサーション**だ。

契約による設計では、コンポーネントを設計するときに、事前条件・事後条件・不変条件を指定する。これは Bertrand Meyer が提唱した手法で、プログラミング言語 Eiffel で幅広く使われている。Javaや C#でも対応しているし、このテーマを扱った『**Design Patterns and Contracts**』[Jezequel et al.] という書籍も出版されている。ここでは事前条件だけを見てみよう。ガードを適用して、バリデーション形式で記述している。

```
public final class EmailAddress {

    private String address;

    public EmailAddress(String anAddress) {
        super();
        this.setAddress(anAddress);
    }
    ...
    private void setAddress(String anAddress) {
        if (anAddress == null) {
            throw new IllegalArgumentException(
                    "The address may not be set to null.");
        }
        if (anAddress.length() == 0) {
            throw new IllegalArgumentException(
                    "The email address is required.");
        }
        if (anAddress.length() > 100) {
            throw new IllegalArgumentException(
                    "Email address must be 100 characters or less.");
```

```
        }
        if (!java.util.regex.Pattern.matches(
            "\w+([-+.']\w+)*@\w+([-.]\w+)*\.\w+([-.]\w+)*",
                anAddress)) {
            throw new IllegalArgumentException(
                    "Email address and/or its format is invalid.");
        }

        this.address = anAddress;
    }
    ...
}
```

setAddress() メソッドの事前条件は以下の四つだ。これらの事前条件のガードが、引数 anAddress について言明している。

- パラメータには、null を設定できない。
- パラメータは、空文字列にはならない。
- パラメータは、100 文字未満でなければいけない（しかし、ゼロ文字にはならない）。
- パラメータは、メールアドレスの基本フォーマットにマッチしなければいけない。

これらの事前条件をすべて満たす場合に、anAddress の値が address プロパティに設定される。ひとつでも満たさない場合は、IllegalArgumentException が発生する。

EmailAddress クラスはエンティティではなく、値オブジェクトだ。例としてこのクラスを示した理由は、以下のとおりだ。まず、事前条件のガードを、null チェックからフォーマットチェックまでさまざまな度合いで実装するよい例になる。次に、この値は、Person エンティティがプロパティのひとつとして保持するものであり、ContactInformation を通して間接的に扱える。したがって、実際のところこれはエンティティの一部であり、エンティティクラス上で宣言されたシンプルな属性と同様に扱うことになる。まったく同じような事前条件のガードを、シンプルな属性のセッターを実装するときにも使う。値オブジェクト全体をエンティティのプロパティに設定する場合は、値の内部の個々の属性についてガードしておかなければ、無効な値を設定してしまうことを防げない。

この手の事前条件チェックを指して、**ディフェンシブプログラミング**と呼ぶ人もいる。無効な値がモデルに入ってこないように完全にガードしているという点で、たしかにディフェンシブではある。このようなガードを組み込むと、特異性が増してしまうという点を不満に思う人もいるかもしれない。ディフェンシブなプログラマーの中でも、null や空文字列のチェックには同意するものの、文字数や数値の範囲や書式などのチェックは気が引けるという人もいるだろう。値の長さチェックはデータベースに任せてしまえばいいと考える人もいるかもしれない。文字数などは、モデルオブジェクトが気にかけることではないという考えだ。それでも、こういった事前条件は、サニティチェックとしては有効だ。

文字列の文字数チェックが不要な場合もあるだろう。データベースを使っていて、NVARCHAR 型の

> **カウボーイの声**
>
>
>
> LB:「かみさんと口論になったんだ。こっちは妥当な意見を言ったつもりなのに、いきなり `IllegalArgumentException` を投げつけてきやがった」

カラムの最大サイズに達することがありえないような場合が、その一例だ。Microsoft SQL Server におけるテキスト用のカラムは、`max` キーワードを使って以下のように宣言できる。

```
CREATE TABLE PERSON (
    ...
    CONTACT_INFORMATION_EMAIL_ADDRESS_ADDRESS
            NVARCHAR(max) NOT NULL,
    ...
) ON PRIMARY
GO
```

別に、メールアドレスの長さが 1,073,741,822 文字に達することを想定しているわけではない。これは、カラムの長さを気にする必要がないということを宣言するための定義だ。

データベースによっては、このようなことができないこともある。MySQL の場合、**レコードの最大長**が 65,535 バイトだ。念のためもう一度言うが、カラムの最大長ではなく、**レコード**の最大長だ。サイズが 65,535 の `VARCHAR` 型のカラムをひとつ宣言してしまうと、そのテーブルにはもはやカラムを追加できなくなってしまう。ひとつのテーブルの中で `VARCHAR` 型のカラムをいくつ宣言するかにもよるが、各カラムの長さを現実的な範囲に制限しておかないと、すべてのカラムを定義しきれなくなるかもしれない。そんな場合は、文字列を扱うカラムを `TEXT` 型で宣言する。`TEXT` 型や `BLOB` 型のカラムは、それぞれ個別のセグメントに格納されるからだ。このように、データベースには依存するが、カラムのサイズの制限を回避する方法も存在する。これを利用すれば、文字列の長さチェックをモデル側で行わずに済ませられるだろう。

もしカラムの最大長を越えてしまう可能性があるのなら、文字列の長さチェックをモデルに組み込んでおくのは当然だ。こんなエラーメッセージを、意味の通るドメインのエラーに変換するのは、非現実的だ。

```
ORA-01401: 列に挿入した値が大きすぎます。
```

これでは、どのカラムがオーバーフローしたのかすら判断できない。この問題を回避するには、セッ

ターの事前条件で、文字列の長さをチェックするのが最善だろう。さらに、長さチェックは、決してデータベースのカラムの制約のためだけに必要となるわけではない。統合するレガシーシステム上での制約等もありえるので、最終的にテキストの長さの制約を定めるのは、ドメイン自身になるだろう。

また、最大値・最小値などのチェックについても検討する必要がある。メールアドレスのような簡易な書式チェックにしても、まったく無意味な値がエンティティに関連づけられるのを防ぎたいのならば、有効だ。単一のエンティティについて、その基本的な値が妥当であることが確実であれば、オブジェクト全体やオブジェクトの合成などの、より粒度の粗いバリデーションも楽になる。

オブジェクト全体のバリデーション

あるエンティティの個々の属性／プロパティが完全に妥当な状態だったとしても、エンティティ全体として妥当な状態であるとは限らない。エンティティ全体のバリデーションを行うには、オブジェクト全体の状態、すなわちすべての属性／プロパティにアクセスできる必要がある。また、バリデーションのための**仕様**[Evans & Fowler, Spec]あるいは**ストラテジ**[Gamma et al.]も必要だ。

Ward Cunningham による **CHECKS** パターンランゲージ [Cunningham, Checks] では、バリデーションに関するいくつかの手法を扱っている。この中で、オブジェクト全体のバリデーションに有用なのが、**遅延バリデーション**だ。彼はこのパターンについて「可能な限り先送りすべき類のチェック」と述べている。先送りする理由は、複雑なオブジェクト全体（あるは複数のオブジェクトの組み合わせ）に対して、かなり複雑なバリデーションをすることになるからだ。本書では、この遅延バリデーションを、複数オブジェクトの合成に対応するための手段としてとりあげる。ここでは、Ward の言うところの「よりシンプルなアクティビティのチェック」に絞って説明する。

バリデーションの際にはエンティティ全体の状態を扱える必要があるので、いっそのことバリデーションのロジックをエンティティに埋め込んでしまえばいいと考える人もいるだろう。しかし、ここでよく考えてみよう。多くの場合、ドメインオブジェクトのバリデーションのほうが、ドメインオブジェクト自身よりも変更の頻度が高いものだ。また、バリデーションをエンティティの内部に埋め込んでしまうと、エンティティが抱える責務が増えすぎてしまう。すでにドメインの振る舞いを扱うという責務があるところに、さらにその状態を維持するという責務まで負ってしまうことになるからだ。

バリデーションコンポーネントの責務は、エンティティが妥当な状態にあるかどうかを判断することだ。Java でバリデーションクラスを別途設計するときは、エンティティと同じモジュール（パッケージ）内に配置する。Java で使うことを前提とするなら、属性／プロパティのゲッターは、少なくとも protected あるいはパッケージスコープにしておこう。pubic でもかまわない。private にすると、バリデーションクラスが状態を読み込めなくなる。バリデーションクラスをエンティティとは別パッケージにする場合は、すべてのアクセサを public にする必要がある。しかし、多くの場合、これは好ましい姿ではないだろう。

バリデーションクラスは、仕様やストラテジといったパターンを実装できる。バリデーションクラスが無効な状態を検出したら、クライアントや、結果を記録するその他の仕組みに通知して、後で（バッチ処理の終了後などに）見直すようにできる。バリデーションで重要なのは、すべての結果を収

集することだ。トラブルを検出したらその場で例外を投げて終了するというのではいけない。以下の例を考えてみよう。再利用可能な抽象バリデータと、その具象実装であるサブクラスだ。

```
public abstract class Validator {
    private ValidationNotificationHandler notificationHandler;
    ...
    public Validator(ValidationNotificationHandler aHandler) {
        super();
        this.setNotificationHandler(aHandler);
    }

    public abstract void validate();

    protected ValidationNotificationHandler notificationHandler() {
        return this.notificationHandler;
    }

    private void setNotificationHandler(
            ValidationNotificationHandler aHandler) {
        this.notificationHandler = aHandler;
    }
}
```

```
public class WarbleValidator extends Validator {

    private Warble warble;

    public Validator(
            Warble aWarble,
            ValidationNotificationHandler aHandler) {
        super(aHandler);
        this.setWarble(aWarble);
    }
    ...
    public void validate() {
        if (this.hasWarpedWarbleCondition(this.warble())) {
            this.notificationHandler().handleError(
                    "The warble is warped.");
        }
        if (this.hasWackyWarbleState(this.warble())) {
            this.notificationHandler().handleError(
                    "The warble has a wacky state.");
        }
        ...
    }
}
```

　WarbleValidator のインスタンスを作るときには、ValidationNotificationHandler を渡す。無効な状態を検出したら、その対応方法を ValidationNotificationHandler に問い合わせる。

ValidationNotificationHandler は汎用目的の handleError() メソッドを実装しており、通知メッセージを String で受け取る。これに変わる特化型の実装を用意して、無効な状態ごとに個別のメソッドにしてもかまわない。

```
class WarbleValidator extends Validator {
    ...
    public void validate() {
        if (this.hasWarpedWarbleCondition(this.warble())) {
            this.notificationHandler().handleWarpedWarble();
        }
        if (this.hasWackyWarbleState(this.warble())) {
            this.notificationHandler().handleWackyWarbleState();
        }
    }
    ...
}
```

この方式のメリットは、エラーメッセージやエラーとなったプロパティのキーなど、通知に関する情報がバリデーションとは切り離されることだ。さらに、通知の処理をチェックメソッド内で行ってしまえばもっといい。

```
class WarbleValidator extends Validator {
    ...
    public Validator(
            Warble aWarble,
            ValidationNotificationHandler aHandler) {
        super(aHandler);
        this.setWarble(aWarble);
    }
    ...
    public void validate() {
        this.checkForWarpedWarbleCondition();
        this.checkForWackyWarbleState();
        ...
    }
    ...
    protected checkForWarpedWarbleCondition() {
        if (this.warble()...) {
            this.warbleNotificationHandler().handleWarpedWarble();
        }
    }
    ...
    protected WarbleValidationNotificationHandler
            warbleNotificationHandler() {
        return (WarbleValidationNotificationHandler)
            this.notificationHandler();
    }
}
```

この例では、Warble 専用の通知ハンドラである ValidationNotificationHandler を使った。標準型で受け取ったハンドラを、内部で使う際には特化型にキャストする。正しい型を渡すようにクライアントとモデルとの間の契約を作るのは、モデルの役割だ。

クライアント側で、エンティティのバリデーションが行われたことを確認する方法はあるのだろうか？ そして、バリデーションはどこで始めればいいのだろう？

ひとつの方法は、バリデーションが必要なすべてのエンティティに validate() メソッドを用意することだ。おそらくレイヤスーパータイプを使うことになるだろう。

```java
public abstract class Entity
        extends IdentifiedDomainObject {

    public Entity() {
        super();
    }

    public void validate(
            ValidationNotificationHandler aHandler) {
    }
}
```

これで、Entity のサブクラスではすべて、無事に validate() メソッドを実行できるようになる。エンティティの具象クラス側で特化型のバリデーションを実装しているならそれが実行されるし、もし実装していないのなら、何もしない。もしごく一部のエンティティだけでバリデーションが必要であれば、必要なところだけで validate() を宣言しておくのがいいだろう。

しかし、実際のところ、エンティティが自分自身をバリデーションすべきなのだろうか？ 自身が validate() メソッドを持っているからといって、エンティティ自身がバリデーションをしているというわけではない。エンティティに**何を**バリデーションするのかを決めさせて、クライアントがその部分を心配せずに済むようにしているのだ。

```java
public class Warble extends Entity {
    ...
    @Override
    public void validate(ValidationNotificationHandler aHandler) {
        (new WarbleValidator(this, aHandler)).validate();
    }
    ...
}
```

きめ細やかなバリデーションが必要なら、特化型の Validator のサブクラスを好きなだけ用意して実行できる。エンティティ自身は、どんなバリデーションをしているのかを知る必要はない。バリデートできるようにしておけばいいだけだ。Validator のサブクラスを個別に用意すれば、エンティティ本体とは独立してバリデーション処理を変更できるし、複雑なバリデーションを試すこともできるというメリットもある。

オブジェクトの合成のバリデーション

Ward Cunningham が言うところの「シンプルなアクティビティのチェックをすべて行うだけにとどまらず、さらに複雑なアクションが要求される」場面なら、遅延バリデーションを使えばいい。ここで考えるのは、単にひとつひとつのエンティティが妥当かどうかにとどまらず、いくつかのエンティティの組み合わせが全体として妥当であるかどうかだ。その中には集約のインスタンスも含まれているだろう。この検証を行うには、`Validator` の具象サブクラスのインスタンスを、必要な数だけ用意すればいい。しかし、それだけではなく、この一連のバリデーションをドメインサービスで管理できれば最高だ。ドメインサービスは、リポジトリを使って、バリデーションに必要な集約のインスタンスを読み込める。そして、読み込んだインスタンスを、単体で実行するなり他と組み合わせて実行するなりできる。

バリデーション可能な状態かどうかを、常に気にする必要がある。集約が一時的に中途半端な状態になっている場合もありえる。そんな状態であることを示せるように、集約をモデリングすることもできるだろう。そうすれば、不適切なタイミングでバリデーションをしてしまわずに済む。バリデーションの準備が整ったら、モデルからクライアントに向けてドメインイベントを発行すればいい。

```java
public class SomeApplicationService ... {
    ...
    public void doWarbleUseCaseTask(...) {
        Warble warble =
            this.warbleRepository.warbleOfId(aWarbleId);

        DomainEventPublisher
            .instance()
            .subscribe(new DomainEventSubscriber<WarbleTransitioned>(){
                public void handleEvent(DomainEvent aDomainEvent) {
                    ValidationNotificationHandler handler = ...;
                    warble.validate(handler);
                    ...
                }
                public Class<WarbleTransitioned>
                        subscribedToEventType() {
                    return WarbleTransitioned.class;
                }
            });

        warble.performSomeMajorTransitioningBehavior();
    }
}
```

クライアントが `WarbleTransitioned` を受信した時点で、バリデーションの準備が整ったと判断する。クライアントでの検証は、このイベントが届くまで控える。

変更の追跡

エンティティの定義を考えると、その生存期間中のあらゆる変更を追跡することは、必須ではない。常に状態を変更できるようにさえしておけば、それでかまわない。しかし、ドメインエキスパートが、モデルに発生する出来事を気にかける場合もあるかもしれない。そんな場合は、エンティティに対する特定の変更を追跡できれば、助けになるだろう。

変更の追跡を正確に行うための手段として現実的なのは、ドメインイベントとイベントストアを使うことだ。ドメインエキスパートが気にかけている集約の、状態を変更する各コマンドについて、それぞれ別のイベント型を作成する。イベント名とそのプロパティの組み合わせで、どんな変更があったのかを明示的に記録できる。イベントは、コマンドの処理が完了した時点で発行する。そして、サブスクライバは、モデルが発行するすべてのイベントを受信するよう登録する。イベントを受け取ったサブスクライバは、それをイベントストアに保存する。

ドメインエキスパートは、別にモデルへの変更を逐一追いかけたいとは思わないかもしれない。それでも、技術者たちにとっては気になることだろう。これは主に技術的な理由によるもので、**イベントソーシング** (4) というパターンを利用する。

5.4　まとめ

本章では、エンティティに関連するトピックを幅広く扱った。ここで振り返っておこう。

- エンティティの一意な識別子を生成する主な方法を、四種類とりあげた。
- 識別子の生成タイミングの重要性と、代理識別子の使いかたを理解した。
- 識別子の不変性を保証する方法を学んだ。
- エンティティが本来兼ね備える特性を発見するために、そのコンテキストのユビキタス言語を見出すことについて議論した。ここでは、プロパティや振る舞いを見つける方法を知った。
- コアとなる振る舞いに加えて、複数のロールを使うエンティティをモデリングするメリットとデメリットを調べた。
- 最後に、エンティティを作る方法や検証する方法、そしてその変更を追跡する方法について検討した。

次の章では、戦術的モデリングツールの中でも非常に重要な構成要素を扱う。値オブジェクトだ。

第 6 章

値オブジェクト

> 価格はあなたが払うもの。価値はあなたが得るもの。
>
> – Warren Buffett

エンティティの陰に隠れてしまうことが多いが、**値オブジェクト**もまた、DDD には欠かせない構成要素だ。値としてモデリングされるオブジェクトには、数字（3、10、293.51 など）や文字列（「hello, world!」や「ドメイン駆動設計」など）、日付、時刻などがある。もっと詳細な例としては、個人の氏名を構成する姓・名や、金額、色、電話番号、郵便番号などもある。さらに複雑な例もあげられるだろう。本章では、**ユビキタス言語** (1) を使ってドメインの概念をモデリングし、ドメイン駆動設計のゴールを目指すための道具としての値を扱う。

値の利点を知る
値型は何かを計測したり定量化したり説明したりするときに使うもので、作成やテストがしやすいし、使うのも最適化するのも保守するのも楽だ。

可能な限り、エンティティよりは値オブジェクトを使ってモデリングすべきだと聞いたら、驚くかもしれない。ドメインの概念をエンティティとしてモデリングしなければいけないとしても、そのエンティティの設計は、子エンティティのコンテナではなく値のコンテナとして組み立てるよう心がけるべきだ。このアドバイスは、単なる気まぐれによるものではない。値型は何かを計測したり定量化したり説明したりするときに使うもので、作成やテストがしやすいし、使うのも最適化するのも保守するのも楽だ。

> **本章のロードマップ**
>
> ドメインの概念の特徴を値としてモデリングする方法を学ぶ。
> 値オブジェクトを活用して、統合の複雑性を最小限に抑える方法を知る。
> ドメインの標準型を値として表現することを検討する。
> SaaSOvation が値の重要性をどのように理解したのかを見る。
> SaaSOvation チームが値型をどのようにテストして実装したのか、そしてどのように永続化させたのかを学ぶ。

　当初 SaaSOvation チームは、調子に乗ってエンティティを使いすぎた。ユーザーやパーミッションの概念がコラボレーションと絡むようになるまでは、それでも問題はなかった。プロジェクトの立ち上げ当初から、彼らは「ドメインモデルのすべての要素はデータベースのテーブルにマッピングする必要がある。そしてドメインモデルのすべての属性は、public なアクセサメソッドで操作できなければいけない」という考えにとらわれていた。すべてのオブジェクトはデータベースの主キーを持っており、モデルは大規模で複雑なグラフの中にしっかりと組み込まれていた。このアイデアはそもそも、多くの開発者にとって馴染み深い、データモデリングの視点に由来するものだ。リレーショナルデータベースの影響を過度に受けてしまっている。すべてを正規化し、外部キーを使って参照せよという考え方だ。彼らは後に学んだ。エンティティにこだわりすぎる必要はないだけでなく、こだわりすぎると開発期間や作業量にも響いてくるのだ。

　適切な設計をしておけば、値のインスタンスを作って手渡してしまえば、あとはすべて忘れることができる。利用者が不適切な変更をしてしまったらどうなるか、まるごと書き換えてしまったらどうなるかなどと心配する必要はない。値はその場限りで使われることもあれば、長期にわたって使われることもある。必要に応じて値をやりとりしても、悪影響はまったくない。

　これは、私たちの心理的な負担を大きく減らしてくれる。プログラミング言語におけるメモリ管理が、ガベージコレクションのおかげで楽になったのと同じようなことだ。この使いやすさを考えると、

使える場面ではできるだけ値を使うようにしておきたいものだ。

さて、ドメインの概念を値として扱うべきかどうかは、いったいどうやって判断すればいいのだろうか？　その概念の特徴に注目する必要がある。

> あるモデル要素について、その属性しか関心の対象とならないのであれば、その要素を値オブジェクトとして分類すること。値オブジェクトに、自分が伝える属性の意味を表現させ、関係した機能を与えること。値オブジェクトを不変なものとして扱うこと。同一性を与えず、エンティティを維持するために必要となる複雑な設計を避けること。[Evans]（97 ページ）

値型を作るのは簡単だとはいえ、あまり DDD の経験がない人は、そのインスタンスをエンティティとすべきなのか値とすべきなのかの判断に迷うことがある。実際のところ、経験豊富な人でさえも、ときどき迷うことがあるものだ。本章では、値を実装する方法を示すとともに、この判断の基準についても明確にしていきたいと考えている。

6.1　値の特徴

最初の課題として、ユビキタス言語に対応するにあたって、ドメインの概念を値オブジェクトとしてモデリングすべきなのはどんな場合かを、確認しておこう。これが包括的な原則であり、必ず達成すべき指標であると考えよう。本章は、この原則を踏まえて進めていく。

ある概念が値であるかどうかを判断するときには、その概念が以下の特性を持っているかどうかを見極める必要がある。

- そのドメイン内の何かを計測したり定量化したり、あるいは説明したりする。
- 状態を不変に保つことができる。
- 関連する属性を不可欠な単位として組み合わせることで、概念的な統一体を形成する。
- 計測値や説明が変わったときには、全体を完全に置き換えられる。
- 値が等しいかどうかを、他と比較できる。
- 協力関係にあるその他の概念に、副作用のない振る舞い [Evans] を提供する。

これらの特徴について、それぞれ詳しく見ていこう。この手法でモデルの設計要素を分析すれば、これまでよりももっと値オブジェクトを活用できるようになるだろう。

計測・定量化・説明

モデルの中に真の値オブジェクトがあるなら、あなたが認識しているか否かにかかわらず、その値はドメイン内にあるモノではない。それはあくまでも概念であり、ドメイン内にあるモノを**計測**したり**定量化**したり、あるいは何らかの形式で**説明したり**した結果に過ぎない。人には、年齢がある。年

齢はモノではない。その人が生まれてから何年経過したのかを計測し、定量化した値だ。人には、名前がある。名前はモノではない。その人が何と呼ばれているかの説明だ。

これは、概念的な統一体の性質とも密接に関連する。

不変

値オブジェクトは、いったん作ったら変更できない[1]。たとえば Java や C#でのプログラミングなら、値クラスのコンストラクタでインスタンスを作るときに、すべてのパラメータを渡して値の状態を組み立てる。パラメータの中には、値の属性として直接使われるものもあれば、それ自体もまたオブジェクトであって、内部にいくつかの属性を持っているものもある。以下に示すのは、値オブジェクト型の内部に別の値オブジェクトへの参照を保持している例だ。

```
package com.saasovation.agilepm.domain.model.product;

public final class BusinessPriority implements Serializable  {
    private BusinessPriorityRatings ratings;
    public BusinessPriority(BusinessPriorityRatings aRatings) {
        super();
        this.setRatings(aRatings);
        this.initialize();
    }
    ...
}
```

インスタンス化それ自体は、このオブジェクトが不変であることを何も保証していない。オブジェクトのインスタンスを作って初期化が済んだら、それ以降は、その状態を変更できるメソッドは (public、private を問わず) 一切ない。このサンプルコードで、状態を変更できるのは `setRatings()` と `initialize()` だけだが、これらのメソッドは、コンストラクタの中だけでしか使われない。`setRatings()` メソッドは private スコープであり、インスタンスの外部からは実行できない[2]。さらに、`BusinessPriority` クラスを実装する際には、コンストラクタ以外のメソッドからはセッターを呼ばないようにしなければいけない。値オブジェクトの不変性をたしかめる方法は、後述する。

お好みで、値オブジェクトの中でエンティティへの参照を保持することもできる。しかし、その場合は注意が必要だ。もしそのエンティティの状態が (エンティティの振る舞いによって) 変わったときに、それを保持している値も変わってしまうのなら、値の不変性に違反することになってしまう。したがって、エンティティへの参照を値型に保持させるのは、あくまでも全体としての不変性や表現力、利便性のためだけにするようにしよう。値オブジェクトのインターフェイスを通してエンティ

---

[1] 変更可能な値オブジェクトを作ることもできるが、その必要性はほとんどない。そのため、変更可能な値について、ここで長々と述べることはしない。変更可能な値型の使い道に興味がある場合は、[Evans] の 100 ページのコラム『特殊な場合：いつ可変性を認めるべきか？』を参照すること。

[2] オブジェクトリレーショナルマッパーや、XML・JSON などのシリアライズ用ライブラリなどでは、セッターを使って値の状態を再構成する必要があるかもしれない。

ティの状態を変更させようと考えているのなら、おそらく使いかたを間違えている。あとで説明する「副作用のない振る舞い」という特徴も踏まえ、矛盾がないかを考えてみよう。

>
> **思い込みを疑え**
> いま自分が設計しているオブジェクトが、自身の振るまいによって状態を変更しなければならないものだと思っているのなら、本当にそうなのかをもう一度考え直してみよう。もしかして、状態の変更をする代わりに、まるごと置き換えて対応できるのではないだろうか？　もしこの手法が可能なら、こちらを使うようにしたほうが全体がシンプルになる。
> 時には、オブジェクトを不変にしても無意味なこともある。そんな場合があるのも当然で、きっと、そのオブジェクトはエンティティとして扱うべきなのだろう。もしそういう結論に達したのなら、第5章「エンティティ」を参照すること。

概念的な統一体

値オブジェクトはひとつあるいは複数の属性を保持しており、それらがお互いに関連している。各属性が重要なパーツとなり、それらが全体として、値について説明している。他と切り離して属性単体として見ると、意味のある内容が得られない。すべてが合わさって初めて、計測値や説明として意味をなすものとなる。これが、単にいくつかの属性をひとつにまとめただけのオブジェクトとは異なる点だ。単にまとめただけで、それ全体がモデル内の何かを的確に表しているのでなければ、まとめること自体にはあまり意味がない。

Ward Cunningham が**完結した値**パターン[3] [Cunningham, Whole Value aka Value Object] で示しているように、50,000,000 ドルという値には二つの属性がある。**50,000,000** と**ドル**だ。これらはそれぞれ、単独で見れば別の意味になる（あるいは特別な意味を持たない）。「50,000,000」はもちろん、「ドル」だってそうだ。これらを取りまとめた概念的な統一体が、金銭的な計測値を表す。50,000,000 ドルという値が 2 つの属性を持っていて `amount` は 50,000,000 で `currency` はドルだ、などとは**考えない**だろう。数値の 50,000,000 だけでは価値がないし、通貨単位のドルだけでも価値がない。それを暗黙のうちにモデリングした例を示す。

```
// 何かのモノを不適切にモデリングした例
public class ThingOfWorth {
    private String name;          // 属性
    private BigDecimal amount;    // 属性
    private String currency;      // 属性

    // ...
}
```

---

[3] 意味のある全体と呼ばれることもある。

このサンプルでは、モデル側でもクライアント側でも、`amount` と `currency` をいつどのように組み合わせるのかを把握しておく必要がある。これら二つの属性が、概念的な統一体を構成していないからだ。もう少しうまいやりかたを考えてみよう。

そのモノの価値を適切に説明するには、これら二つを個別の属性として扱うのではなく、全体として完結した値（50,000,000 ドル）として扱う。そのようにモデリングした例を、以下に示す。

```java
public final class MonetaryValue implements Serializable  {
    private BigDecimal amount;
    private String currency;

    public MonetaryValue(BigDecimal anAmount, String aCurrency) {
        this.setAmount(anAmount);
        this.setCurrency(aCurrency);
    }
    ...
}
```

`MonetaryValue` が完璧な解で、これ以上改良の仕様がないというわけではない。たしかに、さらに `Currency` などの値型を追加すると、便利だろう。今は `String` 型になっている `currency` 属性を、意図がよりわかりやすいように `Currency` 型に置き換えればいい。また、**ファクトリ**パターンや**ビルダー**パターン [Gamma et al.] にこのあたりの面倒を見させるというのも、いい考えだ。しかし、サンプルの単純さを保つことを考えて、これらのトピックは省略した。完結した値という概念に注目してもらうためだ。

ドメイン内での概念的な統一体が重要なので、親オブジェクトからの値オブジェクトへの参照は、単なる属性などではない。これは、親のオブジェクトの**プロパティ**であり、モデル内のあるモノへの参照を保持しているものだ。たしかに、値オブジェクト型にはいくつかの属性が含まれている（`MonetaryValue` の場合は二つだった）。しかし、その値オブジェクトのインスタンスへの参照を保持する側から見れば、それはプロパティだ。つまり「50,000,000 ドルに相当するモノ（仮に `ThingOfWorth` とする）はプロパティ（仮に `worth` とする）を保持しており、このプロパティは値オブジェクトへの参照を保持している。この値オブジェクトには二つの属性が存在し、全体として 50,000,000 ドルという値を表す」ということだ。ここで覚えておきたいのは、プロパティ名（`worth` など）や値型の名前（`MonetaryValue` など）は、**境界づけられたコンテキスト** (2) とそのユビキタス言語が定まってからでないと決められないということだ。次に、先ほどの実装の改良版を示す。

```java
// 正しくモデリングした例
public class ThingOfWorth {
    private ThingName name;          // プロパティ
    private MonetaryValue worth; // プロパティ
    // ...
}
```

`ThingOfWorth` を変更して、`MonetaryValue` 型の `worth` プロパティを保持させた。雑然とした属

性が、これですっきりとした。しかし、それ以上に重要なのは、今やこの値が全体を表すようになったということだ。

ここで、もうひとつの変更についても説明しておこう。おそらく、これはあなたも予想していなかったものだろう。`ThingOfWorth` の `name` は、その `worth` を適切に説明するのと同じくらい重要なものだ。そこで、この `name` を `String` 型から `ThingName` 型に変更した。最初は、`name` を `String` 型の属性として扱えばそれで十分だと考えていた。しかし、後のイテレーションで、単純な `String` だと問題を引き起こしかねないことを学ぶことになる。`String` のままだと、`ThingOfWorth` の `name` の中核をなすドメインロジックが、モデルの外部に漏れてしまう。モデルの他の部分や、クライアントのコードにも流出してしまう。

```
// 名前の問題に対応するクライアント

String name = thingOfWorth.name();
String capitalizedName =
        name.substring(0, 1).toUpperCase()
        + name.substring(1).toLowerCase();
```

これは、名前の大文字小文字がそろっていない問題を直そうと、涙ぐましい努力をしているクライアントのコードだ。`ThingName` 型を定義しておきさえすれば、`ThingOfWorth` の `name` にまつわるこの手の関心事を一元管理できる。`ThingName` のインスタンスを作る際に名前の大文字小文字も整えてしまい、クライアント側には余計な心配をかけないようにできるだろう。値を過小評価して使わずに済ませるのではなく、モデル全体を通してどんどん値を活用すべき理由のひとつが、ここにある。この時点で `ThingOfWorth` は、あまり意味のない三つの属性に代わって二つのプロパティを持つようになった。この二つのプロパティは、適切な型と名前がつけられた値である。

値クラスのコンストラクタは、概念的な統一体の有効性を示す。値クラスのコンストラクタに求めるのは、不変性に加えて、一度の操作で完結した値を作成できるような手段を提供することだ。値のインスタンスを作った後で、個別の属性を変更できる（つまり、完結した値を徐々に組み立てていける）ようであってはいけない。最終的な状態を、一度の操作でアトミックに初期化できるようにしておく必要がある。先に示した `BusinessPriority` と `MonetaryValue` のコンストラクタは、この要件を満たしている。

`String` や `Integer` あるいは `Double` などの基本型の使いすぎに関しては、別の見方もある。使っているプログラミング言語によっては、標準の型にパッチをあてて、特別な振る舞いを追加できることがある。たとえば Ruby がその一例だ。そんな機能がある場合は、たとえば倍精度浮動小数点型を改造して、通貨を表せるようにしたいと考えるかもしれない。異なる通貨の間の為替レートを計算する必要があれば、`Double` クラスに `convertToCurrency(Currency aCurrency)` のような振る舞いを追加すればいい。いかにもプログラミングという感じでかっこよく見えるが、果たしてこれは、よい考えだといえるだろうか？　まず第一に、おそらくこの通貨固有の振る舞いは、汎用目的の浮動小数点型の責務の中にまぎれて見失ってしまうだろう。ワンストライク。また、そもそも `Double` クラ

スには、通貨に関する知識が組み込まれていない。そのため、言語が標準で用意している型に対して、通貨に関する知識をきちんと教え込む必要がある。どの道、Currencyに対して変換先の通貨の知識を渡す必要があるのだ。ツーストライク。最も重要なのは、Doubleクラスがあなたのドメインに関して何も語っていないということだ。ユビキタス言語を適用していないので、ドメインの関心事が失われてしまっている。はい、三振。

 思い込みを疑え

あるエンティティに複数の属性を置きたいと考えたとき、もしそれらが最終的に他のすべての属性との関係を弱めるようならば、それらはほぼ間違いなく、単一あるいは複数の値型にまとめるべきものだ。それぞれの値型は概念的な統一体を構成するまとまったものであり、ユビキタス言語にのっとった適切な名前をつけておくべきだ。仮にひとつの属性だけであっても何らかの概念と関連しているのであれば、その概念についての関心事をすべて一元管理できれば、そのモデルの力も増すだろう。時を経て値が変わる属性があれば、エンティティとして長期にわたって管理するよりは、完結した値として丸ごと置き換えられないかどうかを検討しよう。

交換可能性

モデル内のエンティティが、不変な値を参照として保持している場合、その値は現在の完結した値の状態を正しく表したものでなければいけない。もしそうでなくなったら、値全体を新しいもので置き換えて、現在の正しい状態を反映させる必要がある。

交換可能性という概念は、数値について考えると容易に理解できる。totalという概念を表す整数値を、ドメイン内に保持しているとしよう。totalの値が現在3となっているが、これを4にする必要が出てきた。もちろん、3という整数値を直接変更して4にしたりはしない。単純に、totalに改めて4という整数値を代入するだけのことだ。

```
int total = 3;

// 後にどこかで……

total = 4;
```

当たり前のことだが、ポイントを理解する助けになるだろう。この例では、totalの値を、単純に3から4に**置き換えた**。無理に単純化したわけではない。仮に整数値よりもずっと複雑な値オブジェクトだったとしても、置き換えはこれとまったく同じようなことだ。少し複雑な値型を扱った、次の例を見てみよう。

```
FullName name = new FullName("Vaughn", "Vernon");

// 後にどこかで……
```

```
name = new FullName("Vaughn", "L", "Vernon");
```

　name の最初の状態は、私の姓と名を表す値だった。その後、この完結した値を、別の完結した値に**置き換えた**。私の姓、ミドルネームのイニシャル、そして名を表す値だ。FullName のメソッドを使って、ミドルネームのイニシャルを含むように name の値を変更したわけではない。それは、FullName という値型が持つ不変性に違反してしまう。その代わりに完結した値を置き換えて、name オブジェクトがまったく新しい別の FullName のインスタンスを指すようにした（この例は、置き換えを扱う例として最善の方法だというわけではない。よりよい方法を、後でとりあげる）。

思い込みを疑え

オブジェクトの属性を変更する必要があるからという理由でエンティティを作ろうとしているのなら、まずはそれが本当に正しいモデルなのかどうかを疑ってみよう。属性の変更ではなく、オブジェクトの置き換えでも対応できるのではないだろうか？　先ほどの置き換えのサンプルを見て、新しいインスタンスを作るのは非現実的だし表現力が失われると考えるかもしれない。扱っているオブジェクトが複雑で、頻繁に変更されるものだとしても、まるごと置き換えるのが必ずしも非現実的だとは限らないし、不恰好になるとも限らない。この後のサンプルでは、副作用のない振る舞いの実例を示す。シンプルかつ表現力豊かな方法で、完結した値の置き換えに対応するものだ。

値の等価性

　値オブジェクトのインスタンスを別のインスタンスと比較するときには、オブジェクトの等価性をたしかめる方法を利用する。システム全体を通して、等しいけれども同じオブジェクトではない値は、いくらでも存在するだろう。等価性を判断するには、二つのオブジェクトの型と、それぞれの属性を比較する。型が等しく、かつすべての属性も等しければ、二つの値は同じものだとみなす。さらに、複数の値のインスタンスが同じものだとみなせるときは、その中のどのインスタンスであっても、エンティティのプロパティに代入できる。それによって、プロパティの値が変わることはない。

　FullName クラスにおける、値の等価性をたしかめる機能の実装例を示す。

```java
public boolean equals(Object anObject) {
    boolean equalObjects = false;
    if (anObject != null &&
            this.getClass() == anObject.getClass()) {
        FullName typedObject = (FullName) anObject;
        equalObjects =
            this.firstName().equals(typedObject.firstName()) &&
            this.lastName().equals(typedObject.lastName());
    }
    return equalObjects;
}
```

二つの FullName のインスタンスのそれぞれの属性を、もう一方の同じ属性と比較する（ここでは、ミドルネームが存在しないバージョンを想定している）。両方のオブジェクトのすべての属性が同じなら、二つの FullName のインスタンスが等しいとみなす。この値は、作成の際に firstName と lastName が null にならないようにしている。したがって、equals() による比較の際にどちらかが null になっている場合の対策は不要だ。また、私は自己カプセル化方式を好むので、属性へのアクセスにはクエリメソッドを使った。これで、その属性が明示的に存在するのではなく、何かから導出されるものであるような場合にも対応できる。さらに、対応する hashCode() メソッドの実装も必要になるだろう（後でその例を示す）。

集約 (10) の一意性に対応するためには、値のどの特徴が必要になるかを考えてみよう。たとえば値の等価性は、集約のインスタンスを識別子で特定するために必要だろう。不変性もまた欠かせない。一意な識別子は、変わってはいけないものだ。これを保証するのが、値が不変であるという特徴である。また、概念的な統一体という特徴にも助けられるだろう。識別子はユビキタス言語にのっとって命名されるものであり、一意に特定するために必要なすべての属性を、単一のインスタンスに保持するからだ。しかし、交換可能性については、ここでは不要だろう。集約ルートの一意な識別子が書き換えられることはない。とはいえ、交換可能性が不要だからといって、ここで値を使う理由がなくなったというわけではない。さらに、もし識別子に対して何らかの副作用のない振る舞いが必要になるのなら、その値型として実装することになる。

> **思い込みを疑え**
> 今自分が設計している概念が、他のオブジェクトとは区別して一意に識別すべきエンティティなのか、あるいは値の等価性を確認できればそれで十分なのかを考えてみよう。その概念に一意な識別子が不要なのであれば、値オブジェクトとして扱おう。

副作用のない振る舞い

オブジェクトの振る舞いは、**副作用のない関数** [Evans] として設計できる。**関数**とは、オブジェクトに対する操作のうち、何かを出力するけれども自身の状態は変更しないものを指す。その操作を実行したときに何も変更が発生しないので、この操作は「副作用のない」操作と言われている。不変な値オブジェクトのメソッドはすべて、副作用のない関数でなければいけない。さもないと、不変であるという値の特徴に違反してしまうからだ。この特徴は、不変性の一部なのではないかと思う人もいるだろう。たしかに、密接に関連してはいる。しかし私は、二つの特徴を区別して扱うことを好む。そうすれば、値オブジェクトの大きな利点を強調できるからだ。二つの特徴をまとめて考えると、値が単なる属性のコンテナに見えて、最も強力な側面を見落としてしまう。

Bertrand Meyer は、コマンドクエリ分離原則（**CQS**）において、副作用のない関数のことを**クエリメソッド**と呼んでいる。**CQS** については、Martin Fowler も [Fowler, CQS] でとりあげている。クエリメソッドとは、オブジェクトに対して問いかけるメソッドのことだ。その定義上、オブジェク

関数型の手法
関数型プログラミング言語は一般的に、この特徴を強制している。実際、純粋関数型言語は副作用のない振る舞いしか実行できない。すべてのクロージャは、不変な値オブジェクトの受け渡ししかできない。

トに答えを聞くことで、その答えが変わってしまってはいけない。

`FullName`型での、副作用のない振る舞いの使用例を示す。これは、自分自身を置き換える新たな値を生成するものだ。

```
FullName name = new FullName("Vaughn", "Vernon");

// 後にどこかで……

name =  name.withMiddleInitial("L");
```

これは、「交換可能性」で示したサンプルと同じ結果を、より表現力のある方法で実現したものだ。この副作用のない関数の実装は、以下のようになる。

```
public FullName withMiddleInitial(String aMiddleNameOrInitial) {
    if (aMiddleNameOrInitial == null) {
        throw new IllegalArgumentException(
                "Must provide a middle name or initial.");
    }

    String middle = aMiddleNameOrInitial.trim();

    if (middle.isEmpty()) {
        throw new IllegalArgumentException(
                "Must provide a middle name or initial.");
    }

    return new FullName(
            this.firstName(),
            middle.substring(0, 1).toUpperCase(),
            this.lastName());
}
```

このサンプルの`withMiddleInitial()`メソッドは値自身の状態を変更していない。すなわち、副作用がない。その代わりに、自身のパーツと与えられたイニシャルを使って、新しい値のインスタンスを作る。このメソッドは、ドメインの重要なロジックをモデルに閉じ込めており、先の例のようにクライアント側に漏れてしまうこともない。

しかし、この設計にも問題がある。実例をみて考えよう。この例は、スクラムの`Product`を表すエンティティを、`BusinessPriority`という値オブジェクトに渡して、優先順位を算出している。

> **値がエンティティを参照するとき**
> 値オブジェクトのメソッドは、パラメータとして渡されたエンティティを変更してもかまわないものなのだろうか？ 何の断りもなく、そのメソッドがエンティティを変更してしまうのだとしたら、それでも副作用がないと言い切れるのだろうか？ そのメソッドは、簡単にテストできるだろうか？ おそらく、テストは簡単にはいかないだろう。したがって、ある値のメソッドがエンティティをパラメータとして受け取るのなら、その結果を使ってエンティティが自分自身で状態を変更できるようにしておくのがいいだろう。

```
float priority = businessPriority.priorityOf(product);
```

このコードの問題点にお気づきだろうか？ 少なくとも、以下の問題が存在する。

- まず指摘したいのは、この値が Product エンティティに依存するだけでなく、そのエンティティの内部構造まで知っておく必要があるという点だ。可能な限り、値は自身の型と自身の属性の型だけを知っていれば済むようにしておきたい。それが不可能な場合もあるが、目標としては悪くない。
- このコードを読んでも、Product の中のどの部分が使われているのかがわからない。表現力に乏しくなり、モデルの明確さを弱めてしまう。実際に使う Product プロパティだけを渡すようにしておけば、ずっとましになっただろう。
- さらに重要なことがある。エンティティをパラメータとして受け取る値のメソッド内で、そのエンティティの状態が不変であることを証明するのは容易ではない。それをテストするのは難しいだろう。値の側でいくら「変更はしない」と言ったところで、実際にそうであることを示すのは難しいのだ。

これらを踏まえると、実際には何ひとつ改善していない。値を堅牢なものにするためには、値のメソッドに渡すのは値だけにすればいい。そうすれば、副作用のない振る舞いという特徴を、高いレベルで実現できる。これはそんなに難しいことではない。

```
float priority =
    businessPriority.priority(
        product.businessPriorityTotals());
```

このコードで Product に問い合わせるときに渡しているのは、BusinessPriorityTotals という値のインスタンスだ。priority() は、float ではなく他の型を返すべきだと考える人もいるだろう。プロパティの表現がユビキタス言語で公式にまとめられている場合などは、特にそうだ。そんな場合は、専用の値型を作ってそれを使うことになるだろう。このような検討を常に行い続けることで、モデルを継続的に改良していく。実は、何度となく分析を繰り返した SaaSOvation チームは、ビジネ

ス的な優先順位の合計をProductエンティティ自身に算出させるべきではないという結論に達した。この機能は、結局のところ**ドメインサービス**(7)が受け持つものだ。よりよいソリューションについては第7章で説明する。

　特化型の値オブジェクトを作るのではなく言語標準の型を（そのまま、あるいはラッパー経由で）使うことにした場合は、モデルに多少手を加えることになるだろう。ドメインに特化した副作用のない関数を、言語の基本型に追加することはできない。基本型に追加するのではなく、それとは切り離して扱うことになるだろう。使っているプログラミング言語に、仮に基本型を拡張できる仕組みがあったとしても、それで本当に、ドメインの深い知識をとらえることができるというのだろうか？

思い込みを疑え
「このメソッドだけは、副作用をなくすのは無理。自身の状態を変更せざるを得ない」と考えているのなら、その思い込みを疑ってかかろう。変更する代わりに丸ごと置き換えてしまえるのではないだろうか？　先ほどのサンプルでは、非常にシンプルな手法で新しい値を作っていた。既存の値の一部を再利用しつつ、変更したい特定の部分だけを置き換えるものだった。システム内のすべてのオブジェクトが値であるということは、めったにない。エンティティとなるオブジェクトもきっと存在するだろう。値の特徴とエンティティの特徴を、注意深く見比べてみよう。チームで考えて、議論すれば、正しい結論を導けるはずだ。

・・・

　SaaSOvationの各チームは、[Evans]における副作用のない関数に関するアドバイスや、その他の完結した値に関する文献を読んで、値オブジェクトをもっと活用すべきだと理解した。先に説明した値のさまざまな特徴をきちんと理解したことで、彼らはドメイン内に、より自然な値型を発見できるようになったのだ。

・・・

すべての道は値オブジェクトに通ず？
ここにきて、あらゆるものが値オブジェクトに見えるようになってきたかもしれない。少なくとも、あらゆるものがエンティティに見えてしまうよりはマシだろう。ただ、少々注意すべき場面もある。非常にシンプルな属性で、特別扱いが一切不要なものを扱う場合だ。おそらくそれは、Booleanの値であったり、自己完結した数値であったりするだろう。特別な機能は不要で、同じエンティティ内の他の属性とも一切関係はない。そのシンプルな属性が単体で、意味のある全体を成している。それなのに、その属性単体を値型でラップしてしまうという「間違い」を犯してしまいかねない。特別な機能を何も持たないそんな値型を作るなら、値を一切作らないほうがまだマシだ。少しやりすぎだと気づいたら、常にリファクタリングを検討しよう。

6.2　ミニマリズムを考慮した結合

　DDD を進めていく際には、いつだって複数の境界づけられたコンテキストが存在する。つまり、それらを統合するための適切な方法を見出す必要があるということだ。上流のコンテキストからオブジェクトを受け取るときは、可能な限り、下流のコンテキスト側でのその概念のモデリングには値オブジェクトを使うようにしよう。そうすれば、ミニマリズムを優先した統合ができる。つまり、下流のモデル内で管理すべきプロパティの数を最小限にできる。不変な値を使えば、責務も少なめに抑えられるだろう。

> **どうしてそんなに責務を抱え込むの?**
> 不変な値を使えば、責務を少なめに抑えられる。

　第 2 章で扱った、**境界づけられたコンテキスト**の例を、ここでもう一度とりあげる。上流の**認証・アクセスコンテキスト**にある二つの集約が、下流の**コラボレーションコンテキスト**に影響をおよぼすものだ（図 6-1 を参照）。**認証・アクセスコンテキスト**には、User と Role の二つの集約がある。**コラボレーションコンテキスト**との統合は、特定の User がモデレータという Role を演じているかどうかによって行われている。**コラボレーションコンテキスト**は、**腐敗防止層** (3) を使って、**認証・アクセスコンテキスト**の**公開ホストサービス** (3) に問い合わせる。統合にもとづいた問い合わせの結果、特定のユーザーがモデレータのロールを演じていることがわかれば、**コラボレーションコンテキスト**は、それを表す Moderator オブジェクトを作る。

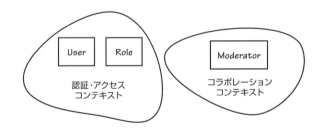

図6-1：Moderator オブジェクトは、別のコンテキストにある User と Role の状態にもとづいている。User と Role は集約だが、Moderator は**値オブジェクト**である

　Moderator は、図 6-2 に示す Collaborator のサブクラス群のひとつで、値オブジェクトとしてモデリングする。そのインスタンスは静的に作られて、Forum 集約に関連づけられる。ここでポイントとなるのは、上流の**認証・アクセスコンテキスト**にある集約が多数の属性を保持しており、**コラボレーションコンテキスト**に対して与える影響を最小化できることだ。自身が持つごく少数の属性で、Moderator は、**コラボレーションコンテキスト**で利用するユビキタス言語の本質的な概念を表す。さ

らに、`Moderator`クラスには、`Role`集約に由来する属性は一切含まれない。クラス名（`Moderator`）そのものが、ユーザーが演じているロールを表す。意図的に、`Moderator`は静的に作成する値とした。リモートのコンテキストと同期させるなどという作業は不要だ。この選択のおかげで、このコンテキストを利用する側の負担はかなり軽減できるだろう。

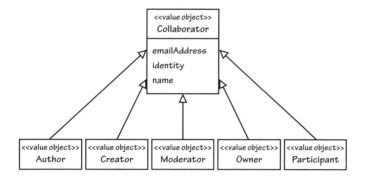

図6-2：値オブジェクト`Collaborator`のクラス階層。上流のコンテキストが保持するのは`User`のいくつかの属性だけで、このクラス名が各ロールを明示する

　もちろん、時には下流のコンテキストのオブジェクトをリモートのコンテキスト内の集約の状態と同期させないといけなくなることもあるだろう。そんな場合は、集約を下流（利用する側）のコンテキストに置くよう設計する。なぜなら、エンティティを使って、一連の変更の流れを保持するからだ。しかし、この選択はできれば避けておきたい。可能な限り、値オブジェクトを使った統合を心がけよう。これは、リモートの**標準型**を利用する場面全般にあてはまることだ。

6.3　標準型を値として表現する

　多くのシステムやアプリケーションでは、いわゆる**標準型**が必要になる。標準型とは、何かのモノについて説明するためのオブジェクトで、その型を表している。モノ（エンティティ）あるいは説明（値）そのものがあった上で、さらに標準型を利用して、それを他と区別する。この概念について、業界で一般に使われている名称があるのかは知らないが、今までに**タイプコード**あるいは**ルックアップ**などと呼ばれているのを聞いたことはある。**タイプコード**と言われてもピンとこないし、**ルックアップ**っていったい何を探すの？　私が標準型という呼び名を好むのは、そのほうが内容をきちんと説明しているからだ。この概念について知るために、いくつかの実例を考えてみよう。場合によっては、**パワータイプ**としてモデリングすることもある。

　ユビキタス言語の中で`PhoneNumber`（値）が定義されていて、その種類についての説明も必要になっているとする。「その電話番号は自宅の番号ですか？　職場の番号ですか？　それともそれ以外の番号ですか？」と、ドメインエキスパートに問われた。これらの電話番号の形式を、クラス階層としてモデリングすべきだろうか？　それぞれの型を別々のクラスにすると、クライアント側での区別がよ

り難しくなるだろう。ここでは、電話番号の種類を表す標準型を用意して、`Home`・`Mobile`・`Work`・`Other` のいずれかで表すなどとすればいい。これらの表記が、電話番号を表す標準型となる。

先ほどとりあげたように、金融業界などでは、`Currency`（値）型を用意して、`MonetaryValue` に通貨単位などの制約を付加することが多い。この場合、標準型が提供するのは、各国の通貨単位（豪ドル、加ドル、中国人民元、ユーロ、英ポンド、日本円、米ドルなど）を表す値だ。標準型をここで使えば、偽の通貨単位に悩まされることがなくなる。間違った通貨単位が `MonetaryValue` に設定される可能性は残るが、存在しない通貨単位を設定される心配はない。もしこれを文字列の属性で扱っていれば、無効な値も格納できてしまう。もしタイプミスで**ドラ**などという通貨単位を登録してしまったらたいへんだ。

調剤業界で働いていて、薬剤のさまざまな投与方法について設計しているとしよう。個々の薬剤（エンティティ）は長期間存在し続け、時を経て変わることもある。概念が生まれ、研究が始まり、開発が進み、臨床試験を行い、一般に販売し、改良し、最終的に開発が終了するという流れだ。このライフサイクルの管理に、標準型を使うこともできるだろうし、それ以外の手を使う選択肢もある。一連のライフサイクルの移行には、複数の境界づけられたコンテキストがかかわることもあるだろう。一方で、投与方法（点滴・経口・塗布など）に関しては、標準型でも分類できる。

どのレベルで標準化するのかによって、これらの型をどこで管理するのかも変わる。アプリケーションレベルで管理すればいいのか、全社共通データベースで共有することになるのか、あるいは国の標準規格や国際標準規格に従うことになるかもしれない。

標準化のレベルの違いが、モデルからの標準型の取得方法や使いかたに影響をおよぼすこともある。

結局、これらはエンティティとして扱うことになるだろう。というのも、それぞれが専用の境界づけられたコンテキストの中で自身のライフサイクルを持つからだ。どんなところがどんなふうに標準化するにせよ、それを利用するコンテキスト側では、可能な限り値として扱いたい。これらは何かのモノの型を計測したり説明したりするものであり、計測や説明は値としてモデリングするのが最適だからだ。さらに、たとえば IV（点滴）というインスタンスがあったとして、それは別の IV のインスタンスとまったく同じことを表している。お互いに入れ替えられるので、交換可能性や値の同一性を満たしている。もし**あなたの**境界づけられたコンテキストの中でその型のライフサイクル中の変更を追い続ける必要がないのなら、値としてモデリングしよう。

保守性を考慮して、標準型を個別のコンテキストにしておくことがよくある。それを利用する側のモデルとはコンテキストを分けておくということだ。利用する側にはエンティティがあって、`identity` や `name` そして `description` などといった属性を持つ。他にも属性はあるだろうが、ここでは利用側のコンテキストでよくありがちなものだけをあげた。この中でひとつだけを使うことが多い。これは、ミニマリズムを考慮した統合という目標に沿ったものだ。

非常にシンプルな例として、二つの型が存在するグループに属するメンバーを表す標準型を考えよう。グループのメンバーは、ユーザーであることもあればグループであることもある（グループの階層化ができる）。Java の enum を使って、これをサポートする標準型を表したのが、以下のコードだ。

```java
package com.saasovation.identityaccess.domain.model.identity;

public enum GroupMemberType {

    GROUP {
        public boolean isGroup() {
            return true;
        }
    },
    USER {
        public boolean isUser() {
            return true;
        }
    };

    public boolean isGroup() {
        return false;
    }

    public boolean isUser() {
        return false;
    }
}
```

`GroupMember`は値のインスタンスで、特定の`GroupMemberType`を指定して作られたものだ。`User`あるいは`Group`を`Group`に割り当てるときには、渡された側の集約に、自身の`GroupMember`を返すよう問い合わせる。`User`クラスでの`toGroupMember()`メソッドの実装例を示す。

```java
protected GroupMember toGroupMember() {
    GroupMember groupMember =
        new GroupMember(
                this.tenantId(),
                this.username(),
                GroupMemberType.USER); // enum による標準型

    return groupMember;
}
```

Javaの enum は、標準型をサポートする手段として最もシンプルなものだ。enum は、きちんと定義された有限個の値（今回の場合は2個）を提供し、非常に軽量で、その仕組み上、副作用のない振る舞いを持つ。しかし、その値のテキスト表現はどこにあるのだろう？　可能性は二つだ。大抵の場合は、型の説明など不要で、その名前で区別できれば十分だ。なぜかって？　テキスト表現が有効なのは、一般に**ユーザーインターフェイスレイヤ**(14) においてだけで、型の名前をビューのプロパティにマッチングさせることで得られる。多言語環境だとビューのプロパティをローカライズしなければいけないが、これをモデル内で対応するのは適切ではない。標準型の名前そのものが、モデル内で使う属性として最適であることが多い。もうひとつの理由として、enum の状態名（`GROUP`や`USER`）そ

のものにも、ある程度の説明が含まれている。それぞれの型の振る舞い`toString()`を使えば、説明的な名前は得られる。しかし、必要なら、各型の説明的なテキストもモデリングできるだろう。

Javaのenumで表現したこのサンプルの標準型は、本質的には、すっきりとした**ステート** [Gamma et al.] オブジェクトでもある。enumの宣言の最後に二つのメソッド`isGroup()`と`isUser()`があるが、これらはすべてのステートのデフォルトの振る舞いを実装したものだ。デフォルトでは、どちらも`false`を返す。これは、基本的な振る舞いとして適切なものだ。しかし、個別のステートを定義するときには、このメソッドをオーバーライドして、適切な問いに対しては`true`と答えるようにする。標準型のステートが`GROUP`なら、`isGroup()`メソッドをオーバーライドして`true`を返す。標準型のステートが`USER`なら、`isUser()`メソッドをオーバーライドして`true`を返す。ステートの移行は、enumの値を別のものに置き換えることで実現する。

このenumは、ごく基本的な振る舞いだけを示している。ステートパターンの実装は、ドメインの要件にあわせてもっと洗練させることもできる。標準の振る舞いをさらに追加して、ステートごとにオーバーライドさせるようにもできる。これは値型のサンプルであり、そのステートは、きちんと定義された定数群に絞り込める。鍵となるのが`BacklogItemStatusType`で、これは`PLANNED`・`SCHEDULED`・`COMMITTED`・`DONE`・`REMOVED`のいずれかの状態をとる。本書では、三つの境界づけられたコンテキストすべてで、この標準型によるアプローチを採用する。可能な限り、シンプルに保ちたいと考えたからだ。

> **ステートパターンは有害なのか?**
> ステートパターンを使うのは好ましくないと考える人もいる。よくある不満は、その型がサポートするすべての振る舞い（`GroupMemberType`の下二つのメソッド）についての抽象実装が必要で、あるステートについて特別な処理が必要なら、それをオーバーライドしなければいけないという点だ。Javaの場合なら、抽象型ごとに個別のクラス（通常は個別のファイル）が必要だし、同じくステートごとのクラス（ファイル）も必要になる。好むと好まざるとにかかわらず、ステートパターンとはそういうものだ。
> もしステートパターンで必要となるクラス（ステートごとのクラス、そして抽象型のクラス）を自前で開発する必要があるのなら、手に負えない状態になるだろう。それについては同意する。各クラスの個々の振る舞いは、抽象クラスから継承したデフォルトのものも含め、サブクラス群と密結合になってしまう。個々の型の可読性も低下するだろう。特に、多数のステートを扱うときには面倒だ。しかし、Javaのenumを使えば、非常にシンプルかつ最適な方法でステートパターンを実装でき、標準型群を作れる。両方の手法のいいとこどりをできるだろう。非常にシンプルな標準型と、その現在の状態を問い合わせる手段を得られ、その振る舞いも型の中に閉じている。ステートの振る舞いを制限すると、実際に使いやすくなるだろう。
> しかし、このシンプルなステートの実装ですら気に入らないということもありえるだろう。

Javaのenumで標準型に対応する方法が気に入らなければ、型ごとに一意な値のインスタンスを使うという方法もある。しかし、気に入らない理由がもし「ステートパターンを使っているから」というものだとしたら、enumを使った標準型のサポートには、別にステートパターンが必須なわけで

はないことを知っておこう。enum をステートとして使うという考え方にこだわる必要はない。標準型の実装には、enum や値を使う以外の方法もある。

　代替案のひとつは、集約を標準型として用い、型ごとに集約のインスタンスを用意する方法だ。この方式を使う場合は、十分に注意しよう。標準型は一般に、それを利用する側の境界づけられたコンテキスト内で管理するものではない。広く使われる標準型は、それ用に個別のコンテキストを用意して、計画的に更新していくべきだ。標準型の集約を、利用する側のコンテキスト内で不変なものとして公開する選択肢もある。しかし、不変なエンティティがほんとうにエンティティなのかどうか、もういちど考えてみよう。エンティティではないと考えるのなら、共有の不変な値オブジェクトとしてモデリングすることを検討すべきだ。

　共有の不変な値オブジェクトは、隠された永続化ストアから取得させることができる。標準型の**サービス** (7) や**ファクトリ** (11) から取得するなどの選択肢が考えられるだろう。この方式を使う場合は、おそらく、標準型の種類ごとにサービスあるいはファクトリを用意することになる。電話番号型用のもの、住所型用のもの、通貨型用のもの、といった具合だ。そのようすを図 6-3 に示す。サービスとファクトリのどちらを選ぶにせよ、その具象実装は、永続化ストアにアクセスして共有の値を取得する。しかし、クライアント側からは、その値がデータベースに格納されていたことなど決してわからない。サービスあるいはファクトリを介して型を提供するようにすると、さまざまな方式でのキャッシュも使いやすくなる。値は永続化ストアからの読み込みしか行わず、システム内で不変になるからだ。

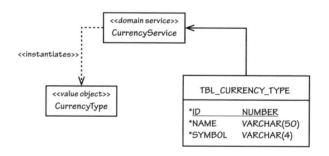

図6-3：ドメインサービスを使って標準型を提供する。この例では、サービスがデータベースにアクセスし、要求された CurrencyType の状態を読み込む

　結局のところ、個人的には、enum を使って標準型を表現するのが最適なのではないかと考えている。それをステートパターンだと思うか思わないかは、どうでもいい。同じ種類の標準型のインスタンスが大量にあるのなら、コード生成ツールを使って enum を作ればいい。コード生成の手法を使えば、永続化ストアから既存のすべての標準型を読み込んで、その各行に対応する一意な型（あるいはステート）を生成できる。

　古典的な値オブジェクトで標準型を表すことにした場合は、サービスやファクトリを導入して、必要に応じてインスタンスを静的に作るようにすると便利だろう。その理由は先ほど議論した内容と似

ているが、共有の値を作るための実装は、先ほどとは異なる。今回の場合、サービスあるいはファクトリが提供するのは、個別の標準型ごとの不変な値のインスタンスを静的に作ったものだ。標準型のベースになっているデータベース上のレコードが変更されても、すでに作成済みのインスタンスには自動的には反映されない。静的に作った値のインスタンスをデータベースと同期させたい場合は、データを検索してモデル内の状態を更新するための仕組みを用意する必要がある。そんなことをすると、この手法のせっかくの利便性を損ねてしまうかもしれない[4]。そのため、静的に作った標準型の値は、利用する側の境界づけられたコンテキストでは決して更新されないものと、設計段階から決めてしまうこともあるだろう。対立するすべての要素を天秤にかける必要がある。

6.4 値オブジェクトのテスト

　テストファーストの精神にのっとって、まずはサンプルのテストを示してから、値オブジェクトの実装を進めていくことにしよう。今から示すテストは、クライアントがどのようにオブジェクトを使うのかの実例となる。これを元に、ドメインモデルの設計を進めていく。

　ここではユニットテストのさまざまな側面を示そうとしているわけではなく、モデルがあらゆる意味で完全であることを証明しようというつもりもない。ここで注目したいのは、ドメインモデル内のさまざまなオブジェクトがクライアントからどのように使われるのかということと、クライアント側がそれらのオブジェクトに何を期待しているのかということだ。本質的な概念をとらえてモデルを設計する際に重要なのは、クライアントからの視点を気にすることだ。さもないと、私たちの一方的な観点にもとづいたモデルになってしまい、業務の視点が反映されない。

> **最良のサンプルコード**
> この手のテストについては、「モデルの利用者向けマニュアルを書いているとして、このドメインオブジェクトをクライアントからどのように使うのかを表すコード例を用意する」と考えればいい。

　言うまでもないが、ここで作るべきなのはユニットテストではない。チームの標準に対応するためのテストを書かなければいけない。テストの種類によって、その動機は異なる。ユニットテストや振る舞いテストにはそれぞれの持ち場がある。ここは、モデリングのテストの持ち場であるというだけのことだ。

　ここでとりあげる値オブジェクトは、直近でとりあげた**コアドメイン** (2) である**アジャイルプロジェクト管理コンテキスト**に由来するものだ。

---

[4] 上流のコンテキストにおける集約を下流のコンテキストでも集約としてモデリングすることもできる。同じクラスにはならないかもしれないし、すべての属性が同じである必要もない。しかし、下流側でも集約にしておけば、結果整合性も実現できるし、更新を一か所にまとめられる。

　この境界づけられたコンテキストにおいて、ドメインエキスパートは「バックログアイテムのビジネス的な優先順位」について語る。このユビキタス言語に対応するために、その概念をBusinessPriorityとしてモデリングした。BusinessPriorityが算出する結果は、個々のプロダクトバックログアイテム [Wiegers] の価値を判断するための業務分析に使える。その出力は、コストパーセンテージ（その他すべてのアイテムの開発コストに対する、そのバックログアイテムの開発コストの割り合い）、トータルバリュー（そのバックログアイテムの開発によって得られる価値の合計）、バリューパーセンテージ（その他すべてのアイテムの価値に対する、そのバックログアイテムの価値の割り合い）、優先順位（そのバックログアイテムをその他すべてのアイテムと比較した上での優先順位）となる。

　これらのテストは、実際には何度かのリファクタリングを経た上でできあがったものだが、ここでは最終形だけを示す。

```java
package com.saasovation.agilepm.domain.model.product;

import com.saasovation.agilepm.domain.model.DomainTest;

import java.text.NumberFormat;

public class BusinessPriorityTest extends DomainTest {
    public BusinessPriorityTest() {
        super();
    }
    ...
    private NumberFormat oneDecimal() {
        return this.decimal(1);
    }

    private NumberFormat twoDecimals() {
        return this.decimal(2);
    }

    private NumberFormat decimal(int aNumberOfDecimals) {
        NumberFormat fmt = NumberFormat.getInstance();
```

```
            fmt.setMinimumFractionDigits(aNumberOfDecimals);
            fmt.setMaximumFractionDigits(aNumberOfDecimals);
            return fmt;
    }
}
```

このクラスには、フィクスチャ用のヘルパーも含まれている。さまざまな計算結果の正確さをテストする必要があったので、小数点以下 1 桁あるいは 2 桁の NumberFormat のインスタンスを提供するメソッドを用意した。なぜこんなメソッドを用意したのかは、次のコードを見ればわかるだろう。

```
    public void testCostPercentageCalculation() throws Exception {

        BusinessPriority businessPriority =
            new BusinessPriority(
                    new BusinessPriorityRatings(2, 4, 1, 1));

        BusinessPriority businessPriorityCopy =
            new BusinessPriority(businessPriority);

        assertEquals(businessPriority, businessPriorityCopy);

        BusinessPriorityTotals totals =
            new BusinessPriorityTotals(53, 49, 53 + 49, 37, 33);

        float cost = businessPriority.costPercentage(totals);

        assertEquals(this.oneDecimal().format(cost), "2.7");

        assertEquals(businessPriority, businessPriorityCopy);
    }
```

　チームは、不変性をテストするためのうまい手段を思いついた。各テストの最初に BusinessPriority のインスタンスを作って、それと同等のものをコピーコンストラクタで作っておく。そして、テスト内の最初のアサーションでは、コピーコンストラクタの作ったインスタンスがオリジナルと等しいことをたしかめた。

　次に、BusinessPriorityTotals を作って、メソッド変数 totals に代入した。この totals を使ってクエリメソッド costPercentage() を実行し、結果を cost に代入する。そして、その結果が 2.7 であることをたしかめた。これは、手動での計算で得られた正解だ。最後に、costPercentage() メソッドに副作用がないことをたしかめた。つまり、businessPriority の値がこの時点でも businessPriorityCopy と等しいことを確認した。このテストによって、コストパーセンテージの算出法と、その出力についてのアイデアが得られた。

　次に、優先順位やトータルバリュー、そしてバリューパーセンテージの算出もテストする必要がある。基本的な進めかたは、どれも同じだ。

```
public void testPriorityCalculation() throws Exception {

    BusinessPriority businessPriority =
        new BusinessPriority(new BusinessPriorityRatings(2, 4, 1, 1));

    BusinessPriority businessPriorityCopy =
        new BusinessPriority(businessPriority);

    assertEquals(businessPriorityCopy, businessPriority);

    BusinessPriorityTotals totals =
        new BusinessPriorityTotals(53, 49, 53 + 49, 37, 33);

    float calculatedPriority = businessPriority.priority(totals);

    assertEquals("1.03", this.twoDecimals().format(calculatedPriority));

    assertEquals(businessPriority, businessPriorityCopy);
}

public void testTotalValueCalculation() throws Exception {

    BusinessPriority businessPriority =
        new BusinessPriority(new BusinessPriorityRatings(2, 4, 1, 1));

    BusinessPriority businessPriorityCopy =
        new BusinessPriority(businessPriority);

    assertEquals(businessPriority, businessPriorityCopy);

    float totalValue = businessPriority.totalValue();

    assertEquals("6.0", this.oneDecimal().format(totalValue));

    assertEquals(businessPriority, businessPriorityCopy);
}

public void testValuePercentageCalculation() throws Exception {

    BusinessPriority businessPriority =
        new BusinessPriority(new BusinessPriorityRatings(2, 4, 1, 1));

    BusinessPriority businessPriorityCopy =
        new BusinessPriority(businessPriority);

    assertEquals(businessPriority, businessPriorityCopy);

    BusinessPriorityTotals totals =
        new BusinessPriorityTotals(53, 49, 53 + 49, 37, 33);

    float valuePercentage = businessPriority.valuePercentage(totals);
```

```
            assertEquals("5.9", this.oneDecimal().format(valuePercentage));

            assertEquals(businessPriorityCopy, businessPriority);
    }
```

 テストにはドメインの意図を含めること
モデルのテストは、ドメインエキスパートにとって意味のあるものでなければいけない。

技術畑ではないドメインエキスパートも、多少の助けを得ながらではあったものの、これらのテストを読み解くことができた。BusinessPriorityがどのように使われているのか、どんな結果が出力されるのか、この操作による副作用がないこと、そしてユビキタス言語の概念や意図に沿ったものであることを理解できたのだ。

・・・

重要なのは、どのテストについても、値オブジェクトの状態が不変であることが保証されていたという点だ。クライアントは、任意の数のバックログアイテムの優先順位を算出して並べ替え、比較して、必要ならば各アイテムのBusinessPriorityRatingsを調整することもできる。

6.5　実装

このBusinessPriorityのサンプルは、値が持つ特徴をすべて示すだけでなく、それ以外のことも示している。不変性、概念的な統一体、交換可能性、値の等価性、副作用のない振る舞いといった特徴を考慮した設計に加えて、値型**ストラテジ**［Gamma et al.］（別名：**ポリシー**）として使うための方法も示しているのだ。

各テストメソッドを作るにあたり、チームはクライアントがBusinessPriorityをどのように使うのかを、より深く理解した。そして、そのあるべき姿をテストでたしかめられるような実装を行えた。以下に示すのは、コンストラクタを含めたクラスの基本的な定義だ。

```java
public final class BusinessPriority implements Serializable {

    private static final long serialVersionUID = 1L;

    private BusinessPriorityRatings ratings;

    public BusinessPriority(BusinessPriorityRatings aRatings) {
        super();
        this.setRatings(aRatings);
    }
```

```
public BusinessPriority(BusinessPriority aBusinessPriority) {
    this(aBusinessPriority.ratings());
}
```

値型は、Serializable を実装するように宣言した。いずれ、この値のインスタンスのシリアライズが必要になるときがくるだろう。たとえばリモートシステムとのやりとりをする場合、そしておそらくは永続化を考えることになったときにも役立つはずだ。

BusinessPriority 自身には、値のプロパティとして ratings を持たせることにした。その型は BusinessPriorityRatings である（この型の定義は省略する）。ratings プロパティは、特定のプロダクトバックログアイテムを実装する（あるいは実装しない）ことによる、事業価値と出費のトレードオフを表す。BusinessPriorityRatings 型を使って、BusinessPriority に benefit・cost・penalty・risk のレートを渡す。これらを用いて、さまざまな計算を行う。

私は通常、値オブジェクトを作るときには少なくとも二つのコンストラクタを用意することにしている。一方のコンストラクタは、状態の属性を設定するために必要なすべてのパラメータを受け取るものだ。この「プライマリ」コンストラクタを使って、まずデフォルトの状態を初期化する。基本属性の初期化には、private なセッターを用いる。私は、このように**自己委譲**を使うことをおすすめする。今回の例でも、private なセッターを利用した。

値を不変に保つ
プライマリコンストラクタだけが、自己委譲を使ってプロパティ／属性を設定する。その他のメソッドが、セッターメソッドへの委譲を行ってはいけない。値オブジェクト内のすべてのセッターは常に private スコープなので、値の利用者にセッターが公開されてしまうことはない。これらが、値の不変性を保つために重要となる要素だ。

もうひとつのコンストラクタは、既存の値をコピーして新しい値を作るために使うもので、**コピーコンストラクタ**と呼ばれる。このコンストラクタが行うのは、いわゆる**シャローコピー**だ。自己委譲によって自身のプライマリコンストラクタを呼び、そのパラメータとして、対応する自身の各属性を渡す。すべての属性／プロパティをコピーして渡し、まったく別のオブジェクトではあるけれども値は等しいものを作るという、いわゆる**ディープコピー（クローン）**を行うこともできる。しかし、これは複雑な処理になってしまうし、値を扱う場合にはその必要はないことが多い。それでもディープコピーが必要だというのなら、その処理を追加すればいい。ただ、不変な値を扱うときには、インスタンス間で属性／プロパティを共有したところでなんら問題はないはずだ。

このコピーコンストラクタが、ユニットテストを行う上で重要になる。値オブジェクトをテストする際には、それが不変であることもたしかめたい。先述のとおり、テストを始めるときにまず新しい値オブジェクトのインスタンスを作り、コピーコンストラクタを使ってそのコピーを用意する。そして、二つのインスタンスが等しいことを確認する。次に、値のインスタンスが持つ、副作用のない振る舞いを検証する。すべてのアサーションをパスしたら、最後に確認するのは、テストしたインスタ

ンスと最初にコピーしたインスタンスが今でも等しいかどうかだ。

次に、この値型のストラテジ／ポリシーにあたる部分を実装する。

```java
public float costPercentage(BusinessPriorityTotals aTotals) {
    return (float) 100 * this.ratings().cost() /
        aTotals.totalCost();
}

public float priority(BusinessPriorityTotals aTotals) {
    return
        this.valuePercentage(aTotals) /
            (this.costPercentage(aTotals) +
                this.riskPercentage(aTotals));
}

public float riskPercentage(BusinessPriorityTotals aTotals) {
    return (float) 100 * this.ratings().risk() /
        aTotals.totalRisk();
}

public float totalValue() {
    return this.ratings().benefit() + this.ratings().penalty();
}

public float valuePercentage(BusinessPriorityTotals aTotals) {
    return (float) 100 * this.totalValue() / aTotals.totalValue();
}

public BusinessPriorityRatings ratings() {
    return this.ratings;
}
```

これらの振る舞いの中には、`BusinessPriorityTotals`型のパラメータを必要とするものもある。この値が提供するのは、すべてのプロダクトバックログアイテムに関するコストやリスクの総計である。総計が必要になるのは、パーセンテージを計算したり、他のバックログアイテムと比較したビジネス的な優先順位を求めたりするときだ。これらの振る舞いが、自身のインスタンスの状態を書き換えることはない。そのことを外部からのテストでたしかめるため、各振る舞いを実行した後に、現状と最初のコピーとを比較する。

この時点では、ストラテジ用の**セパレートインターフェイス**[Fowler, P of EAA]は用意していない。今のところ、実装がまだひとつだけしか存在しないからだ。しかし、今後この状況が変わることは間違いない。アジャイルプロジェクト管理ツールのユーザー用には、別の優先順位算出方法が用意されるだろう。そしてそのそれぞれについて、ストラテジの実装が必要になる。

副作用のない関数にどんな名前をつけるのかが重要だ。これらのメソッドはすべて値を返すものだ（CQSで言うところクエリメソッドである）。しかし、JavaBeanの命名規約にある`get`プレフィックスを使うことは、意図的に避けた。ちょっとしたことだが、この値オブジェクトがユビキタス言語

に忠実であり続けるようにするためには、有効な手法だ。`getValuePercentage()` はいかにもコンピューター的な言い回しだが、`valuePercentage()` なら、人間が使う言葉に近くなる。

>>> 母さん、僕のあの流れるような Java、どうしたでしょうね?

　JavaBean の仕様は、オブジェクトの設計に多大な悪影響をおよぼしたと私は思っている。ドメイン駆動設計や、その他一般によしとされているオブジェクト設計の原則を促してくれないのだ。JavaBean の登場以前の Java API がどんなものだったか、一例として `java.lang.String` を思い出してみよう。たしかに `String` クラスにも、`get` プレフィックスつきのメソッドがいくつかは存在した。しかし、大半のクエリメソッドは、もう少し読みやすい命名だった。`charAt()`・`compareTo()`・`concat()`・`contains()`・`endsWith()`・`indexOf()`・`length()`・`replace()`・`startsWith()`・`substring()` などなど。JavaBean のコードにありがちな悪臭は、一切感じられないじゃないか!　もちろん、これだけをもって私の主張が証明されたとは思わない。でも、これだけはたしかだ。JavaBean の仕様が登場してから、Java API はその影響を大きく受けている。そして、流れるような表現力が失われてきた。流れるような、人間に読みやすい言語表現。このスタイルは、受け入れる価値の大きいものだ。

　JavaBean の仕様に依存している各種ツールのことが気になるかもしれないが、解決策はある。たとえば Hibernate は、フィールドレベル（オブジェクトの属性）のアクセスに対応している。つまり、Hibernate に関する限りは、どんなメソッド名にしたところで永続化には支障がない。

　しかし、それ以外のツールについては、表現力のあるインターフェイス設計と引き換えに、何かが犠牲になってしまうかもしれない。Java で EL 式や OGNL を使いたい場合は、仕様に沿わない名前をつけた型は直接扱えなくなる。ゲッターつきの**データ変換オブジェクト**（DTO）[Fowler, P of EAA] を用意して値オブジェクトのプロパティをユーザーインターフェイスに変換するなど、別の手段が必要になるだろう。DTO は、技術的には本来不要な場面でも使われがちなパターンで、人によってはあまり重視しないこともある。もし DTO が気に入らなければ、他の手もある。第 14 章「アプリケーション」でとりあげる、**プレゼンテーションモデル**を検討しよう。プレゼンテーションモデルが**アダプター** [Gamma et al.] の役割を果たし、たとえば EL 式を使っているビューなどからもゲッターを使えるようになる。しかし、他に何も手がなくなれば、不本意ながらもゲッターつきのドメインオブジェクトを作ることになるかもしれない。

　仮にそうせざるを得なくなったとしても、値オブジェクトを JavaBean のすべての機能に対応させる必要はない。`public` なセッターを使った初期化などは、許すべきではない。これは、値が不変であるという特徴に違反してしまう。

次は、標準のメソッド `equals()`・`hashCode()`・`toString()` をオーバーライドしたものを示す。

```
@Override
public boolean equals(Object anObject) {
    boolean equalObjects = false;
    if (anObject != null &&
            this.getClass() == anObject.getClass()) {
        BusinessPriority typedObject = (BusinessPriority) anObject;
        equalObjects =
            this.ratings().equals(typedObject.ratings());
    }
    return equalObjects;
}
```

```
@Override
public int hashCode() {
    int hashCodeValue =
        + (169065 * 179)
        + this.ratings().hashCode();

    return hashCodeValue;
}

@Override
public String toString() {
    return
        "BusinessPriority"
        + " ratings = " + this.ratings();
}
```

　equals() メソッドは、値オブジェクトにおける値の同一性をチェックするという要件を満たすものだ。この要件は、値が持つ五つの特徴のうちのひとつだった。パラメータとして null が渡された場合は、同一だとみなされないようにしている。パラメータのクラスは、値そのもののクラスと同じでなければいけない。クラスが同じ場合は、両者のそれぞれのプロパティ／属性を個別に比較する。すべてのプロパティ／属性がお互いに等しいことが確認できれば、完結した値も等しいとみなせる。

　Java の標準規格によると、hashCode() は equals() と同じ契約に従う。等価であるとみなされる値は、ハッシュコードも同じ値でなければいけない。

　toString() について、特筆すべきことはない。値のインスタンスの状態を、人間が読める形式で表している。表現方法は、必要に応じて考えることになるだろう。

　残りのメソッドについても、見てみよう。

```
protected BusinessPriority() {
    super();
}

private void setRatings(BusinessPriorityRatings aRatings) {
    if (aRatings == null) {
        throw new IllegalArgumentException(
                "The ratings are required.");
    }
    this.ratings = aRatings;
}
```

　引数なしのコンストラクタを用意した理由は、それを必要とするフレームワークやツール（Hibernate など）に対応するためである。このコンストラクタは外部には見えないので、モデルを利用するクライアントが無効なインスタンスを作ってしまう心配はない。Hibernate は、コンストラクタやアクセサが外部から見えないようになっていても、まったく問題なく動作する。このコンストラクタを使え

ば、Hibernate などのツールがこの型のインスタンスをつくり、永続化ストアの情報を元にして再構成できるようになる。引数なしのコンストラクタでまず空のインスタンスを作り、各プロパティ／属性のセッターを呼んで、オブジェクトを満たしていく。必要に応じて、セッターメソッドを使わず直接属性を設定するよう Hibernate に指示することもできる。今回は、こちらの手法を使った。というのも、このモデルは JavaBean のインターフェイスに準拠していない部分があるからだ。改めて言うが、モデルを利用するクライアントが使うのは public なコンストラクタである。このコンストラクタではない。

クラス定義の最後は、`ratings` プロパティのセッターだ。自己カプセル化（自己委譲）方式の威力を、このメソッドで確認できる。アクセサメソッド（ゲッターやセッター）の機能は、インスタンスのフィールドを設定するだけにとどまらない。重要な**表明** [Evans] も行うことができる。これは、ソフトウェア開発をうまく進めるために欠かせない要素で、DDD のモデルの場合は特に重要になる。

有効なパラメータについての表明のことを、**ガード**と呼ぶ。明らかにおかしなデータへの対応を迫られないように、そのメソッドをガードするからである。ガードは、どんなメソッドにも仕込むことができる。何らかの方法でパラメータの妥当性を保証しておかないと、あとで深刻な問題が発生するようなメソッドなら、ガードを用意しておくべきだ。この例のセッターでは、パラメータ `aRatings` が null ではないことを表明している。仮に null だった場合は、`IllegalArgumentException` が発生する。たしかに、このセッターを使うのは、値の生存期間中にたった一回だけである。それでも、この表明は、適切なガードとして機能する。自己委譲のメリットは、他の場所でも見ることができる。特に第 5 章「エンティティ」では、バリデーションに関する議論でこのテクニックを活用した。

6.6　値オブジェクトの永続化

値オブジェクトのインスタンスを永続化させるには、さまざまな方法がある。一般的には、オブジェクトを何らかのテキスト形式（あるいはバイナリ形式）にして、ディスクに保存することになるだろう。個別の値のインスタンスを自力で永続化させることには関心がないので、汎用目的の永続化には注目しない。ここでは、値だけでなく、それを含む集約の状態も含めて永続化する方法に注目して考える。以下の手法は、親のエンティティが、永続化させる値のインスタンスへの参照をすべて保持していることを前提とする。ここで扱うすべての例は、集約を追加したり読み込んだりといった操作を**リポジトリ**（12）経由で行っているものとする。そして、そこに含まれる値の永続化や復元は、それを含むエンティティ（集約ルートなど）とともに、裏側で行われる。

ORM（オブジェクトリレーショナルマッピング。Hibernate など）による永続化手法が一般的で、幅広く使われている。しかし、ORM を使ってすべてのクラスをテーブルにマッピングし、そのすべての属性をカラムにマッピングすると、相当複雑になってしまい、受け入れづらいだろう。最近人気を博しつつあるのが、NoSQL データベースやキーバリューストアだ。これらは、ハイパフォーマンスかつスケーラブルで、耐障害性が高く、可用性の高いストレージとして受け入れられている。おまけに、キーバリューストアを使えば、集約の永続化がずっとシンプルに実現できるようになる。本章

では主に、ORM ベースの永続化をとりあげる。とはいえ、NoSQL やキーバリューストアは集約の永続化との相性が抜群なので、この方式については第 12 章「リポジトリ」で改めて扱う。

ORM による値の永続化の実例に入る前に、モデリングに関してきちんと理解しておきたい点がひとつある。まずは、ドメインモデリングとは対照的なデータモデリングが、ドメインモデルにどんな悪影響をおよぼすのかを考える。そして、その悪影響を防ぐためにいったい何ができるのかを考えよう。

データモデルが漏れることによる影響を排除する

おそらく、値オブジェクトをデータストアに永続化する（たとえば、リレーショナルデータベースと ORM ツールを用いる）場合、そのほとんどは非正規化状態になっている。つまり、データベース内では、親のエンティティオブジェクトとその属性の値が、同じテーブルの同じ行に格納されている。この方式にすると、値の格納や取得を最適化できて、永続化ストアの情報がモデルに漏れることもない。値をこの方式で永続化しておけば、安心だ。

しかし時には、モデル内の値オブジェクトを、永続化ストアにエンティティとして格納しなければいけなくなることもある。言い換えると、永続化の際に、特定の型の値オブジェクトについては、データベース上でその型専用のテーブルに格納しなければいけない場合もあるということだ。その専用テーブルには、主キーカラムも含まれている。このようになるのは、たとえば値オブジェクトのインスタンスのコレクションを ORM で扱う場合などだ。この場合、値型を永続化したデータは、データベースのエンティティとなる。

これはつまり、ドメインモデルのオブジェクトがデータモデルの設計を反映させたものでなければならず、値ではなくエンティティとすべきだということなのだろうか？ そんなことはない。この手のインピーダンスミスマッチに遭遇したときに重要なのは、永続化の視点ではなくドメインモデルの視点を保ち続けることだ。視点をドメインモデル側に保つために、これらを自問してみよう。

① 今モデリングしているのは、そのドメインにおける何かのモノなのだろうか？ それとも、測定値や量など、モノの性質についての説明なのだろうか？

② 正しくモデリングしてドメインの要素を表したときに、このモデルの概念は、先ほどまとめた値の特徴をすべて（あるいは、ほぼ）満たしているだろうか？

③ エンティティを使おうとしている理由は、ベースにあるデータモデルが、ドメインオブジェクトをエンティティとして扱うことを求めているからというだけのことなのだろうか？

④ エンティティを使おうとしている理由は、ドメインモデルが一意な識別子を必要としていて個別のインスタンスを気にかける必要があり、オブジェクトの状態の変更を追跡する必要があるからなのだろうか？

もし、答えが「性質についての説明、イエス、イエス、ノー」だったら、値オブジェクトを使うべきだ。オブジェクトを格納する場所としての永続化ストアは用意するが、それがドメインモデル内の値の概念化に影響をおよぼさないようにしよう。

主役はドメインモデル
ドメインモデルを考慮してデータモデルを設計するのであって、ドメインモデルがデータモデルの設計に縛られるようではいけない。

可能な限り、ドメインモデルを考慮してデータモデルを設計するようにしよう。ドメインモデルがデータモデルの設計に縛られるようではいけない。前者はドメインモデルの視点で考えるということであり、後者は永続化の視点で考えるということになる。後者の場合、ドメインモデルが単なるデータモデルの写像になってしまう恐れがある。データモデルではなくドメインモデルの視点で考える（つまり、DDD 的に考える）と、データモデルが漏れることによる悪影響を回避できる。DDD 的な考え方については、第 5 章「エンティティ」を参照すること。

もちろん、データベースにおける参照整合性（外部キーなど）を考慮しなければいけないこともあるだろう。当然、キーとなるカラムについてはインデックスを設定しておきたいものだ。ビジネスインテリジェンスツールの帳票機能をサポートする必要があり、業務データを利用させることになるかもしれない。これらの要件は、それぞれ適切な箇所で有効にできる。たいていの場合は、ビジネスインテリジェンス向けには実際の運用データを使わせず、それ専用に設計したデータモデルを使わせることになるだろう。こうしておけば、他を気にすることなく安心して、ドメインモデルの永続化用のデータモデルを DDD 向けに設計できるだろう。

データモデルにどんな技術を採用したとしても、そのエンティティや主キー、参照整合性、そしてインデックスなどの都合がドメインオブジェクトのモデリングを左右してはいけない。DDD とは、構造化データを正規化することではない。DDD とは、矛盾のない境界づけられたコンテキスト内のユビキタス言語をモデリングすることだ。データ構造に従うのではなく、DDD に従おう。ドメインモデルやそのクライアントにデータモデルの痕跡が漏れないように（ORM を使う場合など、どうしても隠せない部分は仕方ない）、できる限りの手を打っておくべきだろう。次の節で、この件をさらに議論する。

ORM での単一の値オブジェクトの扱い

単一の値オブジェクトのインスタンスのデータベースへの永続化は、ごく簡単な処理だ。ここでは、Hibernate と MySQL の組み合わせを使って考える。基本的なアイデアは、値を保持するエンティティが格納されているテーブルの行に、値の各属性に対応したカラムを用意するというものだ。言い換えると、単一の値オブジェクトを非正規化して、親のエンティティの行に組み込むということになる。カラムの命名規約を標準化して、シリアライズしたオブジェクトの名前が明確にわかるようにしておくといい。永続化した値オブジェクトの命名規約の例を示す。

Hibernate を使って単一の値オブジェクトのインスタンスを永続化するには、マッピング要素 `component` を利用する。`component` 要素を使う理由は、値をその親エンティティのテーブルの行に、

非正規化した形式で直接マッピングできるからだ。これは、シリアライズ方式として最適なもので、値を SQL クエリでも使えるようになる。次に示すのは、Hibernate のマッピングドキュメントの一部で、値オブジェクト BusinessPriority のマッピングを表すものだ。この値を保持するエンティティは、BacklogItem クラスである。

```xml
<component name="businessPriority"
    class="com.saasovation.agilepm.domain.model.product.BusinessPriority">
    <component name="ratings"
         class="com.saasovation.agilepm.domain.model.product.BusinessPriorityRatings">
        <property
            name="benefit"
            column="business_priority_ratings_benefit"
            type="int"
            update="true"
            insert="true"
            lazy="false"
            />
        <property
            name="cost"
            column="business_priority_ratings_cost"
            type="int"
            update="true"
            insert="true"
            lazy="false"
            />
        <property
            name="penalty"
            column="business_priority_ratings_penalty"
            type="int"
            update="true"
            insert="true"
            lazy="false"
            />
        <property
            name="risk"
            column="business_priority_ratings_risk"
            type="int"
            update="true"
            insert="true"
            lazy="false"
            />
    </component>
</component>
```

これは、シンプルな値オブジェクトのマッピングだが、さらにその内部にも値オブジェクトのインスタンスを保持しており、その使い方を示すよい例になるだろう。この BusinessPriority には、ratings という値型のプロパティがひとつだけ存在し、それ以外の属性はなかった。したがって、マッピング定義では、外側の component 要素の中にひとつの component 要素が含まれている。こ

れを使って、唯一の値である `ratings` を非正規化する。この値の型は `BusinessPriorityRatings` だ。`BusinessPriority` には属性が存在しないので、外側の `component` には何もマップしない。`ratings` プロパティのマッピングを、直接入れ子にするだけだ。最終的に格納することになるのは `BusinessPriorityRatings` のインスタンスの四つの整数型の属性だけで、これらをそれぞれ、`tbl_backlog_item` テーブルの四つのカラムに格納する。ここでは、二つの `component` 要素をそれぞれ値オブジェクトにマップした。外側の値は属性を持たず、内側の値には四つの属性があった。

　Hibernate の `property` 要素で使っているカラム名のつけかたに注目する。その命名規約は、最上位の親の値から個々の属性に向けてたどる際のパスにもとづいたものだ。例として、`BusinessPriority` から `ValueCostRiskRatings` のインスタンスの `benefit` 属性に向かうパスを考えよう。論理的には、以下のようになる。

```
businessPriority.ratings.benefit
```

このパスをリレーショナルデータベースのカラム名として使う際に、私は以下のようにしている。

```
business_priority_ratings_benefit
```

もちろん、これにこだわらずに別の表現を使ってもかまわない。キャメルケースとアンダースコアを組み合わせた、以下のような命名を好む人もいることだろう。

```
businessPriority_ratings_benefit
```

こちらの方式のほうが、ナビゲーションをよりよく表現できていると感じるかもしれない。すべてアンダースコアで区切る方式を私が使った理由は、オブジェクトの名前よりも、昔ながらの SQL のカラム名に近づけたかったからである。MySQL データベースのテーブル定義には、次のようなカラムが含まれるようになる。

```
CREATE TABLE `tbl_backlog_item` (
    ...
    `business_priority_ratings_benefit` int NOT NULL,
    `business_priority_ratings_cost` int NOT NULL,
    `business_priority_ratings_penalty` int NOT NULL,
    `business_priority_ratings_risk` int NOT NULL,
    ...
) ENGINE=InnoDB;
```

　Hibernate のマッピング定義とリレーショナルデータベースのテーブル定義が、最適化された問い合わせ可能な永続オブジェクトを提供する。値の属性が、非正規化された状態で親エンティティのテーブルの行に格納されているので、入れ子構造の値のインスタンスを取得する際に、データベースのテーブルを結合する必要がない。HQL クエリを指定する際に、Hibernate では、オブジェクトの属性を SQL クエリのカラム名にマッピングできる。つまり、

```
businessPriority.ratings.benefit
```

は次のようになる。

```
business_priority_ratings_benefit
```

したがって、オブジェクトとリレーショナルデータベースとの間に明らかなインピーダンスミスマッチがあったとしても、より機能的かつ最適化されたマッピングが実現できるようになる。

ORMでの、複数の値をシリアライズした単一のカラムの扱い

複数の値オブジェクトのコレクションを、ORMを使ってリレーショナルデータベースにマッピングしようとすると、さまざまな課題が出てくる。ここで言うコレクションとはListやSetのことであり、何件かの値のインスタンスを含むコレクションを、エンティティが保持しているものとする。解決できない課題ではないが、オブジェクトとリレーショナルデータベースとの間のインピーダンスミスマッチが、目に見えて目立つようになってくる。

Hibernateのオブジェクトリレーショナルマッピングで使える選択肢のひとつが、オブジェクトのコレクション全体をテキスト形式にシリアライズして、それを単一のカラムで永続化させる方法だ。この手法には、いくつか欠点もある。場合によっては、その欠点があまり気にならず、欠点に目をつぶってでもこの方法の利点を活用したいこともあるだろう。そんな場合は、この方法を選ぶことになる。考えられる欠点を、以下にまとめた。

カラムのサイズ：コレクション内の値の数が最大でどの程度になるのかがはっきりしないこともある。また、シリアライズした値のサイズがどの程度になるのかも、わからないかもしれない。ひとつのコレクションに任意の数の要素を追加できて、上限がない場合などが、それにあたる。また、コレクション内の個々の値についても、シリアライズしたときのサイズがどの程度になるのかが予測できないこともある。たとえば、値型の属性の中にString型があって、その文字数が無制限な場合などだ。これらのいずれかにあてはまる場合は、シリアライズした結果が、データベースのカラムの最大サイズを超えてしまう可能性がある。この問題が発生しやすいのは、文字列型のカラムの最大サイズや行全体の最大サイズが比較的小さめな場合だ。MySQLのInnoDBエンジンの場合、VARCHARの最大サイズは65,535バイトである。しかし、行全体の最大サイズにも65,535バイトという制限がある。エンティティ全体を格納するには、他のカラムのための場所も空けておく必要がある。Oracle Databaseの場合、VARCHAR2／NVARCHAR2の最大サイズは4,000である。値のコレクションをシリアライズしたときの最大サイズが予測できない場合や、シリアライズしたサイズがデータベースに収まらない場合は、この選択肢は使えない。

問い合わせの条件：この方式は、値のコレクションをフラットなテキスト形式にシリアライズするので、個々の値の属性をSQLのクエリで使うことができない。もし値の属性を問い合わせる必要があるのなら、この選択肢は使えない。実際には、これが原因でこの選択肢を回避するというこ

とはあまりないだろう。というのも、コレクションの中に含まれる値の属性を問い合わせなければいけない場面は、めったにないからである。

カスタムユーザー型が必須：この手法を使うには、Hibernate のカスタムユーザー型を作って、各コレクションのシリアライズと復元を管理しなければいけない。個人的には、他の弱点に比べてこれはそれほど気にならない。というのも、きちんと考えたカスタムユーザー型の実装をひとつ作ってしまえば、あらゆる型の値オブジェクトのコレクションに対応できるからだ。

ここでは、Hibernate でコレクションを単一のカラムにシリアライズするためのカスタムユーザー型の例は示さない。しかし、Hibernate のコミュニティでは、カスタムユーザー型を実装するためのガイダンスが多数公開されている。

ORM での、複数の値をデータベースのエンティティに格納する場合の扱い

値のインスタンスのコレクションを、Hibernate（などの ORM）とリレーショナルデータベースを使って永続化する際に、最も素直なやりかたとして考えられるのが、データモデルにおけるエンティティとして値型を扱うことだ。「データモデルが漏れることによる影響を排除する」でも説明したとおり、データベースにとってそのほうが都合がいいからというだけの理由で、何かの概念をエンティティとしてモデリングしてはいけない。場合によってはそうせざるを得ないこともあるが、その原因はオブジェクトとリレーショナルデータベースのインピーダンスミスマッチであり、DDD の原則によるものではない。もし完全にマッチする永続化方式があれば、その概念を値としてモデリングすることだろう。データベースのエンティティの特徴を再考することもないはずだ。ドメインモデリングの際には、そのように考えるといい。

そのためには、**レイヤスーパータイプ** [Fowler, P of EAA] を使えばいい。個人的には、必要となる代理識別子（主キー）をここに隠蔽しておけば、より安心だ。Java（やその他の言語）のすべての `Object` には、内部的な識別子がすでに存在するが、これは仮想マシンだけが使うものであり、値を直接指すための識別子を新たに追加しても問題はない。どんな手法を使うにせよ、オブジェクトとリレーショナルデータベースのインピーダンスミスマッチを回避する際には、なぜその手法を選んだのかをきちんと説明できるようにしておきたい。私が好んで使う方法を、次に説明する。

これが、代理キーを使うときに私が好む手法だ。ここでは、二つのレイヤスーパータイプクラスを使う。

```
public abstract class IdentifiedDomainObject
        implements Serializable  {

    private long id= -1;

    public IdentifiedDomainObject() {
        super();
    }
```

```
    protected long id() {
        return this.id;
    }

    protected void setId(long anId) {
        this.id= anId;
    }
}
```

　最初のレイヤスーパータイプは `IdentifiedDomainObject` だ。この抽象基底クラスは、基本となる代理主キーを提供する。これは、クライアントからは見えないようになっている。アクセサメソッドを `protected` と宣言しているので、クライアントは、そのメソッドを使っていいものなのかを気にする必要がない。もちろん、これらのメソッドを完全に隠してしまうために、スコープを `private` にすることもできる。`public` にしなくても、Hibernate からのメソッドやフィールドのリフレクションにはまったく問題はない。

　次に、もうひとつのレイヤスーパータイプを示す。これは、値オブジェクトに特化したクラスだ。

```
public abstract class IdentifiedValueObject
        extends IdentifiedDomainObject  {

    public IdentifiedValueObject() {
        super();
    }
}
```

　`IdentifiedValueObject` は単なるマーカークラスであり、`IdentifiedDomainObject` を継承しただけで何も振る舞いを持たないように見えることだろう。私はこれを、ソースコードにドキュメントの意味を持たせられるというメリットがあると見ている。今対応しようとしているモデリングの課題を、より明確にできるからだ。これとは別に、`IdentifiedDomainObject` を継承した抽象サブクラスがもうひとつある。それが、第 5 章「エンティティ」で示した `Entity` クラスだ。私はこの手法を好む。しかし、読者の中には、これらのクラスを余計なものだと考える人もいるだろう。

　これで、どんな値型にも代理識別子を付与できる、便利でうまく隠蔽された手段を用意できた。次に、これらを利用するクラスの例を示す。

```
public final class GroupMember extends IdentifiedValueObject  {
    private String name;
    private TenantId tenantId;
    private GroupMemberType type;

    public GroupMember(
            TenantId aTenantId,
            String aName,
            GroupMemberType aType) {
```

```
        this();
        this.setName(aName);
        this.setTenantId(aTenantId);
        this.setType(aType);
        this.initialize();
    }
    ...
}
```

　GroupMember クラスは値型で、集約クラス Group のルートエンティティがとりまとめる。ルートエンティティは、任意の数の GroupMember のインスタンスを保持する。個々の GroupMember のインスタンスは、その代理主キーを使って一意に識別できるので、データベースのエンティティとして永続化しつつ、ドメインモデル内では値であり続けることができる。Group クラスの、それに関連する部分を示す。

```
public class Group extends Entity  {
    private String description;
    private Set<GroupMember> groupMembers;
    private String name;
    private TenantId tenantId;

    public Group(
            TenantId aTenantId,
            String aName,
            String aDescription) {
        this();
        this.setDescription(aDescription);
        this.setName(aName);
        this.setTenantId(aTenantId);
        this.initialize();
    }
    ...
    protected Group() {
        super();
        this.setGroupMembers(new HashSet<GroupMember>(0));
    }
    ...
}
```

　Group クラスが、groupMembers の Set に含まれる任意の数の GroupMember のインスタンスを組み立てる。注意すべき点は、コレクション全体を置き換える際には、事前に Collection の clear() を使うということだ。これで、裏側にいる Hibernate の Collection の実装が、古い要素をデータストアから削除する。次のコードは実際の Group のメソッドではない。コレクション全体を置き換える際に値だけが取り残されてしまわないようにするための、一般的な方法を示したものだ。

```
public void replaceMembers(Set<GroupMember> aReplacementMembers) {
    this.groupMembers().clear();
    this.setGroupMembers(aReplacementMembers);
}
```

ORM の情報がモデルに漏れてしまっているが、これは許容範囲だと考える。というのも、一般的な `Collection` の機能を使っているだけであり、クライアント側には ORM の情報が見えていないからである。コレクションの中身をデータベースと同期させる際に、常に注意を要するというわけではない。単一の値をデータストアから削除するだけなら、`Collection` の `remove()` メソッドを使えば自動的に行える。これなら、ORM の情報が漏れることはない。

次に、`Group` でのコレクションのマッピングの定義を示す。

```
<hibernate-mapping>
    <class name="com.saasovation.identityaccess.domain.model.identity.Group"
      table="tbl_group" lazy="true">
        ...
        <set name="groupMembers" cascade="all,delete-orphan"
          inverse="false" lazy="true">
            <key column="group_id" not-null="true" />
            <one-to-many class=
                "com.saasovation.identityaccess.domain.model.identity.GroupMember" />
        </set>
        ...
    </class>
</hibernate-mapping>
```

`groupMembers` の `Set` を、まさにデータベースのエンティティとしてマップしている。さらに、`GroupMember` のマッピングの定義も見てみよう。

```
<hibernate-mapping>
    <class name="com.saasovation.identityaccess.domain.model.identity.GroupMember"
          table="tbl_group_member" lazy="true">
        <id
            name="id"
            type="long"
            column="id"
            unsaved-value="-1">

            <generator class="native"/>
        </id>
        <property
            name="name"
            column="name"
            type="java.lang.String"
            update="true"
            insert="true"
```

```
                lazy="false"
            />
            <component name="tenantId"
                    class="com.saasovation.identityaccess.domain.model.identity.TenantId">
                <property
                    name="id"
                    column="tenant_id_id"
                    type="java.lang.String"
                    update="true"
                    insert="true"
                    lazy="false"
                />
            </component>
            <property
                name="type"
                column="type"
                type="com.saasovation.identityaccess.infrastructure
                                            .persistence.GroupMemberTypeUserType"
                update="true"
                insert="true"
                not-null="true"
            />
    </class>
</hibernate-mapping>
```

`<id>`要素が、永続化の際の代理主キーを定義していることに注目しよう。そして最後に、これらに対応する MySQL の `tbl_group_member` テーブルの定義を示す。

```
CREATE TABLE 'tbl_group_member' (
    'id' int(11) NOT NULL auto_increment,
    'name' varchar(100) NOT NULL,
    'tenant_id_id' varchar(36) NOT NULL,
    'type' varchar(5) NOT NULL,
    'group_id' int(11) NOT NULL,
    KEY 'k_group_id' ('group_id'),
    KEY 'k_tenant_id_id' ('tenant_id_id'),
    CONSTRAINT 'fk_1_tbl_group_member_tbl_group'
        FOREIGN KEY ('group_id') REFERENCES 'tbl_group' ('id'),
    PRIMARY KEY ('id')
) ENGINE=InnoDB;
```

GroupMember のマッピングとデータベースのテーブル定義を見ると、エンティティをどのように取り扱うのかがつかめるだろう。id という名前の主キーがある。そして、tbl_group と連結するようになっており、tbl_group を指す外部キーがある。その他の名前を使ってエンティティを取り扱うが、**あくまでもデータモデルの観点からのことである**。ドメインモデルにおいては、GroupMember は値オブジェクト以外の何物でもない。ドメインモデル内で適切な手順を踏めば、永続化についての関心事を隠してしまうことができる。ドメインモデルを利用するクライアントに、永続化に関する情報

が漏れてしまうことはない。そしてさらに、モデルの開発者であっても、永続化に関する情報はほとんど見えることがないだろう。

ORMでの、複数の値をテーブルの結合に格納する場合の扱い

　Hibernateには、複数の値を持つコレクションを、連結テーブルに永続化する仕組みがある。その際に、値型そのものにはデータモデルのエンティティの特性を持たせる必要がない。このマッピング方式は単に、コレクションの値の要素をそれ専用のテーブルに永続化し、親エンティティとなるドメインオブジェクトのデータベース上での識別子を、その外部キーとして定義する。したがって、コレクションのすべての値は、親の外部キーを指定することで問い合わせ可能となり、元のモデルの値として再構成することもできる。このマッピング方式の強みは、テーブルの結合に対応するための代理識別子を、値型の中に仕込む必要がなくなるという点だ。このマッピング方式で値のコレクションを扱うには、Hibernateの`<composite-element>`タグを利用する。

　万々歳じゃないか。これぞまさに、私たちが求めていたものだ。しかし、この方式にも、注意すべき弱点がある。そのひとつが、仮に値型が複数のテーブルを正規化したもので、代理キーが不要だった場合でも、テーブルの結合が必須になるということだ。たしかに、「ORMで、複数の値をデータベースのエンティティに格納する」方式でも結合は必須だった。しかし、あの手法には、この後で紹介する第二の弱点はなかった。第二の弱点とは……。

　コレクションがSetである場合は、値型の属性が`null`になってはいけない。なぜなら、Setの特定の要素を削除するには、その要素を一意な値たらしめているすべての属性を複合キーとして使い、要素の特定と削除をすることになるからだ。複合キーの一部として`null`を使うことはできない。もちろん、もしその値型がの属性が決して`null`にならないとわかっているのなら、他の要件と衝突しない限りはこの手法が利用できるだろう。

　この手法の第三の弱点は、マッピングの対象となる値型の中にはコレクションを含められないということだ。コレクションの要素の中にさらにコレクションが含まれている場合、それは`<composite-element>`ではマッピングできない。値型の中に何らかのコレクションを保持しておらず、かつこのマッピング方式のその他の要件を満たしているのなら、この手法が利用できるだろう。

　結局のところ、私はこのマッピング方式には制約がありすぎると判断した。よっぽどのことがない限り、使わないだろう。個人的には、値型の中に代理識別子をきちんと仕込んだ上で、それを一対多の関係に用いるほうが好みだ。`<composite-element>`のさまざまな制約を気にせずに進められるからだ。好みは人それぞれなので、さまざまなモデリング方式を知った上で、自分たちにあったものを活用すればいい。

ORMでの、enumをステートオブジェクトとして利用する場合の扱い

　enumを使って標準型やステートオブジェクトをモデリングしたのなら、それを永続化する手段も考える必要がある。Hibernateの場合、Javaのenumを永続化するには、特別なテクニックが必要となる。残念ながら、今のところHibernateの開発コミュニティでは、enumをプロパティ型として

サポートしていない。したがって、モデル内の enum を永続化するためには、Hibernate のカスタムユーザー型を作る必要がある。

GroupMember は、それぞれ GroupMemberType を持っていたことを思いだそう。

```
public final class GroupMember extends IdentifiedValueObject  {
    private String name;
    private TenantId tenantId;
    private GroupMemberType type;

    public GroupMember(
            TenantId aTenantId,
            String aName,
            GroupMemberType aType) {
        this();
        this.setName(aName);
        this.setTenantId(aTenantId);
        this.setType(aType);
        this.initialize();
    }
    ...
}
```

GroupMemberType は enum を使った標準型で、GROUP と USER のいずれかになるものだった。改めて、その定義を示す。

```
package com.saasovation.identityaccess.domain.model.identity;

public enum GroupMemberType {

    GROUP {
        public boolean isGroup() {
            return true;
        }
    },
    USER {
        public boolean isUser() {
            return true;
        }
    };

    public boolean isGroup() {
        return false;
    }

    public boolean isUser() {
        return false;
    }
}
```

Java の enum による値を永続化するためのシンプルな方法は、そのテキスト表現を格納することだ。しかし、このシンプルな答えをよくよく検討すると、Hibernate のカスタムユーザー型を作るという少し複雑なテクニックが必要であることが見えてくる。Hibernate のコミュニティが提供する `EnumUserType` クラスを使ったさまざまな手法を紹介するかわりに、ここでは参考文献として Wiki の記事を薦めておく。http://community.jboss.org/wiki/Java5EnumUserType を参照すること。

本書の執筆時点で、この Wiki の記事にはさまざまな手法が紹介されている。また、enum の型ごとに、カスタムユーザー型を実装するサンプルもある。Hibernate 3 のパラメータ型を使って、enum の型ごとにカスタムユーザーを実装せずに済ませる方法（望ましい方法）もあるし、テキスト文字列だけでなく数値表現に対応したものもある。また、Gavin King による改良版の実装も紹介されている。Gavin King の改良版は、enum を型識別子として使ったり、データテーブルの `id` として使ったりできる。

そのいずれかの方法を使ったとして、enum の `GroupMemberType` をマッピングする方法は、次のようになる。

```xml
<hibernate-mapping>
    <class name="com.saasovation.identityaccess.domain.model.identity.GroupMember"
            table="tbl_group_member" lazy="true">
        ...
        <property
            name="type"
            column="type"
            type="com.saasovation.identityaccess.infrastructure
                                        .persistence.GroupMemberTypeUserType"
            update="true"
            insert="true"
            not-null="true"
        />
    </class>
</hibernate-mapping>
```

`<property>`要素の type 属性に、`GroupMemberTypeUserType` へのクラスパスが設定されていることに注目しよう。これはあくまでもひとつの選択肢であり、自分たちの好みの方法で設定すべきだ。さて、この enum を保持するカラムを持った、MySQL のテーブルの定義を改めて確認しておく。

```sql
CREATE TABLE `tbl_group_member` (
    ...
    `type` varchar(5) NOT NULL,
    ...
) ENGINE=InnoDB;
```

`type` は `VARCHAR` 型のカラムで、最大 5 文字までを格納できる。これは、`GROUP` あるいは `USER` というテキスト表現を保持するのには十分なサイズだ。

6.7 まとめ

本章では、可能な限り値オブジェクトを活用すべきであることを示した。開発やテスト、そしてその後の保守も楽になるからだ。

- 値オブジェクトの特徴と、その利用方法を学んだ。
- 値オブジェクトを活用して、結合時の複雑性を最小限に抑える方法を調べた。
- ドメインの標準型を値で表現する方法を探り、それを実装する際の複数の戦略を学んだ。
- SaaSOvation が、可能な限り値を使ってモデリングするようになった経緯を見た。
- 値型をどのようにテストしてどのように実装し、そしてどのように永続化させるのかを、SaaSOvation のプロジェクトを通して学んだ。

次の章ではドメインサービスをとりあげる。これはステートレスな操作で、モデルの一部となるものだ。

第 7 章
サービス

時には、単純に「物」とはできないこともある。

– Eric Evans

　ドメインにおける**サービス**とは、そのドメインに特化したタスクをこなす、ステートレスな操作のことだ。実行すべき何かの操作があって、それを**集約** (10) や**値オブジェクト** (6) のメソッドにするのは場違いだと感じたときは、ドメインモデルの中でサービスを作るべきだと考えられる。その違和感を和らげるためのごく自然な流れとして、集約ルート上に static メソッドを作りたくなるかもしれない。しかし DDD を使っている場合は、その方針には怪しい臭いが漂っている。おそらくそれは、サービスが必要な場面なのだろう。

本章のロードマップ

- ドメインモデルを洗練させていくことで、サービスの必要性をどのように見いだすのかを知る。
- ドメインにおけるサービスが、何であって何でないのかを学ぶ。
- サービスを作るかどうかを決める際に、気をつけるべきことを考える。
- ドメインにおけるサービスをモデリングする方法を、SaaSOvation のプロジェクトからの二つのサンプルを通じて身につける。

　怪しい臭いのするコード？　SaaSOvation の開発者たちが、集約をリファクタリングする際に経験したのが、まさにそれだった。彼らがどのように戦術を見直したのかを見ていこう。さて、いったい何が起こったのだろう……。

　プロジェクトの初期には、チームは BacklogItem のインスタンスのコレクションを、Product の一部を構成する集約としてモデリングしていた。そのおかげで、すべてのプロダクトバックログアイテムのビジネス的な優先順位の合計を計算するときにも、Product クラスのシンプルなインスタンスメソッドを使うだけでよかった。

```
public class Product extends ConcurrencySafeEntity {
    ...
    private Set<BacklogItem> backlogItems;
    ...
    public BusinessPriorityTotals businessPriorityTotals() {
        ...
    }
    ...
}
```

当時は、この設計は完璧なものだった。`businessPriorityTotals()`メソッドは`BacklogItem`のインスタンスを順にたどり、ビジネス的な優先順位を問い合わせるだけでよかった。その答えは、値オブジェクト`BusinessPriorityTotals`で返された。

しかし、それも長くは続かなかった。**集約**(10)を分析し、巨大になりすぎた`Product`は分解すべきだとの結論に達した。また、`BacklogItem`も設計しなおして、それ自身も集約とすることになった。インスタンスメソッドを使っていたこれまでの設計では、うまく動かなくなったのだ。

`Product`はもはや`BacklogItem`のコレクションを保持しなくなった。チームの最初の反応は、既存のインスタンスメソッドをリファクタリングしようというものだった。新しい`BacklogItemRepository`を使って、計算に必要なすべての`BacklogItem`のインスタンスを取得させようと考えたのだ。この案について、あなたはどう考えるだろう？

ベテランのメンターは、それはやめておくべきだと主張した。経験上、集約の内部から**リポジトリ**(12)を使うことは、できる限り避けるべきだ。同じメソッドを`Product`のstaticメソッドにして、計算に必要な`BacklogItem`のインスタンスのコレクションを渡したら、どうなるだろう？　この場合、メソッド自体はほぼそのまま残り、新しいパラメータが増えるだけになる。

```
public class Product extends ConcurrencySafeEntity {
    ...
    public static BusinessPriorityTotals businessPriorityTotals(
            Set<BacklogItem> aBacklogItems) {
        ...
    }
```

```
    ...
}
```

　Productは、staticメソッドを置く場所として本当に最適だといえるだろうか？　このメソッドが本来どこに属するべきなのかを判断するのは、難しそうだ。この操作は、実際には個々のBacklogItemのビジネス的な優先順位を計算するときにしか使われない。それなら、staticメソッドをBacklogItemにも置けそうだ。しかし、この優先順位はプロダクトの優先順位であり、バックログアイテムの優先順位ではない。さあ困った。

　そのとき、ベテランのメンターが意見を出した。「今のこのもやもや感を解消できるモデリングツールがあるよ。ドメインサービスっていうんだ」さて、その後どうなったのだろう？

———————————— ･ ･ ･ ————————————

　まずは、背景となる知識を固めよう。その後で、この場面をもう一度振り返って、チームがどんな決断をしたのかを見ていく。

7.1　ドメインサービスとは何か（…の前に、ドメインサービスとは何でないのか）

　ソフトウェアの文脈で**サービス**という言葉を聞いたときに、私たちが思い浮かべるのは、粒度の粗いコンポーネントだろう。リモートクライアントから、複雑な業務システムを利用できるようにするものだ。基本的にこれは、**サービス指向アーキテクチャ** (4) におけるサービスを表している。SOAのサービスを開発するには、さまざまな技術や手法がある。結局のところ、この手のサービスは、システムレベルの**リモートプロシージャ呼び出し**（RPC）や**メッセージ指向ミドルウェア**（MoM）に重きを置くものだ。データセンターをまたがった別のシステムとの間でもサービスとのやりとりができて、業務のトランザクションを実行できるようになる。

　ドメインサービスは、これらのいずれとも異なる。

　また、ドメインサービスは、**アプリケーションサービス**とも異なるものだ。混同しないようにしよう。アプリケーションサービスにビジネスロジックを組み込みたいとは思わないが、ドメインサービスにはビジネスロジックを組み込んでおきたい。その違いがよくわからなければ、第14章「アプリケーション」と読み比べてみよう。両者を簡単に区別すると、アプリケーションサービスはドメインモデルのクライアントであり、通常はドメインサービスのクライアントにもなる。その実例を、本章で後述する。

　ドメインサービスに「**サービス**」ということばが含まれているからといって、粒度が粗くてリモートアクセスに対応しており、重量級のトランザクションを扱えることが求められているわけではない[1]。

---

[1] ドメインサービスを、別の**境界づけられたコンテキスト** (2) 上でのリモート起動と絡めて考えることもある。しかし、ここではそれとは違う観点で考える。ドメインサービス自身はリモートプロシージャ呼び出しのインターフェイスを提供せず、むしろそのクライアントとなる。

> **カウボーイの声**
>
>
>
> LB:「食べ物を口に入れる前に、ちゃんと確認すること。それが何であるのかは別に気にしなくていいけど、それが何だったのかは知っておくべきだ」

特に、ビジネスドメインに属しているサービスは、自分たちのニーズとそのサービスの得意とするところが重なる場合には、最適なモデリングツールとして使える。これで、ドメインサービスが何で**ない**のかはわかった。ここからは、何**である**のかを考えよう。

> 時には、単純に「物」とはできないこともある。……ドメインにおける重要なプロセスや変換処理が、**エンティティ**や**値オブジェクト**の自然な責務ではない場合、その操作は、**サービス**として宣言される独立したインターフェイスとしてモデルに追加すること。モデルの言語を用いてインターフェイスを定義し、操作名が必ず**ユビキタス言語**の一部になるようにすること。**サービス**には状態を持たせないこと。[Evans]（103 ページ、105 ページ）

ドメインモデルは一般的に、粒度の細かい振る舞いを扱うものであり、目の前にある仕事の特定の側面に注目している。そのため、そのドメイン内のサービスもまた、同じような信念に従うことになるだろう。単一のアトミックな操作で複数のドメインオブジェクトを扱うこともあるので、多少複雑になることもありえる。

ある操作が、既存の**エンティティ** (5) や値オブジェクトに属するものではないとみなせる条件は何だろう？ 判断基準をすべてあげることは難しいが、そのうちのいくつかを以下にまとめた。ドメインサービスを使えるのは、これらのような場合だ。

- 重要なビジネスロジックを実行する
- ドメインオブジェクトを、ひとつの構成から別の構成に変換する
- 複数のドメインオブジェクトからの入力にもとづいて、値を算出する

最後の項目（値の算出）は、「重要なビジネスロジック」の一部だといえるかもしれないが、ここではあえて明示しておいた。何かの操作で複数の集約（あるいはそれらを合成したもの）が必要になるのは、よくあることだ。また、何かのメソッドをエンティティや値に持たせるのが単に不恰好だと

いう場合にも、サービスを定義すればうまく落ち着くだろう。このサービスは**ステートレス**にすること、そして、その境界づけられたコンテキスト内での**ユビキタス言語** (1) に沿ったインターフェイスを持たせることに注意しよう。

7.2 本当にサービスが必要なのかをたしかめる

　ドメインの概念を、何でもかんでもサービスとしてモデリングしようとはしないこと。うまくあてはまる場面でだけ、サービスを使うようにしよう。気をつけておかないと、サービスが、まるでモデリングにおける「銀の弾丸」であるかのように見えてきてしまう。あまりにサービスを使いすぎると、**ドメインモデル貧血症** [Fowler，Anemic] に陥ってしまうという悪影響がある。複数のエンティティや値オブジェクトをまたがるドメインロジックが、すべてサービスに入っているという状態になってしまう。次の分析は、個々のモデリングの状況にあわせて戦術を注意深く考える重要性を示すものだ。以下の指針に従えば、サービスを使うか否かについて、よりよい判断ができるようになるだろう。

　それでは、サービスを作るべきかどうかを判断するサンプルを見ていこう。**認証・アクセスコンテキスト**における User の認証処理を考えてみる。第 5 章「エンティティ」でこのシナリオを扱ったときに、チームがその後、この処理を外に出すことになったと説明した。そう、その「その後」が、今だ。

- システムのユーザーは、認証済みである必要がある。ただし、テナントがアクティブなときしか認証できない。

　なぜサービスが必要なのかを考えてみよう。シンプルに、この振る舞いをエンティティに置いたとして、何か問題でもあるのだろうか？　クライアントの視点で考えると、認証はおそらくこのような流れになるだろう。

```
// クライアントがユーザーを探して、認証済みかどうかをユーザー自身に問い合わせる

boolean authentic = false;

User user =
    DomainRegistry
        .userRepository()
        .userWithUsername(aTenantId, aUsername);

if (user != null) {
    authentic = user.isAuthentic(aPassword);
}

return authentic;
```

この設計には、ざっと見ただけでもいくつかの問題が見受けられる。まず、認証済みとはどういうことなのかを、クライアントが知っておく必要がある。User を探して、指定したパスワードがその User の持つパスワードにマッチするかどうかを問い合わせなければいけない。また、ユビキタス言語が明確にモデリングされていない。ここでは、User に対して「認証済みですか（"is authentic"）」と問い合わせている。モデルに対して「認証してください（"authenticate"）」と聞いているわけではない。可能な限り、チームでのやりとりに使う表現に合わせてモデルを作っておきたい。概念をうまくモデリングできなかったせいで、自然ではない視点をチームに強いるのは、好ましくない。しかし、問題はそれだけではない。

この方式は、ユーザーの認証に関するチームの発見を、適切にモデリングできていない。テナントがアクティブかどうかのチェックを行っていないという、明らかな手抜きがある。要件に従うなら、そのユーザーが属するテナントがアクティブでない場合は、ユーザーは認証済みではないはずだ。この問題を解決するためのコードは、次のようになるだろう。

```
// おそらく、こちらのほうがいいだろう

boolean authentic = false;

Tenant tenant =
    DomainRegistry
        .tenantRepository()
        .tenantOfId(aTenantId);

if (tenant != null && tenant.isActive()) {
    User user =
        DomainRegistry
            .userRepository()
            .userWithUsername(aTenantId, aUsername);

    if (user != null) {
        authentic = tenant.authenticate(user, aPassword)
    }
}

return authentic;
```

このコードは、Tenant がアクティブであることを確認してから認証を行うということを適切に示せている。また、User から isAuthentic() メソッドを引きはがして、Tenant の authenticate() メソッドに置き換えることもできた。

しかし、まだ問題は残る。クライアント側に、やっかいなことを新たに押しつけているという問題だ。認証の仕組みについて、クライアント側が知っておくべきこと以上の知識を要求することになってしまった。Tenant が isActive() かどうかを authenticate() メソッドの中で調べるようにすれば、この問題を多少は軽減できる。しかし、それでは明示的なモデルとはいえなくなる。また、それ以外にも問題がある。今度は Tenant が、パスワードの扱いかたを知らなければいけなくなった。認

証のシナリオの中では特に出てこなかったが、もうひとつ、こんな要件があったことを思いだそう。

- パスワードは、平文のままではなく、暗号化して格納する必要がある。

これまでに考えたソリューションのままだと、モデルの中でさらにいろいろな摩擦が発生しそうだ。直前の案の場合、以下の四つの手法のいずれかを選ばざるを得ない。

① Tenant の中で暗号化を行い、暗号化したパスワードを User に渡す。これは、Tenant にテナント以外のことをモデリングしているという点で、**単一責任の原則** [Martin, SRP] に違反する。

② User はすでに、暗号化について多少なりとも知っている必要がある。というのも、格納されているパスワードが暗号化済みであることを保証しなければいけないからだ。だとしたら、平文のパスワードを受け取って、それを使って認証するメソッドを User に用意するという手もある。しかしこの場合、認証は Tenant 上のファサードになり、その実装をすべて User で行うということになる。さらに、User には protected な認証インターフェイスが必要になる。モデルの外部のクライアントから、直接操作されることを防ぐためだ。

③ Tenant が User に問い合わせ、平文のパスワードを暗号化した上で、User が保持するものと比較させる。この方針は、余計な手順が増えて面倒な調整が必要になりそうだ。Tenant は実際の作業をするわけではないが、それでも認証の詳細を知っておく必要がある。

④ クライアントがパスワードを暗号化して、暗号化済みのパスワードを Tenant に渡す。これは、クライアントの責務をムダに増やしてしまう。本来クライアントは、パスワードを暗号化するだのしないだのといったことを知るべきではないはずだ。

どれもあまりうまくない。クライアント側も複雑なままだ。ここでクライアント側に押しつけてしまった責務は、本来ならモデルの中にきちんとまとめるべきものだ。ドメイン固有の知識は、決してクライアントに漏らしてはいけない。仮にそのクライアントがアプリケーションサービスであっても、そのコンポーネントには、認証やアクセス管理の責務はない。

カウボーイの声

AJ：「落とし穴にはまったときにまずすべきなのは、穴を掘り続けるのをやめることさ」

実際、クライアントが持つべき唯一の業務的な責務は、単一のドメイン固有の操作を実行することだ。その操作を実行するだけで、その他さまざまな業務的な問題に対応してもらえる。

```
// アプリケーションサービス内のクライアントの責務は、タスクを調整することだけである

UserDescriptor userDescriptor =
    DomainRegistry
        .authenticationService()
        .authenticate(aTenantId, aUsername, aPassword);
```

この簡潔でわかりやすいソリューションにおいて、クライアントに必要な作業は、`AuthenticationService`のステートレスなインスタンスへの参照を取得して、`authenticate()`を問い合わせるだけだ。認証に関する詳細をアプリケーションサービスのクライアントからすべて追い出して、ドメインサービスにまとめた。サービスからは、必要に応じて任意の数のドメインオブジェクトを使える。パスワードの暗号化が適切に行われていることの保証なども、ドメインオブジェクトで行える。クライアントは、これらの詳細を一切知る必要がない。また、このコンテキストにおけるユビキタス言語に沿った形式にもなっている。認証管理のドメインをモデリングしたソフトウェアで適切な用語が使われており、モデルとクライアントに用語が分散したりしていないからだ。

値オブジェクトである`UserDescriptor`が、サービスのメソッドから返される。このオブジェクトは、小さくまとまっていて安全なものだ。`User`全体を返すのではなく、`User`を参照するために欠かせない属性だけを含めた。

```
public class UserDescriptor implements Serializable  {
    private String emailAddress;
    private TenantId tenantId;
    private String username;

    public UserDescriptor(
            TenantId aTenantId,
            String aUsername,
            String anEmailAddress) {
        ...
    }
    ...
}
```

これは、ユーザーごとのWebセッションを格納するのに適している。クライアントのアプリケーションサービスは、サービスの呼び出し元にこのオブジェクトをそのまま返したり、あるいはそれ用のオブジェクトをもうひとつ作ってそれを返したりする。

7.3　ドメインにおけるサービスのモデリング

利用目的にもよるが、ドメインサービスのモデリングは非常にシンプルなものだ。まず、そのサービスに**セパレートインターフェイス** [Fowler, P of EAA] を持たせるべきかどうかを判断する。持たせるべきだと判断したのなら、以下のようなインターフェイス定義を用意することになるだろう。

```
package com.saasovation.identityaccess.domain.model.identity;

public interface AuthenticationService {

    public UserDescriptor authenticate(
            TenantId aTenantId,
            String aUsername,
            String aPassword);
}
```

インターフェイスの宣言は、認証にかかわる集約（Tenant、User、Group）と同じ**モジュール** (9) 内で行う。というのも、AuthenticationService は認証に関する概念であり、現時点では、認証関連の概念をすべて identity モジュールにまとめているからだ。インターフェイスの定義そのものは、いたって単純だ。唯一必要な操作は authenticate() だけとなる。

さて、このインターフェイスの実装クラスは、どこに置くべきだろうか。もし**依存関係逆転の原則** (4) や**ヘキサゴナルアーキテクチャ** (4) を使っているのなら、実装クラスはドメインモデルの外部に置くことになるだろう。実装は、たとえばインフラストラクチャレイヤのモジュールに配置する。

次に、実装クラスを示す。

```
package com.saasovation.identityaccess.infrastructure.services;

import com.saasovation.identityaccess.domain.model.DomainRegistry;
import com.saasovation.identityaccess.domain.model.identity.AuthenticationService;
import com.saasovation.identityaccess.domain.model.identity.Tenant;
import com.saasovation.identityaccess.domain.model.identity.TenantId;
import com.saasovation.identityaccess.domain.model.identity.User;
import com.saasovation.identityaccess.domain.model.identity.UserDescriptor;

public class DefaultEncryptionAuthenticationService
        implements AuthenticationService  {

    public DefaultEncryptionAuthenticationService() {
        super();
    }

    @Override
    public UserDescriptor authenticate(
            TenantId aTenantId,
            String aUsername,
```

```
                String aPassword) {
        if (aTenantId == null) {
            throw new IllegalArgumentException(
                    "TenantId must not be null.");
        }
        if (aUsername == null) {
            throw new IllegalArgumentException(
                    "Username must not be null.");
        }
        if (aPassword == null) {
            throw new IllegalArgumentException(
                    "Password must not be null.");
        }

        UserDescriptor userDescriptor = null;

        Tenant tenant =
            DomainRegistry
                .tenantRepository()
                .tenantOfId(aTenantId);

        if (tenant != null && tenant.isActive()) {
            String encryptedPassword =
                DomainRegistry
                    .encryptionService()
                    .encryptedValue(aPassword);

            User user =
                DomainRegistry
                    .userRepository()
                    .userFromAuthenticCredentials(
                            aTenantId,
                            aUsername,
                            encryptedPassword);

            if (user != null && user.isEnabled()) {
                userDescriptor = user.userDescriptor();
            }
        }

        return userDescriptor;
    }
}
```

このメソッドでは、null パラメータに対するガードを定義している。これがないと、通常の認証プロセスが失敗したときに、返される UserDescriptor が null になってしまう。

認証を行うためにはまず、Tenant の識別子を指定して、リポジトリから Tenant を取得する。Tenant が存在し、かつアクティブだった場合は、次に平文のパスワードを暗号化する。ここで暗号化を行う理由は、暗号化したそのパスワードを使って User を取得するからである。TenantId と username

だけを指定して`User`を取得するのではなく、暗号化したパスワードも渡してマッチさせる（平文のパスワードが同じなら、暗号化した結果も常に同じになる）。リポジトリは、これら三つの要素による絞り込みを行うように作られている。

ユーザーが、テナントID、ユーザー名と平文のパスワードを正しく入力して送信すると、それに対応する`User`のインスタンスが取得され、返される。しかし、これだけでは、ユーザーが認証済みであるかどうかの証明としては、不完全だ。もうひとつ、まだ処理しきれていない要件がある。

- ユーザーが認証済みになれるのは、そのユーザーが有効になっている場合だけである。

仮にリポジトリが条件を満たす`User`のインスタンスを見つけたとしても、それが有効になっているとは限らない。`User`が無効になっている可能性がある限り、テナントによるユーザーの認証は、それを考慮しなければいけない。そこで、最終ステップとして、`User`のインスタンスが`null`でなく、かつ有効になっていることを確認する。そして、そのユーザーの情報を`UserDescriptor`に設定する。

セパレートインターフェイスは必須なのか

この`AuthenticationService`には、実装は含まれていない。セパレートインターフェイスを作って実装クラスとは別にして、それぞれレイヤとモジュールを別にする必要が、本当にあるのだろうか？

そんなことはない。以下のように、サービスの名前をつけた実装クラスひとつだけで、サービスを作ることもできる。

```java
package com.saasovation.identityaccess.domain.model.identity;

public class AuthenticationService {

    public AuthenticationService() {
        super();
    }

    public UserDescriptor authenticate(
            TenantId aTenantId,
            String aUsername,
            String aPassword) {
        ...
    }
}
```

これでもなんら問題はない。むしろ、こちらのほうがいいのではないかと考える人もいるかもしれない。そもそもこのサービスに、複数の実装など必要ないわけだから。しかし、テナントによっては、特殊なセキュリティ標準を求めるところがあるかもしれない。そんな場合は、複数の実装が必要になる可能性もある。ひとまず現時点では、セパレートインターフェイスを使うのではなく、ここで示したクラスだけを使う方針で進めることにした。

>>> 実装クラスの命名

　Java の世界では、インターフェイス名の後ろに Impl を続けたものを、実装クラスの名前とするのが一般的だ。今回のサンプルでこの慣習に従うと、クラス名は AuthenticationServiceImpl になる。さらに、インターフェイスと実装クラスを同じパッケージに配置することも多い。果たしてこれは、いいことなのだろうか？ 実際、実装クラスをこんな名前にできるということは、そもそもセパレートインターフェイスなど必要なかったという証ではないだろうか。必要なのだとしたら、実装クラスの命名は、もっと注意深く行うべきだ。そう。AuthenticationServiceImpl などという名前は、決していい名前ではない。とはいえ、DefaultEncryptionAuthenticationService のような名前にするのも、使いやすいとはいえない。これらの理由から、SaaSOvation のチームは、ひとまずセパレートインターフェイスを使うことはやめて、単純に AuthenticationService クラスだけで進めることに決めた。

　もし複数の固有の実装が必要になり、実装クラスを分離することになったら、それぞれの特徴にあわせた名前をつけよう。個々の実装に対して注意深く名づける必要があること自体が、ドメインにおいてその特徴があることを証明している。

　インターフェイスと実装クラスを同じような名前にしておけば、大規模なパッケージの中でも見つけやすいし行き来しやすいと考える人もいるだろう。しかしその一方で、そんな大規模なパッケージになるという時点で、モジュールの狙いに反したまずい設計になってしまっているという考えもある。さらに、モジュール化を推し進める際の目標としては、インターフェイスと各種実装クラスを別のパッケージに分けるほうがよい。これは、**依存関係逆転の原則** (4) に沿った考え方だ。たとえば、EncryptionService インターフェイスはドメインモデルに属するが、MD5EncryptionService はインフラストラクチャに属する。

　ドメインサービス用にセパレートインターフェイスを用意しなくても、テストしづらくなることはない。そのサービスが依存するあらゆるインターフェイスは、テスト用に構成されたサービスファクトリから注入できるし、あるいは必要に応じて、入出力の依存インターフェイスのインスタンスをパラメータとして渡すこともできる。ドメイン固有のサービス（たとえば計算処理など）は、その正確性を保証するためにもテストが必須であることを忘れないようにしよう。

　もちろん、この件に関しては賛否両論がある。また、インターフェイスの実装の名前に Impl を使う陣営のほうが優勢であることも承知している。ただ、その正反対の意見を持つ人もいて、まっとうな理由をもってその方式を避けている場合もあるということを知ってほしい。どちらを選ぶかは、あなたしだいだ。

　セパレートインターフェイスを使うことがより問題になるのは、サービスが常にドメイン固有であって、決して複数の実装を持たない場合だ。Fowler が述べるように、セパレートインターフェイスが有用なのは、分離したいというゴールがある場合である。「このインターフェイスへの依存性を必要とするクライアントは、完全に実装のことを知らないでいられる [Fowler, P of EAA]」。しかし、**依存性の注入**やサービス**ファクトリ** [Gamma et al.] を使っている場合は、仮にサービスのインターフェイスと実装クラスが一緒になっていたとしても、クライアントは実装のことを気にせずにいられる。たとえば、以下のように DomainRegistry をサービスファクトリとして使えば、クライアントと実装を切り離せる。

```
// レジストリが、クライアントを実装の知識から遠ざける

UserDescriptor userDescriptor =
    DomainRegistry
        .authenticationService()
        .authenticate(aTenantId, aUsername, aPassword);
```

あるいは、依存性の注入を使えば、同様のメリットを得られる。

```
public class SomeApplicationService ... {
    @Autowired
    private AuthenticationService authenticationService;
    ...
}
```

IoCコンテナ（Springなど）が、サービスのインスタンスを注入する。クライアントがサービスのインスタンスを作ることは決してないので、サービスのインターフェイスとその実装が結合しているか分離しているかはまったく気にしない。

サービスファクトリや依存性の注入を軽蔑し、コンストラクタを使ったりメソッドのパラメータを使ったりして依存関係を設定したがる人もいる。結局のところ、それが一番明示的に依存関係を設定できて、かつテストしやすいコードになるからだ。また、このやりかたのほうが依存性の注入よりも簡単だと考えられている。これら三通りの手法を状況に応じて使い分けつつ、全体としてはコンストラクタによる依存解決を好むという人もいる。本章のサンプルの中では、明確にするために`DomainRegistry`を使っているところがある。**しかし、必ずしもこの方法を推奨するものではない。**オンラインで公開されている本書のサポートコードの中には、コンストラクタによる依存解決方式を使っていたり、メソッドのパラメータによる依存解決方式を使っているものも多い。

計算プロセス

今度は別のサンプルを考えよう。現在の**コアドメイン** (2) である、**アジャイルプロジェクト管理コンテキスト**からの例だ。このサービスは、特定の型の集約から取得した値を任意の数だけ使って、結果を計算する。少なくとも今の時点では、セパレートインターフェイスを使う理由は見当たらない。計算処理は、常に同じ方法で行われる。この状況が変わらない限り、インターフェイスと実装を切り離そうとしてがんばる必要もないだろう。

SaaSOvationの開発者たちは、粒度の細かい`static`メソッドを`Product`に用意して、必要な計算を進めていたのだった。さて、その結果、いったいどんなことが起こったのだろうか……。

・・・

チームのメンターは、`static`メソッドではなくドメインサービスを使うほうが望ましいと指摘した。このサービスのもとになる考え方は現在の設計とほぼ同じで、計算の結果を値オブジェクト`BusinessPriorityTotals`のインスタンスとして返すというものだ。しかし、サービスにするには、

それ以外の作業も必要になる。指定した Scrum のプロダクトの中から**未処理の**バックログアイテムをすべて探して、それぞれの BusinessPriority の値を合計するという処理もそのひとつだ。その実装を、以下に示す。

```
package com.saasovation.agilepm.domain.model.product;

import com.saasovation.agilepm.domain.model.DomainRegistry;
import com.saasovation.agilepm.domain.model.tenant.Tenant;

public class BusinessPriorityCalculator {

    public BusinessPriorityCalculator() {
        super();
    }

    public BusinessPriorityTotals businessPriorityTotals(
            Tenant aTenant,
            ProductId aProductId) {
        int totalBenefit = 0;
        int totalPenalty = 0;
        int totalCost = 0;
        int totalRisk = 0;

        java.util.Collection<BacklogItem> outstandingBacklogItems =
            DomainRegistry
                .backlogItemRepository()
                .allOutstandingProductBacklogItems(
                    aTenant,
                    aProductId);

        for (BacklogItem backlogItem : outstandingBacklogItems) {
            if (backlogItem.hasBusinessPriority()) {
                BusinessPriorityRatings ratings =
                    backlogItem.businessPriority().ratings();

                totalBenefit += ratings.benefit();
                totalPenalty += ratings.penalty();
```

```
            totalCost += ratings.cost();
            totalRisk += ratings.risk();
        }
    }

    BusinessPriorityTotals businessPriorityTotals =
        new BusinessPriorityTotals(
                totalBenefit,
                totalPenalty,
                totalBenefit + totalPenalty,
                totalCost,
                totalRisk);

    return businessPriorityTotals;
    }
}
```

- - -

カウボーイの声

LB:「ウチの種馬は、種付け(サービス)のたびに 5,000 ドルを稼ぐんだ。順番待ちの雌馬をそこに並ばせているよ」
AJ:「でも、今や**その**馬(ドメイン)は、彼のものになったんだね」

BacklogItemRepository を使って、**未処理の** BacklogItem のインスタンスをすべて取得する。未処理の BacklogItem とは、その状態が **Planned・Scheduled・Committed** のいずれかであるもののことだ。状態が **Done** あるいは **Removed** のものは含まない。ドメイン内のサービスは、必要に応じてリポジトリを使える。しかし、集約のインスタンスからリポジトリにアクセスすることは、お勧めできない。

指定したプロダクトに関するすべての未処理アイテムを順にたどり、それぞれの BusinessPriority の ratings の値の合計を計算する。すべて調べ終えた後の合計を使って新しい BusinessPriorityTotals のインスタンスを作り、それをクライアントに返す。この計算処理は必須ではあるが、別にサービスの計算プロセスを複雑にする必要はない。今回は、たまたまシンプルになったということだ。

このサンプルを見て、このロジックをアプリケーションサービスに配置しようなどとは**まず思わない**だろう。仮にこの for ループの中での計算が取るに足らないものであったとしても、これがビジネスロジックであることには変わりがない。ただ、理由はそれだけではない。

```
BusinessPriorityTotals businessPriorityTotals =
    new BusinessPriorityTotals(
            totalBenefit,
            totalPenalty,
            totalBenefit + totalPenalty,
            totalCost,
            totalRisk);
```

`BusinessPriorityTotals`のインスタンスを作る際に、その`totalValue`属性は、`totalBenefit`と`totalPenalty`を加算して設定する。このロジックはドメインに特化したものであり、アプリケーションレイヤに流出させてはいけない。`BusinessPriorityTotals`コンストラクタの中で、受け取った二つのパラメータを加算すればいいのではという声もあるだろう。それもまた、モデルを改善する方法のひとつではある。しかし、たとえそうしたとしても、残りの計算をアプリケーションサービス側に移す理由にはならない。

ビジネスロジックをアプリケーションサービスに置くことはないが、アプリケーションサービスはドメインサービスのクライアントとして働く。

```
public class ProductService ... {
    ...
    private BusinessPriorityTotals productBusinessPriority(
            String aTenantId,
            String aProductId) {
        BusinessPriorityTotals productBusinessPriority =
                DomainRegistry
                    .businessPriorityCalculator()
                    .businessPriorityTotals(
                            new TenantId(aTenantId),
                            new ProductId(aProductId));

        return productBusinessPriority;
    }
}
```

この場合の、アプリケーションサービスの private メソッドの役割は、プロダクトのビジネス的な優先順位の合計を要求することだ。このメソッドが提供するのは、`ProductService`のクライアント（ユーザーインターフェイスなど）に返す内容の一部だけになる。

変換サービス

より技術的なドメインサービスの実装で、明らかにインフラストラクチャに属するようなものは、統合の際に使われることが多い。そのため、そのようなサンプルは第 13 章「境界づけられたコンテキストの統合」に譲ることにする。第 13 章の例では、サービスのインターフェイスとその実装クラスだけではなく、実装クラスから使う**アダプター** [Gamma et al.] や変換器も示す。

ドメインサービスのミニレイヤの使用

時には、ドメインモデルのエンティティや値オブジェクトの上に、ドメインサービスの「ミニレイヤ」をかぶせたくなることもある。先述のとおり、これはドメインモデル貧血症に陥る可能性の高いもので、アンチパターンだとみなすべきだ。

しかし、他の方法よりもドメインサービスのミニレイヤを作るほうが理にかなっていて、ドメインモデル貧血症の心配もないというシステムもある。ドメインモデルの性質にもよるが、今回の**認証・アクセスコンテキスト**については、ミニレイヤを用いる方法がうまく使える。

もしあなたが扱っているドメインがそのような性質のもので、実際にドメインサービスのミニレイヤを作ることに決めたのなら、それがアプリケーションレイヤのアプリケーションサービスとは異なるものだということを忘れないようにしよう。トランザクションやセキュリティはアプリケーションの関心事としてアプリケーションサービスで対応するものであり、ドメインサービスで対応するものではない。

7.4　サービスのテスト

サービスをテストして、ここまでに作ったモデルがユーザーの視点で使えるものになっているかどうかをたしかめておきたい。ここでは、ドメインに注目したテストで、そのモデルがどのように使われるのかを反映させたい。この時点では、ソフトウェアが正しく作られているかどうかについては、あまり追い求めないことにする。

> **テストするの、ちょっと遅すぎませんか？**
> 通常は、実装の前にテストを用意する。本書でも先ほど、テストファーストのコード片を示して、サービスの必要性を分析した。ただ、本章では、先に実装を示しておいたほうが議論を進めやすいと思った。それだけのことだ。これはまた、テストファーストが必須なわけではないということも示している。

これらのテストは、`AuthenticationService`を適切に使う方法を示すもので、まずは正常に認証できるシナリオからたしかめる。

```java
public class AuthenticationServiceTest
        extends IdentityTest {

    public void testAuthenticationSuccess() throws Exception {

        User user = this.getUserFixture();

        DomainRegistry
            .userRepository()
            .add(user);
```

```
        UserDescriptor userDescriptor =
            DomainRegistry
                .authenticationService()
                .authenticate(
                        user.tenantId(),
                        user.username(),
                        FIXTURE_PASSWORD);

        assertNotNull(userDescriptor);
        assertEquals(user.tenantId(), userDescriptor.tenantId());
        assertEquals(user.username(), userDescriptor.username());
        assertEquals(user.person().emailAddress(),
                    userDescriptor.emailAddress());
    }
    ...
```

この例では、`AuthenticationService`がアプリケーションサービスのクライアントからどのように使われるのかを示した。このテストは正常系であり、クライアントが期待通りのパラメータを渡して、ユーザーの認証に成功する。

リポジトリは完全な実装でもかまわないし、インメモリのものを使ってもかまわない。あるいはモックを使うこともできる。完全な実装が十分に高速なら、それを使ってテストしてもかまわない。ただし、テストが終わるとともにそのトランザクションをロールバックして、無関係なインスタンスが残らないようにしておく必要がある。テスト用のリポジトリとしてどんな実装を使うかは、みなさんにおまかせする。

次に、認証に失敗する場合のシナリオを示す。

```
public void testAuthenticationTenantFailure() throws Exception {

    User user = this.getUserFixture();

    DomainRegistry
        .userRepository()
        .add(user);

    TenantId bogusTenantId =
        DomainRegistry.tenantRepository().nextIdentity();

    UserDescriptor userDescriptor =
        DomainRegistry
            .authenticationService()
            .authenticate(
                    bogusTenantId, // 間違ったID
                    user.username(),
                    FIXTURE_PASSWORD);

    assertNull(userDescriptor);
}
```

このテストは、認証に失敗する。意図的に、User を作ったテナントの ID とは違う TenantId を渡しているからだ。次に、ユーザー名が間違っている場合の例を示す。

```java
public void testAuthenticationUsernameFailure() throws Exception {

    User user = this.getUserFixture();

    DomainRegistry
        .userRepository()
        .add(user);

    UserDescriptor userDescriptor =
        DomainRegistry
            .authenticationService()
            .authenticate(
                    user.tenantId(),
                    "bogususername",
                    user.password());

    assertNull(userDescriptor);
}
```

このテストの認証は、ユーザー名が間違っているという理由で失敗する。最後のシナリオを、次に示す。

```java
public void testAuthenticationPasswordFailure() throws Exception {

    User user = this.getUserFixture();

    DomainRegistry
        .userRepository()
        .add(user);

    UserDescriptor userDescriptor =
        DomainRegistry
            .authenticationService()
            .authenticate(
                    user.tenantId(),
                    user.username(),
                    "passw0rd");

    assertNull(userDescriptor);
    }
}
```

このテストでは間違ったパスワードを渡しており、認証は失敗する。認証が失敗するシナリオのテストケースでは、返される UserDescriptor は null になる。これは、クライアントが知っておくべき詳細だ。ユーザーの認証に失敗した場合に何が起こるのかを示している。また、認証に失敗すること

は例外的なエラーではなく、このドメインの通常の動作のひとつに過ぎないということも示している。もし認証の失敗が例外的な状況だと考えるのなら、サービス側で`AuthenticationFailedException`を投げる必要がある。

実際には、これだけではテストとして不十分だ。`Tenant`がアクティブではない場合や`User`が無効な場合のテストについては、あなた自身で考えてみよう。そうすれば、`BusinessPriorityCalculator`のテストも作れるようになるだろう。

7.5 まとめ

本章では、ドメインサービスとは何であって何でないのかを議論した。また、何かの操作を実装するときに、エンティティや値オブジェクトではなくサービスを使うべきなのはどんな場面かを考えた。それ以外にも、これらの内容をとりあげた。

- サービスの正当な使い道を理解することで、その使いすぎを避けられることを学んだ。
- ドメインサービスを使いすぎると、ドメインモデル貧血症アンチパターンにつながることを知った。
- サービスを実装する際の一般的な手順を見た。
- セパレートインターフェイスの利点と欠点を検討した。
- **アジャイルプロジェクト管理コンテキスト**の、計算プロセスの例をレビューした。
- モデルが提供するサービスの使いかたを、うまく示せるようなテストを提供する方法を考えた。

次の章では、最近新たに登場したDDDの戦術的モデリングツールのひとつをとりあげる。強力な構成要素パターンである、ドメインイベントだ。

第 8 章

ドメインイベント

歴史とは、人々が合意に達したバージョンの、過去の出来事集に過ぎない。

– Napoleon Bonaparte

ドメインイベントを使って、ドメイン内で起こった何かの出来事をとらえることができる。これは、モデリングのツールとしてきわめて強力なものだ。ドメインイベントの使いかたを一度身につけてしまえば、もうそれなしでは生きられなくなるだろう。本題に入る前に、まずは「イベント」とは何なのかということを確認しておこう。

> **本章のロードマップ**
> ドメインイベントとは何なのかをつかみ、いつそれを使うべきなのか、そしてなぜ使うべきなのかを知る。
> イベントをオブジェクトとしてモデリングする方法と、それを一意に識別しなければいけない場面について学ぶ。
> 軽量な**出版・購読**パターン [Gamma et al.] を調べ、それがクライアントへの通知に役立つことを学ぶ。
> どのコンポーネントがイベントを出版するのか、そしてどのコンポーネントがそれを購読するのかを見る。
> イベントストアを開発したくなる理由とその作りかた、使いかたを検討する。
> SaaSOvation の事例から、イベントを自立型のシステムに出版するためのいくつかの方法を学ぶ。

8.1　いつ(そしてなぜ)、ドメインイベントを使うのか

[Evans] を見ても、ドメインイベントについての正式な定義は書かれていない。というのも、このパターンの詳細が紹介されたのは、あの本が発売された後のことだからだ。**ドメイン** (2) にイベントを実装することに関する議論の前に、ドメインイベントが現在どのように定義されているのかを確認しておこう。

「ドメインエキスパートが気にかける、何かの出来事」である。

> ドメインにおける活動の情報を、個別のイベントを連ねたものとしてモデリングする。個々のイベントは、ドメインオブジェクトとして扱うこと。……ドメインイベントはドメインモデルの一部であり、ドメイン内で発生する何かの出来事を表す。[Evans, Ref]

ドメイン内での何かの出来事が、ドメインエキスパートにとって重要なものであるかどうかは、どうやって判断すればいいのだろう？　ドメインエキスパートとの議論の際に、注意深くその手がかりを聞き出す必要がある。ドメインエキスパートの話の中に、こんなフレーズが出てきたら要注意だ。

- 「……するときに、」
- 「もしそうなったら、……」
- 「……の場合は、私に知らせて欲しい」「……の場合は、通知して欲しい」
- 「……が発生したときに、」

もちろん、「知らせて欲しい」「通知して欲しい」というフレーズが出たからといって、それがすべてイベントになるとは限らない。それは単に、重要な出来事の結果をドメイン内の誰かが**通知して欲しい**と考えているというだけのことであって、それは**おそらく**、イベントとしてモデリングすることになるのではないかということだ。さらに、ドメインエキスパートはこんなふうに言うこともある。「もし**ああなったら**、それはどうでもいいことなので気にしない。でも、もし**こうなったら**、それは**見逃せない**」（「**ああなったら**」「**こうなったら**」の部分は、ドメイン内で意味を持つ何かに置き換えて考えよう）。組織の文化によっては、ここであげた以外にも注意すべきフレーズがあるかもしれない。

カウボーイの声

AJ：「馬をこっちに呼びたきゃ『おい、こっちだぞ!』と言うだけでいい。勝手に駆け寄ってくれるさ。もちろん、私が角砂糖を持っていることを見せつけたって、バチは当たらないよな」

ドメインエキスパートの言葉からはその必要性を見出せないものの、ビジネス的な状況からはイベントのモデリングが必要になるという可能性もある。ドメインエキスパートはその要件を認識しているかもしれないし、していないかもしれない。チームをまたがった議論の中で、初めてその必要性を認識するということもある。こうしたことは、イベントを外部のサービスにも配信しなければいけない場合に起こりがちだ。社内のシステムが別々にわかれていて、あるドメインで発生したイベントを

別の**境界づけられたコンテキスト** (2) に通知しなければいけないケースである。この手のイベントの場合、イベントを出版すると、サブスクライバがその通知を受け取るという形式になる。イベントを処理するのはサブスクライバ側なので、この手のイベントは、ローカルとリモートのそれぞれの境界づけられたコンテキストに、広く影響をおよぼす。

> **ドメインエキスパートとイベント**
> 最初のうちはイベントなどどうでもいいと考えていたドメインエキスパートも、個々のイベントについて議論しているうちに、自分たちにとってもそれが必要であることを理解するだろう。彼らとの合意がとれた時点で、そのイベントは**ユビキタス言語** (1) の正式な一員となる。

イベントを他のコンテキストに配送する際には、それが同じシステムであろうが別のシステムであろうが、結果整合性を利用するのが一般的だ。これは、やむを得ずそうするのではなく、意図的に行うものだ。そうしておけば、グローバルなトランザクションにおける二相コミットや、**集約** (10) のルールを気にする必要がなくなる。集約のルールのひとつは、単一のトランザクション内では単一のインスタンスだけを変更しなければいけないというものだ。それに依存するその他の変更は、別のトランザクションで行わなければいけない。そこで、ローカルの境界づけられたコンテキスト内のその他の集約のインスタンスの同期にも、この手法を使う。また、リモートの依存関係の一貫性も、ある程度の時間を置いて保つことにする。このように分離しておけば、スケーラブルでパフォーマンスに優れたサービス群を提供しやすくなる。また、システム間を疎結合に保つ助けにもなる。

図8-1に、イベントを発生させる方法やそれを格納したり転送したりする方法、そしてイベントを利用する方法について示した。イベントは、ローカルのコンテキストで使われることもあれば、別の境界づけられたコンテキストで使われることもある。

多くのシステムで行われているであろうバッチ処理についても、考えなければいけない。おそらく、深夜などの混雑していない時間帯に、日次のメンテナンス処理などを行うこともあるだろう。不要になったオブジェクトを削除したり、新しい業務要件に対応するために必要なオブジェクトを作ったり、いくつかのオブジェクトの状態を同期させたり、特定のユーザーに対して通知を送ったりといった作業だ。この手のバッチ処理では、その対象を特定するために、複雑なクエリを実行しなければいけないことも多い。これらに対応するための計算や処理のコストは大きいし、すべてのオブジェクトに対する変更を同期させるには、大きなトランザクションが必要になる。この面倒なバッチ処理を不要にできるとすれば、いかがだろうか？

ここで実際に、前日の出来事に後から追従する必要が出た場合のことを考えてみよう。もしそれらの個々の出来事がそれぞれひとつのイベントで表現されていて、システム内のリスナがそのイベントを受け取れるとしたら、話が単純にならないだろうか。実際、そうなっていれば、複雑なクエリを使わずに済む。いつ何が起こったのかが正確に把握できるので、**その結果どうするべきなのか**さえわかっていればよい。各イベントの通知を受け取ったら、それに対応する操作を行うだけのことだ。現在扱っている、入出力が絡む処理やプロセッサに負荷のかかるバッチ処理などを、細かく分けて満遍

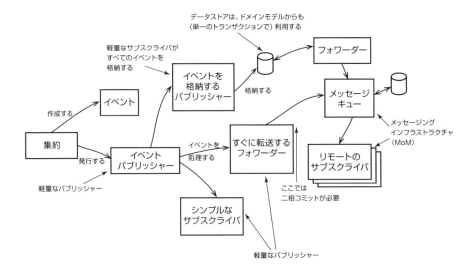

図8-1：集約がイベントを作って出版する。サブスクライバは、そのイベントを格納してリモートのサブスクライバに転送することもあれば、格納せずにそのまま転送することもある。直接転送しようとする場合は、メッセージングミドルウェアがこのモデルとデータストアを共有していない限りは、二相コミットが必要になる

なく実行できるようになり、中途半端な業務状況は、はるかに短かい時間で解消され、ユーザーは次のステップに進めるようになる。

集約に対するあらゆるコマンドは、イベントになるのだろうか？　何かのイベントの**必要性**を認識することと同じくらい重要なのは、ドメインエキスパートや業務全体にとって無意味な出来事を、**いつ無視すべきか**を知ることだ。しかし、そのモデルの**技術的な**実装や、あるいはシステム間の協調の目標などによっては、ドメインエキスパートが求めるよりも多くのイベントを用意することもできる。たとえば**イベントソーシング**（4、付録 A）を使う場合などが、それにあたる。

このあたりについては第 13 章「境界づけられたコンテキストの統合」で改めて扱う。ここでは、本質的なモデリングについて考えよう。

8.2　イベントのモデリング

アジャイルプロジェクト管理コンテキストに含まれる要件をひとつとりあげよう。ドメインエキスパートは、イベントの必要性について、以下のように語った。

───────── ・・・ ─────────

各バックログアイテムを、スプリントにコミットできるようにする。コミットできるのは、すでにリリースに含めるよう予定されているアイテムに限る。もし別のスプリントにコミット済みである場合は、まずそのコミットを解除する必要がある。**バックログアイテムがコミットされたら、コミット先のスプリントやその他の関係者たちに通知する。**

　イベントをモデリングする際に、その名前やプロパティは、イベント発生元の境界づけられたコンテキストのユビキタス言語に沿ったものとする。集約上で何らかのコマンドを実行した結果として発生するイベントの場合は、実行したコマンドにもとづくイベント名を使うことが多い。コマンドがイベントの発生要因なので、イベントの名前には、実行されたコマンドを用いるのが適切だ。先ほど例示したシナリオの場合、バックログアイテムをスプリントにコミットしたときに発行するイベントは、そのドメイン内でいったい何が起こったのかを明確に表せるものとする。

　　実行したコマンド：`BacklogItem#commitTo(Sprint aSprint)`
　　その結果として発生するイベント：`BacklogItemCommitted`

　このイベント名は、集約内で、リクエストされた操作が成功したこと（「バックログアイテムがコミットされた」こと）を示している（過去形になっている）。もう少し詳しく説明した名前、たとえば`BacklogItemCommittedToSprint`などにしてもよかったかもしれない。しかし、スクラムのユビキタス言語の世界では、バックログアイテムがスプリント以外に対してコミットされることなどありえない。つまり、バックログアイテムは、リリースに含めるよう予定するものであって、リリースに対してコミットするものではない。このイベントが`commitTo()`の結果として出版されるのは疑いようがないだろう。というわけで、イベント名としてはこれで十分だし、名前は短ければ短いほど読みやすい。しかし、もう少し詳しい名前のほうが好みだというのなら、それでも問題はない。
　集約からのイベントを出版するときに重要なのは、その出来事が過去に発生したことがわかるような名前にすることだ。今まさに起こっているというのではなく、「こういう出来事が発生した」ということだ。発生したという事実を反映した名前を選ぶのが望ましい。
　適切な名前が見つかったとして、そのイベントにはどんなプロパティを持たせるべきだろうか？
　たとえば、そのイベントの発生時刻を表すタイムスタンプなどが必要になるだろう。Javaなら、`java.util.Date`を使って表せる。

```
package com.saasovation.agilepm.domain.model.product;

public class BacklogItemCommitted implements DomainEvent {
```

```
    private Date occurredOn;
    ...
}
```

最小限のインターフェイスである`DomainEvent`をすべてのイベントに実装させて、`occurredOn()`アクセサが使えることを保証する。これが、すべてのイベントが守るべき契約となる。

```
package com.saasovation.agilepm.domain.model;

import java.util.Date;

public interface DomainEvent {
    public Date occurredOn();
}
```

これ以外に、何が発生したのかをきちんと表すためにはどんなプロパティが必要になるのかを考える。イベントを起こすきっかけとして何が必要になるのかを再考すればいい。通常は、イベントが発生した集約や、そのイベントにかかわったその他の集約を表す識別子が必要だろう。この指針に沿って、イベントを発生させるために必要なパラメータについて、それが有用だとみなせるようなら、プロパティを用意しよう。また、そのイベントの発生による集約の状態の推移も、サブスクライバにとっては有効かもしれない。

──────────── ・・・ ────────────

議論の結果、`BacklogItemCommitted`は以下のようになった。

```
package com.saasovation.agilepm.domain.model.product;

public class BacklogItemCommitted implements DomainEvent {
    private Date occurredOn;
    private BacklogItemId backlogItemId;
    private SprintId committedToSprintId;
    private TenantId tenantId;
    ...
}
```

BacklogItem の識別子と Sprint の識別子は、欠かせないものだと判断した。BacklogItem はイベントの発生元であり、Sprint はそのイベントに関わるものである。しかし、この判断からは、さらに別の情報も得られる。このイベントが必要だということを発見するきっかけとなった要件からは、さらに、何かの BacklogItem が Sprint にコミットされたときにはその Sprint に通知が届く必要があるということがわかる。したがって、同じ境界づけられたコンテキスト内にいるイベントのサブスクライバは、Sprint にもそのイベントを伝えなければいけない。そのためには、BacklogItemCommitted が SprintId を保持している必要がある。

　さらに、複数テナント環境では、TenantId は常に記録しておく必要がある。たとえコマンドのパラメータとして渡されなかった場合でも、それは変わらない。TenantId は、ローカルとリモートの両方の境界づけられたコンテキストで必要となる。ローカル側では、対応する**リポジトリ** (12) から BacklogItem や Sprint を問い合わせる際に、TenantId が必要になるだろう。同様に、このイベントを待ち受けているリモートのシステムでも、そのイベントをどの TenantId に適用するのかを知る必要がある。

　イベントが提供する挙動の操作を、どのようにモデリングすればいいだろう？　一般的には、これはとてもシンプルになる。というのも、イベントは通常、不変クラスとして設計されるからだ。まず、そのイベントのインターフェイスには、イベントの発生要因を表すプロパティを伝えるという、明確な目的がある。たいていのイベントには、すべての状態を初期化することしか許さないコンストラクタがあって、プロパティごとに読み取り用のアクセサが付いてくる。

　これにもとづいて、ProjectOvation チームは以下のようにした。

```
package com.saasovation.agilepm.domain.model.product;

public class BacklogItemCommitted implements DomainEvent {
    ...
    public BacklogItemCommitted(
            TenantId aTenantId,
            BacklogItemId aBacklogItemId,
            SprintId aCommittedToSprintId) {
        super();
        this.setOccurredOn(new Date());
        this.setBacklogItemId(aBacklogItemId);
        this.setCommittedToSprintId(aCommittedToSprintId);
        this.setTenantId(aTenantId);
    }

    @Override
    public Date occurredOn() {
        return this.occurredOn;
    }
```

```java
    public BacklogItemId backlogItemId() {
        return this.backlogItemId;
    }

    public SprintId committedToSprintId() {
        return this.committedToSprintId;
    }

    public TenantId tenantId() {
        return this.tenant;
    }
    ...
}
```

このイベントが出版されると、ローカルの境界づけられたコンテキスト内のサブスクライバは、それをきっかけとして、BacklogItem がコミットされたことを Sprint に通知できる。

```java
MessageConsumer.instance(messageSource, false)
    .receiveOnly(
            new String[] { "BacklogItemCommitted" },
            new MessageListener(Type.TEXT) {
        @Override
        public void handleMessage(
            String aType,
            String aMessageId,
            Date aTimestamp,
            String aTextMessage,
            long aDeliveryTag,
            boolean isRedelivery)
        throws Exception {
            // まず、aMessageId を使ってメッセージの重複を排除する
            ...
            // tenantId、sprintId、backlogItemId を JSON から取得する
            ...

            Sprint sprint =
                    sprintRepository.sprintOfId(tenantId, sprintId);

            BacklogItem backlogItem =
                    backlogItemRepository.backlogItemOfId(
                        tenantId,
                        backlogItemId);

            sprint.commit(backlogItem);
        }
    });
```

――――――――――――・・・――――――――――――

システムの要件に沿って、"BacklogItemCommitted"メッセージを処理し終えると、Sprint の状

態は直近でコミットされた BacklogItem を反映したものとなる。サブスクライバがこのイベントをどうやって受け取るのかについては、本章の後半で説明する。

ここでチームは、現状にはまだ少し問題があることに気づいた。Sprint の更新トランザクションには、どのように対応すればいいのだろう？ メッセージハンドラに処理を任せることもできるが、いずれにせよ、ハンドラのコードに何らかのリファクタリングが必要になる。**ヘキサゴナルアーキテクチャ** (4) との相性がいちばんいいのは、トランザクション処理を**アプリケーションサービス** (14) に委譲することだろう。そうすれば、アプリケーションサービスにトランザクションを管理させることができる。トランザクションは、アプリケーションの関心事として扱うのが自然だ。ハンドラは、このようになる。

```
MessageConsumer.instance(messageSource, false)
    .receiveOnly(
        new String[] { "BacklogItemCommitted" },
        new MessageListener(Type.TEXT) {
      @Override
      public void handleMessage(
          String aType,
          String aMessageId,
          Date aTimestamp,
          String aTextMessage,
          long aDeliveryTag,
          boolean isRedelivery)
      throws Exception {
          // tenantId、sprintId、backlogItemId を JSON から取得する
          String tenantId = ...
          String sprintId = ...
          String  backlogItemId = ...

          ApplicationServiceRegistry
              .sprintService()
              .commitBacklogItem(
                  tenantId, sprintId, backlogItemId);
```

```
        }
    });
```

─────────────・・・ ─────────────

　このサンプルでは、イベントの重複排除のことは考えなくてもいい。というのも、`BacklogItem`を`Sprint`にコミットする操作は、冪等な操作だからである。もしその`BacklogItem`がすでに`Sprint`にコミット済みであったとして、同じスプリントへの二度目のコミットは無視される。

　サブスクライバが、イベントの発生要因以外の情報も必要とする場合は、イベントに新たな状態と振る舞いを追加する必要があるだろう。プロパティを追加して、振る舞いをより豊かにする方法もあれば、より豊かな状態を得られるような操作を追加する方法もある。サブスクライバが、イベントの発行元の集約に追加の問い合わせをすることは避ける。そうしてしまうと、ムダに複雑化してしまうし、処理のコストも増える。イベントソーシングを使うときには、イベントへの情報付加は、さらに頻繁に行われるだろう。というのも、イベントが永続化に用いられ、さらに境界づけられたコンテキストの外部に発行されることを考えると、さらに状態を追加する必要があると思われるからだ。イベントへの情報付加の実例は、付録Aで示す。

>>> ホワイトボードの時間

- あなたのドメインで発生しているイベントのうち、今はまだ捕捉していないものをあげてみよう。
- それらを明示的にモデルの一部とすれば、設計がどのように改善されるかを書き入れてみよう。

　イベントを捕捉するには、別の集約の状態に依存している集約を見つけるのが最も簡単だろう。そういう状況では、結果整合性を保つことが必須になるからだ。

　操作を用いてより豊かな状態を引き出せるようにする際には、第6章「値オブジェクト」で述べたように、イベントに追加する振る舞いを**副作用のない**ものにすることを忘れないようにしよう。これによって、オブジェクトの不変性を保証する。

集約の利用

　クライアントからの直接のリクエストによって、イベントが作られるような設計をすることもある。モデル内の集約のインスタンス上での何らかの振る舞いの結果として発生するのではなく、それ以外の出来事に対する反応として発生するイベントである。おそらく、システムのユーザーが何らかのアクションを起こしたことを表すものだろう。この場合、イベントを集約としてモデリングし、リポジトリに保持させることができる。イベントは何らかの過去の出来事を表すものなので、リポジトリはその集約の削除を許可しないだろう。

　イベントをこの方式でモデリングする場合は、集約と同様、イベントもモデルの構造の一部となる。したがって、このイベントは単なる過去の出来事の記録ではなくなる。

　この場合もイベントは不変となるよう設計するが、一意な識別子を生成して割り当ててもかまわな

い。イベントのプロパティを識別子がわりに使うこともできる。しかし、仮にいくつかのプロパティの組み合わせでイベントを一意に特定できるのだとしても、一意な識別子を別途生成して使うほうがいい。その理由は第5章「エンティティ」を参照すること。そうしておけば、今後イベントに設計にさまざまな変更が加わった場合でも、イベントの一意性が損なわれるリスクを回避できる。

　イベントをこの方式でモデリングする場合は、イベントをリポジトリに追加すると同時に、メッセージング基盤を使って出版することもできる。クライアントが**ドメインサービス**(7)を呼んでイベントを作り、それをリポジトリに追加して、メッセージング基盤を利用して出版する。この手法を使う場合は、リポジトリとメッセージング基盤の両方が、同じ永続化インスタンス（データソース）を利用する必要がある。そうでない場合は、グローバルなトランザクション（二相コミット）を使って、両方のコミットが成功することを保証しなければいけない。

　メッセージング基盤が新しいイベントメッセージを永続化ストアに保存し終えたら、非同期処理で、キューのリスナやトピック／エクスチェンジのサブスクライバ、あるいはアクターモデル[1]を使っている場合はアクターに配送する。メッセージング基盤の利用する永続化ストアがモデルの利用するものとは別であり、さらにグローバルなトランザクションも利用できない場合は、ドメインサービス側でイベントストアへの格納を監視しなければいけない。この場合は、イベントストアが外部への出版のキューとしても機能することになる。ストア内の各イベントを転送コンポーネントが処理して、メッセージング基盤の外部にイベントを配送する。このテクニックについては、本章の後半で詳しく扱う。

識別子

　一意な識別子を用意すべき理由を、改めてまとめておこう。個々のイベントを区別する必要がある場合もあるにはあるが、それはめったにないことだろう。イベントの原因が発生し、イベントが生成され、出版された場である境界づけられたコンテキストの中では、複数のイベントを比較する理由など、ほとんどないはずだ。しかし、もし何らかの理由でイベントの比較が必要になったら、どうすればいいだろう？　そのイベントが集約として作られている場合は、どうなるだろう？

　イベントのプロパティを使って一意に特定できれば、それで十分だということもある。値オブジェクトの場合と同じことだ。イベントの名前／型、そしてその発生要因である集約の識別子、さらにイベントの発生日時を示すタイムスタンプを組み合わせれば、そのイベントを他と区別して特定するには十分だろう。

　イベントを集約としてモデリングする場合や、イベントを他と比較する必要があるけれどもそのプロパティだけでは他と区別できない場合は、イベントごとに一意な識別子を設定することになる。しかし、一意な識別子を割り当てる理由は、これ以外にもある。

　一意な識別子が必要になるかもしれないのは、その発生元である境界づけられたコンテキストの外部にイベントを出版する場合や、メッセージング基盤を使ってイベントを転送する場合などだ。場合によっては、同じメッセージを複数回配送することもありえる。メッセージング基盤がメッセージの

---

[1] Erlang や Scala のアクターモデルを参照すること。Scala や Java を使っているなら、Akka は検討に値する。

送信完了を確認する前に、メッセージの送信者がクラッシュした場合などが、それにあたる。

　原因が何であるにせよ、メッセージを再送することになった場合は、それを受け取るサブスクライバ側でメッセージの重複を検出して、すでに処理済みのメッセージは無視する必要がある。メッセージング基盤の中には、メッセージごとに一意な識別子を設定して、それをメッセージのヘッダー／エンベロープに含める仕組みを持つものもある。その場合は、モデル側で識別子を用意する必要はない。メッセージングシステム自身にメッセージの一意な識別子を付与する仕組みがない場合でも、イベントを発行する側が、イベントあるいはメッセージに識別子を割り当てることができる。いずれにせよ、リモートのサブスクライバは、この一意な識別子を使って、メッセージが複数回配送されてきた場合の重複の排除を行う。

　`equals()`や`hashCode()`を実装する必要はあるだろうか？　これらが必要になるのは、ローカルの境界づけられたコンテキストで利用する場合だけだ。メッセージング基盤を利用して送信されるイベントは、サブスクライバが受け取った際に元のオブジェクトと同じ型に復元されるとは限らない。たとえばXMLやJSON、あるいはキーバリュー形式などで処理されることもある。一方、イベントを集約として設計し、自前のリポジトリに保存する場合は、そのイベントの型は両メソッドを提供できなければいけない。

8.3　ドメインモデルからのイベントの発行

　ドメインモデルの情報を、メッセージング基盤のミドルウェアには漏らさないようにしよう。ミドルウェアのコンポーネントは、あくまでもインフラストラクチャとしてのみ機能するものだ。そういったインフラストラクチャをドメインモデルが間接的に利用することがあっても、明示的に結合することがあってはいけない。ここでは、インフラストラクチャの利用を完全に回避する手法を利用する。

　ドメインイベントを発行する際に、ドメインモデル外のコンポーネントとの結合を回避する手段として、最もシンプルかつ効率的なのは、軽量な**オブザーバ** [Gamma et al.] を作る方法だ。本書では出版・購読という名前を使っているが、これは [Gamma et al.] において、**オブザーバ**パターンの別名として紹介されている。このパターンのサンプルは軽量だし、私が実際にこのパターンを使う場合もそうなる。なぜなら、イベントを購読したり発行したりする際に、ネットワークが絡まないからだ。登録済みのサブスクライバはパブリッシャーと同じプロセス空間で動き、同じスレッド上で実行される。イベントが発行されると、各サブスクライバに対して、一件ずつ同期処理で通知を行う。つまり、すべてのサブスクライバが同じトランザクション内で実行されるということであり、それを制御するのはおそらく、ドメインモデルの直接のクライアントであるアプリケーションサービスとなるだろう。

　DDDの文脈で出版・購読をどのように利用するのか、出版・購読の両者をそれぞれ個別に考えよう。

パブリッシャー

　最もありがちなドメインイベントの使用例は、集約がイベントを作成し、それを発行するという場面だろう。パブリッシャーはモデルと同じ**モジュール**(9)に属するが、そのドメインの何らかの側面をモ

デリングしているというわけではない。パブリッシャーは集約に対してシンプルなサービスを提供し、集約がイベントのサブスクライバに通知を送れるようにする。以下に示す DomainEventPublisher が、その働きをするコードだ。DomainEventPublisher の使用例を抽象化したものを、図 8-2 に示す。

```java
package com.saasovation.agilepm.domain.model;

import java.util.ArrayList;
import java.util.List;

public class DomainEventPublisher {

    @SuppressWarnings("unchecked")
    private static final ThreadLocal<List> subscribers =
            new ThreadLocal<List>();

    private static final ThreadLocal<Boolean> publishing =
            new ThreadLocal<Boolean>() {
        protected Boolean initialValue() {
            return Boolean.FALSE;
        }
    };

    public static DomainEventPublisher instance() {
        return new DomainEventPublisher();
    }

    public DomainEventPublisher() {
        super();
    }

    @SuppressWarnings("unchecked")
    public <T> void publish(final T aDomainEvent) {
        if (publishing.get()) {
            return;
        }
        try {
            publishing.set(Boolean.TRUE);
            List<DomainEventSubscriber<T>> registeredSubscribers =
                    subscribers.get();
            if (registeredSubscribers != null) {
                Class<?> eventType = aDomainEvent.getClass();
                for (DomainEventSubscriber<T> subscriber :
                        registeredSubscribers) {
                    Class<?> subscribedTo =
                            subscriber.subscribedToEventType();
                    if (subscribedTo == eventType ||
                        subscribedTo == DomainEvent.class) {
                        subscriber.handleEvent(aDomainEvent);
```

```
                    }
                }
            }
        } finally {
            publishing.set(Boolean.FALSE);
        }
    }

    public DomainEventPublisher reset() {
        if (!publishing.get()) {
            subscribers.set(null);
        }
        return this;
    }

    @SuppressWarnings("unchecked")
    public <T> void subscribe(DomainEventSubscriber<T> aSubscriber) {
        if (publishing.get()) {
            return;
        }
        List<DomainEventSubscriber<T>> registeredSubscribers =
                subscribers.get();
        if (registeredSubscribers == null) {
            registeredSubscribers =
                    new ArrayList<DomainEventSubscriber<T>>();
            subscribers.set(registeredSubscribers);
        }
        registeredSubscribers.add(aSubscriber);
    }
}
```

　システムのユーザーから送られてくるリクエストは個別の専用スレッドで処理するので、サブスクライバをスレッドごとに分割する。そこで、ThreadLocal な二つの変数 subscribers と publishing を、スレッドごとに割り当てる。イベントを受け取りたい参加者が subscribe() を使って自身を登録すると、サブスクライバオブジェクトへの参照が、そのスレッドに結びついた List に追加される。スレッドごとに、任意の数のサブスクライバを登録できる。

　スレッドをプールして、リクエストごとに使いまわせるようになっているアプリケーションサーバーもある。そんな場合、以前のリクエストで登録したサブスクライバが、そのスレッドを再利用する新たなリクエストでも残り続けてしまうのは好ましくない。ユーザーからの新しいリクエストをシステムが受け取ったときには、reset() を使って既存のサブスクライバを消去する必要がある。これによって、その時点以降に登録されたサブスクライバだけに絞り込めるようになる。たとえば、プレゼンテーション層（図 8-2 における「ユーザーインターフェイス」）において、各リクエストをフィルターで捕捉する。このフィルターが、何らかの方法で reset() を実行すればいい。

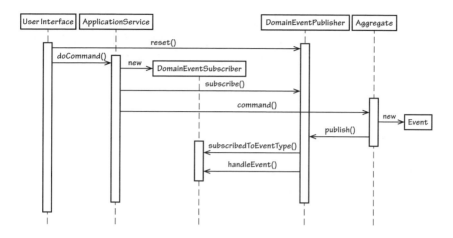

図8-2：軽量なオブザーバと**ユーザーインターフェイス** (14)、アプリケーションサービス、**ドメインモデル** (1) の間のやりとりを抽象化したシーケンス図

```
// ユーザーからのリクエストを受け取った際に、フィルターコンポーネントにて
DomainEventPublisher.instance().reset();

...

// 後に、アプリケーションサービスが同じリクエストを処理する際に
DomainEventPublisher.instance().subscribe(subscriber);
```

図 8-2 に示すように、二つのコンポーネントが分担してこのコードを実行すると、スレッドごとにひとつだけのサブスクライバが登録されている状態になる。`subscribe()` メソッドの実装を見ると、パブリッシャーが発行処理中でない場合に限ってサブスクライバを登録できることがわかる。これによって、`List` 上で並行変更による例外が発生しないようにしている。これが問題となるのは、サブスクライバがイベントを処理する際に、パブリッシャーを呼び出して新しいサブスクライバを追加しようとする場合だ。

次に、集約にイベントを発行させる方法を見てみよう。先のサンプルを引き続き用いると、`BacklogItem` の `commitTo()` メソッドが正常に実行されたときに、`BacklogItemCommitted` が発行される。

```java
public class BacklogItem extends ConcurrencySafeEntity {
    ...
    public void commitTo(Sprint aSprint) {
        ...
        DomainEventPublisher
            .instance()
            .publish(new BacklogItemCommitted(
                this.tenantId(),
                this.backlogItemId(),
```

```
                              this.sprintId()));
        }
        ...
}
```

　`publish()` が実行されると、`DomainEventPublisher` は登録済みのサブスクライバをすべて走査する。各サブスクライバに対して `subscribedToEventType()` を実行して、指定した型のイベントを購読していないサブスクライバをすべて除外する。この問い合わせに対して `DomainEvent.class` を返すサブスクライバは、すべてのイベントを受け取ることになる。条件を満たすすべてのサブスクライバに対して、その `handleEvent()` メソッドを使ってイベントを送信する。すべてのサブスクライバに対して、対象から除外するか通知を送るかのいずれかの対応をし終えたら、パブリッシャーの処理は完了する。

　`subscribe()` と同様に `publish()` も、イベント発行リクエストがネストするケースには対応しない。スレッド単位の Boolean 値である `publishing` をチェックして、それが `false` である場合に限って、`publish()` が走査とイベント送信を行う。

　自立型のサービスを実現できるよう、イベントの発行処理を拡張して、リモートの境界づけられたコンテキストにイベントが届くようにするにはどうすればいいだろう？ それについても後でとりあげるが、まずはローカルのサブスクライバから見ていこう。

サブスクライバ

　どのコンポーネントが、サブスクライバをドメインイベントに登録するのだろう？　一般論としては**アプリケーションサービス**(14)だろうし、時にはドメインサービスがその役割を担うこともある。サブスクライバは、イベントを発行する集約と同一スレッド上で実行される任意のコンポーネントとなる。そしてこのコンポーネントは、イベントが発行される前に、そのイベントを購読することができる。つまり、サブスクライバの登録は、ドメインモデルが使うメソッド実行パスの中で行うことになる。

LB：「俺は『フェンスポスト』紙を購読したいね。そうすりゃきっと、この本でしゃべったらいいような陳腐なセリフをうんとたくさん見つけられるぜ」

　ヘキサゴナルアーキテクチャを使う場合は、アプリケーションサービスがドメインモデルの直接のクライアントとなる。イベントの発行のきっかけとなる振る舞いを集約上で実行する前にサブスクラ

イバをパブリッシャーに登録する場所としては、アプリケーションサービスが最適だろう。購読を行うアプリケーションサービスの例を、以下に示す。

```
public class BacklogItemApplicationService ... {
    public void commitBacklogItem(
            Tenant aTenant,
            BacklogItemId aBacklogItemId,
            SprintId aSprintId) {

        DomainEventSubscriber subscriber =
                new DomainEventSubscriber<BacklogItemCommitted>() {
            @Override
            public void handleEvent(BacklogItemCommitted aDomainEvent) {
                // ここでイベントを処理する
            }
            @Override
            public Class<BacklogItemCommitted> subscribedToEventType() {
                return BacklogItemCommitted.class;
            }
        }

        DomainEventPublisher.instance().subscribe(subscriber);

        BacklogItem backlogItem =
                backlogItemRepository.backlogItemOfId(aTenant, aBacklogItemId);

        Sprint sprint = sprintRepository.sprintOfId(aTenant, aSprintId);

        backlogItem.commitTo(sprint);
    }
}
```

この（いかにもわざとらしい）サンプルにおいて、`BacklogItemApplicationService` はアプリケーションサービスであり、サービスメソッド `commitBacklogItem()` を持っている。このメソッドは、`DomainEventSubscriber` の無名インスタンスを作る。このアプリケーションサービスが、サブスクライバを `DomainEventPublisher` に登録する。最後に、リポジトリを使って `BacklogItem` と `Sprint` のインスタンスを取得し、バックログアイテムの `commitTo()` を実行する。処理が完了すると、`commitTo()` メソッドは `BacklogItemCommitted` 型のイベントを発行する。

このイベントに関するサブスクライバ側での処理は省略する。たとえば、`BacklogItemCommitted` を受け取ったことを示すメールを送信することもできるだろうし、受け取ったイベントをイベントストアに格納することもできる。メッセージング基盤を使って、そのイベントを転送することもできるだろう。後者の二つの例（イベントストアへの格納と、メッセージング基盤による転送）の場合は通常、この例のようなユースケースごとのアプリケーションサービスによるイベント処理は行わない。単一のサブスクライバコンポーネントを作って対応するだろう。専用のコンポーネントを使ってイベントストアに格納する例は、「8.5 イベントストア」で示す。

イベントハンドラが何を行うのかに注意
アプリケーションサービスがトランザクションを制御することを覚えておこう。イベントの通知を使って、別の集約のインスタンスに手を加えてはいけない。それは、単一のトランザクション内では単一の集約のインスタンスだけを変更するという経験則に反する。

サブスクライバが**やってはいけない**ことがある。別の集約のインスタンスを取得し、そのコマンドを実行して状態を変更することだ。これは、**単一のトランザクション内では単一の集約のインスタンスだけを変更する**という経験則に反する。この経験則については第 10 章「集約」で説明する。[Evans] が言うように、トランザクションの中で使う集約ひとつを除いて、他のすべての集約の整合性は非同期的手段で保証する必要がある。

メッセージング基盤を使ってイベントを転送すると、外部のサブスクライバにも非同期でイベントを配送できる。個々の非同期サブスクライバは、追加の集約のインスタンスを、個別のトランザクションで変更できる。追加の集約のインスタンスは、同じ境界づけられたコンテキストにあっても別のコンテキストにあってもかまわない。他の**サブドメイン** (2) の境界づけられたコンテキストに向けたイベントの発行は、**ドメインイベント**の「**ドメイン**」部分を際立たせるものだ。イベントは**ドメイン全体にまたがる**概念であり、単一の境界づけられたコンテキストに閉じた概念ではない。イベントの発行に関する契約は、少なくとも社内全体、あるいはもっと広い範囲に広げられるようにしておくべきだ。幅広く配送するからといって、同一の境界づけられたコンテキストのコンシューマーに向けたイベントの配送を禁じるわけではない。先ほどの図 8-1 を見直そう。

ドメインサービスが、サブスクライバを登録できるようにする必要がある場合もある。その動機はアプリケーションサービスに登録させる場合と似ているが、イベントを待ち受けるための、そのドメインに特化した理由もある。

8.4　リモートの境界づけられたコンテキストへの通知

リモートの境界づけられたコンテキストに、手元のコンテキストで発生したイベントを届けるには、いくつかの方法が考えられる。真っ先に思いつくのは何らかのメッセージングを使う方法で、この場合はメッセージングのメカニズムが必要となる。ここで言うメカニズムとは、先ほどとりあげた軽量な出版・購読型のコンポーネントなどではなく、もっと本格的なもののことだ。ここでは、軽量なメカニズムに欠けている点を、何が取って代わるのかを考える。

メッセージングに使えるコンポーネントにはさまざまなものがある。これらは一般的に、ミドルウェアに分類されるものだ。オープンソースの ActiveMQ や RabbitMQ、Akka、NServiceBus、MassTransit などの他にも多数の商用プロダクトがあり、選択肢は多い。REST リソースを使って、メッセージングの仕組みを自前で用意することもあるだろう。そのイベントに興味を持つ自立型システムが、イベントを発行するシステムに対して、まだ受け取っていないすべてのイベント通知を要求する。これらはすべて、出版・購読 [Gamma et al.] と呼ばれる仕組みであり、それぞれに利点や欠

点がある。どの方法を選ぶかの決め手になるのは、関係するチームが目指す、予算や好み、機能要件、そして非機能要件だ。

　これらのメッセージングメカニズムを、複数の境界づけられたコンテキストをまたがって利用するには、結果整合性を導入する必要がある。これには逆らえない。あるモデルにおける変更が、他のモデルの状態も変えてしまう場合、ある期間だけを切り取ってみると、モデルの整合性が不完全になっている場合もあり得る。さらに、個々のシステムにかかる負荷や他のシステムにおよぼす影響の内容にもよるが、システム全体の整合性が完全に保たれる瞬間が決して存在しないということもあり得る。

メッセージング基盤の整合性

　これまで散々結果整合性について話してきたので、メッセージングのソリューションにおいて、少なくとも二つのメカニズムは常に整合性を保たないといけないと聞くと驚くかもしれない。その二つとは、ドメインモデルが使う永続化ストアと、モデルから発行されたイベントをメッセージング基盤が転送する際に使う永続化ストアだ。これらの整合性を保つことで、モデルへの変更が永続化されたときに、イベントが配送されることが保証される。そして、イベントがメッセージングで配送されたときに、それが発行元のモデルの状況を正しく反映したものであることも保証される。もしこれらのうちひとつでも不確かになれば、お互いに依存しあうモデルの状態が、不正確なものになってしまう。

　モデルとイベントの整合性を保ちつつ永続化を行えるようにするには、どうすればいいだろうか？基本的には、以下の三通りの方法が考えられる。

① ドメインモデルとメッセージング基盤が、永続化ストア（データソースなど）を共有する。そうすれば、モデルへの変更と新しいメッセージの追加を、同一のローカルトランザクション内で行える。また、比較的良好なパフォーマンスが得られるという利点もある。考えられる欠点は、メッセージングシステムのストレージ領域（データベースのテーブルなど）を、モデルと同じデータベース（あるいはスキーマ）に配置しなければいけないということだ。しかしこれは、好みの問題といえるだろう。もちろん、もともとモデルとメッセージングメカニズムでデータストアを共有できないようなら、この方法は選べない。

② ドメインモデルの永続化ストアと、メッセージング用の永続化ストアを、グローバルなXAトランザクション（二相コミット）で制御する。この方式の利点は、モデルとメッセージングのストレージを別々にできることだ。欠点は、グローバルなトランザクションを考慮しなければいけないということだ。永続化ストアやメッセージングシステムの中には、グローバルなトランザクションに対応していないものもある。また、グローバルなトランザクションは、処理のコストがかかり、パフォーマンスが悪化しがちだ。また、モデルの永続化ストアあるいはメッセージングの永続化ストアのいずれか（あるいは両方）が、XA互換ではない可能性もある。

③ イベント用の特別なストレージ領域（データベースのテーブルなど）を、ドメインモデルが使っているのと同じデータストア内に用意する。これはイベントストアと呼ばれるもので、本章の後半で取り扱う。最初の選択肢と似ているが、このストレージ領域を所有し管理するのは、

メッセージングメカニズムではなく、境界づけられたコンテキストだ。外部のコンポーネントは、このイベントストアを使って、格納済みのイベントのうちまだ発行していないものを、メッセージングメカニズムを利用して発行する。この方式の利点は、モデルとイベントとの整合性が、単一のローカルトランザクション内で保証されるということだ。さらに、イベントストアの特性に由来する利点もある。たとえばRESTベースの通知フィードを用意できるという点もそのひとつだ。この手法は、メッセージストアが完全にプライベートになっているようなメッセージング基盤でも使える。イベントストア以降の処理にはミドルウェアのメッセージングメカニズムを使えるとして、この方式の欠点は、メッセージングメカニズムを経由して送信するために、イベントをそのメカニズムに転送する仕組みを自作しなければならないということだ。また、クライアント側では、届いたメッセージの重複を排除する仕組みが必要になる（「8.5 イベントストア」を参照）。

今回のサンプルで使ったのは、三番目の手法だ。この手法には欠点もあるが、利点も多い。その利点は、後ほど「8.5 イベントストア」で説明する。私がこの手法を選んだからといって、他の二つがそれより劣っているというわけではない。トレードオフとして注目する点が変われば、選択肢も変わるだろう。どの手法を使うかは、チームで決める必要がある。

自立型のサービスおよびシステム

ドメインイベントを使うと、任意の数の業務システムを**自立型のサービスおよびシステム**として設計できる。ここで言う**自立型のサービス**とは、粗粒度の業務サービスであって、社内の他の同様の「サービス」にほとんど依存せずに動くシステムあるいはアプリケーションと考えればよい。自立型のサービスには任意の数のサービスインターフェイスエンドポイントを作れる。つまり、多数の技術的なサービスインターフェイスを、リモートクライアント向けに用意できるということだ。リモートプロシージャ呼び出し（RPC）を避けることで、他システムからの高いレベルの独立性が達成される。RPCを用いると、リモートシステムへのAPIリクエストが成功しなければ、ユーザーリクエストの処理が完結しないのだ。

リモートシステムは、障害や高負荷などのせいで使えなくなるときもあるので、それに依存する側のシステムの成否はRPCに影響されうる。あるシステムが、RPC方式のAPIを通じて他システムに依存するならば、依存する他システムの数が増えれば増えるほど、このリスクが高まる。RPCを避ければこの依存関係を和らげることができ、リモートシステムが使えなかったりそのパフォーマンスが低下したりすることによる問題を回避できる。

他のシステムを呼び出すのではなく、非同期メッセージングでシステム間の独立性を保ち、自立させる方法がある。社内に散在する境界づけられたコンテキストからのドメインイベントを運ぶメッセージを受信するたびに、自分たちの境界づけられたコンテキストにおけるそのイベントの意味を反映した振る舞いを、モデル上で実行する。これは単に、他のサービスから自分たちのサービスにデータを複製したり、オブジェクトのコピーを作ったりということではない。たしかに、一部のデータは

コピーすることになるかもしれない。最低限、外部の集約を特定するための識別子のデータは、コピーすることになるだろう。しかし、ローカルのシステム内のオブジェクトが、外部のシステムのオブジェクト全体のコピーになることは、まずない。もしそんな状況になっているのなら、**境界づけられたコンテキスト**やコンテキストマップを参照して、なぜそれがよくないのか、どうすればそれを回避できるのかを確認すること。ドメインイベントが正しく設計されていれば、オブジェクト全体を持ち運ぶことなどめったにないはずだ。

　イベントが保持するのは、コマンドのパラメータや集約などの限られたものだけで、購読側の境界づけられたコンテキストがそのイベントに対応するための必要最小限の情報だけを含めるようにする。もしいずれかのイベントが、どのサブスクライバの必要とする情報も十分に持っていないのなら、そのイベントに関する**ドメイン全体**の契約を見直して、要件を満たすようにしなければいけない。これはおそらく、そのイベントの新しいバージョンを設計したり、まったく新たなイベントを用意したりといったことを意味する。

　場合によっては、RPC を使わざるを得ないこともあるだろう。既存システムの中には、RPC にしか対応していないものがあるかもしれない。また、外部の境界づけられたコンテキストにおける概念をローカルの境界づけられたコンテキスト向けに翻訳するのが難しく、複数のイベントからその意味合いを読み取ろうとすると相当複雑になってしまうこともある。もし外部のモデルの概念やオブジェクトなどをほぼそのまま手元にコピーすることになりそうなら、RPC を使うことを検討すべきだろう。ケースバイケースで考えること。安易に RPC に頼ってしまわないことをお勧めする。もし他の手がなくなったら、あきらめて RPC を使うようにするか、あるいは外部のモデルを担当するチームを説得して設計を見直してもらうかのいずれかになる。ただ後者については、不可能ではないにせよ大変な困難を伴うであろうことは、認めざるをえない。

遅延の許容範囲

　メッセージを受け取るまでの遅延が長くなりすぎたとき（結果整合性が達成されるまでに数ミリ秒を超える遅延がある場合など）に、何か問題が起こることはないだろうか？　最新ではないデータを受け取ったせいで間違ったアクションを起こしてしまう可能性があるのなら、注意深く考えておく必要がある。一貫性のある状態がどの程度の時間で用意できればいいのか、そして、遅延がどの程度になったら許容できなくなるのかを検討しなければいけない。ドメインエキスパートはきっと、どの程度なら許容できてどの程度だと許容できないのかを知っていることだろう。開発者は驚くだろうが、数分から数時間程度の遅れならまったく気にならないと言われることが多い。中には数日遅れでもかまわないという場合だってある。もちろん、そんな場合ばかりではない。しかし、どんなドメインであっても、常に一貫性を確保すべきだとは思い込まないようにしよう。

　こんな問いかけをすれば、有用な答えが得られることもある。「電算化する前は、どんなふうに作業をしていましたか？　もし今コンピュータが使えなくなったら、どうやって作業を進めますか？」紙ベースの業務を思い起こせば、どんなシンプルな業務であっても、即時に一貫性が保たれることなどなかったはずだ。それでうまくいっていたのであれば、コンピュータで自動化したシステムであって

も、結果整合性を保てばなんとか許容できるのではないだろうか。結果整合性で十分要件を満たせるという結論になってもおかしくはない。

将来のチームのアクティビティを計画するために使うサブドメインを考えよう。個々のアクティビティが承認されると、承認されたことを示すドメインイベント TeamActivityApproved が発行される。このイベントは、今回承認されたアクティビティの起源と内容を表す、任意の数の発行済イベントに続いて発行される。別の境界づけられたコンテキストがこの承認イベントに反応し、新たに準備ができたこのアクティビティが他の承認済みアクティビティとの関連にしたがって、適当な時期に開始するようにスケジュールする。

どのアクティビティも、少なくとも開始数週間前までに指定され承認されることがわかっている。もし、承認されたアクティビティをスケジュール上に配置するために必要なイベントが、承認から数分（あるいは数時間、さらには数日など）遅れて届くとしたら、問題になるだろうか。おそらく、数日遅れになるのは許容できないだろう。しかし、仮にシステムの障害が原因でイベントの発行が数時間遅れになったとして（考えにくい状況ではあるが）、そのアクティビティがスケジュールに載っていない期間が数時間できるのは、まったく許容できないことなのだろうか？　そんなことはない。システムの障害はめったにないことであり、必ず対処すべきものだし、そのアクティビティが実行されるのは、いずれにせよ数週間後になるわけだからだ。だとしたら、通常の状態で、イベントの配送に数秒程度の遅延が発生したとしても、十分受け入れられるだろう。実際、この程度の遅延があったとしても、遅延に気づきすらしない。

カウボーイの声

AJ：「ケンタッキー流に言えば『すぐやるぜ』ってことかい？」
LB：「ニューヨークの連中の『1 分ください』ってやつかもな」

今回の例に関してはそれでいいとして、その他の業務サービスでは、もっと高いスループットが求められることもあるだろう。遅延の許容範囲をきちんと理解したうえで、システムのアーキテクチャはそれを満たす（そして、それを上回る）ものでなければいけない。社内の厳格な非機能要件を忠実に満たすために、高い可用性とスケーラビリティは、自立サービスおよびそれを支援するメッセージング基盤の設計に織り込まれまなければいけない。

8.5　イベントストア

　単一の境界づけられたコンテキスト内のすべてのドメインイベントをひとつのストアに収容すれば、さまざまな利点が得られる。すべてのモデルについて、これまでに実行されたあらゆるコマンドの振る舞いに対応するイベントを保存しておけば、いったいどんなことができるようになるだろうか。たとえば、以下のようなことが考えられる。

① メッセージング基盤を通してすべてのドメインイベントを発行する際のキューとして、イベントストアを使う。本書での用途は主にこれである。これは、複数の境界づけられたコンテキストの統合に使える。すなわち、リモートのサブスクライバが自分のコンテキストの必要に応じてイベントに反応できるようになる（「8.4 リモートの境界づけられたコンテキストへの通知」を参照すること）。
② 同じイベントストアを使って、REST ベースのイベント通知をクライアントに提供できる（論理的には最初の項目と同じことだが、実際の使いかたが違うために別項目とした）。
③ モデル上で実行されたすべてのコマンドの結果を履歴として記録する。これは、モデルのバグを追いかけるときだけでなく、クライアントのバグを調べるときにも役立つ。ここで重要なのは、イベントストアが単なる監査ログなどではないということだ。監査ログはデバッグには有用だが、集約におけるコマンドの結果を完全に記録していることはめったにない。
④ データを使って、傾向の分析や今後の予測などを行う。多くの企業は、過去のデータの使い道を思いつけないものだ。後になって初めて、そのデータが必要であることに気づく。最初からイベントストアを仕込んでおかないと、必要になったときに履歴データを使えなくなってしまう。
⑤ イベントを使って、リポジトリから取得した集約のインスタンスを再構築する。これは、いわゆるイベントソーシングの一環として必要になる処理だ。集約のインスタンスに対して、保存されているイベントを時系列で適用していくことになる。保存されているいくつかのイベントを組み合わせた（たとえば 100 件ごとにまとめた）スナップショットを作って、インスタンスの再構築処理を最適化することもできる。
⑥ 過去のある時点を指定して、集約に対するその時点以降の変更を取り消す。これを実現するには、集約のインスタンスを再構築する際に、特定のイベント群を（削除するなり無効マークをつけるなりして）使わないようにすればいい。また、イベントにパッチを適用したり新たなイベントを追加したりして、一連のイベントストリームのバグを修正することもできる。

　作る理由によって、イベントストアにはさまざまな特徴がある。本書のサンプルは主に最初の利点と二番目の利点を狙ったもので、このイベントストアの基本的な狙いは、シリアライズしたイベントをその発生順に保持することだ。だからといって、このイベントを使って最初の四つの利点をすべて実現することができないというわけではない。三番目と四番目の項目は、ドメイン内の重要なイベントをすべて記録してさえいれば、実現できるものだからである。したがって、三番目と四番目の項目

は、最初の二項目の応用で実現できることになる。しかし、本章のサンプルでは、残りの二つの項目については追い求めないことにする。

最初の利点と二番目の利点を実現するには、何段階かの手順が必要になる。その手順を図 8-3 にまとめた。まずは、このシーケンス図の各ステップと、それにかかわるコンポーネントについて考える。SaaSOvation のプロジェクトがたどった道を追っていこう。

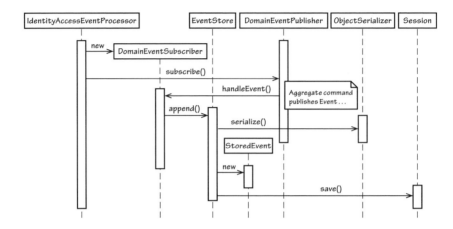

図 8-3：IdentityAccessEventProcessor は、匿名で、モデルのすべてのイベントを購読する。そのイベントを **EventStore** に委譲し、**EventStore** がイベントを **StoredEvent** にシリアライズして保存する

どんな理由でイベントストアを使うにせよ、まずすべきことは、サブスクライバを作って、モデルが発行するすべてのイベントを受け取るようにすることだ。SaaSOvation のチームは、アスペクト指向のフックを使うことにした。このフックは、システム内のすべてのアプリケーションサービスの実行パスに自身を挿入できる。

SaaSOvation のチームは、**認証・アクセスコンテキスト**で以下のようなことを行った。このコンポーネントの唯一の責務は、すべてのドメインイベントを保存することだ。

```java
@Aspect
public class IdentityAccessEventProcessor {
    ...
    @Before(
    "execution(* com.saasovation.identityaccess.application.*.*(..))")
    public void listen() {
        DomainEventPublisher
            .instance()
            .subscribe(new DomainEventSubscriber<DomainEvent>() {

                public void handleEvent(DomainEvent aDomainEvent) {
                    store(aDomainEvent);
                }

                public Class<DomainEvent> subscribedToEventType() {
                    return DomainEvent.class; // すべてのドメインイベント
                }
            });
    }

    private void store(DomainEvent aDomainEvent) {
        EventStore.instance().append(aDomainEvent);
    }
}
```

これはシンプルなイベントプロセッサだ、他のどんな境界づけられたコンテキストにおいても、利用目的が同じならこれと同様のもので間にあうだろう。Spring の AOP 機能を使い、アプリケーションサービスのすべてのメソッドの実行に割り込むようにした。アプリケーションサービスのメソッドが実行されると、このプロセッサは、アプリケーションサービスとモデルとのやりとりによって発行されるすべてのドメインイベントを待ち受けるようになる。このプロセッサは、スレッド内で使われる `DomainEventPublisher` のインスタンスにサブスクライバを登録する。このサブスクライバのフィルターは何も絞り込みをせず、`subscribedToEventType()` から `DomainEvent.class` を返す。このクラスを返すことで、すべてのイベントを受け取ろうとしていることを示している。`handleEvent()` が実行されるとその処理を `store()` に委譲し、そこからさらに `EventStore` に委譲して、イベントストアの末尾にイベントを追加する。

・・・

`EventStore` コンポーネントの `append()` メソッドは、以下のようになる。

```java
package com.saasovation.identityaccess.application.eventStore;
...
public class EventStore ... {
    ...
    public void append(DomainEvent aDomainEvent) {

        String eventSerialization =
```

```
                EventStore.objectSerializer().serialize(aDomainEvent);

        StoredEvent storedEvent =
                new StoredEvent(
                        aDomainEvent.getClass().getName(),
                        aDomainEvent.occurredOn(),
                        eventSerialization);

        this.session().save(storedEvent);

        this.setStoredEvent(storedEvent);
    }
}
```

store() メソッドは、DomainEvent のインスタンスをシリアライズして新たな StoredEvent のインスタンスに格納し、その新たなオブジェクトをイベントストアに書き込む。StoredEvent クラスで、シリアライズした DomainEvent を保持している部分は、以下のようになる。

```
package com.saasovation.identityaccess.application.eventStore;
...
public class StoredEvent {
    private String eventBody;
    private long eventId;
    private Date occurredOn;
    private String typeName;

    public StoredEvent(
            String aTypeName,
            Date anOccurredOn,
            String anEventBody) {
        this();
        this.setEventBody(anEventBody);
        this.setOccurredOn(anOccurredOn);
        this.setTypeName(aTypeName);
    }
    ...
}
```

StoredEvent のインスタンスは、データベースが自動生成した一意なシーケンス値をそれぞれ取得し、それを eventId に設定する。eventBody には、シリアライズした DomainEvent を保持する。シリアライズ形式は JSON とし、その処理には [Gson] ライブラリを用いた。別の方法を使っても問題はない。typeName には、対応する DomainEvent の具象クラス名を設定し、occurredOn には、DomainEvent 内にある同じ occurredOn のコピーを設定する。

すべての StoredEvent オブジェクトは MySQL のテーブルに格納する。イベントのシリアライズ用の場所は余裕を持って確保した。まさか、単一のインスタンスで 65,000 文字以上の領域が必要になることはありえないだろう。

```
CREATE TABLE `tbl_stored_event` (
    `event_id` int(11) NOT NULL auto_increment,
    `event_body` varchar(65000) NOT NULL,
    `occurred_on` datetime NOT NULL,
    `type_name` varchar(100) NOT NULL,
    PRIMARY KEY (`event_id`)
) ENGINE=InnoDB;
```

イベントストアを構築するために必要ないくつかのコンポーネントと、ドメインモデル内の集約から発行されるイベントのインスタンスについて、その概要を見てきた。その詳細は、後ほど説明する。次は、モデル内での出来事をこのように格納したときに、それを他のシステムがどのように利用できるのかを考えよう。

8.6　格納したイベントの転送のためのアーキテクチャスタイル

イベントストアにイベントを格納すれば、そのイベントに関心のあるシステムへの通知のためにイベントを転送できるようになる。格納したイベントを活用する方法として、ここでは二種類の方式を検討する。一方は、RESTful なリソースを提供してクライアントからの問い合わせに答える方式で、もう一方は、メッセージングミドルウェアのトピック／エクスチェンジを使ってメッセージを送信する方式だ。

厳密に言えば、REST ベースの手法は「転送」ではない。しかし、この方式を使えば、出版・購読形式と同じ結果が得られる。メールソフトが「サブスクライバ」となって、「パブリッシャー」であるメールサーバーの発行するメールのメッセージを購読するようなものだ。

RESTful なリソースによる、通知の発行

REST 方式によるイベントの通知がうまく機能するのは、出版・購読型の基本前提に沿った環境で使う場合だ。つまり、多数のコンシューマーが、単一のプロデューサーの発行する同じイベントに関心があるという状況である。一方、REST ベースのスタイルをキューとして使おうとすると、この手法は破綻しがちだ。RESTful な手法の利点と欠点を、以下にまとめる。

- 多数のクライアントが、たったひとつの既知の URI を使って同じ通知を要求することができるようなら、RESTful な手法がうまく機能する。本質的に、ポーリングするコンシューマーの数だけ、同じ通知が散開することになる。**プッシュモデル**ではなく**プルモデル**を使っているとはいえ、これは基本的に、出版・購読パターンに沿った方式だ[2]。

- ごく少数のコンシューマーが複数のプロデューサーから所定の手順でリソースを取得しないと、ひとつのタスクを実行できないという場合は、RESTful な手法があっという間に苦になってしまうだろう。多数のプロデューサーが、ごく少数のコンシューマーに対して通知を送る必要があって、その通知の順序が重要になる。これは、キューを使うべき状況だ。ポー

リング方式は、キューを実装するには向いていない。

RESTfulなアプローチによるイベント通知の発行は、一般的なメッセージング基盤を使った発行の対極に位置する。「パブリッシャー」は、登録された「サブスクライバ」の管理を行わない。関心のある人たちに何かをプッシュするわけではないからだ。そのかわりに、この手法では、クライアント側から既知のURIを通じて通知を取得してもらうようにする。

RESTfulなアプローチについて、概念レベルで考えてみよう。Web上でのRSSやAtomフィードの利用方法になじみがあれば、このアプローチもそれと同様にとらえることができる。実際、この手法はフィードの概念にもとづいたものだ。

クライアントは、HTTPのGETメソッドを使って、**カレントログ**を取得する。カレントログには、直近に発行された通知の情報が含まれる。クライアントは、標準として定めた上限を越えない数の通知を含む、カレントログを受け取る。今回のサンプルでは、ログごとの通知の最大数を20件に設定した。クライアントは、カレントログに記録された各イベントをたどり、まだ境界づけられたコンテキスト内で処理していないものを探す。

クライアントは、受け取ったイベント通知をローカルでどのように利用すればいいのだろう？ シリアライズされたイベントを、その型にもとづいて解釈し、ローカルの境界づけられたコンテキストにあわせた適切なデータ形式に変換する。おそらく、自身のモデル内でそのイベントに関連する集約を見つけて、イベントを解釈するためのコマンドを実行することになるだろう。もちろん、イベントはその発生順に適用しなければいけない。古くから登録されているイベントは、新しいイベントよりも先に発生した操作を表しているからだ。発生した順にイベントを適用していかないと、モデルへの変更がバグを引き起こす要因になってしまうかもしれない。

今回の実装では、カレントログには直近の高々19件の通知が記録されている。19よりも少ないかもしれない（1件も存在しないかもしれない）。カレントログの通知が20件になったら、自動的にアーカイブされる。カレントログをアーカイブした後、まだ新たな通知が届いていない場合は、新たなカレントログは通知がゼロ件の状態になる。

したがって、カレントログが必ずしも、ローカル側で未適用の通知をすべて保持しているとは限らない。いちばん古い未適用イベントは、カレントログにはなくてすでにアーカイブされていることもありえる。限りのある（今回の場合はたった20件の）ログにどの程度の頻度でイベントが記録されるのか、そしてクライアントがどの程度の頻度でログを読み込むのかによって、状況は変わるだろう。図8-4は、通知ログがチェーン状に繋がることによって、仮想的に、個々の通知からなる配列を提供するようすを表したものだ。

図8-4の状態にあるときに、仮に通知番号1から通知番号58がローカル側に適用済みだったとすると、未適用の通知は59番から65番までということになる。クライアントが以下のURIにアクセ

---

[2] **オブザーバ**パターンにおけるプッシュモデルとプルモデルについての議論は http://c2.com/cgi/wiki?ObserverPattern を参照すること。

アーカイブログとは?
アーカイブログは、何も特別なものではない。そのログが、システムでどんなアクションが発生しても、もはや書き換えられることがなくなったというだけのことに過ぎない。クライアントからアーカイブログへの問い合わせを何度行っても、結果は常に同じになる。
一方カレントログは、いっぱいになってアーカイブされるまでは、その時点の状態を表すように書き換えられる。しかし、カレントログに対する変更は、新しい通知を追加することだけである。
カレントログであっても、一度追加されたイベントが書き換えられることは決してない。なぜなら、クライアント側で特定のイベントを適用したときに、それがずっと有効であることを保証しなければいけないからだ。

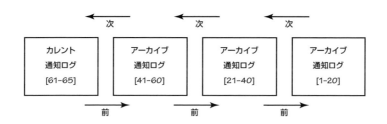

図8-4：カレントログと任意の数のアーカイブログが連なって、直近のイベントから最初のイベントまでのすべての**イベント**の仮想的な配列を構成する。この図では、1 番から 65 番までの通知を示している。すべてのアーカイブログには、最大の件数である 20 件の通知が含まれている。カレントログにはまだ空きがあり、5 件しか通知が含まれていない

スすると、カレントログの内容を取得できる。

```
//iam/notifications
```

クライアントは、自身のデータベースから、直近に適用した通知の識別子を取得する。今回の場合は 58 になる。このとき、次に適用すべき通知を探すのは、サーバーではなくクライアントの責務になる。クライアントは、取得したカレントログを調べ、識別子が 58 である通知を探す。しかし、カレントログにはその通知が見当たらない。そこで、アーカイブされたひとつ前のログを探しにいく。ひとつ前のログにたどり着くためには、カレントログ内のハイパーリンクを利用する。たとえば、ハイパーリンクをヘッダに含めておくなどの方法が考えられる。

```
HTTP/1.1 200 OK
Content-Type: application/vnd.saasovation.idovation+json
...
Link: <http://iam/notifications/61,80>; rel=self
Link: <http://iam/notifications/41,60>; rel=previous
...
```

> **なぜ、カレントログの実際の内容を反映した URI にしないのか**
> カレントログには今のところ 61 番から 65 番までの通知しか存在しない。なのになぜ、その URI は 20 件ぶん（61 番から 80 番まで）すべてを示した以下のような形式にしているのだろう。
> `Link:<http://iam/notifications/61,80>;rel=self`
> これは、カレントログを表すこのリソースが、生存期間中はずっと一貫したものでなければいけないからである。こうしておけば、一貫した URI でアクセスができるし、キャッシュ処理も正しく機能する。

rel=previous を含む Link を探して、その URI を GET する。すると、カレントログのひとつ前のアーカイブログを取得できる。

```
//iam/notifications/41,60
```

このアーカイブログをたどれば、ほしかった通知（58 番の通知）を 3 件目（60 番、59 番、そして 58 番）に見つけることができる。この 58 番の通知はすでに適用済みなので、58 番を改めて適用する必要はない。そこを起点に、新しい通知を順にたどっていくことになる。まず、このアーカイブログから 59 番の通知を探して、それを適用する。次に、60 番を探して同じく適用する。この時点でアーカイブログの先頭に到達したので、rel=next と指定されたリソースを探す。カレントログだ。

```
HTTP/1.1 200 OK
Content-Type: application/vnd.saasovation.idovation+json
...
Link: <http://iam/notifications/61,80>; rel=next
Link: <http://iam/notifications/41,60>; rel=self
Link: <http://iam/notifications/21,40>; rel=previous
...
```

このログの中に 61 番から 65 番までの通知があるので、これらを時系列で適用していく。カレントログの末尾に達すると、そこで処理を終える。カレントログには、rel=next が指定されたリンクヘッダが存在しないからだ。

後で同じ処理を繰り返すこともあるだろう。カレントログは、URI を使ってリクエストする。おそらくその頃には、さまざまな新しい通知が記録された、まったく異なるログになっているだろう。カレントログを改めてリクエストすると、そこにはいくつかの新しい通知が含まれている。クライアントはそのログを（必要ならアーカイブログまで）さかのぼって、直近に適用した通知（65 番）を探す。先ほどと同様、65 番の通知が見つかったら、それ以降の通知を順に適用していけばいい。

通知ログを要求するクライアントとなりうる境界づけられたコンテキストの数は制限されない。実際、この手の通知用パブリッシャーを提供する境界づけられたコンテキストが過去に発行したイベントを知る必要があるのなら、どの境界づけられたコンテキストであっても、「そもそもの始まり」まで

遡って通知を取得することができる。もちろん、実際にアクセスできるクライアントは、元のシステムにアクセスできる権限を持っているものだけに限られる。

しかし、通知リソースに対するクライアントからのポーリングのアクセスが増えすぎて、Webサーバーのトラフィックがムダに増えてしまう恐れはないのだろうか？ RESTfulリソースがキャッシュを適切に活用できれば、その心配はない。たとえば、カレントログをクライアント側で1分ほどキャッシュさせるには、次のような応答を返せばいい。

```
HTTP/1.1 200 OK
Content-Type: application/vnd.saasovation.idovation+json
...
Cache-Control: max-age=60
...
```

前回キャッシュしたアクセスから1分経過していないクライアントからのポーリングがあった場合は、クライアント自身が、前回取得済みのキャッシュを応答として返す。キャッシュが期限切れになったら、最新のカレントログを改めてサーバーから取得する。アーカイブログの内容は決して変わらないので、もう少し長めにキャッシュしてもいいだろう。以下の例では、`max-age`を1時間に設定した。

```
HTTP/1.1 200 OK
Content-Type: application/vnd.saasovation.idovation+json
...
Cache-Control: max-age=3600
...
```

クライアントは、カレントログの`max-age`の値を見て待ち時間を設定するかもしれない。キャッシュされているリソースに対する`GET`リクエストの繰り返しは無意味だからだ。適切な待ち時間を入れることによってポーリングの回数を減らせば、サーバー側の負荷だけでなく、クライアント側の境界づけられたコンテキストにおける処理の負荷も軽減できる。これでリソースの提供側は、キャッシュの`max-age`に達するまではリクエストを受け取らずに済むようになる。つまり、行儀の悪いクライアントがいたとしても、キャッシュがうまく機能している限りは、通知サーバーのパフォーマンスや可用性に悪影響のおよぶことはない。これこそがWebを使う利点であり、Webのインフラストラクチャを活用すれば、パフォーマンスやスケーラビリティの面で多大な恩恵を受けられる。

サーバー側でも、自前のキャッシュを用意できる。サーバー側での通知ログのキャッシュは、きわめてうまく機能する。アーカイブログの内容が書き換わることはないからだ。クライアントからアーカイブログへのリクエストがあったときに、サーバーはそのリソースを返すと同時に、同じリソースをキャッシュする。同じリソースに対する別のクライアントからのリクエストに対応するためだ。アーカイブログのキャッシュは、更新する必要がない。アーカイブログは、不変であることが保証されているからである。

少し詳細に立ち入りすぎたかもしれない。残りは第 13 章「境界づけられたコンテキストの統合」で解説する。RESTful なイベント通知の仕組みについては、[Parastatidis et al., RiP] を参照することをお勧めする。イベント通知システムをうまく設計するための、さまざまな戦略が得られるだろう。標準のメディアタイプを使った Atom ベースの通知ログについて、その利点や欠点に関する議論もあるし、リファレンス実装も示されている。また、Jim Webber は、この手法をさらに掘り下げた考察を公開している [Webber, REST & DDD]。この手法を最初期に紹介した一人が Stefan Tilkov で、InfoQ に記事が残っている [Tilkov, RESTful Doubts]。また、私自身も、この手法に関するプレゼンテーションを行った [Vernon, RESTful DDD]。

メッセージングミドルウェアによる通知の発行

驚くことでもないが、RabbitMQ のようなメッセージングミドルウェア製品を使うと、REST のときには自分で対応しなければいけなかった細かい点を、任せてしまうことができる。また、メッセージングシステムを使えば、ニーズに合わせて、出版・購読方式とキュー方式のどちらにも簡単に対応できる。どちらの場合でもメッセージングシステムは、プッシュモデルを利用してイベント通知メッセージをサブスクライバ（リスナ）に送る。

今回の例のイベントストアから、メッセージングシステムを用いてイベントを発行するための要件について考えてみよう。ここでは、RabbitMQ の **Fanout エクスチェンジ**による出版・購読方式を利用する。以下の作業を順に行うためのコンポーネントが必要だ。

① イベントストアから、指定したエクスチェンジにまだ発行されていないすべてのドメインイベントオブジェクトを取得する。そして、取得したオブジェクトを、一意な識別子の昇順に並べ替える。
② 取得したオブジェクトを昇順にたどり、それぞれをエクスチェンジに送る。
③ メッセージングシステムがメッセージの発行に成功したら、そのドメインイベントがそのエクスチェンジ経由で発行されたことを記録する。

サブスクライバがきちんと受信したかどうかの確認はしない。パブリッシャーがエクスチェンジ経由でメッセージを送信したときに、サブスクライバのシステムが稼動しているとは限らないからである。各サブスクライバが、自分たちの時間枠内でメッセージを処理する責務を負う。そして、自身のモデル上のドメインに必要となる振る舞いを、適切に実行させる。メッセージングシステムには、送達保証の責務だけを負わせる。

>>> ホワイトボードの時間

- 自分たちの作業中の境界づけられたコンテキスト、そしてそれと統合する他のコンテキストのコンテキストマップを描いてみよう。互いにやりとりがあるコンテキストの間は、きちんと接続を示しておくこと。

- コンテキスト間の関連の種類を、たとえば**腐敗防止層** (3) などと示そう。
- 次に、これらのコンテキストをどのように統合するのかを記入する。RPC を使う？ RESTful な通知にする？ それともメッセージングを使う？ それを書き込もう。

統合の相手がレガシーシステムの場合は、統合の手法に選択の余地がないかもしれない。

8.7 実装

イベントの発行に用いるアーキテクチャスタイルを決めた SaaSOvation チームは、次に、それを実現するためのコンポーネントをどのように実装するかを考え始めた。

通知の発行処理のコアは、アプリケーションサービス NotificationService に置く。これでチームは、自分たちのデータソース内で、変更のトランザクションのスコープを管理できるようになる。また、この通知の仕組みが、ドメインではなくアプリケーションの関心事であるということも示せる。通知されるイベントの発生元はモデルではあるが、通知自体はアプリケーションが気にすることだ。

NotificationService に**セパレートインターフェイス** [Fowler, P of EAA] を持たせる必要はない。現時点では、このアプリケーションサービスの実装はたったひとつだけなので、とにかくシンプルに進めることにした。とはいえ、シンプルなクラスであっても公開インターフェイスがあるので、それをスタブメソッドとして表した。

```
package com.saasovation.identityaccess.application;
...
public class NotificationService {
    ...
    @Transactional(readOnly=true)
    public NotificationLog currentNotificationLog() {
        ...
    }
```

```
    @Transactional(readOnly=true)
    public NotificationLog notificationLog(String aNotificationLogId) {
        ...
    }

    @Transactional
    public void publishNotifications() {
        ...
    }
    ...
}
```

最初の二つのメソッドは、NotificationLog のインスタンスを取得するクエリを実行するために用いる。このインスタンスはクライアントに対して RESTful リソースとして提供される。また、三番目のメソッドは、メッセージングシステムを使って Notification のインスタンスを発行するために使う。チームはまず、NotificationLog のインスタンスを取得するクエリメソッドから取りかかり、その後でメッセージング基盤を扱うメソッドに進むことにした。

――――――――――・・・――――――――――

続いては、お楽しみの実装だ。

NotificationLog の発行

通知ログには、カレントログとアーカイブログの二種類があったことを思いだそう。そこで、NotificationService インターフェイスには、それぞれのためにひとつずつクエリメソッドを用意する。

```
public class NotificationService {
    @Transactional(readOnly=true)
    public NotificationLog currentNotificationLog() {
        EventStore eventStore = EventStore.instance();

        return this.findNotificationLog(
                this.calculateCurrentNotificationLogId(eventStore),
                eventStore);
    }

    @Transactional(readOnly=true)
    public NotificationLog notificationLog(String aNotificationLogId) {
        EventStore eventStore = EventStore.instance();

        return this.findNotificationLog(
                new NotificationLogId(aNotificationLogId),
                eventStore);
    }
    ...
}
```

最終的には、これらのメソッドは NotificationLog を「探す」必要がある。これはつまり、DomainEvent のインスタンスのうち、イベントストアにシリアライズされたものを探し、それぞれを Notification でカプセル化して、それらすべてを単一の NotificationLog にまとめるということだ。NotificationLog のインスタンスができあがったら、それを RESTful リソース形式にして、リクエスト元のクライアントに返す。

カレントログは常に変化し続けるので、識別子はリクエストのたびに算出しなおす必要がある。その処理を以下に示す。

```java
public class NotificationService {
    ...
    protected NotificationLogId calculateCurrentNotificationLogId(
            EventStore anEventStore) {

        long count = anEventStore.countStoredEvents();

        long remainder = count % LOG_NOTIFICATION_COUNT;

        if (remainder == 0) {
            remainder = LOG_NOTIFICATION_COUNT;
        }

        long low = count - remainder + 1;

        // この時点で通知がぜんぶ揃っていなかった場合でも、
        // きちんと id の値を作れることを保証する
        long high = low + LOG_NOTIFICATION_COUNT - 1;

        return new NotificationLogId(low, high);
    }
    ...
}
```

一方、アーカイブログの処理に必要なのは、識別子の最小値と最大値で指定した範囲の NotificationLogId をカプセル化することだけだ。識別子のテキスト表現が、最初の値と最後の値を使った形式（「21,40」など）であったことを思いだそう。この識別子を使うコンストラクタは、以下のようになる。

```java
public class NotificationLogId {
    ...
    public NotificationLogId(String aNotificationLogId) {
        super();
        String[] textIds = aNotificationLogId.split(",");
        this.setLow(Long.parseLong(textIds[0]));
        this.setHigh(Long.parseLong(textIds[1]));
    }
    ...
}
```

カレントログとアーカイブログのどちらに対するクエリであれ、NotificationLogId を持っているので、findNotificationLog() メソッドで問い合わせる対象として指定できる。

```java
public class NotificationService {
    ...
    protected NotificationLog findNotificationLog(
            NotificationLogId aNotificationLogId,
            EventStore anEventStore) {

      List<StoredEvent> storedEvents =
          anEventStore.allStoredEventsBetween(
                  aNotificationLogId.low(),
                  aNotificationLogId.high());

        long count = anEventStore.countStoredEvents();

        boolean archivedIndicator = aNotificationLogId.high() < count;

        NotificationLog notificationLog =
            new NotificationLog(
                    aNotificationLogId.encoded(),
                    NotificationLogId.encoded(
                            aNotificationLogId.next(
                                    LOG_NOTIFICATION_COUNT)),
                    NotificationLogId.encoded(
                            aNotificationLogId.previous(
                                    LOG_NOTIFICATION_COUNT)),
                    this.notificationsFrom(storedEvents),
                    archivedIndicator);

        return notificationLog;
    }
    ...
    protected List<Notification> notificationsFrom(
            List<StoredEvent> aStoredEvents) {
        List<Notification> notifications =
            new ArrayList<Notification>(aStoredEvents.size());

        for (StoredEvent storedEvent : aStoredEvents) {
            DomainEvent domainEvent =
                    EventStore.toDomainEvent(storedEvent);

            Notification notification =
                new Notification(
                        domainEvent.getClass().getSimpleName(),
                        storedEvent.eventId(),
                        domainEvent.occurredOn(),
                        domainEvent);

            notifications.add(notification);
```

```
            }
            return notifications;
        }
        ...
}
```

興味深いことに、Notification のインスタンスやログ全体を永続化する必要はない。必要になれば、そのたびに作ることができるからだ。それを考えると明らかに、リクエストがあった時点の NotificationLog リソースをキャッシュしておけば、パフォーマンスやスケーラビリティの面で有利になるだろう。

findNotificationLog() メソッドは、EventStore コンポーネントを使って、指定したログ用の StoredEvent のインスタンスを問い合わせる。EventStore が実際に問い合わせる部分は、以下のようになる。

```
package com.saasovation.identityaccess.application.eventStore;
...
public class EventStore ... {
    ...
    public List<StoredEvent> allStoredEventsBetween(
            long aLowStoredEventId,
            long aHighStoredEventId) {

        Query query =
            this.session().createQuery(
                    "from StoredEvent as _obj_ "
                  + "where _obj_.eventId between ? and ? "
                  + "order by _obj_.eventId");

        query.setParameter(0, aLowStoredEventId);
        query.setParameter(1, aHighStoredEventId);

        List<StoredEvent> storedEvents = query.list();

        return storedEvents;
    }
    ...
}
```

最後に、Web 層でカレントログやアーカイブログを発行する処理を示す。

```
@Path("/notifications")
public class NotificationResource {
    ...
    @GET
    @Produces({ OvationsMediaType.NAME })
    public Response getCurrentNotificationLog(
            @Context UriInfo aUriInfo) {
```

```java
        NotificationLog currentNotificationLog =
            this.notificationService()
                .currentNotificationLog();

        if (currentNotificationLog == null) {
            throw new WebApplicationException(
                    Response.Status.NOT_FOUND);
        }

        Response response =
            this.currentNotificationLogResponse(
                    currentNotificationLog,
                    aUriInfo);

        return response;
    }

    @GET
    @Path("{notificationId}")
    @Produces({ OvationsMediaType.ID_OVATION_NAME })
    public Response getNotificationLog(
            @PathParam("notificationId") String aNotificationId,
            @Context UriInfo aUriInfo) {

        NotificationLog notificationLog =
            this.notificationService()
                .notificationLog(aNotificationId);

        if (notificationLog == null) {
            throw new WebApplicationException(
                    Response.Status.NOT_FOUND);
        }

        Response response =
            this.notificationLogResponse(
                    notificationLog,
                    aUriInfo);

        return response;
    }
    ...
}
```

　チームは、レスポンスを生成するのに `MessageBodyWriter` を使うこともできただろう。しかし、レスポンス生成メソッドは、多少複雑な処理も行える必要があるのだ。

　以上で、カレントログやアーカイブログを RESTful クライアント向けに発行する処理の主要部分をカバーしたことになる。

メッセージベースの通知の発行

`NotificationService` は、`DomainEvent` のインスタンスをメッセージング基盤経由で発行するメソッドを提供する。これが、そのサービスメソッドだ。

```java
public class NotificationService {
    ...
    @Transactional
    public void publishNotifications() {
        PublishedMessageTracker publishedMessageTracker =
            this.publishedMessageTracker();

        List<Notification> notifications =
            this.listUnpublishedNotifications(
                    publishedMessageTracker
                        .mostRecentPublishedMessageId());

        MessageProducer messageProducer = this.messageProducer();

        try {
            for (Notification notification : notifications) {
                this.publish(notification, messageProducer);
            }

            this.trackMostRecentPublishedMessage(
                    publishedMessageTracker,
                    notifications);
        } finally {
            messageProducer.close();
        }
    }
    ...
}
```

`publishNotifications()` メソッドは、まず `PublishedMessageTracker` を取得する。このオブジェクトは、どのイベントが発行済みであるかの記録を永続化するものだ。

```java
package com.saasovation.identityaccess.application.notifications;
...
public class PublishedMessageTracker {
    private long mostRecentPublishedMessageId;
    private long trackerId;
    private String type;
    ...
}
```

このクラスはドメインモデルの一部ではなく、むしろアプリケーションに属するものであることに注意しよう。`trackerId` は、このオブジェクト（本質的にはエンティティ）の一意な識別子である。`type` 属性で保持する `String` は、イベントの発行先のトピック／チャネルの型についての説明

だ。mostRecentPublishedMessageId 属性は、StoreEvent としてシリアライズして永続化された、特定の DomainEvent の一意な識別子を保持する。つまり、この属性が保持するのは、直近に発行されたインスタンスの StoredEvent eventId である。新たな Notification メッセージをすべて送信し終えると、このサービスメソッドは、最後に発行されたイベントの識別子を設定したうえで PublishedMessageTracker を保存する。

イベントの識別子と type 属性があるので、**任意の数のトピック／チャネルに対してそれぞれ異なるタイミングで同じ一連の通知を発行する**ことも可能になる。PublishedMessageTracker の新しいインスタンスを作り、トピック／チャネルの名前を type に指定して、最初の StoredEvent から始めるだけでいい。publishedMessageTracker() メソッドは、以下のようになる。

```java
public class NotificationService {
    private static final String EXCHANGE_NAME =
            "saasovation.identity_access";
    ...
    private PublishedMessageTracker publishedMessageTracker() {
        Query query =
            this.session().createQuery(
                    "from PublishedMessageTracker as _obj_ "
                    + "where _obj_.type = ?");

        query.setParameter(0, EXCHANGE_NAME);

        PublishedMessageTracker publishedMessageTracker =
            (PublishedMessageTracker) query.uniqueResult();

        if (publishedMessageTracker == null) {
            publishedMessageTracker =
                new PublishedMessageTracker(EXCHANGE_NAME);
        }

        return publishedMessageTracker;
    }
    ...
}
```

複数チャネルへの発行にはまだ対応できていないが、ほんの少し手を加えるだけで、その機能を追加できる。

次に見るのは listUnpublishedNotifications() メソッドで、その役割は、未発行なすべての Notification のインスタンスを並べ替えたリストを取得することだ。

```java
public class NotificationService {
    ...
    protected List<Notification> listUnpublishedNotifications(
            long aMostRecentPublishedMessageId) {
        EventStore eventStore = EventStore.instance();
```

```
        List<StoredEvent> storedEvents =
            eventStore.allStoredEventsSince(
                aMostRecentPublishedMessageId);

        List<Notification> notifications =
            this.notificationsFrom(storedEvents);

        return notifications;
    }
    ...
}
```

実際には、EventStore に StoredEvent のインスタンスを問い合わせる際に、eventId の値が aMostRecentPublishedMessageId パラメータよりも大きいものという条件で絞り込んでいる。EventStore から戻される結果を使って、Notification のインスタンスの新しいコレクションを作る。

さて、ここでサービスメソッド publishNotifications() の本体に戻ろう。DomainEvent のラッパーである Notification のインスタンスのコレクションを順に走査し、publish() メソッドに渡していく。

```
...
for (Notification notification : notifications) {
    this.publish(notification, messageProducer);
}
```

このメソッドは、個々の Notification のインスタンスを発行する際に RabbitMQ を用いるが、非常にシンプルなオブジェクトのライブラリを使って、そのインターフェイスを少しでもオブジェクト指向的に使えるようにする。

```
public class NotificationService {
    ...
    protected void publish(
            Notification aNotification,
            MessageProducer aMessageProducer) {

        MessageParameters messageParameters =
            MessageParameters.durableTextParameters(
                aNotification.type(),
                Long.toString(aNotification.notificationId()),
                aNotification.occurredOn());

        String notification =
            NotificationService
                .objectSerializer()
                .serialize(aNotification);
```

```
            aMessageProducer.send(notification, messageParameters);
    }
    ...
}
```

このpublish()メソッドはMessageParametersを作り、JSON形式にシリアライズしたDomainEventを、MessageProducerを使って送信する[3]。MessageParametersには、メッセージ本文とともに送信するプロパティを含める。含めるプロパティには、イベントのtypeを表す文字列や、一意なメッセージIDとして使うための通知の識別子、そしてイベントの発生時刻を表すタイムスタンプoccurredOnだ。これらのパラメータがあれば、サブスクライバは、重要な事実をJSONメッセージの本文（シリアライズされたイベント）を調べずに知ることができる。また、一意なメッセージID（通知の識別子）があれば、重複メッセージの排除が可能になる。これについては後述する。

発行処理の全貌を示すために、さらにもうひとつのメソッドを検討する。

```
public class NotificationService {
    ...
    private MessageProducer messageProducer() {

        // まだ存在しなければ、エクスチェンジを作る
        Exchange exchange =
            Exchange.fanOutInstance(
                ConnectionSettings.instance(),
                EXCHANGE_NAME,
                true);

        // イベントの転送用の、メッセージプロデューサーを作る
        MessageProducer messageProducer =
            MessageProducer.instance(exchange);

        return messageProducer;
    }
    ...
}
```

publishNotifications()メソッドは、messageProducer()を使って、エクスチェンジが存在することを保証したのち、発行に用いるMessageProducerのインスタンスを取得する。RabbitMQはエクスチェンジの冪等性をサポートしている。つまり、最初に問い合わせたときにエクスチェンジが作られて、既存のエクスチェンジに対するその後の問い合わせには同じものが流用される。背後で動いているブローカーチャネルに何らかの問題が生じる場合に備えて、オープンしたMessageProducer

---

[3] ExchangeやConnectionSettings、MessageProducer、MessageParametersなどといったクラス群は、RabbitMQの抽象化レイヤとして使っているライブラリのものである。このライブラリは、RabbitMQをよりオブジェクト指向的に扱えるように、本書の他のサンプルコードとあわせて私が用意したものだ。本書の他のサンプルコードでも、このライブラリを使っている。

はそのまま保持し続けないようにしている。発行処理のたびに接続を再確立するようにすれば、パブリッシャーがまったく操作不能となる事態は避けられる。この再接続処理がボトルネックになるかもしれないという、パフォーマンス上の問題には注意する必要があるだろう。しかしこの段階では、発行処理の間の待ち時間を設定すれば、再接続のオーバーヘッドを軽減できるであろうと見て進める。

発行時の待ち時間に関して言うと、これまでに示したコードでは、エクスチェンジに対するイベントの発行を定期的に繰り返すという処理が、どこにも書かれていなかった。これを実現するにはいくつかの方法があり、環境に応じてその方法は変わってくる。一例として、JMX の `TimerMBean` を使えば、インターバルを指定した繰り返しを管理できる。

この後でタイマーの実例を示すが、その前に、大切なことを説明しておく。Java MBean の標準規格でも**通知**という用語を使っているが、これは、いま私たちが考えている発行処理における「通知」とは異なるものだ。ここでの意味合いは、タイマーが起動するたびにリスナが通知を受け取るということだ。この違いを念頭に置いて、読み進めよう。

適切な間隔を決めて、それをタイマーに設定したら、`NotificationListener` を登録する。これで、`MBeanServer` は、その間隔に達するたびに通知を行えるようになる。

```
mbeanServer.addNotificationListener(
        timer.getObjectName(),
        new NotificationListener() {
            public void handleNotification(
                    Notification aTimerNotification,
                    Object aHandback) {
                ApplicationServiceRegistry
                        .notificationService()
                        .publishNotifications();
            }
        },
        null,
        null);
```

この例では、タイマーが起動して `handleNotification()` メソッドが呼ばれたときに、`Notification Service` にリクエストを送って `publishNotifications()` を実行させる。必要なのは、それだけだ。`TimerMBean` が定期的に一定の間隔で動き続ける限り、ドメインイベントもまたエクスチェンジ経由で発行され続け、サブスクライバがそれを購読することができる。

アプリケーションサーバーが管理するタイマーを使うと、別の利点も得られる。発行プロセスのライフサイクルを監視するためのコンポーネントを作る必要がなくなるということだ。もし仮に、何らかの理由で `publishNotifications()` の処理に問題が発生して異常終了したとしよう。そんな場合でも `TimerMBean` は動いたままで、一定の間隔でタイマーを起動させ続けるだろう。管理者は、インフラストラクチャレベルのエラー（おそらく RabbitMQ 関連のもの）に対処しなければいけないかもしれない。しかし、その問題が片付いてしまえば、メッセージはそのまま発行され続けるだろう。とは言うものの、タイマー機能を提供する仕組みはそれ以外にもいくつかある。[Quartz] もそのひと

つだ。

　さて、メッセージの重複排除に関する問題がまだ残っている。重複排除とは、いったい何のことなのだろう？　そして、いったいなぜ、メッセージングのサブスクライバはその機能に対応しないといけないのだろう？

イベントの重複排除

　重複排除を考慮する必要があるのは、メッセージングシステムを通じて発行されたひとつのメッセージが、サブスクライバに複数回配送される可能性のある場合だ。メッセージの重複には、さまざまな原因によるものがある。その一例を、以下に示す。

> ① RabbitMQ が、新たに送信されたメッセージをいくつかのサブスクライバに配送する。
> ② サブスクライバが、そのメッセージを処理する。
> ③ メッセージの受領と処理の完了の応答を返す前に、サブスクライバが異常終了する。
> ④ RabbitMQ が、受領報告の届かなかったメッセージを再送する。

　また、こんな可能性も考えられる。イベントストアの外部に向けて発行する際にメッセージングシステムとイベントストアが永続化メカニズムを共有しておらず、さらに、イベントストアとメッセージングシステムへの変更をアトミックに行うような、グローバルなトランザクションにも対応していないような場合だ。先ほど「メッセージングミドルウェアによる通知の発行」でも議論したとおり、私たちは今まさにこの状況にいる。ひとつのメッセージが複数回送られる例として、以下のようなシナリオを考えてみよう。

> ① `NotificationService` が、未発行な `Notification` のインスタンスを三件取得して、それを発行する。そして、それを `PublishedMessageTracker` に記録する。
> ② RabbitMQ のブローカーがこの三件のメッセージを受信し、すべてのサブスクライバへの配送の準備をする。
> ③ しかしここで、アプリケーションサーバーに異常が発生し、`NotificationService` が停止する。`PublishedMessageTracker` への変更は、コミットされなかった。
> ④ RabbitMQ は、新しいメッセージをサブスクライバに配送する。
> ⑤ アプリケーションサーバーの問題が解決して、正常な状態に戻る。メッセージの発行処理が再び行われ、`NotificationService` は、未発行のすべてのイベントのメッセージを正常に送信する。このとき、以前に発行済みであるが `PublishedMessageTracker` には記録されていなかったイベントも、もう一度送信されてしまう。
> ⑥ RabbitMQ は、新しいメッセージをサブスクライバに配送する。そのうち少なくとも三件は、先ほどと重複するものだ。

この例ではとりあえず三件のイベントとしておいたが、別に一件でも二件でもいいし、四件でももっと多くてもかまわない。件数などどうでもよくて、こういった原因で再送が発生してしまうという事実が重要だ。このような状況、あるいはその他の原因によるメッセージの重複があったときには、重複の排除が必須となる。その対策の詳細は、**冪等レシーバ**パターン [Hohpe & Woolf] を参照すること。

冪等な操作
冪等な操作とは、同じ操作を何度も実行した場合でも、たった一度だけ実行したときと同じ結果になるような操作のことを言う。

　メッセージが重複配送される可能性がある場合の対策のひとつは、サブスクライバの操作が冪等になるようモデリングすることだ。すべてのメッセージに対するサブスクライバの反応が、そのドメインモデルに対して冪等な操作になるようにすればいい。問題は、ドメインオブジェクトやその他関連するオブジェクトが冪等になるように設計するのが、難しいかもしれないということだ。あまり現実的ではないこともあるだろうし、そもそも無理な話かもしれない。また、イベントそのものを設計するときに、冪等な操作が行われることを見越した情報を持たせようとすると、これもまたトラブルの元になり得る。たとえば、イベントの送信側が、すべての受信者の業務的な状態を把握していなければいけなくなる。単にイベントそのものの状態だけを知っておくだけでは済まなくなるのだ。さらに、遅延や再送などの問題でイベントの受信順序が入れ替わってしまうと、それもエラーの要因になってしまう。

　ドメインオブジェクトを冪等にすることが難しい場合は、サブスクライバ／レシーバ自体が冪等になるように設計することもできる。重複したメッセージに対応する操作を実行しないように、レシーバを設計すればいい。まず、自分たちが使っているメッセージング製品が、そのような機能をサポートしているかどうかを調べよう。もしサポートしていなければ、どのメッセージが処理済みなのかをレシーバが覚えておく必要がある。その方法のひとつは、サブスクライバの永続化メカニズムの中に記録用の場所を確保して、処理済みのメッセージのトピック（エクスチェンジ）名とそのメッセージ ID を保存しておくことだ。そう、これはまさに、`PublishedMessageTracker` がやっているのと同じことである。そうしておけば、届いたメッセージを処理する前に、処理済みかどうかを確認できるようになる。もしすでに処理済みであるとわかったら、サブスクライバは単にそのメッセージを無視する。処理済みのメッセージの記録は、ドメインモデルの一部になるものではない。これはあくまでも、メッセージング独特の問題に関する技術的な回避策に過ぎないものだと見なすべきだ。

　一般的なメッセージングミドルウェア製品を使っている場合、最後に処理したメッセージを記録しておくだけでは不十分だ。というのも、メッセージが順番どおりに届くとは限らないからである。したがって、単に直近に届いたメッセージの ID との大小関係だけで重複チェックをしていると、順番どおりに届かなかったメッセージを見落としてしまう可能性がある。また、データベースのガベージコレクションなどのために、処理済みメッセージの記録をすべて破棄したくなるような場合も想定し

ておく必要がある。

　RESTベースの通知手法を使う場合は、重複の排除はそれほど気にする必要がなかった。クライアントは、最後に適用した通知の識別子だけを記録しておけば、それで十分だったのだ。なぜなら、常に、最後に適用した通知以降に発生したイベント通知しか適用することがなかったからだ。通知ログは常に、発生時刻の新しい順に並べられている。

　メッセージングミドルウェアのサブスクライバであってもRESTベースの通知のクライアントであっても、大切なのは、処理済みメッセージの識別子の記録を、ローカルのドメインモデルの状態への変更と併せてコミットしておくということだ。さもないと、イベントに対応する変更と、処理済みメッセージの記録の一貫性が保てなくなってしまう。

8.8　まとめ

本章では、ドメインイベントの定義を見た上で、それをどんな場面で活用できるのかを学んだ。

- ドメインイベントとは何なのか、いつそれを使うべきなのか、そしてなぜ使うべきなのかを学んだ。
- イベントをオブジェクトとしてモデリングする方法と、それを一意に識別しなければいけない場面について調べた。
- イベントが集約の特性を持つべき場面、そしてシンプルな値をベースにしたイベントで十分な場面について、それぞれ検討した。
- 軽量な**出版・購読**型のコンポーネントをモデル内で使う方法を見た。
- どのコンポーネントがイベントを出版するのか、そしてどのコンポーネントがそれを購読するのかを発見した。
- イベントストアを開発したくなる理由とその作りかた、使いかたの概要を調べた。
- 境界づけられたコンテキストの外部にイベントを出版するための、二つの手法を学んだ。RESTベースで通知する方法と、メッセージングミドルウェアを使う方法だ。
- メッセージを購読する側のシステムが、メッセージの重複を除去する方法を学んだ。

次の章では少し方向転換をして、ドメインモデルのオブジェクトを、モジュールを使ってうまくとりまとめる方法を調べる。

第 9 章
モジュール

> すべての勝利の秘訣は、明白でないものをまとめあげることにある。
>
> – Marcus Aurelius

Java や C# を使ったことがある人なら、すでに**モジュール**についてはおなじみだろう。Java ではパッケージ、そして C# では名前空間と呼ばれている概念のことだ。Ruby なら、module という言語構造を使えば、クラスの名前空間を設定できる。Ruby の場合は、DDD でのパターン名と言語構造の名前がうまく一致していたというわけだ。DDD の文脈でのこれらの概念を、本書ではモジュールと呼ぶことにする。ふだん使っているプログラミング言語で使われている用語に、適宜読み替えて欲しい。本章では、モジュールとはどんな機能なのかを事細かに説明するつもりはない。おそらく、そんなことはとっくの昔に知っているだろう。

本章のロードマップ
昔ながらのモジュールと、最近のデプロイ指向のモジュール化の違いを学ぶ。 **ユビキタス言語** (1) に沿ってモジュールを命名する重要性を考える。 モジュールを機械的に設計してしまうと、モデリングの創造性を抑えてしまうということを知る。 SaaSOvation のチームが選んだ設計の選択肢と、そのトレードオフを学ぶ。 モジュールがドメインモデルの外部で果たす役割や、新しい境界づけられたコンテキストよりもモジュールを作るほうが適切なのはどんな場合かを考える。

9.1 モジュールを使った設計

DDD の文脈において、モデル内のモジュールは、ドメインオブジェクト内のひとまとまりのクラス群をまとめる、名前つきのコンテナとして機能する。その目的は、別のモジュールのクラス群との結合を少なくすることだ。DDD におけるモジュールは、ストレージ内での置き場を決めるものではないので、適切な名前をつけることも重要になる。モジュールの名前は、ユビキタス言語の重要な一

面である。

> モジュールを選択する際には、システムに関する物語を伝え、概念の凝集した集合を含んでいるものを選ぶこと。こうすることで、モジュール間は低結合になることが多い。だが、そうでない場合は、概念のもつれをほぐすようにモデルを変更する方法を探す。……モジュールには、ユビキタス言語の一部になる名前をつけること。モジュールとその名前はドメインに対する洞察を反映していなければならない。[Evans]（109 ページ）

　モジュールを設計する際に気をつけるべきシンプルなルールを、表 9-1 にまとめた。
　モジュールをモデルの世界の一級市民として扱い、その意味や名前をきちんと検討した上で作っていくようにしよう。**エンティティ** (5) や **値オブジェクト** (6)、**サービス**、そして **イベント** (8) と同様の扱いとする。つまり、既存のモジュールの名前を変えることを恐れず、新しいモジュールを作るときと同じくらいの大胆さで進めるということだ。ドメインの概念についての最新の状態を、モジュールに込めるようにしよう。
　キッチンの引き出しを開けたときに、フォークやナイフやスプーンやレンチやドライバーや電源タップやハンマーがごちゃごちゃに散らばっていたとして、そんな状態をうれしく思う人は誰一人としていないだろう。中を引っ掻き回して何とか銀の食器一式がそろったとしても、そんなもので食事をする気にはならない。ドライバーを探しているときに、出刃包丁で怪我をしてしまったらたまらない。
　キッチンの引き出しには銀製のナイフとフォークそしてスプーンがきちんとまとめられていて、ガレージの工具箱には各種の工具が種類ごとにまとめられている。そんな状態と比べてみよう。何かをするときに必要な道具を探すのは、こちらのほうがずっと楽だ。また、使い道に迷ったりすることもないだろう。あらゆるものが、きちんと整理整頓されている状態だ。きちんとモジュール化して整理しておけば、コーヒーカップを使いたいときに銀の食器用の引き出しを探したりしないはずだ。どちらもキッチンにあるものだが、居場所は違う。食器類がきちんと整理されていれば、カップにはカップの適切な居場所があるとわかる。周りの食器棚をちょっと見れば、そこにカップが見つかるはずだ。同じく、刃物類は専用の場所にまとまっていて、刃先はきちんと保護されており、使いやすくなっている。
　一方、キッチンの整理整頓を機械的にやってしまおうとは思わないだろう。頑丈なものは全部ひとつの引き出しに放り込んで、壊れやすいものは戸棚の上のほうにまとめるなどといった整理はしない。花瓶とティーカップを、ただどちらも割れやすいからというだけの理由で同じ場所にしまうのは、おかしな話だ。ステンレス製の肉たたきを、ただそれが傷つきにくいというだけの理由で頑丈な道具と同じ場所にまとめるのも、よくない。
　もし私たちがキッチンをモデリングするなら、たとえば `placesettings`（食器）という名前のモジュールを作って、その中には `Fork` や `Spoon` そして `Knife` といったオブジェクトを置くようにする。おそらくは、`Serviette`（ナプキン）も同じモジュールに置くだろう。金属製であるということ

表9-1：モジュールを設計する際のルール

モジュールの「べし」「べからず」	その理由
モジュールは、モデリングの概念にフィットするように設計すべし	通常は、ひとつあるいはごく少数の凝集した**集約** (10) ごとにひとつのモジュールを用意する。
モジュールの名前は、ユビキタス言語に従うべし	これは DDD の基本目標のひとつでもあるが、モデリングする概念について考えていれば、ごく自然にそうなるだろう。
コンポーネントの型やモデル内で使っているパターンなどから、モジュール名を機械的に決めるべからず	たとえば、すべての**集約**をまとめたモジュールをひとつ、同じくすべての**サービス** (7) をまとめたモジュールをひとつ、そしてすべての**ファクトリ** (11) をまとめたモジュールをひとつ、などという分けかたをしても、まったく無意味だ。そんなことをすれば DDD のモジュールの本質を失ってしまうし、豊かなモデリングに制約を課すことになる。ドメインそのものについて考えるのではなく、目の前の問題の解決手段としてのコンポーネントやパターンにだけ目を向けるようになってしまう。
モジュールは、疎結合になるよう設計すべし	個々のモジュールが他のモジュールに依存しないようにしておけば、クラスを疎結合にするのと同じメリットが得られる。概念のモデリング結果を保守したりリファクタリングしたりするのが楽になるし、OSGi や Jigsaw のような上位レベルでのモジュール化機能も使えるようになる。
対等なモジュールどうしの結合が必須になる場合は、循環依存にならないようにすべし（対等なモジュールとは、同じ「レベル」にある、つまり、同程度の重要性だったり、同じ方向を向いて作られていたりするモジュールを指す）	モジュールどうしを完全に独立させられることはめったにないし、あまり現実的ではない。結局のところ、同じドメインモデルにあるという時点で、何らかの関連があるわけだ。しかし、対等なモジュール間の依存関係を単一方向のみにする（たとえば、product は team に依存するが、team は product に依存しないなどとする）よう心がければ、コンポーネント間の結合を減らせる。
親子関係のモジュールの結合の場合は、ルールを多少緩和すべし（親モジュールは上位レベルにあるモジュール、子モジュールは下位レベルにあるモジュールを指す）	親子関係にあるモジュール間の依存関係を排除するのは、きわめて難しい。それでも、可能な限り、親子間の循環依存を避けるべきだ。しかし、どうしても無理なら、循環依存が発生することもやむをえない（たとえば、親が子を作り、子はその親の識別子を参照する必要がある場合など）。
モジュールをモデルの静的な概念とせず、モジュールが取りまとめるオブジェクト群にあわせて変えるべし	モデルの概念に柔軟性があって、さまざまな状態や振る舞いや名前に対応できるものなら、それらをまとめるモジュールもまた、同じ特徴を持たせるべきだ。必須ではないが、もしうまくマッチしていない名前を見かけたら、リファクタリングしよう。つらい作業だろうが、ひどい名前のモジュールをそのまま放置しておけば、後でもっとつらい思いをすることになる。

だけが、placesettings モジュールのメンバーたる条件ではないということだ。一方、もしすでに pronged（先が割れている）、scooping（何かをすくう）、blunt（先がとがっていない）といったモジュールがあるのなら、その上でさらに食器用のモジュールを用意しても、あまり役立たない。

　最近のソフトウェアのモジュール化は、さらに別のレベルでのモジュール化の方向に進んでいる。この手法は、疎結合ながらも論理的には凝集しているパーツをパッケージにまとめて、バージョン別のデプロイ単位とするものだ。Java の世界では、今でも JAR ファイルの単位で考えてはいるが、最

近はバージョンを使った管理方式（OSGi バンドルや Jigsaw モジュールなど）も使われている。上位
レベルのモジュールとそのバージョン、そして依存関係などを、バンドル／モジュールとして管理し
ているというわけだ。この手のバンドル／モジュールは DDD のモジュールとは多少異なるが、お互
いに補完しあう関係にもできる。ドメインモデルの緩やかに結合した部分をバンドルとしてまとめ、
DDD のモジュールに沿ったより大きなモジュールに組み込むというのは、たしかに理にかなってい
る。DDD におけるモジュールを疎結合に設計しておくことで、それを OSGi バンドルや Jigsaw モ
ジュールでも使えるようになるというわけだ。

カウボーイの声

LB：「このガソリンスタンド、トイレだけはきちんと整理整頓できてるんだなあ」
AJ：「竜巻の直撃でも受けて、100 万かけて改修したんだろうな」

本章では、DDD のモジュールの使いかたに注目する。モデル内のエンティティや値オブジェクト、
サービス、イベントなどの**目的**を考えることが、モジュールの設計に役立つ。よく考えられたモジュー
ル設計の例を見ていこう。

9.2　モジュールの基本的な命名規約

Java や C#では、モジュール名を階層構造で表している[1]。階層構造の区切りには、ピリオドを用い
る。名前の階層は、一般に、それを作った組織の名前から始まることが多い。組織名には、インター
ネットのドメインを利用する。インターネットのドメインを使う場合は、トップレベルドメインから
始まって、その後に組織のドメイン名を続けていくのが一般的だ。

```
com.saasovation // Java の場合
SaaSOvation // C#の場合
```

一意なトップレベル名を使うことで、他社のモジュールを利用する際などの名前空間の衝突を防ぐ。
このあたりの基本的な規約に関して疑問に思うところがあれば、標準規格を調べるといいだろう[2]。

---

[1]　Java のパッケージと C#の名前空間には、少し違う点がある。C#で開発している場合もこの指針は使えるだろ
うが、利用するプログラミング言語やプラットフォームによっては、多少の調整が必要になるかもしれない。

[2]　http://docs.oracle.com/javase/specs/jls/se8/html/jls-7.html

おそらくあなたの所属先でも、すでにトップレベルのモジュール名が決まっていることだろう。それは変えないほうがいい。

9.3　モデルに対応するモジュール名の命名規約

トップレベルの名前の後に続くのが、境界づけられたコンテキストを表す部分だ。この部分の名前は、境界づけられたコンテキストの名前にあわせておくといい。

SaaSOvation のチームは、モジュールにこのような名前をつけた。

```
com.saasovation.identityaccess
com.saasovation.collaboration
com.saasovation.agilepm
```

最初は以下のような名前を考えていた。こうしたところで、先ほどのモジュール名に比べてあまりメリットがない。コンテキスト名と一言一句同じにしても、ムダなノイズが生まれるだけだろう。

```
com.saasovation.identityandaccess
com.saasovation.agileprojectmanagement
```

興味深いことに、彼らは、顧客向けのプロダクト名（ブランド）をモジュール名に使うことはなかった。ブランド名は変わることがあるものだし、プロダクト名とその背後の境界づけられたコンテキストには直接の関係がないこともあるからだ。それよりもっと重要なのは、どのコンテキストかを名前で表すということだ。というのも、それこそがチームで話し合った結果であるからである。命名の目標は、ユビキタス言語を反映させることだ。仮に以下のような名前を採用していたら、この目標に反してしまう。

```
com.saasovation.idovation
com.saasovation.collabovation
com.saasovation.projectovation
```

最初のモジュール名 com.saasovation.idovation は、その境界づけられたコンテキストとはほぼ何の関連もない。二番目の名前は、その境界づけられたコンテキストにかなり近い。三番目の名前は最初のモジュール名と同じくらい不完全だが、まだ少しはましだ。少なくとも、名前の中に **project** という用語が含まれている。チームは、これらの名前では、対応する境界づけられたコンテキストとのマッピングが直感的ではなくなると判断した。さらに、仮にマーケティングチームが（商標侵害などの理由で）プロダクト名を変更したりすれば、このモジュール名はあっという間に実情にそぐわなくなる。結局チームは、最初の候補を使うことにした。

次に、重要な修飾子を追加することにした。以下は、そのモジュールがドメインに属することを示すものだ。

```
com.saasovation.identityaccess.domain
com.saasovation.collaboration.domain
com.saasovation.agilepm.domain
```

・・・

この規約は、昔ながらの**レイヤ化アーキテクチャ** (4)、あるいは**ヘキサゴナルアーキテクチャ** (4) とも互換性がある。最近では、レイヤ化アーキテクチャを使っているシステムの多くは、ヘキサゴナルアーキテクチャによる依存性の注入でレイヤを管理している。ヘキサゴナルアーキテクチャにはアプリケーションの「内部」があり、ドメインはそこに含まれる。これは、他のアーキテクチャスタイルとも似たものだ。

`domain` の部分はインターフェイス／クラスの情報を含まず、単にその下位レベルのモジュールのコンテナとして働く。さて、その次のレベルを見ていこう。

```
com.saasovation.identityaccess.domain.model
com.saasovation.collaboration.domain.model
com.saasovation.agilepm.domain.model
```

ここから先に、モデルのクラスを定義していく。パッケージのこのレベルには、再利用可能なインターフェイスや抽象クラス群を配置する。

・・・

SaaSOvationはこのモジュールに、イベントの発行などの共通インターフェイスを置いたり、エンティティや値オブジェクト用の抽象基底クラスを置いたりしようとした。

```
ConcurrencySafeEntity
DomainEvent
DomainEventPublisher
DomainEventSubscriber
DomainRegistry
Entity
```

```
IdentifiedDomainObject
IdentifiedValueObject
```

― ・ ・ ・ ―

ドメインサービスを domain.model モジュール以外の場所に置きたい場合は、それと同じレベルに以下のようなモジュールを作ればいい。

```
com.saasovation.identityaccess.domain.service
com.saasovation.collaboration.domain.service
com.saasovation.agilepm.domain.service
```

ドメインサービスをこの場所に置くというのは、必須ではない。ドメインサービスを中粒度のサービスレイヤとみなし、それがモデルの上にかぶさっている（あるいはモデルを取り巻いている）と考えるのなら、こうすればいい。[Evans]（106 ページ『粒度』）しかし、この手法を使うと、**ドメインモデル貧血症**を引き起こしがちになることに注意しよう。詳しくは第 7 章「サービス」を参照すること。

モデルとサービスを二つのパッケージに分けない場合は、model モジュールもなくしてしまって、すべてのモデルのモジュールを domain の直下に置くこともできる。

```
com.saasovation.identityaccess.domain.conceptname
```

これで、多少冗長に見える階層をひとつ減らせる。しかし、その後で、いくつかのドメインサービスをサブモジュール domain.service に置きたくなったら、どうすればいいだろう？ そうなったときには、あらかじめサブモジュール domain.model を作っておかなかったことを悔やむだろう。

しかし、命名が他におよぼす影響として、もっと重要なものがある。私たちが作るのは、ドメインではなかったことを思い出そう。**ドメイン** (2) は、今取り組んでいる業務のノウハウの一面をとらえたものだ。私たちが設計・実装するのは、ドメインではなく、**ドメインのモデル**である。つまり、結論としては、モデルをとりまとめるモジュール名としては domain.model のほうが適している。しかし、最終的に何を選ぶかは、チームで決めることだ。

9.4　アジャイルプロジェクト管理コンテキストのモジュール

SaaSOvation の現在の**コアドメイン** (2) は**アジャイルプロジェクト管理コンテキスト**なので、そのモジュールをどのように設計するかを考えてみよう。

ProjectOvation チームは、トップレベルのモジュールとして tenant・team・product の三つを用意した。最初のモジュールから見ていこう。

```
com.saasovation.agilepm.domain.model.tenant
    <<value object>> TenantId
```

この中にあるのは、シンプルな値オブジェクトである `TenantId` だ。これは、特定のテナントの一意な識別子を保持する。この識別子は**認証・アクセスコンテキスト**に由来するものだ。このモジュールについては、モデル内の他のほぼすべてのモジュールがこのモジュールに依存している。あるテナントのオブジェクトを他のテナントのオブジェクトと区別するには、この識別子が欠かせない。しかし、この依存関係は非循環形式だ。`tenant` モジュールは、他のモジュールに依存しない。

`team` モジュールは、プロダクトチームを管理するために使う集約やドメインサービスを保持する。

```
com.saasovation.agilepm.domain.model.team
    <<service>> MemberService
    <<aggregate root>> ProductOwner
    <<aggregate root>> Team
    <<aggregate root>> TeamMember
```

このモジュールに属するのは、三つの集約そしてひとつのドメインサービスのインターフェイスだ。`Team` クラスは、ひとつの `ProductOwner` のインスタンスと、任意の数の `TeamMember` のインスタンスを含むコレクションを保持する。`ProductOwner` と `TeamMember` のインスタンスは、`MemberService` が作る。これら三つの集約ルートエンティティは、`tenant` モジュールの `TenantId` を参照する。

```
package com.saasovation.agilepm.domain.model.team;
import com.saasovation.agilepm.domain.model.tenant.TenantId;
public class Team extends ConcurrencySafeEntity {
    private TenantId tenantId;
    ...
}
```

`MemberService` は**腐敗防止層** (3) のフロントエンドで、プロダクトチームのメンバーの識別子と、**認証・アクセスコンテキスト**のロールを同期させる。同期はバックグラウンドで行われるので、通常のユーザーからのリクエストとは別の処理になる。このサービスは能動的なものであり、リモートのコンテキストで登録されたメンバーを作成する。最終的にはリモートシステムと一貫性が保たれるようになるが、リモートでの変更が反映されるまでには多少の時差が発生する。このサービスは、ユーザーの詳細情報（名前やメールアドレスなど）も、必要に応じて更新する。

アジャイルプロジェクト管理コンテキストには、`product` という名前の親モジュールと、三つの子モジュールがある。

```
com.saasovation.agilepm.domain.model.product
    <<aggregate root>> Product
    ...
    com.saasovation.agilepm.domain.model.product.backlogitem
        <<aggregate root>> BacklogItem
        ...
    com.saasovation.agilepm.domain.model.product.release
        <<aggregate root>> Release
```

```
    ...
    com.saasovation.agilepm.domain.model.product.sprint
        <<aggregate root>> Sprint
    ...
```

これが、スクラムのコアをモデリングした部分だ。Product・BacklogItem・Release・Sprintといった集約が見受けられる。第10章「集約」を見れば、なぜこれらの概念を別々の集約としてモデリングしたのかがわかる。

- - -

モジュール名が、「プロダクト」「プロダクトバックログアイテム」「プロダクトリリース」「プロダクトスプリント」などとユビキタス言語に沿ったものになったので、チームとしては気分がよかった。

これらのたった四つの集約は、互いに密接に関連するものだ。なのになぜ、これらすべてをproductモジュールにまとめるという選択をしなかったのだろう？ ここに示した以外にも、他の集約もあった。たとえばProductBacklogItemエンティティはProductが、TaskエンティティはBacklogItemが、ScheduledBacklogItemはReleaseが、そしてCommittedBacklogItemはSprintが保持する。それ以外にも、各集約型は、他のエンティティや値オブジェクトも保持する。また、いくつかの集約は、さまざまなドメインイベントを発行する。全体としてみると、総勢60近くにもなるクラスやインターフェイスをひとつのモジュールに詰め込むのは、いかにもやりすぎだろう。整理されていないように見えてしまう。チームのメンバーは、モジュール間の結合の問題よりも、きちんと整理することを優先したのだ。

ProductOwnerやTeamそしてTeamMemberと同様、集約型のProduct・BacklogItem・Release・SprintはすべてTenantIdを参照している。また、それ以外の依存関係もある。たとえばProductを考えてみよう。

```
package com.saasovation.agilepm.domain.model.product;

import com.saasovation.agilepm.domain.model.tenant.TenantId;

public class Product extends ConcurrencySafeEntity {
    private ProductId productId;
```

```
    private TeamId teamId;
    private TenantId tenantId;
    ...
}
```

また、BacklogItem も見てみる。

```
package com.saasovation.agilepm.domain.model.product.backlogitem;

import com.saasovation.agilepm.domain.model.tenant.TenantId;

public class BacklogItem extends ConcurrencySafeEntity {
    private BacklogItemId backlogItemId;
    private ProductId productId;
    private TeamId teamId;
    private TenantId tenantId;
    ...
}
```

TenantId と TeamId への参照は非循環依存、つまり、単一方向の依存関係だ。しかし、BacklogItem から ProductId への参照は backlogItem モジュールから product への単一方向の依存関係に見えるが、実際のところは双方向の依存になっている。それぞれの Product が、BacklogItem（そして Release や Sprint）のインスタンスを作るためのファクトリとして機能するのだ。したがって、依存関係は双方向になっていることになる。しかし、これら三つのサブモジュールは product の子モジュールであり、依存関係のルールは緩めることができる。これは、組織的な強度をとるか疎結合であることをとるかのトレードオフだ。改めて言うが、BacklogItem と Release そして Sprint はすべて、当然のことながら Product と親子関係になる概念である。集約の境界をこえてこれらの概念を切り離しても、あまり意味はない。

しかし、こんな案もある。疎結合性を保つためにこれらの識別子を汎用型で保持して、BacklogItem や Release そして Sprint から Product への参照は束縛せずに行う方式にするというのはどうだろう？

```
public class BacklogItem extends ConcurrencySafeEntity {
    private Identity backlogItemId;
    private Identity productId;
    private Identity teamId;
    private Identity tenantId;
    ...
}
```

たしかに、こうすれば疎結合性は確保できる。しかし、個々の識別子の型を他と区別できなくなるという点で、バグを埋め込んでしまう可能性が増えてしまう。

アジャイルプロジェクト管理コンテキストは成長し続ける。SaaSOvation は今後、他のアジャイル

開発手法やツールもサポートするつもりだ。そのときには、いまあるモジュールにも影響がおよぶだろう。少なくとも、新しいモジュールが増えることになるだろうし、おそらく既存のモジュールにも手を加える必要が出てくる。チームは、アジャイル精神にのっとって、必要ならリファクタリングをいとわないことを確認した。

さて次に、システムのソースコードを通じて、モジュールを他の場所で使う方法を考えよう。

9.5 他のレイヤにおけるモジュール

どんな**アーキテクチャ** (4) を選択するにせよ、そのアーキテクチャにおけるモデル以外のコンポーネントについても、モジュールを作って名前を決めなければいけない。ここでは、昔ながらの**レイヤ化アーキテクチャ** (4) を例にするが、他のアーキテクチャスタイルの場合でも同じことがいえるだろう。

昔ながらのレイヤ化アーキテクチャを使って、何かのドメインモデルを扱うアプリケーションを作る場合、そのレイヤ構造は、ユーザーインターフェイス・アプリケーション・ドメイン・インフラストラクチャのようになるだろう。アプリケーションのニーズによって、各レイヤで使うコンポーネントの種類も変わる。各レイヤ内のモジュールも、それにあわせて変わるだろう。

手始めに、**ユーザーインターフェイスレイヤ** (14) と、それをサポートする RESTful リソースの影響を考えよう。RESTful リソースを使えば、システムのクライアントや GUI に対してサービスを提供できる。XML や JSON、HTML などの形式で状態を表現できるだろう。しかし、GUI をサポートするという観点では、RESTful なリソースが画面レイアウトなどを定めることはないし、あってはいけない。その代わり、さまざまなマークアップ（XML や HTML など）やシリアライズ方式（XML やJSON、あるいは Protocol Buffers など）による、味気のない表現だけを提供する。あらゆる表現形式の状態を表すであろう、すべてのグラフィカルなレイアウト情報は、別の手段でクライアントに提供される。したがって、REST をサポートするユーザーインターフェイスレイヤでは、以下のように少なくとも二つのモジュールを持たせることになる。

```
com.saasovation.agilepm.resources
com.saasovation.agilepm.resources.view
```

RESTful なリソース群は、`resources` パッケージで管理する。純粋に表示内容に関する部分のコンポーネントは、サブパッケージ `view` にまとめる（あるいは `presentation` でもかまわない）。システムが必要とする REST ベースのリソースの数にもよるが、個々のモジュールの中に、いつくかのサブモジュールを持つことになるかもしれない。注意しておきたいのは、ひとつのリソースプロバイダーが複数の URI をサポートできるということだ。いくつかのリソースプロバイダークラスを使って、複数の URI をすべてプライマリモジュールに保持できる。実際のリソースの要件さえわかってしまえば、モジュールをさらに分割するかどうかの判断は簡単だ。

アプリケーションレイヤにも別のモジュールを持たせることができる。これは、サービスの種類ご

とに作られることになるだろう。

```
com.saasovation.agilepm.application.team
com.saasovation.agilepm.application.product
...
com.saasovation.agilepm.application.tenant
```

RESTfulサービスのリソース設計の原則と同様、アプリケーションレイヤのサービスをサブモジュールに分割するのは、あくまでもそれが役立つ場合だけだ。たとえば**認証・アクセスコンテキスト**の場合、アプリケーションサービスの数は限られている。そこでチームは、それらを全部ひとつのモジュールにまとめることにした。

```
com.saasovation.identityaccess.application
```

よりモジュール化した構造を好む人もいるかもしれない。それでもかまわない。サービスの数が増えて5から6程度になったら、気をつけてモジュール化したほうがいいかもしれない。

9.6　境界づけられたコンテキストの前にモジュールを検討する

凝集したドメインモデルのオブジェクトを別のモデルに分割する必要性や、あるいはそれらをまとめておくべき必要性があるかどうかについて、注意深く検討する必要がある。真のドメインを表す言葉が突然目の前にあらわれることもあるだろうし、言葉があいまいなこともあるだろう。言葉があいまいで、概念的な境界をつくるべきかどうかがはっきりしない場合は、まずはひとまとめのままにしておくことを考えよう。この手法では、モジュールを分割するときの境界を、境界づけられたコンテキストの厚い境界よりも薄くする。

これは、複数の境界づけられたコンテキストを使うことがめったにないという意味ではない。モデル間の境界は、ことばの上での要件として、明らかに理にかなっている。境界づけられたコンテキストはモジュールの代わりに使うべきものではない。モジュールは、凝集したドメインオブジェクトをモジュール化したり、凝集していないドメインオブジェクトを切り分けたりするときに使うものだ。

9.7　まとめ

本章では、ドメインモデルのモジュール化について検討し、なぜそれが重要なのか、そしてどのように実現するのかを学んだ。

- 昔ながらのモジュールと、最近のデプロイ指向のモジュール化の違いを知った。

- ユビキタス言語に沿ってモジュールを命名する重要性を学んだ。
- モジュールの設計を間違え、機械的に考えてしまうと、モデリングの創造性を抑えてしまうということを知った。
- **アジャイルプロジェクト管理コンテキスト**のモジュールがどのように設計されたのか、そしてなぜその手法を選んだのかを検討した。
- モデルの外部でモジュールを扱う際の、有用な指針を知った。
- 最後に、新しい境界づけられたコンテキストを作るよりもモジュールを使うことを考えるべき場面についてのヒントを得た。

次の章では、DDDのモデリングツールの中でも最も理解されていないもの、すなわち集約について、その詳細をとりあげる。

第 10 章

集約

世界とは、恒久的なオブジェクトを集約したものだ。それらのオブジェクトは、主題に依存せず、客観的な時空にある因果関係によってつながっている。

– Jean Piaget

エンティティ (5) や**値オブジェクト** (6) を、注意深く定めた整合性の境界を備えたひとつの**集約**にまとめるという作業は、一見すると簡単なことに思えるかもしれない。しかしこの集約は、DDD の戦術的な指針の中でも最も理解されていないパターンのひとつだ。

本章のロードマップ
  SaaSOvation とともに、集約を不適切にモデリングしたときの悪影響を経験する。
  集約の経験則をベストプラクティスの指針として、設計について学ぶ。
  実際のビジネスルールに沿って、整合性の境界内の真の不変条件をモデリングする方法をつかむ。
  小さな集約を設計するメリットを考える。
  集約から別の集約を参照する際に、その識別子を使うよう設計すべき理由を学ぶ。
  集約の境界の外部で**結果整合性**を使うことの重要性を見つける。
  集約の実装テクニックとして、「命じろ、たずねるな」やデメテルの法則などを学ぶ。

　まずは、ありがちな疑問について考えてみよう。集約とは単に、共通の親を持つ、密接につながったオブジェクトのグラフを**とりまとめる**ための手段にすぎないのだろうか？　仮にそうだとして、ひとつのグラフに含めるオブジェクトの数に、現実的な制限はあるのだろうか？　ある集約のインスタンスから別の集約のインスタンスを参照できるということは、奥深くまでたどりながら、その途上のさまざまなオブジェクトを変更することもできるのだろうか？　**不変条件**、そして**整合性の境界**とは、結局のところどういう概念なのだろうか？　最後の問いの答えは、その他の問いの答えに大きな影響をおよぼすものだ。

　集約のモデリングに失敗するパターンには、さまざまなものがある。利便性を考えてどんどん合成してしまい、大きすぎる集約を作ってしまうという罠にもはまりがちだ。逆に、集約をあまりにも簡

素にしすぎて、真の不変条件を守れなくなってしまうこともある。これら両極端の罠にはまらないように気をつけて、さらにビジネスルールにも気をつけることが大切だ。

10.1　コアドメイン（スクラム）における集約の使用

　SaaSOvation が集約をどのように利用しているのか、特に、**アジャイルプロジェクト管理コンテキスト**のアプリケーションである ProjectOvation に注目して見ていこう。このアプリケーションはスクラムのプロジェクト管理モデルに沿ったものであり、プロダクトやプロダクトオーナー、チーム、バックログアイテム、計画されたリリース、スプリントなどいった概念を持っている。スクラムの全体像を考えたときに、これらの概念はどれも馴染み深いものだろう。スクラムの語彙が、**ユビキタス言語** (1) を作る際の出発点となる。ソフトウェアをサービスとして（SaaS）提供して、サブスクリプション方式で利用するアプリケーションなので、利用申し込みのあった個々の組織を**テナント**として登録する。これもまた、ユビキタス言語のひとつだ。

---・・・---

　スクラムに習熟したメンバーや開発者たちを集めたグループを作ったが、彼らには DDD の経験があまりなかった。そのため、チームは DDD に関してちょっとした間違いを犯した。結果として、かなり急な学習曲線をたどることになってしまった。最終的に彼らは、自分たちが集約を扱った経験を糧にして成長した。私たちも同じように成長できるはずだ。彼らの悪戦苦闘ぶりから学び、自分たちのソフトウェアを作るときに同じ状況に陥らないようにしよう。

　このドメインの概念、そしてパフォーマンスやスケーラビリティに関する要件は、最初の**コアドメイン** (2) である**コラボレーションコンテキスト**に取り組んでいたときよりもずっと複雑なものだった。これらの課題に対応するために、彼らが使った DDD の戦術的ツールのひとつが、集約だ。

　チームは、オブジェクトをどのようにまとめようとしたのだろうか？　集約パターンでは合成について考えるので、情報隠蔽のことも考えることになるだろう。この点については、彼らもどうすればいいかを理解していた。整合性の境界やトランザクションに関する議論もある。しかしこの時点の彼らは、こちらについてはあまり気にしていなかった。彼らの選択した永続化メカニズムは、データのアトミックなコミットを管理しやすくするものだった。しかし、ここに重大な問題があった。集約パ

ターンの指針を誤解していたために、手戻りが発生することになったのだ。いったい何が起こったのだろう。この時点で、ユビキタス言語の中には以下のような文章が含まれていた。

- プロダクトは、バックログアイテムやリリースそしてスプリントを持っている。
- 新しいプロダクトバックログアイテムが計画される。
- 新しいプロダクトリリースが予定される。
- 新しいプロダクトスプリントが予定される。
- 計画されたバックログアイテムが、リリースに向けて予定される。
- 予定されたバックログアイテムは、スプリントにコミットできる。

──────── ・・・ ────────

これらにもとづいてモデルを思い描き、最初の設計をしてみた。どうなったのかを見てみよう。

第一の試み：巨大な集約

チームは、最初の文章にある「プロダクト」という単語を重く見た。そしてそれが、このドメインにおける最初の集約の設計に、大きな影響をおよぼした。

──────── ・・・ ────────

オブジェクトは、オブジェクトグラフのように相互接続していなければいけない。これらのオブジェクトのライフサイクルをまとめて管理することが、重要だと考えた。そこで開発者たちは、一貫性に関する以下のようなルールを仕様に追加した。

- バックログアイテムをいったんスプリントにコミットしたら、それをシステムから削除してはいけない。
- いったんバックログアイテムがコミットされたスプリントを、システムから削除してはいけない。
- いったんバックログアイテムが予定に組み込まれたリリースは、システムから削除してはいけない。
- バックログアイテムをいったんリリースに予定として組み込んだら、それをシステムから削除してはいけない。

これらを踏まえた Product は、当初はかなり巨大な集約になった。ルートオブジェクトである Product が、関連するすべての BacklogItem・Release・Sprint のインスタンスを保持する設計になったのだ。クライアントの不注意でこれらのインスタンスを削除できないように、インターフェイスを設計した。

──────── ・・・ ────────

最初の設計は、以下のようなコードになった。UMLを図10-1に示す。

```
public class Product extends ConcurrencySafeEntity {
    private Set<BacklogItem> backlogItems;
    private String description;
    private String name;
    private ProductId productId;
    private Set<Release> releases;
    private Set<Sprint> sprints;
    private TenantId tenantId;
    ...
}
```

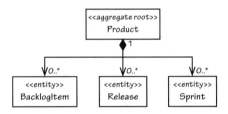

図10-1：巨大な集約としてモデリングしたProduct

　この巨大な集約は、一見したところ特に問題なさそうではあるが、実用には耐えなかった。もともと想定していたマルチユーザー環境でアプリケーションを実行すると、トランザクション障害が多発するようになったのだ。いくつかのクライアントの利用パターンを精査して、このソリューションに対してどのようなやりとりを行うのかを見てみよう。この集約のインスタンスは、楽観的並行性制御を使って、永続化されたオブジェクトが他のクライアントから同時に更新されることを防ぐ。これによって、データベースのロックを回避している。第5章「エンティティ」で議論したように、オブジェクトはバージョン番号を保持しており、変更が加わるたびにバージョン番号が加算される。そして、変更をデータベースに保存する前に、そのバージョン番号を確認する。永続化されたオブジェクトのバージョン番号のほうがクライアント側のコピーのバージョン番号より大きければ、クライアント側の情報は古くなっているとみなし、保存を拒否する。
　同時に複数のクライアントが利用する場合にありがちな、こんなシナリオを考えてみよう。

- 二人のユーザーBillとJoeが、同じ`Product`のバージョン1を使ってそれぞれの作業をはじめる。
- Billが新しい`BacklogItem`の計画をたてて、コミットする。`Product`のバージョンは2になる。
- Joeが新しい`Release`の予定をたてて、保存しようとする。しかし、このコミットは失敗する。Joeは、バージョン1の`Product`を使って作業をしているからだ。

永続化メカニズムは一般に、この方式で並行性を制御している[1]。デフォルトの並行性制御方式は変更できるだろうと思っている人は、判断を下すのをもう少し待ってほしい。この手法は実際に、集約の不変条件を並行処理から守るためには重要となる。

たった二人のユーザーがいるだけで、一貫性に関するこんな問題が発生するのだから、ユーザーがさらに増えれば、問題はもっと深刻になる。スクラムでは、複数のユーザーが同じプロダクトを同時に変更することなどざらにある。スプリントプランニングのミーティング中やスプリントの実施中などに、頻発するだろう。同時に変更しようとしたときに、成功するのはそのうちの一人だけだというのは、まったく受け入れられない。

新しくバックログアイテムの計画をたてる作業が、新しいリリースの予定を決める作業の邪魔になるなんて、ありえない！　いったいなぜ、Joe のコミットは失敗してしまったのだろう？　根本的な問題は、大きすぎる集約を設計した際に不変条件を見誤って、実際のビジネスルールに反してしまったことだ。不変条件を間違えると、本来はないはずの制約を開発者が強要してしまうことになる。勝手に制約を追加したりしなくても、不適切な削除を防ぐための手は他にもある。トランザクションの問題だけではなく、この設計にはパフォーマンスやスケーラビリティに関する問題もある。

第二の試み：複数の集約

次に、図 10–2 に示す別のモデルを検討しよう。ここでは、四種類の集約を用意している。それぞれの依存関係の関連づけには、おそらく共通の `ProductId` を使うのだろう。これは、他の三つの集約の親とみなす `Product` の識別子だ。

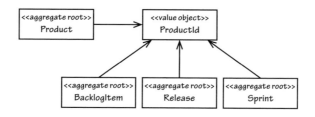

図10–2：Product とそれに関連する概念を、それぞれ別の集約型としてモデリングする

ひとつの巨大な集約を四つに分割すると、Product のいくつかのメソッドの契約もそれにあわせて変化する。巨大な集約方式の設計の場合、メソッドのシグネチャは以下のようになっていた。

```
public class Product ... {
    ...
```

---

[1] たとえば Hibernate は、この方法で楽観的並行性制御を行っている。キーバリューストアの場合も同様だ。なぜなら、各パーツを個別に格納するよう設計していない限り、集約全体をひとつの値としてシリアライズすることになるからである。

```
    public void planBacklogItem(
        String aSummary, String aCategory,
        BacklogItemType aType, StoryPoints aStoryPoints) {
            ...
    }
    ...
    public void scheduleRelease(
        String aName, String aDescription,
        Date aBegins, Date anEnds) {
            ...
    }

    public void scheduleSprint(
        String aName, String aGoals,
        Date aBegins, Date anEnds) {
            ...
    }
    ...
}
```

　これらのメソッドはすべて、**CQS**[Fowler, CQS] で言うところのコマンドだ。つまり、新たな要素をコレクションに追加して、Product の状態を変更する。したがって、その戻り値の型は void となる。しかし、複数の集約を使う設計の場合は、以下のようになる。

```
public class Product ... {
    ...
    public BacklogItem planBacklogItem(
        String aSummary, String aCategory,
        BacklogItemType aType, StoryPoints aStoryPoints) {
            ...
    }

    public Release scheduleRelease(
        String aName, String aDescription,
        Date aBegins, Date anEnds) {
            ...
    }

    public Sprint scheduleSprint(
        String aName, String aGoals,
        Date aBegins, Date anEnds) {
            ...
    }
    ...
}
```

　設計しなおしたこれらのメソッドは、CQS で言うところのクエリであり、**ファクトリ** (11) として機能する。つまり、それぞれが新たな集約のインスタンスを作って、そのインスタンスへの参照を返す。クライアントがバックログアイテムを計画しようとした場合、そのトランザクションの**アプリ**

ケーションサービス (14) は、以下のような動きをする必要がある。

```java
public class ProductBacklogItemService ... {
    ...
    @Transactional
    public void planProductBacklogItem(
        String aTenantId, String aProductId,
        String aSummary, String aCategory,
        String aBacklogItemType, String aStoryPoints) {

        Product product =
            productRepository.productOfId(
                    new TenantId(aTenantId),
                    new ProductId(aProductId));

        BacklogItem plannedBacklogItem =
            product.planBacklogItem(
                    aSummary,
                    aCategory,
                    BacklogItemType.valueOf(aBacklogItemType),
                    StoryPoints.valueOf(aStoryPoints));

        backlogItemRepository.add(plannedBacklogItem);
    }
    ...
}
```

トランザクションが失敗するという課題を解決するために、**トランザクションを外部に追い出した**というわけだ。これで、複数のユーザーから同時にリクエストがあったとしても、BacklogItem や Release そして Sprint のインスタンスを安全に好きなだけ作れる。きわめてシンプルになった。

　しかし、いくらトランザクションの面で有利だとしても、こまごました集約を四つも扱うという点は、クライアント側からすれば不便に感じるだろう。ひとつの巨大な集約を保ったままで、なんとか並行性の問題を解決したいと考えるかもしれない。Hibernate のマッピングで optimistic-lock オプションを false にすれば、トランザクションの失敗がドミノ倒しのように連鎖することを回避できる。BacklogItem や Release そして Sprint のインスタンスを作る数には不変条件はない。それならば、単にコレクションをいくらでも拡大できるようにして、Product 上でのインスタンスの作成を無視すればいいだけではないのだろうか？　巨大なひとつの集約を維持したところで、他にいったいどんな問題があるのだろう？　問題は、この方式にしてしまうと、コレクションの拡大を制御できなくなってしまうということだ。それがなぜ問題なのかを説明する前に、SaaSOvation チームが必要としていた最も重要なモデリングのヒントを解説する。

10.2　ルール：真の不変条件を、整合性の境界内にモデリングする

境界づけられたコンテキスト (2) 内で集約を見つけ出そうとするときには、そのモデルの真の不変条件を理解しなければいけない。それがわかっていてはじめて、集約にどのオブジェクトを含めるべきなのかが判断できるようになる。

不変条件とは、常に整合性を保っている必要のあるビジネスルールのことだ。整合性には、いくつかの種類がある。そのひとつが**トランザクション整合性**で、これは即時かつアトミックに整合性を保つというものだ。それとは別の種類の整合性が、**結果整合性**だ。**不変条件について議論する際の整合性は、トランザクション整合性のことを指す**。たとえば、以下のような不変条件があるものとしよう。

```
c = a + b
```

このとき、aが2でbが3なら、cは5でなければいけない。仮にcが5以外の値だとしたら、システムの不変条件に違反していることになる。cの整合性を保証するには、モデル内のこれらの属性に境界を定める。

```
AggregateType1 {

    int a;

    int b;

    int c;

    操作群 ...
}
```

整合性の境界の論理的な意味は、「その内部にあるあらゆるものは、どんな操作をするにかかわらず、特定の不変条件のルールに従う」ということだ。この境界の外部にある、あらゆるものの整合性は、集約とは無関係になる。つまり、**集約はトランザクション整合性の境界**と同義である（今回の例では、AggregateType1 が int 型の属性を三つ持っているだけだが、集約の保持する属性には、さまざまな型があり得る）。

一般的な永続化メカニズムを使う場合は、単一のトランザクション[2]で整合性を管理する。トランザクションをコミットする時点で、その境界内にあるあらゆるものが整合性を保っている必要がある。**適切に設計された集約では、業務で必要とするあらゆる変更に対して、トランザクション内での不変条件の整合性を完全に維持できる**。また、境界づけられたコンテキストを適切に設計すれば、どんな場合でも、ひとつのトランザクション内で変更する集約をひとつだけに絞り込める。さらに、**トランザクションの分析をしてからでないと、集約の設計の善し悪しを正しく判断することはできない**。

---

[2]　トランザクションは、**ユニットオブワーク**パターン [Fowler, P of EAA] で扱えばいい。

ひとつのトランザクションではひとつの集約のインスタンスしか変更できないという制約は、多少厳しすぎだと感じるかもしれない。しかし、経験上、たいていの場合は、それを目指すべきだ。まさにそれが、集約を使う理由でもある。

>>> **ホワイトボードの時間**

- あなたのシステムにおける巨大な集約をホワイトボードに書き出してみよう。
- 書き出した集約のそれぞれについて、巨大化している理由と、その規模が原因で発生しうる問題を書き込もう。
- そのリストの隣に、同じトランザクションの中で変更される別の集約の名前を書き込もう。
- 書き出した集約の隣に、集約の境界の設計を間違えたせいで発生している不変条件を書き込もう。

整合性に注目して集約を設計しなければいけないという事実からもわかるとおり、ユーザーインターフェイスからのリクエストは、ひとつの集約のインスタンスに対する単一のコマンドにして実行するよう注意しなければいけない。ひとつのリクエストでそれ以上のことをやり過ぎると、アプリケーション側では複数のインスタンスを一度に変更しなければいけなくなる。

したがって、集約は主として整合性の境界を定めるものであり、オブジェクトグラフを設計したいという理由で作るものではない。現実世界の不変条件の中には、これよりも複雑なものもあるだろう。だとしても、一般的な不変条件は、モデリングの作業にそれほど厳しくないので、**小さな集約を設計**することが可能だ。

10.3　ルール：小さな集約を設計する

いまや、この問いについても完全に対応できるようになった。巨大な集約を維持するための追加コストはどれくらいになる？　すべてのトランザクションが成功することを保証したところで、巨大な集約にはパフォーマンスやスケーラビリティの問題が残る。SaaSOvation が市場を開拓していくにつれて、テナントの数もどんどん増えるだろう。各テナントが ProjectOvation を使い込むようになると、SaaSOvation は数多くのプロジェクトを抱えることになる。それらのプロジェクトの成果物も管理しなければいけない。プロダクトもバックログアイテムも、リリースもスプリントも、その数は大量になるだろう。パフォーマンスやスケーラビリティは、非機能要件として無視できないものだ。

パフォーマンスとスケーラビリティを念頭に置いて考えてみよう。たとえば、あるテナントのユーザーがバックログアイテムをプロダクトに追加しようとしたとき、すでにそのプロダクトには何千ものバックログアイテムが登録されていたとしたら、どうなるだろうか？　遅延読み込みに対応した永続化メカニズム（Hibernate など）を使っているので、すべてのバックログアイテムやリリースそしてスプリントを一度に読み込むことなど、まずない。しかし、すでに数千のバックログアイテムを持つコレクションに新たな要素を追加するには、そのためだけにすべてのバックログアイテムをいったんメモリに読み込む必要がある。遅延読み込みに対応していない永続化メカニズムを使っている場合

は、状況はさらに悪化する。いくらメモリを意識していたとしても、複数のコレクションを読み込まざるを得ない場合がある。たとえば、バックログアイテムをリリースの予定に入れたり、スプリントにコミットしたりする場合だ。この場合、すべてのバックログアイテムと、すべてのリリースあるいはすべてのスプリントのいずれかが読み込まれることになるだろう。

この点を明確にするために、図 10-3 を見てみよう。これは、集約の構造を拡大したものだ。**0..* という表記にだまされてはいけない。関連の数がゼロになることなど決してないし、この数は増加する一方だ。**おそらく、比較的単純な操作をするためだけに、何千何万ものオブジェクトを一度にメモリ上に置く必要が出てくるだろう。ひとつのプロジェクト上での、ひとつのテナントの一人のチームメンバーの操作のためだけに、それが必要になってしまうのだ。複数のチームや多数のプロダクトを抱えたテナントが何千もあるときに、この操作がいっせいに行われたら、いったいどうなるだろうか。状況は時間とともに悪化するばかりで、よくなることはないだろう。

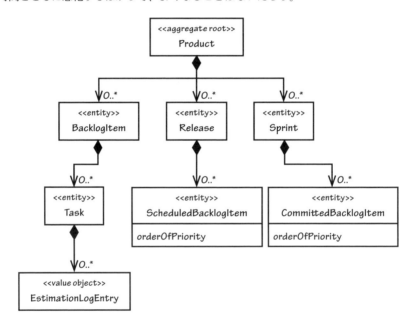

図10-3：この **Product** モデルは、基本操作の多くで、複数の大規模なコレクションの読み込みが発生する

このような大規模な集約は、どうがんばってもパフォーマンスやスケーラビリティの問題から逃げられない。悩まされ続けたあげく、最終的にはうまくいかなくなってしまう。そもそも、はじまりの時点で間違っていたのだ。不変条件を見誤り、合成の利便性だけを見て設計を進めた。その結果、トランザクションやパフォーマンス、そしてスケーラビリティに影響をおよぼしてしまったというわけだ。

小さな集約を設計しろといっても、「小さな」とはいったいどういう意味なのだろう？　突き詰めれば、一意な識別子とそれ以外の属性をひとつだけ持つような集約が最小だろうが、何もそうしろといっているわけではない（それが真の要件であるなら、それでかまわない）。集約の構造を、ルートエン

ティティとその他最小限の属性（そして値型のプロパティ）だけにするという意味だ[3]。必要最小限に抑えるのが正解で、それ以外の何者でもない。

必要な要素とは、いったいどれのことだろう？　この問いに対するシンプルな答えは、「他の要素との整合性を保つ必要があるもの」である。ドメインエキスパートがルールとして明示するか否かにはかかわらない。たとえばProductは、name属性とdescription属性を持っている。これらを別々の集約にモデリングしてnameとdescriptionの整合性が崩れている状態など、考えられない。nameを変更したら、きっとdescriptionも変更するだろう。仮にどちらか一方だけしか変更しないことがあるとするなら、それはおそらく、スペルミスの修正や、descriptionがnameをより適切に表すように変更するといった場合だろう。そういったことをドメインエキスパートが明示することはおそらくないだろうが、これは暗黙のルールといえる。

モデルの一部分をエンティティとしてモデリングしたくなったときに、何を考慮すべきだろうか。まずは、その部分自体が今後も変わり続けるものなのか、あるいは変更したくなったときに丸ごと置き換えてしまえば済むものなのかを考えよう。丸ごと置き換えて済ませられるものなら、そこはエンティティではなく値オブジェクトの出番だ。時には、エンティティでなければいけないこともある。しかし、一件一件を個別に見ていけば、エンティティで扱っている概念の多くは値オブジェクトで書き直せるだろう。集約のパーツとして値型のほうを推奨しているのは、集約が不変だからというわけではない。値型のプロパティのひとつが置き換えられたら、ルートエンティティ自身の状態が変わるからだ。

内部のパーツを値だけにすることで得られる、重要な利点がある。利用する永続化メカニズムにもよるが、値はルートエンティティといっしょにシリアライズできる。一方、エンティティの場合は、それを追跡するストレージが別途必要になる。そのぶん、エンティティのほうがオーバーヘッドが大きくなる。たとえば、Hibernateを使って読み込む際には、SQLのJOINが必要になってしまう。単純に、ひとつのテーブルの行を読み込むだけのほうが、ずっと高速だ。また、値オブジェクトのほうが小さくなるし、安全に使える（バグがより少ない）。不変だという特性があるので、ユニットテストで動作を検証するのも簡単だ。これらの利点については、第6章「値オブジェクト」で説明した。

Qi4j[Oberg]を使った金融派生商品関連のプロジェクトについて、Niclas Hedhman[4]の報告によると、彼らチームは、すべての集約の約7割を、ルートエンティティに値型のプロパティを数個持たせるだけにできた。残りの3割も、たかだか二つか三つ程度のエンティティしかなかった。すべてのドメインモデルがこのように7対3に分けられるというわけではない。この報告が示しているのは、かなりの割り合いで、集約にはルートエンティティ以外のエンティティが不要になるということだ。

集約に関する[Evans]での議論の中に、複数のエンティティを持たせることが理にかなっているかどうかを考えるサンプルがある。購入注文に承認限度額が定められていて、注文品目の総額が限度

---

[3] 値型のプロパティは、値オブジェクトへの参照を保持する属性となる。私はこの形式を、Ward Cunninghamが**完結した値** [Cunningham, Whole Value] と称する、シンプルな文字列や数値型の属性とは区別している。

[4] http://www.jroller.com/niclas/も参照すること。

額を上回ってはいけない。このルールを強制するのが難しくなるのが、複数のユーザーが同時に品目を追加する場合だ。どの追加処理も、限度額を上回ることを許してはいけない。しかし、複数のユーザーが同時に追加をした場合は、それらを一括して判断しなければいけない。ここでその解決策を繰り返すつもりはないが、強調しておきたいことがひとつある。たいていの場合、業務モデルの不変条件は、このサンプルよりもシンプルになるものだ。このことを理解しておけば、集約を設計するときに、プロパティを最小限に抑える手助けになるだろう。

　小さめの集約は、パフォーマンスやスケーラビリティの面で有利なだけではない。トランザクションも成功しやすくなる。つまり、他の処理との衝突によるコミットの失敗がめったにないということだ。このおかげでシステムは、より使いやすくなる。あなたのドメインが、大きめの構造の集約を設計せざるを得ないような真の不変条件を常に持っているとは限らない。したがって、集約のサイズを抑えておくのはごく自然なことだ。整合性に関するルールが新たに見つかったら、必要に応じてエンティティやコレクションを追加する。しかしその場合も、全体のサイズはできる限り小さく抑えることを心がけよう。

ユースケースを鵜呑みにするな

　ユースケース仕様を作るときには、ビジネスアナリストが重要な役割を果たす。大変な作業を経て大量かつ詳細な仕様をまとめ、それが私たちの設計時の判断に影響をおよぼす。しかし、忘れてはいけないことがある。このようにしてできあがったユースケースが、ドメインエキスパートやモデリングチームの開発者たちの視点を反映しているとは限らない。それでも、個々のユースケースと今のモデルや設計のつじつまを合わせる必要がある。集約に関する方針の決定も、それに含まれる。そのときによく出てくる問題のひとつが、複数の集約のインスタンスを更新しなければいけないようなユースケースが出てくることだ。そんな場合はまず、そのユースケースのゴールが、複数の永続トランザクションにまたがるものなのか、それともひとつのトランザクションで完結するものなのかを考えよう。もし後者なら、そのユースケースは疑ってかかるに値する。いくらきれいに書かれていようが、そのようなユースケースが私たちのモデルの真の集約を正確に反映しているとは限らない。

　集約の境界が実際の業務の制約と一致していると仮定して、もしビジネスアナリストが図10-4のような仕様を出してきたら、それは問題の元だ。考え得るコミット順を考慮していくと、三つのリクエストのうち二つが失敗するいう場合もあることがわかる[5]。この指示が、あなたの設計にどんな影響をおよぼすのだろう？　この問いに答えようとすると、ドメインについてのより深い理解が得られる。複数の集約のインスタンスの整合性を保ち続けなければいけないというのは、自分たちが不変条件を見落としているということを意味する。最終的には、その複数の集約をひとつの新たな概念にまとめて名前をつけて、この新たに発見した業務ルールに対応することになるだろう（そしてもちろん、今

---

[5] 複数のトランザクションにまたがって複数の集約を変更するようなユースケースの話をしているわけではない。それは特に問題はない。ユーザーのゴールをトランザクションとは同一視すべきではないからだ。ここで気にしているのは、複数の集約のインスタンスを単一のトランザクションで変更するよう明示しているユースケースだ。

までの集約群を、この新しい概念に取り込むことになる）。

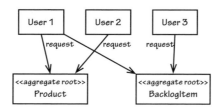

図10–4：三人のユーザーが、二つの集約のインスタンスに同時にアクセスしようとして、並行性制御の競合が起こる。トランザクションの失敗が多発することになるだろう

　この新しいユースケースから得られた知見にもとづいて、集約の設計を見直すことになりそうだ。しかし、これを鵜呑みにしてはいけない。複数の集約をまとめた新しい集約を用意すると、まったく新たな概念としてそれに新しい名前を付けることになるだろう。しかし、この新しい概念が、大規模な集約を設計することにつながってしまう。最終的には、大規模な集約を作った場合と同じ問題に悩まされることになるだろう。何か別の手はないだろうか？

　単一のトランザクション内での整合性の維持を求められるようなユースケースを与えられたからといって、必ずそうしなければいけないというわけではない。そういった場合の多くは、複数の集約間で結果整合性が保たれていれば、それで十分に目的を達成できるものだ。チームでこのユースケースを精査して、前提を疑ってかかろう。指示にそのまま従うと見苦しい設計になってしまう場合は、特に注意が必要だ。場合によってはユースケースを書き直す必要があるかもしれない（ビジネスアナリストが非協力的な場合でも、少なくとももう一度考え直してもらう必要がある）。新しいユースケースは、**結果整合性を保つことと、どの程度までの遅延が許されるのかを明示した**ものになるだろう。これについては、本章の後半で改めてとりあげる。

10.4　ルール：他の集約への参照には、その識別子を利用する

　集約を設計するときに、合成構造をとって、オブジェクトグラフの奥深くまで走査できるようにしたくなるかもしれない。しかしそれは、このパターンを使う動機にはならない。Evans は、ある集約が別の集約のルートへの参照を保持してもかまわないと説明している [Evans]。しかし、これは決して、参照先の集約と参照元の集約が、同じ整合性の境界に属するという意味ではない。参照したからといって、それら全体がひとつの集約になるわけではない。図 10–5 に示すように、二つ（あるいはそれ以上）にわかれたままである。

　Java の場合、その関連は以下のように表すことになる。

```
public class BacklogItem extends ConcurrencySafeEntity {
    ...
    private Product product;
```

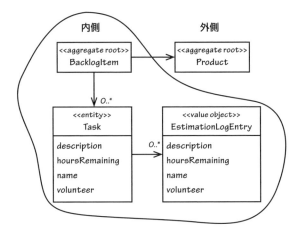

図10-5：集約は二つであり、ひとつではない

```
    ...
}
```

つまり、`BacklogItem` が、`Product` オブジェクトとの直接の関連を保持するということだ。

これまでに議論した内容とこの後で議論する内容を踏まえると、以下のようなことが推測できる。

① 同一トランザクション内で、参照する側（`BacklogItem`）と参照される側（`Product`）の両方を**変更してはいけない**。単一のトランザクションで変更できるのは、どちらか一方の集約だけである。

② もし複数のインスタンスを単一のトランザクションで変更しようとしているなら、現状の整合性の境界が間違っている可能性が高い。もしそのとおりなら、モデリングを見直すチャンスだ。まだユビキタス言語にとらえきれていない概念が、大きく手を振ってあなたたちに呼びかけている（本章の前半を見直そう）。

③ もし、上の②を適用しようとした結果が巨大な集約の作成につながり、先に説明した問題点を抱えてしまいそうなら、それはおそらく、アトミックな整合性ではなく結果整合性（本章の後半を参照すること）を使う必要があるのだろう。

もし他の集約への参照を保持しなければ、その集約を変更することはできない。つまり、同一トランザクション内で複数の集約を変更したいという誘惑を断ち切るには、そもそも最初から、他の集約への参照を保持しなければいい。しかしこれは、あまりにも厳しすぎる制約だ。というのも、ドメインモデルの間には常に、何らかのつながりがあるものだからである。必要な関連は利用できるようにしつつ、トランザクションの誤用やとんでもない失敗を起こさないようにして、かつそのモデルのパフォーマンスとスケーラビリティを確保するためには、どうすればいいだろうか。

識別子への参照を使って、複数の集約を一度に扱えるようにする

外部の集約への参照にはその一意な識別子だけを利用し、オブジェクトそのものへの参照（ポインタ）は保持しないようにしよう。その例を、図10-6に示す。

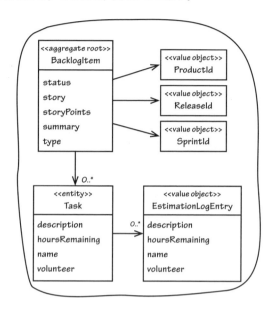

図10-6：集約 **BacklogItem** が、識別子を用いて、境界の外部と関連している

先ほどのソースを、以下のように書き直す。

```
public class BacklogItem extends ConcurrencySafeEntity {
    ...
    private ProductId productId;
    ...
}
```

このようにすれば、別のオブジェクトを利用しているであろう集約のサイズは自動的に小さくなる。別のオブジェクトへの参照が、利用する前に読み込まれることがなくなるからである。モデルのパフォーマンスも向上するだろう。というのも、インスタンスを作成するためにかかる時間も短くなるし、メモリの消費量も少なくなるからだ。メモリの消費量を抑えると、メモリの割り当てだけでなく、ガベージコレクションの面でも好影響がおよぶ。

モデルのナビゲーション

識別子で参照するようにしたからといって、他のモデルの中を一切たどれなくなるというわけではない。たとえば、**リポジトリ**（12）を集約内から使って検索することもできる。このテクニックは**切り**

離されたドメインモデルと呼ばれており、遅延読み込みの方式のひとつである。しかし、私がお勧めするのは、それとは別の方法だ。リポジトリあるいは**ドメインサービス** (7) を使って、集約の振る舞いを実行する前に依存オブジェクトを検索する。クライアントのアプリケーションサービスがこれを制御し、その後、集約に処理をまわす。

```
public class ProductBacklogItemService ... {
    ...
    @Transactional
    public void assignTeamMemberToTask(
        String aTenantId,
        String aBacklogItemId,
        String aTaskId,
        String aTeamMemberId) {

        BacklogItem backlogItem =
            backlogItemRepository.backlogItemOfId(
                new TenantId(aTenantId),
                new BacklogItemId(aBacklogItemId));

        Team ofTeam =
            teamRepository.teamOfId(
                backlogItem.tenantId(),
                backlogItem.teamId());

        backlogItem.assignTeamMemberToTask(
            new TeamMemberId(aTeamMemberId),
            ofTeam,
            new TaskId(aTaskId));
    }
    ...
}
```

アプリケーションサービスに依存関係を解決させることで、集約がリポジトリやドメインサービスに依存せずに済ませられるようになる。しかし、複雑でそのドメインに特化した依存関係を解決させる場合には、ドメインサービスを集約のコマンドメソッドに渡すのが、最適な方法だろう。集約はその後、ドメインサービスへの**ダブルディスパッチ**によって、参照先を解決できる。どんな方法を使って他の集約にアクセスできるようになったとしても、一度のリクエストで複数の集約を参照できるからといって、一度のリクエストで複数の集約を同時に変更してかまわないというわけではない。

モデルからは識別子による参照だけしか使えないように制限すると、クライアントに**ユーザーインターフェイス** (14) のビューを組み立てさせたり表示させたりするのが難しくなるかもしれない。複数のリポジトリを使わないとビューを組み立てられないようなユースケースもあることだろう。クエリのオーバーヘッドがパフォーマンス上の問題になるようなら、**シータ結合**あるいは CQRS の利用を検討する価値はある。たとえば Hibernate では、シータ結合を使えば、関連のある複数の集約のインスタンスを使って単一の JOIN クエリを組み立てることができる。これを利用すれば、ビューに必要と

カウボーイの声

LB:「夜道を歩くときに気をつけることが二つある。肉牛と蹄の匂いがしたら、群れのほうに向かってる。牛肉を鉄板で焼いている匂いがしたら、家のほうに向かってる。それだけのことさ」

なる部品を提供できる。CQRS やシータ結合が使えない場合は、オブジェクトへの推測される参照と直接の参照をうまく両立させる必要があるだろう。

もし、これらのアドバイスがどれもモデルを使いづらくさせているように見えるなら、そうすることによるメリットを考えてみよう。集約を小さめにすれば、モデルのパフォーマンスは向上する。さらに、スケーラビリティも確保できるし、分散環境にも適応できるだろう。

スケーラビリティと分散

集約から別の集約への直接の参照をせず、識別子の参照を用いることで、その永続状態を、より広範囲に持ち運べるようになる。集約のデータストレージを継続的に再配分できるようになれば、**無限にも等しいスケーラビリティ**を確保できる。この件について述べたのが、Amazon.com の Pat Helland による論文『Life beyond Distributed Transactions: An Apostate's Opinion』[Helland] だ。この論文では、私たちが**集約**と呼んでいるもののことを**エンティティ**と称している。しかし、どんな名前で呼ぼうとも、それが私たちの言うところの集約であることには変わりがない。ひとつの構成単位であり、トランザクションの整合性が保たれているもののことを指している。いわゆる NoSQL の中には、Amazon に触発されて分散ストレージに対応しているものもある。これらは、[Helland] が「下位レイヤ」と称する、スケールを意識したレイヤの多くを提供している。分散ストレージを採用したり、あるいは同様の目的で SQL データベースでを使ったりする場合には、識別子による参照が重要な役割を果たす。

分散は、ストレージだけにはとどまらない。コアドメインに対する取り組みの中には常に複数の境界づけられたコンテキストが登場するので、識別子で参照するようにすれば、遠方にある別のドメインモデルとの関連も持たせられるようになる。イベント駆動の手法を使う場合は、メッセージベースの**ドメインイベント** (8) に集約の識別子を含めたものを、システム全体に送信する。別の境界づけられたコンテキスト内にいるメッセージのサブスクライバは、この識別子を使えば、自分たちのドメインモデルにおける操作を実行できる。識別子による参照が、リモートとの関連を形成する。分散環境での操作の管理には、[Helland] が **2 パーティアクティビティ**と呼ぶもので行う。これは、**出版・購読** [Buschmann et al.] や**オブザーバ** [Gamma et al.] の用語で言うところの**マルチパーティ**にあ

たる。分散システムをまたがるトランザクションは、アトミックではない。さまざまなシステムが、複数の集約の間の結果整合性を保つ。

10.5　ルール：境界の外部では結果整合性を用いる

　[Evans]による集約パターンの定義の中には、見落とされがちな一節がある。クライアントからの単一のリクエストで複数の集約を変更する必要がある場合に、モデルの整合性を保つためにしなければいけないことに、大きくかかわってくる内容だ。

> 複数の**集約**にまたがるルールはどれも、常に最新の状態にあるということが期待できない。イベント処理やバッチ処理、その他の更新の仕組みを通じて、他の依存関係は一定の時間内に解消できる。[Evans]（128 ページ）

　ひとつの集約上でコマンドを実行するときに、他の集約のコマンドも実行するようなビジネスルールが求められるのなら、その場合は結果整合性を使うこと。大規模で高トラフィックな企業において、すべての集約のインスタンスの整合性を完全に維持するのが不可能だということを受け入れられれば、ごく少数のインスタンスがかかわる程度の規模での結果整合性も理にかなっているということが受け入れられるだろう。

　一方のインスタンスが変更されてから、もう一方のインスタンスが変更されるまでの遅延が、どの程度なら許容できるかを、ドメインエキスパートにたずねてみよう。時には、開発者たちが思っているよりもずっと、遅延に対して寛容であることもある。彼らは、実際の業務では常々遅延が発生するものであることを承知している。一方開発者たちは、アトミックな変更が必須であると洗脳されているのが一般的だ。ドメインエキスパートたちは、電算化以前の業務がどんなものだったかを覚えていることが多い。当時はあちこちで待ちが発生するのが当たり前だったし、一瞬で全体のつじつまが合うことなどまずなかった。ドメインエキスパートたちは、整合性を保つのに時間がかかったとしても、それが合理的な遅延であれば受け入れてくれるものだ。数秒、数分、数時間、あるいは場合によっては数日遅れでも許されるかもしれない。

　DDDのモデルにおける結果整合性をサポートするための、現実的な手段を示す。ある集約のコマンドメソッドがドメインイベントを発行する。これは、複数の非同期サブスクライバに配送される。

```java
public class BacklogItem extends ConcurrencySafeEntity {
    ...
    public void commitTo(Sprint aSprint) {
        ...
        DomainEventPublisher
            .instance()
            .publish(new BacklogItemCommitted(
                    this.tenantId(),
```

```
                    this.backlogItemId(),
                    this.sprintId()));
    }
    ...
}
```

サブスクライバたちはそれぞれ、対応する別の集約のインスタンスを取得し、そのインスタンス上の振る舞いを実行する。個々のサブスクライバの処理はそれぞれ別のトランザクションで行われるので、ひとつのトランザクションでたったひとつのインスタンスだけを変更するというルールにも沿っている。

複数のサブスクライバの並行処理で別のクライアントとの衝突が発生し、変更が失敗した場合はどうなるだろうか。もしそのサブスクライバが、まだメッセージング機構に成功通知を返していないのであれば、もう一度、処理をやり直せる。メッセージが再送されてきたら、改めて新しいトランザクションを開始して、必要なコマンドを実行し、コミットすればいい。整合性の保たれた状態になるか、あるいは再試行の制限に達する[6]まで、再試行を繰り返せる。もし処理が完全に失敗してしまったら、その処理を相殺するか、少なくとも障害の報告を行うことになるだろう。

この例で、ドメインイベント `BacklogItemCommitted` を発行すると、いったい何が達成できるのだろうか？ `BacklogItem` はすでに、コミット先の `Sprint` の識別子を保持していたことを思いだそう。双方向の関連を維持することなど考える必要はない。それよりも、このイベントによって `CommittedBacklogItem` が作れるようになることが大事だ。これで、`Sprint` は作業のコミットを記録できるようになる。`CommittedBacklogItem` は `ordering` 属性を持っているので、`Sprint` は、個々の `BacklogItem` に対して、`Product` や `Release` とは異なる順序を与えることができる。そしてそれは、`BacklogItem` のインスタンス自身が保持している、`BusinessPriority` の見積もりとは結びついていない。したがって、`Product` と `Release` は、同じ関連を、それぞれ `ProductBacklogItem` および `ScheduledBacklogItem` として保持することになる。

>>> ホワイトボードの時間

- 巨大な集約の一覧を振り返って、単一のトランザクションの中で複数を一度に変更しているものを見つけよう。
- その巨大なかたまりをどのように分解するかを考え、図示してみよう。分割した各部分を円で囲み、それぞれについて、真の不変条件を記入しよう。
- それぞれの集約の結果整合性を維持するためにはどうすればいいかを考え、記入しよう。

---

[6] 再試行の際には、Capped Exponential Back-off 方式を使うといい。これは、N 秒おきの一定間隔で定期的に再試行するのではなく、待ち時間を指数関数的に延ばしていき、一方で待ち時間の上限も定めておくという方式だ。たとえば、初回の再試行までの待ち時間を 1 秒として、その後の再試行までの待ち時間は前回の 2 倍にし、処理に成功するか待ち時間が 32 秒に達した時点で処理を終えるというのがその一例になる。

この例は、単一の境界づけられたコンテキストにおける結果整合性の利用法を示したものだ。しかし、同様のテクニックは、先に説明したような分散環境でも利用できる。

誰の役割かを考える

ドメインのシナリオの中には、トランザクション整合性を使うべきか結果整合性を使うべきかを判断しづらいものもある。DDD を伝統的な手法で使っている人たちは、トランザクション整合性を使いたがる傾向がある。CQRS を使っている人たちは、逆に結果整合性を使いたがる。結局、正解はどっちなのだろう？　率直に言うと、どちらの傾向も、ドメインに特化した答えをもたらすわけではなく、単なる技術的な好みの問題に過ぎない。もう少しうまいやりかたはないものだろうか？

カウボーイの声

LB：「『雌牛にたくさん産ませる方法がネットに載ってたよ』って息子が言うんだ。『そんなの、雄牛にがんばってもらうだけだろ』って教えてやったさ」

この件について Eric Evans と話をした結果、非常にシンプルで理にかなった指針が見つかった。ユースケース（ストーリー）について考えるときは、データの整合性を保つのが誰の役割なのかに注目しよう。もしそれが、ユースケースを実行するユーザー自身の役割ならば、トランザクション整合性を保つようにしよう。ただし、あくまでも集約に関するその他のルールを守った上でのことだ。もしデータの整合性の維持が別のユーザー（あるいはシステム）の役割ならば、結果整合性を受け入れよう。この指針は、どちらを使うかの判断材料として便利なだけではなく、そのドメインについてより深く知るための助けにもなる。この指針は、そのシステムにおける真の不変条件（トランザクション整合性を維持すべきもの）をあぶりだすのだ。技術的な好みで方針を決めるよりも、こちらのほうがずっと役立つ。

これもまた、有益なヒントのひとつとして集約の経験則に追加しておこう。検討すべき制約は他にもあるので、この指針だけでトランザクション整合性か結果整合性かを決められるとは限らない。しかし、この指針に沿って考えることで、モデルに関するより深い知見が得られるだろう。本章の後半で、チームが集約の境界を再考することになったときに、この指針が登場する。

10.6　ルールに違反する理由

DDDを使いこなしている人たちは、複数の集約のインスタンスへの変更を、あえて単一のトランザクションにまとめる決断を下すこともある。しかし、あくまでもきちんとした理由がある場合に限ってのことだ。きちんとした理由とは、いったいどんなものだろう？　ここでは、四つの理由について説明する。思い当たるものも、中にはあるかもしれない。

理由その1：ユーザーインターフェイスの利便性

使い勝手を考慮して、複数のものに共通する項目を設定した上での、一括作成ができるようになっているユーザーインターフェイスもある。チームのメンバーが、いくつかのバックログアイテムを一括して作りたがることは多いだろう。共通するプロパティをユーザーインターフェイス上のひとつのセクションで入力させ、それ以外のプロパティをひとつずつ個別に入力させるようにすれば、ムダな繰り返しを減らせる。そして、すべてのバックログアイテムを、一括で作成する。

```
public class ProductBacklogItemService ... {
    ...
    @Transactional
    public void planBatchOfProductBacklogItems(
        String aTenantId, String productId,
        BacklogItemDescription[] aDescriptions) {

        Product product =
            productRepository.productOfId(
                    new TenantId(aTenantId),
                    new ProductId(productId));

        for (BacklogItemDescription desc : aDescriptions) {
            BacklogItem plannedBacklogItem =
                product.planBacklogItem(
                    desc.summary(),
                    desc.category(),
                    BacklogItemType.valueOf(
                            desc.backlogItemType()),
                    StoryPoints.valueOf(
                            desc.storyPoints()));

            backlogItemRepository.add(plannedBacklogItem);
        }
    }
    ...
}
```

不変条件を管理する上で、これが問題になることがあるだろうか？　この場合に関しては、問題にはならない。というのも、バックログアイテムをひとつずつ作ろうが一括で作ろうが、何も変わらないからだ。今インスタンスを作ろうとしているオブジェクトは完全な集約であり、それぞれのインス

タンスが、自身の不変条件を管理している。したがって、すべての集約のインスタンスを一括で作ったところで、意味的には、ひとつずつ繰り返し作っていくこととなんら変わりがない。こんな場合は、経験則に反しても実害はないだろう。

理由その 2：技術的な仕組みの欠如

　結果整合性を利用するには、何らかの形式で境界を越えた処理ができなければいけない。たとえば、メッセージングやタイマー、あるいはバックグラウンドスレッドなどが使える。仮に、そういった仕組みが一切使えないプロジェクトにかかわっている場合は、どうすればいいのだろう？　ありえないと思う人も多いだろうが、私は実際に、そういう状況に直面したことがある。メッセージングシステムもなければバックグラウンドタイマーもない。そしてスレッドの仕組みも使えない。そんな場合に、いったい何ができるのだろうか？

　こんな状況では、気をつけないと、ひとつの巨大な集約を作る方向に逆戻りしてしまう。単一トランザクションルールに従わなければいけないと考える一方で、先述のとおり、それはパフォーマンスやスケーラビリティの低下にもつながってしまう。それを避けるためにはおそらく、システム全体の集約を書き換えて、モデル側で何とか対応してもらうことになるだろう。プロジェクトの仕様がすでに確定していて、新たに発見したドメインの概念についての交渉の余地が残っていない可能性もある。DDD の考え方には反するが、時にはそんなことも起こるものだ。私たちの望むようにモデリングを変更しようと考えても、どうにも手のつけようがないかもしれない。そんな場合は、複数の集約のインスタンスを単一のトランザクションで変更するように迫られるだろう。もちろん、他にやりようのないことが明らかであっても、その決断を急ぎすぎないことが大切だ。

カウボーイの声

AJ：「ルールは破るものだと思ってるなら、腕利きの修理工と仲良くしておくんだな」

　ルールに反することを後押しする、もうひとつの要素について考えよう。**ユーザーと集約との親和性**だ。業務の流れは、一人のユーザーがどんな場合でも単一の集約のインスタンスだけに注目できるようになっているだろうか？　ユーザーと集約の親和性が確保されていれば、複数の集約のインスタンスを単一のトランザクションで変更するという決断は、より理にかなったものとなる。というのも、不変条件や、トランザクションの衝突を回避できるだろうからだ。ユーザーと集約の親和性があった

としても、まれに、並行処理の衝突が発生することがあるかもしれない。しかし、楽観的並行性制御を使っておけば、個々の集約はその衝突から守られるだろう。いずれにせよ、並行処理の衝突はどんなシステムでも起こりうることで、ユーザーと集約の親和性が確保されていなければ、その頻度はより高くなる。さらに、並行処理の衝突からの復旧は、たまにしか発生しないのであれば、それほど難しくはない。したがって、設計上その必要に迫られた場合、複数の集約のインスタンスをひとつのトランザクションで変更しても、うまくいくこともあるだろう。

理由その3：グローバルなトランザクション

さらにもうひとつ、考慮すべき点がある。レガシー技術や、企業内のポリシーの影響だ。グローバルな、二相コミット方式のトランザクションを使うことを強いられる場合もある。これは、少なくとも短期的には、受け入れざるを得ない状況のひとつである。

グローバルなトランザクションを使わざるを得ないからといって、ローカルの境界づけられたコンテキスト内で複数の集約のインスタンスを一度に変更しなければいけないとは限らない。もしその状況を回避できるのなら、少なくともコアドメイン内でのトランザクションの衝突は避けられる。そして、集約のルールにも可能な限り従えるだろう。グローバルなトランザクションの弱点は、二相コミットを回避して、即時の整合性を確保できるようにした場合と比べて、システムのスケーラビリティが劣ることだろう。

理由その4：クエリのパフォーマンス

他の集約への参照を、オブジェクトへの直接の参照として保持するのが最適な場合も考えられる。この手法を使えば、たとえばリポジトリに対する問い合わせのパフォーマンスを改善できる。ただしこれは、集約のサイズの肥大化や全体的なパフォーマンスの低下とのトレードオフになるので、気をつける必要がある。識別子で参照させるというルールを破る例を、本章の後半で示す。

ルールに従う

ユーザーインターフェイスにおける決断、技術的な制約、厳しいポリシーなど、何らかの妥協が求められる場面をいくつか検討してきた。ただ、集約の経験則を破るための言い訳を無理に探したりはしないようにしよう。長い目で見れば、ルールにしたがっておくほうが、プロジェクトのためになる。必要に応じて整合性を保ち、最適化されていて優れた拡張性を持つシステムを支えていこう。

10.7　発見による知見の獲得

集約のルールの適用例として、このルールに従うとSaaSOvationのスクラムモデルの設計がどのように変わっていくのかを見ていこう。プロジェクトチームがどのように設計を再考したのか、そして、新たに身につけたテクニックをどのように活用したのかがわかる。これらの作業によって、新たな知見をモデルに取り込めた。彼らはさまざまな案を検討し、そして適用していったのだ。

設計の再考、ふたたび

巨大な集約だった Product をリファクタリングによって分割し、BacklogItem がそれ単体で集約となった。この集約は、図10-7 に示すモデルを反映したものだ。チームは、Task インスタンスのコレクションを、集約 BacklogItem の内部に持たせることにした。個々の BacklogItem は、グローバルに一意な識別子として BacklogItemId を持っている。他の集約との関連は、すべてこの識別子を使って設定する。つまり、親の Product や、予定している Release、そしてコミット先の Sprint などは、すべてそれらの識別子で参照する。かなりコンパクトになった。

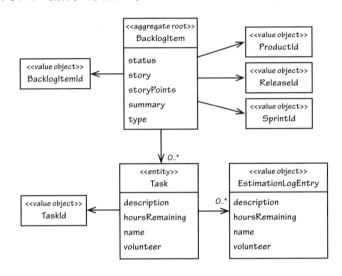

図10-7：集約 BacklogItem の全体構造

さて、このように小さな集約を使った設計を進めていくうちに、やりすぎてしまうことはないのだろうか?

先のイテレーションの結果には満足していたものの、まだ気になる点も残っていた。たとえば、story 属性は、今はかなり長いテキストでも受け付けるようになっている。アジャイルなストーリーを開発しているチームが、そんなに長文のストーリーを作ることはないだろう。仮にそんなことがあったとしても、そのときにはオプションのエディタコンポーネントを提供して、リッチなユースケース定義を記述できるようにするだろう。数千バイトにもなるであろうそんなストーリーが、オーバーヘッドとなる可能性もある。

------・・・------

このオーバーヘッドの可能性は、図10-1 や図10-3 のように Product が巨大な集約だったころから存在していたようだ。チームはここで、この境界づけられたコンテキスト内のすべての集約について、そのサイズを削減するミッションにとりかかった。ここでいくつか、極めて重要な疑問が出てきた。BacklogItem と Task との間には、その関連を維持しなければいけないような、真の不変条件が

存在するのだろうか？　あるいは、まだ気づいていないようなユースケースがあって、ふたつの集約を今後もそのまま維持できるのだろうか？　今のままの設計を維持するための総コストは、いったいどれくらいになるだろうか？

　これらに関して適切な判断を下すための鍵が、ユビキタス言語だ。不変条件については、以下のように書かれていた。

- バックログアイテムのタスクに進捗があったときには、チームのメンバーがそのタスクの残作業時間を見積もる。
- チームのメンバーがあるタスクの残作業時間をゼロだと見積もったら、バックログアイテムは、すべてのタスクの残作業時間を調べる。作業時間の残っているタスクがひとつもない場合は、バックログアイテムの状態が自動的に「完成」に変わる。
- チームのメンバーが、あるタスクの残作業時間を 1 時間あるいは 2 時間と見積もったときに、もしバックログアイテムの状態がすでに「完成」になっていたら、その状態を自動的に巻き戻す。

　これはたしかに、真の不変条件のようだ。バックログアイテムの状態が自動的に設定され、かつその状態は、すべてのタスクの残作業時間の総計に依存しているからだ。タスクの残作業時間の総計とバックログアイテムの状態の整合性が保たれるのであれば、図 10-7 が集約の整合性の境界を正しく定めているように見える。しかし、それだけで判断するのではなく、現在の構成がパフォーマンスやスケーラビリティの面でどの程度のコストとなるのかも検討しなければいけない。そのコストを、バックログアイテムの状態とタスクの残作業の総計との関係を結果整合性にした場合のコストと比較することになる。

――――――――――――――・・・――――――――――――――

　これは、結果整合性を使える典型的な場面ではないかと見る人もいるだろう。しかしここでは、結論を急がない。トランザクション整合性のアプローチについてまず調べてから、結果整合性にするとどんなことが達成できるのかを見ていこう。そうすれば、どちらの手法が好ましいかを判断できるようになるだろう。

集約のコストの見積もり

　図 10-7 に示すとおり、それぞれの `Task` は、`EstimationLogEntry` のインスタンスのコレクションを保持している。`EstimationLogEntry` は、チームのメンバーが新たに残作業時間の見積もりを入力した際に、それを記録するためのモデルだ。実際問題として、ひとつの `BacklogItem` はどの程度の `Task` を保持するものなのだろうか？　同様に、ひとつの `Task` が保持する `EstimationLogEntry` はどの程度の数になるのだろうか？　どちらも、正確に答えるのは難しい。そのタスクがどれくらい複雑なのか、スプリントの期間がどの程度になるのかによって、答えは変わる。とはいえ、「封筒の裏で」[Bentley] 概算してみれば、参考にはなるだろう。

タスクの残作業時間の再見積もりは通常、チームのメンバーがそのタスクに関するその日の作業を終えた後で行われる。スプリントの期間は、二週間あるいは三週間のいずれかであるものとしよう。それより長いこともあるが、二～三週間程度の期間にするのが一般的だ。つまり、スプリントの日数は、10日から15日までのどこかに収まるだろう。あまり厳密に考えず、とりあえず12日としておこう。どちらかといえば、スプリントの期間を二週間としているチームのほうが三週間とするチームよりも多いだろうからだ。

次に、各タスクに割り当てる時間数を考える。タスクは、管理可能な単位に分解しなければいけなかったことを思い出そう。一般的には、ひとつのタスクに割り当てる時間は、4時間から16時間程度になるだろう。もしタスクの見積もりが12時間より長くなった場合、スクラムに慣れた人ならそのタスクを分割することを考える。しかしここでは、ひとまずタスクあたりの時間を12時間としておこう。そのほうが、後の試算が楽になるからだ。このタスクを、12日間のスプリントで、毎日1時間ずつこなしていくことにする。そうすれば、より複雑なタスクもこなせる。すべてのタスクについて12時間と見積もると仮定すれば、タスクあたり12回の再見積もりが発生することになる。

考えることはまだ残っている。ひとつのバックログアイテムに対して、何件のタスクが必要になるだろうか？ これもまた難問だ。たとえば、**レイヤ化アーキテクチャ** (4) や**ヘキサゴナルアーキテクチャ** (4) におけるフィーチャースライスごとに、2件から3件のタスクが必要になると考えるのはどうだろう。たとえば、**ユーザーインターフェイスレイヤ** (14) に対して3件、**アプリケーションレイヤ** (14) に対して2件、ドメインレイヤに対して3件、**インフラストラクチャレイヤ** (14) に対して3件といった考え方だ。この場合、タスク数は合計で11となる。ちょうどぴったりかもしれないし、少なめかもしれない。いずれにせよ、これまでにも、タスクの見積もりで数多くの間違いをしてきたわけだ。多少調整して、バックログアイテムあたり12件のタスクだと考えても許されるだろう。12のタスクがあって、それぞれのタスクが12件の見積もりログを持つということは、**バックログアイテムひとつあたり、144個のオブジェクトを保持する**ということである。少し多いかもしれないが、とりあえずの概算としてはこれで十分だ。

変わる可能性のある数字は、他にもある。スクラムに慣れた人からのアドバイスにしたがって、タスクを細かくすれば、何かが変わってくるだろう。タスクの数を二倍（24）にして、各タスクのログエントリの数を半分（6）にしても、オブジェクトの合計は144のまま変わらない。しかし、見積もりのリクエストのたびに読み込まれるタスクの数は多くなる（12から24に変わる）ので、メモリの消費量は多くなる。チームはさまざまな組み合わせを試し、パフォーマンステストに大きな影響をおよぼすことがないかどうかをたしかめることになるだろう。しかし、とりあえずは、1件あたり12時間かかるタスクが12件あるというところからはじめることにする。

一般的な利用シナリオ

ここで重要なのが、一般的な利用シナリオを検討することだ。全144オブジェクトを一度にメモリに読み込むようなリクエストが、どの程度の頻度で発生するのだろうか？ かつて実際に発生しただろうか？ おそらくないだろうが、きちんと確認しなければいけない。確認した結果、そんなことが

なかったとして、実際のオブジェクト数は最大でどの程度だったのだろうか？　また、複数クライアントからのアクセスで、バックログアイテム上での並行処理が衝突してしまうことはないだろうか？
　これらを見ていこう。
　以下のシナリオは、Hibernate を使った永続化を前提としている。また、個々のエンティティ型は、楽観的並行性制御のための version 属性を持っているものとする。この仕組みがうまく機能する理由は、状態の変更という不変条件を、ルートエンティティ BacklogItem で管理しているからである。状態が自動的に変更（「完成」にしたり、「コミット済み」に戻したりなど）されると、ルートのバージョンがひとつ上がる。つまり、各タスクへの変更は、他のタスクとは独立して行える。そして、その変更によってタスクの状態が変わらない限り、ルートには何も影響がおよばない（もしドキュメントベースのストレージなどを使うつもりなら、以下の分析は再考しなければいけないだろう。事実上、コレクションの一部が変更されるたびに常にルートも変更されることになるからだ）。
　バックログアイテムが最初に作られたときには、まだひとつもタスクを保持していない。通常は、タスクが定義されるのはスプリントプランニングに入ってからだ。スプリントプランニング中に、チームがタスクを見つける。チームのメンバーが、見つかった個々のタスクを、対応するバックログアイテムに追加する。集約を操作する際に、他のメンバーとの衝突を気にする必要はない。新しいタスクを誰が最初に追加できるかを競っているわけではないのだ。その結果、衝突が発生して、どちらかのリクエストが失敗してしまう可能性もある（先ほど、Product にさまざまなパーツを同時に追加しようとして失敗したのと同じ理由だ）。しかし、今回の場合はただ単に二人が同じ作業をしようとしていただけで、失敗しても問題がないことにすぐ気づくだろう。
　もし、複数のユーザーが同時にタスクを追加したくなるようなことが頻繁に発生するのだとわかったら、この分析も大きく変わるだろう。新たに得た知識によって判断基準が変わるので、BacklogItem と Task を二つの集約に分けたくなるかもしれない。一方これは、Hibernate のマッピングで、optimistic-lock オプションを false とするチューニングを施す絶好の機会にもなる。この場合は、タスクを同時に処理できるようにしておくのも理にかなっている。パフォーマンスやスケーラビリティに影響をおよぼさないのなら、なおさらそうだ。
　もし、タスクをまずゼロ時間と見積もった上で、後に正確な見積もりで更新するのだとしても、並行操作の衝突が起こることはあまりないだろう。ただしこの場合、見積もりログのエントリがひとつ余計に増えて、概算で 13 件になる。この場合の同時操作は、バックログアイテムの状態を変更するわけではない。改めて確認しておくと、状態が「完成」に変わるのは、残作業時間が正の数からゼロに変わった場合だけであり、同じく状態が「コミット済み」に戻るのは、残作業時間がゼロから正の数に変わった場合だけである。どちらも、それほど頻繁に発生する出来事ではない。
　日々の見積もりが、問題を引き起こすことはないだろうか？　通常、スプリントの初日は、バックログアイテムは見積もりログを保持していない。初日が終わったときに、チームのメンバーが、タスクの見積もり時間を一時間ずつ減らす。このときに、各タスクに新たな見積もりログが追加されるが、バックログアイテムの状態には何も影響をおよぼさない。ここでは、タスクの操作が衝突することはあり得ない。見積もり時間を調整するのは一人のメンバーだけだからである。タスクの状態が変わる

のは、12日目になってからのことだ。さらに、11件のタスクが残作業時間ゼロになったとしても、その時点ではバックログアイテムの状態は変わらない。状態の変更が発生するのは、最後の最後に行われる見積もり、つまり12件目のタスクに対する144件目の見積もりだけなのだ。このときになって初めて、状態が自動的に「完成」に移行する。

――――――――――――― • • • ―――――――――――――

この分析によって、チームは重要なことを理解した。仮にシナリオを変更してタスクの進捗を二倍にした（6日で完成するようにした）としても、あるいは今のシナリオの一部にそれを混ぜ込んだとしても、結局は何も変わらないということだ。状態を書き換える、つまりルートを変更することになる操作は、常に最後の見積もりだけである。この設計には問題がなさそうだが、メモリのオーバーヘッドに対する懸念がまだ残っている。

――――――――――――― • • • ―――――――――――――

メモリの消費

次に、メモリの消費について考える。ここで重要なのは、見積もりのログを、値オブジェクトとして日次で保持するということだ。仮に同じタスクに対する見積もりを一日に何度も行った場合は、その日最後に行った見積もりだけを保持する。つまり、もし同じ日の見積もりがコレクション内にあれば、それを上書きするということだ。この時点では、見積もりミスの記録を残しておきたいという要件は出ていない。したがって、見積もりログのエントリの数は、スプリントの開始からの経過日数よりも多くなることはあり得ない。この前提は、変わるかもしれない。たとえば、スプリントプランニングの前日や前々日などにタスクが定義されて、スプリントプランニングより前にタスクの再見積もりが行われるのなら、その分のログが追加されることになるだろう。

再見積もりの際にメモリに読み込まれるタスクや見積もりの数は、合計でどの程度になるだろうか？タスクや見積もりログを遅延読み込みしている場合は、一回のリクエストでメモリに読み込まれるオブジェクト数は、12プラス12になるだろう。まず、タスクのコレクションにアクセスする際に、12件すべてのタスクを読み込むことになる。その中のひとつのタスクに、直近の見積もりログを追加するには、そのタスクの見積もりログのコレクションを読み込む必要がある。ここで、さらに最大12件のオブジェクトを読み込むことになる。最終的に、今回の設計では、バックログアイテム1件に対してタスク12件とログ12件、つまり合計で最大25のオブジェクトが読み込まれる。これは、多すぎるというほどでもない。集約としては小さめのものだ。さらに、読み込むオブジェクトの数が最大（25件）に達するのは、スプリントの最終日だけである。それ以外の大半は、集約のサイズはもっと小さくなる。

この設計において、遅延読み込みがパフォーマンス低下を引き起こすことはないだろうか？　その可能性もある。一回のリクエストについて、二度（すべてのタスクを読み込むときと、特定のタスクの見積もりログを読み込むとき）の遅延読み込みが必要となるからだ。これらの読み込みのオーバーヘッドがどの程度になるかについては、調べておく必要があるだろう。

さらに、別の要素もある。スクラムのプラクティスでは、チームにとっての適切なプランニングモデルを確立するための試行を認めている。[Sutherland] の言うとおり、熟練したチームでそのベロシティがはっきりわかっている場合は、タスクの作業時間ではなくストーリーポイントによる見積もりをすることができる。その場合は、タスクを定める際に、各タスクに対して 1 時間だけを割り当てる。スプリントの途中での再見積もりはタスクあたり一度だけ、つまり、タスクが完成した時点で 1 時間をゼロに変更するときだけである。これは、今回の集約の設計にも沿っているだけでなく、ストーリーポイントを使うことで、タスクあたりの見積もりログの数を 1 件だけに減らせる。メモリのオーバーヘッドも、ほぼなくせるだろう。

後に ProjectOvation の開発者たちは、実際のデータにもとづいて、バックログアイテムあたりのタスクや見積もりログの数（の平均）を分析した。

この分析の結果は、先の概算にもとづいた検証を進めていくきっかけとしては十分だった。しかし、まだ最終的な決断には至らなかった。まだこの時点では変動要素が多く、この設計で間違いないとは言い切れなかったのだ。未知の点が多く、別の設計を検討する余地は十分に残っていた。

別の設計手法の検討

集約の境界を、より実際の利用シナリオにあわせられるような、別の設計方法はないだろうか？

チームはさらに、以下の内容を熟考した。`Task` を個別の集約として扱うためには、何が必要となるのか。そして、そうすれば、何らかのメリットが得られるものなのか。彼らが思い描いた設計を、図 10-8 に示す。この設計なら、集約を構成するオブジェクト数を 12 にまで減らせて、さらに遅延読み込みのオーバーヘッドも減らせる。実際この設計なら、場合によっては、すべての見積もりログエントリを事前に読み込むという選択肢も考えられるだろう。

開発者たちは、複数の集約（`Task` や `BacklogItem`）を、同一トランザクション内で変更しないということに合意した。さらに、バックログアイテムの状態の自動更新を、受け入れ可能な時間内に行えるかどうかを判断しなければいけない。この設計の場合、不変条件の整合性は弱まってしまう。バッ

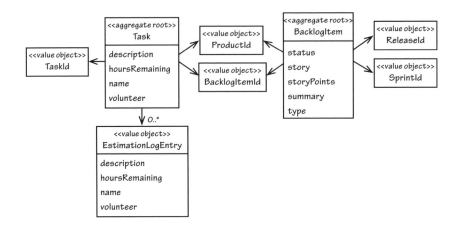

図10-8：BacklogItem と Task を個別の集約としてモデリングした例

クログアイテムの状態と、トランザクションとの整合性を保てないからだ。これは、受け入れ可能だろうか？ この件についてドメインエキスパートと話し合った結果、残作業時間がゼロになってから状態が「完成」になるまでの遅延は、ある程度なら受け入れられることがわかった。

結果整合性の実装

分離させた集約の間では、結果整合性を確保できればよさそうだということがわかった。それをどのように実現させるのかを見ていこう。

───────── ・・・ ─────────

Task が estimateHoursRemaining() コマンドを実行する際に、それに対応するドメインイベントを発行する。イベントの発行自体はすでに行っているので、チームはこれを活用して、イベントに結果整合性を持たせるようにする。このイベントは、以下のようなプロパティを保持する。

───────── ・・・ ─────────

```
public class TaskHoursRemainingEstimated implements DomainEvent {
    private Date occurredOn;
    private TenantId tenantId;
    private BacklogItemId backlogItemId;
    private TaskId taskId;
    private int hoursRemaining;
    ...
}
```

このイベント専用のサブスクライバがイベントを待ち受け、そのイベントをドメインサービスに委譲して、整合性を保つ処理をさせる。このサービスが行う処理は、以下のとおりだ。

- BacklogItemRepository を使って、指定した BacklogItem を取得する。
- TaskRepository を使って、その BacklogItem に関連するすべての Task のインスタンスを取得する。
- BacklogItem の estimateTaskHoursRemaining() コマンドを実行し、ドメインイベントの hoursRemaining と、取得した Task インスタンス群を渡す。BacklogItem は、パラメータの内容にあわせて、自身の状態を変更する。

これを何とか最適化できないだろうか。この三段階の処理では、再見積もりのたびに、すべての Task のインスタンスを読み込む必要がある。先ほどの概算をそのまま使って「完了」までの流れを考えると、144 回中の 143 回までは、この読み込みは不要になる。これは、簡単に最適化できる。リポジトリからすべての Task のインスタンスを取得するのではなく、すべての Task の残作業見積もりをデータベースに計算させて、その結果だけを取得すればいい。

```
public class HibernateTaskRepository implements TaskRepository {
    ...
    public int totalBacklogItemTaskHoursRemaining(
            TenantId aTenantId,
            BacklogItemId aBacklogItemId) {

        Query query = session.createQuery(
            "select sum(task.hoursRemaining) from Task task "
            + "where task.tenantId = ? and "
            + "task.backlogItemId = ?");
        ...
    }
}
```

結果整合性を使うと、ユーザーインターフェイスが多少込み入ったものになる。バックログアイテムの状態の変更を、数百ミリ秒以内に達成できなければ、ユーザーインターフェイス上への新たな状態の表示はどうなってしまうだろう？ ビュー側に、現在の状態を取得させるロジックを置く必要があるのだろうか？ そんなことをすると、利口な UI「アンチパターン」に陥ってしまう。おそらく、ビューに表示する状態を最新にすることはあきらめて、見た目の不整合はユーザー側に何とかさせることになるのだろう。ユーザーはこれを、不具合だとみなす可能性が高い。少なくとも、気分のいいものではないだろう。

・・・

ビューのバックグラウンドで、Ajax を使ってポーリングさせることもできる。でもそれは、きわめて非効率的だ。ビューのコンポーネント側では、いつ状態の更新が必要になるのかを正確に判断するのは難しい。そのため、Ajax によるポーリングの大半はムダになってしまう。概算によると、144 回の再見積もりのうち 143 回までは、状態を書き換えないものだった。つまり、Web 層における冗長なリクエストが多発するということになる。サーバー側で適切に対応がされていれば、クライアント

側からはComet（Ajax Push）を使うこともできる。技術的にはおもしろそうだが、これは、チームが今まで使ったこともない新たなテクノロジーを導入することになってしまう。

　おそらく、最高のソリューションは、最もシンプルなものだろう。現在の状態が不確かであることを示す合図を、画面上に出しておくという案が考えられる。後でもう一度確認させるようなメッセージを出したり、再読み込みを促したりすることもできる。また、状態が変わった場合は、次にビューをレンダリングする際には変更後の状態が表示される。これで問題はない。ユーザー受け入れテストで確認する必要はあるが、おそらくうまくいきそうだ。

──────── ・・・ ────────

それはチームのメンバーの仕事なのか？

　ここまで完全に見過ごしていたが、重要な問いがある。バックログアイテムの状態と、全タスクの残作業見積もりとの整合性を保つのは、本来は誰の仕事なのだろうか？　スクラムチームのメンバーは、最後のタスクの残作業時間がゼロになった時点で、バックログアイテムの状態を変更するのだろうか？　自分たちが取り組んでいるタスクが、残作業時間を残している最後のタスクかどうかということを、常に認識しているのだろうか？　おそらく、そのとおりだろう。そしておそらく、各バックログアイテムが正式に完成したかどうかを判断するのは、チームのメンバーの役割なのだろう。

　スクラムチーム以外にも、プロジェクトのステークホルダーが存在する場合はどうなるだろう？　たとえば、プロダクトオーナーやその他の誰かが、バックログアイテムが完成の条件を満たしているかをチェックしたがるかもしれない。中には、継続的インテグレーションサーバーの機能を使いたがる人もいるかもしれない。開発者による完成の申告を見てそれに満足した誰かが、手動でその状態を変更するのだろう。そうなると、話はまったく変わってくる。トランザクション整合性も結果整合性も、必須ではなくなるわけだ。タスクは、バックログアイテムから切り離すことができる。新たなユースケースでは、わざわざ関連づけておく必要がないからだ。しかし、もし状態を「完成」に変更させるのが実際にチームのメンバーの役割なら、タスクをバックログアイテムの配下に組み込んで、トランザクション整合性を確保できるようにしておく必要があるだろう。おもしろいことに、この問いに対する明確な答えはない。それはつまり、この件についてはアプリケーションの設定で変更できるようにしておくべきということなのだろう。タスクをバックログアイテム内に抱えるようにすれば、整合性の問題は解決できる。そして、モデリングの選択しだいで、自動的な状態の変更にも手動での変更にも対応できる。

──────── ・・・ ────────

　今回の価値ある練習のおかげで、このドメインに関するまったく新たな側面をあぶりだすことができた。チームが、好みのワークフローを自分たちで設定できるようにしなければいけないということだ。今すぐにその機能を実装することはないだろうが、今後の議論の中で、この件が登場することになるだろう。**「これは誰がやるべきこと？」**と問いかけたおかげで、ドメインに関する重要な知見が新たに得られたのだ。

続いて、開発者の一人が、今回の分析全体についての現実的な代替案を提示した。主に気になるのが story 属性のオーバーヘッドなのだとしたら、その部分だけ何か特別な対応をできるのではないだろうか？　story 用のストレージ領域を減らして、そのかわりに新たなプロパティ useCaseDefinition を用意する。このプロパティは、遅延読み込みを行うようにする。というのも、このプロパティが使われることはめったにないからだ。あるいはいっそのこと、別の集約にしてしまって、必要になったときにだけ読み込ませてもかまわない。この案を聞いたチームは、今こそ「外部の集約はその識別子のみを使って参照すべし」というルールを破るときだと考えた。オブジェクトへの直接の参照を使い、オブジェクトリレーショナルマッピングを宣言すれば、遅延読み込みができるようになる。おそらくこれで、うまくいくだろう。

――――――― ・・・ ―――――――

決断のとき

このレベルでの分析を、ずっと続けている暇はない。そろそろ決断すべきときだ。今ここで、ある方針で進むと決めたからといって、今後の方針転換の道を閉ざしてしまうわけではない。柔軟に進めるとはいえ、現実的な判断も必要だ。

――――――― ・・・ ―――――――

ここまでの分析の結果を踏まえ、当面は Task を BacklogItem から切り離さない方向で進めることにした。その作業に見合うだけの価値があるのか、真の不変条件が守られなくなるリスクがどの程度のものか、そしてユーザーに最新の状態を見せられなくなる影響がどの程度のものかといったことが不確かだったからである。現状の集約は、十分に小さくまとまっている。最悪のケースでは 25 ではなく 50 のオブジェクトを読み込むことになるが、大きすぎて手に負えないというほどではない。**今のところ彼らは、特別なユースケース定義を使って計画をたてている。**そのおかげで手早く結論を出すことができ、多大なメリットを得られた。リスクもほとんどない。今すでにうまく動いているわけだし、仮に今後 Task を BacklogItem から切り離すことがあっても、そのままうまく動くからである。

二つを切り離す選択肢は、いざというときのために残しておくことにした。現在の設計についての実験をさらに進めて、パフォーマンステストや負荷テストを実施し、結果整合性に関してユーザーに受け入れられるかどうかを調べるうちに、どの手法を使うべきかがよりはっきりしてくるだろう。実際の集約が想像よりも大きくなってしまったら、概算の数値が間違っていたということだ。そんなときは、迷わず集約を二つに切り分けるだろう。

———————————— ・・・ ————————————

仮に ProjectOvation チームのメンバーだったとして、あなたならどの選択肢をとるだろうか？ 今回の例のような、発見のための議論からは、逃げないようにしよう。ここまでの作業に必要な時間はせいぜい 30 分程度だし、長くても 60 分もあれば終わる。コアドメインに関するより深い知見が得られるのだから、それだけの時間をかける価値はあるはずだ。

10.8　実装

ここまでにまとめられ、強調された指針は実装をより強固にできるが、**エンティティ** (5) や**値オブジェクト** (6)、**ドメインイベント** (8)、**モジュール** (9)、**ファクトリ** (11)、そして**リポジトリ** (12) についてはさらに徹底的に吟味されるべきである。この合わせ技を評価の基準として役立ててほしい。

ルートエンティティと一意な識別子の作成

ひとつのエンティティを、集約ルートとしてモデリングする。ここまでの作業におけるルートエンティティの例としては、Product や BacklogItem、Release、そして Sprint がある。もし Task を BacklogItem から切り離すことにしたのなら、Task もその一員になる。

Product モデルは最終的に、以下のようなルートエンティティの宣言を含むものとなった。

```java
public class Product extends ConcurrencySafeEntity {
    private Set<ProductBacklogItem> backlogItems;
    private String description;
    private String name;
    private ProductDiscussion productDiscussion;
    private ProductId productId;
    private TenantId tenantId;
    ...
}
```

ConcurrencySafeEntity クラスは**レイヤスーパータイプ** [Fowler, P of EAA] で、代理識別子や楽観的並行性制御の管理などをここで扱う。詳細は第 5 章「エンティティ」で説明した。

ProductBacklogItem の Set のインスタンスは、これまで一切説明のなかったものだが、なぜかここでルートとして追加されている。これは、特別な目的のために利用するものだ。以前にこの場所にあった BacklogItem のコレクションとは、その目的が異なる。今回の Set は、バックログアイテムの並び順を個別に管理するために利用する。

ルートはどれも、グローバルに一意な識別子を持たなければいけない。`Product` には、`ProductId` という値型を持たせることにした。この型は、ドメイン固有な識別子で、`ConcurrencySafeEntity` が提供する代理識別子とは異なる。モデルごとの識別子をどのように設計してどのように割り当て、そしてどのように管理するのかについては、第 5 章「エンティティ」で詳しく説明した。`ProductRepository` の実装には `nextIdentity()` が含まれており、これは UUID 形式の `ProductId` を生成する。

```
public class HibernateProductRepository implements ProductRepository {
    ...
    public ProductId nextIdentity() {
        return new ProductId(java.util.UUID.randomUUID().toString().toUpperCase());
    }
    ...
}
```

この `nextIdentity()` を使えば、クライアントのアプリケーションサービスは、グローバルに一意な識別子を持つ `Product` のインスタンスを作ることができる。

```
public class ProductService ... {
    ...
    @Transactional
    public String newProduct(
        String aTenantId, aProductName, aProductDescription) {
        Product product =
            new Product(
                new TenantId(aTenantId),
                this.productRepository.nextIdentity(),
                "My Product",
                "This is the description of my product.",
                new ProductDiscussion(
                        new DiscussionDescriptor(
                            DiscussionDescriptor.UNDEFINED_ID),
                        DiscussionAvailability.NOT_REQUESTED));

        this.productRepository.add(product);

        return product.productId().id();
    }
    ...
}
```

このアプリケーションサービスは、`ProductRepository` を使って識別子を生成し、新しい `Product` のインスタンスを永続化する。そして、新しい `ProductId` を、プレーンな `String` 形式で表したものを返す。

パーツは値オブジェクトにする

集約のパーツを設計するときは、可能な限り、エンティティではなく値オブジェクトを使おう。そのパーツを丸ごと入れ替えてしまえる場合は、その入れ替えのオーバーヘッドがそれほど大きくなければ、値オブジェクトを使うのが最適だ。

現在の Product モデルには、シンプルな属性が二つと、値型のプロパティが三つ定義されている。description と name は String 型の属性で、完全に入れ替えることができる。productId と tenantId は値型で、不変な識別子として管理されている。つまり、一度作ったら、その値は決して変化しないということだ。これらは、オブジェクトそのものへの参照ではなく、識別子による参照に対応している。実際、参照している集約 Tenant が同じ境界づけられたコンテキストにあるとは限らず、識別子による参照しかできないこともある。productDiscussion は値型のプロパティで、結果整合性を保っている。Product のインスタンスを作るときに、ディスカッションについても要求されるかもしれないが、それが実際にできあがるのは少し後になる。ディスカッションは、**コラボレーションコンテキスト**内に作る必要がある。別の境界づけられたコンテキスト内での作成が完了したら、その識別子と状態を Product に設定する。

ProductBacklogItem を値ではなくエンティティとしてモデリングしたのには、ちゃんとした理由がある。第 6 章「値オブジェクト」で議論したとおり、データベースの読み書きには Hibernate を使っているので、値のコレクションはデータベースのエンティティとする必要がある。コレクション内のひとつの要素を並べ替えようとすると、大量の（下手をするとすべての）ProductBacklogItem のインスタンスの削除と置換が発生することになる。これは、インフラストラクチャにおける大きなオーバーヘッドになるだろう。エンティティにしておけば、別途 ordering 属性を持たせることができる。この属性を変更するだけで、プロダクトオーナーの要求に応じて、コレクション内の要素を自由に並べ替えられるようになる。しかし、仮に Hibernate と MySQL の組み合わせからキーバリューストアに移行することがあれば、ProductBacklogItem を値型に変更するのも簡単なことだ。キーバリューストアやドキュメントストアでは、集約のインスタンスをシリアライズして、ひとつの値として格納することが多い。

デメテルの法則、そして「命じろ、たずねるな」を意識する

デメテルの法則 [Appleton, LoD] と「命じろ、たずねるな」[PragProg, TDA] は、どちらも設計の原則のひとつであり、集約を実装するときに使える。どちらも、情報隠蔽を重視した原則だ。これらの原則を指針とすると、どんなメリットが得られるのかを見てみよう。

- **デメテルの法則**：この指針は、**最小知識の原則**を強調するものだ。**クライアント**オブジェクトと別のオブジェクト（仮に**サーバー**とする）があり、**クライアント**オブジェクトが**サーバー**オブジェクトを使って何らかの振る舞いを実行するものとする。クライアントオブジェクトがサーバーオブジェクトを使うときに、サーバーの構造に関して必要以上に知りすぎてはいけない。サーバーの属性やプロパティなどの全体像は、クライアントからは見えないように

しておくべきだ。クライアントはサーバーに対して、その公開インターフェイスで宣言されているコマンドを実行するよう依頼できる。しかし、クライアントからサーバーの内部に直接立ち入って、サーバーの内部にあるパーツのコマンドを実行したりしてはいけない。サーバーの内部に用意されているサービスをクライアントから使う必要があったとしても、クライアントからサーバーの内部に直接アクセスできるようにしてはいけない。サーバー側に公開インターフェイスを用意して、それが実行されたときに、内部のパーツに適切に処理を委譲しなければいけない。

デメテルの法則を簡単にまとめると、このようになる。どんなオブジェクトであっても、そのメソッド内から実行できるメソッドは、次のいずれかだけである。

① そのオブジェクト自身のメソッド
② 自身にパラメータとして渡されたオブジェクトのメソッド
③ 自身の内部でインスタンス化されたオブジェクトのメソッド
④ 自身が保持しており、直接アクセスできるオブジェクトのメソッド

- **「命じろ、たずねるな」**：この指針は単に、オブジェクトは何をすべきかを教わるべきだということを主張している。「たずねるな」の部分を先ほどのクライアントオブジェクトにあてはめると、このようになる。クライアントオブジェクトからサーバーの内部にあるパーツの状態を問い合わせて、その状態に応じてサーバーに何かをさせるといった処理をしてはいけないということだ。クライアントからサーバーに対しては、あくまでも、何をすべきかを「命じる」ことだけしかしてはいけない。その際には、サーバーの公開インターフェイスで定められたコマンドだけを使う。その動機はデメテルの法則とほぼ同じだが、「命じろ、たずねるな」のほうが適用範囲は広いだろう。

これらの指針をふまえて、二つの原則をProductにどのように組み込んだのかを見てみよう。

```java
public class Product extends ConcurrencySafeEntity {
    ...
    public void reorderFrom(BacklogItemId anId, int anOrdering) {
        for (ProductBacklogItem pbi : this.backlogItems()) {
            pbi.reorderFrom(anId, anOrdering);
        }
    }

    public Set<ProductBacklogItem> backlogItems() {
        return this.backlogItems;
    }
    ...
}
```

Productは、自身のreorderFrom()メソッドをクライアントに実行させて、自身が保持するbacklogItems内の状態変更コマンドを実行する。ここでは、先ほどの指針をうまく適用できている。しかし、backlogItems()メソッドもpublicになっている。ProductBacklogItemのインスタンスがクライアントから見えるようになっており、いま従おうとしている原則に反するのではないだろうか？ たしかにコレクションは公開されているが、クライアントからは、その情報を問い合わせることだけしかできない。ProductBacklogItemに対する公開インターフェイスは限定されているので、クライアントからはProductの内部の奥深くまではたどれない。クライアントには、**必要最小限の知識**が与えられているのだ。クライアントから見る限り、取得したコレクションのインスタンスは単一の操作のためだけに作ったものであり、Productの明確な状態を表したものではないかもしれない。クライアントからは、ProductBacklogItemのインスタンス上での状態変更コマンドは決して実行できない。以下に、ProductBacklogItemの実装を示す。

```java
public class ProductBacklogItem extends ConcurrencySafeEntity {
    ...
    protected void reorderFrom(BacklogItemId anId, int anOrdering) {
        if (this.backlogItemId().equals(anId)) {
            this.setOrdering(anOrdering);
        } else if (this.ordering() >= anOrdering) {
            this.setOrdering(this.ordering() + 1);
        }
    }
    ...
}
```

状態を変更する唯一の振る舞いは、protectedメソッドとして宣言されている。つまり、クライアントからはこのコマンドが見えず、直接実行することはできない。このコマンドにたどりついて実行できるのは、Productだけである。クライアントからは、Productの公開コマンドであるreorderFrom()メソッドを使えば、状態を変更できる。このメソッドが実行されると、Productは、自身の保持するすべてのProductBacklogItemのインスタンスに処理を委譲して、その状態を変更させる。

Productの実装は自身に関する知識を制限しており、テストもしやすければメンテナンスもしやすい。それも、シンプルな設計の原則に従ったからである。

デメテルの法則と「命じろ、たずねるな」との間で競合する部分については、うまくバランスをとる必要がある。デメテルの法則の手法のほうがより制約が多いことはたしかで、外部からは、集約ルート以外のすべてのオブジェクトへのアクセスを禁じている。一方の「命じろ、たずねるな」では、ルート以外のオブジェクトへのアクセスも許しているが、集約の状態を変更するのはその集約だけであり、クライアントからは変更できないという制約がある。そのため、集約を実装する際の手法としては、「命じろ、たずねるな」のほうが適用範囲が広く感じられるだろう。

楽観的並行性

次に、version 属性の楽観的並行性を、どこで制御するかを考える必要がある。集約の定義に真摯に向き合うと、ルートエンティティだけでバージョン管理するのが最も安全に思える。状態を変更するコマンドが集約の境界内で実行されるたびに、ルートのバージョンを加算する。境界内なら、どの階層で実行されたかは問わない。今回のサンプルの場合、Product が version 属性を保持しており、describeAs()・initiateDiscussion()・rename()・reorderFrom() のいずれかのコマンドメソッドが実行されたときに、version が加算される。この方式では、同じ Product の内部で複数のクライアントが属性やプロパティを同時に変更することはできなくなる。集約の設計にもよるが、これでは管理しづらいかもしれないし、そもそもそんな管理は不要かもしれない。

Hibernate を使っている前提で、Product の name や description が変更された（あるいは productDiscussion が追加された）場合、version は自動的に加算される。これらの要素は、ルートエンティティが直接保持するものだからである。しかし、backlogItems の並び順が変わった際に Product の version を加算するには、どうしたらいいだろう？ 実際のところ、少なくとも自動的に加算するのは不可能だ。Hibernate は、ProductBacklogItem のインスタンスへの変更を、Product 自身への変更とはみなさない。この問題を解決するには、Product の reorderFrom() メソッドに手を加えて、変更フラグを立てるなり、直接 version を加算するなりすることになる。

```
public class Product extends ConcurrencySafeEntity {
    ...
    public void reorderFrom(BacklogItemId anId, int anOrdering) {
        for (ProductBacklogItem pbi : this.backlogItems()) {
            pbi.reorderFrom(anId, anOrdering);
        }
        this.version(this.version() + 1);
    }
    ...
}
```

問題は、このメソッドを実行すると、実際に並べ替えが発生したか否かにかかわらず、常に Product の状態を変更してしまうということだ。さらに、このコードは、インフラストラクチャの関心事をモデルに組み込んでしまっている。これは、ドメインモデリングの選択としては好ましくなく、可能なら避けるべきものだ。他に何か手はあるだろうか?

実際のところ、Product と ProductBacklogItem のインスタンスの場合は、backlogItems が変更されたからといってルートのバージョンを更新する必要はない。コレクション内のインスタンスはそれ自身がエンティティなので、それぞれが独自に version を保持して楽観的並行性を制御できる。二つのクライアントが同じ ProductBacklogItem のインスタンスを同時に並べ替えようとしても、後からコミットしようとしたほうのクライアントは、処理に失敗する。実際のところ、並べ替えが同時に発生することは、めったにない。通常、プロダクトバックログアイテムの優先順位を入れ替えるのは、プロダクトオーナーだけだからである。

> **カウボーイの声**
>
>
>
> AJ：「結婚って、一種の楽観的並行性だな。男は結婚するときに、相手がずっとこのまま変わらないと信じてる。女のほうも同じで、相手がずっとこのまま変わらないと信じてるんだ」

　すべてのエンティティのバージョンを個別に管理できるようにしても、うまくいかない場合がある。不変条件を守るには、ルートのバージョンを書き換えるしか手がないこともある。これをより簡単に達成するには、ルート上のプロパティを変更できればいい。この場合、集約内の深い階層を変更した場合も、常にルートのプロパティが変更される。そして、Hibernate が自動的に、ルートの `version` を加算するようになる。この手法は、先ほど、`BacklogItem` の状態の変更をモデリングする際に説明したものだ。そのときは、すべての `Task` の残作業時間がゼロになったときに、`BacklogItem` の状態を変えていた。

　しかし、この手法がいつでも使えるとは限らない。この手法が使えない場合は、Hibernate がパーツ内の変更をした際に、永続化メカニズムが提供するフック機能を使い、手動でルートに変更を加えるという手に逃げたくなるかもしれない。これは、問題になりそうだ。この手法を用いるには、子のパーツと親のルートエンティティとの間で双方向の関連を維持しなければいけない。双方向の関連があれば、Hibernate がライフサイクルに関するイベントを送信したときに、子からルートエンティティにたどりつけるようになる。しかし、忘れてはいけないことがある。[Evans] は、よっぽどのことがない限りは双方向の関連を使わないよう勧めているということだ。特に、楽観的並行性制御のためだけに双方向の関連を維持するのは避けたほうがいい。それは本来、インフラストラクチャのレベルの関心事だ。

　インフラストラクチャの関心事をモデリングに持ち込みたくはないが、苦労の多い道を行くのも避けたい。ルートを変更するのが困難で高くつくという場合、それはおそらく、ルートエンティティだけの集約を切り出す必要があるというしるしだ。そこには、シンプルな属性や、値型のプロパティだけを含めるようにする。ルートエンティティしかない集約なら、どこを変更しても、常にルートが変更されることになる。

　最後にもうひとつ、知っておくべきことがある。集約全体をひとつの値として永続化し、値自身が並行処理の衝突を回避できるようになっているのなら、ここまで考えてきたシナリオは何も問題にならないということだ。MongoDB や Riak、Oracle の Coherence 分散グリッド、あるいは VMware の GemFire を使う場合などが、その一例だ。たとえば、集約ルートが Coherence の `Versionable` インターフェイスを実装していて、そのリポジトリが `VersionedPut` エントリプロセッサを使ってい

るのなら、ルートは常に単一のオブジェクトとなり、並行処理の衝突も検知できるようになる。その他のキーバリューストアにも、同様の便利な仕組みがあるだろう。

依存性の注入を避ける

　依存性の注入を使ってリポジトリやドメインサービスを集約に差し込むことは、一般に好ましくないと考えられている。その目的はおそらく、依存するオブジェクトのインスタンスを集約の内部から扱えるようにすることだろう。依存するオブジェクトは別の集約かもしれないし、ひとつだけではなく複数あるかもしれない。「ルール：他の集約への参照には、その識別子を利用する」で説明したとおり、依存するオブジェクトは事前に探しておいて、集約のコマンドメソッドにそれを渡すほうが好ましい。**切り離されたドメインモデル**は、一般的にはあまり好ましくない手法だ。

　さらに、高トラフィックでサイズが大きく、高いパフォーマンスが求められるドメインのことを考えてみよう。メモリへの負荷もかかり、ガベージコレクションも頻繁に発生するような環境だとする。こんな環境で、リポジトリやドメインサービスのインスタンスを集約に注入するオーバーヘッドは、どの程度になるだろう？　余分なオブジェクトへの参照が、どれくらい必要になるだろう？　運用環境への負荷は、それほど気にならないと主張する人もいるだろう。彼らが想定しているドメインは、きっとここで考えているようなものではないのだろう。それでも、不要なオーバーヘッドを抱えないように、細心の注意を払っておきたい。設計の方針を変える（事前に依存オブジェクトを見つけてから、集約のコマンドメソッドにそれを渡して実行させる）だけで簡単に回避できるのなら、なおさら注意すべきだ。

　ここで好ましくないとしているのは、あくまでも、リポジトリやドメインサービスを集約のインスタンスに注入することだけだ。もちろん、依存性の注入自体が悪いわけではなく、状況によってはうまく使いこなせる場面もある。たとえば、リポジトリやドメインサービスへの参照をアプリケーションサービスに注入するのは、とても有用だ。

10.9　まとめ

　本章では、集約を設計するときに、集約の経験則に従うことがいかに重要なのかを調べた。

- 大きすぎる集約をモデリングしたときの悪影響を経験した。
- 整合性の境界内の真の不変条件をモデリングする方法を学んだ。
- 小さな集約を設計するメリットを考えた。
- 別の集約を参照する際に、その識別子を使うべき理由を学んだ。
- 集約の境界の外部で結果整合性を使うことの重要性を発見した。

- さまざまな実装テクニックを学び、「命じろ、たずねるな」やデメテルの法則などを使えるようになった。

これらのルールに従えば、必要に応じて整合性を保ち、最適化されていて優れた拡張性を持つシステムを支えられる。そして、注意深く作られたモデル内のビジネスドメインのユビキタス言語を、きちんと取り込めるようになる。

第 11 章

ファクトリ

> 工場のなかが汚いのは、わたしには我慢ならん！ さ、それでは、なかへはいりましょう！ 坊やにお嬢ちゃん、気をつけて！ あわてない、あわてない！ はしゃがないで！ しずかに！[1]
>
> – Willy Wonka

DDD のパターンの中でも、**ファクトリ**は最も有名なもののひとつだろう。**デザインパターン** [Gamma et al.] の中でも特に目立つのが、**アブストラクトファクトリ・ファクトリメソッド・ビルダー**だ。本章では、[Gamma et al.] や [Evans] における説明を繰り返したりはしない。ここでは、実際にドメインモデルでファクトリを使えるようになるためのサンプルを示す。

> **本章のロードマップ**
>
> なぜ、ファクトリを使えば**ユビキタス言語** (1) に沿った表現力豊かなモデルを作れるのかを学ぶ。
> SaaSOvation が、ファクトリメソッドを**集約** (10) の振る舞いとして利用する場面を見る。
> ファクトリメソッドを使って、別の型の集約のインスタンスを作る方法を検討する。
> ドメインサービスを、他の**境界づけられたコンテキスト** (2) とのやりとりを行い、外部のオブジェクトをローカルの型に変換するファクトリとして設計する方法を学ぶ。

11.1 ドメインモデルにおけるファクトリ

ファクトリを使う最大の動機を確認しておこう。

複雑なオブジェクトと**集約**のインスタンスを生成する責務を、別のオブジェクトに移すこと。その別のオブジェクトは、それ自体ではドメインモデルにおいて何の責務も負っていないかもしれないが、それでもドメイン設計の一部であることに変わりはない。複雑な組み立てをすべ

---

[1] 訳注：ロアルド・ダール作、田村隆一訳『チョコレート工場の秘密』（評論社）より引用。

てカプセル化するインターフェイスを提供すること。その際に、インスタンス化されるオブジェクトの具象クラスを、クライアントが参照しなくてもよいようにすること。**集約**全体をひとまとまりとして生成し、その不変条件を強調すること。[Evans]（136ページ）

ドメインモデル内で、オブジェクトの作成以外にファクトリの責務があるかもしれない。特定の型の集約をインスタンス化するだけで、他に何も責務を負わないオブジェクトは、そのモデルにおける一級市民だとはみなさない。単なるファクトリだ。集約ルートが、別の型の集約（あるいは内部のパーツ）のインスタンスを作るためのファクトリメソッドを持つこともある。この場合でも、集約ルートの第一の責務は、集約の振る舞いを提供することだ。ファクトリメソッドは、集約の振る舞いのひとつになる。

今回のサンプルには、後者のファクトリがよく登場する。これまでに示した集約の大半は、複雑な構造ではなかった。しかし、集約の構造の重要な詳細は、間違った状態に変更されないためにも保護しておく必要がある。マルチテナント環境での需要を考えてみよう。あるテナントが集約を作ったときに、間違った`TenantId`を設定してしまうと、大変なことになる。各テナントのデータを隔離して、他のテナントから守ることが重要となる。慎重に設計したファクトリメソッドを集約ルートに置いておくと、テナントやそれに関連する各種オブジェクトの識別子を、正しく設定できるようになる。これでクライアント側はシンプルになり、基本的なパラメータ（たいていは**値オブジェクト** (6) だけ）を渡せば済むようになって、詳細な構造を知らずに済ませられるようになる。

さらに、集約にファクトリメソッドを用意すれば、コンストラクタだけでは表せないようなユビキタス言語を表現できるようになる。振る舞いを表すメソッド名がユビキタス言語に沿ったものになっていれば、ファクトリメソッドを使うことで、さらにそれを推進できる。

> **カウボーイの声**
>
> LB：「昔、消火栓工場で働いてたことがあってさあ。近所には駐車できる場所が一切なかったね」

場合によっては、境界づけられたコンテキストの中で、複雑な作成処理が必要になることもある。**境界づけられたコンテキストの統合** (13) の際に、そんな状況が発生する。そんなときには、**サービス** (7) がファクトリとして機能して、さまざまな型の集約や値オブジェクトを作成する。

アブストラクトファクトリを使えば大きなメリットが得られる場面のひとつは、クラス階層内のさまざまな型のオブジェクトを作る場合で、これは昔ながらの使い道だ。クライアントが基本的なパラ

メータを渡すだけでよく、どの具象型を作成すべきなのかはファクトリが判断する。今回のサンプルの中には、ドメインに特化したクラス階層は存在しないので、本章ではこの使いかたに関しては示さない。あなたが今後ドメインモデリングをする際に、クラス階層が登場した場合は、第 12 章「リポジトリ」の議論を参照すること。幅広い視点で、作業に取り組めるようになるだろう。クラス階層を使うことにしたのなら、その決断のおかげで苦労するかもしれないことを覚悟しておこう。

11.2　集約ルート上のファクトリメソッド

これまでにとりあげた三つの境界づけられたコンテキストでは、集約のルートエンティティ上にいくつかのファクトリを用意している。それを表 11-1 にまとめた。

表 11-1：集約内のファクトリメソッドの場所

境界づけられたコンテキスト	集約	ファクトリメソッド
認証・アクセスコンテキスト	Tenant	offerRegistrationInvitation()
		provisionGroup()
		provisionRole()
		registerUser()
コラボレーションコンテキスト	Calendar	scheduleCalendarEntry()
	Forum	startDiscussion()
	Discussion	post()
アジャイルプロジェクト管理コンテキスト	Product	planBacklogItem()
		scheduleRelease()
		scheduleSprint()

`Product` のファクトリメソッドについては、第 10 章「集約」で説明した。たとえば、`planBacklogItem()` メソッドは新しい `BacklogItem` を作る。これもまた集約で、クライアントにこれを返す。

ファクトリメソッドの設計について説明するために、ここでは、**コラボレーションコンテキスト**の三つのメソッドをとりあげる。

`CalendarEntry` のインスタンスの作成

では、設計を見ていこう。最初のファクトリは、`Calendar` の中で `CalendarEntry` のインスタンスを作るためのものだ。CollabOvation チームはどのように実装したのだろうか。

・・・

`Calendar` のファクトリメソッドの使いかたを示すために作ったテストは、以下のようなものだ。

```
public class CalendarTest extends DomainTest {
    private CalendarEntry calendarEntry;
    private CalendarEntryId calendarEntryId;
    ...
    public void testCreateCalendarEntry() throws Exception {
```

```
            Calendar calendar = this.calendarFixture();

            DomainRegistry.calendarRepository().add(calendar);

            DomainEventPublisher
                .instance()
                .subscribe(
                    new DomainEventSubscriber<CalendarEntryScheduled>() {
                    public void handleEvent(
                            CalendarEntryScheduled aDomainEvent) {
                        calendarEntryId = aDomainEvent.calendarEntryId();
                    }

                    public Class<CalendarEntryScheduled>
                            subscribedToEventType() {
                        return CalendarEntryScheduled.class;
                    }
                });

            calendarEntry =
                calendar.scheduleCalendarEntry(
                        DomainRegistry
                            .calendarEntryRepository()
                            .nextIdentity()
                        new Owner(
                            "jdoe",
                            "John Doe",
                            "jdoe@lastnamedoe.org"),
                        "Sprint Planning",
                        "Plan sprint for first half of April 2012.",
                        this.tomorrowOneHourTimeSpanFixture(),
                        this.oneHourBeforeAlarmFixture(),
                        this.weeklyRepetitionFixture(),
                        "Team Room",
                        new TreeSet<Invitee>(0));

            DomainRegistry.calendarEntryRepository().add(calendarEntry);

            assertNotNull(calendarEntryId);
            assertNotNull(calendarEntry);
            ...
        }
    }
```

　九つのパラメータを scheduleCalendarEntry() に渡している。しかし、後で見るとおり、Calendar Entry のコンストラクタは合計で 11 のパラメータを必要とする。このようにするメリットについては、後ほど検討する。新しい CalendarEntry を無事に作り終えたら、クライアントはそれをリポジトリに追加しなければいけない。追加に失敗した場合は、その新しいインスタンスを手放して、ガベージコレクタに処分させる。

最初のアサーションでは、このイベントで発行された`CalendarEntryId`が`null`ではないことをたしかめて、イベントが正常に発行されたかどうかを確認する。実際にイベントを購読するのは`Calendar`の直接のクライアントではないが、このテストでは、実際に`CalendarEntryScheduled`イベントが発行されることを示している。

新しく作った`CalendarEntry`のインスタンスもまた、`null`であってはいけない。これら以外のアサーションも用意できるが、ファクトリメソッドの設計やクライアントからの使いかたを示すために最も重要なのは、この二つだ。

次に、このファクトリメソッドの実装を示す。

```
package com.saasovation.collaboration.domain.model.calendar;
public class Calendar extends Entity {
    ...
    public CalendarEntry scheduleCalendarEntry(
            CalendarEntryId aCalendarEntryId,
            Owner anOwner,
            String aSubject,
            String aDescription,
            TimeSpan aTimeSpan,
            Alarm anAlarm,
            Repetition aRepetition,
            String aLocation,
            Set<Invitee> anInvitees) {
        CalendarEntry calendarEntry =
            new CalendarEntry(
                    this.tenant(),
                    this.calendarId(),
                    aCalendarEntryId,
                    anOwner,
                    aSubject,
                    aDescription,
                    aTimeSpan,
                    anAlarm,
                    aRepetition,
                    aLocation,
                    anInvitees);

        DomainEventPublisher
            .instance()
            .publish(new CalendarEntryScheduled(...));

        return calendarEntry;
    }
    ...
}
```

Calendarは、新しい集約CalendarEntryのインスタンスを作成する。CalendarEntryScheduledイベントを発行した後に、このインスタンスをクライアントに返す（発行されるイベントの詳細は、ここではあまり重要ではない）。このメソッドの先頭に、ガードがないことが気になるかもしれない。しかし、ファクトリメソッド自身にはガードは不要だ。なぜなら、値型の個々のパラメータやCalendarEntryのコンストラクタ、そしてコンストラクタから自己委譲するセッターメソッドのすべてに、必要なガードが実装されているからである（自己委譲やガードについての詳細は、第5章「エンティティ」を参照すること）。しかし、ダブルチェックしたいというのなら、ここにもガードを書いておいてもかまわない。

チームは、ユビキタス言語に沿ってメソッド名を設計した。ドメインエキスパートとチームのその他のメンバーは、まず以下のシナリオについて議論した。

> カレンダーは、カレンダーの項目の予定を決める（Calendars schedule calendar entries）。

CalendarEntryのpublicなコンストラクタだけを用意するような設計では、モデルの表現力が損なわれて、そのドメインの言語を明確に表現できなくなってしまうだろう。ユビキタス言語に沿った設計にするためには、集約のコンストラクタをクライアントから隠蔽しなければいけない。ここでは、コンストラクタをprotectedとして宣言した。クライアントには、CalendarのファクトリメソッドであるscheduleCalendarEntry()を使わせることになる。

```
public class CalendarEntry extends Entity {
    ...
    protected CalendarEntry(
        Tenant aTenant, CalendarId aCalendarId,
        CalendarEntryId aCalendarEntryId, Owner anOwner,
        String aSubject, String aDescription, TimeSpan aTimeSpan,
        Alarm anAlarm, Repetition aRepetition, String aLocation,
        Set<Invitee> anInvitees) {
        ...
```

```
        }
        ...
}
```

　オブジェクトを注意深く作成できるようになったうえ、クライアントから使う際の負担も軽減した。`Calendar` にファクトリメソッドを用意することで、表現力のあるモデルを作れた。ところで、パフォーマンス上のオーバーヘッドについてはどうだろうか。集約上のファクトリメソッドすべてに共通することだが、まず `Calendar` を永続化ストアから取り出してからでないと、`CalendarEntry` を作ることができない。もちろん十分に価値のある設計だが、境界づけられたコンテキスト内のトラフィックは増加するので、その影響がどの程度になるかは注視しなければいけない。

　ファクトリを使うメリットと密接な関係があるのが、`CalendarEntry` のコンストラクタのパラメータのうち二つをクライアントから渡さずに済むということだ。コンストラクタが要求する 11 のパラメータをすべて指定するという手間を少し省け、クライアントからは九つだけを渡せばいいことになる。これら九つのパラメータは、どれもクライアント側で簡単に準備できるものだ（`Invitee` の `Set` を用意するのは少し面倒だが、それはファクトリメソッドのせいではない。この `Set` をもう少しお手軽に用意できるような仕組みを、チームで考える必要がある。それ専用のファクトリを作るというのも、ひとつの手だ）。

　しかし、`Tenant` とそれに関連する `CalendarId` は、ファクトリメソッドからしか用意できないようにした。これによって、`CalendarEntry` のインスタンスを作るときに、正しい `Tenant` と正しい `Calendar` が設定されることを保証している。

――――――――― ・・・ ―――――――――

　次に、**コラボレーションコンテキスト**からのもうひとつの例を検討しよう。

`Discussion` のインスタンスの作成

　ここでは、`Forum` のファクトリメソッドについて考える。ファクトリメソッドを用意する動機やその実装は、`Calendar` の場合とほぼ同じなので、その詳細に深入りする必要はないだろう。しかしここでは、ファクトリメソッドを使うメリットがもうひとつあるので、それを確認する。

　ユビキタス言語に沿ったファクトリメソッドである `startDiscussion()` を、`Forum` 上に用意する。

```
package com.saasovation.collaboration.domain.model.forum;
public class Forum extends Entity {
    ...
    public Discussion startDiscussion(
            DiscussionId aDiscussionId,
            Author anAuthor,
            String aSubject) {
        if (this.isClosed()) {
            throw new IllegalStateException("Forum is closed.");
        }
```

```
        Discussion discussion = new Discussion(
                this.tenant(),
                this.forumId(),
                aDiscussionId,
                anAuthor,
                aSubject);

        DomainEventPublisher
            .instance()
            .publish(new DiscussionStarted(...));

        return discussion;
    }
    ...
}
```

　Discussionの作成だけでなく、このファクトリメソッドには、Forumが閉じているときにはDiscussionを作らないようにするガード機能もある。Forumは、Tenantとそれに関連するForumIdを提供する。したがって、新しいDiscussionを作るときにクライアントから指定する必要のあるパラメータは、五つのうちの残り三つだけとなる。

　このファクトリメソッドは、**コラボレーションコンテキスト**のユビキタス言語を表現したものでもある。チームは、ForumのstartDiscussion()メソッドを使って、ドメインエキスパートが言った内容をそのまま表現した。

　　　投稿者は、フォーラム上でディスカッションを開始する (Authors start discussions on forums)。

　これで、クライアント側は以下のようにシンプルに書けるようになる。

```
Discussion discussion = agilePmForum.startDiscussion(
    this.discussionRepository.nextIdentity(),
    new Author("jdoe", "John Doe", "jdoe@saasovation.com"),
    "Dealing with Aggregate Concurrency Issues");

 assertNotNull(discussion);
...
this.discussionRepository.add(discussion);
```

　シンプルであること。これこそが、ドメインモデラーの目指す道だ。
　このパターンのファクトリメソッドは、必要に応じて何度でも使える。ここでは、集約上でのファクトリメソッドがいかに有用なものであるかを示した。コンテキストのユビキタス言語を表現する手段として使えるし、新しい集約のインスタンスを作る際のクライアントの手間も減らせる。また、適切な状態のインスタンスが作られることを保証することもできる。

11.3　ファクトリとしてのサービス

サービスをファクトリとして使う方法の多くは、**境界づけられたコンテキストの統合** (13) にかかわるものなので、第 13 章で改めて議論する。第 13 章では主に、**腐敗防止層** (3) や**公表された言語** (3) そして**公開ホストサービス** (3) との統合を考える。本章では、ファクトリそのものについてと、サービスをファクトリとして設計する方法について説明する。

コラボレーションコンテキストから、もうひとつの例を見る。これは CollaboratorService の形式のファクトリで、テナントとユーザーの識別子を渡して Collaborator のインスタンスを生成する。

```
package com.saasovation.collaboration.domain.model.collaborator;

import com.saasovation.collaboration.domain.model.tenant.Tenant;

public interface CollaboratorService {

    public Author authorFrom(Tenant aTenant, String anIdentity);

    public Creator creatorFrom(Tenant aTenant, String anIdentity);

    public Moderator moderatorFrom(Tenant aTenant, String anIdentity);

    public Owner ownerFrom(Tenant aTenant, String anIdentity);

    public Participant participantFrom(
            Tenant aTenant,
            String anIdentity);
}
```

このサービスは、**認証・アクセスコンテキスト**のオブジェクトから**コラボレーションコンテキスト**のオブジェクトへの変換を行う。「2.4 境界づけられたコンテキストの意味を知る」で示したとおり、CollabOvation チームは、コラボレーションについて議論するときには「ユーザー」とは言わない。コラボレーションコンテキストのドメインにおいて、人を表す言葉として使われるのは、投稿者・作

成者・モデレーター・所有者・参加者である。この変換を実現するためには、サービスの背後で**認証・アクセスコンテキスト**とやりとりし、そのコンテキストのユーザーとロールのオブジェクトを、自分たちのコンテキストのコラボレーターオブジェクトに変換する必要がある。

抽象基底クラス Collaborator の派生クラスの新しいオブジェクトをこのサービスが作るのだから、このサービスはファクトリとして働くことになる。インターフェイスに定義されたメソッドのひとつについて、その実装の詳細を見てみよう。

```
package com.saasovation.collaboration.infrastructure.services;

public class UserRoleToCollaboratorService
        implements CollaboratorService {

    public UserRoleToCollaboratorService() {
        super();
    }

    @Override
    public Author authorFrom(Tenant aTenant, String anIdentity) {
        return
            (Author)
                UserInRoleAdapter
                    .newInstance()
                    .toCollaborator(
                            aTenant,
                            anIdentity,
                            "Author",
                            Author.class);
    }
    ...
}
```

これは技術的な実装なので、このクラスは、インフラストラクチャレイヤ内の**モジュール** (9) に配置する。

この実装は、UserInRoleAdapter を使って、Tenant とその識別子（ユーザー名）を Author クラスのインスタンスに変形する。この**アダプター** [Gamma et al.] は、**認証・アクセスコンテキスト**の公開ホストサービスとやりとりして、指定したユーザーのロールが「Author」であるかどうかをたしかめる。ロールが正しいことをたしかめたら、アダプターは CollaboratorTranslator クラスに処理を委譲し、公表された言語の形式のレスポンスを、ローカルのモデルにおける Author クラスのインスタンスに変換する。Author は、Collaborator のその他のサブクラスと同様、シンプルな値オブジェクトだ。

```
package com.saasovation.collaboration.domain.model.collaborator;

public class Author extends Collaborator  {
```

```
        ...
}
```

各サブクラスは、コンストラクタと equals()、hashCode()、toString() を除き、Collaborator のすべての状態と振る舞いを引き継ぐ。

```
package com.saasovation.collaboration.domain.model.collaborator;

public abstract class Collaborator implements Serializable  {
    private String emailAddress;
    private String identity;
    private String name;

    public Collaborator(
            String anIdentity,
            String aName,
            String anEmailAddress) {
        super();
        this.setEmailAddress(anEmailAddress);
        this.setIdentity(anIdentity);
        this.setName(aName);
    }
    ...
}
```

・・・

コラボレーションコンテキストでは、Collaborator の identity 属性の値に username を利用する。emailAddress と name は、単純な String のインスタンスだ。チームは、このモデルにおいて、これらの概念を可能な限りシンプルにすることを考えた。たとえばユーザーの名前は、フルネームをテキストとして保持する。そのライフサイクルと概念的な用語を二つの境界づけられたコンテキストから切り離すために、サービスベースのファクトリを利用したというわけだ。

UserInRoleAdapter と CollaboratorTranslator は、それなりに複雑なものになってしまった。UserInRoleAdapter の責務をひとことで言うと、他のコンテキストとのやりとりをすることだけである。また、CollaboratorTranslator の唯一の責務は、結果を変換することだ。詳細は第 13 章「境界づけられたコンテキストの統合」を参照すること。

11.4 まとめ

本章では、DDD においてファクトリを使う理由と、ファクトリがモデルにうまくあてはまることが多いということを学んだ。

- なぜ、ファクトリを使えば**ユビキタス言語** (1) に沿った表現力豊かなモデルを作れるのかを理解した。
- 二つのファクトリメソッドを、集約の振る舞いとして実装するようすを見た。
- そのおかげで、ファクトリメソッドを使って、別の型の集約のインスタンスを作り、正しく作られたことや、機密データの使いかたなどを保証できるようにする方法を学べた。
- ドメインサービスを、他の**境界づけられたコンテキスト** (2) とのやりとりを行い、外部のオブジェクトをローカルの型に変換するファクトリとして設計する方法を学んだ。

次の章では、主要な二種類の永続化方式それぞれについて、リポジトリを設計する方法を考える。さらに、その他の選択肢として検討すべき実装についてもとりあげる。

第 12 章

リポジトリ

> 君の瞳って、僕の記憶装置と同じ色をしてるんだね。
>
> – 場末のバーでの立ち聞き

　リポジトリとは一般に、何かを保管する場所のことを指す。通常は、何らかの安全装置や維持装置などで、その中身が守られているものとみなされている。何かをリポジトリに保管して、その後もう一度それを取り出したときは、保管したときと同じ状態で戻ってくるものだと思うのが普通だ。不要になったものは、リポジトリから削除してしまうこともできる。

　DDD の**リポジトリ**も、基本的な考え方は同じだ。**集約** (10) のインスタンスを、それに対応したリポジトリ内に置く。後でそのリポジトリを使って同じインスタンスを取得し、オブジェクトを得る。リポジトリから取得した既存の集約のインスタンスに手を加えた場合は、その変更が永続化される。インスタンスをリポジトリから削除した場合は、それ以降はそのインスタンスを取得できなくなる。

> 　グローバルアクセスを必要とするオブジェクトの各型に対して、あるオブジェクトを生成し、その型のすべてのオブジェクトで構成されるコレクションが、メモリ上にあると錯覚させることができるようにすること。よく知られているグローバルインターフェイスを経由してアクセスできるようにすること。オブジェクトの追加と削除を行うメソッドを提供すること。……ある条件に基づいてオブジェクトを選択し、属性値が条件に一致するような、完全にインスタンス化されたオブジェクトかオブジェクトのコレクションを戻すメソッドを提供すること。……集約に対してのみ、リポジトリを提供すること。[Evans]（151 ページ）

　これらのコレクション風のオブジェクトは、すべて永続化に関連するものだ。永続させるすべての集約型は、リポジトリを持っている。一般に、集約型とリポジトリは、一対一の対応になっているものだ。しかし時には、複数の集約型がオブジェクトの階層を共有していることがあり、そんな場合は

単一のリポジトリを共有しているかもしれない。本章では、その両方の手法について議論する。

> **本章のロードマップ**
> 二種類のリポジトリがあることと、それぞれをどんなときに使うのかを学ぶ。
> Hibernate や TopLink、Coherence、そして MongoDB でのリポジトリの実装方法を見る。
> リポジトリのインターフェイスに追加の振る舞いが必要になる理由を理解する。
> リポジトリを使う際の、トランザクションの扱いかたを検討する。
> 型の階層がある場合にリポジトリを設計する際の、注意事項を知る。
> リポジトリとデータアクセスオブジェクト [Crupi et al.] の根本的な違いを見る。
> リポジトリをテストする方法や、リポジトリを使ったテストを行うためのいくつかの方法を検討する。

12.1 コレクション指向のリポジトリ

コレクション指向の設計は、いわば古典的なアプローチだ。もともと DDD のパターンとして示されていたアイデアに沿ったものだからである。この設計は、コレクションを真似たもので、少なくともコレクションの標準的なインターフェイスはすべてシミュレートする。ここでは、裏側にある永続化メカニズムのことを一切気にせず、リポジトリのインターフェイスを設計する。データをストレージに永続化することは、考えない。

この設計手法を使う場合は、基盤となる永続化メカニズムにいくつかの機能が必要になる。しかし、その機能が使えない可能性もある。あなたが使っている永続化メカニズムの機能に制約があって、コレクション指向の設計ができない場合は、以下の項を参照すること。そこでは、コレクション指向の設計がうまく機能するであろうと私が考える条件について、とりあげる。そのためにはまず、背景となる基本知識を固めておく必要がある。

標準のコレクションの動きを考えてみよう。Java や C#、そしてその他多くのオブジェクト指向言語において、オブジェクトをコレクションに追加すると、コレクションから削除するまでそのオブジェクトは残り続ける。コレクションを取得して、その中のオブジェクトの状態を変更する際には、何も特別なことをする必要はない。コレクションに問い合わせてオブジェクトへの参照を受け取り、そのオブジェクトに対して、何かをするよう指示を出すだけだ。あとは、そのオブジェクト自身が状態を変更する。同じオブジェクトがそのままコレクションに残り、オブジェクトの状態は、変更を加える前とは異なるものとなる。

実際の例を使って、もう少し詳しく見ていこう。ここでは、`java.util.Collection` の一部を例として使う。これが標準のインターフェイスだ。

```java
package java.util;

public interface Collection ... {
    public boolean add(Object o);
    public boolean addAll(Collection c);
    public boolean remove(Object o);
    public boolean removeAll(Collection c);
```

```
    ...
}
```

オブジェクトをコレクションに追加するときには add() を使う。オブジェクトを削除したいときには、そのオブジェクトへの参照を remove() に渡す。以下のテストは、新しくインスタンス化した何らかのコレクションが、Calendar のインスタンスを保持できることをたしかめるものだ。

```
assertTrue(calendarCollection.add(calendar));

assertEquals(1, calendarCollection.size());

assertTrue(calendarCollection.remove(calendar));

assertEquals(0, calendarCollection.size());
```

必要最小限の、シンプルなものだ。特殊なコレクションのひとつとして、java.util.Set がある。その実装クラスである java.util.HashSet は、リポジトリの機能を真似たコレクションを提供する。Set に追加するオブジェクトはすべて、一意なものでなければいけない。すでに Set に含まれているものと同じオブジェクトを追加しようとしても、そのオブジェクトは追加されない。すでに含まれているからだ。したがって、まるでオブジェクトへの変更を保存させるかのような意味合いで、同じオブジェクトを二度追加したりする必要はない。以下のテストは、同じオブジェクトを複数回追加しても、何も変化しないということをたしかめるものだ。

```
Set<Calendar> calendarSet = new HashSet<Calendar>();

assertTrue(calendarSet.add(calendar));

assertEquals(1, calendarSet.size());

assertFalse(calendarSet.add(calendar));

assertEquals(1, calendarSet.size());
```

これらのアサーションは、すべて成功する。同じ Calendar のインスタンスを二度追加しているが、二度目の追加は Set の状態を一切変更しないからである。コレクション指向で設計した CalendarRepository に集約のインスタンス calendar を追加する場合は、同じ calendar を何度追加しても害はない。集約はそれぞれ一意な識別子を持っており、それが**ルートエンティティ** (5, 10) に関連づけられている。この一意な識別子のおかげで、Set 風のリポジトリに同じインスタンスを何度も追加してしまわずに済むようになる。

　ここで重要なのは、このリポジトリが真似るべきコレクション（つまり Set）について理解しておくことだ。裏側の実装にどんな永続化メカニズムを使っていようが、同じオブジェクトを複数追加できるようにしてはいけない。

もうひとつのポイントは、すでにリポジトリに登録されているオブジェクトを変更しても、「保存しなおす」必要はないということだ。コレクションに含まれるオブジェクトを変更するときのことを考えてみよう。極めて単純なことだ。まず、変更したいオブジェクトへの参照をコレクションから取得する。そして、そのオブジェクトのコマンドメソッドを実行して、オブジェクト自身に状態を変更させる。

> **コレクション指向のリポジトリのポイント**
> リポジトリは、Set の挙動を真似る必要がある。裏側の実装にどんな永続化メカニズムを使っていようが、同じオブジェクトを複数追加できるようにしてはいけない。また、リポジトリから取得したオブジェクトを変更したときに、それをリポジトリに「書き戻す」必要がないようにしなければいけない。

実例を見てみよう。ここでは、標準ライブラリの java.util.HashSet を継承（サブクラス化）し、その新しい型にメソッドを追加する。一意な識別子を指定して、特定のオブジェクトのインスタンスを探すためのメソッドだ。リポジトリであることがわかりやすいクラス名にしたが、実際のところは単なるインメモリの HashSet だ。

```
public class CalendarRepository extends HashSet {
    private Set<CalendarId, Calendar> calendars;

    public CalendarRepository() {
        this.calendars = new HashSet<CalendarId, Calendar>();
    }

    public void add(Calendar aCalendar) {
        this.calendars.add(aCalendar.calendarId(), aCalendar);
    }

    public Calendar findCalendar(CalendarId aCalendarId) {
        return this.calendars.get(aCalendarId);
    }
}
```

普通は、HashSet を継承してリポジトリを作ったりはしない。これは、あくまでも例として用意したものだ。それを踏まえて、コードを見ていこう。Calendar のインスタンスをこの Set に追加して、その後でインスタンスを検索し、それを変更する。

```
CalendarId calendarId = new CalendarId(...);
Calendar calendar =
    new Calendar(calendarId, "Project Calendar", ...);
CalendarRepository calendarRepository = new CalendarRepository();
calendarRepository.add(calendar);
```

```
// 後にどこかで……

Calendar calendarToRename =
    calendarRepository.findCalendar(calendarId);

calendarToRename.rename("CollabOvation Project Calendar");

// さらにその後で…

Calendar calendarThatWasRenamed =
    calendarRepository.findCalendar(calendarId);

assertEquals("CollabOvation Project Calendar",
    calendarThatWasRenamed.name());
```

`calendarToRename` が参照する `Calendar` のインスタンスに対して、自身の名前を変更するよう指示しているところに注目しよう。さらに、名前の変更が終わった後で確認すると、変更後の名前がそのまま残っている。`HashSet` のサブクラスである `CalendarRepository` に対して、`Calendar` への変更を保存するよう指示したわけではない。`CalendarRepository` には `save()` メソッドがない。そんなものは、不要だからである。`calendarToRename` が参照する `Calendar` のインスタンスへの変更を保存する理由はない。そのオブジェクトはずっとコレクションが保持したままであり、そのオブジェクトに対して直接変更を加えたからである。

要するに、コレクション指向のリポジトリはコレクションを真似たものであって、その裏側にある永続化メカニズムは、クライアント向けの公開インターフェイスには一切あらわれないということである。したがって、コレクション指向のリポジトリの設計・実装の目標は、`HashSet` の特徴を兼ね備えた永続データストアを作ることになる。

お察しのとおり、そのためには、裏側にある永続化メカニズムに、いくつかの機能が求められる。利用する永続化メカニズムには、自身が管理する永続オブジェクトについて、その変更の履歴を暗黙のうちに追跡する仕組みがなければいけない。これを実現するには、さまざまな方法がある。その中から、二種類の方法を以下に示す。

① **暗黙のコピーオンリード** [Keith & Stafford]：永続化メカニズムは、永続オブジェクトをデータストアから読み込んで再構築する際に、暗黙のうちにそれをコピーする。そして、手元のコピーとクライアント側のコピーを、コミットの際に比較する。もう少し噛み砕いていうと、データストアからオブジェクトを読み込むように、永続化メカニズムに対して指示をしたときに、オブジェクトを読み込むだけではなく、そのオブジェクト全体のコピーも作るということである（ただし、遅延読み込みをする部分は除く。その部分のコピーは、実際に読み込まれた際に作られる）。永続化メカニズムが作ったトランザクションをコミットする際には、読み込んだ際に作ったオブジェクトのコピーと比較することによって、変更があったかどうかを確認する。そして、変更されているすべてのオブジェクトをデータストアに書き出す。

② **暗黙のコピーオンライト** [Keith & Stafford]：永続化メカニズムは、読み込まれたすべての永続オブジェクトの管理をプロキシ経由で行う。オブジェクトをデータストアから読み込む際には、薄いプロキシを作ってそれをクライアントに渡す。クライアントは無意識のうちに、そのプロキシオブジェクト上の振る舞いを実行する。そして、そのプロキシが、実際のオブジェクト上の振る舞いを実行する。メソッドの実行依頼を最初に受け取ったときに、プロキシは、管理するオブジェクトのコピーを作る。プロキシは、管理するオブジェクトの状態の変更を追跡し、変更があった場合は変更マークをつける。永続化メカニズムが作ったトランザクションをコミットする際には、変更マークつきのオブジェクトがあるかどうかを探し、見つかったすべてのオブジェクトをデータストアに書き出す。

それぞれの手法の利点や両者の違いはさまざまだ。どちらか一方の手法を使ったために、その悪影響に悩まされることもあるので、注意深く調べる必要がある。もちろん、特に下調べなどせず、好みの方法を使ってもかまわない。ただ、調べておいたほうが無難だ。

どちらの方式にも共通する利点は、永続オブジェクトの変更を暗黙のうちに追跡できることだ。オブジェクトの変更を永続化メカニズムに伝えるにあたって、クライアントは何もする必要がない。結論としては、Hibernateのようなこの手の永続化メカニズムを使えば、**昔ながらのコレクション指向なリポジトリを作れる**ということだ。

とはいえ、Hibernateのような暗黙のコピーによる変更追跡機能を持つ永続化メカニズムを使う自由があったとしても、使わないほうが望ましい場面もあるし、使うのが不適切な場面もある。相当なハイパフォーマンスが求められるドメインで、大量のオブジェクトをメモリ上に同時に読み込む場合は、この種のメカニズムは、メモリの面でも速度の面でも大きなオーバーヘッドになってしまう。自分たちの置かれた環境でこの仕組みがうまく機能するかどうかを、注意深く考えて判断する必要がある。たしかに、Hibernateがうまく機能するドメインは数多くある。私の注意喚起を、「使うな」という警告だとは受け取らないでほしい。どんなツールであっても、トレードオフには気をつけなければいけないというだけのことだ。

カウボーイの声

LB：「ウチの犬に寄生虫が見つかったとき、獣医さんはちょっとした知識(リポジトリ)を処方してくれたんだ」

コレクション指向のリポジトリに対応する、より最適化されたオブジェクトリレーショナルマッピン

グツールの採用を検討したくもなるだろう。そんなツールの例としては、Oracle の TopLink や、その兄弟分ともいえる EclipseLink がある。TopLink が提供するのはユニットオブワークで、Hibernate の Session とはまったく異なるというわけでもない。しかし、TopLink のユニットオブワークは、暗黙のコピーオンリードを行わない。その代わりに、**明示的なコピービフォーライト** [Keith & Stafford] を行う。ここでいう「**明示的な**」とは、クライアントからユニットオブワークに対して、変更をするつもりであると伝えなければいけないということを意味する。この通知を受けたユニットオブワークは、指定されたドメインオブジェクトをクローンして、変更（TopLink では**編集**と呼ぶ）に備える。詳しくは後述する。ここでのポイントは、TopLink は必要になったときにしかメモリを消費しないということだ。

Hibernate による実装

二種類のリポジトリのうちどちらを作るにせよ、その作業は大きく二つの段階にわかれる。まずは公開インターフェイスを定義すること、そして少なくともひとつの実装を用意することだ。

具体的にいえば、コレクション指向の設計の場合、まず行うのは、コレクションを真似たインターフェイスを定義することだ。そして、その次の段階として、裏側で使うストレージ（Hibernate など）に対応した実装を用意する。コレクション風のインターフェイスには、以下の例のようなメソッドが用意されていることが一般的だ。

```
package com.saasovation.collaboration.domain.model.calendar;

public interface CalendarEntryRepository  {
    public void add(CalendarEntry aCalendarEntry);
    public void addAll(
            Collection<CalendarEntry> aCalendarEntryCollection);
    public void remove(CalendarEntry aCalendarEntry);
    public void removeAll(
            Collection<CalendarEntry> aCalendarEntryCollection);
    ...
}
```

インターフェイスの定義は、格納する集約型と同じ**モジュール** (9) に配置する。この場合なら、`CalendarEntryRepository` インターフェイスの置き場所は、`CalendarEntry` と同じモジュール（Java パッケージ）となる。実装クラスの置き場所は別のパッケージとなるが、それについては後述する。

`CalendarEntryRepository` には、標準のコレクションである `java.util.Collection` と同じようなメソッドが定義されている。新しい `CalendarEntry` をこのリポジトリに追加するときに使うのが `add()` だ。複数のインスタンスを追加したい場合は、`addAll()` を使う。インスタンスを追加すると、それは何らかのデータストアに永続化され、それ以降は一意な識別子を使って取り出せるようになる。これらのメソッドと対になるメソッドが `remove()` と `removeAll()` で、これらはそれぞれ、単一のインスタンスあるいは複数のインスタンスをコレクションから削除するためのものだ。

個人的には、これらのメソッドが、本格的なコレクションのように Boolean 値を返すようなシグネチャを持つのは好まない。なぜなら、場合によっては、true という返答が追加操作の成功を保証しないこともあるからだ。true という結果は、データストア上でのトランザクションのコミット状況の影響を受けるかもしれない。したがって、リポジトリの場合は、void のほうがより適切だといえるだろう。

一度のトランザクションで、複数の集約のインスタンスを追加したり削除したりするのが好ましくない場合もある。もしあなたのドメインがそんな場合にあてはまるのなら、addAll() や removeAll() といったメソッドを含めてはいけない。しかし、これらのメソッドを提供する目的は、その利便性だけである。これらのメソッドがなくても、クライアント側でのループで、コレクション内の各要素を順次 add() したり remove() したりすることはできる。つまり、addAll() や removeAll() を用意しないというのは、あくまでも、そういう設計にしているというポリシーを示す象徴にすぎない。それ以上を求めるなら、単一トランザクションでの複数のオブジェクトの追加や削除を検出する、何らかの手段が必要になる。そのためにはおそらく、すべてのトランザクションでリポジトリのインスタンスを作る必要があるだろう。これは、かなりコストがかかる処理だ。この件については、本書では深くはとりあげない。

ある集約型のインスタンスが、通常のアプリケーションのユースケースでは決して削除されないということもある。アプリケーション内で使わなくなってからかなりの時間がたったインスタンスについて、再利用しなければいけないかもしれない。それに関連して、削除するのが難しかったり削除が不可能だったりするオブジェクトもあるだろう。ビジネス的な観点で、削除するのが好ましくない（あるいは、それが法に反する）ようなオブジェクトもありえる。これらの場合は、その集約のインスタンスに「**無効**」「**使用不能**」などのマークをつけることになるだろう。あるいは、そのドメインに特化した方法での**論理削除**を行うかもしれない。そんな場合は、リポジトリの公開インターフェイスには削除メソッドを含めないことも考えられる。あるいは、削除メソッドの実装で、集約のインスタンスの状態を「使用不能」に変更するという手もある。あるいは、コードレビューでオブジェクトの削除を防いで、クライアントからの削除も行われないよう、注意深く調べるという選択肢もある。どんな手を打つかは考えどころだが、削除操作をできないようにしてしまうほうが、楽だろう。結局のところ、公開インターフェイスに定義されたメソッドは、使ってもかまわないものだと考えられてしまうのだ。削除処理を公開するが、論理的には削除が禁じられているという場合は、物理削除よりも論理削除の実装を検討したくなることだろう。

リポジトリのインターフェイスで重要となるもうひとつのパーツは、各種のファインダーメソッド群の定義だ。

```
public interface CalendarEntryRepository {
    ...
    public CalendarEntry calendarEntryOfId(
            Tenant aTenant,
            CalendarEntryId aCalendarEntryId);
```

```
    public Collection<CalendarEntry> calendarEntriesOfCalendar(
        Tenant aTenant,
        CalendarId aCalendarId);

    public Collection<CalendarEntry> overlappingCalendarEntries(
        Tenant aTenant,
        CalendarId aCalendarId,
        TimeSpan aTimeSpan);
}
```

　最初に定義した`calendarEntryOfId()`は、一意な識別子を指定して集約`CalendarEntry`のインスタンスを取得するためのメソッドだ。ここでは、識別子を明示する型である`CalendarEntryId`を利用する。二番目に定義した`calendarEntriesOfCalendar()`メソッドは、`Calendar`の一意な識別子を指定して、その`Calendar`に属するすべての`CalendarEntry`のインスタンスのコレクションを取得する。最後に定義した`overlappingCalendarEntries()`メソッドは、指定した`Calendar`について、指定した`TimeSpan`におけるすべての`CalendarEntry`のインスタンスのコレクションを取得する。これは、日付と時刻を指定して、ある期間内にどんな予定が入っているかを取得するために用意したメソッドだ。

　最後に、`CalendarEntry`に一意な識別子を設定する方法を考える。これについても、リポジトリがその機能を提供できる。

```
public interface CalendarEntryRepository  {
    public CalendarEntryId nextIdentity();
    ...
}
```

　新しい`CalendarEntry`のインスタンスを作るコードはすべて、`nextIdentity()`を用いれば`CalendarEntryId`の新しいインスタンスを取得できる。

```
CalendarEntry calendarEntry =
    new CalendarEntry(tenant, calendarId,
        calendarEntryRepository.nextIdentity(),
        owner, subject, description, timeSpan, alarm,
        repetition, location, invitees);
```

　識別子の作りかた、ドメインに特化した代理識別子の使いかた、そして識別子を割り当てるタイミングの重要性などの話題については、第5章「エンティティ」を参照すること。

　次に、このリポジトリの実装クラスを見てみよう。実装クラスをどのモジュールに配置するかについては、いくつかの選択肢がある。そのひとつが、集約やリポジトリのモジュールの直下のモジュール（Javaパッケージ）を使う方法だ。つまり、以下のようになる。

```
package com.saasovation.collaboration.domain.model.calendar.impl;

public class HibernateCalendarEntryRepository
        implements CalendarEntryRepository {
    ...
}
```

この場所に実装クラスを置けば、実装をドメインレイヤで管理しながら、実装クラス用に特別なパッケージを用意できる。こうすれば、ドメインの概念と永続化の概念をすっきりと切り離せるようになる。このように、豊かな名前のパッケージを使ってインターフェイスを宣言し、その直下の impl パッケージに実装を置くという手法は、Java のプロジェクトではよく使われているものだ。しかし、**コラボレーションコンテキスト**でチームが選んだのは、すべての実装クラスをインフラストラクチャレイヤに置く方法だった。

```
package com.saasovation.collaboration.infrastructure.persistence;

public class HibernateCalendarEntryRepository
        implements CalendarEntryRepository {
    ...
}
```

ここでは、**依存関係逆転の原則（DIP）**(4) を使って、インフラストラクチャの関心事をレイヤ化している。インフラストラクチャレイヤは、論理的に他のすべてのレイヤの上位に位置し、下位のドメインレイヤへの単方向の参照を持つ。

HibernateCalendarEntryRepository クラスは、Spring の bean として登録するものだ。引数なしのコンストラクタと、別のインフラストラクチャ bean のオブジェクトへの依存性を注入するメソッドを持つ。

```
import com.saasovation.collaboration.infrastructure
        .persistence.SpringHibernateSessionProvider;

public class HibernateCalendarEntryRepository
        implements CalendarEntryRepository {

    public HibernateCalendarEntryRepository() {
        super();
    }
    ...
    private SpringHibernateSessionProvider sessionProvider;

    public void setSessionProvider(
            SpringHibernateSessionProvider aSessionProvider) {
        this.sessionProvider = aSessionProvider;
    }
```

```
        private org.hibernate.Session session() {
            return this.sessionProvider.session();
        }
    }
```

SpringHibernateSessionProvider クラスも、インフラストラクチャレイヤ内の com.saasovation.collaboration.infrastructure.persistence モジュールに配置して、これを Hibernate ベースのリポジトリに注入する。Hibernate の Session オブジェクトを利用するメソッドは、自前で session() を実行してオブジェクトを取得する。session() メソッドは、注入された sessionProvider のインスタンスを使って、スレッド単位の Session のインスタンスを取得する（詳細は、本章で後述する）。add()、addAll()、remove()、removeAll() の実装は、以下のようになる。

```
package com.saasovation.collaboration.infrastructure.persistence;

public class HibernateCalendarEntryRepository
        implements CalendarEntryRepository  {
    ...
    @Override
    public void add(CalendarEntry aCalendarEntry) {
        try {
            this.session().saveOrUpdate(aCalendarEntry);
        } catch (ConstraintViolationException e) {
            throw new IllegalStateException(
                    "CalendarEntry is not unique.", e);
        }
    }

    @Override
    public void addAll(
            Collection<CalendarEntry> aCalendarEntryCollection) {
        try {
            for (CalendarEntry instance : aCalendarEntryCollection) {
                this.session().saveOrUpdate(instance);
            }
        } catch (ConstraintViolationException e) {
            throw new IllegalStateException(
                    "CalendarEntry is not unique.", e);
        }
    }

    @Override
    public void remove(CalendarEntry aCalendarEntry) {
        this.session().delete(aCalendarEntry);
    }

    @Override
    public void removeAll(
            Collection<CalendarEntry> aCalendarEntryCollection) {
```

```
            for (CalendarEntry instance : aCalendarEntryCollection) {
                this.session().delete(instance);
            }
        }
        ...
    }
```

これらのメソッドは、シンプルな実装にした。先述のとおり、それぞれのメソッドで `session()` を実行して、Hibernate の Session のインスタンスを取得している。

`add()` メソッドと `addAll()` メソッドで、Session の `saveOrUpdate()` メソッドを使っていることを不思議に思うかもしれない。これは、Set 風の追加機能に対応するためのものだ。クライアントから、同じ `CalendarEntry` を何度も追加しようとしたときに、`saveOrUpdate()` をつかっておけば、何も起こらなかったかのように見せることができる。実際、Hibernate バージョン 3 以降では、この更新は何も行わない。先述のとおり、オブジェクトの状態を変更して、更新を暗黙のうちに追跡しているからである。これら二つのメソッドでまったく新たなオブジェクトが追加されない限り、実際には何も行わない。

追加の際に、`ConstraintViolationException` が発生する可能性がある。Hibernate の例外をそのままクライアントに流すよりは、いったん例外を捕捉した上で、クライアントにとってよりわかりやすい `IllegalStateException` にラップしたほうがいい。あるいは、このドメインに特化した例外を宣言して、それを投げるようにすることもできる。どちらを使うかは、プロジェクトのチームで決めることだ。要は、裏側にいる永続化フレームワークの実装の詳細を抽象化することを考えているのだから、その詳細は、例外も含めてクライアントからは見えないようにしておきたいということだ。

`remove()` メソッドと `removeAll()` は、きわめてシンプルだ。必要な作業は、Session の `delete()` を使ったデータストアからの削除だけである。**認証・アクセスコンテキスト**のような、一対一のマッピングを使った集約の削除の際には、さらにもうひとつ注意すべき点がある。関連するオブジェクトに変更を連鎖させることはできないので、関連の両側にあるオブジェクトを、明示的に削除しなければいけない。

```
package com.saasovation.identityaccess.infrastructure.persistence;

public class HibernateUserRepository implements UserRepository {
    ...
    @Override
    public void remove(User aUser) {
        this.session().delete(aUser.person());
        this.session().delete(aUser);
    }

    @Override
    public void removeAll(Collection<User> aUserCollection) {
        for (User instance : aUserCollection) {
            this.session().delete(instance.person());
```

```
            this.session().delete(instance);
        }
    }
    ...
}
```

まず、内部にある `Person` オブジェクトを削除してから、集約ルートである `User` を削除しなければいけない。内部の `Person` を削除しなければ、つながる相手のいなくなったデータがデータベース上に残り続けてしまう。これは、一対一の関連を避けるべき理由のひとつでもある。多対一の、単方向の関連を使ったほうがいいだろう。しかしここでは、あえて一対一の双方向の関連を使うことにした。マッピングのせいで発生する問題に、どのように対応するのかを説明するためだ。

このような状況に対応するには、さまざまな方法があることに注意しよう。ORM のライフサイクルイベントを利用して、オブジェクトの一部を連鎖削除させるという選択もあるだろう。私は個人的に、この手法は避けたい。なぜなら、集約に永続化を管理させるというやりかたには納得できず、永続化はリポジトリだけに任せておきたいからだ。このあたりを語りだしたらきりがないので、この程度に抑えておこう。どんな手段を選ぶかはあなたしだいだ。しかし一般に、DDD のエキスパートは、集約に永続化を管理させる手法は使わないものだということは知っておこう。

ここで `HibernateCalendarEntryRepository` に戻り、ファインダーメソッドの実装を見る。

```
public class HibernateCalendarEntryRepository
        implements CalendarEntryRepository {
    ...
    @Override
    @SuppressWarnings("unchecked")
    public Collection<CalendarEntry> overlappingCalendarEntries(
        Tenant aTenant, CalendarId aCalendarId, TimeSpan aTimeSpan) {
        Query query =
            this.session().createQuery(
                "from CalendarEntry as _obj_ " +
                "where _obj_.tenant = :tenant and " +
                  "_obj_.calendarId = :calendarId and " +
                  "((_obj_.repetition.timeSpan.begins between " +
                      ":tsb and :tse) or " +
                  " (_obj_.repetition.timeSpan.ends between " +
                      ":tsb and :tse))");

        query.setParameter("tenant", aTenant);
        query.setParameter("calendarId", aCalendarId);
        query.setParameter("tsb", aTimeSpan.begins(), Hibernate.DATE);
        query.setParameter("tse", aTimeSpan.ends(), Hibernate.DATE);

        return (Collection<CalendarEntry>) query.list();
    }

    @Override
```

```java
    public CalendarEntry calendarEntryOfId(
            Tenant aTenant,
            CalendarEntryId aCalendarEntryId) {
        Query query =
            this.session().createQuery(
                "from CalendarEntry as _obj_ " +
                "where _obj_.tenant = ? and _obj_.calendarEntryId = ?");

        query.setParameter(0, aTenant);
        query.setParameter(1, aCalendarEntryId);
        return (CalendarEntry) query.uniqueResult();
    }

    @Override
    @SuppressWarnings("unchecked")
    public Collection<CalendarEntry> calendarEntriesOfCalendar(
            Tenant aTenant, CalendarId aCalendarId) {
        Query query =
            this.session().createQuery(
                "from CalendarEntry as _obj_ " +
                "where _obj_.tenant = ? and _obj_.calendarId = ?");

        query.setParameter(0, aTenant);
        query.setParameter(1, aCalendarId);

        return (Collection<CalendarEntry>) query.list();
    }
    ...
}
```

これらのファインダーはいずれも、Session を用いて Query を作る。ここでは、Hibernate の一般的なクエリと同様、HQL を使って条件を指定して、パラメータオブジェクトを読み込むことにした。その後でクエリを実行して、単一の結果あるいはオブジェクトのコレクションを問い合わせる。一連のクエリの中でより手の込んだものは overlappingCalendarEntries() のクエリであり、ここでは、特定の日時の範囲（TimeSpan）に重なるすべての CalendarEntry のインスタンスを探す必要がある。

最後に、nextIdentity() メソッドの実装を見る。

```java
public class HibernateCalendarEntryRepository
        implements CalendarEntryRepository {
    ...
    public CalendarEntryId nextIdentity() {
        return new CalendarEntryId(
                UUID.randomUUID().toString().toUpperCase());
    }
    ...
}
```

この実装では、一意な識別子を生成する際に、永続化メカニズムやデータストアの機能を使っていない。比較的高速で信頼性の高い、UUID 生成器を使った。

TopLink による実装に関する検討事項

TopLink は、セッションとユニットオブワークの両方を持っている。これが Hibernate と少し違うところで、Hibernate の場合は、セッションがユニットオブワークとしても機能する[1]。ここでは、セッションとは切り離したユニットオブワークの利用法を見た上で、それをリポジトリの実装でどのように使うのかを考える。

リポジトリの抽象化のメリットがなければ、TopLink を以下のように使うことになるだろう。

```
Calendar calendar = session.readObject(...);

UnitOfWork unitOfWork = session.acquireUnitOfWork();

Calendar calendarToRename = unitOfWork.registerObject(calendar);

calendarToRename.rename("CollabOvation Project Calendar");

unitOfWork.commit();
```

UnitOfWork は、メモリや処理能力をより効率的に利用する。そのために、オブジェクトを変更する意思を UnitOfWork に明示的に伝える必要がある。それまでは、集約をクローンして編集用のコピーを用意することはない。先に示したとおり、registerObject() メソッドは、元の Calendar のインスタンスのクローンを返す。calendarToRename が参照するのはこのクローンで、編集（変更）は、このクローンに対して行う必要がある。オブジェクトに対して変更を加えると、TopLink はその変更を追跡できるようになる。UnitOfWork の commit() メソッドを実行すると、変更されたすべてのオブジェクトをデータベースにコミットする[2]。

新しいオブジェクトを TopLink のリポジトリに追加するのは簡単で、以下のようになる。

```
...
public void add(Calendar aCalendar) {
    this.unitOfWork().registerNewObject(aCalendar);
}
```

---

[1] 別に、Hibernate を基準にして TopLink のことをどうこういうつもりはない。実際、TopLink はこれまで長きにわたって成功を収めており、WebGain の暴落に伴う「投げ売り」で Oracle に拾われるよりもずっと前から、その価値を確立していた。TopLink の **Top** は「The Object People」の頭字語で、これは最初にこのツールを作った会社名でもある。それから 20 年もの間、成功し続けてきたのだ。ここでは単に、二つのツールの違いを強調したにすぎない。

[2] ユニットオブワークが、親の内部でネストされていないことが前提となる。もし親のユニットオブワーク内でネストされている場合は、コミットされたユニットオブワークの変更がその親にマージされる。最終的に、最も外側のユニットオブワークが、データベースにコミットされる。

```
...
```

　registerNewObject() を使うには、aCalendar が新しいインスタンスでなければいけない。もし既存の aCalendar に対して add() を実行すると、失敗してしまう。また、ここに普通の registerObject() を使うこともできる。これは、Hibernate で saveOrUpdate() メソッドを使うのと同じことになる。どちらの方法も、コレクション指向のインターフェイスの要件を満たしている。

　それでも、既存の集約を変更しなければいけない場合は、そのクローンを取得できる必要がある。ここでは、そのような集約のインスタンスを UnitOfWork に登録するために、ちょっとした技を使っている。ここまでの議論では、それを行うためのリポジトリのインターフェイスについて何も語らなかった。私たちは Set の真似を試みてきており、そのインターフェイス上での永続化に関して何らかの推定は避けようとしてきたからである。今のところまだ、必ずしも永続化の考え方に影響を与えないやりかたで、クローンの取得を成し遂げることはできる。以下のいずれかの手法を考えてみよう。

```
public Calendar editingCopy(Calendar aCalendar);

// あるいは

public void useEditingMode();
```

　最初の手法では、editingCopy() が UnitOfWork を取得して、指定した Calendar をそこに登録し、そのクローンを作り、それを返す。

```
...
public Calendar editingCopy(Calendar aCalendar) {
    return (Calendar) this.unitOfWork().registerObject(aCalendar);
}
...
```

　これは、裏側で使われている registerObject() の動きを反映したものだ。もちろん、これは望ましくはないだろう。しかし、この手法はすっきりとしたものであり、どの永続化の考え方も反映していない。

　二番目の手法は、useEditingMode() を使って、リポジトリを編集モードに設定している。このモードを設定すると、それ以降のすべてのファインダーメソッドは、問い合わせたすべてのオブジェクトを自動的に UnitOfWork に登録して、そのクローンを返すようになる。これは、多かれ少なかれ、集約の変更に使うためにリポジトリをロックすることになる。しかし、リポジトリをどのように使うにせよ、それは読み込み専用あるいは編集用の読み込みのいずれかである。また、この手法は、集約用のリポジトリの、うまく作られた境界に沿った使いかたを示している。

　TopLink を使ってコレクション指向のリポジトリを設計する方法は他にもある。ここでとりあげたのは、中でも特に検討に値する、一部の方法だけだ。

12.2　永続指向のリポジトリ

　コレクション指向の方式ではうまくいかない場合は、永続指向のリポジトリを使う必要がある。使おうとしている永続化メカニズムに、オブジェクトの変更を検出・追跡する機能がない場合は、コレクション指向の方式が使えない。インメモリの**データファブリック** (4) を使う場合や、NoSQL のキーバリューストアを使う場合などが、その一例だ。新しい集約のインスタンスを作ったり、既存のインスタンスを変更したりするたびに、save() メソッドなどを使ってそれをデータストアに書き込む必要がある。

　仮にオブジェクトリレーショナルマッパーがコレクション指向の手法に対応していても、永続指向の手法を検討することがある。コレクション指向で設計したリポジトリで、リレーショナルデータベースからキーバリューストアへの移行を決めた場合は、いったいどうなるだろう？ アプリケーションレイヤにおいて、変更すべき箇所があちこちに出てくるだろう。集約を更新しているところは、すべて save() を使うように変更しなければいけない。また、リポジトリから add() や addAll() を削除したくなるかもしれない。これらのメソッドはもはや不要になるからである。今使っている永続化メカニズムが今後変わることは、大いにありえる。だとすれば、より柔軟なインターフェイスを念頭に置いた設計をしておくのが一番だ。この設計の欠点は、現在のオブジェクトリレーショナルマッパーのせいで、必要な場面で save() が使えなくなってしまうかもしれないということだ。裏側のユニットオブワークがなくなったときに、それに気づくことになる[3]。この設計の利点は、リポジトリパターンのおかげで、永続化メカニズムを簡単に入れ替えられるようになるということだ。入れ替えたとしても、アプリケーションに影響がおよぶ可能性はほとんどない。

永続指向のリポジトリのポイント
新しく作ったり、変更を加えたりしたオブジェクトは、データストアへ明示的に put() する必要がある。これは事実上、そのキーに関連づけられていた値を置き換えてしまうことになる。この手のデータストアを使うと、集約に対する基本的な読み書きは、かなりシンプルになる。そのため、この手のデータストアのことを、集約ストアあるいは集約指向のデータベースなどと呼ぶこともある。

　インメモリのデータファブリックである GemFire や Oracle Coherence を使う場合は、ストレージはインメモリの Map の実装となる。これは java.util.HashMap を真似たもので、マップされた各要素を**エントリ**とみなす。同様に、MongoDB や Riak のような NoSQL を使う場合は、永続化したオブジェクトがまるでコレクションのように扱われ、テーブルや行、カラムなどは登場しなくなる。NoSQL では、キーと値のペアを格納する。これは事実上、Map 風のストレージになるが、メモリではなくディスクを使って永続化する。

---

[3]　アプリケーションサービス (14) のテストを作って、必要に応じた変更の保存を担当させてもいい。インメモリのリポジトリの実装を作って、きちんと保存したことをたしかめることもできる（本章の後半で説明する）。

これらの永続化メカニズムはどれも、大まかには Map のコレクションを真似たものであり、新たなオブジェクトや変更したオブジェクトは明示的に put() する必要がある。これは事実上、そのキーにそれまで関連づけられていた値を置き換えることになる。変更後のオブジェクトが、論理的には変更前と同じ状態であったとしても、同じことだ。というのも、これらの永続化メカニズムには、変更を追跡したりトランザクションの境界をサポートしたりするユニットオブワークが提供されていないからだ。put() や putAll() は、それぞれ個別の論理的なトランザクションを表す。

この手のデータストアを利用すれば、集約に対する基本的な読み書きを非常にシンプルに行えるようになる。たとえば、**アジャイルプロジェクト管理コンテキスト**の Product を Coherence のデータグリッドに追加し、それを読み出す例は、以下のようにシンプルに書ける。

```
cache.put(product.productId(), product);

// 後にどこかで……

product = cache.get(productId);
```

これで、Product のインスタンスが自動的に、標準 Java のシリアライズを使って Map に格納される。しかし、このシンプルなインターフェイスには、多少あてにならないところがある。ハイパフォーマンスが求められるドメインなら、もう少しやるべきことがある。Coherence は、シリアライズ用のカスタムプロバイダーを登録しない限りは、標準 Java のシリアライズを使うようになっている。標準 Java のシリアライズは、最適な選択肢だとはいえない。個々のオブジェクトを表すために必要なバイト数は多いし、パフォーマンスもどちらかというと貧弱だ[4]。せっかく高性能なデータファブリックを購入したのに、キャッシュできるオブジェクト数が少なくなったり、シリアライズが遅いせいで全体のスループットが低下したりといったことで足を引っ張られたくはない。たとえばデータファブリックを使うのなら、分散環境の導入を検討しよう。そうなると、ドメインモデルの設計に、新たな制約が加わることが多い。少なくとも、専用のシリアライズ方式を用意しなければいけないだろう。その結果、少なくとも実装レベルでは、別の方針を考えることになるかもしれない。

GemFire や Coherence のキャッシュを使ったり、MongoDB や Riak といったキーバリューストアを使ったり、あるいはその他の NoSQL による永続化を使ったりする場合は、高速かつコンパクトな手段を使って、集約と格納用の形式との変換をできるようにしておきたい。これは、いうほど難しくもないかもしれない。たとえば、集約を GemFire や Coherence 用にシリアライズする処理の最適化は、オブジェクトリレーショナルマッパーのマッピング定義を作ることに比べて特別難しいものではない。しかし、Map の put() や get() を単に使うことほど簡単でもない。

次に、Coherence を使って永続指向のリポジトリを作る方法を説明する。そして、同様の仕組みを MongoDB で作る場合のテクニックも紹介する。

---

[4] それに、Java 以外のクライアントからは Coherence が使えなくなってしまう。.NET や C++のクライアントにもグリッドのデータを使わせるのなら、Portable Object Format（POF）でのシリアライズを行う必要がある。

Coherence による実装

コレクション指向のリポジトリを考えたときと同様に、まずはインターフェイスを定義して、それから実装に進むことにしよう。以下に示すのは永続指向のインターフェイスだ。Oracle Coherence のデータグリッドを使うために、save 系のメソッドを定義している。

```
package com.saasovation.agilepm.domain.model.product;

import java.util.Collection;

import com.saasovation.agilepm.domain.model.tenant.Tenant;

public interface ProductRepository  {
    public ProductId nextIdentity();
    public Collection<Product> allProductsOfTenant(Tenant aTenant);
    public Product productOfId(Tenant aTenant, ProductId aProductId);
    public void remove(Product aProduct);
    public void removeAll(Collection<Product> aProductCollection);
    public void save(Product aProduct);
    public void saveAll(Collection<Product> aProductCollection);
}
```

この `ProductRepository` は、先ほどの `CalendarEntryRepository` とはまったく異なるというわけでもない。違うのは、集約のインスタンスをコレクションに含める方法だけである。この場合には `add()` と `addAll()` メソッドではなく `save()` と `saveAll()` メソッドを持つ。どちらのメソッドも、論理的には同じことを行っている。最大の違いは、クライアントからこれらのメソッドを使う方法だ。改めて確認しておくと、コレクション指向の方式を使う場合は、集約のインスタンスを追加するのは、インスタンスを作ったときだけであった。永続指向の方式を使う場合は、集約のインスタンスを作ったときだけではなく、変更したときにも保存しなければいけない。

```
Product product = new Product(...);

productRepository.save(product);

// 後にどこかで……

Product product =
    productRepository.productOfId(tenantId, productId);

product.reprioritizeFrom(backlogItemId, orderOfPriority);

productRepository.save(product);
```

インターフェイスに関しては、その程度の違いしかない。続いて、実装に移る。まずは、データグリッドのキャッシュを扱うために必要な、Coherence のインフラストラクチャを見てみよう。

```
package com.saasovation.agilepm.infrastructure.persistence;

import com.tangosol.net.CacheFactory;
import com.tangosol.net.NamedCache;

public class CoherenceProductRepository
        implements ProductRepository {
    private Map<Tenant,NamedCache> caches;

    public CoherenceProductRepository() {
        super();
        this.caches = new HashMap<Tenant,NamedCache>();
    }
    ...
    private synchronized NamedCache cache(TenantId aTenantId) {
        NamedCache cache = this.caches.get(aTenantId);

        if (cache == null) {
            cache = CacheFactory.getCache(
                    "agilepm.Product." + aTenantId.id(),
                    Product.class.getClassLoader());

            this.caches.put(aTenantId, cache);
        }

        return cache;
    }
    ...
}
```

アジャイルプロジェクト管理コンテキストでは、リポジトリの実装をインフラストラクチャレイヤに置くことにした。

引数なしのシンプルなコンストラクタに加えて、Coherence の要である NamedCache が存在する。また、キャッシュを作ったりアタッチしたりするために、CacheFactory と NamedCache をインポートしている。どちらも、com.tangosol.net パッケージに属するクラスである。

private メソッド cache() を使って、NamedCache を取得する。このメソッドは、リポジトリが実際に使うときになって初めて、キャッシュを取得する。その主な理由は、キャッシュ名が Tenant に由来するものであり、public メソッドが実行されるまでは、リポジトリから TenantId にアクセスできないからである。Coherence のキャッシュ名のつけかたには、いろいろな手法がある。今回の場合は、チームは以下のような名前空間を使うことにした。

① 第一レベルには、境界づけられたコンテキストの短縮名：agilepm

② 第二レベルには、集約の名前：Product

③ 第三レベルには、各テナントの一意な識別子：TenantId

この方式には、いくつかのメリットがある。まず、それぞれの境界づけられたコンテキストや集約、そして Coherence が管理するテナントをチューニングして、個別にスケールできる。次に、各テナントが他とは完全に切り離されるので、クエリが、誤って別のテナントのオブジェクトを返してしまうことがなくなる。これは、MySQL による永続化の際に、テナントの識別子ごとにテーブルを「ストライピング」するのと同じような動機によるものだ。しかし、こちらのほうが、よりすっきりした形になる。さらに、特定のテナントに属するすべての集約を返すようなファインダーメソッドが必要になったときに、そのためのクエリは不要となる。そのファインダーメソッドは、キャッシュ内のすべてのエントリを返すよう Coherence に問い合わせればいいだけである。この最適化は、後で `allProductsOfTenant()` を実装する際に登場する。

`NamedCache` を作ったりアタッチしたりすると、インスタンス変数 `caches` で示される `Map` にそれが格納される。これで、各キャッシュは、`TenantId` を使ったすばやい検索ができるようになる。

Coherence には多数の設定項目があり、チューニングの際に検討することも多い。それだけで一冊の本が書けるくらいだし、実際にそんな文献も存在する。このあたりの詳細は、Aleks Seović に任せることにしよう [Seović]。次に、その実装に移る。

```
public class CoherenceProductRepository
        implements ProductRepository {
    ...
    @Override
    public ProductId nextIdentity() {
        return new ProductId(
                java.util.UUID.randomUUID()
                    .toString()
                    .toUpperCase());
    }
    ...
}
```

`ProductRepository` の `nextIdentity()` メソッドは、`CalendarEntryRepository` と同じように実装した。UUID を取得し、それを使って `ProductId` のインスタンスを作って、そしてそのインスタンスを返す。

```
public class CoherenceProductRepository
        implements ProductRepository {
    ...
    @Override
    public void save(Product aProduct) {
        this.cache(aProduct.tenantId())
                .put(this.idOf(aProduct), aProduct);
    }

    @Override
    public void saveAll(Collection<Product> aProductCollection) {
```

```
            if (!aProductCollection.isEmpty()) {
                TenantId tenantId = null;

                Map<String,Product> productsMap =
                    new HashMap<String,Product>(aProductCollection.size());

                for (Product product : aProductCollection) {
                    if (tenantId == null) {
                        tenantId = product.tenantId();
                    }
                    productsMap.put(this.idOf(product), product);
                }

                this.cache(tenantId).putAll(productsMap);
            }
        }
        ...
        private String idOf(Product aProduct) {
            return this.idOf(aProduct.productId());
        }

        private String idOf(ProductId aProductId) {
            return aProductId.id();
        }
    }
```

　新しく作ったり、変更したりした単一のProductのインスタンスをデータグリッドに永続化するには、save()メソッドを使う。save()メソッドは、cache()を使って、そのProductのTenantId用のNamedCacheのインスタンスを取得する。そして、ProductのインスタンスをNamedCacheに格納する。ここでは、idOf()メソッドを使っていることに注目しよう。このメソッドには、Product用とProductId用の二種類がある。これらのメソッドはそれぞれ、Productの一意な識別子とProductIdをString形式で表したものを返す。つまり、java.util.Mapを実装したNamedCacheのput()メソッドには、キーとしてStringが、そして値としてProductのインスタンスが渡されることになる。

　saveAll()メソッドは、あなたが想像していたよりも少し複雑かもしれない。単にループでaProductCollectionを順に処理して、個々の要素をsave()していくのではいけないのだろうか？

　たしかに、そうすることもできた。しかし、現在用いられている具体的なCoherenceのキャッシュへの依存により、put()の実行のたびにネットワークリクエストが発生してしまう。そこで、ここでは、すべてのProductのインスタンスをまとめてローカルのHashMapに永続化してから、それをputAll()で送るようにしたのだ。これで、ネットワークリクエストが一回に抑えられることになり、処理を最適化できる。

```
    public class CoherenceProductRepository
            implements ProductRepository {
        ...
```

```java
    @Override
    public void remove(Product aProduct) {
        this.cache(aProduct.tenant()).remove(this.idOf(aProduct));
    }

    @Override
    public void removeAll(Collection<Product> aProductCollection) {
        for (Product product : aProductCollection) {
            this.remove(product);
        }
    }
    ...
}
```

`remove()` の実装は、おそらく予想どおりだろう。しかし、`saveAll()` に比べると、`removeAll()` の実装は少し驚くかもしれない。結局のところ、複数のエントリを一括削除する手段はないのだろうか？ そのとおり。標準の `java.util.Map` のインターフェイスにはそんなメソッドは定義されておらず、Coherence にもその機能はない。そこで、ここでは、単純に `aProductCollection` の要素を順にたどって、それぞれを `remove()` していくことにした。Coherence の障害などで、コレクションの一部の要素だけが削除された状態になる可能性もあって、これは危険だ。もちろん、`removeAll()` を提供したいという要求との兼ね合いになるが、覚えておきたいのは、GemFire や Coherence のようなデータファブリックの大きな強みが冗長性と可用性であるということだ。

最後に、`Product` インスタンスを検索するためのいくつかの方法を提供する、インターフェイスに定義されたメソッドの実装にとりかかる。

```java
public class CoherenceProductRepository
        implements ProductRepository {
    ...

    @SuppressWarnings("unchecked")
    @Override
    public Collection<Product> allProductsOfTenant(Tenant aTenant) {
        Set<Map.Entry<String, Product>> entries =
            this.cache(aTenant).entrySet();

        Collection<Product> products =
            new HashSet<Product>(entries.size());

        for (Map.Entry<String, Product> entry : entries) {
            products.add(entry.getValue());
        }

        return products;
    }

    @Override
```

```
    public Product productOfId(Tenant aTenant, ProductId aProductId) {
        return (Product) this.cache(aTenant).get(this.idOf(aProductId));
    }
    ...
}
```

`productOfId()` メソッドは、要求された `Product` インスタンスの識別子を、`NamedCache` の基本的な `get()` に提供しさえすればいい。

`allProductsOfTenant()` は、先ほど「後で最適化の例を見せる」としていたメソッドだ。より洗練された Coherence のフィルタ処理を使う必要はなく、指定した `NamedCache` 内のすべての `Product` のインスタンスをデータグリッドに問い合わせるだけでいい。個々のキャッシュはテナントごとにわかれているので、キャッシュ内のすべての集約のインスタンスを取得すれば要件を満たす。

`CoherenceProductRepository` クラスの実装は、ここまでだ。この実装では、抽象インターフェイスを満たすために、Coherence をクライアントとして使い、グリッド上のキャッシュにデータを永続化して後から利用する方法を示した。Coherence の設定やチューニングの全貌を示せたわけではないし、キャッシュにインデックスを作ったり、圧縮したり、ハイパフォーマンスな専用のシリアライザを作ったりする方法も紹介していない。リポジトリの責務ではないからだ。これらのトピックについて知りたければ、[Seović] を参照すること。

MongoDB による実装

他のリポジトリの実装と同様、実装にあたって検討すべきことがいくつかある。MongoDB による実装は、実際のところは Coherence 版とほぼ同じだ。必要となるものについて、以下にまとめた。

① 集約のインスタンスを MongoDB 形式にシリアライズしたり、それをデシリアライズして集約のインスタンスを再構築したりする手段。MongoDB は、BSON 形式を利用している。これは、バイナリの JSON フォーマットだ。
② MongoDB が生成して、集約に割り当てる一意な識別子。
③ MongoDB のノード／クラスタへの参照。
④ それぞれの集約型を格納するための、一意なコレクション。各集約型のすべてのインスタンスは、シリアライズしたドキュメント（キーバリューペア）としてコレクションに格納する必要がある。

リポジトリの実装を追いながら、これらをひとつずつ見ていこう。今回も `ProductRepository` を利用する。先ほどの Coherence 用の実装と比較することもできるだろう。

```
public class MongoProductRepository
        extends MongoRepository<Product>
        implements ProductRepository {
```

```
    public MongoProductRepository() {
        super();
        
        this.serializer(new BSONSerializer<Product>(Product.class));
    }
    ...
}
```

　この実装は、BSONSerializer のインスタンスを保持する（実際には、スーパークラスである MongoRepository が保持している）。これを用いて、Product のインスタンスのシリアライズ／デシリアライズを行う。BSONSerializer に関しては深入りしない。これは独自に開発したソリューションで、Product（およびその他の集約型）のインスタンスから MongoDB の DBObject のインスタンスを作ったり、逆にそれを Product のインスタンスに戻したりする。このクラスは、サンプルコードつきで提供している。

　BSONSerializer については、いくつか注目すべき点がある。基本的なシリアライズ／デシリアライズは、フィールドに直接アクセスして行う。こうすれば、ドメインオブジェクトに JavaBean のゲッターやセッターを実装する必要がなくなり、**ドメインモデル貧血症** [Fowler, Anemic] に陥らずに済む。フィールドへのアクセスにメソッドを使わないので、集約型のバージョンが変わった場合には、移行処理をどこかで行う必要がある。そのためには、各フィールドのデシリアライズの際に、マッピングをオーバーライドすればいい。

```
public class MongoProductRepository
        extends MongoRepository<Product>
        implements ProductRepository {

    public MongoProductRepository() {
        super();
        
        this.serializer(new BSONSerializer<Product>(Product.class));
        
        Map<String, String> overrides = new HashMap<String, String>();
        overrides.put("description", "summary");
        this.serializer().registerOverrideMappings(overrides);
    }
    ...
}
```

　ここでは、以前のバージョンの Product クラスには description フィールドがあったものとする。新しいバージョンで、このフィールドの名前が summary に変わった。Product のインスタンスの格納先として使っている MongoDB コレクションをすべて更新するような、移行スクリプトを実行することもできる。しかしそれは面倒な作業だし、時間もかかる。あまり現実的ではない。それ以外の手段としては、単純に BSONSerializer に問い合わせて、Product に description という名前の BSON フィールドがあった場合は、すべて summary にマップすればいい。そして、変換後の

Product がシリアライズされて DBObject となり、MongoDB のコレクションに保存されるときには、description ではなく summary フィールドを含む新しい形式にシリアライズする。もちろん、読み込みと書き戻しが行われていない Product のインスタンスには description フィールドが残ったままになる。手軽に使えることと、一気に移行してしまえないことのトレードオフになる。

次に、集約のインスタンスに指定する一意な識別子を、MongoDB に作らせる手段が必要だ。

```java
public class MongoProductRepository
        extends MongoRepository<Product>
        implements ProductRepository {
    ...
    public ProductId nextIdentity() {
        return new ProductId(new ObjectId().toString());
    }
    ...
}
```

nextIdentity() メソッドも使うが、この実装では、新しい ObjectId の String 値で ProductId を初期化する。その主な理由は、MongoDB に、集約のインスタンスが保持している識別子と同じものを使ってもらいたいからである。したがって、Product（あるいは、その他のリポジトリの実装内の別の型）をシリアライズするときには、この識別子を MongoDB の _id にマッピングさせるよう BSONSerializer に指示する。

```java
public class BSONSerializer<T> {
    ...
    public DBObject serialize(T anObject) {
        DBObject serialization = this.toDBObject(anObject);

        return serialization;
    }

    public DBObject serialize(String aKey, T anObject) {
        DBObject serialization = this.serialize(anObject);

        serialization.put("_id", new ObjectId(aKey));

        return serialization;
    }
    ...
}
```

最初の serialize() メソッドでは _id のマッピングは行っていない。クライアントが、マッチする識別子を維持するかどうかを選べるようにしているのだ。次に、save() メソッドの実装を見よう。

```java
public class MongoProductRepository
        extends MongoRepository<Product>
```

```
        implements ProductRepository {
    ...
    @Override
    public void save(Product aProduct) {
        this.databaseCollection(
                this.collectionName(aProduct.tenantId()))
            .save(this.serialize(aProduct));
    }
    ...
}
```

　同じリポジトリのインターフェイスを Coherence で実装した場合と同様に、テナントごとのコレクションを用意して、指定した `TenantId` の `Product` のインスタンスは、すべてそこに格納する。これは、Mongo の `DBCollection` を DB から作り出す。`DBCollection` オブジェクトを取得するには、抽象基底クラス `MongoRepository` で、以下のようにする。

```
public abstract class MongoRepository<T> {
    ...
    protected DBCollection databaseCollection(
            String aDatabaseName,
            String aCollectionName) {
        return MongoDatabaseProvider
                .database(aDatabaseName)
                .getCollection(aCollectionName);
    }
    ...
}
```

　`MongoDatabaseProvider` を使ってデータベースインスタンスへの接続を取得する。これは DB オブジェクトを返す。返された DB オブジェクトを使って、`DBCollection` を取得する。リポジトリの具象実装で見られるとおり、コレクション名は、"product" という文字に続けてテナントの識別子をつなげたものとなる。**アジャイルプロジェクト管理コンテキスト**は、専用のデータベースを `agilepm` と名づけた。Coherence での実装でキャッシュにつけた名前と同じだ。

```
public class MongoProductRepository
        extends MongoRepository<Product>
        implements ProductRepository {
    ...
    protected String collectionName(TenantId aTenantId) {
        return "product" + aTenantId.id();
    }

    protected String databaseName() {
        return "agilepm";
    }
    ...
```

}

先述した SpringHibernateSessionProvider と同様、MongoDatabaseProvider にも、アプリケーション単位の DB のインスタンスを取得する手段がある。

そのアプリケーション単位の DBCollection が、save() および Product のインスタンスの検索のために使われるのだ。

```
public class MongoProductRepository
        extends MongoRepository<Product>
        implements ProductRepository {
    ...
    @Override
    public Collection<Product> allProductsOfTenant(
            TenantId aTenantId) {
        Collection<Product> products = new ArrayList<Product>();

        DBCursor cursor =
            this.databaseCollection(
                    this.databaseName(),
                    this.collectionName(aTenantId)).find();

        while (cursor.hasNext()) {
            DBObject dbObject = cursor.next();

            Product product = this.deserialize(dbObject);

            products.add(product);
        }

        return products;
    }

    @Override
    public Product productOfId(
            TenantId aTenantId, ProductId aProductId) {
        Product product = null;

        BasicDBObject query = new BasicDBObject();

        query.put("productId",
                new BasicDBObject("id", aProductId.id()));

        DBCursor cursor =
            this.databaseCollection(
                    this.databaseName(),
                    this.collectionName(aTenantId)).find(query);

        if (cursor.hasNext()) {
            product = this.deserialize(cursor.next());
```

```
            }

            return product;
        }
        ...
}
```

allProductsOfTenant() の実装もまた、Coherence 版とそっくりだ。指定したテナントの DBCollection を取得して、そこにあるすべてのインスタンスを find() する。productOfId() については、DBCollection の find() メソッドに、取得したい Product のインスタンスを表す DBObject を渡す。それぞれのファインダーメソッドでは、返された DBCursor からすべてのインスタンスを取得するか、あるいは最初のインスタンスだけを取得している。

12.3　その他の振る舞い

これまでに紹介したもの以外にも、リポジトリのインターフェイスに用意しておくと有用な振る舞いもある。そのひとつが、集約のコレクション内のインスタンスの数を返すような振る舞いだ。そんな振る舞いには、たとえば count のような名前をつけたくなるかもしれない。しかし、リポジトリは可能な限りコレクションを真似るべきなので、メソッド名もコレクションにあわせておこう。

```
public interface CalendarEntryRepository {
    ...
    public int size();
}
```

size() メソッドの機能は、まさに標準の java.util.Collection が提供するものと同じだ。Hibernate の場合の実装は、以下のようになるだろう。

```
public class HibernateCalendarEntryRepository
        implements CalendarEntryRepository  {
    ...
    public int size() {
        Query query =
            this.session().createQuery(
                "select count(*) from CalendarEntry");

        int size = ((Integer) query.uniqueResult()).intValue();

        return size;
    }
}
```

厳しい非機能要件を満たすためには、それ以外の計算も、データストア（データベースだけでなくグリッドも含む）で実行しなければいけないことがあるかもしれない。データストアからデータを

取り出してビジネスロジックを実行した場合に処理速度が遅すぎるため、逆にコードをデータストアに移すというものだ。そのためには、データベースのストアドプロシージャを使ったり、たとえばCoherenceならエントリプロセッサを使ったりすることになる。しかし、そういった実装は、**ドメインサービス** (7) の制御下に置くのが最適だ。ドメインサービスは、ステートレスなドメイン固有の操作を保持するために使われるものだからである。

時には、集約のルートに直接アクセスするのではなく、集約の一部分だけをリポジトリから取り出したい場合もあるだろう。たとえば、集約の中に何かのエンティティの巨大なコレクションがあって、その中から特定の条件にマッチするインスタンスだけを取得したい場合などだ。もちろん、これが可能になるのは、集約のルートから順にたどっていけるようになっている場合だけだ。集約のルートからたどることによるアクセスを許可していない部分について、リポジトリから直接アクセスできるような設計にすることはないだろう。それは、集約の契約に違反してしまう。この手のショートカットを、単にクライアント側の利便性のために用意するのは、避けたほうがいい。これを使うべきなのは、ルートを経由したアクセスが許容できないほどのボトルネックになってしまっているなど、パフォーマンス上の問題に対応しなければいけない場面くらいだ。ショートカットアクセスに使うメソッドも、これまでに扱ったようなその他のファインダーメソッドと同じ特性を持つ。しかし、ルートエンティティを返す代わりに、その一部分のインスタンスを返す。改めて言うが、気をつけて使うようにしよう。

別の理由で、特殊なファインダーメソッドを作ることになるかもしれない。ドメインのデータのビューをレンダリングする際には、単一の集約型の外形だけでは、実際のシステムのユースケースに沿わないかもしれない。複数の型にまたがることもあるだろう。おそらく、複数の集約から、一部分を抜き出して組み合わせることになる。単一のトランザクション内で、すべての型の集約のデータを読み出してから、プログラム内でそれを組み合わせたコンテナを組み立てて、それをクライアントに戻すといった処理は行いたくない。そんな場合は、**ユースケースに最適化したクエリ**を使うことになる。永続化メカニズムに対して複雑なクエリを指定して、その結果を、ユースケース専用に作った**値オブジェクト** (6) に動的に格納する。

場合によって、集約のインスタンスではなく値オブジェクトを返すようなリポジトリがあっても、不思議ではない。`size()`メソッドを提供するリポジトリは、自身が保持する集約のインスタンスの数を、シンプルな整数値で返す。ユースケースに最適化したクエリも、その延長線上にある。クライアントの要件が複雑になったので、返す値も複雑になったというだけのことだ。

複数のリポジトリ上で、ユースケースに最適化したクエリを使うファインダーメソッドを数多く作る必要がでてきたら、それはおそらく「コードの臭い」だ。何よりもこの状況は集約の境界の判断を誤り、さまざまな型の集約を設計するチャンスを見落としていた兆候であろう。ここでは、このコードの臭いを「**集約の設計ミスを覆い隠すリポジトリ**」と名づけておこう。

しかし、こんな状況に達したときに、集約の境界は特に間違えていないと思われる場合には、どうすればいいのだろう？　その場合は、**CQRS**(4) を使うことを考えよう。

12.4　トランザクション管理

ドメインモデルおよびそれを取り巻くドメインレイヤは、トランザクション管理をする場所としてはまったく不適切だ[5]。モデルに関連づけられた操作は通常、自身でトランザクションを管理する程度に細かな粒度になっており、そのライフサイクルの中でトランザクションを気にするべきではない。トランザクションに関することをモデルに書くべきではないとするなら、いったいどこに書くべきなのだろう？

ドメインモデルの永続化に関するトランザクションをとりまとめるには、**アプリケーションレイヤ**(14) を使うのが一般的だ[6]。アプリケーション／システムの主要なユースケース単位で、アプリケーションレイヤに**ファサード** [Gamma et al.] を作ることが多い。ファサードは、粒度の粗いビジネスメソッドとして設計する。通常は、ユースケースのフローごと（あるいはユースケースごと）にひとつのメソッドとなる。このメソッドが、ユースケースで必要となるタスクをとりまとめる。人間あるいは別システムによって、**ユーザーインターフェイスレイヤ**(14) からファサードのビジネスメソッドが実行されると、このメソッドがトランザクションを開始する。そしてその後は、このメソッドがドメインモデルのクライアントとして動くようになる。ドメインモデルに対する必要な操作がすべて成功したら、ファサードのビジネスメソッドは、自身が開始したトランザクションをコミットする。途中でエラー／例外が発生してタスクを完了できなかった場合は、そのトランザクションをロールバックする。

トランザクションの管理は、宣言的に行ってもかまわないし、開発者が明示的にコードで書いてもかまわない。トランザクションを宣言的に管理するにせよユーザーが管理するにせよ、今から私が説明する内容は、論理的には以下のような動きになる。

```
public class SomeApplicationServiceFacade {
    ...
    public void doSomeUseCaseTask()  {
        Transaction transaction = null;

        try {
            transaction = this.session().beginTransaction();

            // ここでドメインモデルを使う

            transaction.commit();

        } catch (Exception e) {
```

---

[5]　永続化メカニズムの中には、そもそもトランザクションを管理していないものもあれば、リレーショナルデータベースで一般的な ACID トランザクションとは異なる方式で管理しているものもある。Coherence や多くの NoSQL ストアも、ACID トランザクションとは異なる方式を使っている。これらのストレージを使っている場合は、この節の記述はあてはまらない。

[6]　アプリケーションレイヤの関心事は、他にもある。たとえばセキュリティもそのひとつだが、ここでは扱わない。

```
            if (transaction != null) {
                transaction.rollback();
            }
        }
    }
}
```

トランザクション内でドメインモデルへの変更を行うため、アプリケーションレイヤが開始したトランザクション用のセッション（あるいはユニットオブワーク）に、リポジトリの実装からアクセスできるようにしておく。これで、ドメインレイヤでの変更がデータベースに適切にコミットされる（あるいはロールバックされる）ようになる。

　これを実現する方法はいくらでもあるので、ここでそのすべてを紹介することはできない。ここで私が説明する方法は、エンタープライズ Java コンテナや、Spring などの DI コンテナを使って実行できるものであり、一般的によく知られているものだ。ここで強調しておきたいのは、それぞれの環境にあわせて適切な方法を使うということである。一例として、ここでは Spring を使ったサンプルを示す。

```xml
<tx:annotation-driven transaction-manager="transactionManager"/>
<bean
    id="sessionFactory"
    class="org.springframework.orm.hibernate3.LocalSessionFactoryBean">
    <property name="configLocation">
        <value>classpath:hibernate.cfg.xml</value>
    </property>
</bean>

<bean
    id="sessionProvider"
    class="com.saasovation.identityaccess.infrastructure
           .persistence.SpringHibernateSessionProvider"
    autowire="byName">
</bean>

<bean
    id="transactionManager"
    class="org.springframework.orm.hibernate3
           .HibernateTransactionManager">
    <property name="sessionFactory">
        <ref bean="sessionFactory"/>
    </property>
</bean>

<bean
    id="abstractTransactionalServiceProxy"
    abstract="true"
    class="org.springframework.transaction.interceptor
           .TransactionProxyFactoryBean">
```

```
        <property name="transactionManager">
            <ref bean="transactionManager"/>
        </property>
        <property name="transactionAttributes">
            <props>
                <prop key="*">PROPAGATION_REQUIRED</prop>
            </props>
        </property>
</bean>
```

ここで設定した sessionFactory bean が、Hibernate の Session を取得する手段を提供する。sessionProvider bean を使って、sessionFactory から取得した Session と現在実行中の Thread を関連づける。sessionProvider bean は、実行中の Thread 用の Session インスタンスを取得する際に、Hibernate ベースのリポジトリから利用できる。transactionManager は、sessionFactory を使って、Hibernate のトランザクションを取得したり管理したりする。最後に残った bean である abstractTransactionalServiceProxy は、任意で使えるプロキシである。Spring の設定を元に、トランザクショナル bean を宣言する。最上位の宣言で、Java のアノテーションを使ってトランザクションを宣言できるようにしている。設定ファイルを使うよりも、このほうが便利だろう。

```
<tx:annotation-driven transaction-manager="transactionManager"/>
```

こうしておけば、アノテーションを追加するだけで、ファサードのビジネスメソッドをトランザクション対応にできる。

```
public class SomeApplicationServiceFacade {
    ...
    @Transactional
    public void doSomeUseCaseTask()  {
        // ここでドメインモデルを使う
    }
}
```

トランザクション管理をしているこれまでのサンプルに比べ、このサンプルでは、ビジネスメソッドの中からトランザクション関連の処理が一切なくなった。やるべきタスクをとりまとめることだけに注力できるようになったのだ。このアノテーションを使えば、ビジネスメソッドを実行したときに、Spring が自動的にトランザクションを開始する。そして、メソッドの処理がすべて完了したときに、コミットもしくはロールバックが適切に行われる。

ここで、sessionProvider bean のソースコードを見てみよう。これは、**認証・アクセスコンテキスト**用に実装したものだ。

```
package com.saasovation.identityaccess.infrastructure.persistence;

import org.hibernate.Session;
import org.hibernate.SessionFactory;

public class SpringHibernateSessionProvider {

    private static final ThreadLocal<Session> sessionHolder =
            new ThreadLocal<Session>();

    private SessionFactory sessionFactory;

    public SpringHibernateSessionProvider() {
        super();
    }

    public Session session() {
        Session threadBoundsession = sessionHolder.get();
        if (threadBoundsession == null) {
            threadBoundsession = sessionFactory.openSession();
            sessionHolder.set(threadBoundsession);
        }
        return threadBoundsession;
    }

    public void setSessionFactory(SessionFactory aSessionFactory) {
        this.sessionFactory = aSessionFactory;
    }
}
```

sessionProvider は autowire="byName"で宣言された Spring bean なので、この bean のシングルトンインスタンスを作成すると、sessionFactory bean のインスタンスを注入するためにその setSessionFactory() メソッドが実行される。Hibernate ベースのリポジトリがこの仕組みをどのように使っていたのかを確認するために、ここで簡単に振り返っておく。

```
package com.saasovation.identityaccess.infrastructure.persistence;

public class HibernateUserRepository
        implements UserRepository {

    @Override
    public void add(User aUser) {
        try {
            this.session().saveOrUpdate(aUser);
        } catch (ConstraintViolationException e) {
            throw new IllegalStateException("User is not unique.", e);
        }
    }
    ...
```

```
    private SpringHibernateSessionProvider sessionProvider;

    public void setSessionProvider(
            SpringHibernateSessionProvider aSessionProvider) {
        this.sessionProvider = aSessionProvider;
    }

    private org.hibernate.Session session() {
        return this.sessionProvider.session();
    }
}
```

　このコード片は、**認証・アクセスコンテキスト**の`HibernateUserRepository`のものである。このクラスも Spring bean であり、名前による自動ワイヤリングが設定されている。つまり、作成時に`setSessionProvider()`メソッドが自動的に実行されて、`sessionProvider` bean への参照を取得するようになっている。`sessionProvider` は、`SpringHibernateSessionProvider` のインスタンスである。`add()` メソッド（あるいはその他の永続化に関するメソッド）が実行されると、`session()`メソッドを使って Session を問い合わせる。`session()` メソッドは、注入された `sessionProvider` を使って、スレッドごとの Session のインスタンスを取得する。

　トランザクション管理の方法を説明する際には、Hibernate を使った例しか示さなかったが、これらの原則は、TopLink や JPA あるいはその他の永続化メカニズムを使う場合でも同じように適用できる。どんな永続化メカニズムを使う場合でも、まずはアプリケーションレイヤが管理するセッションやユニットオブワークそしてトランザクションにアクセスする手段が必要になる。もし使えるのなら、依存性の注入を使えばうまくいくだろう。依存性の注入が使えない場合は、それ以外の方法でワイヤリングを行うことになる。オブジェクトを、手動で現在のスレッドにバインドすることになるかもしれない。

警告
　最後に、ドメインモデルとトランザクションの組み合わせをあまり使いすぎないように、警告しておく。集約を設計するときに、整合性の境界を正しく保証できるように気をつけよう。単体テストではうまく動いているからといって、単一のトランザクション内での複数の集約への変更を、乱用しないように注意が必要だ。注意を怠ると、開発環境やテスト環境ではきちんと動いていたのに、運用環境では動かないという問題が発生してしまう。並行処理に関する問題が原因だ。必要なら、改めて第10章「集約」を見直しておこう。整合性の境界を正確に定義し、トランザクションの成功を保証するために、不可欠なヒントがまとまっている。

12.5 型の階層

オブジェクト指向言語を使ってドメインモデルを開発する際に、継承を活用して型の階層を作りたくなることもある。デフォルトの状態や振る舞いを基底クラスに置いて、サブクラスでそれを拡張しようという考えだ。何か問題でも？ 同じことを何度も繰り返さずに済むし、最高のやりかたに思える。

祖先は共通だが、それぞれ別のリポジトリに別れているという集約もあれば、共通の祖先を継承した複数の集約が、ひとつのリポジトリを共有することもある。これらの利用法は、似て非なるものだ。この節では、ひとつのドメインモデル内のすべての集約型が**レイヤスーパータイプ** [Fowler, P of EAA] を継承していて、ドメイン全体に共通する状態や振る舞いをそこで保持するという状況についてはとりあげない[7]。

ここで取り上げるのは、比較的少数の集約型が、ドメインに特化した共通のスーパークラスを継承して作られているという例だ。密接に関連し、交換可能であって多態性を持つような型どうしを、階層にまとめるという設計である。このタイプの階層構造は、単一のリポジトリを使ってすべての型のインスタンスの格納や取り出しを行う。というのも、クライアントから見たときにはすべての型が交換可能でなければいけないからだ。また、クライアントからは、今自分が扱っているものが具体的にどのサブクラスなのかを意識すべき場面はほとんどない。これは、**リスコフの置換原則**（LSP）[Liskov] を反映した結果である。

自分たちの業務で外部のさまざまなサービスを使っており、それらの関係をモデリングする必要に迫られたとしよう。共通の抽象基底クラス ServiceProvider を用意したが、その実装は、サービスごとにわけることにした。利用する各種サービスには共通する部分もあるが、それぞれ別のものでもあるからである。今回用意した実装は WarbleServiceProvider と WonkleServiceProvider だ。サービスに対して汎用的な手段でリクエストを送れるように、これらの型を設計した。

```
// ドメインモデルのクライアント

serviceProviderRepository.providerOf(id)
      .scheduleService(date, description);
```

この文脈では、ドメインに特化した集約型の階層を作っても、あまり便利にはならないだろう。なぜか？ 先述のとおり、ほとんどの場合は、共通のリポジトリを用意することになる。そしてそこに、あらゆるサブクラスのインスタンスを取得できるファインダーメソッドを用意する。これはつまり、ファインダーメソッドはあくまでも共通スーパークラス（この場合は ServiceProvider）のインスタンスを返すのであって、WarbleServiceProvider や WonkleServiceProvider といった特定のサブクラスのインスタンスを返すわけではないということだ。もしファインダーが、スーパークラスではなく個々の型を返すように作られていたとすると、どうなるかを考えてみよう。クライアント

---

[7] レイヤスーパータイプを**エンティティ**（5）や**値オブジェクト**（6）の設計で使うとどんな利点があるのかについては、第5章および第6章を参照すること。

は、集約内のどの識別子がどの型のインスタンスを指すのかを、知っていなければならない。さもないと、期待するインスタンスを取得できなかったり、間違った型のインスタンスを取得した結果として`ClassCastException`が発生してしまったりといった結果になる。うまく設計して、正しい型のインスタンスを見つけられるようになったとしても、クライアント側は、どのサブクラスがどんな動きをするのかを知っておく必要がある。それを前提にすると、LSPを満たすように集約を設計するのは不可能だ。

最初の問題、つまり識別子から型を判断する問題を解決するために、一意な識別子の中に集約型の情報を埋め込めばいいのではと考える人もいるだろう。もちろん、そうしてもかまわない。しかし、そのようにすると、新たな問題が二つ出てくる。まず、識別子から型の情報を取得して、識別子を型にマッピングする処理を、クライアント側でやらなければいけなくなる。そして、クライアントと、型ごとに違う操作とが、密に結合してしまう。つまり、以下のように、クライアントが型に依存してしまうことになる。

```
// ドメインモデルのクライアント

if (id.identifiesWarble()) {
    serviceProviderRepository.warbleOf(id)
            .scheduleWarbleService(date, warbleDescription);
} else if (id.identifiesWonkle()) {
    serviceProviderRepository.wonkleOf(id)
            .scheduleWonkleService(date, wonkleDescription);
} ...
```

この種の処理があちこちで見られるようになってきたら、それは「コードの臭い」である。階層を作ることで得られるメリットが非常に大きいのなら、ごく一部にこういった処理が登場しても、トレードオフとして認められるだろう。しかし、今回の例の場合は、暗黙の`ServiceDescription`型とその内部実装である`scheduleService()`を使えば、おそらくそれで十分だ。別の視点として、型ごとに個別のリポジトリを用意すれば、何かのメリットが得られるのかどうかを自問してみるべきだろう。サブクラスの数がたかだか数個で済む場合なら、個別のリポジトリを作るのが最適かもしれない。サブクラスの数が多くなって、LSP的な意味でその多くが完全に置き換え可能な場合なら、ひとつのリポジトリを共有したほうがいい。

大半の場合、この手の状況は回避できる。型を識別するための情報を、識別子に含めるのではなく、集約のプロパティとして用意すればいい。第6章「値オブジェクト」での、標準型に関する議論を参照すること。この方法を使えば、単一の集約型の内部で、明示的な標準型にもとづいたさまざまな振る舞いを実装できる。明示的な標準型を使えば、単一の具象集約型`ServiceProvider`を用意し、標準型に応じて処理を振り分けるようにその`scheduleService()`メソッドを設計できる。型にもとづいた振り分けをクライアントから見えないようにするために、その情報が漏れないことを保証しなければいけない。以下でわかるように、集約型の階層よりも`scheduleService()`やその他の`ServiceProvider`のメソッドのほうが、そのようなドメインに特化した判断をほどよく包むのだ。

```
public class ServiceProvider {
    private ServiceType type;
    ...
    public void scheduleService(
            Date aDate,
            ServiceDescription aDescription) {
        if (type.isWarble()) {
            this.scheduleWarbleService(aDate, aDescription);
        } else if (type.isWonkle()) {
            this.scheduleWonkleService(aDate, aDescription);
        } else {
            this.scheduleCommonService(aDate, aDescription);
        }
    }
    ...
}
```

内部のディスパッチが乱雑になってきたら、さらにもう一段階の階層化をして対応することもできる。実際、標準型そのものも、**ステート** [Gamma et al.] として実装することができて、その場合はこれと同様の手法を使える。このときには、さまざまな型に、それ専用の振る舞いを実装することになるだろう。もちろんこれは、単一の `ServiceProviderRepository` を持つということを意味する。これが、さまざまな型を単一のリポジトリに格納し、共通の振る舞いを使えるようにしたいという要求に対応する。

ロールベースのインターフェイスを使って、この状況を回避することもできる。この場合は、`SchedulableService` インターフェイスを定義して、それを実装した集約型を複数用意することになるだろう。第5章「エンティティ」での、ロールや責務に関する議論を参照すること。継承を使う場合でも、集約のポリモーフィックな振る舞いを注意深く設計すれば、特殊なケースをクライアントに見せずに済ませられるようになる。

12.6　リポジトリとデータアクセスオブジェクトとの比較

リポジトリという概念は、単にデータアクセスオブジェクト（DAO）を違う名前で呼んだだけであるという考えもある。どちらも永続化メカニズム上の抽象を提供する。それは事実である。一方、オブジェクトリレーショナルマッピングツールも永続化メカニズム上の抽象を提供するが、それはリポジトリでもなければ DAO でもない。つまり、どんな永続化の抽象でも DAO と呼ぶわけではない。DAO パターンが実装されているかどうかを見て、判断しなければいけない。

私は、リポジトリと DAO は違うものだと考えている。基本的に、DAO は、データベースのテーブルに対して CRUD インターフェイスを提供するものである。Martin Fowler は [Fowler, P of EAA] で、ドメインモデルと組み合わせて使う DAO 風の機能を、いくつかに分類して紹介している。それが**テーブルモジュール・テーブルデータゲートウェイ・アクティブレコード**であり、これらのパターンは、**トランザクションスクリプト**のアプリケーションで使われることが多い。そのため、DAO やそ

の関連パターンは、データベースのテーブルに対するラッパーとして用いられる傾向がある。一方、**リポジトリ**や**データマッパー**は、オブジェクトとの親和性が高いので、ドメインモデルと組み合わせて使われることが多いパターンである。

　DAO やそれに関連するパターンを使って、集約の一部とみなされるようなデータに対する、きめ細やかな CRUD 操作も行えるので、これはドメインモデルと組み合わせて使うのを避けたほうがいいパターンだといえる。通常の条件の下では、集約自身にビジネスロジックなどの内部処理を管理させて、それ以外にはもらさないようにしておきたい。

　非機能要件を満たすためには、ストアドプロシージャを使ったり、データグリッドのエントリプロセッサを使ったりせざるを得ない場合もあることは、先ほど説明した。ドメインによっては、それが例外ではなくルールになっていることもあるかもしれない。しかし、システムの非機能要件がそこまでを要求していないのなら、できるだけ避けたほうがいいだろう。ビジネスロジックをデータストアに格納するかしないかは、DDD の考え方とは無関係であることが多い。データファブリックの関数／エントリプロセッサを使ったからといって、ドメインモデルの目的を達成するための道を乱すとは限らない。関数／エントリプロセッサの実装がたとえば Java で書かれていて、それが**ユビキタス言語**(1) やドメインの目的に沿ったものになっているかもしれない。コアモデルに置く場合との違いは、その処理がどこで実行されるかということだけであり、秩序を乱すほどのものではない。その一方で、ストアドプロシージャをあまりにも多用しすぎると、DDD の秩序を乱してしまう可能性がある。なぜなら、ストアドプロシージャ用のプログラミング言語はモデリングチームにあまり知られていないことが多く、その実装がモデリングチームに見過ごされてしまうことが多いからである。それはまさに、DDD の目指す道とは正反対だ。

　リポジトリのことを、より汎用的な意味での DAO と考えてもかまわない。注意してほしいのは、リポジトリを設計するときには可能な限り、データアクセス指向ではなくコレクション指向で考えるということだ。それは、データと、その永続化を管理する仕組みとしての CRUD 操作よりも、ドメインモデルにあなたを集中させるのに役立つだろう。

12.7　リポジトリのテスト

　リポジトリのテストに関しては、二通りの観点がある。まず、リポジトリ自体が正しく動くかどうかをたしかめるためのテストが必要だ。また、リポジトリを使う側のコードが、作った集約を格納したり既存の集約を取り出したりといった操作を正しく行えるかどうかも、たしかめなければいけない。前者のテストについては、プロダクションコードと同レベルの実装を使って行う必要がある。そうしないと、プロダクションコードが正しく動くかどうかが判断できないからだ。後者のテストについては、プロダクションレベルの実装を使ってもかまわないし、インメモリのリポジトリの実装をその代わりに使ってもかまわない。ここではまず、プロダクションレベルの実装によるテストについて説明してから、インメモリの実装によるテストに移る。

　先に示した、`ProductRepository` の Coherence による実装のテストを見てみよう。

```java
public class CoherenceProductRepositoryTest extends DomainTest {

    private ProductRepository productRepository;
    private TenantId tenantId;

    public CoherenceProductRepositoryTest() {
        super();
    }
    ...
    @Override
    protected void setUp() throws Exception {
        this.setProductRepository(new CoherenceProductRepository());
        this.tenantId = new TenantId("01234567");
        super.setUp();
    }

    @Override
    protected void tearDown() throws Exception {
        Collection<Product> products =
            this.productRepository()
                    .allProductsOfTenant(tenantId);

        this.productRepository().removeAll(products);
    }

    protected ProductRepository productRepository() {
        return this.productRepository;
    }

    protected void setProductRepository(
            ProductRepository aProductRepository) {
        this.productRepository = aProductRepository;
    }
}
```

　setUp()とtearDown()で、各テストで使う一般的な下準備と後始末を定義する。下準備としては、CoherenceProductRepositoryクラスのインスタンスを作ってから、架空のTenantIdのインスタンスを作る。

　後始末としては、そのテストでバックログキャッシュに追加されたすべてのProductのインスタンスを削除する。Coherenceを使う場合は、この処理が重要になる。キャッシュされたインスタンスの削除を忘れると、それ以降のテストでもそのインスタンスが残り続けてしまう。永続化されたインスタンスの数をたしかめているようなところがあれば、テストが失敗してしまうだろう。

　次に、リポジトリの振る舞いをテストする。

```java
public class CoherenceProductRepositoryTest extends DomainTest {
    ...
    public void testSaveAndFindOneProduct() throws Exception {
```

```
            Product product =
                new Product(
                        tenantId,
                        this.productRepository().nextIdentity(),
                        "My Product",
                        "This is the description of my product.");

            this.productRepository().save(product);

            Product readProduct =
                this.productRepository()
                    .productOfId(tenantId, product.productId());

            assertNotNull(readProduct);
            assertEquals(readProduct.tenantId(), tenantId);
            assertEquals(readProduct.productId(), product.productId());
            assertEquals(readProduct.name(), product.name());
            assertEquals(readProduct.description(), product.description());
        }
        ...
}
```

テストメソッドの名前が示すとおり、このメソッドでは、単一の Product を保存してから、それを探す。最初のタスクは、Product のインスタンスを作ってそれをリポジトリに保存することだ。インフラストラクチャから何も例外が投げられなければ、Product が正しく保存されたものと判断する。しかし、本当に保存できたのかどうかをたしかめる方法は、たったひとつしかない。それは、保存したインスタンスをリポジトリから取り出して、元のインスタンスと比較することだ。インスタンスを取り出すために、その一意な識別子を productOfId() メソッドに渡す。インスタンスが見つかったら、まずはそれが null ではないことをたしかめて、tenantId・productId・name・description の内容が保存前と同じであることをたしかめる。

次に、複数のインスタンスの保存と取り出しをテストする。

```
public class CoherenceProductRepositoryTest extends DomainTest {
    ...
    public void testSaveAndFindMultipleProducts() throws Exception {

        Product product1 =
            new Product(
                    tenantId,
                    this.productRepository().nextIdentity(),
                    "My Product 1",
                    "This is the description of my first product.");

        Product product2 =
            new Product(
                    tenantId,
```

```
                    this.productRepository().nextIdentity(),
                    "My Product 2",
                    "This is the description of my second product.");

        Product product3 =
            new Product(
                    tenantId,
                    this.productRepository().nextIdentity(),
                    "My Product 3",
                    "This is the description of my third product.");

        this.productRepository()
            .saveAll(Arrays.asList(product1, product2, product3));

        assertNotNull(this.productRepository()
            .productOfId(tenant, product1.productId()));
        assertNotNull(this.productRepository()
            .productOfId(tenant, product2.productId()));
        assertNotNull(this.productRepository()
            .productOfId(tenant, product3.productId()));

        Collection<Product> allProducts =
            this.productRepository().allProductsOfTenant(tenant);

        assertEquals(allProducts.size(), 3);
    }
    ...
}
```

まず、三つの Product のインスタンスを作って、それを saveAll() で一括保存する。次に、ふたたび productOfId() を使って、それぞれのインスタンスを取得する。三つのインスタンスがどれも null でないことが確認できたら、すべてのインスタンスが正しく永続化されたものと判断できる。

カウボーイの声

AJ：「妹のダンナさんが『もし俺が死んだら、自分の持ち物は全部売り払ってほしい』と言ったそうだ。『なんで？』って聞くと、『君がどこかのバカと再婚したときに、そいつのものになってしまうのが嫌だからさ』だと。妹は『心配ご無用。バカと結婚するのは一度で十分ですから』と言ってやったとさ」

まだテストしていないメソッドがもうひとつあった。allProductsOfTenant() だ。テストをはじめる時点でリポジトリのキャッシュが完全に空になっているという前提なら、この時点で Product

のインスタンスを三件読み込めるはずだ。そのすべての取得を試みる。何も見つからなかった場合でも、戻される `Collection` が `null` になることはありえない。このテストで最後にやるべきことは、予想通りに三件の `Product` のインスタンスが含まれているかどうかを確認することだ。

これで、クライアントからリポジトリを使う方法を示すテストがすべて用意できて、正しく機能することも証明できた。次に、リポジトリを使うクライアント側のテストを、より最適化する方法を見ていこう。

インメモリの実装を使ったテスト

リポジトリのテスト用に、永続化メカニズムの完全な実装を準備するのが難しい場合や、速度が遅すぎてテストしづらい場合は、別の手法も考えられる。また、ドメインモデリングの初期には、あまりうれしくない制約が課されている場合もある。たとえば、データベーススキーマがまだ定まっていないために、永続化メカニズムが用意できないなどというものだ。こういった状況に直面した場合は、インメモリ版のリポジトリを実装すれば、うまくいく。

インメモリ版の作りかたは簡単だが、課題もいくつかある。インターフェイスの裏側に `HashMap` を作るだけで済むというあたりは、シンプルである。`Map` にエントリを `put()` したり、それを `remove()` したりする処理も、直感的に実装できる。集約のインスタンスに与えられた一意な識別子を、キーとして使えばいい。そして、集約のインスタンスそのものを、値として扱う。`add()` あるいは `save()` メソッドも、`remove()` メソッドも、そんなに難しいことをする必要はない。`ProductRepository` の場合を例にすると、全体の実装はこんなにシンプルになる。

```java
package com.saasovation.agilepm.domain.model.product.impl;

public class InMemoryProductRepository implements ProductRepository {

    private Map<ProductId,Product> store;

    public InMemoryProductRepository() {
        super();
        this.store = new HashMap<ProductId,Product>();
    }

    @Override
    public Collection<Product> allProductsOfTenant(Tenant aTenant) {
        Set<Product> entries = new HashSet<Product>();

        for (Product product : this.store.values()) {
            if (product.tenant().equals(aTenant)) {
                entries.add(product);
            }
        }

        return entries;
    }
```

```java
    @Override
    public ProductId nextIdentity() {
        return new ProductId(java.util.UUID.randomUUID()
                .toString().toUpperCase());
    }

    @Override
    public Product productOfId(Tenant aTenant, ProductId aProductId) {
        Product product = this.store.get(aProductId);

        if (product != null) {
            if (!product.tenant().equals(aTenant)) {
                product = null;
            }
        }

        return product;
    }

    @Override
    public void remove(Product aProduct) {
        this.store.remove(aProduct.productId());
    }

    @Override
    public void removeAll(Collection<Product> aProductCollection) {
        for (Product product : aProductCollection) {
            this.remove(product);
        }
    }

    @Override
    public void save(Product aProduct) {
        this.store.put(aProduct.productId(), aProduct);
    }

    @Override
    public void saveAll(Collection<Product> aProductCollection) {
        for (Product product : aProductCollection) {
            this.save(product);
        }
    }
}
```

　productOfId() には、特殊なケースがひとつだけ存在する。このファインダーを正しく実装するには、指定した ProductId に対応する Product を取得した後で、その Product の TenantId が Tenant パラメータで渡されたテナントと一致するかどうかをたしかめる必要がある。もし一致しなければ、Product のインスタンスを null にする。

　CoherenceProductRepositoryTest をほぼそのままコピーした InMemoryProductRepositoryTe stクラスで、このインメモリ版の実装をテストできる。唯一の変更箇所は、setUp()メソッドだ。

```
public class InMemoryProductRepositoryTest extends TestCase {
    ...
    @Override
    protected void setUp() throws Exception {
        this.setProductRepository(new InMemoryProductRepository());
        this.tenantId = new TenantId("01234567");

        super.setUp();
    }
    ...
}
```

Coherence版の実装とは違って、ここではInMemoryProductRepositoryのインスタンスを作っているだけだ。それ以外のテストメソッドには、何も手を加えていない。

パラメータについての条件を解決する処理が複雑な、より高度なファインダーの実装は、難題となる可能性がある。条件を解決するロジックが複雑になりすぎるようなら、何か対策を考える必要があるかもしれない。条件を満たすインスタンスをあらかじめリポジトリに登録しておいて、ファインダーメソッドはそれらを返すだけにするなどの方法がある。事前にインスタンスを登録するには、setUp()メソッドを使えばいい。

インメモリ版のリポジトリを実装しておくと役立つ場面がもうひとつある。永続指向のインターフェイスで、save()の正しい使いかたをテストする必要に迫られた場合だ。save()メソッドに、メソッドの実行回数を数えさせることができる。個々のテストを実行した後で、その実行回数が特定のリポジトリのクライアントによって要求される数と一致するかどうか確認できる。一般に、この手法が使えるのは、集約への変更を明示的にsave()しなければいけないようなアプリケーションサービスのテストだ。

12.8 まとめ

本章では、リポジトリの実装について、深く掘り下げた。

- コレクション指向および永続指向のリポジトリについて、それぞれをどんなときに使うのかを学んだ。
- HibernateやTopLink、Coherence、そしてMongoDBでのリポジトリの実装方法を見た。
- リポジトリのインターフェイスに追加の振る舞いが必要になる理由を調べた。

- リポジトリを使う際の、トランザクションの扱いかたを検討した。
- 型の階層がある場合にリポジトリを設計する際の、注意事項を理解した。
- リポジトリとデータアクセスオブジェクトの根本的な違いを見た。
- リポジトリをテストする方法や、リポジトリを使ったテストを行うためのそれぞれ異なる方法を知った。

ここで、ギアチェンジしよう。次の章では境界づけられたコンテキストの統合について考える。

第13章
境界づけられたコンテキストの統合

> 洞察力とはものごとの関係を正確につかむということであり、学習活動にとっていちばん重要なポイントであり、人間の知恵の核である。われわれは洞察力をもって横の関係をさぐり、裏にかくされたものを発見し、パターンを認知し、全体像を見る。[1]
>
> – Marilyn Ferguson

　重要なプロジェクトには常に、複数の**境界づけられたコンテキスト** (2) があるものだ。そして、複数の境界づけられたコンテキストを統合する必要に迫られることになる。**コンテキストマップ** (3) を使って、複数の境界づけられたコンテキストの間によくある関係を議論した。また、DDDの原則に沿ってその関係を正しく管理する方法についても調べた。**ドメイン** (2)、**サブドメイン** (2)、境界づけられたコンテキストの概要や、コンテキストマップについての理解に不安がある場合は、まずこれらをきちんと把握してから本章を読み進めること。本章の内容は、これらの基本概念を理解していることが前提となっている。

　第3章「コンテキストマップ」の最初に説明したとおり、コンテキストマップには大きく分けて二通りの形式がある。ひとつはシンプルな図で表す形式で、複数の境界づけられたコンテキストの間に存在する関連の種類を示すために使うものだ。もう一方は、もう少し具体的な形式で、コンテキスト間の関連をどのように実装するのかをコードで表したものだ。本章では、後者の形式を考える。

13.1　統合の基本

　二つの境界づけられたコンテキストの統合が必要になったときに、それを比較的簡単にコードで実現する方法がいくつかある。

---

[1] 訳注：松尾弌之訳、堺屋太一監訳『アクエリアン革命 '80年代を変革する「透明の知性」』(実業之日本社) より引用。

> **本章のロードマップ**
>
> 統合の基本を振り返り、分散環境におけるシステム統合をうまく進めるために必要な考え方を身につける。
> RESTful なリソースを使った統合の方法を見て、その利点と欠点を検討する。
> メッセージングを使った統合の方法を学ぶ。
> 複数の境界づけられたコンテキストの間で同じ情報を重複して保持させたときに、どんな問題が発生するのかを理解する。
> 例を使って、設計の手法を徐々に成熟させていく様を学ぶ。

　そのひとつは、一方の境界づけられたコンテキストに API を公開させて、もう一方の境界づけられたコンテキストからリモートプロシージャ呼び出し（RPC）を用いてその API を利用するという方法だ。API は、SOAP を使って公開することもできるし、単純に HTTP 経由での XML によるリクエストを受け付けて、レスポンスを返すだけという仕組みでもかまわない。リモートからアクセス可能な API を作る仕組みはいろいろある。この方式は、統合を行う際に最もよく使われるものだ。プロシージャを呼び出す形式なので、プログラマーにも理解してもらいやすい。要するに、私たちほぼ全員にとって、わかりやすいということだ。

　境界づけられたコンテキストを統合するための二番目の方法は、メッセージングだ。他のシステムとのすべてのやりとりを、メッセージキューあるいは出版・購読 [Gamma et al.] メカニズムを経由して行う。もちろん、このメッセージングゲートウェイそのものを、ある種の API だととらえることもできる。しかしそれよりは、単純にサービスのインターフェイスだととらえたほうが、より多くの人たちに受け入れられるようだ。メッセージングを使った統合のテクニックには、さまざまなものがある。その多くを扱っているのが [Hohpe & Woolf] だ。

　境界づけられたコンテキストを統合する第三の方法は、RESTful な HTTP だ。これを一種の RPC だと考える人もいるが、実際は違う。あるシステムから別のシステムにリクエストを送るという点では同じだが、ここでのリクエストは、パラメータを指定してプロシージャを呼び出すというものではない。第 4 章「アーキテクチャ」で議論したとおり、REST はリソースをやりとりしたり変更したりする手段である。そしてそのリソースは、一意な URI で識別できるようになっている。リソースに対して行える操作には、さまざまなものがある。RESTful な HTTP が提供する主なメソッドは、GET・PUT・POST・DELETE である。これだけだと、いわゆる CRUD 操作にしか対応できないように見えるかもしれない。しかし、ほんの少し想像力を働かせれば、これら四つのメソッドの範囲内で、明確な意図を持つ操作を実現できる。たとえば、GET を使えばさまざまなクエリを実行できるし、PUT を使えば集約 (10) 上でのコマンドをカプセル化できる。

　もちろん、統合に使える手段がこの三通りに限られるというわけではない。たとえば、ファイルを使った統合もできるだろうし、共有データベースを使った統合もできるだろう。しかし、そんなことをしていれば、時間がいくらあっても足りなくなる。

　境界づけられたコンテキストの統合によく使われる三通りの方法を紹介したが、本章ではそのうちの二つに絞って議論を進める。主に扱うのはメッセージングによる統合だが、RESTful HTTP の使いかたについても見ていく。RPC を利用するサンプルは扱わない。手続き型の API を作って他の二つ

13.1 統合の基本

> **カウボーイの声**
>
>
>
> AJ：「鞍の上では低く構えたほうがいい。こいつは暴れ馬だし、きっと自分の年を感じることになるだろうさ」

の手法の代わりに使う方法は、容易に想像できるからである。さらに、自立型のサービスを目指すという観点で考えると、RPC は弾力性に欠ける。RPC ベースの API を提供しているシステムに障害が発生すると、それに依存する他のシステムの処理も動かなくなってしまう。

ここで、きわめて重要な話題を取り上げる。これは、統合にかかわる開発者全員が注意すべきことだ。

分散システムは、根本的に異なるものである

統合に関する問題が発生する原因はほぼすべて、分散システムの原則に無頓着な開発者にある。分散システムは、本質的に複雑なものであり、その原則を知っておく必要がある。特に、RPC を使っているときに、この問題が表出しやすい。分散環境に不慣れな開発者は、リモートプロシージャ呼び出しをインプロセス呼び出しと同じように考えてしまいがちだ。そんな思い込みが、複数のシステムにまたがる障害の元になる。たったひとつのシステム（あるいはそのコンポーネントのひとつ）が一時的にでも使えなくなると、その障害が他のシステムにも影響してしまうことになるのだ。分散システムにかかわるすべての開発者は、分散コンピューティングに関する以下の原則を知っておく必要がある。

- ネットワークは信頼できない。
- ある程度の（時にはかなりの）遅延が常に発生する。
- 帯域幅には限りがある。
- ネットワークはセキュアではない。
- ネットワーク構成は変化する。
- 管理者は複数である。
- 転送コストはゼロではない。
- ネットワークは一様ではない。

ここではあえて、「分散コンピューティングの落とし穴」[Deutsch] という表現を避けた。**原則**と呼ぶことで、これらが対応すべき課題であり、予期すべき複雑性であることを強調したかったからで

ある。これらを単なる「初心者が犯しがちな間違い」とは考えてほしくない。

システムの境界をまたがる情報交換

　別のシステムが提供するサービスを利用することになったとき、たいていは、何らかの情報をそのサービスに渡さなければいけなくなる。また、サービス側も、何らかのレスポンスを返さなければいけないこともあるだろう。つまり、システム間でデータを受け渡しするための、信頼できる手段が必要になるということだ。このデータ交換は、まったく異なるシステム間で行う必要があり、関係する各システムが簡単に利用できる方式でなければいけない。たいていの場合は、何らかの標準的な方法を選ぶことになる。

　パラメータやメッセージとして送信するデータは単なる機械可読形式の構造であり、さまざまなフォーマットで作ることができる。データ交換をするシステムの間には、何らかの形式の契約が必要だ。また、やりとりするデータ構造を解釈して利用できるようにするための仕組みも、必要になるかもしれない。

　システム間の情報交換に使う構造を作るには、いくつかの方法がある。そのひとつは、プログラミング言語の機能を使うものだ。オブジェクトをバイナリ形式にシリアライズしたり、それを利用者側で復元したりといった操作を、プログラミング言語の機能を使って行う。これがうまくいくのは、関係するすべてのシステムが同じ言語の機能に対応していて、かつ異なるハードウェアアーキテクチャ間での互換性がある場合だけである。さらに、オブジェクトのすべてのインターフェイスとクラスを受け渡しする必要もある。

　交換可能な構造を作るための方法はもうひとつある。標準化された中間フォーマットを利用する方法だ。たとえば、XML や JSON あるいは Protocol Buffers などがその一例だ。これらのフォーマットには、それぞれ利点と欠点がある。どれだけ複雑なデータを扱えるか、どれくらいのサイズになるか、型変換にどれくらいの時間がかかるか、異なるバージョンのオブジェクトをどの程度柔軟に扱えるか、どれだけ使いやすいかなどが、判断基準となる。これらの中には、分散コンピューティングの原則（「転送コストはゼロではない」など）を考慮したときに、コストに影響をおよぼすものもある。

　この中間フォーマット方式を使う場合にも、オブジェクトのすべてのインターフェイスとクラスをやりとりしたいという場面はあるだろう。そして、何らかのツールを使って、中間フォーマットのデータからオブジェクトを復元する。この方式の利点は、受信側のシステム上でも、送信側のシステムとまったく同じようにオブジェクトを使えるということだ。

　もちろん、こういったインターフェイスやクラスを利用する場合でも、それに関連する複雑さは避けられない。それはつまり、インターフェイスやクラスの定義の最新版との互換性を維持するためには、利用する側のシステムを再コンパイルしなければいけないということだ。また、外部のシステムから取得したオブジェクトを、まるで自前のオブジェクトであるかのように扱うのは危険でもある。ここまで必死になって守ってきた、DDD の戦略的設計の原則に違反してしまいかねない。中には、**共有カーネル** (3) にすれば、この手法を守ってくれると考える人もいるかもしれない。しかし、システム間でオブジェクトを共有するという利便性は、ひとつ間違えば大きな怪我を負う可能性のあるもの

だ。複雑になってしまうし、モデルが汚染されてしまう可能性もあるが、この戦術がもたらす強い型付けとのトレードオフだと考えれば致し方ないと考える人も多い。

それでも、この手を使おうとして、さまざまな理由で苦戦している人たちも見かける。彼らは、もっとお手軽で安全な方法を求めているが、型安全性を完全に放棄してしまうのは気に入らないようだ。そんな方法があるかどうかを考えてみよう。

交換する情報を受け取って利用する側が、それを特定のクラスのインスタンスにデシリアライズせず、そのままの形式でデータを使えるような契約を、情報を作る側との間に定義できないだろうか。そういった信頼性のある契約を、標準規格にもとづいた手法で定義できる。これは実際のところ、**公表された言語** (3) の形式になる。たとえば、カスタムメディアタイプを定義するのがその一例だ。そのメディアタイプを RFC 4288 の指針に沿って登録するかどうかはさておき、これが実際の仕様となる。この仕様は提供側と受け取り側をつなぐ契約を定義するものであり、そのメディアを交換するための信頼できる手段である。このとき、インターフェイスやクラスのバイナリは共有しなくてもかまわない。

当然のことながら、ここにもトレードオフが存在する。各オブジェクトのインターフェイス／クラスがわかっていて、型安全性が保証されている場合とは異なり、この手法の場合は、プロパティへのアクセスによる情報の取得はできない。また、IDE のコード補完などの機能も使えなくなるだろう。これは、そんなに大きな問題ではない。さらに、イベントクラスが提供する関数やメソッドによる操作も使えない。しかし、私はこれをデメリットだとは思っておらず、むしろ予防措置だと考えている。受け取る側の境界づけられたコンテキストが知るべきなのはデータのプロパティだけであり、別のモデルの一部である機能を使おうなどと考えるべきではない。受け取る側の**ポートとアダプター** (4) は、そのドメインモデルを依存関係から守らないといけないし、必要なイベントのデータは、適切なパラメータとして、自身の境界づけられたコンテキストで定義された型で渡す必要がある。何らかの計算や処理が必要なら、それは渡す側の境界づけられたコンテキストでやるべきであり、イベントのデータを属性として提供する必要がある。

実例で考えてみよう。SaaSOvation では、さまざまな境界づけられたコンテキストとの間で情報を交換する必要がある。そのために使っているのが RESTful リソースであり、**イベント** (8) を含むメッセージをサービス間で送信している。ところで、**通知**は、ある種の RESTful リソースである。しかし、イベントベースのメッセージ購読者に対しては、Notification オブジェクトとしても発行される。言い換えれば、いずれの場合についても Notification がイベントを保持しており、どちらも同じ構造にフォーマットされる。通知やイベント用のカスタムメディアタイプの仕様は、以下のようになる。

型：Notification
フォーマット：JSON
notificationId（長整数）：一意な識別子
typeName（テキスト）：通知の型を表す文字列。型の名前の例は com.saasovation.agilepm.domain
.model.product.backlogItem.BacklogItemCommitted など

version（整数）：通知のバージョン

occurredOn（日付／時刻）：通知に含まれるイベントが発生した日時

event：JSON ペイロードの詳細。個々のイベント型を参照すること

　完全修飾形式の（パッケージ名も含めた）クラス名を `typeName` に使うことで、購読者は、さまざまな Notification 型の中から正確に型を特定できるようになる。通知の仕様に続いて、さまざまなイベント型の仕様を考える。ここでは、すでにおなじみのイベントである `BacklogItemCommitted` を例にする。

イベントの型：com.saasovation.agilepm.domain.model.product.backlogItem.BacklogItemCommitted

eventVersion（整数）：イベントのバージョン。Notification の version と同じ意味

occurredOn（日付／時刻）：イベントの発生した日時。Notification の occurredOn と同じ意味

backlogItemId（BacklogItemId）：id という文字列属性を含む

committedToSprintId（SprintId）：id という文字列属性を含む

tenantId（TenantId）：id という文字列属性を含む

イベントの詳細：イベントの種類によって異なる

　もちろん、これ以外に、個々のイベント型について、イベントの詳細の仕様を定めなければいけない。Notification およびすべてのイベント型の仕様が定まったら、以下のテストのように `NotificationReader` を使えるようになる。

```
DomainEvent domainEvent = new TestableDomainEvent(100, "testing");

Notification notification = new Notification(1, domainEvent);
NotificationSerializer serializer =
    NotificationSerializer.instance();

String serializedNotification = serializer.serialize(notification);

NotificationReader reader =
    new NotificationReader(serializedNotification);

assertEquals(1L, reader.notificationId());
assertEquals("1", reader.notificationIdAsString());
assertEquals(domainEvent.occurredOn(), reader.occurredOn());
assertEquals(notification.typeName(), reader.typeName());
assertEquals(notification.version(), reader.version());
assertEquals(domainEvent.eventVersion(), reader.version());
```

このテストは、シリアライズされた Notification から NotificationReader がどうやって型安全なデータを取得するのかを示すものだ。

次のテストでは、イベントの詳細部分を同じく Notification から読み取る方法を示す。イベントオブジェクトのナビゲーションは、XPath 風の構文あるいはドット区切りのプロパティで行える。それ以外に、属性の名前をカンマで区切る形式（Java の可変長引数）も使える。このテストでは、個々の属性を、String 値（String 以外の場合は実際のプリミティブ型である int や long、boolean、double など）で読み込めていることがわかる。

```
TestableNavigableDomainEvent domainEvent =
    new TestableNavigableDomainEvent(100, "testing");

Notification notification = new Notification(1, domainEvent);

NotificationSerializer serializer = NotificationSerializer.instance();

String serializedNotification = serializer.serialize(notification);

NotificationReader reader =
     new NotificationReader(serializedNotification);

assertEquals("" + domainEvent.eventVersion(),
    reader.eventStringValue("eventVersion"));
assertEquals("" + domainEvent.eventVersion(),
    reader.eventStringValue("/eventVersion"));
assertEquals(domainEvent.eventVersion(),
    reader.eventIntegerValue("eventVersion").intValue());
assertEquals(domainEvent.eventVersion(),
    reader.eventIntegerValue("/eventVersion").intValue());

assertEquals("" + domainEvent.nestedEvent().eventVersion(),
    reader.eventStringValue("nestedEvent", "eventVersion"));
assertEquals("" + domainEvent.nestedEvent().eventVersion(),
    reader.eventStringValue("/nestedEvent/eventVersion"));
assertEquals(domainEvent.nestedEvent().eventVersion(),
    reader.eventIntegerValue("nestedEvent", "eventVersion").intValue());
assertEquals(domainEvent.nestedEvent().eventVersion(),
    reader.eventIntegerValue("/nestedEvent/eventVersion").intValue());

assertEquals("" + domainEvent.nestedEvent().id(),
    reader.eventStringValue("nestedEvent", "id"));
assertEquals("" + domainEvent.nestedEvent().id(),
    reader.eventStringValue("/nestedEvent/id"));
assertEquals(domainEvent.nestedEvent().id(),
    reader.eventLongValue("nestedEvent", "id").longValue());
assertEquals(domainEvent.nestedEvent().id(),
    reader.eventLongValue("/nestedEvent/id").longValue());

assertEquals("" + domainEvent.nestedEvent().name(),
```

```
        reader.eventStringValue("nestedEvent", "name"));
assertEquals("" + domainEvent.nestedEvent().name(),
        reader.eventStringValue("/nestedEvent/name"));

assertEquals("" + domainEvent.nestedEvent().occurredOn().getTime(),
        reader.eventStringValue("nestedEvent", "occurredOn"));
assertEquals("" + domainEvent.nestedEvent().occurredOn().getTime(),
        reader.eventStringValue("/nestedEvent/occurredOn"));
assertEquals(domainEvent.nestedEvent().occurredOn(),
        reader.eventDateValue("nestedEvent", "occurredOn"));
assertEquals(domainEvent.nestedEvent().occurredOn(),
        reader.eventDateValue("/nestedEvent/occurredOn"));
assertEquals("" + domainEvent.occurredOn().getTime(),
        reader.eventStringValue("occurredOn"));
assertEquals("" + domainEvent.occurredOn().getTime(),
        reader.eventStringValue("/occurredOn"));
assertEquals(domainEvent.occurredOn(),
        reader.eventDateValue("occurredOn"));
assertEquals(domainEvent.occurredOn(),
        reader.eventDateValue("/occurredOn"));
```

　TestableNavigableDomainEvent は TestableDomainEvent を保持し、これが、より深い階層の属性へとたどれるようにする。さまざまな属性を、XPath 風の構文と可変長引数の属性のナビゲーションで読み込む。また、各属性の値の、さまざまな型としての読み込みもテストする。

　Notification とイベントのインスタンスには常にバージョン番号がついているので、これを利用すれば、特定のバージョンだけに存在する属性なども読み込める。そのバージョンを利用するコンシューマーは、必要とする特別な属性を取り出せるようになる。しかしコンシューマーは、イベントを含む Notification を受け取ったときに、あらゆる通知をバージョン 1 だとして扱うこともできる。

　したがって、個々のイベント型をきちんと設計しておけば、本来そのイベントのバージョン 1 の情報だけが必要な大半のコンシューマーが、非互換性に悩まされることもなくなる。イベントのバージョンが変わったとしても、コンシューマー側は何も手を加える必要がなく、再コンパイルも不要だ。それでも、設計するときにはバージョン間の互換性を考慮しなければいけないし、新しいバージョンに向けた変更の際には、以前のバージョンを使っているコンシューマーに影響がおよばないようにしなければいけない。時にはそれが不可能なこともあるが、たいていの場合はうまくできるはずだ。

　この手法を使うと、イベントに単なるプリミティブ型や文字列の属性以上のものを持たせることができるようになる。イベントに、より洗練された**値オブジェクト** (6) のインスタンスを持たせることもできるだろう。これは、その値型が不変である場合などに特に便利だ。BacklogItemId や SprintId そして TenantId が、まさにそれにあたる。その例を、以下のコードに示した。ここではドット区切りのプロパティ形式でのナビゲーションを使っている。

```
NotificationReader reader =
    new NotificationReader(backlogItemCommittedNotification);
```

```
String backlogItemId = reader.eventStringValue("backlogItemId.id"));

String sprintId = reader.eventStringValue("sprintId.id"));

String tenantId = reader.eventStringValue("tenantId.id"));
```

　保持する値のインスタンスはすべて確定している（変化しない）という事実から、イベントを不変なもの（そして今後もずっと変わらないもの）とみなせる。新しいバージョンの値オブジェクト型がイベントに含まれていても、古いバージョンの値を既存の Notification インスタンスから、何の問題もなく読み込める。イベントのバージョンが頻繁に変わったり大きく変わったりするなどで、コンシューマー側での NotificationReader による対応では手に負えない場合は、Protocol Buffers を使ったほうがずっと簡単になるであろうことはいうまでもない。

　これは、イベントの型や依存関係をあちこちに展開せずにデシリアライズを行えるようにする、ひとつの方法に過ぎない。この手法がすばらしくエレガントであると見る人もいれば、リスキーで的外れな上に危険きわまりないと見る人もいるだろう。正反対の手法（インターフェイスとクラスの情報を全体に展開する方法）の場合、シリアライズしたオブジェクトを既知の形式で利用できる。ここで、この見慣れない道を進む際に考えておくべきことを、いくつか紹介する。

カウボーイの声

LB：「カウボーイってやつは、悪い例を出し尽くすまでは、いいアドバイスをしてくれないもんだ」

　クラスの情報を展開してシリアライズする方法と、メディアタイプの契約を定める方法のどちらについても、プロジェクトのさまざまな段階でメリットを得られる。たとえば、チームや境界づけられたコンテキストの数、変更の頻度などによっては、プロジェクトを立ち上げたばかりの時期はクラスとインターフェイスを共有する方法でもうまくいくかもしれない。しかし、本番運用の段階になったときには、より疎結合なカスタムメディアタイプ方式を使うほうが望ましいだろう。実際のところ、この方針でうまくいくかどうかはチームによるとしかいえないかもしれない。チームを立ち上げたときの方針のまま、突っ走らざるを得ないこともある。

　サンプルをシンプルで理解しやすいものに保つために、これ以降はずっと、NotificationReader 方式で進めることにする。自分たちのコンテキストでカスタムメディアタイプ契約と NotificationReader のどちらを使うかは、あなた自身で決めること。

13.2　RESTful リソースを使った統合

ある境界づけられたコンテキストが URI を使ったリッチな RESTful リソースセットを提供するのなら、それは一種の**公開ホストサービス** (3) である。

> これらのサブシステムにアクセスできるようにするプロトコルを、**サービス**の集合として定義すること。そのプロトコルを公開し、これらのサブシステムと統合する必要のある人が全員使用できるようにすること。新しい統合の要件に対応する際には、プロトコルに機能を追加し、拡張すること。[Evans]（383 ページ）

HTTP メソッド（GET・PUT・POST・DELETE）と操作対象リソースの組み合わせを、公開サービスセットと考えることができる。HTTP や REST はオープンなプロトコルであり、そのサブシステムとの統合が必要ならば、誰でも使える。リソースの数は事実上無制限（それぞれの URI で特定できる）なので、新たな統合が必要になった場合でも対応できる。さまざまなクライアントとの統合を考えたときに、非常に融通の利く方法である。

しかし、RESTful サービスのプロバイダーは、リソースに対する操作のリクエストに、その場で反応しなければいけない。このスタイルでは、クライアントを完全な自立型にするのは難しい。何らかの理由で REST ベースの境界づけられたコンテキストが使えなくなったら、それを利用しているクライアント側の境界づけられたコンテキストは、必要な操作を続行できなくなる。

しかし、ある程度はこの問題に対応することもできる。RESTful リソースへの依存が、コンシューマーを自立型にするための障害になりにくいようにすればいい。統合のための手段が RESTful（ついでに言えば、RPC も同様）しかないのだとしても、一時的に依存を切り離しているかのようにすることもできる。自分のシステム内で、タイマーやメッセージングを使えばいい。そうすれば、一定時間の経過後あるいはメッセージの受信時だけ、リモートシステムにアクセスさせるようにできる。仮にリモートシステムに到達できなければ、タイマーの設定時間を戻せばいい。メッセージングを使っている場合は、到達不能だという応答を受け取ったブローカーが、メッセージを再配送する。システムを疎結合に保つために、またひとつややこしいところが増えてしまうが、自立型システムを目指すために必要なコストだと考えよう。

・・・

認証・アクセスコンテキストを開発する SaaSOvation のチームで、他の境界づけられたコンテキストとの統合用の手段を作る必要に迫られたときに、彼らが選んだ方法は、RESTful HTTP だった。ドメインモデルの構造や振る舞いの詳細を公開せずにシステム間の統合を実現できる、最適な方法だと判断したのだ。やるべき作業は、RESTful リソースを設計して、テナント単位の認証・アクセスの概念を表現できるようにすることだった。

彼らの中心的な設計課題は、別の境界づけられたコンテキストから、ユーザーやグループの識別子を含むリソースに対する GET リクエストを受け付け、それらの識別子の型に応じたロールベースの

セキュリティ権限を特定できるようにすることだった。たとえば、あるテナント内のユーザーに特定のアクセス権限があるかどうかを調べる場合、クライアントからは、以下のようなリソースに対するGETリクエストを送る。

/tenants/{tenantId}/users/{username}/inRole/{role}

　指定したテナントのそのユーザーが、指定したロールに属している場合は、成功を表すステータスコード200のレスポンスに、リソースの表現を含めて返す。ユーザーが存在しなかったり、そのロールに属していなかったりする場合のレスポンスは、「204 No Content」となる。シンプルなRESTful HTTPの設計だ。

　さて、このチームがアクセス権限のリソースをどのように公開したのか、そして、彼らの境界づけられたコンテキストにおける**ユビキタス言語**(1)が、アクセス権限のリソースの利用にどのように適用されたのかを見ていこう。

・・・

RESTfulリソースの実装

　SaaSOvationは、彼らが扱う境界づけられたコンテキストのひとつにRESTの原則を適用しはじめた。その過程で、彼らは重要な教訓を得た。ここで、彼らの足取りを追ってみよう。

・・・

　認証・アクセスコンテキストで公開ホストサービスを提供できるように作業中のSaaSOvationチームは、単純にそのドメインモデルをRESTfulなリンクリソースとして公開すればいいのではないかと考えた。つまり、HTTPクライアントからのGETリクエストに対してテナントリソースを返して、そこからユーザーやグループそしてロールへとたどれるようにすればいいと考えたのだ。さて、この案はどうだろうか？　最初のうちは、なかなかよさげな案に思えた。最終的に、クライアントは最大限の柔軟性を手に入れられることになるからだ。クライアントはそのドメインモデルの中身をすべて見ることができるし、自分たちの境界づけられたコンテキスト内で判断を下せるようになる。

　DDDのコンテキストマッピングのパターンのうち、この設計手法に最もうまくあてはまるものはどれだろう？　実際のところ、この方式は公開ホストサービスではない。共有するモデルの大きさに

もよるが、共有カーネルあるいは**順応者** (3) といったほうがいいだろう。共有カーネルを公開したり順応者の関係を受け入れたりすると、コンシューマーとドメインモデルが密結合の統合になってしまう。これらの関連は、可能な限り避けるべきだ。DDD の根本的な目標に反してしまうからである。

幸いにも、チームはここまでの過程で、クライアントにこのようにモデルを公開してしまうのは好ましくないということを理解していた。統合の際に必要となるユースケース（あるいはユーザーストーリー）を考えるようになっていたのだ。これは、公開ホストサービスの定義にある「新しい統合の要件に対応する際には、プロトコルに機能を追加し、拡張すること」ともうまく調和していた。利用する側のニーズに沿ったものだけを提供する。また、そのニーズは、さまざまなユースケースシナリオを検討した結果として理解できたものだった。

・・・

ユースケースを考えるというアドバイスにしたがい、「あるユーザーが特定のロールに属しているかどうか」を本当に知る必要があるクライアントがどれくらいいるのかを考えることにした。ドメインモデルの詳細に関する理解をクライアント側から隠すことで、クライアント側の生産性もあがるし、依存する境界づけられたコンテキストもより安定したものとなる。設計の観点で見ると、RESTful リソース User は、以下のようになる。

```
@Path("/tenants/{tenantId}/users")
public class UserResource {
    ...
    @GET
    @Path("{username}/inRole/{role}")
    @Produces({ OvationsMediaType.ID_OVATION_TYPE })
    public Response getUserInRole(
            @PathParam("tenantId") String aTenantId,
            @PathParam("username") String aUsername,
            @PathParam("role") String aRoleName) {

        Response response = null;

        User user = null;

        try {
            user = this.accessService().userInRole(
                        aTenantId, aUsername, aRoleName);
        } catch (Exception e) {
            // 失敗
        }

        if (user != null) {
            response = this.userInRoleResponse(user, aRoleName);
        } else {
            response = Response.noContent().build();
        }
```

```
        return response;
    }
    ...
}
```

ヘキサゴナルアーキテクチャ (4)（ポートとアダプター）の場合の `UserResource` クラスは、JAX-RS の実装が提供する RESTful HTTP Port 用のアダプターとなる。コンシューマーは、以下のようなリクエストを行う。

```
GET /tenants/{tenantId}/users/{username}/inRole/{role}
```

アダプターは処理を `AccessService` に委譲する。これは**アプリケーションサービス** (14) で、内部のヘキサゴンの API を提供する。ドメインモデルを直接扱うクライアントとして、`AccessService` がユースケースのタスクやトランザクションを管理する。タスクの中には、`User` が存在するかどうかを調べたり、存在する場合にそのユーザーが特定のロールに属しているかどうかを調べたりといったものがある。

```
package com.saasovation.identityaccess.application;
...
public class AccessService ... {
    ...
    @Transactional(readOnly=true)
    public User userInRole(
            String aTenantId,
            String aUsername,
            String aRoleName) {

        User userInRole = null;

        TenantId tenantId = new TenantId(new TenantId(aTenantId));

        User user =
            DomainRegistry
                .userRepository()
                .userWithUsername(tenantId, aUsername);

        if (user != null) {
            Role role =
                DomainRegistry
                    .roleRepository()
                    .roleNamed(tenantId, aRoleName);

            if (role != null) {
                GroupMemberService groupMemberService =
                        DomainRegistry.groupMemberService();

                if (role.isInRole(user, groupMemberService)) {
```

```
                    userInRole = user;
            }
        }
    }

    return userInRole;
}
...
}
```

このアプリケーションサービスは、User だけでなく、指定した名前の Role 集約も検索する。Role のクエリメソッド isInRole() を呼ぶときには、GroupMemberService を渡す。これはアプリケーションサービスではなく**ドメインサービス** (7) である。これは、Role がドメインに特化したチェックを行うのを助けたり、Role 自身にさせるべきではないクエリを実行したりする。

UserResource からの Response は、取得した User とロール名をもとにして作られる。その際に、以下のいずれかのカスタムメディアタイプを利用する。

```
package com.saasovation.common.media;

public class OvationsMediaType {
    public static final String COLLAB_OVATION_TYPE =
            "application/vnd.saasovation.collabovation+json";

    public static final String ID_OVATION_TYPE =
            "application/vnd.saasovation.idovation+json";

    public static final String PROJECT_OVATION_TYPE =
            "application/vnd.saasovation.projectovation+json";
    ...
}
```

そのユーザーが、指定したロールに属している場合は、UserResource アダプターが作る HTTP レスポンスは、以下のような JSON 形式になる。

```
HTTP/1.1 200 OK
Content-Type: application/vnd.saasovation.idovation+json
...
{
    "role":"Author","username":"zoe",
    "tenantId":"A94A8298-43B8-4DA0-9917-13FFF9E116ED",
    "firstName":"Zoe","lastName":"Doe",
    "emailAddress":"zoe@saasovation.com"
}
```

次に見るとおり、この RESTful リソースを利用するコンシューマーは、受け取ったレスポンスを、自身の境界づけられたコンテキストで必要となる特定のドメインオブジェクトに変換できる。

腐敗防止層を用いた RESTful クライアントの実装

認証・アクセスコンテキストが提供する JSON 形式はクライアントにとっても十分有用な形式だが、DDD の目標を考えると、この表現をクライアントの境界づけられたコンテキストでそのまま使うわけにはいかない。これまでの章で議論したとおり、**コラボレーションコンテキスト**がコンシューマーだった場合、そのチームは、純粋な「ユーザー」や、そのロールといった概念には興味がない。コラボレーションモデルを開発するチームが知りたいのは、そのドメインに特化したロールである。他のモデルの中には、複数の User オブジェクトのセットを、コラボレーションとは直接関係のないロールに割り当てられるようになっているものもある。

さて、この「ユーザーがロールに属しているかどうか」の表現は、コラボレーションにおいてはどのように役立つのだろうか。先に描いたコンテキストマップを図 13-1 に再掲する。重要なパーツである UserResource アダプターについては、先ほどの項で示した。**コラボレーションコンテキスト**用に作ったインターフェイスやクラスをそのまま維持している。それ以外に、CollaboratorService と UserInRoleAdapter そして CollaboratorTranslator が存在する。また、HttpClient も描かれているが、これは JAX-RS の実装が提供するものであり、ClientRequest クラスと ClientResponse クラスを利用する。

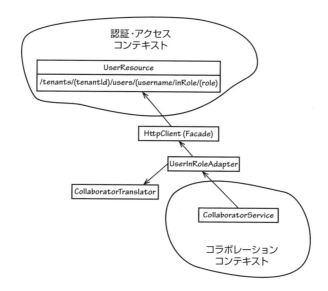

図13-1：認証・アクセスコンテキストの公開ホストサービスと、コラボレーションコンテキストの腐敗防止層を使って、二つのコンテキストを統合する

CollaboratorService と UserInRoleAdapter そして CollaboratorTranslator の組み合わせが**腐敗防止層** (3) を構成する。**コラボレーションコンテキスト**は、これを使って**認証・アクセスコンテキスト**とのやりとりを行い、ユーザーがロールに属しているかどうかの表現を、Collaborator の

サブクラスの値オブジェクトに変換する。

　`CollaboratorService` インターフェイスを以下に示す。これが、腐敗防止層の基本操作を定義する。

```
public interface CollaboratorService {
    public Author authorFrom(Tenant aTenant, String anIdentity);
    public Creator creatorFrom(Tenant aTenant, String anIdentity);
    public Moderator moderatorFrom(Tenant aTenant, String anIdentity);
    public Owner ownerFrom(Tenant aTenant, String anIdentity);
    public Participant participantFrom(Tenant aTenant, String anIdentity);
}
```

　`CollaboratorService` のクライアントから見たこのインターフェイスの働きは、リモートシステムの複雑性を抽象化することと、公表された言語を変換してローカルのユビキタス言語に沿ったオブジェクトにすることだ。今回の例では、**セパレートインターフェイス** [Fowler, P of EAA] と、その実装クラスを利用する。その理由は、実装は技術的なものであって、ドメインレイヤに置くべきではないからだ。

　ファクトリ (11) は、どれも似たようなものになる。どれも、値型の抽象である `Collaborator` のサブクラスのインスタンスを作成する。ただし、`aTenant` に属し、`anIdentity` を保持するユーザーが、セキュリティ的なロール `Author`・`Creator`・`Moderator`・`Owner`・`Participant` のいずれかを担う場合に限る。その実装はどれも似ているので、ここでは `authorFrom()` の実装だけを確認する。

```
package com.saasovation.collaboration.infrastructure.services;

import com.saasovation.collaboration.domain.model.collaborator.Author;
...
public class TranslatingCollaboratorService
        implements CollaboratorService {
    ...
    @Override
    public Author authorFrom(Tenant aTenant, String anIdentity) {
        Author author =
            this.userInRoleAdapter
                .toCollaborator(
                    aTenant,
                    anIdentity,
                    "Author",
                    Author.class);

        return author;
    }
    ...
}
```

　`TranslatingCollaboratorService` はインフラストラクチャの**モジュール** (9) に属する。内部の

ヘキサゴンに、ドメインモデルの一部としてセパレートインターフェイスを作った。しかし、その実装は技術的なものなので、ヘキサゴナルアーキテクチャの外部に配置した。ポートとアダプターがある部分である。

腐敗防止層の技術的な実装は、専用の**アダプター** [Gamma et al.] と変換サービスの組み合わせになることが一般的だ。図 13-1 を振り返ると、専用のアダプターは `UserInRoleAdapter` であり、変換サービスは `CollaboratorTranslator` である。この腐敗防止層の `UserInRoleAdapter` の役割は、リモートシステムに接続して、user-in-role リソースをリクエストすることだ。

```java
package com.saasovation.collaboration.infrastructure.services;

import org.jboss.resteasy.client.ClientRequest;
import org.jboss.resteasy.client.ClientResponse;
...
public class UserInRoleAdapter {
    ...
    public <T extends Collaborator> T toCollaborator(
            Tenant aTenant,
            String anIdentity,
            String aRoleName,
            Class<T> aCollaboratorClass) {

        T collaborator = null;

        try {
            ClientRequest request =
                    this.buildRequest(aTenant, anIdentity, aRoleName);

            ClientResponse<String> response =
                    request.get(String.class);

            if (response.getStatus() == 200) {
                collaborator =
                    new CollaboratorTranslator()
                        .toCollaboratorFromRepresentation(
                            response.getEntity(),
                            aCollaboratorClass);
            } else if (response.getStatus() != 204) {
                throw new IllegalStateException(
                        "There was a problem requesting the user: "
                        + anIdentity
                        + " in role: "
                        + aRoleName
                        + " with resulting status: "
                        + response.getStatus());
            }

        } catch (Throwable t) {
            throw new IllegalStateException(
```

```
                    "Failed because: " + t.getMessage(), t);
        }

        return collaborator;
    }
    ...
}
```

GET リクエストが成功した（レスポンスのステータスが 200 だった）場合は、`UserInRoleAdapter` が user-in-role リソースを取得できたことを意味する。これを、ローカルの `Collaborator` のサブクラスに変換する。

```
package com.saasovation.collaboration.infrastructure.services;

import java.lang.reflect.Constructor;
import com.saasovation.common.media.RepresentationReader;
...
public class CollaboratorTranslator {
    public CollaboratorTranslator() {
        super();
    }

    public <T extends Collaborator> T toCollaboratorFromRepresentation(
            String aUserInRoleRepresentation,
            Class<T> aCollaboratorClass)
    throws Exception {

        RepresentationReader reader =
                new RepresentationReader(aUserInRoleRepresentation);

        String username = reader.stringValue("username");
        String firstName = reader.stringValue("firstName");
        String lastName = reader.stringValue("lastName");
        String emailAddress = reader.stringValue("emailAddress");

        T collaborator =
            this.newCollaborator(
                    username,
                    firstName,
                    lastName,
                    emailAddress,
                    aCollaboratorClass);

        return collaborator;
    }

    private <T extends Collaborator> T newCollaborator(
            String aUsername,
            String aFirstName,
```

```
                String aLastName,
                String aEmailAddress,
                Class<T> aCollaboratorClass)
        throws Exception {

        Constructor<T> ctor =
            aCollaboratorClass.getConstructor(
                    String.class, String.class, String.class);

        T collaborator =
            ctor.newInstance(
                    aUsername,
                    (aFirstName + " " + aLastName).trim(),
                    aEmailAddress);

        return collaborator;
    }
}
```

　この変換サービスは、user-in-role のテキスト表現である String と、Collaborator のサブクラスのインスタンスを作るために使う Class を受け取る。まず、RepresentationReader（先ほどの NotificationReader とほぼ同じもの）を使って、四つの属性を JSON から読み込む。この読み込みは、確実に行えると考えていい。なぜなら、SaaSOvation のカスタムメディアタイプが、送信側と受信側の間の契約を縛っているからだ。必要な String を変換サービスが受け取ったら、それを用いて値オブジェクト Collaborator のインスタンスを作る。今回の例の場合なら Author だ。

```
package com.saasovation.collaboration.domain.model.collaborator;

public final class Author
        extends Collaborator  {

    public Author(
            String anIdentity,
            String aName,
            String anEmailAddress) {
        super(anIdentity, aName, anEmailAddress);
    }
    ...
}
```

　Collaborator のインスタンスを、**認証・アクセスコンテキスト**と同期させるために何かをする必要はない。このインスタンスは不変であり、完全に置き換えることはあっても部分的に変更されることはないからである。以下に示すコードは、アプリケーションサービスから取得した Author を Forum に渡して、新しい Discussion を開始する例だ。

```
package com.saasovation.collaboration.application;
...
public class ForumService ... {
    ...
    @Transactional
    public Discussion startDiscussion(
            String aTenantId,
            String aForumId,
            String anAuthorId,
            String aSubject) {

        Tenant tenant = new Tenant(aTenantId);
        ForumId forumId = new ForumId(aForumId);

        Forum forum = this.forum(tenant, forumId);

        if (forum == null) {
            throw new IllegalStateException("Forum does not exist.");
        }

        Author author =
                this.collaboratorService.authorFrom(
                        tenant, anAuthorId);

        Discussion newDiscussion =
                forum.startDiscussion(
                        this.forumNavigationService(),
                        author,
                        aSubject);

        this.discussionRepository.add(newDiscussion);

        return newDiscussion;
    }
    ...
}
```

　Collaboratorの名前やメールアドレスが**認証・アクセスコンテキスト**内で変わっても、その変更が自動的に**コラボレーションコンテキスト**に反映されるわけではない。この手の変更が発生することはほとんどないので、チームとしては、設計をシンプルにすることを優先させた。リモートコンテキストでの変更をローカルに同期させる処理は省略したのだ。しかし、**アジャイルプロジェクト管理コンテキスト**では、それとは違う方針の設計となった。詳細は後ほど説明する。

　腐敗防止層の実装方法はこれだけではない。たとえば**リポジトリ** (12) を使うなどの方法も考えられる。しかし、リポジトリの一般的な使い道は、集約を永続化したり再構築したりすることだった。値オブジェクトを作るためにリポジトリを使うというのは、場違いに見える。もし腐敗防止層から集約を作ることが目的であったなら、リポジトリを使うほうが自然になるだろう。

13.3　メッセージングを使った統合

メッセージングによる統合を使えば、依存する他システムから離れて、高いレベルでの自立性を確保できる。たとえ一部のシステムがダウンしていても、メッセージングシステムが機能している限りは、メッセージを配送できる。

DDD でシステムの自立性を保つために使える手段のひとつが、ドメインイベントだ。あるシステムで重要な出来事が発生したときに、それについてのイベントを生成する。各システムは、さまざまな種類のイベントを発行するかもしれない。伝えたい出来事の種類ごとに、個別のイベントを用意する。イベントが発生したら、そのイベントに興味を持つシステムに向けて、メッセージングシステムを使ってそのイベントを発行する。以上が、メッセージングを使う場合の概要だ。もし前半の章を読み飛ばした場合は、ここから先に進む前に第 4 章「アーキテクチャ」、第 8 章「ドメインイベント」、第 10 章「集約」を見直しておいたほうがいいだろう。

プロダクトオーナーとチームメンバーについての情報を得る

アジャイルプロジェクト管理コンテキストでは、サービスを利用している各テナントについて、スクラムのプロダクトオーナーやチームメンバーを管理する必要がある。プロダクトオーナーは、好きなときに新しいプロダクトを作り、チームメンバーをそのプロダクトのチームに追加できる。スクラムプロジェクト管理アプリケーションは、誰がどのロールに属するのかをどうやって知ればいいのだろう？　他のコンテキストの力を借りないと不可能だというのが、その答えだ。

実際、**アジャイルプロジェクト管理コンテキスト**は、そのロールの管理を**認証・アクセスコンテキスト**に任せるつもりでいる。これは、ごく自然な選択だろう。このシステムでは、スクラムサービスを利用する各テナントに対して、それぞれ二種類の `Role` のインスタンスを作る。`ScrumProductOwner` と `ScrumTeamMember` だ。いずれかのロールを担う必要のある `User` に対して、ロールを設定する。以下に示すのは**認証・アクセスコンテキスト**内のアプリケーションサービスのメソッドで、`User` への `Role` の付与を管理する。

```
package com.saasovation.identityaccess.application;
...
public class AccessService ... {
    ...
    @Transactional
    public void assignUserToRole(AssignUserToRoleCommand aCommand) {

        TenantId tenantId =
                new TenantId(aCommand.getTenantId());

        User user =
                this.userRepository
                    .userWithUsername(
                        tenantId,
```

```
                            aCommand.getUsername());

        if (user != null) {
            Role role =
                    this.roleRepository
                        .roleNamed(
                                tenantId,
                                aCommand.getRoleName());

            if (role != null) {
                role.assignUser(user);
            }
        }
    }
    ...
}
```

悪くない。でも、これをどう使えば、誰が ScrumTeamMember で誰が ScrumProductOwner なのかを**アジャイルプロジェクト管理コンテキスト**から知ることができるのだろうか。その方法を示す。Role の assignUser() メソッドの処理が完了する前に、最後の責務として、イベントを発行する。

```
package com.saasovation.identityaccess.domain.model.access;
...
public class Role extends Entity {
    ...
    public void assignUser(User aUser) {
        if (aUser == null) {
            throw new NullPointerException("User must not be null.");
        }
        if (!this.tenantId().equals(aUser.tenantId())) {
            throw new IllegalArgumentException(
                    "Wrong tenant for this user.");
        }

        this.group().addUser(aUser);

        DomainEventPublisher
            .instance()
            .publish(new UserAssignedToRole(
                    this.tenantId(),
                    this.name(),
                    aUser.username(),
                    aUser.person().name().firstName(),
                    aUser.person().name().lastName(),
                    aUser.person().emailAddress()));
    }
    ...
}
```

UserAssignedToRole イベントは User の名前やメールアドレスなどのプロパティを含めたもの

で、必要とするシステムに向けて配送される。**アジャイルプロジェクト管理コンテキスト**は、受け取ったこのイベントを使って、新しい `TeamMember` あるいは `ProductOwner` を自身のモデル内に用意する。これは、そんなに困難なユースケースではない。しかし、見た目から感じるほど単純でもなくて、細かいところを管理する必要がある。それらについて、詳しく見ていこう。

結局のところ、RabbitMQ からの通知を待ち受けるようにしておけば、再利用性が高くなるのではと考えた。私たちはすでに、シンプルなオブジェクト指向のライブラリを持っていて、これを使えば RabbitMQ の Java クライアントを簡単に扱えるようになる。そこで、シンプルなクラスをもうひとつ追加して、エクスチェンジキューのコンシューマーを作ってみることにする。

```java
package com.saasovation.common.port.adapter.messaging.rabbitmq;
...
public abstract class ExchangeListener {

    private MessageConsumer messageConsumer;
    private Queue queue;

    public ExchangeListener() {
        super();

        this.attachToQueue();
        this.registerConsumer();
    }

    protected abstract String exchangeName();

    protected abstract void filteredDispatch(
            String aType, String aTextMessage);

    protected abstract String[] listensToEvents();

    protected String queueName() {
        return this.getClass().getSimpleName();
    }

    private void attachToQueue() {
        Exchange exchange =
                Exchange.fanOutInstance(
                        ConnectionSettings.instance(),
                        this.exchangeName(),
                        true);

        this.queue =
                Queue.individualExchangeSubscriberInstance(
                        exchange,
                        this.exchangeName() + "." + this.queueName());
    }
```

```
    private Queue queue() {
        return this.queue;
    }

    private void registerConsumer() {
        this.messageConsumer =
                MessageConsumer.instance(this.queue(), false);

        this.messageConsumer.receiveOnly(
                this.listensToEvents(),
                new MessageListener(MessageListener.Type.TEXT) {

            @Override
            public void handleMessage(
                    String aType,
                    String aMessageId,
                    Date aTimestamp,
                    String aTextMessage,
                    long aDeliveryTag,
                    boolean isRedelivery)
            throws Exception {
                filteredDispatch(aType, aTextMessage);
            }
        });
    }
}
```

`ExchangeListener` は抽象基底クラスで、これを継承した具象サブクラスをリスナとして再利用する。具象サブクラスに追加すべきコードは、ほんの少しだけである。まず、基底クラスのデフォルトコンストラクタが必ず呼ばれるようにする。これは常に実行されるものだ。あとは、三つの抽象メソッド `exchangeName()`、`filteredDispatch()`、`listensToEvents()` を実装するだけでいい。そのうちの二つは、きわめて簡単に実装できるものだ。

`exchangeName()` の実装で必要になるのは、リスナが通知を受け取るためのエクスチェンジ名を `String` で返すことだけである。抽象メソッド `listensToEvents()` の実装では、受け取りたい通知の型を `String[]` で答えなければいけない。多くのリスナは、特定の型の通知だけを受け取る。そんな場合は、このメソッドでは要素がひとつだけの配列を返すことになるだろう。残ったもうひとつのメソッドである `filteredDispatch()` は、三つのメソッドの中で最も複雑なものになる。受け取ったメッセージを処理するという、重要な責務があるからだ。その動きを理解するために、まずは、`UserAssignedToRole` イベントを配送する通知のリスナを見てみよう。

```
package com.saasovation.agilepm.infrastructure.messaging;
...
public class TeamMemberEnablerListener extends ExchangeListener {

    @Autowired
```

```java
private TeamService teamService;

public TeamMemberEnablerListener() {
    super();
}

@Override
protected String exchangeName() {
    return Exchanges.IDENTITY_ACCESS_EXCHANGE_NAME;
}

@Override
protected void filteredDispatch(
        String aType,
        String aTextMessage) {
    NotificationReader reader =
            new NotificationReader(aTextMessage);

    String roleName = reader.eventStringValue("roleName");

    if (!roleName.equals("ScrumProductOwner") &&
        !roleName.equals("ScrumTeamMember")) {
        return;
    }

    String emailAddress = reader.eventStringValue("emailAddress");
    String firstName = reader.eventStringValue("firstName");
    String lastName = reader.eventStringValue("lastName");
    String tenantId = reader.eventStringValue("tenantId.id");
    String username = reader.eventStringValue("username");
    Date occurredOn = reader.occurredOn();

    if (roleName.equals("ScrumProductOwner")) {
        this.teamService.enableProductOwner(
                new EnableProductOwnerCommand(
                    tenantId,
                    username,
                    firstName,
                    lastName,
                    emailAddress,
                    occurredOn));
    } else {
        this.teamService.enableTeamMember(
                new EnableTeamMemberCommand(
                    tenantId,
                    username,
                    firstName,
                    lastName,
                    emailAddress,
                    occurredOn));
```

```
            }
        }

        @Override
        protected String[] listensToEvents() {
            return new String[] {
                "com.saasovation.identityaccess.domain.model.access.UserAssignedToRole"
                };
        }
    }
```

　ExchangeListener のデフォルトコンストラクタが適切に実行されて、exchangeName() は**認証・アクセスコンテキスト**用に発行されたエクスチェンジの名前を返し、listensToEvents() メソッドは単要素の配列を返す。その要素に含まれるのは、UserAssignedToRole イベントの完全修飾形式のクラス名だ。パブリッシャーとサブスクライバはどちらも、完全修飾形式のクラス名（モジュール名を含めたクラス名）を使うようにしておくべきだ。そうすれば、異なる境界づけられたコンテキストに同じ（あるいはよく似た）名前のイベントがある場合に、名前の衝突を防ぐことができる。

　さて、その他すべての振る舞いを含むのが filteredDispatch() である。このメソッド名は、実際の動きに沿ったものである。このメソッドで通知をフィルタリングしてから、アプリケーションサービスの API にディスパッチすることになる。ディスパッチの前のフィルタリングでは、UserAssignedToRole 型のイベントのうち、ScrumProductOwner および ScrumTeamMember 以外のロールに関するものを無視させる。一方で、もしこれら二つのロールに関するイベントの通知を受け取った場合は、UserAssignedToRole の詳細をその通知から取り出して、TeamService という名前のアプリケーションサービスにディスパッチする。サービスのメソッド enableProductOwner() および enableTeamMember() は、ひとつのコマンドオブジェクトを受け取る。EnableProductOwnerCommand あるいは EnableTeamMemberCommand のいずれかである。

　最初は、これらのイベントひとつひとつに対してメンバーを作成すればよさそうに思えた。しかし、ある User にいずれかの Role を割り当てたあとでその割り当てを解除し、別のロールを割り当てることもできる。この場合、受け取った通知に含まれる User を表すユーザーが、すでに存在することも考えられる。そんな状況に対して、TeamService は以下のように対応することにした。

```
    package com.saasovation.agilepm.application;
    ...
    public class TeamService ... {

        @Autowired
        private ProductOwnerRepository productOwnerRepository;

        @Autowired
        private TeamMemberRepository teamMemberRepository;

        ...
```

```
    @Transactional
    public void enableProductOwner(
            EnableProductOwnerCommand aCommand) {
        TenantId tenantId = new TenantId(aCommand.getTenantId());

        ProductOwner productOwner =
                this.productOwnerRepository.productOwnerOfIdentity(
                        tenantId,
                        aCommand.getUsername());

        if (productOwner != null) {
            productOwner.enable(aCommand.getOccurredOn());
        } else {
            productOwner =
                    new ProductOwner(
                            tenantId,
                            aCommand.getUsername(),
                            aCommand.getFirstName(),
                            aCommand.getLastName(),
                            aCommand.getEmailAddress(),
                            aCommand.getOccurredOn());

            this.productOwnerRepository.add(productOwner);
        }
    }
}
```

たとえば、サービスの `enableProductOwner()` メソッドは、指定した `ProductOwner` がすでに存在する可能性も考慮している。もし存在する場合は、再び有効化する必要があるものとみなして、対応するコマンドにディスパッチする。`ProductOwner` がまだ存在しない場合は、新しい集約のインスタンスを作って、それをリポジトリに追加する。`TeamMember` についても同じように扱うので、`enableTeamMember()` もこれと同様の実装にした。

責務をきちんと扱えるのか

ここまでは万事順調に見える。そして、十分にシンプルである。集約型として `ProductOwner` と `TeamMember` を用意した。そして、別の境界づけられたコンテキストにある `User` について、その一部の情報を保持するように設計した。しかし、このような設計にしたことで、想定していた責務のうち、どの程度を実現できたのだろうか。

コラボレーションコンテキストでは、同じような情報を保持させるために、不変な値オブジェクトだけを用意することにした（「腐敗防止層を用いた RESTful クライアントの実装」を参照）。値は不変なので、共有した情報を最新の状態に保つことなど気にしなくてもよかった。もちろん、この方式にも弱点がある。共有した情報の一部が更新されたとしても、**コラボレーションコンテキスト**が過去に作ったオブジェクトは決して更新されない。アジャイルプロジェクト管理チームは、このトレードオ

フを評価して、正反対の方式を選んだことになる。

　さてここで、集約を最新の状態に保つために、いくつか考えなければいけないことがある。いったいなぜ？　イベントが含まれた通知メッセージを待ち受けて、`ProductOwner` や `TeamMember` のインスタンスに対応した `User` への変更があった場合に、それをただ反映させるだけではいけないのだろうか？　その理解は間違っていないし、そうしなければいけない。しかし、インフラストラクチャとしてメッセージングを使っているという事実が、事態を多少複雑にしてしまう。

　たとえば**認証・アクセスコンテキスト**において、マネージャーが間違えて、Joe Johnson を `ScrumTeamMember` のロールからはずしてしまった場合、どうなるだろうか。当然、その事実を表すイベントを含む通知を受け取ることになるだろう。そして、`TeamService` を使って、Joe Johnson に対応する `TeamMember` を無効化する。ちょっと待った。その直後に、マネージャーが自分の間違いに気づいた。`ScrumTeamMember` からはずすべきなのは、Joe Johnson ではなく Joe Jones だったのだ。そこで彼女は、あわてて Joe Johnson にロールを付与しなおして、Joe Jones のロールを解除した。その後、その通知を受け取った**アジャイルプロジェクト管理コンテキスト**では、通知にしたがってロールの再設定と解除を行った。権限をはずされた Joe Jones は気に入らないだろうが、ひとまず丸く収まった。本当に？　これで**本当に**問題はないといえるだろうか？

　先の事例における前提が、間違っている可能性もある。先ほどは、**認証・アクセスコンテキスト**での出来事の発生順と同じ順番で、その通知を受け取るものだと想定していた。しかし、常にそうであるとは限らない。何らかの理由で、Joe Johnson に関する通知を受け取る順序が逆転してしまったら（つまり、`UserAssignedToRole` を受け取ってから `UserUnassignedFromRole` が届いてしまったら）、どうなるだろう？　Joe Johnson に対応する `TeamMember` は無効な状態のままになってしまう。誰かがアジャイルプロジェクト管理のデータベースのデータを直接修正したり、あるいはマネージャーにもう一度操作をしなおしてもらったりしない限りは、Joe Johnson のロールを有効化することはできない。これは実際にありえるシナリオだ。そして、皮肉にも、発生しうるということを見落としていたときに限って、実際に発生するものだ。さて、これを回避するにはどうすればいいのだろう？

　`TeamService` の API へのパラメータとして渡しているコマンドオブジェクトについて、もう少し詳しく調べてみよう。たとえば、`EnableTeamMemberCommand` と `DisableTeamMemberCommand` について考える。どちらのコマンドにも、`occurredOn` という `Date` オブジェクトを渡す必要がある。実際のところ、今回用意したコマンドオブジェクトは、すべてこのように設計している。`occurredOn` の値を使えば、`ProductOwner` や `TeamMember` 上でのコマンドの操作を、時系列で行えるだろう。先ほどのトラブルの元になったユースケースに戻ってみよう。実際の発生とは逆順に、`UserUnassignedFromRole` が `UserAssignedToRole` の後に届く可能性を考慮すると、それに対応するコードは以下のようになる。

```
package com.saasovation.agilepm.application;
...
public class TeamService ... {
    ...
    @Transactional
```

```
    public void disableTeamMember(DisableTeamMemberCommand aCommand) {
        TenantId tenantId = new TenantId(aCommand.getTenantId());

        TeamMember teamMember =
                this.teamMemberRepository.teamMemberOfIdentity(
                        tenantId,
                        aCommand.getUsername());

        if (teamMember != null) {
            teamMember.disable(aCommand.getOccurredOn());
        }
    }
}
```

TeamMember のコマンドメソッド disable() にディスパッチする際に、コマンドオブジェクトの occurredOn の値を渡すよう求められている点に注目しよう。TeamMember は内部的にこれを用いて、無効化すべきときにだけ無効化を行うようにしている。

```
package com.saasovation.agilepm.domain.model.team;
...
public abstract class Member extends Entity {
    ...
    private MemberChangeTracker changeTracker;
    ...
    public void disable(Date asOfDate) {
        if (this.changeTracker().canToggleEnabling(asOfDate)) {
            this.setEnabled(false);
            this.setChangeTracker(
                    this.changeTracker().enablingOn(asOfDate));
        }
    }

    public void enable(Date asOfDate) {
        if (this.changeTracker().canToggleEnabling(asOfDate)) {
            this.setEnabled(true);
            this.setChangeTracker(
                    this.changeTracker().enablingOn(asOfDate));
        }
    }
    ...
}
```

この集約の振る舞いは、共通の抽象基底クラスである Member で提供されている。disable() と enable() の両メソッドともに、changeTracker に問い合わせ、asOfDate パラメータの値（コマンドの occurredOn の値）と照らし合わせた上で、リクエストされた操作を実行するかどうかを判断する。値オブジェクト MemberChangeTracker は、直近の操作の発生日時を保持しており、問い合わせがあればそれを答える。

```
package com.saasovation.agilepm.domain.model.team;
...
public final class MemberChangeTracker implements Serializable  {
    private Date emailAddressChangedOn;
    private Date enablingOn;
    private Date nameChangedOn;
    ...
    public boolean canToggleEnabling(Date asOfDate) {
        return this.enablingOn().before(asOfDate);
    }
    ...
    public MemberChangeTracker enablingOn(Date asOfDate) {
        return new MemberChangeTracker(
                asOfDate,
                this.nameChangedOn(),
                this.emailAddressChangedOn());
    }
    ...
}
```

操作が許可されて実際に実行された場合の、置き換え用の新たな `MemberChangeTracker` のインスタンスは、対応する `enablingOn()` メソッドを使って得られる。`PersonNameChanged` と `PersonContactInformationChanged` も順序どおりにやってくるとは限らないので、`emailAddressChangedOn` や `nameChangedOn` と同じ機能を使えるようにしておく。メールアドレスの変更に関しては、さらにもうひとつチェックを行っている。`PersonContactInformationChanged` イベントは、メールアドレスの変更よりも、電話番号や住所の変更を示していることのほうが多い。

```
package com.saasovation.agilepm.domain.model.team;
...
public abstract class Member extends Entity {
    ...
    public void changeEmailAddress(
        String anEmailAddress,
        Date asOfDate) {

        if (this.changeTracker().canChangeEmailAddress(asOfDate) &&
            !this.emailAddress().equals(anEmailAddress)) {
            this.setEmailAddress(anEmailAddress);
            this.setChangeTracker(
                this.changeTracker().emailAddressChangedOn(asOfDate));
        }
    }
    ...
}
```

そこで、メールアドレスが実際に変更されているのかどうかを調べることにした。メールアドレスが変更されていない場合は、その変更を記録する必要はない。これを記録してしまうと、それ以前に

同じイベントで実際にメールアドレスを変更していたものが遅れて届いたときに、メールアドレスの変更が無視されてしまう。

`MemberChangeTracker` には、`Member` のサブクラスのコマンド操作を冪等にするという働きもある。同じ通知がメッセージングシステムから何度も配送されてきた場合でも、二度目以降に配送されたメッセージは無視される。

`MemberChangeTracker` を集約の設計に組み込むのは間違いだという意見もあるだろう。スクラムベースのチームで使うユビキタス言語には、そんなものは存在しない。たしかにそのとおりだ。でも、`MemberChangeTracker` を集約の境界から追い出すわけにはいかない。これは実装の詳細であり、クライアントにその存在を知られてはいけないものだ。クライアントが知るべき唯一の詳細は、変更があったときには `occurredOn` の値を適切に設定しなければいけないということである。さらに、この実装の詳細は、まさに Pat Helland が「スケーラブルな分散システムでの結果整合性を扱うために、パートナー関係を管理する方法」として論述していたものでもある。彼の論文 [Helland] の、第5節「Activities: Coping with Messy Messages」を参照すること。

さあ、新たな責務に立ち向かうことにしよう。

これは、別の境界づけられたコンテキストに由来する重複した情報の変更の管理としては、基本的な例である。しかし、そんなに簡単に扱えるような責務でもない。少なくとも、メッセージングシステムを使っている以上、メッセージの配送順が変わったり同じメッセージが何度も配送されたりすることを考慮しなければいけない[2]。さらに、**認証・アクセスコンテキスト**における操作の中で、`Member` で管理する属性に何らかの影響をおよぼすものはすべて、注意が必要だ。

- `PersonContactInformationChanged`
- `PersonNameChanged`
- `UserAssignedToRole`
- `UserUnassignedFromRole`

そして、それ以外のイベントの中にも、反応しなければいけないものがいくつかある。

- `UserEnablementChanged`
- `TenantActivated`
- `TenantDeactivated`

この事実が示すのは、可能な限り、境界づけられたコンテキストをまたがった情報の重複は減らし

---

[2] この点では、RESTful な方式で通知を受け取るようにするほうが有利だ。というのも、**イベントストア** (4, 付録A) に追加されたのと同じ順で通知されることが保証されているからである。この通知を、順番どおりに何度でも利用できて、何度利用しても同じ順番になることが保証される。

たほうがいい（完全になくせるなら、なくしたほうがいい）ということだ。情報の重複を完全になくすのは、不可能なこともあるかもしれない。SLAを満たすためには、必要になるたびに毎回リモートのデータを取得するのは非現実的だという場合もあるだろう。これは、Userの個人名やメールアドレスを手元に保持せざるを得ないというひとつの動機になる。しかし、手元で管理する外部の情報をできるだけ減らすようにすれば、作業がずっと簡単になる。ミニマリストの考え方だ。

もちろん、テナントやユーザーの識別子が重複してしまうのは避けられないし、こういった識別子の情報は、一般に、複数の境界づけられたコンテキストで重複せざるを得ないものだ。これは、境界づけられたコンテキストを統合するための、第一の方法となる。さらに、識別子は不変なので、共有しても問題はない。集約の無効化や論理削除などを使えば、参照先のオブジェクトが決して消えてしまわないようにもできる。たとえばTenantやUser、ProductOwner、TeamMemberなどで、これを利用した。

この注意喚起は、ドメインイベントを情報運搬用のプロパティで覆ってしまってはいけないという意味ではない。たしかに、過去の出来事に対して何かの反応をしなければいけないコンシューマーに対して、イベントは十分な情報を提供しなければいけない。しかし、イベントのデータには、記録システムにある公式な状態を保持してそれと同期させるという責務はないが、イベントのデータから外部の境界づけられたコンテキストを利用する状態を引き出すこともできる。

長期プロセス、そして責務の回避

前節が大人としての責任を扱ったものだとするなら、ここで扱う内容は、未成年の頃に戻ろうとする試みである。大人になると、あらゆることに責任を負う必要がある。車を買ったら保険に加入しないといけないし、ガソリン代や車検代も出さないといけない。未成年なら、両親に車をねだるだけで、自分は一切支払わなくてもかまわない。未成年が両親のために車を購入したり、ガソリンを入れたり、修理を頼んだり、保険に加入したりといったことはない。責任を負うのは大人である両親で、未成年のこどもはただ単に楽しむだけである。

この節では、**長期プロセス** (4) とのつきあいかたを学ぶ。ただし、他の境界づけられたコンテキストと重複する情報を扱っていたときのような、つらい責任を負わされたくはない。ここでは、そんな責任は一切負わないようにする。外部の境界づけられたコンテキストが用意してくれたデータを使って、やりたいことだけを行い、その情報の記録も外部に任せてしまう。

第3章「コンテキストマップ」では、**プロダクトを作成する**というユースケースを扱った。

　　事前条件：コラボレーション機能が有効になっている（オプションを購入済みである）こと。

　　① ユーザーが、プロダクトに関する情報を提供する。
　　② ユーザーが、チームでのディスカッションをしたいと指示する。
　　③ ユーザーが、定義したプロダクトの作成を要求する。
　　④ システムが、プロダクトとそれに付随するフォーラムおよびディスカッションを作成する。

お楽しみはここからだ。あらゆる責任をネットワークの向こうに押し付けよう。

第3章「コンテキストマップ」では、RESTful な手法を使って、二つの境界づけられたコンテキストを統合した。しかし最終的に、チームはこれをメッセージベースのソリューションに置き換えることにした。

また、すぐに気づくであろう変更点として、第3章でユビキタス言語に Discussion として導入した概念に、多少手を加えている。アジャイルプロジェクト管理チームは、ディスカッションの種類を区別する必要性に気づいた。そこで、ProductDiscussion と BacklogItemDiscussion の二種類の型を用意した（この節では ProductDiscussion だけを考える）。どちらの値オブジェクトも、基本的な状態や振る舞いは同じである。しかし、区別できるようにすれば型安全性が確保でき、開発者が Product や BacklogItem に間違ったディスカッションをアタッチすることを避けられるようになる。実際に使うことを考えると、両者はまったく同じものだ。これら二種類のディスカッション型が保持するのは、利用可能かどうかの情報と、利用可能になった場合の実際の集約 Discussion の識別子だけである。この集約は、**コラボレーションコンテキスト**内にあるものだ。

念のために言っておくと、**アジャイルプロジェクト管理コンテキスト**の値オブジェクトに**コラボレーションコンテキスト**の集約と同じ名前をつけるという当初の案が、間違っていたというわけではない。もう少しきちんと言い直そう。値オブジェクトの名前を Discussion から ProductDiscussion に変更した理由は、**コラボレーションコンテキスト**内の集約と区別するためではない。コンテキストマッピングの観点からは、値オブジェクトの名前を元のままにしておいてもまったく問題なかった。コンテキストが違うという時点で、二つのオブジェクトを明確に区別できるからである。**アジャイルプロジェクト管理コンテキスト**内で二種類の値型を用意することにした理由は、ローカルのモデルを切り離したいというただ一点だけだ。

まずは、Product を作るために使うアプリケーションサービスの API から見ていこう。

```
package com.saasovation.agilepm.application;
...
public class ProductService ... {

    @Autowired
    private ProductRepository productRepository;

    @Autowired
    private ProductOwnerRepository productOwnerRepository;
    ...
    @Transactional
    public String newProductWithDiscussion(
            NewProductCommand aCommand) {

        return this.newProductWith(
            aCommand.getTenantId(),
            aCommand.getProductOwnerId(),
            aCommand.getName(),
```

```
                    aCommand.getDescription(),
                    this.requestDiscussionIfAvailable());
    }
    ...
}
```

新しいProductを作る方法は、二通りある。そのひとつは、ここでは紹介していないが、Discussionなしで Productを作る方法だ。ここで紹介するもうひとつの方法は、最終的に ProductDiscussionを作って、それを Product にアタッチする。二つの内部メソッド newProductWith() と requestDiscussionIfAvailable() は、ここでは省略する。後者のメソッドは、CollabOvation アドオンが有効かどうかを調べるためのものだ。もし有効なら、状態 REQUESTED を返す。有効でない場合は、状態 ADD_ON_NOT_ENABLED を返す。newProductWith() メソッドは Product のコンストラクタを実行する。というわけで、次はそのコンストラクタを見てみよう。

```
package com.saasovation.agilepm.domain.model.product;
...
public class Product extends ConcurrencySafeEntity    {
    ...
    public Product(
            TenantId aTenantId,
            ProductId aProductId,
            ProductOwnerId aProductOwnerId,
            String aName,
            String aDescription,
            DiscussionAvailability aDiscussionAvailability) {

        this();

        this.setTenantId(aTenantId);
        this.setProductId(aProductId);
        this.setProductOwnerId(aProductOwnerId);
        this.setName(aName);
        this.setDescription(aDescription);

        this.setDiscussion(
                ProductDiscussion.fromAvailability(
                        aDiscussionAvailability));

        DomainEventPublisher
            .instance()
            .publish(new ProductCreated(
                this.tenantId(),
                this.productId(),
                this.productOwnerId(),
                this.name(),
                this.description(),
                this.discussion().availability().isRequested()));
    }
```

```
    ...
}
```

クライアントからは、`DiscussionAvailability`を渡す必要がある。これは、`ADD_ON_NOT_ENABLED`・`NOT_REQUESTED`・`REQUESTED`のいずれかの状態となる。状態`READY`は、完了を表す状態として予約されている。最初の二つの状態のいずれかを渡した場合は、その状態の`ProductDiscussion`を作成する。つまり、少なくともその時点では、ディスカッションが関連づけられていない状態だということである。三番目の状態である`REQUESTED`が指定された場合、作られた`ProductDiscussion`の状態は`PENDING_SETUP`となる。次に、`Product`のコンストラクタから利用するファクトリメソッド`ProductDiscussion`を示す。

```
package com.saasovation.agilepm.domain.model.product;
...
public final class ProductDiscussion implements Serializable {
    ...
    public static ProductDiscussion fromAvailability(
            DiscussionAvailability anAvailability) {

        if (anAvailability.isReady()) {
            throw new IllegalArgumentException(
                    "Cannot be created ready.");
        }

        DiscussionDescriptor descriptor =
            new DiscussionDescriptor(
                    DiscussionDescriptor.UNDEFINED_ID);

        return new ProductDiscussion(descriptor, anAvailability);
    }
    ...
}
```

リクエストされた状態が`READY`ではない場合に、それ以外の三種類のいずれかの状態と、未定義のディスクリプタからなる`ProductDiscussion`を取得する。状態が`REQUESTED`であった場合は、長期プロセスを使って、ディスカッションの作成と、`Product`を用いた初期化を管理する。どうやって？ `Product`のコンストラクタが、最後に`ProductCreated`イベントを発行していたことを思い出そう。

```
package com.saasovation.agilepm.domain.model.product;
    ...
    public Product(...) {
        ...
        DomainEventPublisher
            .instance()
            .publish(new ProductCreated(
```

```
                    this.tenantId(),
                    this.productId(),
                    this.productOwnerId(),
                    this.name(),
                    this.description(),
                    this.discussion().availability().isRequested()));
    }
    ...
}
```

ディスカッションの状態が REQUESTED の場合は、イベントのコンストラクタの最終パラメータが true になる。これが、長期プロセスを開始するための条件となる。

ドメインイベント (8) について振り返ってみよう。ProductCreated も含めたすべてのイベントのインスタンスが、そのイベントの発生元の境界づけられたコンテキスト用のイベントストアに追加される。新たに追加されたすべてのイベントは、メッセージングシステムを使ってイベントストアから配送される。SaaSOvation では、この部分に RabbitMQ を使うことにした。シンプルな長期プロセスを作って、ディスカッションの作成と Product へのアタッチを管理する必要がある。

長期プロセスの詳細に進む前に、ディスカッションがリクエストされる可能性があるもうひとつの流れについて、考えておこう。Product のインスタンスを作るときに、ディスカッションを要求しなかったり、あるいはコラボレーションアドオンを有効にしただけであったりしたら、どうなるだろうか？　後に、プロダクトオーナーがディスカッションを追加することにした時点で、アドオンが利用可能となる。そんなときにプロダクトオーナーが使う Product のコマンドメソッドを、以下に示す。

```
package com.saasovation.agilepm.domain.model.product;
...
public class Product extends ConcurrencySafeEntity {
    ...
    public void requestDiscussion(
            DiscussionAvailability aDiscussionAvailability) {
        if (!this.discussion().availability().isReady()) {
            this.setDiscussion(
                    ProductDiscussion.fromAvailability(
                            aDiscussionAvailability));

            DomainEventPublisher
                .instance()
                .publish(new ProductDiscussionRequested(
                    this.tenantId(),
                    this.productId(),
                    this.productOwnerId(),
                    this.name(),
                    this.description(),
                    this.discussion().availability().isRequested()));
        }
    }
```

```
    ...
}
```

　`requestDiscussion()`メソッドに渡すパラメータは、おなじみの`DiscussionAvailability`だ。クライアントは`Product`に対して、コラボレーションアドオンが有効になっていることを証明しなければいけないからである。もちろん、クライアント側でズルをして、常に`REQUESTED`を渡すようにもできる。しかし、もし実際はアドオンが使えないなどということがあれば、おかしなバグに悩まされることになる。このメソッドにおいても、ディスカッションの状態が`REQUESTED`の場合は、イベントのコンストラクタの最終パラメータが`true`になる。これが、長期プロセスを開始するための条件となる。

```
package com.saasovation.agilepm.domain.model.product;
...
public class ProductDiscussionRequested implements DomainEvent {
    ...
    public ProductDiscussionRequested(
            TenantId aTenantId,
            ProductId aProductId,
            ProductOwnerId aProductOwnerId,
            String aName,
            String aDescription,
            boolean isRequestingDiscussion) {
        ...
    }
    ...
}
```

　このイベントのプロパティは`ProductCreated`とまったく同じなので、どちらのイベントも同じリスナで対応できる。

　状態が`REQUESTED`でない場合に、このイベントを発行する意味はあるだろうか。たしかにその意味はある。状態が`READY`でない限り、その要求が満たされるか否かにかかわらず、実際にリクエストがあったことには違いがないのだから。そのイベントに反応して何かを行うかどうかを判断するのは、リスナ側の責務である。おそらく、`isRequestingDiscussion`が`false`の状態でこのイベントを受け取った場合は、何らかの問題が発生したのだろう。あるいは、アドオンが準備中で、まだ準備が完了していないことも考えられる。したがって、何らかの介入が必要になる。たとえば、管理者にメールを送るなどの対応をすることになるだろう。

　アジャイルプロジェクト管理コンテキスト側の長期プロセスを管理するクラスは、集約`ProductOwner`や`TeamMember`を管理するために使うクラスと似ている（前節を参照）。ここで紹介したリスナはすべて、Springを使ってワイヤリングしている。この境界づけられたコンテキスト用の、Springアプリケーションコンテキストとしてインスタンス化する。最初のリスナは、`AGILEPM_EXCHANGE_NAME`上で、`ProductCreated`と`ProductDiscussionRequested`の二種類の通知を待ち受けるよう登録する。

```
package com.saasovation.agilepm.infrastructure.messaging;
...
public class ProductDiscussionRequestedListener
        extends ExchangeListener {
    ...
    @Override
    protected String exchangeName() {
        return Exchanges.AGILEPM_EXCHANGE_NAME;
    }
    ...
    @Override
    protected String[] listensToEvents() {
        return new String[] {
            "com.saasovation.agilepm.domain.model.product.ProductCreated",
            "com.saasovation.agilepm.domain.model.product.ProductDiscussionRequested"
            };
    }
    ...
}
```

第二のリスナは、COLLABORATION_EXCHANGE_NAME 上で、DiscussionStarted の通知を待ち受ける。

```
package com.saasovation.agilepm.infrastructure.messaging;
...
public class DiscussionStartedListener extends ExchangeListener {
    ...
    @Override
    protected String exchangeName() {
        return Exchanges.COLLABORATION_EXCHANGE_NAME;
    }
    ...
    @Override
    protected String[] listensToEvents() {
        return new String[] {
            "com.saasovation.collaboration.domain.model.forum.DiscussionStarted"
            };
    }
    ...
}
```

おそらく、どんな動きをするかは想像がつくことだろう。最初のリスナが ProductCreated や ProductDiscussionRequested を受け取ると、コマンドを**コラボレーションコンテキスト**にディスパッチし、Product に代わって新しい Forum および Discussion を作る。このリクエストが**コラボレーションコンテキスト**内で受け入れられると、通知 DiscussionStarted が発行される。そして、それを受け取ると、対応するディスカッションの識別子を Product 上に設定する。要するに、この長期プロセスの動きは、そういうことだ。以下に、最初のリスナにおける filteredDispatch() の動

きを示す。

```java
package com.saasovation.agilepm.infrastructure.messaging;
...
public class ProductDiscussionRequestedListener
        extends ExchangeListener {
    private static final String COMMAND =
            "com.saasovation.collaboration.discussion.CreateExclusiveDiscussion";
    ...
    @Override
    protected void filteredDispatch(
                String aType,
                String aTextMessage) {
        NotificationReader reader =
                new NotificationReader(aTextMessage);

        if (!reader.eventBooleanValue("requestingDiscussion")) {
            return;
        }

        Properties parameters = this.parametersFrom(reader);
        PropertiesSerializer serializer =
                PropertiesSerializer.instance();
        String serialization = serializer.serialize(parameters);
        String commandId = this.commandIdFrom(parameters);

        this.messageProducer()
            .send(
                serialization,
                MessageParameters
                    .durableTextParameters(
                            COMMAND,
                            commandId,
                            new Date()))
            .close();
    }
    ...
}
```

ProductCreated と ProductDiscussionRequested のどちらのイベント型についても、requestingDiscussion 属性が false の場合は、そのイベントを無視する。そうでない場合は、イベントの状態を使って CreateExclusiveDiscussion コマンドを組み立てて、そのコマンドを**コラボレーションコンテキスト**のメッセージエクスチェンジに送信する。

ここでいったん立ち止まって、この処理の設計を振り返っておこう。**アジャイルプロジェクト管理コンテキスト**は本当に、ローカルの集約が発行するイベントを待ち受けるリスナを用意すべきだったのだろうか？ そうではなく、**コラボレーションコンテキスト**の ProductCreated イベントを待ち受けるリスナを作ったほうがよかったのではないだろうか？ もしそうしていたなら、単純に、**コラボ**

レーションコンテキスト内のリスナに Forum や Discussion の作成を任せられただろうし、**アジャイルプロジェクト管理コンテキスト**のコードも、その分だけ多少シンプルになっただろう。どちらがより適切な手法かを判断するには、いくつかの要素を考慮する必要がある。

上流の境界づけられたコンテキストが、下流のコンテキストの発行するイベントを待ち受けるのは、筋が通っているだろうか？　あるいは、**イベント駆動アーキテクチャ** (4) において、システム間に上流や下流といった関係がほんとうにあるのだろうか？　上流・下流という枠組みにはめ込んでしまう必要があるのだろうか？　ここでは、他にもっと考えるべきことがあるだろう。それは、ProductCreated イベントを**コラボレーションコンテキスト**でどのように解釈すべきなのかということだ。本当に、Forum と Discussion を作るという解釈で正しいのだろうか。そもそも ProductCreated は、**コラボレーションコンテキスト**においてどんな意味を持つのだろうか？　このイベント型に関して、同じような自動サポートを求めると思われるコンテキストは、他にどの程度あるだろうか？　いくつもの外部のイベントに対応するために、**コラボレーションコンテキスト**にいろいろなコマンドを用意することになるが、それは本当にこのコンテキストでやるべきことなのだろうか？　他にも考えるべき要素はある。長期プロセスをうまく回すためには、注意深く検討する必要がある。この件については、後ほど議論する。なぜ私たちがこの方針に落ち着いたのかは、そこで理解できるだろう。

では、サンプルに戻ろう。**コラボレーションコンテキスト**が受け取ったコマンドは、ForumService に渡される。これはアプリケーションサービスである。この API は、まだコマンドパラメータを扱うようには設計されていない。個々の属性をパラメータとして受け取るようになっている。

```java
package com.saasovation.collaboration.infrastructure.messaging;
...
public class ExclusiveDiscussionCreationListener
        extends ExchangeListener {

    @Autowired
    private ForumService forumService;
    ...
    @Override
    protected void filteredDispatch(
                String aType,
                String aTextMessage) {
        NotificationReader reader =
            new NotificationReader(aTextMessage);

        String tenantId = reader.eventStringValue("tenantId");
        String exclusiveOwnerId =
                reader.eventStringValue("exclusiveOwnerId");
        String forumSubject = reader.eventStringValue("forumTitle");
        String forumDescription =
                reader.eventStringValue("forumDescription");
        String discussionSubject =
                reader.eventStringValue("discussionSubject");
        String creatorId = reader.eventStringValue("creatorId");
```

```
        String moderatorId = reader.eventStringValue("moderatorId");

        forumService.startExclusiveForumWithDiscussion(
            tenantId,
            creatorId,
            moderatorId,
            forumSubject,
            forumDescription,
            discussionSubject,
            exclusiveOwnerId);
    }
    ...
}
```

理にかなってはいる。ただ、ExclusiveDiscussionCreationListenerが**アジャイルプロジェクト管理コンテキスト**にレスポンスを返さなくてもいいのだろうか？ そう。必ずしも返さなくてもかまわない。集約ForumとDiscussionはどちらも、自身が作成されたときにイベントを発行する。それぞれForumStartedとDiscussionStartedだ。この境界づけられたコンテキストは、すべてのドメインイベントを、COLLABORATION_EXCHANGE_NAMEで定義したエクスチェンジ経由で発行する。これで、**アジャイルプロジェクト管理コンテキスト**のDiscussionStartedListenerはDiscussionStartedイベントを受信できることになる。イベントを受信したときのリスナの動きを、以下に示す。

```
package com.saasovation.agilepm.infrastructure.messaging;
...
public class DiscussionStartedListener extends ExchangeListener {

    @Autowired
    private ProductService productService;
    ...
    @Override
    protected void filteredDispatch(
            String aType,
            String aTextMessage) {
        NotificationReader reader =
            new NotificationReader(aTextMessage);

        String tenantId = reader.eventStringValue("tenant.id");
        String productId = reader.eventStringValue("exclusiveOwner");
        String discussionId =
            reader.eventStringValue("discussionId.id");
        productService.initiateDiscussion(
            new InitiateDiscussionCommand(
                tenantId,
                productId,
                discussionId));
    }
    ...
}
```

このリスナは、受信した通知イベントのプロパティを、アプリケーションサービス ProductService へのコマンドとして渡す。このサービスの initiateDiscussion() メソッドは、以下のような動きになる。

```
package com.saasovation.agilepm.application;
...
public class ProductService ... {

    @Autowired
    private ProductRepository productRepository;
    ...
    @Transactional
    public void initiateDiscussion(
            InitiateDiscussionCommand aCommand) {
        Product product =
                productRepository
                    .productOfId(
                            new TenantId(aCommand.getTenantId()),
                            new ProductId(aCommand.getProductId()));

        if (product == null) {
            throw new IllegalStateException(
                "Unknown product of tenant id: "
                + aCommand.getTenantId()
                + " and product id: "
                + aCommand.getProductId());
        }

        product.initiateDiscussion(
                new DiscussionDescriptor(
                        aCommand.getDiscussionId()));
    }
    ...
}
```

そして最後に、集約 Product の振る舞い initiateDiscussion() が実行される。

```
package com.saasovation.agilepm.domain.model.product;
...
public class Product extends ConcurrencySafeEntity {
    ...
    public void initiateDiscussion(DiscussionDescriptor aDescriptor) {
        if (aDescriptor == null) {
            throw new IllegalArgumentException(
                    "The descriptor must not be null.");
        }

        if (this.discussion().availability().isRequested()) {
            this.setDiscussion(this.discussion()
```

```
                    .nowReady(aDescriptor));
        DomainEventPublisher
                .instance()
                .publish(new ProductDiscussionInitiated(
                        this.tenantId(),
                        this.productId(),
                        this.discussion()));
    }
}
...
}
```

　Product の discussion プロパティが REQUESTED のままである場合は、DiscussionDescriptor でそれを READY に切り替える。これは、**コラボレーションコンテキスト**内の Discussion の識別子への参照を保持する。Forum と Discussion を作って Product に関連づけるというリクエストが、これで整合性を保つ状態になった。

　しかし、このコマンドを実行した時点で discussion の状態が READY である場合は、そこからの移行は発生しない。バグじゃないかって？　そんなことはない。これは、initiateDiscussion() の操作を冪等にするためのひとつの手段だ。状態が READY だったら、その長期プロセスはすでに完了しているはずだ。おそらく、それ以降に実行されたコマンドは、通知が再配送された結果だと見なせる。今回チームでは、メッセージングシステムを使うことを選んでいたので、同じメッセージが複数回配送されることも考えられる。いずれにせよ、心配する必要はない。冪等にしておけば、インフラストラクチャやアーキテクチャからどんな影響を受けても、必要に応じて無視できるようになる。さらに、今回に限っていえば、ProductChangeTracker を用意する必要もない。Member のサブクラスに対する MemberChangeTracker のようなものはいらないのだ。単に、discussion が READY であるということさえわかればいい。

　しかし、このアプローチにも問題はある。長期プロセスで、メッセージングシステムに起因する問題が発生した場合は、どうなるだろう？　プロセスが完全に終了したことを、どうやって確認すればいいのだろう？　そろそろティーンエイジャーを卒業して、大人になるときがきたようだ。

プロセスステートマシンとタイムアウトトラッカー

　このプロセスをもう少し成熟させるために、**長期プロセス** (4) で説明したものと同様の概念を導入できる。SaaSOvation の開発者たちは、再利用可能な概念を TimeConstrainedProcessTracker という名前で作った。このトラッカーは、完了までの待ち時間が設定されたプロセスを監視する。そして、何度か再試行させたうえで、期限切れと判定させることができる。必要に応じて一定間隔での再試行もできるし、再試行なしで完全にタイムアウトさせることもできるし、あらかじめ指定した回数だけ再試行させることもできるようになっている。

　念のために言っておくと、トラッカーはコアドメインに含まれるものではない。どちらかといえば技術よりのサブドメインであり、SaaSOvation のあらゆるプロジェクトで再利用できるものだ。つま

り、場合によっては、トラッカーを永続化した後で変更があったとしても、集約のルールをあまり気にし過ぎなくてもかまわないということだ。トラッカーは他とは比較的切り離されており、並行処理の衝突は起こりにくい。プロセスとトラッカーは一対一の関係になっているからである。しかし、もし衝突が発生したとしたら、原因はおそらくメッセージの再送だろう。通知の配送で何らかの例外が発生すると、リスナがメッセージに対して NAK を返すことになり、RabbitMQ におけるメッセージの再送につながる。それでも、そんな再送が多発することは想定しない。

プロセスの状態を保持するのは Product であり、トラッカーは、再試行のタイミングに達した場合やプロセスがタイムアウトした場合に、以下のイベントを発行する。

```
package com.saasovation.agilepm.domain.model.product;

import com.saasovation.common.domain.model.process.ProcessId;
import com.saasovation.common.domain.model.process.ProcessTimedOut;

public class ProductDiscussionRequestTimedOut extends ProcessTimedOut {

    public ProductDiscussionRequestTimedOut(
            String aTenantId,
            ProcessId aProcessId,
            int aTotalRetriesPermitted,
            int aRetryCount) {

        super(aTenantId, aProcessId,
            aTotalRetriesPermitted, aRetryCount);
    }
}
```

トラッカーは、再試行間隔に達した場合や完全にタイムアウトした場合に、`ProcessTimedOut` を継承したイベントを利用する。イベントのリスナは、このイベントの `hasFullyTimedOut()` メソッドを使って、完全なタイムアウトなのか単なる再試行なのかを判断する。再試行が許されているなら、リスナが `ProcessTimedOut` クラスを使えるという前提で、インジケータの値（`allowsRetries()`・`retryCount()`・`totalRetriesPermitted()`・`totalRetriesReached()`）をそのイベントに問い合わせることができる。

再試行やタイムアウトの通知を受け取れるようになり、Product がかかわるプロセスを、もう少しうまく進められるようになった。まずプロセスを開始する必要がある。その際には、既存の `ProductDiscussionRequestedListener` が使える。

```
package com.saasovation.agilepm.infrastructure.messaging;
...
public class ProductDiscussionRequestedListener
        extends ExchangeListener {
    @Override
    protected void filteredDispatch(
```

```
                String aType,
                String aTextMessage) {
        NotificationReader reader =
                new NotificationReader(aTextMessage);

        if (!reader.eventBooleanValue("requestingDiscussion")) {
            return;
        }

        String tenantId = reader.eventStringValue("tenantId.id");
        String productId = reader.eventStringValue("product.id");

        productService.startDiscussionInitiation(
                new StartDiscussionInitiationCommand(
                        tenantId,
                        productId));

        // コマンドをコラボレーションコンテキストに送信する
        ...
    }
    ...
}
```

ProductService がトラッカーを作って永続化し、プロセスと Product を関連づける。

```
package com.saasovation.agilepm.application;
...
public class ProductService ... {
    ...
    @Transactional
    public void startDiscussionInitiation(
            StartDiscussionInitiationCommand aCommand) {

        Product product =
                productRepository
                    .productOfId(
                            new TenantId(aCommand.getTenantId()),
                            new ProductId(aCommand.getProductId()));

        if (product == null) {
            throw new IllegalStateException(
                    "Unknown product of tenant id: "
                    + aCommand.getTenantId()
                    + " and product id: "
                    + aCommand.getProductId());
        }

        String timedOutEventName =
                ProductDiscussionRequestTimedOut.class.getName();
```

```
            TimeConstrainedProcessTracker tracker =
                new TimeConstrainedProcessTracker(
                    product.tenantId().id(),
                    ProcessId.newProcessId(),
                    "Create discussion for product: "
                        + product.name(),
                    new Date(),
                    5L * 60L * 1000L, // 5分おきに再試行する
                    3, // 合計で3回まで再試行する
                    timedOutEventName);

        processTrackerRepository.add(tracker);

        product.setDiscussionInitiationId(
                tracker.processId().id());
    }
    ...
}
```

`TimeConstrainedProcessTracker`のインスタンスを作って、必要に応じて5分ごとに3回まで再試行する。もちろん、普通はこれらの値をハードコードしたりはしない。ここでは、トラッカーを作っているところを明示するために、あえてそうした。

考えうる問題は?
ここで用いた再試行の仕様は、気をつけないと問題の原因になってしまう。しかし当面は、何も気にせずこのまま進めることにする。

`Product`に代わってトラッカーを作成するというこの手法こそが、`ProductCreated`イベントを**コラボレーションコンテキスト**で解釈するのではなく、ローカルで扱うことにした理由だ。このおかげで、私たちのシステムでプロセスを管理できるようになり、`ProductCreated`イベントを**コラボレーションコンテキスト**の`CreateExclusiveDiscussion`コマンドから切り離せるようにもなる。

バックグラウンドでは、タイマーが定期的に、プロセスの経過時間をチェックする。タイマーは、`ProcessService`の`checkForTimedOutProcesses()`メソッドに処理を委譲する。

```
package com.saasovation.agilepm.application;
...
public class ProcessService ... {
    ...
    @Transactional
    public void checkForTimedOutProcesses() {
        Collection<TimeConstrainedProcessTracker> trackers =
            processTrackerRepository.allTimedOut();
```

```
        for (TimeConstrainedProcessTracker tracker : trackers) {
            tracker.informProcessTimedOut();
        }
    }
    ...
}
```

トラッカーの informProcessTimedOut() メソッドは、再試行あるいはタイムアウト処理が必要かどうかをたしかめて、必要なら、ProcessTimedOut のサブクラスのイベントを発行する。

次に、再試行やタイムアウトを処理するための、新しいリスナを追加する必要がある。最大で 3 回まで、必要に応じて 5 分おきに再試行が発生する。ここで追加したリスナが、以下の ProductDiscussionRetryListener である。

```
package com.saasovation.agilepm.infrastructure.messaging;
...
public class ProductDiscussionRetryListener extends ExchangeListener {

    @Autowired
    private ProcessService processService;
    ...
    @Override
    protected String exchangeName() {
        return Exchanges.AGILEPM_EXCHANGE_NAME;
    }

    @Override
    protected void filteredDispatch(
            String aType,
            String aTextMessage) {
        Notification notification =
            NotificationSerializer
                .instance()
                .deserialize(aTextMessage, Notification.class);

        ProductDiscussionRequestTimedOut event =
                notification.event();

        if (event.hasFullyTimedOut()) {
            productService.timeOutProductDiscussionRequest(
                    new TimeOutProductDiscussionRequestCommand(
                            event.tenantId(),
                            event.processId().id(),
                            event.occurredOn()));
        } else {
            productService.retryProductDiscussionRequest(
                    new RetryProductDiscussionRequestCommand(
                            event.tenantId(),
                            event.processId().id()));
        }
    }
```

```
        }

        @Override
        protected String[] listensToEvents() {
            return new String[] {
                    "com.saasovation.agilepm.process.ProductDiscussionRequestTimedOut"
                };
        }
    }
```

このリスナが待ち受けるのは ProductDiscussionRequestTimedOut イベントだけであり、このイベントは、任意の回数の再試行と任意のタイムアウト時間に対応するよう作られている。通知が何度行われるかを決めるのは、プロセスとトラッカーだ。このイベントは、以下の二つの条件のいずれかを満たしたときに送信される。プロセスが完全にタイムアウトした場合、あるいは、操作を再試行する場合である。いずれの場合についても、リスナはそのイベントを新しい ProductService にディスパッチする。完全なタイムアウトが発生した場合は、アプリケーションサービスが対応する。

```
package com.saasovation.agilepm.application;
...
public class ProductService ... {
    ...
    @Transactional
    public void timeOutProductDiscussionRequest(
            TimeOutProductDiscussionRequestCommand aCommand) {

        ProcessId processId =
                ProcessId.existingProcessId(
                        aCommand.getProcessId());

        TenantId tenantId = new TenantId(aCommand.getTenantId());

        Product product =
                productRepository
                    .productOfDiscussionInitiationId(
                        tenantId,
                        processId.id());

        this.sendEmailForTimedOutProcess(product);

        product.failDiscussionInitiation();
    }
    ...
}
```

まず、ディスカッションの準備に失敗したという通知メールがプロダクトオーナーに送られて、その Product を「ディスカッションの初期化に失敗」とマークする。Product の新しいメソッド failDiscussionInitiation() にあるとおり、DiscussionAvailability の新たな状態として

FAILED を追加する必要がある。`failDiscussionInitiation()` メソッドが、Product の状態を正しく保つために必要な処理を行う。

```
package com.saasovation.agilepm.domain.model.product;
...
public class Product extends ConcurrencySafeEntity  {
    ...
    public void failDiscussionInitiation() {
        if (!this.discussion().availability().isReady()) {
            this.setDiscussionInitiationId(null);
            this.setDiscussion(
                    ProductDiscussion
                        .fromAvailability(
                                DiscussionAvailability.FAILED));
        }
    }
    ...
}
```

ここまででまだ紹介していないのが、`failDiscussionInitiation()` から発行する新しいイベント `DiscussionRequestFailed` である。チームは、このような設計にするとどんな利点があるのかを考えた。プロダクトオーナーやその他の管理者たちへのメールの送信は、このイベントの結果として処理するのが最適だろう。でも、`ProductService` の `timeOutProductDiscussionRequest()` メソッドがメールの送信に失敗した場合は、いったいどうなるだろう？ 面倒なことになりそうだ（なるほど!）。ここでは、そういう心配があるということだけを覚えておいて、後から対応することにする。

一方、再試行を促すイベントを受け取った場合は、リスナが委譲する先は `ProductService` 内の以下のメソッドだ。

```
package com.saasovation.agilepm.application;
...
public class ProductService ... {
    ...
    @Transactional
    public void retryProductDiscussionRequest(
            RetryProductDiscussionRequestCommand aCommand) {

        ProcessId processId =
                ProcessId.existingProcessId(
                        aCommand.getProcessId());

        TenantId tenantId = new TenantId(aCommand.getTenantId());

        Product product =
                productRepository
                    .productOfDiscussionInitiationId(
                        tenantId,
```

```
                    processId.id());

if (product == null) {
    throw new IllegalStateException(
            "Unknown product of tenant id: "
            + aCommand.getTenantId()
            + " and discussion initiation id: "
            + processId.id());
}

this.requestProductDiscussion(
        new RequestProductDiscussionCommand(
                aCommand.getTenantId(),
                product.productId().id()));
}
...
}
```

Product の discussionInitiationId 属性には ProcessId が設定されているので、この値を使ってリポジトリから Product を取得する。Product を取得したら、それを ProductService から使って（自己委譲して）、ディスカッションをもう一度要求する。

最終的に、期待どおりの結果が得られた。ディスカッションが正常に開始されたら、**コラボレーションコンテキスト**が DiscussionStarted イベントを発行する。その後まもなく、**アジャイルプロジェクト管理コンテキスト**の DiscussionStartedListener がその通知を受け取り、先ほどと同様に ProductService にディスパッチする。しかし今回実行するのは、別の新たな振る舞いだ。

```
package com.saasovation.agilepm.application;
...
public class ProductService ... {
    ...
    @Transactional
    public void initiateDiscussion(
            InitiateDiscussionCommand aCommand) {
        Product product =
                productRepository
                    .productOfId(
                            new TenantId(aCommand.getTenantId()),
                            new ProductId(aCommand.getProductId()));

        if (product == null) {
            throw new IllegalStateException(
                    "Unknown product of tenant id: "
                    + aCommand.getTenantId()
                    + " and product id: "
                    + aCommand.getProductId());
        }

        product.initiateDiscussion(
```

```
                new DiscussionDescriptor(
                        aCommand.getDiscussionId()));

        TimeConstrainedProcessTracker tracker =
                this.processTrackerRepository.trackerOfProcessId(
                        ProcessId.existingProcessId(
                                product.discussionInitiationId()));

        tracker.completed();
    }
    ...
}
```

　ProductService はこれで、処理をさせることができるようになった。トラッカーに、完了したことを（completed()で）通知できるようになったのだ。これ以降は、トラッカーが再試行やタイムアウトの通知を送ることはない。プロセスは完了した。

　おおむね満足できる結果になったが、この設計には少しだけ問題がある。Product のディスカッションの作成リクエストを再送したときに、今のままの**コラボレーションコンテキスト**の設計なら、問題を引き起こす可能性がある。根本的な問題は、**コラボレーションコンテキスト**での操作が、今のところ冪等ではないということだ。問題をもう少し細かく切り分けて、どうすべきなのかを説明する。

- メッセージは少なくとも一度は配送されることが保証されているので、メッセージがエクスチェンジに送信されると、しばらくすれば確実にリスナに到達する。何らかの理由で新しいコラボレーションオブジェクトの作成が遅れて、一回でも再試行が発生すると、同じ CreateExclusiveDiscussion コマンドが複数回送信されてしまうことになる。そして、その複数のコマンドがすべて、最終的には配送される。つまり、一回でも再試行が発生すると、**コラボレーションコンテキスト**上で同じ Forum や Discussion を複数回作ろうとしてしまう。しかし、最終的にこれらが重複してしまうことはない。Forum や Discussion のプロパティには、一意性の制約が組み込まれているからだ。したがって、複数回作成しようとしてもエラーになって、丸く収まる。しかし、エラーログにはそのエラーが記録されてしまい、まるで何かバグがあるかのように見えてしまうかもしれない。ここで問題なのは、プロセスの完全なタイムアウトを定めたいときに、定期的な再試行を無効化すべきなのかどうかということだ。
- **アジャイルプロジェクト管理コンテキスト**における再試行を無効化するというのが解決策のようにも思えるが、最終的には、**コラボレーションコンテキスト**での操作を冪等にする必要がある。RabbitMQ が保証しているのは、**少なくとも一度は確実に配送される**ということだった。つまり、コマンドメッセージを一度だけしか送らなかった場合でも、同じメッセージが複数回配送される可能性もある。コラボレーションの操作を冪等にしておけば、同じ Forum や Discussion を複数回作ろうとする試みも防げるし、害のない失敗がログに記録されることもなくなる。

- **アジャイルプロジェクト管理コンテキスト**が CreateExclusiveDiscussion を送ろうとしたときに、それを失敗させることもできる。メッセージの送信に問題があった場合は、成功するまで再送を試みるようにしなければいけない。さもないと、Forum や Discussion の作成リクエストが届かなくなってしまう。コマンドの再送を保証するには、いくつかの方法がある。メッセージの送信に失敗したときに filteredDispatch() から例外を投げれば、NAK メッセージを送れる。それを受けた RabbitMQ は、ProductCreated あるいは ProductDiscussionRequested のイベント通知を再送しなければいけないと判断し、ProductDiscussionRequestedListener は再びそれを受信することになる。もうひとつの対応法は、成功するまで単純に再送を繰り返すというものだ。おそらく Capped Exponential Back-off 方式を使うことになるだろう。RabbitMQ がオフラインの場合は、再試行がしばらく失敗し続けることもある。したがって、NAK メッセージと再試行を組み合わせて使うのが、最善のアプローチだろう。しかし、プロセス側で5分おきに3回まで再試行しているのなら、それがあれば十分だ。結局のところ、完全に処理がタイムアウトしてしまうと、担当者へのメールなどで、最終的には人間の介入が必要になる。

仮に**コラボレーションコンテキスト**の ExclusiveDiscussionCreationListener が、冪等なアプリケーションサービスに操作を委譲できたら、問題の多くは解決する。

```
package com.saasovation.collaboration.application;
...
public class ForumService ... {
    ...
    @Transactional
    public Discussion startExclusiveForumWithDiscussion(
            String aTenantId,
            String aCreatorId,
            String aModeratorId,
            String aForumSubject,
            String aForumDescription,
            String aDiscussionSubject,
            String anExclusiveOwner) {

        Tenant tenant = new Tenant(aTenantId);

        Forum forum =
                forumRepository
                    .exclusiveForumOfOwner(
                            tenant,
                            anExclusiveOwner);

        if (forum == null) {
            forum = this.startForum(
                    tenant,
                    aCreatorId,
```

```
                        aModeratorId,
                        aForumSubject,
                        aForumDescription,
                        anExclusiveOwner);
        }

        Discussion discussion =
                discussionRepository
                        .exclusiveDiscussionOfOwner(
                                tenant,
                                anExclusiveOwner);

        if (discussion == null) {
            Author author =
                    collaboratorService
                        .authorFrom(
                                tenant,
                                aModeratorId);

            discussion =
                    forum.startDiscussion(
                            forumNavigationService,
                            author,
                            aDiscussionSubject);

            discussionRepository.add(discussion);
        }

        return discussion;
    }
    ...
}
```

Forum と Discussion をそれぞれ一意な owner 属性から探すことで、すでに存在するかもしれない二つの集約のインスタンスを作らずに済ませている。ほんの数行コードを追加しただけで、このイベント駆動の処理がずっといいものになった。

より洗練されたプロセスの設計

しかしまだ、これで満足したくはない。このプロセスを、もう少し洗練させたいものだ。完了までに複数のステップが必要な場合は、もう少し手の込んだステートマシンがあったほうがうまくいく。そんなニーズに対応するための Process インターフェイスの定義を、以下に示す。

```
package com.saasovation.common.domain.model.process;

import java.util.Date;

public interface Process {
```

```
    public enum ProcessCompletionType {
        NotCompleted,
        CompletedNormally,
        TimedOut
    }

    public long allowableDuration();
    public boolean canTimeout();
    public long currentDuration();
    public String description();
    public boolean didProcessingComplete();
    public void informTimeout(Date aTimedOutDate);
    public boolean isCompleted();
    public boolean isTimedOut();
    public boolean notCompleted();
    public ProcessCompletionType processCompletionType();
    public ProcessId processId();
    public Date startTime();
    public TimeConstrainedProcessTracker
            timeConstrainedProcessTracker();
    public Date timedOutDate();
    public long totalAllowableDuration();
    public int totalRetriesPermitted();
}
```

Processで使える操作のうち、重要なものを以下に示す。

allowableDuration()：Processのタイムアウトが可能な場合に、タイムアウトまでの時間あるいは再試行までの間隔を返す。

canTimeout()：Processのタイムアウトが可能な場合に true を返す。

timeConstrainedProcessTracker()：Processのタイムアウトが可能な場合に、新しい一意な TimeConstrainedProcessTracker を返す。

totalAllowableDuration()：Processで、最大どの程度の遅延が許されるのかを返す。再試行が認められていない場合は、この答えは allowableDuration() と等しい。再試行が認められている場合は、この答えは allowableDuration() に totalRetriesPermitted() を掛けた結果になる。

totalRetriesPermitted()：Processでタイムアウトと再試行が可能な場合に、再試行を最大何回までできるのかを返す。

　Processの実装は、今やおなじみになった TimeConstrainedProcessTracker の制御のもとで、タイムアウトや再試行を監視されることになる。Processを作成すると、そのプロセス用の一意なトラッカーを得られるようになる。以下のテストは、これら二つのオブジェクトの動きを示すものだ。Productがそのトラッカーとともに処理を進めるのと同じ動きになる。

```
Process process =
    new TestableTimeConstrainedProcess(
            TENANT_ID,
            ProcessId.newProcessId(),
            "Testable Time Constrained Process",
            5000L);

TimeConstrainedProcessTracker tracker =
    process.timeConstrainedProcessTracker();

process.confirm1();

assertFalse(process.isCompleted());
assertFalse(process.didProcessingComplete());
assertEquals(process.processCompletionType(),
        ProcessCompletionType.NotCompleted);

process.confirm2();

assertTrue(process.isCompleted());
assertTrue(process.didProcessingComplete());
assertEquals(process.processCompletionType(),
        ProcessCompletionType.CompletedNormally);
assertNull(process.timedOutDate());

tracker.informProcessTimedOut();

assertFalse(process.isTimedOut());
```

このテストが作る Process は、再試行なしで 5 秒以内（5000L ミリ秒以内）に完了しなければいけない。そして常にそのようになる。confirm1() と confirm2() が両方実行された時点で、Process は完了済みとマークされ、処理を完全に終える。内部的には、Process は、両方の状態が確認済みでなければいけないことを知っている。

```
public class TestableTimeConstrainedProcess extends AbstractProcess {
    ...
    public void confirm1() {
        this.confirm1 = true;

        this.completeProcess(ProcessCompletionType.CompletedNormally);
    }

    public void confirm2() {
        this.confirm2 = true;

        this.completeProcess(ProcessCompletionType.CompletedNormally);
    }
    ...
    protected boolean completenessVerified() {
```

```
            return this.confirm1 && this.confirm2;
    }

    protected void completeProcess(
            ProcessCompletionType aProcessCompletionType) {

        if (!this.isCompleted() && this.completenessVerified()) {
            this.setProcessCompletionType(aProcessCompletionType);
        }
    }
    ...
}
```

このProcess自身がcompleteProcess()を実行したとしても、completenessVerified()がtrueを返すまではProcessを完了済みとマークすることができない。このメソッドがtrueを返すのは、confirm1とconfirm2が両方ともtrueになっている場合だけである。つまり、confirm1()とconfirm2()が両方とも実行済みである場合だけである。したがって、completenessVerified()メソッドは、複数の処理ステップが完了したことを見届けてから、全体としてのProcessが完了したと見なすことができる。また、さまざまなProcessの実装について、それぞれ独自のcompletenessVerified()を定義できる。

だが、このテストの最後のステップを実行したときには、いったい何が起こるのだろうか。

```
...
tracker.informProcessTimedOut();

assertFalse(process.isTimedOut());
```

内部の状態から、トラッカーは、Processが実際にはまだタイムアウトしていないことをわかっている。したがって、その次の行のアサーションは、常にfalseとなる（もちろん、このテスト全体が5秒未満で完了することを想定している。普通にテストを実行すれば、常にそうなるはずだ）。

基底クラスAbstractProcessはProcessを実装しており、アダプターとして機能する。そして、お手軽に、より洗練された長期プロセスを組み立てられるようにする。AbstractProcessは基底クラスEntityを継承しているので、集約をProcessとして設計するのも簡単だ。たとえば、そこまでの洗練は必要ないにしても、ProductをAbstractProcessのサブクラスにすることもできる。しかし、この手法を活用すれば、より複雑なプロセスにも対応できるだろうし、completenessVerified()メソッドを使えば、必要なステップをすべて終えているかどうかを判断できるだろう。

メッセージングシステム、あるいは自分たちのシステム自体が利用不能な場合

複雑なソフトウェアシステムを開発するための万能薬など存在しない。どんな手法を使ったところで、課題や欠点はあるものだ。その中のいくつかは、すでに本書でも取り上げた。メッセージングシステムの欠点のひとつは、一定期間使用できなくなる可能性もあるということだ。まれな状況かもし

れないが、仮にそんなことになった場合に、気をつけておくべきことがある。

　メッセージングシステムがオフラインになっている間は、通知のパブリッシャーはメッセージを送信できない。それに最初に気づくのはメッセージを発行するクライアントなので、メッセージングシステムが復旧するまでは、クライアントからの通知の送信を控えるのが最適だろう。いずれかの送信が成功すれば、復旧したことがはっきりする。しかしそれまでは、万事順調に進んでいるときよりは送信の頻度を下げるようにしよう。再試行までの間隔を30秒から1分くらいにしてしまうのもいいだろう。もし自分たちのシステムがイベントストアを持っているなら、イベントをキューにためておいて、メッセージングが復旧した時点ですぐに送信できるということを覚えておこう。

　もちろん、メッセージングインフラストラクチャが一定期間ダウンしていた場合は、その間リスナは新しいイベント通知を受け取らない。メッセージングが復旧したとき、クライアントのリスナは自動的に再開されるのだろうか。それとも、利用者側のクライアントで再び購読しなければいけないのだろうか。利用者側が自動リカバリーに対応していない場合は、再登録の処理が必要になる。そうしないと、別の境界づけられたコンテキストとのやりとりに必要な通知を受け取れていないという望まざる事実に、後になってから気づくことになる。そんな結果整合性は、願い下げだ。

　メッセージングがらみの問題の原因が、いつもメッセージングシステムそのものであるとは限らない。こんな状況を考えてみよう。自分たちの境界づけられたコンテキストが、長期にわたって利用不能になったとする。その状態から復旧したとき、もともと購読していたメッセージエクスチェンジ／キューには、未配送のメッセージが大量にたまっている。自分たちの境界づけられたコンテキストがコンシューマーを登録し直したとき、大量にたまった通知をすべて受信して処理するには、おそらくかなりの時間を要するだろう。この状況であなたができることと言えば、ダウンタイムを最小限に抑えること、システムを稼働させたままデプロイできるスキームを確立すること、そして、単一のノードを失っただけではシステムを落とさないように冗長化（クラスタ化）することくらいしかない。しかし、ある程度のダウンタイムは避けられないという場合もある。たとえば、アプリケーションへの変更を適用するためにはデータベースを変更する必要があり、そのままパッチを適用すると問題が発生してしまうという場合は、システムを一時的に止める必要があるかもしれない。そんな場合は、その間に処理できなかったメッセージを、再開後に追いかけなければいけない。当然それは想定しておくべき状況であり、それが問題になり得るのなら、回避するなり対応するなりの計画が必要だ。

13.4　まとめ

　本章では、複数の境界づけられたコンテキストの統合をうまく進めるための、さまざまな方法を学んだ。

- 分散環境におけるシステム統合をうまく進めるために必要な考え方を振り返った。
- RESTful なリソースを使った複数のコンテキストを統合する方法を検討した。
- メッセージングを使った統合の実例（長期プロセスの管理も含む）を、シンプルなものから複雑なものまで見た。
- 複数の境界づけられたコンテキストの間で同じ情報を重複して保持させたときに、どんな問題が発生するのかを理解した。そして、それに対応する方法や、回避する方法を学んだ。
- シンプルな例から始めて徐々に複雑なものへと進み、設計を円熟させていく様を学んだ。

複数の境界づけられたコンテキストを統合する方法がわかったところで、個々の境界づけられたコンテキストに話を戻す。次の章では、ドメインモデルを取り巻くアプリケーションのパーツを、どのように設計するのかを考えよう。

第14章
アプリケーション

プログラムって、要は使えてナンボのもんでしょ。[1]

– Linus Torvalds

　ドメインモデルは、アプリケーションの中心となることが多い。アプリケーションにはユーザーインターフェイスがあって、これはドメインモデルの概念を表している。また、ユーザーが、ドメインモデルに対するさまざまなアクションを実行できるようにもしている。ユーザーインターフェイスはアプリケーションレベルのサービスを利用して、ユースケースのタスクの調整やトランザクションの管理を行い、必要な権限の判定も行う。さらに、ユーザーインターフェイスと**アプリケーションサービス**そしてドメインモデルは、エンタープライズプラットフォームのインフラストラクチャにも依存するだろう。インフラストラクチャの実装には、コンポーネントのコンテナやアプリケーションの管理、メッセージング、データベースといった仕組みが含まれることが多い。

> **本章のロードマップ**
> ドメインモデルのデータをユーザーインターフェイス向けにレンダリングするための、いくつかの方法を学ぶ。
> アプリケーションサービスの実装方法と、それがどんな処理をするのかを調べる。
> アプリケーションサービスからの出力と、各種のクライアントの型を切り離す方法を学ぶ。
> ユーザーインターフェイス内で複数のモデルを組み合わせなければいけなくなる理由と、実際に組み合わせる方法を検討する。
> インフラストラクチャを使って、アプリケーションの技術的な実装を提供する方法を学ぶ。

　何かのアプリケーションをサポートするためのモデルを作ることもある。たとえば、**認証・アクセスコンテキスト**などはそれにあたるだろう。SaaSOvation は、認証やアクセス制御についての関心事

---

[1] 訳注：http://www.computerworld.com/article/2552293/operating-systems/linus-torvalds.html

を、サポート用のモデルに切り出すことが必要だと考えた。そしてそれを、購読ベースのプロダクトに利用した。この IdOvation の場合でさえ、管理用のユーザーインターフェイスやサービス自身のためのユーザーインターフェイスが必要になる。**汎用サブドメイン**や**支援サブドメイン** (2) には、完全なアプリケーションに必要な機能がすべてそろっているとは限らないが、それでかまわない。別のモデルをサポートするために存在するモデルの場合、そのモデルは可能な限りシンプルにしたクラス群として、個別の**モジュール** (9) に配置する。これが、特定の概念に対応したり、何らかのアルゴリズムを提供したりする[2]。その他のモデルについては、少なくとも何らかのユーザーインターフェイスやアプリケーションコンポーネントが必要になる。本章で主に扱うのは、より複雑な後者のモデルである。

ここで言う**アプリケーション**とは、**システム**や**業務サービス**などとほぼ同義だと思ってもらってかまわない。アプリケーションがどの段階でシステムになるのか、ここできちんと定めるつもりはない。しかし、あるアプリケーションにおいて他のアプリケーションやサービスとの統合が必要になった時点で、そのソリューション全体を「システム」と呼んでもかまわないのではないだろうか。場合によっては、**アプリケーション**と**システム**をまったく同じ意味で使うこともある。この場合の**システム**とは、私たちが「アプリケーション」と呼ぶそのものを指すのだろう。また、複数のサービスエンドポイントを提供するような業務サービスについても、一般的な感覚としてはシステムと呼んでもかまわないだろう。これら三つの概念をきちんと使い分けようとして混乱させてしまいたくはないので、ここでは「アプリケーション」という用語を使って、三つの概念すべてに共通する関心事や責務について扱っていく。

アプリケーションとは
要するに、私がここで言う**アプリケーション**とは、**コアドメイン** (2) のモデルとやりとりをしたり、それをサポートしたりするために組み立てたコンポーネント群のことだ。一般に、このコンポーネント群に含まれるのは、ドメインモデルそのものやユーザーインターフェイス、内部的に使うアプリケーションサービス、そしてインフラストラクチャのコンポーネントである。これらのコンポーネントそれぞれに何が収まるのかはアプリケーションによって異なる。使っている**アーキテクチャ** (4) にも依存するだろう。

アプリケーションがサービスをプログラムで公開すると、ユーザーインターフェイスは広がる。ユーザーインターフェイスが、ある種の API（アプリケーションプログラミングインターフェイス）を含むこともあるだろう。サービスを開放するにはいろいろな方法があるが、API は、人間が使うために用意するものではない。この種のユーザーインターフェイスについては第 13 章「境界づけられたコンテキストの統合」で議論した。本章では、人間向けのユーザーインターフェイスについて考える。これは一般に、グラフィカルであることが多いものだ。

---

[2] 単体のモデルとしての汎用サブドメインの例には、Eric Evans の「Time and Money Code Library（http://timeandmoney.sourceforge.net/）」がある。

この話題について考えるときに、特定のアーキテクチャに偏ってしまわないようにした。そのために、図14-1のように、あまり見慣れない形式の図を利用する。特定のアーキテクチャに依存するものではないことを示すために、意図的にそうした。破線の矢印はUMLと同じ意味を表す。つまりこれは、**依存関係逆転の原則**（DIP）(4) を反映したものだ。実線の矢印は、操作のディスパッチを表す。たとえば、インフラストラクチャは、ユーザーインターフェイスやアプリケーションサービスそしてドメインモデルが提供するインターフェイスを実装する。また、アプリケーションサービスやドメインモデルそしてデータストアに、操作をディスパッチする。

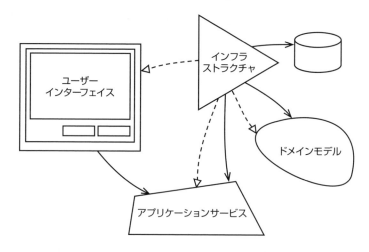

図14-1：最初に検討するアプリケーション。特定のアーキテクチャに依存したものではない。DIPを使っており、インフラストラクチャがその他のエリアの抽象に依存している

　いくつかのアーキテクチャスタイルとの重複は避けられないが、本章は、アプリケーションの目指すゴールを支えるために、大半のアーキテクチャで必要となるであろうことを考える。特定のアーキテクチャに依存する話題については、きちんとそのことに触れる。

　レイヤ化アーキテクチャ (4) に登場する**レイヤ**という用語を使わずに進めるのは難しい。どんなアーキテクチャスタイルを議論するにせよ、レイヤという用語は使い勝手がいいものだ。たとえば、アプリケーションサービスをどこに置くべきかについて考えてみる。アプリケーションサービスをドメインモデルを取り巻くリングだと考えた場合も、モデルを囲むヘキサゴンだと考えた場合も、メッセージバスの背後にあるカプセルだと考えた場合も、ユーザーインターフェイスとモデルの間に挟まれたレイヤだと考えた場合も、どの場合であっても**アプリケーションレイヤ**という表現でうまく言い表せる。本章ではできるだけ「**レイヤ**」という用語を使わないよう心がけるが、コンポーネントを配置する場所を示すときにはこの用語が便利だ。もちろんこれは、DDDがレイヤ化アーキテクチャでしか使えないという意味ではない[3]。

---

[3] 詳細は第4章を参照すること。

まずはユーザーインターフェイスについて議論して、それからアプリケーションサービス、インフラストラクチャの順に進める。それぞれの話題について、モデルがどの場所にあてはまるのかを説明する。しかし、モデルそのものについて深く掘り下げるつもりはない。それは、これまでの章ですでに説明済みだ。

14.1　ユーザーインターフェイス

　Javaや.NETなどのプラットフォームには、ユーザーインターフェイス用のフレームワークが数多く用意されている。それらのメリットを改めて紹介したところで、おもしろくもなければ得るものも少ないだろう。

　それよりは、もう少し広い観点から理解しておきたい。大まかに分類すると、以下のリストにあげるような内容になる。このリストは、ユーザーインターフェイスの「重み」順に並べたものであり、人気順ではない。本書の執筆時点では、二番目にあげたWebベースのリッチUIが最も有力な選択肢であり、これは遠からずHTML5の影響下に置かれることになるだろう。最初のカテゴリ（純粋なリクエスト・レスポンス形式のWeb UI）も、レガシーアプリケーションとして数多く残っている。

- 純粋なリクエスト・レスポンス形式のWebユーザーインターフェイス。いわゆるWeb 1.0。Struts、Spring MVCおよびWeb Flow、ASP.NETなどが、このカテゴリに属する。
- WebベースのRIA（リッチインターネットアプリケーション）ユーザーインターフェイス。DHTMLやAjaxなどを利用する、いわゆるWeb 2.0。GoogleのGWT、Yahoo!のYUI、Ext JS、AdobeのFlex、MicrosoftのSilverlightなどが、このカテゴリに属する。
- ネイティブクライアントGUI（WindowsやMac、Linuxなどのデスクトップユーザーインターフェイス）と、それを抽象化するライブラリ（Eclipse SWT、Java Swing、WindowsのWinFormsやWPFなど）。必ずしも重厚なデスクトップアプリケーションを指しているわけではないが、作ろうと思えばそれも可能だ。ネイティブクライアントGUIは、たとえばHTTPなどを使ってサービスにアクセスする。クライアント側には、ユーザーインターフェイスだけをインストールすればよくなる。

　どのカテゴリのユーザーインターフェイスについても、まず知っておきたいのが、次の二つだ。そのユーザーインターフェイスでは、ドメインオブジェクトをどのようにレンダリングするのだろう？そして、ユーザーの操作をモデルに反映させるには、どのようにすればいいのだろう？

ドメインオブジェクトのレンダリング

　ドメインモデルのオブジェクトをユーザーインターフェイスにレンダリングする最適な方法については、議論が尽きない。ユーザーインターフェイスにとっては、タスクを達成するために最小限必要なデータだけではなく、より豊富なデータがあったほうが有用だ。追加のデータの表示が求められる

理由は、その情報が、タスクの実行にあたって理にかなった判断をするために役立つからである。追加のデータの中には、選択項目の選択肢なども含まれる。そのため、ユーザーインターフェイスでは、複数の**集約** (10) のインスタンスから取得したプロパティのレンダリングが必要になることが多い。大半の場合、ユーザーの操作によって状態が変わる集約型はたったひとつだけであるにもかかわらず、そうなっているのだ。この状況を示したのが図 14-2 である。

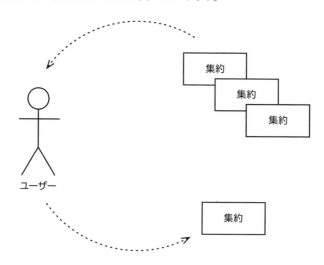

図14-2：ユーザーインターフェイスでは、複数の集約のインスタンスのプロパティをレンダリングする必要があるかもしれない。しかし、ユーザーインターフェイスからのリクエストで変更される集約は、通常はひとつだけである

集約インスタンスからのデータ変換オブジェクトのレンダリング

複数の集約のインスタンスを単一のビューにレンダリングしたいというときによく使われる方法が、**データ変換オブジェクト**（DTO）[Fowler, P of EAA] だ。DTO は、ビューに表示する必要のあるすべての属性を保持するように設計する。アプリケーションサービス（「14.2 アプリケーションサービス」を参照）は、**リポジトリ** (12) を使って必要な集約のインスタンスを読み込み、それを **DTO アセンブラ** [Fowler, P of EAA] に委譲して、DTO の属性にマップする。これで DTO は、レンダリングしなければいけない情報をすべて保持することになる。ユーザーインターフェイスコンポーネントは、この DTO の属性にアクセスして、ビューにレンダリングする。

この手法では、読み書きの両方とも、リポジトリを用いて行う。これには、どんな遅延読み込みのコレクションであっても解決できるという利点がある。DTO アセンブラが、DTO の組み立てに必要な集約のすべてのパーツに直接アクセスするからである。また、プレゼンテーション層とビジネス層が物理的に切り離されていて、データをシリアライズしてネットワーク越しに他の層に送らなければいけないといった問題にも対応できる。

おもしろいことに、もともと DTO パターンが編み出されたきっかけは、リモートのプレゼンテー

ション層で DTO のインスタンスを扱いたいという要求だった。DTO をビジネス層で組み立ててシリアライズし、それをネットワーク越しに送信して、プレゼンテーション層でデシリアライズする。プレゼンテーション層がネットワーク的に離れていない場合は、このパターンを使うと、アプリケーションの設計が無駄に複雑化してしまう。いわゆる YAGNI（"You Ain't Gonna Need It"）だ。このパターンを使う際に必要となるクラスが、ドメインオブジェクトとほぼ同じだが微妙に異なるものになってしまうという欠点もある。また、おそらく大きくなるであろうオブジェクトのインスタンスを作って、JVM などの仮想マシンで管理しなければいけなくなるという問題もある。実際のところ、単一の仮想マシン内で完結するようなアプリケーションアーキテクチャは、このパターンとは釣り合わない。

　集約を設計するときに、必要なデータを DTO アセンブラから問い合わせられるようにしておく必要があるだろう。注意深く考え、集約の内部状態やその構造を不必要に漏らしすぎないようにする。クライアントと集約の内部構造が、結びついてしまわないようにしよう。クライアント（今回の場合はアセンブラ）から、集約の奥深くまでたどれるようにすべきだろうか？　それはいい考えではない。というのも、そうしてしまうと、クライアントが特定の集約の実装と深く結びついてしまうからだ。

メディエイターを用いた集約の内部状態の公開

　モデルとクライアントが密結合してしまう問題の回避策として、**メディエイター** [Gamma et al.]（**ダブルディスパッチ**および**コールバック**）インターフェイスを用意するという考え方もある。集約は、ここに内部状態を公開すればいい。クライアントはメディエイターのインターフェイスを実装する。実装では、集約へのオブジェクト参照をメソッドの引数とする。集約はそのメディエイターをダブルディスパッチして、リクエストされた内部状態を公開する。その際に、集約の形状や構造は外部に漏れない。ポイントは、メディエイターのインターフェイスをビューの仕様と結び付けないことだ。あくまでも、集約の状態をレンダリングすることだけに注力し続ける。

```
public class BacklogItem ... {
    ...
    public void provideBacklogItemInterest(
            BacklogItemInterest anInterest) {
        anInterest.informTenantId(this.tenantId().id());
        anInterest.informProductId(this.productId().id());
        anInterest.informBacklogItemId(this.backlogItemId().id());
        anInterest.informStory(this.story());
        anInterest.informSummary(this.summary());
        anInterest.informType(this.type().toString());
        ...
    }

    public void provideTasksInterest(TasksInterest anInterest) {
        Set<Task> tasks = this.allTasks();
        anInterest.informTaskCount(tasks.size());
        for (Task task : tasks) {
```

```
            ...
        }
    }
    ...
}
```

その他のクラスに向けて、さまざまなプロバイダーを実装することになるかもしれない。これはちょうど、**エンティティ** (5) がバリデーションを個別のバリデータクラスに委譲していたのと同じ方法だ。

中には、この手法は集約の責務から完全に逸脱していると考える人もいる。一方これは、実によく考えられたドメインモデルの自然な拡張であると考える人もいるだろう。いつものとおり、トレードオフについてチームで十分に議論してから判断しよう。

ドメインペイロードオブジェクトからの集約インスタンスのレンダリング

DTO が不要な場合に、もう少しうまく進められる手法がある。それは、ビューのレンダリングに必要な複数の集約のインスタンス全体を、単一の**ドメインペイロードオブジェクト** [Vernon, DPO] にまとめる方法だ。DPO は DTO と似た動機で用意するものだが、単一仮想マシンのアプリケーションアーキテクチャにおいて、よりメリットが大きくなる。DPO は、個別の属性ではなく、集約のインスタンスそのものへの参照を保持するようになっている。これを用いると、複数の集約のインスタンスのまとまりを、単一のペイロードコンテナオブジェクトに変換して、論理的なレイヤ間での受け渡しができるようになる。アプリケーションサービス（「14.2 アプリケーションサービス」を参照）は、必要な集約のインスタンスをリポジトリから取得して、さらに、それぞれへの参照を保持する DPO のインスタンスを作る。プレゼンテーション層のコンポーネントは、DPO オブジェクトに対して集約のインスタンスへの参照を要求する。そして、その集約に対して、表示対象の属性を要求する。

> **カウボーイの声**
>
> LB:「落馬したことがないだって？ まだまだ一人前とはいえないな」

この手法のメリットは、論理的なレイヤをまたがってデータ群をやりとりするためのオブジェクトを、シンプルに設計できるようになるということだ。DTO に比べると DPO のほうがずっと設計が楽だし、メモリの消費量も小さめになる。いずれにせよ集約のインスタンスはメモリに読み込む必要があるのだから、既存のインスタンスはそのまま活用しようということだ。

想定すべき悪影響も、いくつかある。DTO の場合と同様、この手法の場合も、集約側に手を加え

て、その状態を提供できるようにしなければいけなくなる。ユーザーインターフェイスとモデルとの密結合を回避するには、先ほどの DTO アセンブラの場合と同様に、メディエイターとダブルディスパッチ、あるいは集約ルートのクエリインターフェイスなどを用意することになるだろう。

それ以外にも、対処すべきことがある。DPO は集約のインスタンス全体への参照を保持するので、遅延読み込みのオブジェクトやコレクションは、まだ解決できていない状態だ。ドメインペイロードオブジェクトの作成時に、必要となる集約のすべてのプロパティにアクセスする理由はない。仮に読み込みだけのトランザクションであっても、アプリケーションサービスのメソッドの終了時にはコミットされるのが一般的だ。その際に、未解決な遅延読み込みオブジェクトを参照しているプレゼンテーションコンポーネントがあれば、例外が発生してしまう[4]。

遅延読み込みの問題に対応するには、早期読み込み方式に切り替えるか、あるいは**ドメイン依存リゾルバ** [Vernon, DDR] を使えばいい。これは一種の**ストラテジ** [Gamma et al.] で、通常は、ひとつのユースケースフローに対してひとつのストラテジを利用する。それぞれのストラテジは、集約の遅延読み込みプロパティのうち、特定のユースケースフローで利用するものに対して強制的にアクセスする。この強制アクセスは、アプリケーションサービスがトランザクションをコミットする前に行われ、ドメインペイロードオブジェクトをクライアントに返す。ストラテジは、アクセスしたい遅延読み込みプロパティをハードコードで指定するものでもよいし、シンプルな式言語を使って、集約のインスタンスをリフレクションでたどるものでもかまわない。リフレクションを使ってたどる方式のほうが、隠し属性も扱えるという利点がある。しかし、自分でクエリをカスタマイズできるようなら、通常は遅延読み込みをするところを、早期読み込みに切り替えるほうが楽かもしれない。

集約インスタンスの状態の表現

自分たちのアプリケーションが第 4 章で議論したような REST ベースのリソースを提供しているのなら、ドメインオブジェクトの状態の表現を、クライアント向けに生成する必要があるだろう。集約のインスタンスにもとづいたものではなく、ユースケースにもとづいた表現を作ることが重要だ。この、ユースケースにあわせるという動機は、DTO とほぼ同じものである。しかし、RESTful リソース群は、それ単体で完結したモデル（**ビューモデル**や**プレゼンテーションモデル** [Fowler, PM]）であると考えたほうが、より正確だろう。ドメインモデルの集約の状態をひとつひとつ反映した（そしておそらくは、より奥深くの状態までたどるような）表現にしようなどとは思わないこと。そんなことをすると、クライアント側が、集約自身と同じくらい、ドメインモデルについて理解しておかなければいけなくなってしまう。振る舞いや状態の遷移などの細かなところまでクライアントが知る必要があり、抽象化のメリットが台なしになるだろう。

---

[4] Open Session In View（OSIV）を使って、ユーザーインターフェイスよりも上位のリクエスト／レスポンスレベルで、トランザクションを制御したいと考える人もいるだろう。私は、いろんな理由で OSIV はよくないものだと思っている。ただ、あくまでも個人の主観であり、何を選ぶかは人それぞれだ。

ユースケースに最適化したリポジトリのクエリ

さまざまな型の複数の集約のインスタンスを読み込んで、それをプログラムでひとつのコンテナ（DTO や DPO）にまとめるかわりに、いわゆる**ユースケースに最適化したクエリ**を使ってもかまわない。リポジトリの中にファインダーメソッドを追加して、いくつかの集約のインスタンスを組み合わせたスーパーセットとなる、カスタムオブジェクトを返すように設計する。このクエリの結果を、それ用に特別に用意した**値オブジェクト** (6) に入れて、そのユースケースに対応する。ここで作るのは値オブジェクトであって、DTO ではない。そのクエリはドメインに特化したものであって、DTO のようにアプリケーションに特化したものではないからである。

ユースケースに最適化したクエリを作る動機は、**CQRS**(4) と似ている。しかし、ユースケースに最適化したクエリでは、統一されたドメインモデルの永続化ストアに対してリポジトリを利用する。生のデータベースへの（SQL などの）クエリで、データベースへの読み書きを行うわけではない。この手法と CQRS を比べたトレードオフを理解するには、第 13 章「境界づけられたコンテキストの統合」での議論を参照すること。とはいえ、ユースケースに特化したクエリへの道は、CQRS への道と遠く離れているわけではない。途中で CQRS に乗り換えることもありえるだろう。

まったく異なる複数のクライアントへの対応

自分たちのアプリケーションで、まったく異なる複数のクライアントに対応しなければいけなくなったとしよう。RIA もあればグラフィカルなデスクトップアプリもある。REST ベースのサービスもあるし、メッセージングを使っているものもある。おそらく、各種のクライアント形式にあわせて、テストドライバを用意することも考えるだろう。詳細は後ほど議論するが、アプリケーションサービスで**データトランスフォーマー**を受け入れるような設計にしてもかまわない。そして、個々のクライアントが、データトランスフォーマーの型を指定する。アプリケーションサービスは、データトランスフォーマーのパラメータをダブルディスパッチする。これが、必要なフォーマットを生成する。REST ベースのクライアントの場合、ユーザーインターフェイス側は、このようになる。

```
...
CalendarWeekData calendarWeekData =
    calendarAppService
        .calendarWeek(date, new CalendarWeekXMLDataTransformer());

Response response =
    Response.ok(calendarWeekData.value())
        .cacheControl(this.cacheControlFor(30)).build();

return response;
```

CalendarApplicationService の calendarWeek() メソッドは、指定した週の中の Date と、CalendarWeekDataTransformer インターフェイスの実装を受け取る。ここで選ばれた実装は CalendarWeekXMLDataTransformer で、これは、CalendarWeekData の状態を XML 文書形式で表

現する。`CalendarWeekData` の `value()` メソッドは、指定した日付フォーマットにあわせた型を答える。今回の場合は、XML 文書を表す `String` だ。

たしかに、この例では、データトランスフォーマーの**依存性を注入する**ようにしたほうが、もっとメリットは大きいだろう。しかしここでは、ハードコーディングをして、例を理解しやすいものにした。`CalendarWeekDataTransformer` の実装としては、たとえば以下のようなものが考えられる。

- `CalendarWeekCSVDataTransformer`
- `CalendarWeekDPODataTransformer`
- `CalendarWeekDTODataTransformer`
- `CalendarWeekJSONDataTransformer`
- `CalendarWeekTextDataTransformer`
- `CalendarWeekXMLDataTransformer`

これ以外にも、アプリケーションの出力型を抽象化して、さまざまなクライアントに対応させる方法がある。その方法については、「14.2 アプリケーションサービス」で説明する。

引き渡し用のアダプターと、ユーザーによる編集の処理

　自分たちのドメインのデータを、ユーザーに見せて編集させる必要がある場合に、責務を切り分ける助けとなるパターンがある。繰り返しになるが、世の中にはあまりにもフレームワークが多すぎて、そのすべてに当てはまるような万能の方法をたったひとつだけに絞り込むのは難しい。ユーザーインターフェイスのフレームワークの中には、そのフレームワークがサポートする特定のパターンに従わざるを得ないものもある。それでうまくいく場合もあれば、あまりうまくいかない場合もあるだろう。ほかのものを使えば、ほんの少しだけ柔軟性が高まる。

　ドメインデータをアプリケーションサービスからどのように受け取るか（DTO か DPO か、あるいは状態の表現か）や、プレゼンテーション層でどんなフレームワークを使うかにかかわらず、プレゼンテーションモデルの恩恵を受けることができる[5]。プレゼンテーションモデルの目的は、プレゼンテーションとビューの責務を切り離すことだ。もともとは Web 1.0 のアプリケーションで使うために考えられた仕組みだが、その強みは Web 2.0 の RIA やデスクトップクライアントでも生かせるだろう。

　このパターンを使うときには、ビューは受け身にしておきたい。つまり、データの表示とユーザーインターフェイスの制御だけを行い、他には何も手を出さないということである。ビューのレンダリングには、以下の二通りの方法が考えられる。

　① ビューが、プレゼンテーションモデルにもとづいて自分自身をレンダリングする。これは、ご

---

[5]　**モデル-ビュー-プレゼンター** [Dolphin] も参照すること。[Fowler, PM] ではこれを、**監視コントローラ**および**パッシブビュー**と呼んでいる。

く自然な方法ではないだろうか。プレゼンテーションモデルとビューとの結合も取り除ける。
② ビューを、プレゼンテーションモデルがレンダリングする。テストの際にはこの方法のほうが便利だが、プレゼンテーションモデルとビューが結合してしまう。

プレゼンテーションモデルは、**アダプター** [Gamma et al.] として働く。ドメインモデルの詳細を覆い隠すために、ビューのニーズにあわせたプロパティや振る舞いを提供する。つまりこれは、単にドメインオブジェクトや DTO の属性に薄い皮をかぶせただけのものではないということだ。モデルの状態にもとづき、それをビューに適用するかどうかを決めるのは、アダプターの役割である。たとえば、ビュー上の特定のコントロールを有効にするか無効にするかは、ドメインモデルのどれかひとつのプロパティから直接決まるものではないかもしれない。ひとつあるいは複数のプロパティにもとづいて、何らかの判断をしなければいけないこともある。ビューに必要なプロパティのサポートをドメインモデルに求めてはいけない。それはプレゼンテーションモデルの責務だ。プレゼンテーションモデルが、ドメインモデルの状態から、ビューにかかわるプロパティなどの情報を引き出す。

さらに、細かい点ではあるが、プレゼンテーションモデルを使う利点がもうひとつある。JavaBean インターフェイスのゲッターに対応していない集約でも、ゲッターを要求するユーザーインターフェイスフレームワークで利用できるようになるということだ。すべてとは言わないまでも、Java ベースの Web フレームワークの多くは、オブジェクトが public なゲッターを持っていることを想定している。`getSummary()` や `getStory()` といったものだ。その一方、ドメインモデルの設計においては、**ユビキタス言語** (1) を反映した、ドメインに特化した流れるような表現が好まれる。つまり、もっとシンプルに `summary()` や `story()` とするほうが好ましいのだが、これは、ユーザーインターフェイスのフレームワークとの間で、インピーダンスミスマッチを起こしてしまう。しかし、ここでプレゼンテーションモデルを使えば、`summary()` を `getSummary()` にしたり `story()` を `getStory()` にしたりするのも簡単だ。これで、モデルとビューとの間の緊張を和らげられる。

```
public class BacklogItemPresentationModel
        extends AbstractPresentationModel {

    private BacklogItem backlogItem;

    public BacklogItemPresentationModel(BacklogItem aBacklogItem) {
        super();
        this.backlogItem = backlogItem;
    }

    public String getSummary() {
        return this.backlogItem.summary();
    }

    public String getStory() {
        return this.backlogItem.story();
    }
```

```
    ...
}
```

もちろん、プレゼンテーションモデルをこれまでに紹介したさまざまな手法と組み合わせることもできる。DTOやDPOと組み合わせたり、メディエイターを使って集約の内部状態を公開する方式と組み合わせたりといったことも可能だ。

さらに、ユーザーが行った編集操作も、プレゼンテーションモデルで追跡する。これは決して、プレゼンテーションモデルの責務を越えた越権行為ではない。もともと、モデルからビューへ、そしてビューからモデルへの両方向に対応するために作られたものだからである。

ここで気をつけておきたい重要なポイントは、プレゼンテーションモデルが決して、アプリケーションサービスやドメインモデル周りの力仕事を受け持つ**ファサード**[Gamma et al.]などではないということだ。たしかに、ユーザーインターフェイス上でユーザーがタスクを完了すれば、通常は「適用」や「キャンセル」などのアクションを実行するなり、何かのコマンドを実行するなりするだろう。プレゼンテーションモデルは、ユーザーのこのアクションをアプリケーションに反映しなければいけない。これは本質的に、アプリケーションサービスに対する最小限のファサードとして振る舞うことになる。

```
public class BacklogItemPresentationModel
        extends AbstractPresentationModel {

    private BacklogItem backlogItem;
    private BacklogItemEditTracker editTracker;
    // これは、外部から注入される
    private BacklogItemApplicationService backlogItemAppService;

    public BacklogItemPresentationModel(BacklogItem aBacklogItem) {
        super();
        this.backlogItem = backlogItem;
        this.editTracker = new BacklogItemEditTracker(aBacklogItem);
    }
    ...
    public void changeSummaryWithType() {
        this.backlogItemAppService
            .changeSummaryWithType(
                this.editTracker.summary(),
                this.editTracker.type());
    }
    ...
}
```

ユーザーがビュー上のコマンドボタンをクリックすると、`changeSummaryWithType()`が起動する。アプリケーションサービスと連携して、`editTracker`上で発生した編集を適用するのは、`BacklogItemPresentationModel`の役割だ。ユーザーの編集を受け取って、何らかの作業をするような第三者は存在しない。プレゼンテーションモデルを、ビューに代わるアプリケーションサービスへの最小限のファサードだと見ることができるかもしれない。それは単に、`changeSummaryWithType()`

が上位レベルのインターフェイスとして機能し、BacklogItemApplicationService を使いやすくしているというだけのことだ。しかし、プレゼンテーションモデルクラスの中で、アプリケーションサービスを事細かに管理しているようなコードを書きたいわけではない。ましてや、自分自身をドメインモデルに対するアプリケーションサービスであるかのように扱うのもよくない。そんなことは、プレゼンテーションモデルの責務から大きく外れている。代わりにここでは、より複雑な、力仕事担当のファサードとして BacklogItemApplicationService を用意する。そして、これに処理を委譲する。

これは、ドメインモデルと UI の連携に使える強力な手法である。また、最も多目的に使える UI 管理パターンであるともいえるだろう。しかし、ビューを管理するテクニックとして何を使ったところで、アプリケーションサービスの API とのやりとりは頻発する。

14.2　アプリケーションサービス

場合によっては、ユーザーインターフェイスが複数の**境界づけられたコンテキスト** (2) を（それぞれ独立したプレゼンテーションモデルコンポーネントを使って）取得して、ひとつのビューを構成することもある。ユーザーインターフェイスがレンダリングする対象が単一のモデルであるにせよ、複数のモデルを組み合わせたものであるにせよ、アプリケーションサービスとのやりとりが発生する。ここで、アプリケーションサービスについて考えてみよう。

アプリケーションサービスは、ドメインモデルの直接のクライアントである。アプリケーションサービスの論理的な置き場所については、第 4 章「アーキテクチャ」を参照すること。アプリケーションサービスの責務はユースケースのフローにおけるタスクの調整であり、フローごとにひとつのメソッドが存在する。ACID 特性を持つデータベースを扱う場合は、そのトランザクション制御もアプリケーションサービスで行う。モデルの状態の変更がアトミックに永続化されることを、ここで保証する。ここでは、トランザクション制御に関する議論は手短に済ませる。詳細は第 12 章「リポジトリ」を参照すること。アプリケーションサービスでももちろん、セキュリティについて気をつける必要がある。

アプリケーションサービスを**ドメインサービス** (7) と同じようなものだと考えるのは間違いだ。その違いは明確であり、次の節で、実例を用いてそれを示す。ビジネスドメインのロジックはすべて、ドメインモデルに含めるようにすべきだ。たとえそれが集約であろうと値オブジェクトであろうと、ドメインサービスであろうと同じである。**アプリケーションサービスは薄く保ち、モデル上でのタスクの調整にだけ使うようにすること。**

アプリケーションサービスの例

ここでは、アプリケーションサービスのインターフェイスと、その実装のサンプルを見ていこう。このサービスは、**認証・アクセスコンテキスト**のテナント用に、ユースケースのタスクの管理機能を提供するものだ。あくまでもサンプルであり、最終決定ではない。トレードオフも明らかになるだろう。

まずは基本的なインターフェイスを考える。

```java
package com.saasovation.identityaccess.application;

public interface TenantIdentityService {

    public void activateTenant(TenantId aTenantId);

    public void deactivateTenant(TenantId aTenantId);
    public String offerLimitedRegistrationInvitation(
            TenantId aTenantId,
            Date aStartsOnDate,
            Date anUntilDate);

    public String offerOpenEndedRegistrationInvitation(
            TenantId aTenantId);

    public Tenant provisionTenant(
            String aTenantName,
            String aTenantDescription,
            boolean isActive,
            FullName anAdministratorName,
            EmailAddress anEmailAddress,
            PostalAddress aPostalAddress,
            Telephone aPrimaryTelephone,
            Telephone aSecondaryTelephone,
            String aTimeZone);

    public Tenant tenant(TenantId aTenantId);
    ...
}
```

このアプリケーションサービスには六つのメソッドがある。これらを使って、テナントの作成、既存のテナントのアクティブ化／非アクティブ化、ユーザー登録の招待（期間限定・無期限）、指定したテナントの検索などを行う。

これらのメソッドのシグネチャには、ドメインモデルの型も使われている。ユーザーインターフェイス側でも、これらの型について知っている必要があり、これらの型に依存してしまう。場合によっては、ドメインに関する知識をアプリケーションサービスの中にすべて閉じ込めてしまって、ユーザーインターフェイスからはまったく見えないように設計することもある。その場合は、アプリケーションサービスのメソッドのシグネチャには、プリミティブ型（int、long、double）と String、そしておそらくは DTO くらいしか現れなくなる。しかし、これらよりもお勧めの方法がある。**コマンド** [Gamma et al.] オブジェクトを使うことだ。どれがいいとか悪いとかいうものではない。どの方法を使うかは、あくまでも自分たちの好みや最終目標に沿って決めることだ。本書では、これらそれぞれの方法を使った例を紹介する。

トレードオフについて考えてみよう。モデルの型を排除すれば、依存関係や結合を回避できる。しかし、強い型チェックや基本的なバリデーション（ガード）などの仕組みが使えなくなってしまう。こ

れらは、値オブジェクト型を使っていれば、ごく自然に利用できるものだ。また、ドメインオブジェクトを戻り値の型として公開しなければ、DTO を用意する必要があるだろう。DTO を用意するとなると、新たな型を導入することによってソリューションが複雑化してしまう。また、アクセス頻度の高いアプリケーションでは、DTO の作成とガベージコレクションが頻繁に発生し、メモリのオーバーヘッドの原因にもなってしまうかもしれない。

　もちろん、ドメインオブジェクトをさまざまなクライアントに公開するのなら、クライアントの種類ごとに個別に取り扱う必要がある。結合度は高くなるし、クライアントの種類が増えれば増えるほど、その問題は悪化する。それを考えれば、少なくとも先ほどのメソッドのうちのいくつかについては、戻り値の型を扱うようにしたほうがいいだろう。先に議論したとおり、ここではデータトランスフォーマーが使える。

```
package com.saasovation.identityaccess.application;

public interface TenantIdentityService {
    ...
    public TenantData provisionTenant(
            String aTenantName,
            String aTenantDescription,
            boolean isActive,
            FullName anAdministratorName,
            EmailAddress anEmailAddress,
            PostalAddress aPostalAddress,
            Telephone aPrimaryTelephone,
            Telephone aSecondaryTelephone,
            String aTimeZone,
            TenantDataTransformer aDataTransformer);

    public TenantData tenant(
            TenantId aTenantId,
            TenantDataTransformer aDataTransformer);
    ...
}
```

　ここでは、ドメインオブジェクトをクライアントに公開する方針で進める。また、Web ベースのユーザーインターフェイスしか存在しないものとする。これで、サンプルをある程度単純にできるだろう。データトランスフォーマーを使う手法については、後ほど改めてとりあげる。

　アプリケーションサービスのインターフェイスをどのように実装するかを考えてみよう。さほど複雑ではないいくつかのメソッドの実装を見れば、基本的なポイントはつかめるはずだ。ここでは、**セパレートインターフェイス** [Fowler, P of EAA] を使うメリットはない。以下のサンプルは、インターフェイスとその実装クラスを定義しただけのものである。

```
package com.saasovation.identityaccess.application;
```

```java
public class TenantIdentityService {

    @Transactional
    public void activateTenant(TenantId aTenantId) {
        this.nonNullTenant(aTenantId).activate();
    }

    @Transactional
    public void deactivateTenant(TenantId aTenantId) {
        this.nonNullTenant(aTenantId).deactivate();
    }

    ...

    @Transactional(readOnly=true)
    public Tenant tenant(TenantId aTenantId) {
        Tenant tenant =
            this
                .tenantRepository()
                .tenantOfId(aTenantId);

        return tenant;
    }

    private Tenant nonNullTenant(TenantId aTenantId) {
        Tenant tenant = this.tenant(aTenantId);

        if (tenant == null) {
            throw new IllegalArgumentException(
                    "Tenant does not exist.");
        }

        return tenant;
    }
}
```

　クライアントが既存の Tenant を非アクティブ化したいときに使うメソッドが、deactivateTenant() である。実際に Tenant オブジェクトを扱うためには、TenantId を用いてリポジトリから取得しなければいけない。ここでは、内部で使うヘルパーメソッド nonNullTenant() を用意した。このメソッドが、tenant() に委譲する。このヘルパーを用意した理由は、存在しない Tenant のインスタンスを要求されたときに備えるためである。このサービスのメソッドのうち、既存の Tenant を必要とするものはすべて、このヘルパーメソッドを利用する。

　activateTenant() と deactivateTenant() には、Spring の Transactional アノテーションを用いて書き込みトランザクションが設定されている。一方 tenant() は、読み込み専用のトランザクションだ。これら三つのケースすべてについて、クライアントが Spring のコンテキストからこの bean を取得して、メソッドを実行した時点で、トランザクションが開始する。メソッドが正常に終了すると、トランザクションがコミットされる。設定にもよるが、メソッドのスコープで例外が投げ

られた場合は、トランザクションはロールバックされる。

これらのメソッドを、悪意のある侵入者の不正利用から守るには、どうすればいいだろう？ テナントの非アクティブ化／再アクティブ化について考えると、これは本来、SaaSOvationの従業員として認証済みのユーザーだけしか実行できないものであるべきだ。新しいテナントの登録に関しても同様である。

さて、ここで、Springのセキュリティ機能をうまく活用できないだろうか？ pringには`PreAuthorize`アノテーションがあるので、これを使えばいい。

```java
public class TenantIdentityService {

    @Transactional
    @PreAuthorize("hasRole('SubscriberRepresentative')")
    public void activateTenant(TenantId aTenantId) {
        this.nonNullTenant(aTenantId).activate();
    }

    @Transactional
    @PreAuthorize("hasRole('SubscriberRepresentative')")
    public void deactivateTenant(TenantId aTenantId) {
        this.nonNullTenant(aTenantId).deactivate();
    }

    ...

    @Transactional
    @PreAuthorize("hasRole('SubscriberRepresentative')")
    public Tenant provisionTenant(
            String aTenantName,
            String aTenantDescription,
            boolean isActive,
            FullName anAdministratorName,
            EmailAddress anEmailAddress,
            PostalAddress aPostalAddress,
            Telephone aPrimaryTelephone,
            Telephone aSecondaryTelephone,
            String aTimeZone) {

        return
            this
                .tenantProvisioningService
                .provisionTenant(
                    aTenantName,
                    aTenantDescription,
                    isActive,
                    anAdministratorName,
                    anEmailAddress,
                    aPostalAddress,
                    aPrimaryTelephone,
```

```
                          aSecondaryTelephone,
                          aTimeZone);
    }
    ...
}
```

　これは、メソッドレベルでの宣言型のセキュリティで、未認証のユーザーからのアプリケーションサービスへのアクセスを防ぐ。もちろん、ユーザーインターフェイス側でも、未認証ユーザーに対してはこれらの機能を非表示にしているだろう。しかし、それだけでは、悪意のあるユーザーからのアクセスを防ぐことはできない。それに対応するのが、宣言型のセキュリティだ。

　この宣言型のセキュリティは、IdOvation が提供する機能ではない。SaaSOvation の従業員は、テナントのユーザーとは違う方式で IdOvation にログインする。彼らには特別なロール SubscriberRepresentative が付与されており、これらの重要なメソッドを実行できるようになっている。それ以外の登録ユーザーには、これらのメソッドの実行権限はない。もちろん、これを実現するには、IdOvation と Spring Security との統合が必要だ。

　さて、provisionTenant() の実装を見ると、ドメインサービスに処理を委譲していることがわかる。この部分が、アプリケーションサービスとドメインサービスとの違いを強調している。特に、TenantProvisioningService ドメインの内部を見れば、それがはっきりする。このドメインサービスの中には重要なドメインロジックが含まれているが、アプリケーションサービスには含まれていない。ここではそのコードは示さないが、ドメインサービスがどんなことを行うのかを考えてみよう。

① 新しい集約 Tenant のインスタンスを作成し、リポジトリに追加する。
② 新しい管理者を、その Tenant に追加する。つまり、ロール Administrator をその Tenant に追加して、イベント TenantAdministratorRegistered を発行する。
③ イベント TenantProvisioned を発行する。

　もしアプリケーションサービスがステップ 1 以上のことを行おうとしているのなら、ドメインロジックがモデルの外部に漏れてしまっている恐れがある。残りの二つのステップはアプリケーションサービスの責務ではないので、これら三つのステップをすべて、ドメインサービスに配置することにする。ドメインサービスを、この「ドメインにおける重要なプロセス」[Evans][6]の置き場として使う。また、アプリケーションサービスの定義に適切にしたがって、トランザクションやセキュリティを管理し、テナントを準備するという重要なタスクをモデルに委譲する。

　ここで少し、provisionTenant() のパラメータリストが引き起こすノイズについて考えてみよう。全部で九つのパラメータがある。これはいくらなんでも多すぎるだろう。こんな状況を回避するには、シンプルな**コマンド** [Gamma et al.] オブジェクトを用意して、「要求をオブジェクトとしてカプセ

---

[6] 第 7 章を参照。

ル化することによって、異なる要求や、要求からなるキューやログにより、クライアントをパラメータ化する。また、取り消し可能なオペレーションをサポート」すればいい。コマンドオブジェクトは、いわばメソッドの起動処理をシリアライズしたものととらえればいい。今回の場合は、取り消し以外のすべての操作でコマンドが使えると考えている。コマンドクラスの設計は、以下のようにシンプルになる。

```java
public class ProvisionTenantCommand {
    private String tenantName;
    private String tenantDescription;
    private boolean isActive;
    private String administratorFirstName;
    private String administratorLastName;
    private String emailAddress;
    private String primaryTelephone;
    private String secondaryTelephone;
    private String addressStreetAddress;
    private String addressCity;
    private String addressStateProvince;
    private String addressPostalCode;
    private String addressCountryCode;
    private String timeZone;

    public ProvisionTenantCommand(...) {
        ...
    }

    public ProvisionTenantCommand() {
        super();
    }

    public String getTenantName() {
        return tenantName;
    }

    public void setTenantName(String tenantName) {
        this.tenantName = tenantName;
    }
    ...
}
```

ProvisionTenantCommand はモデルのオブジェクトを使わず、すべて基本型だけで進める。また、複数の引数を受け取るコンストラクタと、引数なしのコンストラクタが用意されている。引数なしのコンストラクタに加えて public なセッターが用意されているので、UI のフォームフィールドとオブジェクトのマッピング（JavaBean、あるいは.NET CLR のプロパティなど）を用いてコマンドの内容を設定できる。このコマンドは DTO のように見えるかもしれないが、実際は単なる DTO 以上のものだ。コマンドオブジェクトの名前は、実際に扱う操作にあわせてつけられているので、明示的になっ

ている。コマンドのインスタンスは、以下のようにアプリケーションサービスのメソッドに渡すことができる。

```
public class TenantIdentityService {
    ...
    @Transactional
    public String provisionTenant(ProvisionTenantCommand aCommand) {
        ...
        return tenant.tenantId().id();
    }
    ...
}
```

アプリケーションサービスの API にディスパッチするというこの手法に加えて、コマンドをキューに送信して、コマンドハンドラにディスパッチさせることもできる。コマンドハンドラは、意味的にはアプリケーションサービスのメソッドと同じだが、時間に縛られることがない。付録 A で議論するとおり、これによって、コマンドの処理のスループットが向上し、スケーラビリティも上がる。

サービスの出力の切り離し

データトランスフォーマーを使い、各種のクライアントに対して、それぞれが必要とするデータ型を用意するという手法については、これまでに何度か説明した。この手法は、データトランスフォーマーを用いて、特定の型のデータを生成するというものだった。それぞれの型は、同じ抽象インターフェイスを実装している。

```
TenantData tenantData =
    tenantIdentityService.provisionTenant(
            ..., myTenantDataTransformer);

TenantPresentationModel tenantPresentationModel =
    new TenantPresentationModel(tenantData.value());
```

アプリケーションサービスは API として作られており、入力と出力がある。データトランスフォーマーを使う理由は、クライアントが必要とする特定の型で出力するためである。

まったく異なる道をたどったとしよう。アプリケーションサービスは常に void 宣言をして、クライアントには決してデータを戻さないようにしたら、いったいどうなるだろう？ それでうまく機能するだろうか？ その答えは、**ヘキサゴナルアーキテクチャ** (4) が推奨する考え方にある。つまり、**ポートとアダプター**方式を使うことだ。この場合なら、標準の出力ポートひとつに対して、クライアントの種類ごとに任意の数のアダプターを用意する。そのときのアプリケーションサービスの provisionTenant() は、このようになる。

```
public class TenantIdentityService {
```

```
...
    @Transactional
    @PreAuthorize("hasRole('SubscriberRepresentative')")
    public void provisionTenant(
            String aTenantName,
            String aTenantDescription,
            boolean isActive,
            FullName anAdministratorName,
            EmailAddress anEmailAddress,
            PostalAddress aPostalAddress,
            Telephone aPrimaryTelephone,
            Telephone aSecondaryTelephone,
            String aTimeZone) {

        Tenant tenant =
            this
                .tenantProvisioningService
                .provisionTenant(
                    aTenantName,
                    aTenantDescription,
                    isActive,
                    anAdministratorName,
                    anEmailAddress,
                    aPostalAddress,
                    aPrimaryTelephone,
                    aSecondaryTelephone,
                    aTimeZone);

        this.tenantIdentityOutputPort().write(tenant);
    }
    ...
}
```

　ここでの出力ポートは、特定の名前のポートであり、アプリケーションの境界に存在する。Springを使う場合なら、サービスに注入されたbeanがそれにあたるだろう。provisionTenant()が知る必要のある唯一のことは、必ずポートへのwrite()をしなければいけないということだ。このポートは、Tenantのインスタンスがドメインサービスから取得したものである。このポートは、任意の数のリーダーを保持できる。リーダーは、アプリケーションサービスを使って自身を登録する。write()が発生すると、登録された個々のリーダーに対して、その出力を読み込むよう通知が届く。このときリーダーは、データトランスフォーマーなどの確立された方式を使って、出力を変換することもある。

　単なる見た目の美しさのために、アーキテクチャを複雑化しているわけではない。この方式の強みは、ポートとアダプター形式のアーキテクチャ一般と同じだ。各コンポーネントは、自分が読み込む入力の形式と自身の振る舞い、そして書き込み先のポートだけを知っていればいいということになる。

　ポートへの書き込みは、大まかには集約のコマンドメソッドが何も値を戻さないときとと同じ動きをする。ただし、ポートへの書き込みの際には**ドメインイベント** (8) を発行する。集約の場合なら、ド

メインイベントパブリッシャー (8) が集約の出力ポートとなる。さらに、集約の状態についての問い合わせをメディエイター上でのダブルディスパッチで解決するのなら、それはポートとアダプターを使うのと同じことになる。

　ポートとアダプター方式の弱点のひとつは、クエリを実行するアプリケーションサービスのメソッドの命名が難しくなるだろうという点だ。サンプルのサービスにおける `tenant()` メソッドを考えてみよう。今の名前は適切ではない。このメソッドは、問い合わせた Tenant を戻すわけではないからである。`provisionTenant()` という名前は、プロビジョニング API に対してもそのまま使える。これは実際には単なるコマンドメソッドであり、何も値を戻さないからだ。しかし、`tenant()` に関しては、もう少しましな名前を考えたい。以下のようにすれば、状況は少しだけ改善されるだろう。

```
...
@Override
@Transactional(readOnly=true)
public void findTenant(TenantId aTenantId) {
    Tenant tenant =
        this
            .tenantRepository
            .tenantOfId(aTenantId);

    this.tenantIdentityOutputPort().write(tenant);
}
...
}
```

　`findTenant()` という名前は、悪くない。「見つける」という言葉からは、必ず結果を答えなければいけないとは言い切れないからだ。最終的にどんな名前を選ぶにせよ、この状況からもわかるとおり、どんなアーキテクチャを選択しても、いいこと尽くめにはならないということだ。

14.3　複数の境界づけられたコンテキストの合成

　ここまでの例では、ひとつのユーザーインターフェイスに複数のドメインモデルが必要になる可能性を考慮していなかった。ここまでの例では、上流のモデルの概念を下流のモデルに統合する際には、下流のモデルの用語への変換を施していた。

　これは、複数のモデルを合成して、ひとつのプレゼンテーションにまとめるという、図14-3のような構成とは少し異なる。この例における外部のモデルは、**プロダクトコンテキスト・ディスカッションコンテキスト・レビューコンテキスト**である。ユーザーインターフェイスは、これら三つのモデルが合成されていることを意識せずに扱えなければいけない。もしあなたのアプリケーションでこれと同様の状況に遭遇したら、**モジュール** (9) 構造の採用を検討しよう。そのニーズに合わせたモジュール名をつけておけば、アプリケーションサービスからは各種のモデルを意識せずに扱えるようになる。

　複数のアプリケーションレイヤを使うソリューションもある。これは図14-3に示したものとは違う形式だ。複数のアプリケーションレイヤがある場合は、それぞれに対して独立したユーザーイン

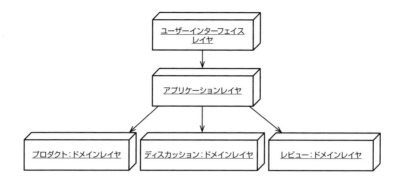

図14-3：複数のモデルを合成した UI が必要になることもある。この例では、三つのモデルを合成してひとつのアプリケーションレイヤで使っている

ターフェイスが必要になるだろう。そして、そのそれぞれのユーザーインターフェイスコンポーネントは、背後にあるドメインモデルに固有の特性を、共通して持っている。これは、いわゆる「ポータル・ポートレット」形式だ。それでも、さまざまなアプリケーションレイヤとそれに対応したユーザーインターフェイスコンポーネントを、ユースケースのフローに会わせて同期させていくのが難しくなるかもしれない。ユーザーインターフェイスならではの問題だ。

アプリケーションレイヤがユースケースを管理するので、単一のアプリケーションレイヤを作ってこれをモデルの合成の元とするのが、いちばん手軽な方法だ。これが、図 14-3 に示した手法である。この単一のレイヤの中にあるサービスには、ビジネスドメインのロジックは含まれない。単に、それぞれのモデルのオブジェクトを集約して、ユーザーインターフェイス向けの包括的なオブジェクトを作るだけの役割だ。この場合、ユーザーインターフェイスレイヤとアプリケーションレイヤのモジュール名は、合成の目的であるコンテキストに沿ったものになるだろう。

```
com.consumerhive.productreviews.presentation
com.consumerhive.productreviews.application
```

Consumer Hive は、コンシューマーによるプロダクトのレビューや議論の仕組みを提供する。**プロダクトコンテキスト**とは別に、**ディスカッションコンテキスト**および**レビューコンテキスト**が存在する。しかし、プレゼンテーションやアプリケーションのモジュールは、単一のインターフェイスを反映したものになっている。プロダクトのカタログを複数の外部ソースから取得する一方で、ディスカッションやレビューはコアドメインに属することになるだろう。

そして、コアドメインに関して言うと、奇妙なことに気づかないだろうか。このアプリケーションレイヤは、新しいドメインモデルと組み込みの**腐敗防止層** (3) からなるものではなかったのだろうか？

そのとおり。これは基本的に、新しい安物の境界づけられたコンテキストだ。ここでのアプリケーションサービスは、さまざまな DTO の取りまとめを管理する。ある意味では**ドメインモデル貧血症**

(1) を偽装しているわけだ。**トランザクションスクリプト** (1) 的な手法で、コアドメインをモデリングする手法である。

Consumer Hive での三つのモデルの合成が、新たな**ドメインモデル** (1)（単一の境界づけられたコンテキストによる、統一されたオブジェクトモデル）を強く求めているのだと判断するなら、新しいモデルのモジュール名は、以下のようになるだろう。

```
com.consumerhive.productreviews.domain.model.product

com.consumerhive.productreviews.domain.model.discussion

com.consumerhive.productreviews.domain.model.review
```

結局、この状況をどのようにモデリングするかを決めなければいけなくなる。戦略的設計と戦術的設計を使って、新しいモデルを作るという判断を下すだろうか？ 少なくとも、この状況においては、次の論点がある。複数の境界づけられたコンテキストを合成して単一のユーザーインターフェイスを作る方法と、新しいクリーンな境界づけられたコンテキストを作って統一ドメインモデルを利用する方法の分かれ目は、いったいどこになるのだろうか。どちらの方式についても、注意深く検討しなければいけない。重要度のそれほど高くないシステムの場合、その他の影響もあれば、もっと優先順位の高い検討事項もあることだろう。それでも、この手の決断を自己裁量に任せてしまってはいけない。新しい境界づけられたコンテキストを用意するための基準を、きちんと考える必要がある。最適な手法とは、ビジネス上のメリットが最大になる手法のことだ。

14.4　インフラストラクチャ

インフラストラクチャの役割は、アプリケーションのその他の部分に対して、技術的機能を提供することだ。**レイヤ** (4) についての議論はここでは避けるが、依存関係逆転の原則を守るよう心がけておくのは有用だ。インフラストラクチャがアーキテクチャ上でどこにあろうとも、ユーザーインターフェイスやアプリケーションサービスそしてドメインモデルからの依存をインターフェイス経由にしておく限りは、うまく動く。アプリケーションサービスからリポジトリを検索するときには、ドメインモデルのインターフェイスだけに依存する。しかし、インフラストラクチャから利用するのは、その実装になる。図 14-4 は、そのようすを UML の構造図で示したものである。

この検索は、**依存性の注入** [Fowler, DI] を用いて暗黙のうちに行ってもいいし、**サービスファクトリ**を使ってもかまわない。それぞれの詳細は、「14.5 エンタープライズコンポーネントコンテナ」で議論する。先ほどのアプリケーションサービスを実例として考えよう。ここでは、サービスファクトリを使ってリポジトリを検索していることがわかる。

```
package com.saasovation.identityaccess.application;

public class TenantIdentityService {
```

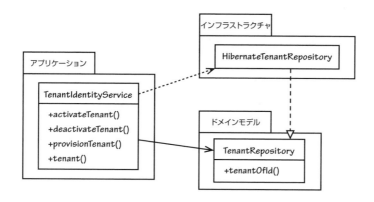

図14-4：アプリケーションサービスは、ドメインモデルの Repository インターフェイスに依存する。しかし、インフラストラクチャから実際に利用するのは、その実装クラスである。これら一式が、広い責務をカプセル化する

```
...
@Override
@Transactional(readOnly=true)
public Tenant tenant(TenantId aTenantId) {
    Tenant tenant =
        DomainRegistry
            .tenantRepository()
            .tenantOfId(aTenantId);

    return tenant;
}
...
}
```

このアプリケーションサービスを代わりにリポジトリに注入したり、インバウンドの依存関係としてコンストラクタのパラメータで設定したりすることができる。

リポジトリの実装は、インフラストラクチャに置く。これはストレージを扱うものであり、その管理はモデルが引き受けるべき責務ではないからである。このインフラストラクチャを用いて、メッセージキューやメールなどのメッセージングを使うインターフェイスを実装することもできる。グラフィカルなチャートやマップなどを生成するユーザーインターフェイスコンポーネントがあったとしても、同様にインフラストラクチャ内で実装できる。

14.5 エンタープライズコンポーネントコンテナ

いまや、エンタープライズアプリケーションサーバーは日常的に使われるものになっている。サーバーや、その中で動くコンポーネントコンテナに、何らかの革新があったわけではない。Enterprise JavaBeans (EJB) を**セッションファサード** [Crupi et al.] として使ったり、シンプルな JavaBeans を Spring のような IoC コンテナで管理したりして、アプリケーションサービスに使わせることがで

きる。どちらがより優れているかについては議論がわかれるところだろうが、これらのフレームワークには共通点が多い。実際、JEE サーバーの中身を調べてみると、その実装の一部で Spring が使われていることがわかる。

> **これって WebLogic なの？　それとも Spring なの？**
> Oracle WebLogic Server のスタックトレースを見たときに、Spring Framework のクラスへの参照が登場することがよくある。あなたのアプリケーションでそれを使っているわけではない。使っているのは、JEE と EJB Session Beans だけである。スタックトレースに登場した Spring のクラスは、WebLogic の EJB コンテナの実装に含まれるものだ。「長いものには巻かれろ」ってやつかもね。

　これまでに紹介した三つの境界づけられたコンテキストのサンプルでは、Spring Framework を使って実装することを選んだ。しかし、これらのコンテキストを、別のエンタープライズコンテナに乗せかえることだって、簡単にできる。したがって、仮にあなたのプロジェクトで Spring を使っていなかったとしても、失うものは何もない。本書のサンプルも、問題なく読み進められるはずだ。コンテナごとの論理的な差異は、最小限になっている。

　第 12 章「リポジトリ」では、Spring の設定を使って、アプリケーションサービスにトランザクションのサポートを組み込む方法を示した。そしてこれを、ドメインオブジェクトの永続化に利用した。ここでは、Spring の設定のそれ以外の部分を見ていこう。ここでとりあげるファイルは、以下の二つだ。

```
config/spring/applicationContext-application.xml
config/spring/applicationContext-domain.xml
```

　そのファイル名が示すとおり、これらのファイルは、アプリケーションサービスとドメインモデルのコンポーネントを接続するためのものである。アプリケーションのワイヤリングの一部を抜き出してみる。

```xml
<beans ...>
    <aop:aspectj-autoproxy/>

    <tx:annotation-driven transaction-manager="transactionManager"/>
    ...
    <bean
        id="applicationServiceRegistry"
        class="com.saasovation.identityaccess.application.ApplicationServiceRegistry"
        autowire="byName">
    </bean>
    ...
    <bean
        id="tenantIdentityService"
        class="com.saasovation.identityaccess.application.TenantIdentityService"
```

```
            autowire="byName">
        </bean>
        ...
</beans>
```

tenantIdentityService については、ここまでですでに内容を紹介済みだ。これを、ユーザーインターフェイスなどの、他の Spring bean と接続する。bean のインスタンスを注入するよりもサービスファクトリを使う方法のほうが好みなら、設定ファイルにある applicationServiceRegistry を使えばいい。これは、すべてのアプリケーションサービスへの検索機能を提供する bean で、以下のようにして使うことができる。

```
...
ApplicationServiceRegistry
    .tenantIdentityService()
    .deactivateTenant(tenantId);
```

このようにできる理由は、bean が新しく作られるときに、Spring の ApplicationContext が注入されているからである。

レジストリと同様に、リポジトリやドメインサービスなど、ドメインモデルのその他のコンポーネントへのアクセス機能を持つ bean も用意されている。以下に、レジストリ・リポジトリ・ドメインサービス用の bean の設定を示す。

```
<beans ...>
    ...
    <bean
        id="authenticationService"
        class="com.saasovation.identityaccess.infrastructure.services
                            .DefaultEncryptionAuthenticationService"
        autowire="byName">
    </bean>

    <bean
        id="domainRegistry"
        class="com.saasovation.identityaccess.domain.model.DomainRegistry"
        autowire="byName">
    </bean>

    <bean
        id="encryptionService"
        class="com.saasovation.identityaccess.infrastructure.services
                            .MessageDigestEncryptionService"
        autowire="byName">
    </bean>

    <bean
        id="groupRepository"
```

```xml
            class="com.saasovation.identityaccess.infrastructure.persistence
                            .HibernateGroupRepository"
        autowire="byName">
</bean>

<bean
    id="roleRepository"
    class="com.saasovation.identityaccess.infrastructure.persistence
                            .HibernateRoleRepository"
        autowire="byName">
</bean>

<bean
    id="tenantProvisioningService"
    class="com.saasovation.identityaccess.domain.model.identity
                            .TenantProvisioningService"
        autowire="byName">
</bean>

<bean
    id="tenantRepository"
    class="com.saasovation.identityaccess.infrastructure.persistence
                            .HibernateTenantRepository"
        autowire="byName">
</bean>

<bean
    id="userRepository"
    class="com.saasovation.identityaccess.infrastructure.persistence
                            .HibernateUserRepository"
        autowire="byName">
</bean>
</beans>
```

DomainRegistry を使うと、Spring で登録したこれらの bean にアクセスできる。また、これらはすべて、依存性の注入を用いて他の Spring の bean でも使える。したがって、アプリケーションサービス側で、サービスファクトリと依存性の注入のどちらを使うかを選べるようになる。これら二通りの手法と、コンストラクタを使った依存性の注入との比較については、第 7 章「サービス」で詳しく扱っているので、そちらを参照すること。

14.6 まとめ

本章では、アプリケーションがどのように動くのかを、ドメインモデルを取り巻く環境から考えた。

- ドメインモデルのデータをユーザーインターフェイス向けにレンダリングするための、いくつかの方法を検討した。
- ユーザーからの入力を、ドメインモデルに適用する方法を見た。
- さまざまな種類のユーザーインターフェイスがある場合に、モデルのデータを受け渡しするための、さまざまな選択肢を学んだ。
- アプリケーションサービスとその責務について考えた。
- アプリケーションサービスからの出力を、各種のクライアントの型から切り離すための選択肢を身につけた。
- インフラストラクチャを使って、アプリケーションの技術的な実装をドメインモデルから切り離す方法を学んだ。
- DIP を使って、アプリケーションのあらゆる側面のクライアントを、実装ではなく抽象に依存させるようにする方法を検討した。これは、疎結合を推進するものだった。
- 最後に、一般的なアプリケーションサーバーやエンタープライズコンポーネントコンテナが、アプリケーションにどんな仕組みを提供してくれるのかを見た。

これであなたは、注意深くドメインモデルを作りあげるところから、アプリケーション全体を構成するコンポーネントまで、DDD を実践するためのしっかりとした足がかりをつかめたはずだ。

付録 A

集約とイベントソーシング：A+ES

寄稿者：Rinat Abdullin

イベントソーシングという概念は何十年も前から存在するものだが、Greg Young がそれを DDD に適用したことで、一般にも広まりつつある [Young, ES]。

　イベントソーシングを使うと、**集約** (10) 全体の状態を、作成時以降に発生した**イベント** (8) のシーケンスとして表せる。イベントを使って集約の状態を再構築するには、発生時と同じ順番で、これらのイベントを順に再生すればいい。この手法を使うことで永続化がシンプルになって、複雑な振る舞いをする概念をとらえやすくなる。

　個々の集約の状態を表す一連のイベント群をとらえるのが、追記限定のイベントストリームである。集約の状態をさらに変更した場合は、その操作に伴う新たなイベントがイベントストリームの末尾に追加される。そのようすを示したのが図 A-1 だ（本章では、グレーの四角形でイベントを表して、他のコンポーネントとは区別できるようにする）。

図A-1：ドメインイベントをその発生順に並べたイベントストリーム

　集約のイベントストリームは、通常は**イベントストア** (8) に永続化する。個々のストリームを区別するために使うのは、集約のルート**エンティティ** (5) の識別子であることが多い。イベントソーシングで使うためのイベントストアの構築方法については、後ほど詳しく説明する。

　ここから先は、イベントソーシングを使って集約の状態を管理したり永続化させたりする手法のことを、**A+ES**（**A**ggregates and **E**vent **S**ourcing）と呼ぶことにする。

A+ES の主な利点を、以下にまとめた。

- イベントソーシングは、集約のインスタンスに変更が加わった理由を、失われないように保証できる。昔ながらの手法（集約の最新の状態をシリアライズしてデータベースに格納する方法）の場合は、以前にシリアライズした状態を上書きしてしまうので、過去の状態は復元できない。しかし、集約のインスタンス作成以降に行われた個々の変更の理由がすべて残っていれば、業務的にも計りしれない価値がある。第 4 章「アーキテクチャ」で議論したとおり、さまざまなメリットが考えられる。信頼性が向上するし、短期的・長期的なビジネスインテリジェンスにも使えるし、分析にも使える。また、監査証跡にもなるし、デバッグの際に特定の時点の状態を再現することもできる。
- イベントストリームには追記しかできないので、パフォーマンスは非常に良好になる。また、データのレプリケーションも、さまざまな方法で行える。LMAX などの企業が株式取引システムに採用しているのと同じような、遅延がほとんどない手法も活用できるだろう。
- イベント中心のアプローチで集約を設計すれば、開発者は、**ユビキタス言語** (1) で表す振る舞いにさらに注力できるようになる。オブジェクトリレーショナルマッピングのインピーダンスミスマッチを回避できるからだ。また、システムはより堅牢になり、変更にも強いものとなるだろう。

ただ、誤解しないでほしい。A+ES は決して銀の弾丸ではなく、実際には以下のような弱点もある。

- A+ES 用のイベントを定義するには、業務ドメインに関する深い知識が必要となる。DDD のプロジェクトなら何でもそうだが、このレベルの作業をまともに行うには、その組織が競合優位性を引き出すために作った、複雑なモデルを扱う必要がある。
- 本書の執筆時点で、この分野については、まだツールもそろっていないし、知識体系もきちんとまとまっていない。経験の浅いチームがこの手法を使おうとすると、コストもリスクも高くなってしまうだろう。
- 一方で、経験豊富な開発者の数は限られている。
- A+ES を実装しようとすると、ほぼ間違いなく、何らかの形でのコマンドクエリ責務分離（**CQRS**) (4) が必要になる。イベントストリームへのクエリは難しいからだ。そのため、開発者にかかる認知的負荷は増えるだろうし、学習曲線も険しくなる。

これらの課題を苦にしない人たちにとっては、A+ES を使った実装が大きなメリットをもたらすだろう。この強力な手法をオブジェクト指向の世界で利用するための方法を見ていこう。

A.1　アプリケーションサービスの内部構造

アプリケーションサービス (4, 14) 内での A+ES を見て、その概要を把握しよう。集約は、ドメインモデル内に配置して、アプリケーションサービスの裏側に置くのが一般的だ。このとき、アプリケーションサービスが、ドメインモデルの直接のクライアントとなる。

　アプリケーションサービスに制御が移ったら、集約を読み込んで、集約上でのビジネス操作で使われることのある**ドメインサービス** (7) の取得も行う。アプリケーションサービスが集約のビジネス操作に処理を委譲すると、その結果としてイベントが生成される。このイベントが集約の状態を変化させて、さらにサブスクライバ向けの通知としても発行される。集約のメソッドが、パラメータとしてドメインサービスを要求することもある。受け取ったドメインサービスを使って何かの値を計算したり、集約の状態を変更したりする。ドメインサービスの操作の中には、支払いゲートウェイの呼び出しや、一意な識別子の取得、あるいはリモートシステムからのデータの取得などが含まれる。図 A-2 に、この動きを示す。

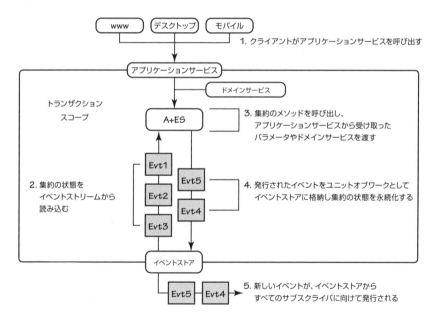

図A-2：アプリケーションサービスが、集約へのアクセス制御を行い、そして集約を利用する

　以下のコードは、アプリケーションサービスを C# で実装したものだ。図 A-2 の各ステップにどのように対応するのかを示している。

```
public class CustomerApplicationService
{
    // イベントストリームにアクセスするためのイベントストア
```

```csharp
  IEventStore _eventStore;

  // 集約が利用するドメインサービス
  IPricingService _pricingService;

  // このアプリケーションサービス用の依存を、コンストラクタで受け取る
  public CustomerApplicationService(
    IEventStore eventStore,
    IPricingService pricing)
  {
    _eventStore = eventStore;
    _pricingService = pricing;
  }

  // ステップ 1:Customer アプリケーションサービスの
  // LockForAccountOverdraft メソッドを呼ぶ
  public void LockForAccountOverdraft(
    CustomerId customerId, string comment)
  {
    // ステップ 2.1:Customer 用のイベントストリームを、id を指定して読み込む
    var stream = _eventStore.LoadEventStream(customerId);
    // ステップ 2.2:イベントストリームから集約を構築する
    var customer = new Customer(stream.Events);
    // ステップ 3:集約のメソッドを呼び、その引数と
    // pricing ドメインサービスを渡す
    customer.LockForAccountOverdraft(comment, _pricingService);
    // ステップ 4:イベントストリームへの変更を、id を指定してコミットする
    _eventStore.AppendToStream(
      customerId, stream.Version, customer.Changes);
  }

  public void LockCustomer(CustomerId customerId, string reason)
  {
    var stream = _eventStore.LoadEventStream(customerId);
    var customer = new Customer(stream.Events);
    customer.Lock(reason);
    _eventStore.AppendToStream(
      customerId, stream.Version, customer.Changes);
  }

  // このアプリケーションサービスの、その他のメソッドが続く
}
```

CustomerApplicationService を初期化する際に、コンストラクタ経由で二つの依存コンポーネントを受け取る。IEventStore と IPricingService だ。コンストラクタベースの初期化は、依存関係を設定するのに適した手段であるが、それ以外にも、サービスファクトリを使ったり依存性の注入を使ったりする方法もある。あなたのチームで標準の手法が決まっているのなら、それを使えばいい。

IEventStore にシンプルなインターフェイスを定義して、EventStream と組み合わせて使う。

> **サンプルコードはどこにある?**
> A+ES のサンプルのソースコードは、以下のページからダウンロードできる。
> http://lokad.github.io/lokad-iddd-sample/

```
public interface IEventStore
{
    EventStream LoadEventStream(IIdentity id);

    EventStream LoadEventStream(
        IIdentity id, int skipEvents, int maxCount);

    void AppendToStream(
        IIdentity id, int expectedVersion, ICollection<IEvent> events);
}

public class EventStream
{
    // イベントストリームのバージョン
    public int Version;

    // ストリーム内のすべてのイベントのリスト
    public List<IEvent> Events;
}
```

このイベントストアは、きわめて簡単に実装できる。リレーショナルデータベース（Microsoft SQL Server や Oracle、MySQL など）を使ってもいいし、整合性を強く保証する NoSQL ストレージ（ファイルシステムや MongoDB、RavenDB、Azure の Blob ストレージなど）を使ってもいい。

イベントをイベントストアから読み込む際には、集約の一意な識別子を指定して、その集約を再構築する。集約 Customer を使って、その方法を確認しよう。識別子はどんな型であってもかまわないが、表現力を考慮して、ここでは、IIdentity インターフェイスを実装した CustomerId を利用する。

指定した Customer に関するイベントを読み込む必要がある。読み込んだイベントを Customer のコンストラクタに渡して、集約を初期化する。

```
var eventStream = _eventStore.LoadEventStream(customerId);

var customer = new Customer(eventStream.Events);
```

図 A–3 に示すように、集約にイベントを適用するときには、Mutate() メソッドを使ってイベントを再生する。その動きは、以下のようになる。

```
public partial class Customer
{
  public Customer(IEnumerable<IEvent> events)
  {
    // この集約の最新版を復元する
    foreach (var @event in events)
    {
      Mutate(@event);
    }
  }

  public bool ConsumptionLocked { get; private set; }

  public void Mutate(IEvent e)
  {
    // .NET が自動的に、マッチするシグネチャの
    // 'When' ハンドラを呼び出す
    ((dynamic) this).When((dynamic)e);
  }

  public void When(CustomerLocked e)
  {
    ConsumptionLocked = true;
  }

  public void When(CustomerUnlocked e)
  {
    ConsumptionLocked = false;
  }

  // その他のコード
```

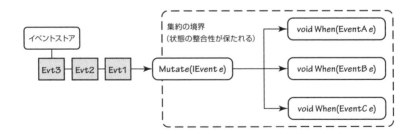

図A-3：イベントをその発生順に適用して、集約の状態を復元する

　Mutate() は、.NET の仕組みを用いて、指定したイベントの型に対応する When() メソッドを探す。そして、そのメソッドにイベントを渡して実行する。Mutate() の処理が終わると、Customer のインスタンスは完全に復元された状態になる。
　イベントストアから集約のインスタンスを復元する一連の操作は、以下のように、再利用可能なク

エリとして定義できる。

```
public Customer LoadCustomerById(CustomerId id)
{
    var eventStream = _eventStore.LoadEventStream(id);
    var customer = new Customer(eventStream.Events);
    return customer;
}
```

　集約のインスタンスを過去のイベントのストリームから復元する方法がわかってしまえば、過去の履歴のそれ以外の使い道も、容易に思い浮かぶだろう。たとえば、過去にさかのぼって、いつ何が発生したのかを見ることができる。この機能は、実運用環境のデバッグをしなければいけなくなった際などに、非常に役立つ。

　ビジネス操作はどのように実行するのだろう？　集約をイベントストアから再構築し終えたら、アプリケーションサービスは、集約インスタンスのコマンドに処理を委譲する。このコマンドは、現在の状態（そして、必要ならドメインサービス）を用いて、操作を遂行する。実行し終えたら、状態の変更を新しいイベントとして表す。新しいイベントが発生するたびに、それが集約の`Apply()`メソッドに渡される。このようすを図A-4に示す。

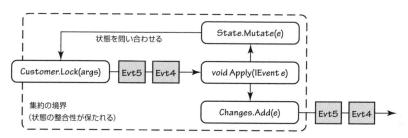

図A-4：集約の状態は、これまでに発生したイベントで決まる。そして、何らかの振る舞いの結果として、新しいイベントが発生する

　次のコードに示すとおり、新しいイベントは`Changes`コレクションに追加されて、集約の現在の状態を変更するのに用いられる。

```
public partial class Customer
{
    ...
    void Apply(IEvent event)
    {
        // イベントを、変更リストに追加する
        Changes.Add(event);

        // そのイベントを使って、現在のメモリ上の状態を変更する
        Mutate(event);
```

```
  }
  ...
}
```

Changes コレクションに追加されたすべての変更は、新しく追加されたものとして永続化される。各イベントは、集約の状態をその場で変更する際にも使われるので、もし複数の段階を踏む振る舞いの場合は、個々の段階ごとに最新の状態からの操作を行う。

次に、集約 Customer の振る舞いをいくつか見てみよう。

```
public partial class Customer
{
  // 集約クラスの二番目のパーツ
  public List<IEvent> Changes = new List<IEvent>();

  public void LockForAccountOverdraft(
    string comment, IPricingService pricing)
  {
    if (!ManualBilling)
    {
      var balance = pricing.GetOverdraftThreshold(Currency);
      if (Balance < balance)
      {
        LockCustomer("Overdraft. " + comment);
      }
    }
  }

  public void LockCustomer(string reason)
  {
    if (!ConsumptionLocked)
    {
      Apply(new CustomerLocked(_state.Id, reason));
    }
  }

  // その他のメソッドついては省略

  void Apply(IEvent e)
  {
    Changes.Add(e);
    Mutate(e);
  }
}
```

状態の変更が完了したら、Changes コレクションをイベントストアにコミットしなければいけない。新しい変更をすべて追加したので、他の書き込みスレッドとの並行処理の衝突は発生しない。このチェックができる理由は、並行性のバージョン管理用変数を Load() から Append() に渡しているからである。

実装クラスを二つに分ける
コードをよりすっきりさせるために、A+ES の実装を二つのクラスに分けることもできる。状態を管理するクラスと、振る舞いを管理するクラスに分けて、振る舞いを管理するクラスが状態のオブジェクトを保持すればいい。二つのオブジェクトの協調には、`Apply()` メソッドだけを利用する。こうすれば、イベント以外の手段では状態を変更できないことを保証できる。

最もシンプルな実装なら、新たに追加されたイベントをバックグラウンドにいるプロセッサが検出して、それをメッセージングインフラストラクチャ（RabbitMQ や JMS、MSMQ など）に発行して、他のシステムに配送する。そのようすを図 A–5 に示す。

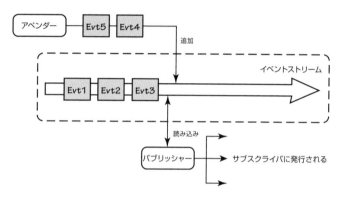

図A–5：集約上での振る舞いの結果として新しく追加されたイベントが、サブスクライバに発行される

このシンプルな実装を、もう少し念入りに作ったものにしてみよう。たとえば、イベントのクローンを作って、耐障害性を高めるなどの方法がある。図 A–6 は、その場でイベントを複製して、クローンをひとつ作るようすを示したものだ。この場合、マスターのイベントストアは、クローンのイベントストアへの複製が成功してはじめて、イベントの保存が完了したとみなす。ライトスルー戦略だ。

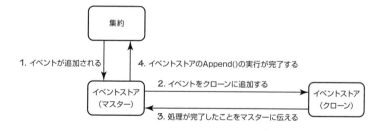

図A–6：ライトスルー：マスターのイベントストアは、新しく追加されたイベントを、すぐにクローンのイベントストアにコピーする

それに代わる手法としては、変更がマスターに保存された後で、別スレッドを使ってクローンにイ

ベントを複製する方法がある。ライトビハインド戦略だ。この手法を図 A–7 に示す。この場合は、クローンがマスターと同期していない状態になることもありえる。特に、サーバーがクラッシュした場合や、ネットワークの遅延の影響を受けた場合などに、そうなる可能性が高い。

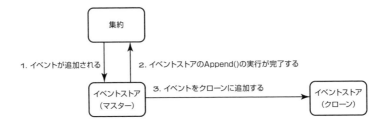

図A–7：ライトビハインド：マスターのイベントストアは、新しく追加されたイベントを、最終的にすべてクローンのイベントストアにコピーする

ここまでの議論のまとめとして、アプリケーションサービス上での操作を実行してからの、処理の流れを振り返ろう。

① クライアントが、アプリケーションサービス上のメソッドを実行する。
② ビジネス操作を実行するために必要なドメインサービスがあれば、それを取得する。
③ クライアントが提供する集約インスタンスの識別子を使って、その集約用のイベントストリームを取得する。
④ ストリームから取得したすべてのイベントを順に適用して、集約のインスタンスを復元する。
⑤ 集約が提供するビジネス操作を実行し、インターフェイスの契約で求められているすべてのパラメータを渡す。
⑥ 集約はダブルディスパッチを使って、渡されたドメインサービスやその他の集約に処理を渡すかもしれない。その後、操作の結果を表す新しいイベントを作る。
⑦ ビジネス操作が失敗しなかったと仮定して、新しく作られたすべてのイベントをストリームに追加する。その際に、ストリームのバージョンを確認して、並行性の衝突を回避する。
⑧ 新しく追加されたイベントをイベントストアから取り出して、何らかのメッセージングインフラストラクチャを用いてサブスクライバに発行する。

この A+ES の実装の改良には、さまざまな選択肢がある。たとえば、**リポジトリ** (12) を使ってイベントストアへのアクセスをカプセル化して、集約のインスタンスの復元処理を隠蔽できる。これまでのコードを前提として、リポジトリの基底クラスを作って使いまわせるようにするのも簡単なことだろう。ここでは、さまざま選択肢の中から、A+ES の設計を充実させるための実践的な二点を紹介しよう。**コマンドハンドラ**と**ラムダ**だ。

A.2　コマンドハンドラ

コマンド (4, 14) とコマンドハンドラを使ってアプリケーションのタスク管理を制御すると、どんな利点があるのかを考えてみよう。まずは、アプリケーションサービスと、その LockCustomer() メソッドを改めて見直す。

```
public class CustomerApplicationService
{
  ...
  public void LockCustomer(CustomerId id, string reason)
  {
    var eventStream = _eventStore.LoadEventStream(id);
    var customer = new Customer(stream.Events);
    customer.LockCustomer(reason);
    _store.AppendToStream(id, eventStream.Version, customer.Changes);
  }
  ...
}
```

さて、メソッド名とそのパラメータをシリアライズした表現を作ることを考えてみよう。どんなふうになるだろうか？　アプリケーションの操作に沿った名前のクラスを作り、そのインスタンス変数を、サービスのメソッドのパラメータにマッチさせることができる。このクラスは、コマンド形式になる。

```
public sealed class LockCustomerCommand
{
  public CustomerId { get; set; }
  public string Reason { get; set; }
}
```

コマンドの契約はイベントの動作に沿っており、同じような形式のシステムでも共有できるものだ。このコマンドを、アプリケーションサービスのメソッドに渡すことができる。

```
public class CustomerApplicationService
{
  ...
  public void When(LockCustomerCommand command)
  {
    var eventStream = _eventStore.LoadEventStream(command.CustomerId);
    var customer = new Customer(stream.Events);
    customer.LockCustomer(command.Reason);
    _eventStore.AppendToStream(
      command.CustomerId, eventStream.Version, customer.Changes);
  }
  ...
}
```

このシンプルなリファクタリングによって、システムにとっての長期的なメリットがいくつか得られるようになった。その詳細を見ていこう。

コマンドオブジェクトはシリアライズできるので、テキスト形式あるいはバイナリ形式のメッセージとして、メッセージキュー経由で送信できる。コマンドオブジェクトを含むメッセージの配送先はメッセージハンドラで、今回の場合ならコマンドハンドラにあたる。コマンドハンドラとアプリケーションサービスのメソッドはほぼ同等であり、同じように呼ばれることもある。しかしコマンドハンドラは、事実上アプリケーションサービスのメソッドを置き換えるものである。いずれにせよ、クライアントをアプリケーションサービスから切り離しておけば、**負荷分散にも有利だし、競合コンシューマーパターンも使えるし、システムのパーティショニングにも対応できる**。負荷分散を例にとって考えよう。負荷が集中しないようにするには、まず、同じコマンドハンドラ（意味的にはアプリケーションサービスとなる）を任意の数のサーバー上で立ち上げる。コマンドがメッセージキューに入ると、そのメッセージは、待ち受けている複数のコマンドハンドラのいずれかひとつに配送できるようになる。これを示したのが図 A-8 だ（本章では、コマンドを円形のオブジェクトで表す）。実際の配送先の選定には、シンプルなラウンドロビン方式を使ってもいいし、もう少し凝った配送アルゴリズムを使ってもいい。メッセージングインフラストラクチャが提供する方式の中から選ぼう。

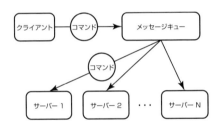

図A-8：アプリケーションのコマンドを、任意の数のコマンドハンドラに分散させる

この手法を使うと、クライアントとアプリケーションサービスとの間での**時間的な分離**を実現できて、より堅牢なシステムになる。たとえば、仮にアプリケーションサービスが（メンテナンスやアップグレードなどの理由で）一時的に利用不能になっていた場合でも、クライアントの処理がブロックされることがなくなる。そんな場合でもコマンドは永続キューに格納され、サーバーがオンラインになった時点でコマンドハンドラ（アプリケーションサービス）によって処理される。そのようすを図 A-9 に示す。

それ以外には、コマンドのディスパッチの際に、必要に応じて別のアスペクトを差し込めるという利点もある。たとえば、監査やログ出力、認証、バリデーションなどの仕組みを、簡単に追加できる。

ログ出力機能を差し込むことを考えてみよう。まずは標準のインターフェイスを定義して、アプリケーションサービスのクラスでそれを実装する。

A.2 コマンドハンドラ

```
public interface IApplicationService
{
    void Execute(ICommand cmd);
}

public partial class CustomerApplicationService : IApplicationService
{
  public void Execute(ICommand command)
  {
    // このコマンドに対応できる When()
    // メソッドに、コマンドを渡す
    ((dynamic)this).When((dynamic)command);
  }
}
```

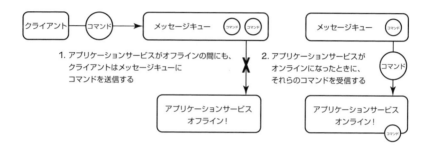

図A-9：メッセージベースのコマンドとコマンドハンドラとの間の時間的な分離のおかげで、可用性に関して柔軟なシステムを用意できる

 Execute と Mutate の実装は似ている
この Execute() メソッドの実装には、先ほど A+ES の集約の設計の一部として示した Mutate() メソッドと似た性質があることに注意しよう。

すべてのコマンドハンドラ（アプリケーションサービス）に標準のインターフェイスを実装できたら、事前にも事後にもさまざまな機能を差し込めるようになる。たとえば、汎用的なログ出力を行うなら、以下のようになる。

```
public class LoggingWrapper : IApplicationService
{
  readonly IApplicationService _service;

  public LoggingWrapper(IApplicationService service)
  {
```

```
      _service = service;
    }

    public void Execute(ICommand cmd)
    {
      Console.WriteLine("Command: " + cmd);
      try
      {
        var watch = Stopwatch.StartNew();
        _service.Execute(cmd);
        var ms = watch.ElapsedMilliseconds;
        Console.WriteLine("  Completed in {0} ms", ms);
      }
      catch( Exception ex)
      {
        Console.WriteLine("Error: {0}", ex);
      }
    }
  }
```

すべてのアプリケーションサービスは共通のインターフェイスを実装しているので、汎用的なユーティリティをいくつでも差し込める。実際にコマンドハンドラが動く前（あるいは動いた後）に、何らかの操作ができるようになるだろう。CustomerApplicationService に、実行前後のログ出力機能を差し込んで初期化する例は、以下のようになる。

```
var customerService = 
  new CustomerApplicationService(eventStore, pricingService);
var customerServiceWithLogging = new LoggingWrapper(customerService);
```

もちろん、コマンドがシリアライズされたオブジェクトとしてコマンドハンドラにディスパッチされるということから、各種の障害への対応や異常系の処理も、一か所でまとめて行える。たとえば、リソース競合などの何らかのエラーが発生した場合は、標準のリカバリーアクションとして、同じ操作を X 回再試行するなどの対応ができる。これを Capped Exponential Back-off 方式で行うようにすれば、すべての再試行を、統一された信頼できる方法で実行できて、それをひとつのクラスだけで管理できるようになる。

A.3　ラムダ構文

ラムダ式をサポートするプログラミング言語なら、イベントストリームの管理用のコードを何度も書かずに済ませることもできる。それを示すために、アプリケーションサービスの中にこんなヘルパーメソッドを用意した。

```
public class CustomerApplicationService
{
```

```
...
public void Update(CustomerId id, Action<Customer> execute)
{
  EventStream eventStream = _eventStore.LoadEventStream(id);
  Customer customer = new Customer(eventStream.Events);
  execute(customer);
  _eventStore.AppendToStream(
    id, eventStream.Version, customer.Changes);
}
...
}
```

このメソッドのパラメータ Action<Customer> execute は、無名関数（C#の delegate）への参照で、あらゆる Customer のインスタンスに対して操作を行うことができる。ラムダ式のおかげでコードが簡潔になっているのが、Update() に渡すパラメータだ。

```
public class CustomerApplicationService
{
  ...
  public void When(LockCustomer c)
  {
    Update(c.Id, customer => customer.LockCustomer(c.Reason));
  }
  ...
}
```

C#のコンパイラは、実際には以下と同等のコードを生成して、ラムダ式の意図を実現する。

```
public class AnonymousClass_X
{
    public string Reason;
    public void Execute(Customer customer);
    {
        Customer.LockCustomer(Reason);
    }
}

public delegate void Action<T>(T argument);

public void When(LockCustomer c)
{
  var x = new AnonymousClass_X();
  x.Reason = c.Reason
  Update(c.Id, new Action<Customer>(customer => x.Execute(customer)));
}
```

生成された関数は Customer のインスタンスを引数として受け取る。Update() は Customer の振る舞いを記録して、さまざまな Customer のインスタンスに対して何度でも無名関数を実行できる。

ラムダの威力については、次の節でも紹介する。

A.4　並行性制御

　集約のイベントストリームに対して、複数のスレッドから同時にアクセスがあって、同時に読まれることもありえる。そうなると、並行処理の衝突が発生する可能性が出てくる。これを無視して放置していると、集約が不正な状態になってしまう問題が発生する。二つのスレッドが、イベントストリームを同時に変更しようとした場合を考えてみよう。そのようすを図 A–10 に示す。

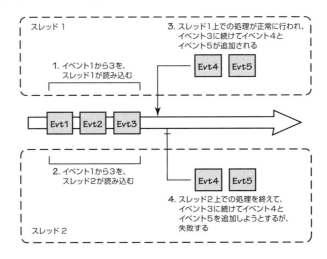

図A-10：A+ES を使うように作られた集約のインスタンスに対して、二つのスレッドからのアクセスが競合する例

　この状況を解消する最もシンプルな方法は、第 4 ステップで EventStoreConcurrencyException を使って、最終的なクライアントまで伝播させることだ。

```
public class EventStoreConcurrencyException : Exception
{
    public List<IEvent> StoreEvents { get; set; }
    public long StoreVersion { get; set; }
}
```

　最終的なクライアントがこの例外をキャッチすれば、ユーザーにはおそらく、処理をやり直すように促す通知を出せるだろう。
　この手法を使う代わりに、標準的な再試行を行えればそれが一番だ、という意見には同意してもらえることだろう。そこで、イベントストアが EventStoreConcurrencyException を投げたら、すぐにリカバリーを試みることもできる。

```
void Update(CustomerId id, Action<Customer> execute)
{
  while(true)
  {
    EventStream eventStream = _eventStore.LoadEventStream(c.Id);
    var customer = new Customer(eventStream.Events);
    try
    {
      execute(customer);
      _eventStore.AppendToStream(
        c.Id, eventStream.Version, customer.Changes);
      return;
    }
    catch (EventStoreConcurrencyException)
    {
      // 処理に失敗したので再試行する。その際に待ち時間を入れることもできる。
    }
  }
}
```

並行処理の衝突が発生した場合は、以下の二つのステップを追加して、この問題に対応する。

① スレッド 2 が例外をキャッチして、処理に失敗する。そして、while ループの先頭に制御が移る。このとき、イベント 1 から 5 は、新しい Customer のインスタンスに読み込まれる。
② スレッド 2 は、再読み込みされた Customer 上の delegate を再実行する。これがイベント 6 から 7 を作り、イベント 5 の後に正常に追加される。

集約の振る舞いを再実行するのが難しい、あるいは何らかの理由で不可能であるといった場合（たとえば、コストのかかるサードパーティの発注システムと統合していたり、クレジットカードへの課金が発生したりする場合）は、別の方針を考えたいところだ。

図 A-11 に示すとおり、別の方針のひとつとして考えられるのがイベントの衝突の解消だ。これを使って、並行処理の例外の発生を減らす。シンプルな衝突回避の実例を、以下に示す。

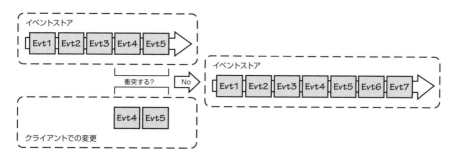

図A-11：集約のイベントストリーム上での、イベントの衝突の解消

```
void UpdateWithSimpleConflictResolution(
  CustomerId id, Action<Customer> execute)
{
  while (true)
  {
    EventStream eventStream = _eventStore.LoadEventStream(id);
    Customer customer = new Customer(eventStream.Events);
    execute(customer);

    try
    {
      _eventStore.AppendToStream(
        id, eventStream.Version, customer.Changes);
      return;
    }
    catch (EventStoreConcurrencyException ex)
    {
      foreach (var failedEvent in customer.Changes)
      {
        foreach (var succeededEvent in ex.ActualEvents)
        {
          if (ConflictsWith(failedEvent, succeededEvent))
          {
            var msg = string.Format("Conflict between {0} and {1}",
              failedEvent, succeededEvent);
            throw new RealConcurrencyException(msg, ex);
          }
        }
      }
      // 衝突がなかったので、追加できる
      _eventStore.AppendToStream(
        id, ex.ActualVersion, customer.Changes);
    }
  }
}
```

ここでは、衝突検出用の ConflictsWith() メソッドを使って、同時にイベントストアに追加された（そして例外として報告された）集約のイベントどうしを比較する。

この衝突回避メソッドは、サポートする振る舞いの種類に応じて、集約のルートごとに定義するのが一般的だ。しかし、集約の大半で動作するような ConflictsWith() の実装もある。

```
bool ConflictsWith(IEvent event1, IEvent event2)
{
  return event1.GetType() == event2.GetType();
}
```

この衝突解消法は、「同じ型のイベントは、常にお互いに衝突する。しかし、異なる型のイベントは決して衝突しない」というシンプルなルールに沿ったものだ。

A.5　構造上の束縛から解放された A+ES

　A+ES を使う最大の現実的なメリットは、永続化がシンプルに行えることと、多用途に使えることだ。集約の構造がどんなに複雑化したところで、それは常に、シリアライズした一連のイベント群で表現できて、それらを使えば容易に再構築できる。多くのドメインでは、モデルに対していろいろな変更が加わっていく。変化し続けるシステムにおいて新たに発生した要件から、新たな振る舞いや細かいモデリングの変更が発生するのだ。そういった大きな変更にあわせて、集約の内部実装に手を加えざるを得ないこともあるだろう。そんな場合でも A+ES なら、変更のリスクは少なくなるし、開発者にも負担がかかりにくくなる。

　イベントストリームとは、特定の識別子に関連づけられたイベントのシーケンスを指すのが一般的だ。本質的に、これは単に、お好みのシリアライザを使ってバイトブロックに変換したメッセージを、追記限定のリストにまとめたものに過ぎない。そのため、イベントストリームの永続化には、どんな仕組みでも使える。リレーショナルデータベースでも NoSQL ストレージでも、プレーンなファイルシステムでもクラウドストレージでも、そのストレージが整合性を強く保証している限りは大丈夫である。

　A+ES の永続性には、三つの大きな利点がある。これらは特に、長く続くような**境界づけられたコンテキスト** (2) において重要である。

- 集約の内部実装を、必要に応じてどんな構造の表現にも変換できて、ドメインエキスパートから新たな振る舞いを求められても対応できる。
- インフラストラクチャ全体を、さまざまなホスティング方式に移せるので、クラウドの障害に対応したり、フェイルオーバーの仕組みを用意したりできる。
- どの集約のインスタンス用のイベントストリームも開発マシンにダウンロードでき、開発マシン上でそれを再生してデバッグができるようになる。

A.6　パフォーマンス

　巨大なストリームから集約を読み込もうとすると、パフォーマンス上の問題が発生することもある。ひとつのストリームに数十万件から数百万件ものイベントが入っている場合などに、特に問題になりやすい。そんな問題を解決するために使えるシンプルなパターンを、いくつか紹介する。

- イベントストリームをサーバーのメモリ内にキャッシュする。これは、一度イベントストアに書き込まれたイベントは不変であるという事実を利用した方法だ。イベントストアに対して何か変更があったかどうかの問い合わせをしたければ、自分が把握している最新のイベントを伝えたうえで、それ以降に発生したイベントがあるかどうかを問い合わせればいい。これで、メモリ消費のコストを大幅に抑えることができる。

- イベントストリームからの大量の読み込みやイベントの再生を避けるために、それぞれの集約のインスタンスの**スナップショット**を取得する。この方法なら、集約のインスタンスを読み込むときには、最新のスナップショットを取得してから、それ以降にイベントストリームに追加されたイベントを再生するだけで済むことになる。

図 A-12 に示すように、スナップショットとは単に、ある時点におけるその集約の完全な状態をシリアライズしたものに過ぎない。これを、イベントストリーム内にひとつのバージョンとして投入する。スナップショットをリポジトリに永続化するには、以下のようなシンプルなインターフェイスでカプセル化すればいい。

```
public interface ISnapshotRepository
{
  bool TryGetSnapshotById<TAggregate>(
    IIdentity id, out TAggregate snapshot, out int version);
  void SaveSnapshot(IIdentity id, TAggregate snapshot, int version);
}
```

図A-12：集約のイベントストリームにそのスナップショットを追加し、それに続いて、スナップショットの取得後に発生した二つのイベントが追加された

スナップショットには、ストリームのバージョンも記録する必要がある。このバージョンを見ることで、スナップショットを作った時点より後に発生したイベントだけを読み込めるようになる。まずはスナップショットを取得して、これを集約のインスタンスの基本状態とする。そして、スナップショットの取得以降に発生したすべてのイベントを読み込み、それを再生する。

```
// シンプルなドキュメントストレージのインターフェイス
ISnapshotRepository _snapshots;

// イベントストア
IEventStore _store;

public Customer LoadCustomerAggregateById(CustomerId id)
{
  Customer customer;
  long snapshotVersion = 0;
  if (_snapshots.TryGetSnapshotById(
      id, out customer, out snapshotVersion))
```

```
    {
      // スナップショットの取得以降のイベントをすべて読み込む
      EventStream stream = _store.LoadEventStreamAfterVersion(
        id, snapshotVersion);
      // そのイベントを再生して、スナップショットを更新する
      customer.ReplayEvents(stream.Events);
      return customer;
    }
    else // 永続化されたスナップショットがなかった場合
    {
      EventStream stream = _store.LoadEventStream(id);
      return new Customer(stream.Events);
    }
}
```

ReplayEvents()を使って、最新のスナップショットの取得以降のイベントで集約のインスタンスを最新の状態にする必要がある。集約のインスタンスの状態が変わるのは、最新のスナップショットを取得して以降のみであることに気をつけよう。そのため、この例におけるCustomerのように、イベントストリームだけを使うインスタンス作成は行わないことになる。また、単にApply()を使うだけというわけにもいかない。なぜなら、このメソッドは単に、現在の状態に対して特定のイベントを適用するだけではなく、受け取ったイベントをChangesコレクションに保存してしまうからである。すでにイベントストリームに格納されているイベントを再びChangesに保存すると、深刻なバグが発生してしまう。つまり、ここでは、新しいメソッドReplayEvents()を実装しなければいけないということだ。

```
public partial class Customer
{
  ...
  public void ReplayEvents(IEnumerable<IEvent> events)
  {
    foreach (var event in events)
    {
      Mutate(event);
    }
  }
  ...
}
```

Customerのスナップショットを生成するシンプルなコードを、以下に示す。

```
public void GenerateSnapshotForCustomer(IIdentity id)
{
  // 先頭からのすべてのイベントを読み込む
  EventStream stream = _store.LoadEventStream(id);
  Customer customer = new Customer(stream.Events);
  _snapshots.SaveSnapshot(id, customer, stream.Version);
```

}
```

　スナップショットの生成と永続化は、バックグラウンドスレッドに委譲することもできる。新しいスナップショットは、前回のスナップショット以降に一定の数のイベントが発生してから作ることになるだろう。そのようすを図 A-13 に示した。集約の型によってその特性はさまざまなので、スナップショットを作る閾値については、パフォーマンス要件を考慮した上で型ごとに設定すればいい。

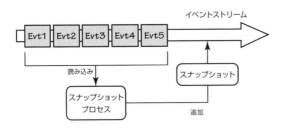

**図A-13**：一定数の新しいイベントが発生したら、集約のスナップショットを生成する

　A+ES の集約のパフォーマンス問題に対応する方法が、もうひとつある。それは、集約の識別子を使って、複数のプロセスあるいはマシンにパーティショニングする方法だ。識別子のハッシュなどのアルゴリズムを使ったパーティショニングと、これまでに紹介したメモリ上でのキャッシュやスナップショットとを組み合わせることもできる。

## A.7　イベントストアの実装

　実際に、A+ES で使えるようなイベントストアをいくつか実装してみよう。ここで扱うイベントストアはシンプルで、それほど高いパフォーマンスが求められているわけではない。しかし、ほとんどのドメインにとっては、これで十分だろう。

　イベントストアの実装は、型が違えば変わってくるが、その契約自体は同じだ。

```
public interface IEventStore
{
  // ストリームのすべてのイベントを読み込む
  EventStream LoadEventStream(IIdentity id);
  // ストリームの一部のイベントを読み込む
  EventStream LoadEventStream(
    IIdentity id, int skipEvents, int maxCount);
  // イベントをストリームに追加する
  // expectedversion 以降に別のイベントが追加されている場合は
  // OptimisticConcurrencyException を投げる
  void AppendToStream(
    IIdentity id, int expectedVersion, ICollection<IEvent> events);
}
```
```

```
public class EventStream
{
    // 戻すイベントストリームのバージョン
    public int Version;
    // ストリーム内のすべてのイベント
    public IList<IEvent> Events = new List<IEvent>();
}
```

図 A-14 に示すとおり、IEventStore の実装クラスはプロジェクトごとに作るもので、より汎用的で再利用可能な IAppendOnlyStore をラップしている。IEventStore の実装がシリアライズや強い型付けを受け持つ。一方、IAppendOnlyStore の実装は、さまざまなストレージエンジンへの低レベルなアクセス機能を提供する。

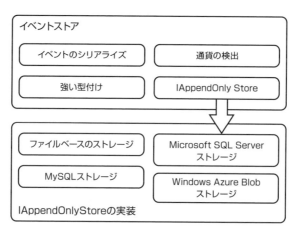

図A-14：上位レベルの IEventStore と、下位レベルの IAppendOnlyStore の特徴

イベントストアのソースコード
さまざまなイベントストアと複数のストレージ用の実装が、A+ES のサンプルプロジェクトの一部として http://lokad.github.io/lokad-iddd-sample/ からダウンロードできる。

下位レベルの IAppendOnlyStore インターフェイスは、以下のようになる。

```
public interface IAppendOnlyStore : IDisposable
{
    void Append(string name, byte[] data, int expectedVersion = -1);
    IEnumerable<DataWithVersion> ReadRecords(
        string name, int afterVersion, int maxCount);
    IEnumerable<DataWithName> ReadRecords(
```

```
    int afterVersion, int maxCount);

  void Close();
}

public class DataWithVersion
{
  public int Version;
  public byte[] Data;
}

public sealed class DataWithName
{
  public string Name;
  public byte[] Data;
}
```

ご覧のとおり、`IAppendOnlyStore` が扱うのはバイトの配列であって、イベントのコレクションではない。また、強く型付けられた識別子ではなく、文字列の名前を使っている。`EventStore` クラスが、これら二種類のデータ間の変換を行う。

`IAppendOnlyStore` では、二種類の異なる `ReadRecords()` メソッドを宣言している。最初のメソッドは、名前を指定してそのストリームのイベントを読み込むもので、もう一方のメソッドは、ストア内のすべてのイベントを読み込むものだ。どちらのメソッドの実装も、常に、永続化した順にイベントを読み込む必要がある。おそらくお気づきだろうが、最初のオーバーロードされたメソッドは、ひとつの集約の状態を再構築するときに必要となる。二番目の `ReadRecords()` は、インフラストラクチャが使うものだ。イベントを複製したり、二相コミットの必要なしにイベントを発行したり、CQRS ベースのユーザーインターフェイスで必要となるような永続読み込みモデルを再構築したりするために利用する。

シリアライズとデシリアライズ（単なるバイトと、強く型付けされたイベントオブジェクトとの変換）に使えるシンプルな手法は、.NET の `BinaryFormatter` を使うことだ。

```
public class EventStore : IEventStore
{
  readonly BinaryFormatter _formatter = new BinaryFormatter();

  byte[] SerializeEvent(IEvent[] e)
  {
    using (var mem = new MemoryStream())
    {
      _formatter.Serialize(mem, e);
      return mem.ToArray();
    }
  }

  IEvent[] DeserializeEvent(byte[] data)
```

```
    {
      using (var mem = new MemoryStream(data))
      {
        return (IEvent[])_formatter.Deserialize(mem);
      }
    }
  }
```

イベントストリームのシリアライズとデシリアライズを使ってイベントストリームを読み込む方法は、以下のようになる。

```
readonly IAppendOnlyStore _appendOnlyStore;
...
public EventStream LoadEventStream(IIdentity id, int skip, int take)
{
  var name = IdentityToString(id);
  var records = _appendOnlyStore.ReadRecords(name, skip, take).ToList();
  var stream = new EventStream();

  foreach (var tapeRecord in records)
  {
    stream.Events.AddRange(DeserializeEvent(tapeRecord.Data));
    stream.Version = tapeRecord.Version;
  }
  return stream;
}

string IdentityToString(IIdentity id)
{
  // このプロジェクトでは、すべての識別子が適切な名前を戻すものとする
  return id.ToString();
}
```

次のコードは、IAppendOnlyStore を用いて新しいイベントをイベントストアに追加するものだ。

```
public void AppendToStream(
  IIdentity id, int originalVersion, ICollection<IEvent> events)
{
  if (events.Count == 0)
    return;
  var name = IdentityToString(id);
  var data = SerializeEvent(events.ToArray());
  try
  {
    _appendOnlyStore.Append(name, data, originalVersion);
  }
  catch(AppendOnlyStoreConcurrencyException e)
  {
    // サーバーのイベントを読み込む
```

```
  var server = LoadEventStream(id, 0, int.MaxValue);
  // 実際に起こった問題を投げる
  throw OptimisticConcurrencyException.Create(
    server.Version, e.ExpectedVersion, id, server.Events);
 }
}
```

A.8　リレーショナルデータベースへの永続化

　リレーショナルデータベースがもたらす性能や、強い整合性の保証などの機能は、追加限定の永続化を実装するための最もシンプルな手法として使えるものだ。多くの企業はすでに自社で何らかのリレーショナルデータベース製品を採用しているであろうから、それを用いてイベントストアを作る際にもコストはほとんどかからないし、改めて覚えなければいけないことも少なくなる。

　MySQL はオープンソースのリレーショナルデータベースとして有名で、さまざまなプラットフォームで利用できる。そこで本章では、MySQL を使ってイベントストアを実装してみる。`MySQLAppendOnlyStore` は `IAppendOnlyStore` を実装しており、アクセスレイヤとして働く。これを使って、イベントをバイナリデータとして `ES_Events` テーブルに保存したり、保存したイベントを読み込んだりする。

　まずは、テーブル定義を示す。このテーブルが、境界づけられたコンテキストにおける各種の集約型用のイベントストリームを管理する。

```
CREATE TABLE IF NOT EXISTS `ES_Events` (
  `Id` int NOT NULL AUTO_INCREMENT,    -- 一意な id
  `Name` nvarchar(50) NOT NULL,        -- ストリーム名
  `Version` int NOT NULL,              -- ストリームのバージョン
  `Data` LONGBLOB NOT NULL             -- 格納するデータ
)
```

　トランザクション内でイベントを特定のストリームに追加するには、次の手順で処理を進める。

① トランザクションを開始する。

② イベントストアのバージョンが、期待するものから変わっていないことをたしかめる。変わっていた場合は例外を投げる。

③ 並行処理の衝突がなければ、イベントを追加する。

④ トランザクションをコミットする。

　`Append()` メソッドのソースコードは、このようになる。

```csharp
public void Append(string name, byte[] data, int expectedVersion)
{
  using (var conn = new MySqlConnection(_connectionString))
  {
    conn.Open();
    using (var tx = conn.BeginTransaction())
    {
      const string sql =
        @"SELECT COALESCE(MAX(Version),0)
          FROM `ES_Events`
          WHERE Name=?name";
      int version;
      using (var cmd = new MySqlCommand(sql, conn, tx))
      {
        cmd.Parameters.AddWithValue("?name", name);
        version = (int)cmd.ExecuteScalar();
        if (expectedVersion != -1)
        {
          if (version != expectedVersion)
          {
            throw new AppendOnlyStoreConcurrencyException(
              version, expectedVersion, name);
          }
        }
      }

      const string txt =
          @"INSERT INTO `ES_Events` (`Name`, `Version`, `Data`)
            VALUES(?name, ?version, ?data)";
      using (var cmd = new MySqlCommand(txt, conn, tx))
      {
        cmd.Parameters.AddWithValue("?name", name);
        cmd.Parameters.AddWithValue("?version", version+1);
        cmd.Parameters.AddWithValue("?data", data);
        cmd.ExecuteNonQuery();
      }
      tx.Commit();
    }
  }
}
```

IAppendOnlyStoreからの読み込みは極めて単純で、基本的なクエリを実行するだけでいい。たとえば、集約のイベントストリームからレコードの一覧を取得するコードは、以下のようになる。

```csharp
public IEnumerable<DataWithVersion> ReadRecords(
  string name, int afterVersion, int maxCount)
{
  using (var conn = new MySqlConnection(_connectionString))
  {
    conn.Open();
```

```csharp
    const string sql =
      @"SELECT `Data`, `Version` FROM `ES_Events`
        WHERE `Name` = ?name AND `Version`>?version
        ORDER BY `Version`
        LIMIT 0,?take";
  using (var cmd = new MySqlCommand(sql, conn))
  {
    cmd.Parameters.AddWithValue("?name", name);
    cmd.Parameters.AddWithValue("?version", afterVersion);
    cmd.Parameters.AddWithValue("?take", maxCount);
    using (var reader = cmd.ExecuteReader())
    {
      while (reader.Read())
      {
        var data = (byte[])reader["Data"];
        var version = (int)reader["Version"];
        yield return new DataWithVersion(version, data);
      }
    }
  }
}
```

この MySQL ベースのイベントストアの完全なソースコードは、その他のサンプルコードとともに公開されている。Microsoft SQL Server 用の、同様の実装も用意している。

A.9　BLOB の永続化

MySQL や Microsoft SQL Server などのデータベースサーバーを使えば、面倒な作業の多くを任せてしまえる。並行性制御や断片化、キャッシュ、データの整合性などに関わる処理を、楽に行えるようになるのだ。逆に、もしデータベース製品を使わなければ、こういったことをすべて自分自身で処理しなければいけなくなる。

しかし、敢えて険しい道を進むことを選んだ場合であっても、助けが得られることはある。たとえば、Microsoft Azure の Blob ストレージや、シンプルなファイルシステムストレージなどが使えるし、サンプルのプロジェクトには、これらの両者を使った実装も含まれている。

データベースを使わずにイベントストアを構築する際の、設計の指針を考えてみよう。そのいくつかを、図 A–15 にまとめた。

① このカスタムストレージは、追記限定のバイナリラージオブジェクト（BLOB）ファイルあるいはそれと同等の何かの組み合わせで構成されている。ストレージへの書き込みを行うコンポーネントは、追記の際に排他ロックを行うが、並行した読み込みアクセスは許可する。

② 方針によっては、ひとつの境界づけられたコンテキスト内のすべての型の集約のインスタンスについて、単一の BLOB での管理もできる。あるいは、集約の型ごとに個別の BLOB ストア

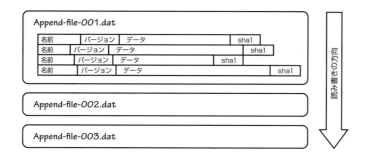

図A-15：ファイルベースの BLOB ストレージで、集約のインスタンス単位でひとつのファイルとする方式を使ったもの。ファイルの内部は、イベントごとに 1 件のレコードになっている

を用意するという方法もある。それぞれの BLOB には、特定の型のインスタンスだけを格納する。あるいは、個々の集約型用の BLOB ストレージをインスタンスごとに分けて、ひとつのインスタンスのイベントストリームをそのインスタンス用の BLOB に格納できる。

③ 書き込みコンポーネントが追記する際には、適切な BLOB ストアをオープンしてそこに書き込み、そしてストア内のインデックスを更新する。

④ BLOB の分けかたをどのようにするにせよ、新しくやってくるイベントはすべて末尾に追記する。個々のレコードには、名前とバージョンそしてバイナリデータのフィールドがある。これは、イベントのレコードをリレーショナルデータベースに格納するときと同じ方式だ。しかし、BLOB ストアの場合は、先頭に可変長のフィールドを用意して、レコードのバイト数を保持する必要がある。また、末尾にはハッシュ値や CRC などをつけて、レコードを読み込む際にデータの整合性を検証できるようにしておかなければいけない。

⑤ BLOB ベースの追記限定型ストレージは、すべてのイベントストリームにまたがってすべてのイベントを列挙できる。すべてのファイルと、その内容を列挙すればいい。ディスクのシークやストリームからのイベントの読み込みを高速化するには、専用のインメモリのインデックスを用意したり、イベントストリームをメモリ内にキャッシュしたりしなければいけないだろう。メモリのキャッシュを使う場合、ストリームへの追記のたびに、キャッシュのリフレッシュが必要になる。さらに、集約の状態のスナップショットをとったりファイルの断片化を解消したりすることも、パフォーマンスの向上に役立つだろう。

⑥ もちろん、ファイルシステムにおける断片化の問題の多くは、ファイルベースのイベントストリームを作る際に、事前に BLOB ファイル用の領域を大きく確保しておけば、防ぐことができる。

この設計は、Riak の Bitcask モデルに影響を受けたものだ。その詳細についての説明は、Riak Bitcask のアーキテクチャに関する論文（`http://downloads.basho.com/papers/bitcask-intro.pdf`）を参照すること。

A.10 集約に注目する

集約を作るときに昔ながらの永続化方式（リレーショナルデータベースを、イベントソーシングなしで利用するなど）を使っている場合は、システムに新しいエンティティを導入する、既存のエンティティに手を加えるなどの作業は、かなり面倒だ。新しいテーブルを作り、新しいマッピングスキーマを用意し、リポジトリにもメソッドを追加する必要がある。こうした開発のオーバーヘッドに抵抗していると、集約はどんどん膨れ上がる。そして、それぞれの状態の構造や振る舞いを、より集中させることになる。新しい集約を追加するより既存の集約に手を加えるほうがずっとお手軽だからだ。

しかし、もし集約を簡単に再設計できたとしたら、私たちの選ぶ道も変わってくる。イベントソーシングを使っている場合はまさに、集約の再設計は簡単になるはずだ。経験上、A+ES を使って設計した集約は小さくなる傾向がある。これは、集約の経験則のひとつでもあった。

たとえば、ソフトウェアをサービスとして提供している企業では、現実世界の顧客を表す際に、そのさまざまな振る舞いに注目して別々の集約を使うこともある。

- `Customer` は、支払いや請求、その他一般的な口座管理などの振る舞いを管理する。
- `SecurityAccount` は、複数のユーザーと、それぞれのアクセス権限を管理する。
- `Consumer` は、実際のサービスの利用状況を追跡する。

これらの集約型は、それぞれ別の境界づけられたコンテキストで実装されているかもしれない。そして、それぞれの境界づけられたコンテキストでは、使っている技術も違えばアーキテクチャも異なっている。たとえば `Consumer` は高いスケーラビリティが求められており、毎秒数千件ものメッセージを扱わなければいけない。スケーラビリティを前提とすると、`Consumer` のメッセージを扱うイベントストリームは、オートスケーリングに対応したクラウドに置くべきだろう。`SecurityAccount` と `Customer` に関してはそれほど要件は厳しくないので、そこまでの環境は必要ないだろう。

もちろん、集約は、好きなだけ小さくできるというわけではない。集約を設計するときには、ビジネス上の不変条件を守れるようにしておきたい。それを考えると、どんな集約も、複数のエンティティや値オブジェクトを合成したものになるだろう。しかし、A+ES の使いやすさをもってすれば、よりシンプルで効率的な設計を目指しやすくなる。このメリットは、可能な限り活用すべきだ。

実際、ドメインモデリングを行う際のはじめの一歩として、入ってくるコマンドと出て行くイベント、そして実行する振る舞いから考えていくというのはいい方法だ。これらにもとづいてユビキタス言語の核を定めていくと、ドメインモデリングを行う手助けになることがある。後になって初めて、類似性や関連性や業務のルールなどに応じて、いくつかの概念を集約にまとめることになる。この手法を使えば、たとえそれがドメインモデリングの練習を兼ねたスパイク[1]に過ぎないとしても、コアビ

---

[1] 訳注：技術面や設計面で必要となる知識を得るために、試しに作るちょっとしたプログラム。エクストリームプログラミングで用いられる用語。http://http://www.extremeprogramming.org/rules/spike.html

ジネスの概念についてのより深い理解につながることだろう。

A.11　リードモデルプロジェクション

　A+ESによる設計を進めるときに気になるのが、プロパティを用いた集約へのクエリをどのように行うかである。イベントソーシングは、「先月の受注額の合計は?」のような単純な問いに答えるすべを持たない。実際にやろうとすれば、すべての`Customer`のインスタンスを読み込んで、それぞれに対して過去1か月に発生したすべての`Order`インスタンスを列挙して、その合計を計算しなければいけない。これは非効率きわまりない。

　こんなときの助けになるのが**リードモデルプロジェクション**だ。リードモデルプロジェクションは、シンプルなドメインイベントのサブスクライバ群を使って、永続リードモデルの生成と更新を行う。言い換えれば、これらを使って、**イベントの写像を作り、読み込み専用モデルとして永続化する**ということだ。サブスクライバが新しいイベントを受け取ると、クエリの答えを計算して、その結果をリードモデルに格納する。そして、後でそれを利用できるようにする。

　簡単に言ってしまえば、プロジェクションとは集約のインスタンスのようなものだ。受け取ったイベントを処理し、私たちはそのデータを使ってプロジェクションの状態を組み立てる。リードモデルプロジェクションは、更新があるたびに永続化される。そして、境界づけられたコンテキストの内外を問わず、さまざまなところからアクセスされる。

> **プロジェクションのサンプル**
> プロジェクションに関するさらなる情報については、サンプルプロジェクト（`http://lokad.github.io/lokad-cqrs/`）を参照すること。さまざまな永続化シナリオに対応したソースコードや、リードモデルの自動リビルドのサンプルも含まれている。

　プロジェクションを定義して、それぞれの`Customer`のすべてのトランザクションをとらえる例を、以下に示す。

```
public class CustomerTransactionsProjection
{
  IDocumentWriter<CustomerId, CustomerTransactions> _store;

  public CustomerTransactionsProjection(
    IDocumentWriter<CustomerId, CustomerTransactions> store)
  {
    _store = store;
  }

  public void When(CustomerCreated e)
  {
    _store.Add(e.Id, new CustomerTransactions());
```

```
    }

    public void When(CustomerChargeAdded e)
    {
      _store.UpdateOrThrow(e.Id,
        v => v.AddTx(e.ChargeName, -e.Charge, e.NewBalance, e.TimeUtc));
    }

    public void When(CustomerPaymentAdded e)
    {
      _store.UpdateOrThrow(e.Id,
        v => v.AddTx(e.PaymentName, e.Payment, e.NewBalance, e.TimeUtc));
    }
}
```

この Projection クラスは、ラムダを使った A+ES 用に設計したアプリケーションサービスと似ている。しかし、今回の Projection クラスは、コマンドではなくイベントに対して反応する。そして、集約のインスタンスを更新するのではなく、IDocumentWriter を使ってドキュメントを更新する。

プロジェクションによって作られるリードモデルは、単なる**データ変換オブジェクト**（DTO）[Fowler, P of EAA] だ。Projection クラスで、IDocumentWriter を使ってシリアライズや永続化を行う。

```
[Serializable]
public class CustomerTransactions
{
  public IList<CustomerTransaction> Transactions =
    new List<CustomerTransaction>();

  public void AddTx(
    string name, CurrencyAmount change,
    CurrencyAmount balance, DateTime timeUtc)
  {
    Transactions.Add(new CustomerTransaction()
    {
        Name = name,
        Balance = balance,
        Change = change,
        TimeUtc = timeUtc
    });
  }
}

[Serializable]
public class CustomerTransaction
{
  public CurrencyAmount Change;
  public CurrencyAmount Balance;
  public string Name;
```

```
    public DateTime TimeUtc;
}
```

リードモデルはドキュメントデータベースに永続化するのが一般的だが、それ以外の選択肢も利用できる。リードモデルをメモリ（たとえば memcached など）にキャッシュしたり、コンテンツ配信ネットワークにドキュメントとしてプッシュしたり、リレーショナルデータベースのテーブルに格納したりしてもかまわない。

スケーラビリティ以外にも、プロジェクションのメリットはある。そのひとつが、完全な使い捨てにできるということだ。アプリケーションのライフサイクル中のいつでも好きなときに、追加したり編集したり完全に置き換えてしまったりできる。リードモデル全体を置き換えるには、既存のリードモデルのデータをすべて破棄したうえで、イベントストリーム全体を Projection クラスで処理して、新たなデータを生成すればいい。この処理は自動化できる。ダウンタイムなしで、リードモデル全体を置き換えてしまうことだってできるだろう。

A.12　集約の設計への利用

このリードモデルプロジェクションの仕組みは、各種クライアント（デスクトップインターフェイスや Web インターフェイスなど）に情報を公開する際によく使われている。しかし、それだけではなく、境界づけられたコンテキストどうしや、その中の集約どうしでの情報共有にも、非常に役立つ。こんなシナリオを考えてみよう。集約 Invoice が適切な請求額を算出して準備するために、Customer の情報の一部（名前や請求先、納税者番号など）を必要としている。CustomerBillingProjection を使えば、これらの情報を使いやすい形式にとりまとめることができる。これを使って、専用の CustomerBillingView のインスタンスを用意することもできるだろう。このリードモデルを、ドメインサービス IProvideCustomerBillingInformation 経由で Invoice から扱えるようにする。このドメインサービスは単に、裏側でドキュメントストアに対して、適切な CustomerBillingView のインスタンスを問い合わせているだけである。

プロジェクションを使えば、より疎結合で管理しやすい方法で、集約のインスタンス間での情報共有を行うこともできる。ある時点で IProvideCustomerBillingView が戻す情報を変更する必要が出てきた場合でも、集約 Customer の変更なしで対応できる。単にプロジェクションの実装を変更した後、全イベントを使ってリードモデルを再構築するだけでかまわない。

A.13　イベントの拡張

A+ES を使う設計では、イベントの用途が二通りあることに起因する問題もよく出てくる。イベントを使って集約の永続化を行う一方で、ドメインレベルのさまざまな出来事を伝える際にもイベントを利用している。

プロジェクト管理システムを例にとって考えてみよう。このシステムでは、新しいプロジェクトを

作ったり、完了したプロジェクトをアーカイブしたりできる。このシステムで、ユーザーがプロジェクトをアーカイブするたびに、`ProjectArchived` イベントを発行しているものとする。このドメインイベントの設計は、以下のようになる。

```
public class ProjectArchived {
  public ProjectId Id { get; set; }
  public UserId ChangeAuthorId { get; set; }
  public DateTime ArchivedUtc { get; set; }
  public string OptionalComment { get; set; }
}
```

これらの情報があれば、アーカイブされた `Project` を A+ES で復元するのには十分だ。しかし、この設計にしてしまうと、このイベントを利用者向けに発行しようとしたときに、問題が出てくる。

なぜだろうか。`ArchivedProjectsPerCustomer` ビュー用のプロジェクションとして、図 A–16 を考えてみよう。このプロジェクションは、複数のイベントを購読して、顧客単位でのアーカイブ済みプロジェクトの一覧を管理する。この処理を行うためには、以下の項目に関する最新情報が必要になる。

- プロジェクト名
- 顧客名
- 各プロジェクトがどの顧客に割り当てられているか
- プロジェクトをアーカイブした際のイベント

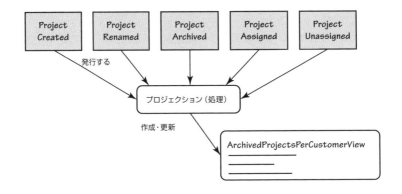

図A–16：複数のドメインイベントを用いるプロジェクションで、リードモデルのビューを作成する

`ProjectArchived` イベントの情報量をもう少し増やせば、このプロジェクション処理を大幅に単純化できる。関連する情報を含めたデータメンバーを追加して、それもあわせてプッシュすればいい。追加したデータメンバーは、集約を再構築するためには不要なものだが、イベントのサブスクライバ側の処理を、大幅に単純化してくれる。先ほどのイベントの契約を、以下のように拡張してみた。

A.13 イベントの拡張

```csharp
public class ProjectArchived {
  public ProjectId Id { get; set; }
  public string ProjectName { get; set; }
  public UserId ChangeAuthorId { get; set; }
  public DateTime ArchivedUtc { get; set; }
  public string OptionalComment { get; set; }
  public CustomerId Customer { get; set; }
  public string CustomerName { get; set; }
}
```

このイベントを使えば、プロジェクションで生成する `ArchivedProjectsPerCustomerView` は、図 A-17 のように単純化できる。

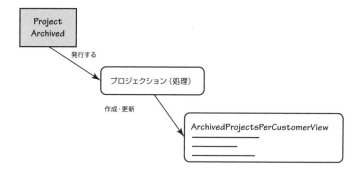

図A-17：`ProjectArchived` のようなドメインイベントをプロジェクションプロセッサが利用して、ビューや帳票用のリードモデルを生成する

ドメインイベントを作る際の経験則として、「80%のサブスクライバの要求を満たすだけの情報を含めること」がある。多くのサブスクライバにとっては、無駄な情報になってしまうかもしれない。それでも、そうしておくほうがいい。ビュー用のプロジェクションプロセッサには、イベントのデータを十分に持たせておきたい。一般的には、これらを含めることが多い。

- イベントの所有者を表す、エンティティの識別子。`Customer` に対する `CustomerId` など。
- 表示用に利用する、名前やその他のプロパティ。`ProjectName` や `CustomerName` など。

これらはあくまでも推奨であって、そうしなければいけないというものではない。こうしておけば、さまざまな境界づけられたコンテキストを持つ企業でも、うまく動作するだろう。単一の境界づけられたコンテキストしかない場合は、あまりそのメリットを感じられないかもしれない。この方式を使うなら、ルックアップテーブルとエンティティのマッピングを新たに用意しなければいけないからだ。もちろん、どのプロパティをイベントに含めるべきかを一番よく知っているのは、あなた自身だ。特定のイベントに対してどのプロパティを含めるべきかが明らかなこともある。そんな場合は、リファクタリングが必要になることもめったにないだろう。

A.14　活用できるツールやパターン

A+ES を使ったシステムの開発・ビルド・デプロイ・保守にあたっては、従来とは異なるパターンが必要になる場合がある。この節では、A+ES を使う際に非常に有用なパターンやツール、プラクティスを紹介する。

イベントシリアライザ

シリアライザを選ぶときには、イベントのバージョニングやリネームを考慮しているものを選ぶのが賢明だ。A+ES のプロジェクトの初期には、ドメインモデルがどんどん成長していくことが多いので、これらの機能が特に重要となる。以下に示すイベントは、.NET における **Protocol Buffers** 実装[2]の、アノテーションを用いて宣言している。

```
[DataContract]
public class ProjectClosed {
  [DataMember(Order=1)] public long ProjectId { get; set; }
  [DataMember(Order=2)] public DateTime Closed { get; set; }
}
```

さてここで、`ProjectClosed` をシリアライズするときに、Protocol Buffers ではなく `DataContractSerializer` や `JsonSerializer` を使ったとしよう。イベントのプロパティの名前を変更すると、利用側の処理に問題が発生してしまう可能性が高い。たとえば、`Closed` プロパティの名前を `ClosedUtc` に変更したとする。利用する側の境界づけられたコンテキスト内で、新しい名前のプロパティを扱うようマッピングをしない限り、おかしなエラーが発生したり、間違ったデータを作ってしまったりということになる。

```
[DataContract]
public class ProjectClosed {
  [DataMember] public long ProjectId { get; set; }
  [DataMember(Name="Closed")] public DateTime ClosedUtc { get; set; }
}
```

Protocol Buffers なら、こういった変化し続ける環境にも対応できる。Protocol Buffers では、専用のタグを使ってメンバーを管理しており、名前で管理しているわけではないからである。以下のコードに見られるとおり、クライアント側で `Close` と `CloseUtc` のどちらのプロパティ名を使っても、正しく動く。オブジェクトのシリアライズも高速に行われ、非常にコンパクトなバイナリ形式になる。Protocol Buffers を使えば、イベントのプロパティ名の変更の際に過去との互換性を考慮する必要がなくなり、日々変化し続けるドメインモデルに対応する開発者の手間を軽減できる。

---

[2]　Protocol Buffers は Google が作った仕組みだが、.NET 版の実装は、Google が作ったものではない。

```
[DataContract]
public class ProjectClosed {
  [DataMember(Order=1)] public long ProjectId { get; set; }
  [DataMember(Order=2)] public DateTime ClosedUtc { get; set; }
}
```

他にもクロスプラットフォームのシリアライズツールがある。Apache Thrift や Avro、そして MessagePack などがその一例だ。これらも検討の価値があるだろう。

イベントの不変性

イベントストリームは、その性質上、不変なものである。この概念に沿ってモデルを開発する（そして、望まざる副作用を避ける）には、イベントの契約は、不変なものとして実装する必要がある。.NET で C#を使ってそれを実現するには、フィールドを読み込み専用とマークして、値の設定はコンストラクタでだけ行うようにする。先ほどの `ProjectClosed` イベントを不変な実装にするには、以下のようにすればいい。

```
[DataContract]
public class ProjectClosed {
  [DataMember(Order=1)] public long ProjectId { get; private set }
  [DataMember(Order=2)] public DateTime ClosedUtc { get; private set; }
  public ProjectClosed(long projectId, DateTime closedUtc)
  {
    ProjectId  = projectId;
    ClosedUtc = closedUtc;
  }
}
```

値オブジェクト

第 6 章「値オブジェクト」で説明したとおり、値オブジェクトをうまく使えば、リッチなドメインモデルの開発を大幅に単純化できる。値オブジェクトを使って、関連するプリミティブ型を組み合わせて不変な型をつくり、明示的な名前をつける。たとえば、プロジェクトの識別子を `long` で表すのではなく、より明示的な `ProjectId` 型を用意できる。

```
public struct ProjectId
{
  public readonly long Id { get; private set; }
  public ProjectId(long id)
  {
    Id = id
  }
  public override ToString() {
    return string.Format("Project-{0}", Id);
```

```
    }
}
```

　実際の識別子を long 型で保持していることには変わりがないが、この ProjectId 型を使えば、その他の long 値とは違うものであることがはっきりする。値オブジェクトの使い道は、一意な識別子だけにはとどまらない。それ以外に値オブジェクトをうまく使える例としては、金額（特に複数の通貨を用いる場合）や住所、メールアドレス、何らかの測定値などがある。

　イベントやコマンドの契約をリッチにしたり、その表現力を高めたりする以外にも、値オブジェクトを A+ES で使うにはさらに実践的な利点がある。型チェックや、IDE のサポートを活用できるということだ。たとえば、開発者がイベントのコンストラクタに渡すパラメータの順番を間違えて、以下のように違う順番で渡してしまったとしよう。

```
long customerId = ...;
long projectId = ...;
var event = new ProjectAssignedToCustomer(customerId, projectId);
```

　このエラーは、コンパイラでは捕捉できないので、いらいらしながらデバッグをして見つけるしかない。しかし、もし値オブジェクトを使って識別子を宣言していれば、最初に CustomerId を指定して二番目に ProjectId を指定したときには、コンパイラがエラーを出してくれるだろう（そして、IDE のエディタも間違いを指摘してくれるかもしれない）。

```
CustomerId customerId = ...;
ProjectId projectId = ...;
var event = new ProjectAssignedToCustomer(customerId, projectId);
```

　このメリットは、多数のフィールドをフラットに持つようなクラスで、より顕著になる。たとえば、次のようなイベント（実際の運用環境のイベントを単純化したもの）を考えてみよう。

```
public class CustomerInvoiceWritten {
  public InvoiceId Id { get; private set; }
  public DateTime CreatedUtc { get; private set; }
  public CurrencyType Currency { get; private set; }
  public InvoiceLine[] Lines { get; private set; }
  public decimal SubTotal { get; private set; }

  public CustomerId Customer { get; private set; }
  public string CustomerName { get; private set; }
  public string CustomerBillingAddress { get; private set; }
  public float OptionalVatRatio { get; private set; }
  public string OptionalVatName { get; private set; }
  public decimal VatTax { get; private set; }
  public decimal Total { get; private set; }
}
```

あまりにもプロパティが多すぎるようなクラス[3]を扱うときには、面倒になるであろうことは想像に難くない。この巨大なイベントをリファクタリングして、より明たしかつ読みやすいものにしてみよう。ドメインの概念にあわせて、このモデルを洗練させる。

```
public class CustomerInvoiceWritten {
  public InvoiceId Id { get; private set; }
  public InvoiceHeader Header { get; private set; }
  public InvoiceLine[] Lines { get; private set; }
  public InvoiceFooter Footer { get; private set; }
}
```

`InvoiceHeader` と `InvoiceFooter` には、それぞれ関連するプロパティ群をまとめる。

```
public class InvoiceHeader {
  public DateTime CreatedUtc { get; private set; }
  public CustomerId Customer { get; private set; }
  public string CustomerName { get; private set; }
  public string CustomerBillingAddress { get; private set; }
}

public class InvoiceFooter {
  public CurrencyAmount SubTotal { get; private set; }
  public VatInformation OptionalVat { get; private set; }
  public CurrencyAmount VarAmount { get; private set; }
  public CurrencyAmount Total { get; private set; }
}
```

`CurrencyType Currency` と `decimal SubTotal` の二つに切り離されていたプロパティを、値オブジェクト `CurrencyAmount` に置き換えた。そのおかげで、このクラスに整合性チェックのロジックを組み込めるようにもなった。たとえば、さまざまな通貨単位で表された金額に対して、不適切な操作が行われないようなチェックができる。消費税（VAT）の情報をひとつの値オブジェクトにまとめて、それをその他の請求情報とあわせて `InvoiceFooter` に組み込んだ場合にも、このようなチェックが使える。

　コマンドやイベントそして集約のパーツとして、可能な限り値オブジェクトを使うよう心がけよう。もちろん、値オブジェクトをコマンドやイベントで使うには、両者を一緒にデプロイするか、**共有カーネル** (3) を作る必要がある。しかし、複雑なドメインの場合は、値オブジェクトのいくつかに、非常に複雑なビジネスロジックを組み込まなければいけないかもしれない。そんな場合に、単にデシリアライズ時の型安全性のためだけに値オブジェクトを共有カーネルに置くと、脆い設計になってしまう。そうではなく、コマンドのデシリアライズに使うシンプルな共有クラスと、**コアドメイン** (2) で必要とするより複雑なクラス（イベントのデータを型安全な方法で扱うためのもの）を明確に区別し

---

[3] 経験上、ひとつのクラスのプロパティの数は、多くても5～7程度にとどめておくべきだ。

ておくことが大切だ。つまり、二種類の値オブジェクトクラス群を作ることになるだろう。一方はコアドメイン内で限定的に利用し、もう一方はコマンドやイベントのクラス群とともにデプロイする。両者が保持するデータは、必要に応じて互いに変換する。

　好みの問題でもあるが、クラスの重複が気になる人もいるだろう。この方針を進めると、システムに不要な複雑性を追加してしまうように思えるかもしれない。そんな場合は、別の手法を検討する価値がある。ひとつの代替案としては、シリアライズしたイベントを標準化して、それを**公表された言語** (3) として扱うという方法がある。第 13 章「境界づけられたコンテキストの統合」で説明したとおり、イベントの通知を受け取るときに、動的型付けの手法を選ぶこともできる。そうすれば、イベントや値オブジェクトの型情報を、サブスクライバ側にデプロイする必要がなくなる。この案にも不利な点はあるので、トレードオフを考慮する必要があることは言うまでもない。

A.15　契約の自動生成

　何百もあるイベント（やコマンド）の契約を手動でメンテナンスするのはつまらない作業だし、間違いもおきやすい。これらの定義を何らかのコンパクトなドメイン特化言語（DSL）で表現して、そこからコードを自動生成させるといい。そうすれば、正しいクラスをビルド時に用意できるだろう。DSL の構文にはいろいろなものが考えられる。たとえば Protocol Buffer の .proto フォーマットや、それに類したものを使うこともできる。このアプローチが有用な例を示そう。

```
CustomerInvoiceWritten!(InvoiceId Id, InvoiceHeader header,
                        InvoiceLine[] lines, InvoiceFooter footer)
```

　シンプルなコードジェネレータを使って、パースした DSL からソースコードを生成する。たとえば、先ほどの DSL から生成した `CustomerInvoiceWritten` のコードは、以下のようになる。

```
[DataContract]
public sealed class CustomerInvoiceWritten : IDomainEvent {
  [DataMember(Order=1) public InvoiceId Id
    { get; private set; }
  [DataMember(Order=2) public InvoiceHeader Header
    { get; private set; }
  [DataMember(Order=3) public InvoiceLine[] Lines
    { get; private set; }
  [DataMember(Order=4) public InvoiceFooter Footer
    { get; private set; }
  public CustomerInvoiceWriter(
    InvoiceId id, InvoiceHeader header, InvoiceLine[] lines,
    InvoiceFooter footer)
  {
    Id = id;
    Header = header;
    Lines = lines;
```

```
    Footer = footer;
  }

  // required by serializer
  ProjectClosed() {
    Lines = new InvoiceLine[0];
  }
}
```

この方式には、以下のようなメリットがある。

- 開発時の手間が減り、ドメインモデリングのイテレーションをすばやく回せるようになる。
- 手作業にありがちなミスを減らせる。
- コンパクトな表現のおかげで、イベント定義全体を一画面に収められるようになる。その全体像を把握しやすくなるだろう。これはまた、ユビキタス言語の簡潔な語彙集にもなる。
- イベントの契約をバージョン管理したり他に配布したりするときには、コンパクトな定義が使えるので、ソースコードやバイナリは不要になる。さまざまなチームとの共同作業も、やりやすくなるだろう。

同じことが、コマンドの契約についてもいえる。DSL ベースのコード生成ツールのオープンソース実装やその利用例を、サンプルプロジェクトにも含めておいた。

A.16　ユニットテストとスペシフィケーション

ユニットテストを作るときにも、イベントソーシングのメリットを受けることができる。いわゆる「**Given-When-Expect**」形式のテストを、以下のように簡単に定義できるからだ。

Given：過去に発生したイベントに対して
When：集約のメソッドが呼び出されたとき、
Expect：後続のイベント**あるいは**例外のいずれかが発生する

　テストの流れは、このようになる。まず、過去のイベントを使って、ユニットテストの開始時点での集約の状態を準備する。そして、テスト用の引数と、ドメインサービスのモック実装を渡して、テスト対象の集約のメソッドを実行する。最後に、期待どおりの結果になっているかどうかの確認として、集約が発行したイベントと期待するイベントを比較する。
　この手法を使えば、集約に関連づけられた振る舞いをとらえて、検証できるようになる。また、集約の内部状態からテストを切り離すこともできる。これで、**壊れやすい**テストを減らせるようになるだろう。振る舞いの契約を満たしていることをユニットテストで確認できていれば、開発チームが集約の実装を変更したり最適化したりしても問題ないからである。

このアプローチをさらにもう一歩進めて、コマンドを直接使って **When** 句を表現するという方法もある。このコマンドを、テスト対象の集約を抱えるアプリケーションサービスに渡す。そうすれば、ユニットテストを、ユビキタス言語に沿った**スペシフィケーション**として扱えるようになる。

ほんの少しコードを追加すれば、このスペシフィケーションを、人間が読みやすい形式のユースケースに自動変換することもできるだろう。そうすれば、ドメインエキスパートにも理解してもらいやすくなる。このユースケース定義は、複雑な振る舞いを抱えたドメインについての、プロジェクトチーム内での議論の助けになるだろう。モデリングの作業も進めやすくなる。

テキスト形式で定義した、シンプルなスペシフィケーションの例を、以下に示す。

```
[Passed] Use case 'Add Customer Payment - Unlock On Payment'.

Given:
1. Created customer 7 Eur 'Northwind' with key c67b30 ...
2. Customer locked

When:
   Add 'unlock' payment 10 EUR via unlock

Expectations:
   [ok] Tx 1: payment 10 EUR 'unlock' (none)
   [ok] Customer unlocked
```

この手法に興味がある場合は、「Event Sourcing Specifications」というキーワードで Web 検索をすれば、詳細な指針を得られるだろう。

A.17　関数型言語におけるイベントソーシング

これまでに紹介してきた実装パターンは、オブジェクト指向のアプローチを使ったものだった。これは、Java や C# などのプログラミング言語とは相性がいい。しかし、イベントソーシングは本来、本質的に関数型であるものだ。したがって、F# や Clojure といった関数型言語を使っても、うまく実装できる。関数型言語を使えば、より簡潔で、動作も最適化されたコードになる可能性がある。

集約の実装をオブジェクト指向から関数型に切り替えるときには、以下のことに注意しておこう。

- オブジェクト指向で作った集約の状態オブジェクトは変更可能だったが、これを、シンプルかつ不変な状態レコードと、状態を変更する関数群に切り替える必要がある。状態を変更する関数は、状態レコードとイベントを引数として受け取って、新しい状態のレコードを作り、それを結果として戻す。これは、不変な値オブジェクトを作るときの考え方と非常に似ている。値オブジェクトの副作用のない関数は、自身の状態と関数への引数にもとづいて、新しい値を作るだけだった。この種の関数は、Func<State, Event, State>のような形式になる。
- 現在の集約の状態は、状態変更関数に渡されたすべての過去のイベントを、左畳み込みした

ものだと定義できる。
- 集約のメソッドは、ステートレスな関数群にも変換できる。この関数は、コマンドとドメインサービスそして状態をパラメータとして受け取る。そして、ゼロ個以上のイベントを返す。つまり、Func<TArg1, TArg2..., State, Event[]>のような形式になる。
- イベントストアは、**関数データベース**として扱える。集約の状態を変更する関数への引数を、永続化するからである。関数型のイベントストアでのスナップショットのサポートは、関数型のプログラマーにとっては、**メモ化（memoization）** と言えばわかりやすいだろう。

　コアビジネスの概念をつかむためのスパイクで、関数型プログラミング言語でのA+ESを利用すると、ドメインモデリングの作業もはかどるだろう。さらに、ドメインを探求する際に、集約の構造を意識しなくて済むようになり、そのドメインのユビキタス言語を厳密に反映させることに集中できる。コアドメインに注力して、技術的な実装は気にせずに進められれば、ビジネスにとってもより大きな価値をもたらすだろうし、競争優位性も確保できるようになる。

付録 B
参考文献

[1] Appleton, LoD

Appleton, Brad. n.d. "Introducing Demeter and Its Laws."

http://www.bradapp.com/docs/demeter-intro.html

[2] Bentley

Bentley, Jon. 2000. Programming Pearls, Second Edition. Boston, MA: Addison-Wesley.

http://www.cs.bell-labs.com/cm/cs/pearls/bote.html

『珠玉のプログラミング – 本質を見抜いたアルゴリズムとデータ構造』Jon Bentley（著）、小林健一郎（翻訳）（ピアソンエデュケーション）

[3] Brandolini

Brandolini, Alberto. 2009. "Strategic Domain-Driven Design with Context Mapping."

http://www.infoq.com/articles/ddd-contextmapping

[4] Buschmann et al.

Buschmann, Frank, et al. 1996. Pattern-Oriented Software Architecture, Volume 1: A System of Patterns. New York: Wiley

[5] Cockburn

Cockburn, Alastair. 2012. "Hexagonal Architecture."

http://alistair.cockburn.us/Hexagonal+architecture

[6] Crupi et al.

Crupi, John, et al. n.d. "Core J2EE Patterns."

http://corej2eepatterns.com/Patterns2ndEd/DataAccessObject.htm

『J2EE パターン 第 2 版』Deepak Alur（著）、John Crupi（著）、Dan Malks（著）、近棟稔（監訳）、吉田悦万（監訳）、小森美智子（翻訳）、トップスタジオ（翻訳）（日経 BP 社）

[7] Cunningham, Checks

Cunningham, Ward. 1994. "The CHECKS Pattern Language of Information Integrity."

http://c2.com/ppr/checks.html

[8] Cunningham, Whole Value

Cunningham, Ward. 1994. "1. Whole Value."

http://c2.com/ppr/checks.html#1

[9] Cunningham, Whole Value aka Value Object

Cunningham, Ward. 2005. "Whole Value."

http://fit.c2.com/wiki.cgi?WholeValue

[10] Dahan, CQRS

Dahan, Udi. 2009. "Clarified CQRS."

http://www.udidahan.com/2009/12/09/clarified-cqrs/

[11] Dahan, Roles

Dahan, Udi. 2009. "Making Roles Explicit."

http://www.infoq.com/presentations/Making-Roles-Explicit-Udi-Dahan

[12] Deutsch

Deutsch, Peter. 2012. "Fallacies of Distributed Computing."

http://en.wikipedia.org/wiki/Fallacies_of_Distributed_Computing

『分散コンピューティングの落とし穴』(http://ja.wikipedia.org/wiki/分散コンピューティングの落とし穴)

[13] Dolphin

Object Arts. 2000. "Dolphin Smalltalk; Twisting the Triad."

http://www.object-arts.com/downloads/papers/TwistingTheTriad.PDF

[14] Erl

Erl, Thomas. 2012. "SOA Principles: An Introduction to the Service-Oriented Paradigm."

http://serviceorientation.com/index.php/serviceorientation/index

[15] Evans

Evans, Eric. 2004. Domain-Driven Design: Tackling the Complexity in the Heart of Software. Boston, MA: Addison-Wesley

『エリック・エヴァンスのドメイン駆動設計』エリック・エヴァンス（著）、今関剛（監訳）、和智右桂（翻訳）、牧野祐子（翻訳）（翔泳社）

[16] Evans, Ref

Evans, Eric. 2012. "Domain-Driven Design Reference."

http://domainlanguage.com/ddd/patterns/DDD_Reference_2011-01-31.pdf

[17] Evans & Fowler, Spec

Evans, Eric, and Martin Fowler. 2012. "Specifications."

http://martinfowler.com/apsupp/spec.pdf

[18] **Fairbanks**

Fairbanks, George. 2011. Just Enough Software Architecture. Marshall & Brainerd

[19] **Fowler, Anemic**

Fowler, Martin. 2003. "AnemicDomainModel."

http://martinfowler.com/bliki/AnemicDomainModel.html

『ドメインモデル貧血症』(http://capsctrl.que.jp/kdmsnr/wiki/bliki/?AnemicDomainModel)

[20] **Fowler, CQS**

Fowler, Martin. 2005. "CommandQuerySeparation."

http://martinfowler.com/bliki/CommandQuerySeparation.html

『CommandQuerySeparation』(http://capsctrl.que.jp/kdmsnr/wiki/bliki/?CommandQuerySeparation)

[21] **Fowler, DI**

Fowler, Martin. 2004. "Inversion of Control Containers and the Dependency Injection Pattern."

http://martinfowler.com/articles/injection.html

『Inversion of Control コンテナと Dependency Injection パターン』(http://kakutani.com/trans/fowler/injection.html)

[22] **Fowler, P of EAA**

Fowler, Martin. 2003. Patterns of Enterprise Application Architecture. Boston, MA: Addison-Wesley

『エンタープライズアプリケーションアーキテクチャパターン』マーチン・ファウラー（著）、長瀬嘉秀（監訳）、株式会社テクノロジックアート（翻訳）（翔泳社）

[23] **Fowler, PM**

Fowler, Martin. 2004. "Presentation Model."

http://martinfowler.com/eaaDev/PresentationModel.html

[24] **Fowler, Self Encap**

Fowler, Martin. 2012. "SelfEncapsulation."

http://martinfowler.com/bliki/SelfEncapsulation.html

『自己カプセル化』(http://capsctrl.que.jp/kdmsnr/wiki/bliki/?SelfEncapsulation)

[25] **Fowler, SOA**

Fowler, Martin. 2005. "ServiceOrientedAmbiguity."

http://martinfowler.com/bliki/ServiceOrientedAmbiguity.html

『ServiceOrientedAmbiguity』(http://capsctrl.que.jp/kdmsnr/wiki/bliki/?ServiceOrientedAmbiguity)

[26] Freeman et al.

Freeman, Eric, Elisabeth Robson, Bert Bates, and Kathy Sierra. 2004. Head First Design Patterns. Sebastopol, CA: O'Reilly Media

『Head First デザインパターン − 頭とからだで覚えるデザインパターンの基本』Eric Freeman（著）、Elisabeth Freeman（著）、Kathy Sierra（著）、Bert Bates（著）、佐藤直生（監訳）、木下哲也（翻訳）、有限会社福龍興業（翻訳）（オライリー・ジャパン）

[27] Gamma et al.

Gamma, Erich, Richard Helm, Ralph Johnson, and John Vlissides. 1994. Design Patterns. Reading, MA: Addison-Wesley

『オブジェクト指向における再利用のためのデザインパターン』Erich Gamma（著）、Ralph Johnson（著）、Richard Helm（著）、John Vlissides（著）、本位田真一（翻訳）、吉田和樹（翻訳）（ソフトバンククリエイティブ）

[28] Garcia-Molina & Salem

Garcia-Molina, Hector, and Kenneth Salem. 1987. "Sagas." ACM, Department of Computer Science, Princeton University, Princeton, NJ.

`http://www.amundsen.com/downloads/sagas.pdf`

[29] GemFire Functions

2012. VMware vFabric 5 Documentation Center.

`http://pubs.vmware.com/vfabric5/index.jsp?topic=/com.vmware.vfabric.gemfire.6.6/developing/function_exec/chapter_overview.html`

[30] Gson

2012. A Java JSON library hosted on Google Code.

`http://code.google.com/p/google-gson/`

[31] Helland

Helland, Pat. 2007. "Life beyond Distributed Transactions: An Apostate's Opinion." Third Biennial Conference on Innovative DataSystems Research (CIDR), January 7-10, Asilomar, CA.

`http://www.ics.uci.edu/ cs223/papers/cidr07p15.pdf`

[32] Hohpe & Woolf

Hohpe, Gregor, and Bobby Woolf. 2004. Enterprise Integration Patterns: Designing, Building, and Deploying Messaging Systems. Boston, MA: Addison-Wesley

[33] Inductive UI

2001. Microsoft Inductive User Interface Guidelines.

`http://msdn.microsoft.com/en-us/library/ms997506.aspx`

[34] Jezequel et al.

Jezequel, Jean-Marc, Michael Train, and Christine Mingins. 2000. Design Patterns and

Contracts. Reading, MA: Addison-Wesley

『デザインパターンと契約』Jean‐Marc Jezequel（著）、Christine Mingins（著）、Michel Train（著）、原隆文（翻訳）（ピアソンエデュケーション）

[35] Keith & Stafford

Keith, Michael, and Randy Stafford. 2008. "Exposing the ORM Cache." ACM, May 1.

http://queue.acm.org/detail.cfm?id=1394141

[36] Liskov

Liskov, Barbara. 1987. Conference Keynote: "Data Abstraction and Hierarchy."

http://en.wikipedia.org/wiki/Liskov_substitution_principle, "The Liskov Substitution Principle."

http://www.objectmentor.com/resources/articles/lsp.pdf

[37] Martin, DIP

Martin, Robert. 1996. "The Dependency Inversion Principle."

http://www.objectmentor.com/resources/articles/dip.pdf

[38] Martin, SRP

Martin, Robert. 2012. "SRP: The Single Responsibility Principle."

http://www.objectmentor.com/resources/articles/srp.pdf

[39] MassTransit

Patterson, Chris. 2008. "Managing Long-Lived Transactions with MassTransit.Saga."

http://lostechies.com/chrispatterson/2008/08/29/managing-long-lived-transactions-with-masstransit-saga/

[40] MSDN Assemblies

2012.

http://msdn.microsoft.com/en-us/library/51ket42z_v=vs.71_.aspx

[41] Nilsson

Nilsson, Jimmy. 2006. Applying Domain-Driven Design and Patterns: With Examples in C# and .NET. Boston, MA: Addison-Wesley

『ドメイン駆動』Jimmy Nilsson（著）、尾島良司（監修）、株式会社ロングテール 長尾高弘（翻訳）（翔泳社）

[42] Nijof, CQRS

Nijof, Mark. 2009. "CQRS a la Greg Young."

http://cre8ivethought.com/blog/2009/11/12/cqrs--la-greg-young

[43] NServiceBus

2012.

http://www.nservicebus.com/

[44] Öberg

Öberg, Rickard. 2012. "What Is Qi4j?"

http://qi4j.org/

[45] Parastatidis et al., RiP

Webber, Jim, Savas Parastatidis, and Ian Robinson. 2011. REST in Practice. Sebastopol, CA: O'Reilly Media

[46] PragProg, TDA

The Pragmatic Programmer. "Tell, Don't Ask."

http://pragprog.com/articles/tell-dont-ask

[47] Quartz

2012. Terracotta Quartz Scheduler.

http://terracotta.org/products/quartz-scheduler

[48] Seovic

Seovic, Aleksandar, Mark Falco, and Patrick Peralta. 2010. Oracle Coherence 3.5: Creating Internet-Scale Applications Using Oracle's High-Performance Data Grid. Birmingham, England: Packt Publishing

[49] SOA Manifesto

2009. SOA Manifesto.

http://www.soa-manifesto.org/

[50] Sutherland

Sutherland, Jeff. 2010. "Story Points: Why Are They Better than Hours?"

http://scrum.jeffsutherland.com/2010/04/story-points-why-are-they-better-than.html

[51] Tilkov, Manifesto

Tilkov, Stefan. 2009. "Comments on the SOA Manifesto."

http://www.innoq.com/blog/st/2009/10/comments_on_the_soa_manifesto.html

[52] Tilkov, RESTful Doubts

Tilkov, Stefan. 2012. "Addressing Doubts about REST."

http://www.infoq.com/articles/tilkov-rest-doubts

[53] Vernon, DDR

Vernon, Vaughn. n.d. "Architecture and Domain-Driven Design."

http://vaughnvernon.co/?page_id=38

[54] Vernon, DPO

Vernon, Vaughn. n.d. "Architecture and Domain-Driven Design."

http://vaughnvernon.co/?page_id=40

[55] Vernon, RESTful DDD

Vernon, Vaughn. 2010. "RESTful SOA or Domain-Driven Design – A Compromise?" QCon SF 2010.

http://www.infoq.com/presentations/RESTful-SOA-DDD

[56] **Webber, REST & DDD**

Webber, Jim. "REST and DDD."

http://skillsmatter.com/podcast/design-architecture/rest-and-ddd

[57] **Wiegers**

Wiegers, Karl E. 2012. "First Things First: Prioritizing Requirements."

http://www.processimpact.com/articles/prioritizing.html

[58] **Wikipedia, CQS**

2012. "Command-Query Separation."

http://en.wikipedia.org/wiki/Command-query_separation

[59] **Wikipedia, EDA**

2012. "Event-Driven Architecture."

http://en.wikipedia.org/wiki/Event-driven_architecture

[60] **Young, ES**

Young, Greg. 2010. "Why Use Event Sourcing?"

http://codebetter.com/gregyoung/2010/02/20/why-use-event-sourcing/

索引

■数字・記号
2パーティアクティビティ ……………………… 349

■A
A+ES …………………………………………… 521
ActiveMQ ……………………………………… 290
Ajax …………………………………………… 494
Akka …………………………………………… 290
AMQP ………………………………………… 143
Apache Thrift ………………………………… 557
API …………………………………………… 121
ASP.NET ……………………………………… 494
Atomベースの通知ログ ……………………… 304
Avro …………………………………………… 557

■B
Bitcaskモデル ………………………………… 549
BLOB …………………………………… 548, 549
Blobストレージ ……………………………… 548
BSON形式 …………………………………… 410

■C
Capped Exponential Back-off方式 …… 351, 534
CHECKSパターンランゲージ ……………… 203
CLR …………………………………………… 68
Coherence …………………………………… 403
Coherence分散グリッド ……………………… 372
Collection …………………………………… 245
Comet ………………………………………… 142
Common Language Runtime ………………… 68
component要素 ……………………………… 239
<composite-element> ……………………… 248
CQRS …………… 134, 156, 159, 348, 416, 499, 544
CQRSアーキテクチャパターン ……………… 113
CQS …………………………………… 134, 218
CRUD ………………………………… 130, 425
CRUDベースの手法 ………………………… 164

■D
DAO …………………………………………… 424
DDD …………………………………………… 1
delegate ……………………………………… 535
DELETE ……………………………………… 130
DHTML ……………………………………… 494
DIP ………………………… 111, 118, 396, 493

DomainEventPublisher ……………………… 159
DPO …………………………………………… 497
DSL …………………………………………… 560
DTO …………………………………… 133, 235, 495
DTOアセンブラ ……………………… 136, 495

■E
EAR …………………………………………… 68
EclipseLink …………………………………… 393
EDA …………………………………………… 142
EJB …………………………………………… 515
EL式 …………………………………………… 235
Enterprise JavaBeans ……………………… 515
EntryEvent …………………………………… 159
enum ………………………………………… 248
EnumUserType ……………………………… 250
ERモデリング ………………………………… 181
ETL …………………………………………… 141
Ext JS ………………………………………… 494

■F
Flex …………………………………………… 494

■G
GemFire ………………………………… 372, 403
GET …………………………………………… 130
「Given-When-Expect」形式 ………………… 561
Globally Unique Identifier …………………… 167
Grails ………………………………………… 164
Groovy ………………………………………… 164
GUID ………………………………………… 167
GWT …………………………………………… 494

■H
HATEOAS …………………………………… 131
Head First Design Patterns …………………… 3
Hibernate …………………… 171, 173, 235, 248
Hibernateのマッピング ……………………… 339
HTML ………………………………………… 329
HTML5, 494
HTTPメソッド ………………………………… 442
Hypermedia as the Engine of Application State 131

■I
ical …………………………………………… 133

icalフォーマット 133
IoCコンテナ 515

■J
JAR 68
JAX-RS 123, 445
Jigsawモジュール 68, 322
JSON 329, 436

■K
key 129

■L
Lokad 44
LSP 422

■M
Map 404
Map風のストレージ 403
MassTransit 290
MessagePack 557
Microsoft Azure 548
module 319
MoM 255
MongoDB 170, 372, 403, 410
MySQL 171, 172

■N
NoSQL 170, 237, 403
NServiceBus 290
N層システム 114

■O
OGNL 235
Open Session In View 498
Oracle 171
ORM 141, 166, 237
OSGiバンドル 68, 322
OSIV 498

■P
Plain Old Java Object 14
POF 404
POJO 14
Portable Object Format 404
POST 130, 170
property要素 241
Protocol Buffers 436, 441, 556
PUT 130, 170

■Q
Qi4j 195, 343

■R
RabbitMQ 290, 304, 455
REST .... xxiii, 112, 125, 128
RESTful 64
RESTful HTTP 130
RESTfulなHTTP 434
RESTfulなアプローチ 300
RESTfulなリソース 123
RESTfulリソース 329
RESTアーキテクチャ 130
RESTベース 133
RESTベースの通知手法 318
REST方式によるイベントの通知 299
Riak 170, 372, 403
Role 192
RPC 255, 292, 434
Ruby on Rails 164

■S
SaaS 37, 334
Service-Oriented Ambiguity 125
Session 393
Silverlight 494
Simple Object Access Protocol 64
SLA 141, 464
SOA 112, 125, 255
SOAP 64, 127, 434
SOAの原則 125
Software as a Service 37
Spring 469
Spring bean 421
Spring MVC 494
Struts 494

■T
TopLink 393, 401, 402

■U
UI 112
UML 20
Universally Unique Identifier 150, 167
URI 130
UUID 150, 167, 168
UUID生成器 167

■V
value ……………………………………… 129
Visual Basic ……………………………… 13

■W
WAR ………………………………………… 68
Web Flow ………………………………… 494
Webのアーキテクチャ …………………… 129
Webを使う利点 …………………………… 303
WSDL ……………………………………… 127

■X
XML ………………………………… 329, 436

■Y
YAGNI …………………………………… 496
YUI ………………………………………… 494

■あ
アーカイブログ ……………………… 301, 307
アーキテクチャ ………………… xxiii, 329, 492
アーキテクチャがおよぼす影響 …………… xxiii
アーキテクト ………………………………… 5
アイテム …………………………………… 46
あいまい検索 ……………………………… 174
アクセサメソッド ………………………… 237
アクセスレイヤ …………………………… 546
アクターモデル …………………………… 283
アクティブ ………………………………… 187
アクティブレコード ………………… 13, 424
アクティベート …………………………… 188
アサーション ……………………………… 200
アジャイル開発 ……………………………… 1
アジャイル手法 …………………………… 35
アジャイルな手法 ………………………… 26
アジャイルプロジェクト管理アプリケーション 111
アジャイルプロジェクト管理コンテキスト 228, 325, 326, 328, 334
アジャイルプロダクト管理コンテキスト …… 80
アセスメントビュー ……………………… 54
値オブジェクト … xxiv, 32, 50, 164, 190, 201, 209, 247, 253, 256, 320, 333, 366, 368, 376, 416, 440, 499, 557
値オブジェクト型 ………………………… 214
値型が不変 ………………………………… 440
値が不変 …………………………………… 218
値クラスのコンストラクタ ……………… 215
値としてモデリング ……………………… 224

値のコンテナ ……………………………… 209
値の不変性 ………………………………… 212
アダプター ……… 4, 121, 124, 235, 384, 449, 501
新しいフィーチャーセット ……………… 43
新しい論理モデル ………………………… 43
アノテーション …………………………… 419
アブストラクトファクトリ ………… 375, 376
アプリケーション ………………… 491, 492
アプリケーションサービス …22, 64, 116, 255, 281, 288, 339, 403, 445, 503, 523
アプリケーションサービスに依存関係を解決させる 348
アプリケーションサービスのインターフェイス 503
アプリケーションサービスの責務 ……… 503
アプリケーションの境界 ………… 122, 124
アプリケーションレイヤ …… 115, 358, 417, 493
新たに用意したコマンドモデル ………… 135
アンチパターン …………………………… 269
暗黙のコピーオンライト ………………… 392
暗黙のコピーオンリード ………………… 391
暗黙のコンテキスト ……………………… 130
暗黙のモデル ……………………………… 57

■い
意見の相違 ………………………………… 8
委譲 ……………………………… 124, 194, 445
異常系の処理 ……………………………… 534
依存関係逆転の原則 111, 118, 261, 264, 396, 493
依存性の注入 ………………… 120, 264, 373, 514
依存性を注入 ……………………………… 500
一意な識別子 ………… 150, 164, 165, 283, 389
一意な識別子の自動生成 ………………… 167
一対一 ……………………………………… 399
一度だけ配送 ……………………………… 152
一貫性 ……………………………… 141, 293
一級市民 …………………………………… 376
一般的な利用シナリオ …………………… 358
イテレーション …………………………… 215
イテレーティブ …………………………… 79
意図の明白なインターフェイス ………… 188
イベント ……………… 32, 65, 78, 290, 320, 437, 521
イベントが守るべき契約 ………………… 278
イベント駆動 ……………………………… xxiii
イベント駆動アーキテクチャ … 125, 142, 175, 472
イベントストア 155, 175, 208, 295, 463, 521, 542
イベントストアへの格納 ………………… 289

イベントストリーム ………………………… 539
イベントストリームの永続化 ……………… 539
イベント送信 …………………………………… 288
イベントソーシング 114, 140, 141, 155, 156, 276, 521, 551
イベントソーシングの定義 …………………… 155
イベント通知システム ………………………… 304
イベントの発行のきっかけ …………………… 288
イベントの必要性 ……………………………… 276
イベントを転送 ………………………………… 299
イベントを発行しない ………………………… 140
イベントを保存 ………………………………… 295
意味 ………………………………………………… 20
意味のある全体 ………………………………… 213
意味不明な『サービス指向』 ………………… 125
インクリメンタル ………………………………… 79
インスタンス化 ………………………………… 212
インスタンスだけを変更 ……………………… 290
インスタンスのクローン ……………………… 401
インターフェイス ……………………………… 120
インバウンドの依存関係 ……………………… 515
インピーダンスミスマッチ ………… 158, 238, 501
インフラストラクチャ …………………… 117, 514
インフラストラクチャレイヤ …………… 115, 358
インメモリ ……………………………………… 158
インメモリ版のリポジトリ …………………… 429

■う
運用環境では動かない ………………………… 421

■え
永続エンティティ ……………………………… 130
永続化 ………………………… xxiv, 14, 237, 247, 387
永続化インスタンス …………………………… 283
永続化ストア ……………………………… 227, 291
永続化層 ………………………………………… 112
永続化に関するトランザクション …………… 417
永続化方式 ……………………………………… 550
永続化メカニズム ………………… 170, 388, 391
永続化メカニズム上の抽象 …………………… 424
永続指向のインターフェイス ……………… 405, 431
永続指向の手法 ………………………………… 403
永続データストア ……………………………… 391
永続リードモデル ……………………………… 551
エース級の開発者 ………………………………… 33
エクスチェンジ ………………………………… 317
エクストリームプログラミング ……………… 36
エンティティ … xxiv, 50, 163, 190, 256, 320, 333, 343, 349, 366, 368, 497, 521
エンティティとして値型を扱う ……………… 243
エンティティの誤用 …………………………… 164
エンティティの設計 …………………………… 165
エンティティへの参照 ………………………… 212
エントリプロセッサ ……………………… 416, 425

■お
オーバーヘッド …………………………… 138, 356
置き換えた …………………………………… 216
緩やかなレイヤ化アーキテクチャ …………… 115
オニオンアーキテクチャ ……………………… 121
オブザーバ …………………… 115, 142, 284, 349
オブザーバパターン …………………………… 140
オブジェクト …………………………………… 164
オブジェクトグラフ …………………………… 345
オブジェクト統合失調症 ………………… 194, 196
オブジェクトの同一性 ………………………… 177
オブジェクトの等価性 ………………………… 217
オブジェクトの不変性 ………………………… 282
オブジェクトの振る舞いを設計 ………………… 28
オブジェクトへの変換 ………………………… 383
オブジェクトリレーショナルマッパー ……… 403
オブジェクトリレーショナルマッピング … 166, 237
オブジェクトリレーショナルマッピングツール … 424
オブジェクトをコレクションに追加 ………… 389
親の外部キー …………………………………… 248

■か
ガード ……………………… 198, 237, 380, 504
解決空間 ……………………………… 54, 55, 127
解決空間の評価 ………………………………… 83
階層構造 ………………………………………… 322
概念 ………………………………………………… 20
概念コンテナ ……………………………………… 62
概念的な境界 …………………………………… xxii
概念的なドメイン ………………………………… 20
外部 ……………………………………………… 121
外部キー ………………………………………… 163
外部の需要予測システム ………………………… 45
外部への出版 …………………………………… 283
下位レイヤ ……………………………………… 349
隠された永続化ストア ………………………… 227
革新的 …………………………………………… 33

隔離されたコア ………………………… 73, 77
カスタムメディアタイプ ………………… 437
カスタムメディアタイプ方式 …………… 441
カスタムユーザー型 ……………………… 250
型 …………………………………………… 61
型安全 ……………………………………… 559
型安全性 …………………………… 437, 465
型専用のテーブル ………………………… 238
カタログサブドメイン ……………………… 45
過敏体質 …………………………………… 141
カプセル化 ………………………………… 64
カラム ……………………………………… 163
下流 ………………………………………… 223
下流のコンテキスト ……………………… 228
カレントログ ……………………… 300, 307
考え方を根本的に変える ………………… 28
完結した値 ………………………………… 343
完結した値パターン ……………………… 213
監視コントローラ ………………………… 500
関数型 ……………………………………… 562
間接的にアクセス ………………………… 120
完了通知イベント ………………… 150, 152
関連 ………………………………………… 163

■き

キーバリューストア ……………… 237, 403
記憶喪失 …………………………………… 15
きちんと整理 ……………………………… 327
規約 ………………………………………… 324
キャッシュ ………………… 158, 539, 548
キュー方式 ………………………………… 304
共有の値 …………………………………… 228
境界づけられたコンテキスト … xxii, 19, 26, 45, 46,
    58, 83, 109, 166, 222, 275, 340, 433, 503,
    539
境界づけられたコンテキストの統合 …… 376, 383
強制アクセス ……………………………… 498
共通言語ランタイム ……………………… 68
業務 ………………………………………… 2, 3
業務サービス ……………………………… 492
業務知識 …………………………………… 2, 8
業務的な複雑性 …………………………… 44
業務の改善 ………………………………… 3
業務ロジック ……………………………… 115
共有カーネル ……… 62, 68, 89, 133, 436, 444, 559
共有の不変な値オブジェクト …………… 227
巨大な情報システム ……………………… 157
巨大な泥団子 ……………………… 52, 72, 84, 90
挙動の操作 ………………………………… 279
切り離されたドメインモデル …… 348, 373
記録 ………………………………………… 154

■く

クエリ ……………………… 134, 338, 499
クエリプロセッサ ………………………… 136
クエリメソッド …………………… 134, 156, 218
クエリモデル ……………………… 135, 136
具現化 ……………………………………… 73
具象サブクラス …………………………… 456
クライアント ……………………………… 136
クライアントサーバー型 ………………… 129
クライアントサーバー形式 ……………… 111
クライアントの責務 ……………………… 301
グリッドコンピューティング …………… 157
グリッドベース分散キャッシュ ………… 125
グローバルで一意な識別子 ……………… 169
グローバルなトランザクション … 283, 355
クローン …………………………… 233, 401

■け

継承 ………………………………… 390, 422
計測 ………………………………………… 211
継続的クエリ ……………………………… 160
契約条件 …………………………………… 198
軽量DDD …………………………………… 38
軽量な開発 ………………………………… 35
結果整合性 …… 141, 153, 275, 291, 340, 350, 352,
    354, 363
結合を回避 ………………………………… 284
ゲッター …………………………… 134, 156, 163
言語的な境界 ……………………………… 58
検出・追跡する機能 ……………………… 403
原則 ………………………………………… 435
厳密なレイヤ化アーキテクチャ ………… 115

■こ

コアドメイン 10, 24, 33, 42, 45, 48, 109, 182, 228,
    265, 325, 334, 475, 492, 559
コアドメインオブジェクト ……………… 117
コアドメインモデル ……………………… 117
公開API …………………………………… 122
公開インターフェイス …………………… 393

公開サービスセット ……………………………… 442
公開ホストサービス ……64, 89, 116, 222, 383, 442
交換可能性 ……………………………… 216, 218
交換可能な構造 ……………………………… 436
口座 ……………………………………………… 60
更新 …………………………………………… 141
更新トランザクション ……………………… 281
合成 …………………………………………… 334
合成構造 ……………………………………… 345
構成要素パターン ………………………… xxiv
購買コンテキスト ……………………………… 56
購買サブドメイン ……………………………… 54
購買モデル ……………………………………… 56
公表された言語 ………… 89, 133, 383, 437, 560
コードの臭い ………………………………… 423
コールバック ………………………………… 496
顧客／供給者 ………………………………… 85
顧客／供給者の開発 ………………………… 89
顧客関係管理コンテキスト ………………… 186
言葉の力 ………………………………………… 67
コピーコンストラクタ ……………………… 233
コマンド …………………… 134, 138, 504, 531
コマンドオブジェクト ……………… 509, 532
コマンドクエリ分離原則 …………………… 218
コマンドとクエリの分離 …………………… 134
コマンドパターン …………………………… 160
コマンドハンドラ ………………… 138, 510, 531
コマンドプロセッサ ………………………… 138
コマンドモデルストア ……………………… 141
コマンドモデルの永続化 …………………… 141
固有の特性 …………………………………… 186
コラボレーションコンテキスト 51, 61, 70, 73, 222, 334, 368, 377, 382, 383, 385, 447
コレクション指向 …………………… 388, 425
コレクション指向のリポジトリ …………… 391
壊れやすいテスト …………………………… 561
根拠 ……………………………………………… 23
コンストラクタ ……………………………… 197
コンテキスト …………………………… 31, 60, 81
コンテキストマッピング ………………… xxiii
コンテキストマップ ………… xxii, 26, 47, 83, 433

■さ
サーガ ………………………………………… 148
サービス ………… 32, 65, 227, 253, 256, 320, 376

サービス指向 ………………………………… xxiii
サービス指向アーキテクチャ ……… 9, 125, 255
サービスファクトリ ………………… 120, 264, 514
サービスベースのファクトリ ……………… 385
サービスメソッド …………………………… 289
サービスレベル合意 ………………………… 141
最適取得コアドメイン ……………………… 56
在庫 ……………………………………………… 57
在庫管理 ………………………………………… 44
在庫サブドメイン ……………………………… 54
再試行 ………………………………………… 476
最小知識の原則 ……………………………… 368
最新の状態 ……………………………………… 21
最善の用語 ……………………………………… 20
最適化の例 …………………………………… 410
最適取得コンテキスト ……………………… 56
サイロ化 ………………………………………… 76
削除メソッド ………………………………… 394
サニティチェック …………………………… 201
サブクラス化 ………………………………… 390
サブスクライバをすべて走査 ……………… 288
サブドメイン …………… 33, 42, 127, 290, 433
サポートコンテキスト ……………………… 186
参加者 …………………………………………… 61
参照整合性 …………………………………… 239

■し
シーケンス …………………………………… 170
シータ結合 …………………………………… 348
支援サブドメイン ……………… 33, 48, 56, 492
時間的な制約 ………………………………… 152
識別子 ………………………… 61, 218, 384, 555
識別子生成器 ………………………………… 169
識別子生成のタイミング …………………… 175
識別子で参照 ………………………………… 347
識別子の実装 ………………………………… 165
識別子の生成手段 …………………………… 168
識別子の生成のタイミング ………………… 171
識別子の変更 ………………………………… 179
識別子用の値オブジェクト ………………… 169
識別子を割り当て …………………………… 174
事業価値 …………………………………… 8, 24
事業の進めかた ………………………………… 8
自己委譲 ……………………………… 233, 380
試行 …………………………………………… 361

自己カプセル化	198, 200, 237
自己言及型のメッセージ	130
事後条件	200
システム	492
事前条件	200, 203
事前条件チェック	201
実行者	151
実装	393
実装クラス	264
実装クラスの名前	264
実体関連モデリング	181
自動インクリメント	172
シナリオ	182
シャローコピー	233
修飾子	324
集約	xxiv, 32, 65, 72, 116, 169, 183, 218, 222, 227, 253, 333, 340, 341, 349, 387, 434, 495, 521, 550
集約型	459
集約指向のデータベース	403
集約自身がイベント	xxv
集約ストア	158, 403
集約としてモデリング	282
集約のインスタンス	527
集約の永続化	237
集約の契約	416
集約のコレクション内のインスタンスの数	415
集約の状態の推移	278
集約の設計ミスを覆い隠すリポジトリ	416
集約のルール	275, 355
集約ルート	366
集約を変更	346
重要な支援サブドメイン	10
受信	140
出版・購読	290, 349, 434
出版・購読方式	304
受動的なタイムアウトチェック	152
取得年月日	142
需要予測エンジン	45
順応者	85, 89, 444
順番	150
仕様	203
障害への対応	534
状態追跡用オブジェクト	152
状態を変更	290

衝突解消法	538
衝突回避メソッド	538
衝突検出	538
使用不能	394
情報の重複	463
上流のコンテキスト	228
所有者	61
シリアライザ	556
シリアライズ	411, 441, 544
シリアライズ方式	240, 329
自立型システム	442
自立型のサービス	292
新入りの若手開発者	4

■す

スキーマ	141
スクラム	35, 79, 337
スケーラビリティ	349
ステート	226, 424
ステートパターン	226
ステートレスな操作	253
ステートレスな通信	130
ストアドプロシージャ	416, 425
ストーリー	352
ストライピング	407
ストラテジ	203, 232, 498
ストラテジの実装	234
スナップショット	156, 540
スパイク	550
スペシフィケーション	562

■せ

正確なマッチング	174
請求コンテキスト	186
整合性の境界	341
整合性の境界の論理的な意味	340
整合性を保ちつつ永続化	291
制約	65
セカンダリ	159
責務	200, 203, 256, 459, 469
責務のレイヤ	73
責務を切り分ける	500
設計	26, 52
設計原則	125
設計と実装	18
セッション	130

索引

セッションファサード ……………………………… 515
セッター ……………………………………………… 163
説明 …………………………………………………… 211
セパレートインターフェイス … 234, 261, 264, 448, 505
宣言型のセキュリティ ……………………………… 508
戦術的構成要素パターン …………………………… 72
戦術的設計 …………………………………………… 10
戦術的に設計 ………………………………………… xxii
戦術的パターン …………………………………… 5, 32
戦術的モデリング ………………………………… 2, 32
専用の型 ……………………………………………… 185
専用のシリアライズ方式 …………………………… 404
専用のバリデータ …………………………………… 196
専用方式 ……………………………………………… 138
戦略的設計 ………………………………………… 9, 80
戦略的に設計 ………………………………………… xxii
戦略的パターン ……………………………………… 5
戦略的モデリング ………………………………… 2, 32

■そ

早期生成 ……………………………… 171, 175, 197
早期読み込み ………………………………………… 498
送達保証のサポート ………………………………… 159
双方向の関連 …………………………………… 372, 399
ソースコードリポジトリ …………………………… 154
属性 …………………………… 163, 178, 200, 214, 224
疎結合 …………………………………………… 133, 441
組織としての知恵 …………………………………… 25
ソフトウェアの関心事 ……………………………… 43
ソフトウェアモデル ………………………………… 1

■た

タイプコード ………………………………………… 223
タイムアウト ………………………………………… 476
代理キー ……………………………………………… 248
代理識別子 ……………………………………… 177, 243
タスクの見積もり …………………………………… 358
タスクの割り当て …………………………………… 66
多対一 ………………………………………………… 399
正しい戦術 …………………………………………… 33
他の集約への参照 …………………………………… 346
ダブルディスパッチ …………………………… 348, 496
誰の仕事 ……………………………………………… 364
単一のBLOBでの管理 ……………………………… 548
単一のトランザクション …………………………… 340

断絶のコスト ………………………………………… 8
断片化 ………………………………………………… 548
単方向の関連 ………………………………………… 399

■ち

小さな集約 …………………………………………… 341
チーム ………………………………………………… 9
遅延 ……………………………………………… 141, 293
遅延生成 …………………………………… 171, 173, 175
遅延束縛 ……………………………………………… 193
遅延の許容範囲 ……………………………………… 294
遅延バリデーション …………………………… 203, 207
遅延読み込み …………………………………… 348, 498
中間フォーマット …………………………………… 436
中堅レベルの開発者 ………………………………… 4
抽出 …………………………………………………… 141
抽象 …………………………………………………… 119
長期プロセス ………………… 148, 150, 153, 464, 475
重複の排除 …………………………………………… 284
重複排除 ………………………………………… 152, 316
直送 …………………………………………………… 44

■つ

追記限定型ストレージ ……………………………… 549
追跡者 ………………………………………………… 151
通知 …………………………………… 274, 315, 437
通知に関する情報 …………………………………… 205
通知の発行処理のコア ……………………………… 305
強い型チェック ……………………………………… 504

■て

デアクティベート …………………………………… 188
ディープコピー ……………………………………… 233
ディスカッションコンテキスト …………… 512, 513
ディフェンシブプログラミング …………………… 201
定量化 ………………………………………………… 211
データアクセスオブジェクト ……………………… 424
データグリッドに永続化 …………………………… 408
データ交換 …………………………………………… 436
データ構造 …………………………………………… 436
データストア ………………………………………… 415
データストアに永続化 ……………………………… 238
データトランスフォーマー …………………… 499, 510
データの整合性 ……………………………………… 548
データファブリック ………………………… 125, 157, 403
データ変換オブジェクト ……… 133, 235, 495, 552
データマッパー ……………………………………… 425

データモデリング	210
データモデル	136
データモデルの設計に縛られる	239
テーブル定義	241
テーブルデータゲートウェイ	424
テーブルモジュール	424
デザインパタン	3, 375
デシリアライズ	411, 441, 544
テストファースト	35, 228, 269
テナント	334
デメテルの法則	368

■と

統一モデリング言語	20
等価性	217
同期処理	175
同期的	141
統合	47, 60, 69
投稿者	61
当座預金コンテキスト	60
動詞	182
ドキュメント	35, 182
特別なサブスクライバ	140
特化型	206
ドメイン	41, 273, 290, 325, 433
ドメイン依存リゾルバ	498
ドメインイベント	xxv, 78, 117, 139, 143, 148, 175, 208, 273, 290, 349, 366, 453, 468, 511, 555
ドメインイベントパブリッシャー	117, 512
ドメインエキスパート	2, 3, 5
ドメインオブジェクト	132
ドメイン駆動設計	1
ドメインサービス	72, 116, 186, 221, 255, 256, 283, 325, 348, 416, 503, 523
ドメイン全体の契約	293
ドメイン特化言語	560
ドメインにおける重要なプロセス	508
ドメインに特化したロール	447
ドメインのモデル	325
ドメインペイロードオブジェクト	498
ドメインモデリング	3
ドメインモデリング上のメリット	196
ドメインモデル	4, 42, 514
ドメインモデル貧血症	12, 63, 181, 257, 325, 411, 513
ドメインモデルを開発する	42
ドメインレイヤ	117
ドメインロジック	115
トラッカー	475
トランザクション管理	417, 419
トランザクションスクリプト	13, 424, 514
トランザクション整合性	340, 352
トランザクション整合性の境界	340
トリガ機能	142

■な

内部	121
内部の六角形	122
なぜそうするのか	36
名前空間	319
名前つきのコンテナ	319
何度も繰り返し問題	65

■に

二相コミット	275, 544
二相コミット方式	355
二相コミットを回避	355
認証・アクセスコンテキスト	61, 77, 182, 186, 192, 222, 257, 296, 326, 384, 442, 447, 491
認証済み	183

■の

能動的なタイムアウトチェック	152

■は

バージョン	440
パーティショニング	542
パートナーアクティビティ	151
パートナーシップ	88
バイナリラージオブジェクト	548
パイプ	144
パイプとフィルターパターン	145
パイプライン	147
パターン	22
パターンランゲージ	xxi
バックエンド	121
パッケージ	319
パッシブビュー	500
バッチ処理	275
発注サブドメイン	45
パフォーマンス	171, 355, 539
パブリッシャー	284

パラメータ型 ……………………………………… 250
バリデーション ………………… 115, 199, 200, 504
バリデーション可能 ……………………………… 207
バリデーションクラス …………………………… 203
パワータイプ ……………………………………… 223
範囲 ………………………………………………… 23
判断材料 …………………………………………… 34
ハンドラ …………………………………………… 138
バンドル …………………………………………… 68
汎用サブドメイン ………………………… 33, 48, 492
汎用フォーマット ………………………………… 133

■ひ
非アクティブ ……………………………………… 187
非機能要件 ………………………………… 415, 425
ビジネス駆動アーキテクチャ …………………… 9
ビジネスサービス ………………………………… 127
ビジネス戦略 ……………………………………… 127
ビジネスに対する理解 …………………………… 25
ビジネスレベルのサービス ……………………… 9
非正規化状態 ……………………………………… 238
ビッグデータ ……………………………………… 157
非同期 ……………………………………………… 139
非同期処理 ………………………………………… 141
ビュー ……………………………………………… 136
ビューの命名規約 ………………………………… 137
ビューのレンダリング …………………………… 497
ビューモデル ……………………………………… 498
標準型 ……………………………………… 60, 223
標準のメディアタイプ …………………………… 132
表明 ………………………………………………… 237
ビルダー …………………………………………… 375
ビルダーパターン ………………………………… 214
貧血 ………………………………………………… 12
貧血症 ……………………………………………… 116
貧血誘発性記憶喪失 ……………………………… 18

■ふ
ファインダー ……………………………………… 422
ファインダーメソッド ………………… 394, 407, 499
ファクトリ 116, 168, 198, 227, 338, 366, 375, 448
ファクトリの責務 ………………………………… 376
ファクトリパターン ……………………………… 214
ファクトリメソッド ………………………… 375, 376
ファサード …………………………………… 64, 417, 502
フィルター ………………………………………… 144

負荷分散 …………………………………………… 532
複雑 ………………………………………………… 10
複雑化の要因 ……………………………………… 166
副作用 ……………………………………………… 282
副作用のない関数 ………………………… 185, 218, 234
副作用のない振る舞い …………………………… 220
複数追加 …………………………………………… 389
複数の値を持つコレクション …………………… 248
複数のエンティティ ……………………………… 343
複数のエントリを一括削除 ……………………… 409
複数の集約 ………………… 338, 350, 361, 416, 499
二つのコンストラクタ …………………………… 233
二つのレイヤ ……………………………………… 119
二つの領域 ………………………………………… 121
普通預金コンテキスト …………………………… 60
フック機能 ………………………………………… 372
プッシュモデル …………………………………… 299
物理的なシステム ………………………………… 42
物理的なドメイン ………………………………… 20
腐敗防止層 ……… 89, 222, 305, 326, 383, 448, 513
不変クラス ………………………………………… 279
不変条件 ………… 197, 200, 337, 340, 353, 357, 372
不変条件の整合性 ………………………………… 361
不変性 ……………………………………… 215, 218
不変性に違反 ……………………………………… 217
不変な実装 ………………………………………… 557
プライマリ ………………………………………… 159
プライマリコンストラクタ ……………………… 233
プラグイン ………………………………………… 120
プリミティブ型 …………………………………… 440
振る舞い …………………………………… 31, 192
プルモデル ………………………………………… 299
プレゼンテーション層 …………………………… 286
プレゼンテーションモデル …… 116, 235, 498, 500
プレゼンテーションモデルの責務 ……………… 501
プロジェクトの現状 ……………………………… 84
プロセス …………………………………………… 148
プロセス識別子 …………………………………… 151
プロセッサ ………………………………………… 138
プロダクトコンテキスト ………………… 512, 513
プロダクトを作成する …………………………… 464
プロパティ ……………… 14, 200, 214, 277, 555
プロパティシート ………………………………… 14
フロントエンド …………………………………… 121
分散 ………………………………………………… 349

分散オブジェクト型 ………………………… 129
分散環境での操作の管理 …………………… 349
分散環境の導入 ……………………………… 404
分散キャッシュ／グリッド ………………… 142
分散システム ………………………………… 435
分散システムアーキテクチャスタイル …… 130
分散システムの原則 ………………………… 435
分散処理 ………………………………… 147, 160
分散トランザクション ……………………… 153
分散プロセス ………………………………… 147
分散並列処理 …………………………… 125, 160
分野横断型 …………………………………… 133
分類方式 ……………………………………… 138

■へ
並行処理の衝突 ………………………… 355, 536
並行性制御 …………………………………… 548
並行性制御方式 ……………………………… 337
並列処理 ………………………………… 148, 151
ヘキサゴナルアーキテクチャ …xxiii, 112, 119, 121,
　　　124, 151, 261, 281, 288, 324, 358, 445,
　　　510
ヘキサゴン …………………………………… 67
冪等 ……………………… 131, 152, 463, 475, 483
冪等な操作 …………………………………… 317
冪等なメソッド ……………………………… 131
冪等レシーバ ………………………………… 317
別の設計方法 ………………………………… 361
別々の道 ……………………………………… 90
ベテラン開発者 ……………………………… 5
変換 …………………………………………… 141
変換サービス ………………………………… 449
変更 ……………………………………… 183, 190, 401
変更追跡 ……………………………………… 154
変更追跡機能 …………………………… 154, 392
変更の追跡 …………………………………… 208
編集 ……………………………………… 393, 401

■ほ
ポインタ ……………………………………… 347
ポータル・ポートレット …………………… 513
ポート ………………………………………… 124
ポートとアダプター ………………………… 437
ポートとアダプターアーキテクチャ ……… 119
ポートとアダプター方式 …………………… 510
ポートへの書き込み ………………………… 511

ポーリング方式 ……………………………… 300
保守性 ………………………………………… 224
補助的な機能 ………………………………… 73
ポリシー ……………………………………… 232

■ま
マークアップ ………………………………… 329
マッチング …………………………………… 225
マッピング ……………………………… 57, 138
マッピングサービス ………………………… 57
マッピング定義 ……………………………… 241
マテリアライズドビュー …………………… 138
マネージャー ………………………………… 6
マルチタスクプロセス ……………………… 144
マルチノードキャッシュ …………………… 159
マルチパーティ ……………………………… 349
慢性貧血症 …………………………………… 14

■み
密結合 ………………………………… 52, 226, 498
見積もり ……………………………………… 358
ミニマリズム …………………………… 222, 224
ミニレイヤ …………………………………… 269

■む
無効 …………………………………………… 394
無視 …………………………………………… 276
無名関数 ……………………………………… 535

■め
明確な区別 …………………………………… 46
名詞 …………………………………………… 182
明示的なコピービフォーライト …………… 393
「命じろ、たずねるな」……………………… 369
メッセージキュー …………………………… 434
メッセージ指向ミドルウェア ……………… 255
メッセージの重複 …………………………… 284
メッセージング ……………………………… 434
メッセージング基盤 ………………………… 283
メッセージング基盤による転送 …………… 289
メッセージングシステム …………………… 468
メッセージングによる統合 …………… 434, 453
メッセージング方式 ………………………… 138
メディアタイプ ……………………………… 133
メディエイター ……………………………… 496
メディエイターパターン …………………… 115
メモリの消費 ………………………………… 360

■も
目的 …………………………………………… 322
モジュール … xxv, 45, 65, 68, 117, 178, 261, 284, 319, 366, 393, 448, 492
モジュール化 ………………………………… 52, 68
文字列の属性 …………………………………… 440
モック …………………………………………… 270
モデル-ビュー-プレゼンター ………………… 500
モデルの混乱 …………………………………… 72
モデルの表現力 ………………………………… 380
モデル名＋コンテキスト ……………………… 51
モデレーター …………………………………… 61
モバイル端末 …………………………………… 112
問題空間 …………………………………… 53, 127

■や
やりすぎ ………………………………………… 356

■ゆ
ユーザーインターフェイス … 22, 63, 286, 348, 353, 494
ユーザーインターフェイスレイヤ … 115, 225, 329, 358, 417
ユーザーストーリー …………………………… 122
ユーザーと集約との親和性 …………………… 354
ユースケース ………………………… 122, 123, 344, 352
ユースケース駆動 ……………………………… 110
ユースケースに最適化したクエリ ……… 416, 499
優先項目 ………………………………………… 126
優先順位付け …………………………………… 8
ユニットオブワーク …………………………… 393
ユニットオブワークパターン ………………… 340
ユビキタス言語 xxii, 2, 19, 24, 26, 128, 182, 257, 275, 334, 425, 443, 501

■よ
用語 ………………………………………… 20, 46
用語集形式 ……………………………………… 182

■ら
ライトスルー戦略 ……………………………… 529
ライトビハインド戦略 ………………………… 530
ライトモデル …………………………………… 135
ライフサイクル ………………………………… 224
楽観的並行性 …………………………………… 371
楽観的並行性制御 ………………………… 178, 336, 355
ラムダ式 ………………………………………… 534

■り
リージョン ……………………………………… 158

リードモデル …………………………………… 135
リードモデルプロジェクション ……………… 551
利口なUIアンチパターン ……………………… 63
リスク駆動 ……………………………………… 109
リスコフの置換原則 …………………………… 422
リソース ………………………………………… 130
リソースの概念 ………………………………… 130
リソースメソッドへのパラメータ …………… 132
リファクタリング ………………………… 77, 221
リポジトリ xxiv, 72, 116, 170, 237, 254, 270, 347, 348, 366, 387, 390, 424, 452, 495, 530
リポジトリに保持 ……………………………… 282
リポジトリのテスト …………………………… 425
リポジトリを編集モードに設定 ……………… 402
リモートプロシージャ呼び出し ………… 255, 292
リレーショナルデータベース ……… 166, 210, 546
リレーショナルモデル ………………………… 13
リンク …………………………………………… 131

■る
ルート …………………………………………… 183
ルートエンティティ ……………… 343, 366, 371, 389
ルート上のプロパティ ………………………… 372
ルックアップ …………………………………… 223

■れ
例外を捕捉 ……………………………………… 398
レイヤ ……………………………………… 67, 493, 514
レイヤ化アーキテクチャ 110, 114, 324, 329, 358, 493
レイヤスーパータイプ ……………… 178, 243, 366, 422
レガシーシステム ………………………… 54, 154, 305
列車事故 ………………………………………… 72
レビューコンテキスト ……………………… 512, 513
レプリケーション機能 ………………………… 159
連携のないシステム …………………………… 76
連鎖削除 ………………………………………… 399

■ろ
ローカル識別子 ………………………………… 169
ロード …………………………………………… 141
ロール …………………………………………… 192
ロールインターフェイス ……………………… 196
ロールと責務 …………………………………… 192
特殊なファインダーメソッド ………………… 416
論理削除 ………………………………………… 394
論理的レイヤ …………………………………… 73

装丁　会津勝久

実践ドメイン駆動設計
じっせんどめいんくどうせっけい

2015年03月16日	初版第1刷発行
2024年04月05日	初版第8刷発行

著　者	Vaughn Vernon（ヴォーン・ヴァーノン）
翻　訳	髙木正弘（たかぎ・まさひろ）
発行人	佐々木幹夫
発行所	株式会社翔泳社（https://www.shoeisha.co.jp/）
印刷・製本	株式会社加藤文明社印刷所

本書は著作権法上の保護を受けています。本書の一部または全部について（ソフトウェアおよびプログラムを含む）、株式会社翔泳社から文書による許諾を得ずに、いかなる方法においても無断で複写、複製することは禁じられています。

本書へのお問い合わせについては、iiページに記載の内容をお読みください。

落丁・乱丁はお取り替えいたします。03-5362-3705 までご連絡ください。

ISBN978-4-7981-3161-0　　　　　　　　　　　　　　　　　　　　Printed in Japan